新自由主义

“生态环境治理术”批判

蔡华杰◎著

Critique of Neoliberal
“Eco-environmental Governmentality”

批判

经济管理出版社
ECONOMY & MANAGEMENT PUBLISHING HOUSE

图书在版编目（CIP）数据

新自由主义“生态环境治理术”批判/蔡华杰著．—北京：经济管理出版社，2023.7
ISBN 978-7-5096-9146-5

Ⅰ.①新… Ⅱ.①蔡… Ⅲ.①生态环境—自然资源—资源管理—研究 Ⅳ.①X37 ②F205

中国国家版本馆 CIP 数据核字(2023)第 135632 号

组稿编辑：王玉林
责任编辑：高　娅　杜羽茜
责任印制：许　艳
责任校对：王淑卿

出版发行：经济管理出版社
（北京市海淀区北蜂窝 8 号中雅大厦 A 座 11 层　100038）
网　　址：www. E-mp. com. cn
电　　话：(010) 51915602
印　　刷：唐山玺诚印务有限公司
经　　销：新华书店
开　　本：787mm×1092mm/16
印　　张：21.5
字　　数：497 千字
版　　次：2023 年 8 月第 1 版　　2023 年 8 月第 1 次印刷
书　　号：ISBN 978-7-5096-9146-5
定　　价：88.00 元

联系地址：北京市海淀区北蜂窝 8 号中雅大厦 11 层
电话：(010) 68022974　　邮编：100038

本书系2017年国家社会科学基金青年项目“新自由主义对全球生态环境治理的影响及我国对策研究”（项目编号：17CKS030）的最终成果

目 录

下　篇

绪 论

然而，有件事情相当简单。人类若想要有一个看得清楚的未来，绝不会是靠着过去或现在的延续达到。如果我们打算在这个旧基坝垣上建立新的千年，注定将失败。失败的代价，即人类社会若不大加改变，将会是一片黑暗。

——［英］艾瑞克·霍布斯鲍姆《极端的年代：1914~1991》

人类社会在革故鼎新中寻求进步，否则将停滞不前，甚至如霍布斯鲍姆所言将会是一片黑暗。20世纪70年代以来宰制资本主义社会的新自由主义，如果不被大加改变，必将人类社会引向黑暗。这是因为新自由主义不仅渗透进政治经济领域，造成政治经济的动荡，而且随着生态危机的凸显，它还逐渐向生态环境治理领域渗透，实现两者的“联姻”，这一“联姻”貌似会拯救地球环境，实则会造成更大的环境破坏，需要我们认真辨析加以研究。国内外从事新自由主义批判和生态环境治理研究的学者都关注了新自由主义与生态环境治理的“联姻”。

第一，从事新自由主义批判的国内外学者对两者的“联姻”形成了若干观点和研判。

在我国，马克思主义政治经济学界在批判新自由主义的过程中逐渐形成了以下两个观点：其一，西方经济学家提出的环境问题本身应引起我们的重视，但对西方经济学不能盲目迷信，新自由主义已经给西方国家带来了深重的生态灾难。早在20世纪80年代，陈岱孙先生在外国经济学说研究会第二届全国学术讨论会上发言指出，西方经济学家所提出的资源耗竭、环境污染、生态平衡等问题本身应引起我国的重视，但他们并没有解决自己提出的问题，对西方经济学不能盲目迷信和全盘照搬。[①] 随着新自由主义对我国的影响日益加重，陈岱孙先生在20世纪90年代中期告诫我们要警惕西方发达国家向发展中国家投资时把污染工业转移过来。[②] 吴易风指出，当新自由主义处在高峰期的时候，西方国家爆发了20世纪30年代大萧条以来最严重的大危机，其中包括生态环境危机。[③]

其二，中国的生态环境治理不能完全交给市场调节，政府必须发挥宏观调控和微观规制作用。刘国光在“21世纪世界政治经济学杰出成果奖”颁奖大会的演说中指

---

① 陈岱孙：《西方经济学与我国的现代化》，《世界经济》1983年第9期。

② 陈岱孙：《注意污染工业的转移　严防引进“赌博经济”》，《高校理论战线》1995年第5期。

③ 吴易风：《西方经济学中的新自由主义》，《红旗文稿》2014年第5期。

出，国民经济中的许多重要领域不能完全交给“看不见的手”的市场去管，比如资源开发、环境保护。[①] 程恩富和孙秋鹏认为，中国特色社会主义“市场决定性作用论”与新自由主义的不同之处在于：对我国长期经济发展和经济安全发挥关键性作用的石油、煤炭和矿产等地下资源和土地资源，需要从国家战略角度进行整体、统一的规划和调控。[②] 张宇指出，绝不能接受新自由主义所推崇的国家干预最小化和政府管得越少越好的错误主张，必须从社会全局和长远利益出发，依托社会主义国家的强大力量和有效调控保护生态环境。[③] 朱安东和王天翼认为，在新自由主义的影响下，我国经济增长过度依赖投资和出口是造成产能过剩的根源之一。[④]

在国外，一直处于新自由主义批判前沿阵地的左翼进步学者对新自由主义的环境维度大体做出了如下研判：一是新自由主义是当今出现生态危机的根本原因，解决之道在于转向社会主义。热拉尔·罗兰认为，人人皆有饮用清水的权利，穷人也不例外，私营供水公司只对那些有能力支付高额水费的群体供水，如果净化水的能力达到极限，私营公司首先就会不向穷人供水；若水费低于边际成本，就会对所有人停供。[⑤] 萨米尔·阿明指出，较早卷入全球化的非洲建立了一种过度外向型经济，导致对自然资源的掠夺性、破坏性开发，这是非洲很多地区今天沦为“第四世界”的重要原因之一。[⑥] 美国学者马丁·哈特-兰兹伯格在《每月评论》撰文《质疑新自由主义的神话：对墨西哥经验的批判性审视》中指出，墨西哥的边境出口加工区造成严重的环境污染，在墨—美边界沿线，地面、水面和空中到处都是污染物。[⑦] 美国波士顿大学的桑德拉·沃多克表示，现今世界面临的气候变化、生态破坏均可寻根至新自由主义的“兴盛”。在新自由主义的主宰下，社会趋于全盘商业化，以金钱和物质财富增长为首要目标，一味崇尚竞争和效率，这种市场逻辑自然容不下对大自然和所有生灵的尊重等追求。[⑧] 李民骐和朱安东认为，世界环境危机愈演愈烈，其根本原因是资本积累无限扩张的趋势与人类赖以生存的自然环境的物质有限性之间存在越来越尖锐、越来越不可调和的矛盾。在新自由主义条件下，环境方面的矛盾无法克服，根本方法是转向社会主义。[⑨]

二是新自由主义政策无法解决中国的环境问题，政府必须发挥作用改善环境。大卫·科兹认为，中国目前面临着空气和水的污染、温室气体排放的问题，基于出口和投资这样一种发展模式，中国的资源将会被迅速耗竭，新自由主义政策会让这些问题

---

① 刘国光：《21世纪世界政治经济学杰出成果奖获奖感言》，《海派经济学》2010年第2期。

② 程恩富、孙秋鹏：《论资源配置中的市场调节作用与国家调节作用：两种不同的“市场决定性作用论”》，《学术研究》2014年第4期。

③ 张宇：《金融危机、新自由主义与中国的道路》，《经济学动态》2009年第4期。

④ 朱安东、王天翼：《新自由主义在我国的传播和危害》，《当代经济研究》2016年第8期。

⑤ ［美］热拉尔·罗兰：《私有化：成功与失败》，张宏胜等译，中国人民大学出版社2013年版，序第6页。

⑥ ［法］萨米尔·阿明：《非洲沦为第四世界的根源》，何吉贤译，《国外理论动态》2003年第2期。

⑦ ［美］马丁·哈特-兰兹伯格：《对墨西哥新自由主义经济模式“成功”的质疑》，刘志明摘译，《国外理论动态》2003年第10期。

⑧ 王悠然：《新自由主义弊端显露：多国学者建议西方寻求“替代品”》，《中国社会科学报》2016年12月26日。

⑨ 李民骐、朱安东：《新自由主义、全球危机与人类的未来》，《高校理论战线》2005年第8期。

变得更加糟糕，在环境安全方面，以及在支持绿色能源的发展方面，政府必须加强监管。国有企业的私有化不会达到减少污染的目的。在中国，大型国有企业通常比私营企业有更好的环境记录。没有理由认为大型国有企业的管理者会比私营企业的管理者和所有者更加抵制环境法规。尽管中国在治理环境污染方面已经取得重大进步，但仍然需要做得更多。对替代能源的大规模投资、对提升能源效率的建筑改造，以及对公共交通设施的持续建设，不仅能改善福利，而且能创造就业机会。只有一个强大且有活力的国家，才能确保这些措施的实现。2015 年 10 月，科兹访问北京大学时指出，新自由主义无法为大多数人带来繁荣，它只为少数人服务，社会主义是解决严重的全球气候问题的唯一方法。① 原来笃信新自由主义的日本学者中古岩发出忏悔，并公开质问：关于地球变暖的问题，果真只要遵从市场原理就能解决一切吗?②

第二，从事生态环境治理研究的国内外学者对两者的“联姻”也作出了相应回应。

在国内，长期从事生态环境治理的学者所作出的回应呈现以下三种情形：一是理论引介。改革开放以来，国内陆续翻译出版了西方绿色思潮的论著。例如，“浅绿”阵营的《自然资本论》《商业生态学》，《自由市场环境主义》被更名为《从相克到相生：经济与环保的共生策略》并于 1997 年出版；“红绿”阵营 10 余部的生态马克思主义著作，如 2015 年翻译的约翰·福斯特的著作《生态革命：与地球和平相处》；“深绿”阵营的《盖娅：地球生命的新视野》。二是理论应用。从事环境经济学研究的学者着重研究了市场机制在生态环境治理中的意义和途径。常修泽认为，欲真正研究并缓解一个国家的环境问题，必须建立完整的“环境产权制度”。③ 罗小芳、卢现祥在介绍了环境治理三大制度经济学学派后，认为治理环境要发挥市场力量，能用市场的方法就不用行政方法。④ 而从事环境哲学、环境伦理学、生态马克思主义研究的学者着重研究了生态环境治理市场化路径的弊端和出路。郇庆治认为，生态资本主义存在着渐进改善与结构性变革的矛盾，个体环境意识、责任和行动与国家培育、规约之间的矛盾，以及本土中心与全球视野需要之间的矛盾。⑤ 张云飞指出，在当代中国，实现生态治理体制现代化必须明确自然资源资产的公有性质。⑥ 王雨辰和王永星认为，后发国家的生态文明理论应当是以实现“环境正义”为价值诉求，作为发展观和境界论有机统一的生态文明理论。⑦ 曹孟勤认为，个人主义无限自由与有限自然

---

① ［美］大卫·科兹、孟捷：《大卫·科兹和孟捷对话：新自由主义与中国》，《政治经济学评论》2016 年第 6 期；［美］大卫·科茨、黄斐：《新自由主义的衰落与社会主义的未来：大卫·科茨访谈》，《当代世界与社会主义》2016 年第 2 期。

② ［日］中古岩：《资本主义为什么会自我崩溃：新自由主义者的忏悔》，郑萍译，社会科学文献出版社 2010 年版，第 65 页。

③ 常修泽：《“广义产权论”及其在资源节约集约中的应用》，《中国土地》2012 年第 11 期。

④ 罗小芳、卢现祥：《环境治理中的三大制度经济学学派：理论与实践》，《国外社会科学》2011 年第 6 期。

⑤ 郇庆治：《21 世纪以来的西方生态资本主义理论》，《马克思主义与现实》2013 年第 2 期。

⑥ 张云飞：《试论中国特色生态治理体制现代化的方向》，《山东社会科学》2016 年第 6 期。

⑦ 王雨辰、王永星：《论后发国家生态文明理论的建构与基本特点》，《中国地质大学学报（社会科学版）》2016 年第 6 期。

之间存在矛盾，要消解这种矛盾，唯有生态自由才是出路。[①] 三是理论争议。《从相克到相生：经济与环保的共生策略》出版后，潘家华给予了较高评价：自由市场环境主义将自由市场与环境保护这两个看似矛盾的观念有机地结合起来，形成一种独具特色的以市场途径来保护和改善环境的新思路。[②] 徐嵩龄则提出不同看法，他认为环境管理中的市场机制不是万能的，不能取代“政府控制战略”。[③] 张艳和滕有正则认为，自由市场环境主义重视环境产权是其长处，但它夸大了环境保护领域市场机制的作用。[④]

在国外，“浅绿”、“深绿”和“红绿”三大绿色思潮和流派的代表性学者也对两者的“联姻”做出了褒贬不一的评价。隶属于“浅绿”阵营的人士采取拥护和积极阐发的态度。他们的成果主要体现在世界银行、世界贸易组织和世界可持续发展工商理事会的研究报告以及英国《经济学家》杂志刊登的文章中。他们利用哈丁的《公地悲剧》、科斯的《社会成本问题》，反对政府直接进行环境管制，主张从建立明晰的自然资源资产产权制度出发，力图通过自然资源商品化、私有化、市场化等机制，以及污染税（费）、排污权交易制度、押金—退款制度、执行鼓励金制度、生产者责任延伸制等政策工具克服生态危机。主要代表人物有尼古拉斯·斯特恩（Nicholas Stern）、保罗·霍肯（Paul Hawken）、托马斯·弗里德曼（Thomas Friedman）、比尔·麦克基本（Bill McKibben）、大卫·皮尔斯（David Pearce）、泰德·诺德豪斯（Ted Nordhaus）、迈克尔·谢伦伯格（Michael Shellenberger）、迈克尔·格拉布（Michael Grubb）、加里·丽贝卡（Gary Libecap）、多丽丝·福斯（Doris Fuchs）等。

隶属于“红绿”阵营的生态马克思主义和马克思主义地理学派等则对两者的“联姻”采取反对和积极批判的态度。他们主要在《每月评论》《资本主义·自然·社会主义》《对立面》《地理论坛》《新加坡热带地理学杂志》《环境与规划A》上发声批判生态环境治理的新自由主义化。他们利用马克思、波兰尼、奥康纳、奥斯特罗姆的相关思想，阐述了自然资源商品化、私有化的内在矛盾，揭示了碳市场等机制运行的生态和社会后果。主要代表人物有约翰·福斯特（John Foster）、保罗·伯克特（Paul Burkett）、乔尔·克沃尔（Joel Kovel）、戴维·哈维（David Harvey）、伊恩·安格斯（Ian Angus）、保罗·罗宾斯（Paul Robbins）、诺埃尔·卡斯特里（Noel Castree）、尼克·赫南（Nik Heynen）、詹姆斯·麦卡锡（James McCarthy）、斯科特·普鲁达姆（Scott Prudham）等。

隶属于“深绿”阵营的动物解放论、大地伦理学、深生态学、生物中心论等采取模糊和温和批判的态度。尽管他们对新自由主义关于经济无限增长的理念、技术改良的路径、近代人与自然二分的机械自然观给予了无情的批判，但是他们依然站在西

---

① 曹孟勤：《生态自由限制现代个人主义自由的正当性辩护》，《南京师范大学学报（社会科学版）》2014年第1期。

② ［美］泰瑞·安德森、唐纳德·利尔：《从相克到相生：经济与环保的共生策略》，萧代基译，改革出版社1997年版，中文版序。

③ 徐嵩龄：《产权化是环境管理网链中的重要环节，但不是万能的、自发的、独立的——简评〈从相克到相生：经济与环保共生策略〉》，《河北经贸大学学报》1999年第2期。

④ 张艳、滕有正：《环境经济探索：机制与政策》，《经济问题探索》2002年第12期。

方中心主义的立场上，未对新自由主义所维护的资本主义意识形态、全球化的政治经济体系进行深入的分析和批判，其替代方案是主张生态中心主义价值观、个人生活方式变革和生态社区自治，打上了自由主义知识分子批判和厌恶工具理性的浪漫主义情结。例如，罗伯特·查普曼（Robert Chapman）指出，新自由主义的三大核心命题（市场是自然普遍法则的一部分、无限的经济增长是可能的并令人期待的、人性与市场价值观一致）存在致命缺陷并造成严重的环境破坏，但其解决之道在于把梭罗的自然主义和斯密的道德经济结合起来。①

非常感谢国内外学界前辈和同仁的已有研究，笔者“站在巨人的肩膀上”继续深耕这一领域，并且深信，在西方新自由主义逐渐渗入全球各国生态环境治理领域的过程中，对其理论与实践进行客观严肃的分析，无论是对我们现实进展中生态环境问题的应对，还是更具挑战性的现代化发展模式的生态化超越或社会主义生态文明的创建，都具有重要的参考意义。可以毫不夸张地说，离开了对生态环境治理领域新自由主义理论与实践的批判性超越，我们很难走向社会主义生态文明的新时代。

对生态环境治理领域新自由主义理论与实践的批判性超越，不应建立在对其所服务的对象——资本主义的抽象“生态不道德”的批判上，而是应该引出社会主义生态文明的未来愿景。作为“未来愿景”的社会主义生态文明何以出场是一个前提性议题，所关涉的是社会主义生态文明本身的必然性，以及具体如何体现的问题。“形态说”视野下的社会主义生态文明是未来取向上的绿色社会愿景，那么，为何这样一种绿色的未来社会是值得追求并最终会实现的呢？这一问题似乎无须解释，因为作为未来文明形态的社会主义生态文明，具有价值（道德、道义）维度上的正确性。从乱扔垃圾、随意吐痰这样微观层面的个人生活陋习，到违法排污、肆意盗猎、侵占自然保护地这样中观层面的企业生产行为，再到掠夺他国廉价原材料、擅自退出各种国际环境保护协定这样宏观层面的不负责任的大国举动，毫无疑问，所有这些都是充斥在当下社会的生态维度上的价值不正确，而与之相对的社会主义生态文明，是一个个人践行绿色生活方式、企业进行绿色生产、国家开展绿色善政的美好社会，生态维度上的价值正确性不言而喻。因此，对个人、企业、国家在生态维度上的价值不正确毫不留情地揭示并给予严厉痛斥，最终出场的就是社会主义生态文明的价值追求和美好理想。

但是，在笔者看来，如果把社会主义生态文明视为一种未来的绿色社会愿景，那么，社会主义生态文明的出场，以及对其持之以恒的追求不能建立在抽象的价值正确性的基础上，而应该建立在人类文明演进的历史规律上。具体来说，不应建立在对资本主义的抽象“生态不道德”的批判上，而应该建立在对资本主义经济运行机制必然导致生态危机的本质规律把握上。对受新自由主义影响下的个人、企业和国家进行“生态不道德”式的口诛笔伐无可厚非，然而，想要由此引起个人、企业、国家的良心不安，然后唤醒他们的生态道德，并最终引出社会主义生态文明还是不够“给力”，这会使社会主义生态文明变成“绿色乌托邦”，在远处召唤你，但又始终无法

① Robert Chapman, “‘It’s the Economy, Stupid!’ and the Environment: An Urgent Reminder”, *Environmental Ethics*, Vol. 37, No. 4, 2015, pp. 465-484.

企及。其实，从来没有永恒的、静止的抽象价值或道德，超历史的、超阶级的价值或道德是不存在的，“人的本质不是单个人所固有的抽象物，在其现实性上，它是一切社会关系的总和”①。人的价值观和道德观总是由一定的社会关系决定，特别是人生活于其中的社会生产关系，一定社会的生产关系制约着企业的生产行为，而作为上层建筑的国家同样要服务于一定生产关系各个方面的总和——经济基础，因此，无论是个人、企业还是国家，其价值观和道德观都是在一定的生产关系上形成的，该受指责的不是个人、企业或者国家本身，而应该是支配他们行为的生产关系。在当下的历史语境中，就是资本主义生产方式及其运行机制，只有对其进行科学解析，揭露其导致生态危机的历史必然性，才有以社会主义取代资本主义的生产方式破解生态危机难题的出场，就此而言，正如约翰·贝拉米·福斯特所指出的，相较于个人的不道德，批判的对象应该指向这种“更高的不道德”②。社会主义生态文明的这种出场方式，要实现对环境破坏行为批判角度的转向，即以历史必然性的方式作为社会主义生态文明价值正确性的本体论基础，将社会主义生态文明的出场建立在更加科学的基础之上。

因此，本书更深入细致地研究了资本主义的运行机理与生态环境治理的关联，把哲学批判和政治经济学批判结合起来，展现新自由主义对全球生态环境治理的影响，以及可能的理论回应和实践对策。由于新自由主义对全球生态环境治理的影响具体体现为在全球范围内形成了所谓的新自由主义“生态环境治理术”，因此，全书围绕这一治理术展开叙事。除了附录是与此相关的文献综述，全书分为上篇、下篇和结语三大部分，是一个“总—分—总”式的结构体系。上篇是对新自由主义“生态环境治理术”的总体介绍、批判以及我国的应对之策的探讨，包括历史渊源、理论全景、本质批判和我国对策四个部分，下篇是对新自由主义影响四大生态环境议题（国家公园、水资源、汽车社会、动物保护）的分而述之，结语是对全书的总结（见表0-1）。

表0-1　全书结构

上篇	历史	第一章　新自由主义“生态环境治理术”的历史溯源
	现实	第二章　新自由主义“生态环境治理术”的理论全景
	本质	第三章　新自由主义“生态环境治理术”的本质批判
	对策	第四章　抵御新自由主义“生态环境治理术”的对策
下篇	分而述之	第五章　新自由主义与国家公园
		第六章　新自由主义与水资源
		第七章　新自由主义与汽车社会
		第八章　新自由主义与动物保护
结语	总体叙述	结语　昂首阔步走中国式生态环境治理道路
附录	文献研读	国外政治生态学研究述评

① 《马克思恩格斯文集》（第1卷），人民出版社2009年版，第505页。

② ［美］约翰·贝拉米·福斯特：《生态危机与资本主义》，耿建新、宋兴无译，上海译文出版社2006年版，第82页。

上篇分为四章，围绕新自由主义“生态环境治理术”的历史溯源、理论全景、本质批判和我国对策展开论述，其逻辑理路是：沿着“历史—现实—本质—对策”的线索，先在第一章对新自由主义与生态环境治理进行“联姻”的历史起源及其缘由进行探究，接着在第二章全面展现新自由主义“生态环境治理术”的理论全景，随后在第三章中对这一理论全景展开透彻的剖析和彻底的批判，揭露其本质特征，最后在第四章提出我国抵御新自由主义“生态环境治理术”的应对之策。因此，在上篇部分，笔者全面展现了新自由主义“生态环境治理术”的“前世”和“今生”，揭露了其危害和本质面目，提出了应对之策。具体来说，第一章是新自由主义“生态环境治理术”的历史溯源。该章讲述了新自由主义“生态环境治理术”的“前世”，即新自由主义“绿色化”的理论史根源，也就是新自由主义所试图复归的古典自由主义的绿色维度，包括对自然资源私有产权和市场机制配置合法性的确证。但古典自由主义的绿色维度具有一定的限度，更重要的是，新自由主义对这种绿色维度采取选择性继承的姿态，其资本主义意识形态属性昭然若揭，而之所以如此，是因为自然资源存在方式的变革与资本主义的历史起源存在紧密联系。第二章是新自由主义“生态环境治理术”的理论全景。该章讲述了新自由主义“生态环境治理术”的“今生”，既介绍了哈耶克、弗里德曼等新自由主义代表人物在生态环境治理维度上的四大论题，又介绍了在其影响下所形成的当今理论形态——自由市场环境主义的方法论根基，并在阐述资本主义生态化历程的基础上，指出新自由主义勃兴以来对全球生态环境治理的总战略——生态资本化和四大具体策略。第三章是新自由主义“生态环境治理术”的本质批判。该章揭露了新自由主义“生态环境治理术”的“面目”。该章首先就新自由主义“生态环境治理术”所造成的影响，从直观上对其政治合法性进行质疑，进而深入历史本质层面，揭露其将生态环境转变为资本积累的重要战略场域的本真面目，并从马克思主义劳动价值论出发，阐释自然生态环境在这一战略下其存在方式所遭遇的被剥削和异化状态的深层原因。第四章是抵御新自由主义“生态环境治理术”的对策。该章主要提出了应对新自由主义“生态环境治理术”的我国对策，即“一体两翼”，“一体”指的是应对新自由主义“生态环境治理术”的总原则，即在社会主义的规定下展开生态环境治理，“两翼”指的是构筑抵御新自由主义“生态环境治理术”的理论防线和制度防线，即走向生态政治经济学的理论防线，以及党的领导、自然资源公有制、“有效市场”与“有为政府”相结合的三条制度防线，理论防线和制度防线统一于社会主义规定性的总原则之中。

下篇分为四章，深入国家公园、水资源、汽车社会、动物保护四大领域，探讨新自由主义的影响和对策，选取这四个领域主要是因为：一是它们是当今时代生态环境治理的重要领域，与人们的生产生活息息相关。建设国家公园是当今保护生态环境、维护生物多样性的通行做法，我国自党的十八届三中全会提出建立国家公园体制的重点改革任务以来，至 2021 年正式设立了五个国家公园；水资源涉及人们的饮用水安全，汽车社会涉及人们的出行，动物保护涉及人们食用动物类制品，因此，这些领域与人们的吃、喝、出行等基本生存需要密切相关。二是新自由主义对这些领域的影响具有典型性。新自由主义在经济上的全盘私有化、彻底市场化、完全自由化的主张在这些领域都得到了体现，国家公园的私有化和私营公司的介入，水资源的商品化和供水服务市场化，私人小汽车主导下的汽车社会，以及野生动物商品化、私有化和市场化的发展都是新自由主义影响下的产物。三是新自由主义对这些领域的影响与其他生态环境领域具有关联性。新自由主义对这四大领域的影响与对其他领域的影响具有共性，如对国家公园的探讨就直接涉及土地、林地的问题，对汽车社会、水资源、动物保护的影响也适用于对其他自然资源的影响（如大气的私有化和商品化）。因此，选取这四个领域的叙事具有重要性、典型性、关联性方面的特征，虽然是相对独立的篇章，但从中也可以看出新自由主义对它们各自影响的共性。具体来说，第五章是新自由主义与国家公园。该章首先概述了新自由主义对以国家公园为主体的自然保护地建设的影响；其次以国家公园的“无人模式”为例，从政治生态学的视角考察资本逻辑因素如何影响国家公园的创建；最后以我国武夷山和三江源国家公园为例，分析了“管理不善”话语嵌入的影响，以及有别于新自由主义要素的，应对人地矛盾、自然保护和发展利用的挑战的对策。第六章是新自由主义与水资源。该章概述了新自由主义代表人物和自由市场环境主义的水资源治理思想，以城市供水服务的私有化和市场化发展为例，来说明新自由主义“水资源治理术”的全球蔓延及其后果，利用生态经济学和马克思的资本原始积累理论对其展开深入批判，并提出我国要防范新自由主义的影响，始终坚持水资源的公有产权性质和坚持以人民为中心作为水务市场化改革的宗旨的基本对策要求。第七章是新自由主义与汽车社会。该章以汽车社会为例，批判新自由主义撇开社会制度的因素对技术克服生态危机的顶礼膜拜。该章在概述汽车技术改进史的基础上，指出了汽车社会存在的“杰文斯悖论”，并对新自由主义将人们深陷汽车社会的所谓“汽车是自由的化身”的理据进行了批判，从资本主义长时段的历史变迁揭示了汽车与资本的共谋乃是根本所在，并提出了要建设“以新能源为支撑、以公有为基础、以人民为中心”的汽车社会 2.0 版本。第八章是新自由主义与动物保护。该章揭露了新自由主义对驯养动物和野生动物在私有化、商品化和市场化中遭受的待遇，并提出了防范新自由主义影响的动物解放之策，包括要历史地看待人与动物的关系、发挥政府的作用和坚持野生动物的公有理念和制度设计。

本书在结语部分以“昂首阔步走中国式生态环境治理道路”作为总结。结语指出，新自由主义对全球生态环境治理的影响具体表现为新自由主义“生态环境治理术”的形成，即以生态资本化为总特征，以自然资源的私有化、商品化、市场化和金融化为具体体现。这一治理术本质上是企图以“生态资本化”来实现“资本生态化”，与其说是对生态环境的拯救，毋宁说是对资本主义的拯救，但由于其服务于资本的无限增殖，它既拯救不了生态，也拯救不了自己。我国的生态环境治理不能照搬新自由主义“生态环境治理术”，要以“一体两翼”抵御其影响。我国的生态环境治理是以马克思主义为指导，以习近平生态文明思想为根本遵循，以满足人民对优美生态环境需要为根本宗旨，围绕着战略地位、总体目标、主要原则、重点任务、制度建设等方面展开全方位、全地域、全过程战略部署的治理之路，与新自由主义“生态环境治理术”存在着根本性的区别。

最后，回到开篇笔者引用的著名史学家艾瑞克·霍布斯鲍姆在其“年代四部曲”中最后一部最后一章的结束语，希望本书的写作能为人类社会的改变做出些许贡献，让人类拥有一个看得清楚的未来！

上　篇

第一章　新自由主义“生态环境治理术”的历史溯源

资本主义诞生于人类生活的核心，以及人类与作为其生活基础的大自然的互动。

——［加］埃伦·米克辛斯·伍德《资本主义的起源：学术史视域下的长篇综述》

新自由主义在何种程度上具有与生态环境治理“联姻”，从而形成一套“生态环境治理术”的可能性呢？这种可能性可以基于以下两个原因：第一，新自由主义本身就是一种生态思潮，这样它与生态环境治理的“联姻”就理所当然；第二，新自由主义具有“绿色化”的“潜能”，这样它与生态环境治理的“联姻”也有实现的可能。显然，从直观上看，新自由主义本身只是一股政治经济思潮，而不是生态思潮，是第二个原因成就了两者的“联姻”，但生态问题与政治经济问题常常交织在一起，这使我们既可以从政治经济角度看待新自由主义，也可以从生态角度看待新自由主义。通常认为，新自由主义是对古典自由主义的继承，或古典自由主义的复活，这至少表明新自由主义与古典自由主义的基本观点或核心精神是一致的，因此，要考究新自由主义具有“绿色化”的“潜能”，可以追根溯源，考究古典自由主义在生态环境维度上“绿色化”的“潜能”，以及这种“潜能”的限度，并最终洞悉作为论证资本主义历史起源合法性的古典自由主义与自然资源存在方式的内在关系。

第一节　古典自由主义的绿色维度

新自由主义“绿色化”源于古典自由主义的“绿色维度”，这一维度表现在两个方面：第一，古典自由主义对土地资源稀缺性的体认，并提出了经济不可能无限增长的主张；第二，自然资源私有产权合法性的确证，以及以自由放任的市场机制推动社会整体利益的增进，这其中也包括社会公众环境利益的增进。

一、古典自由主义对“增长的极限”的体认及其当代效应

工业革命所引发的技术革命使整个社会的生产力得到巨大发展，生产效率的提高使社会产出了数量巨大的产品，生活在工业革命伊始和蓬勃发展时期的古典自由主义经济学家不仅见证了这一社会的巨变，而且论证了自由市场经济推动经济增长的巨大

效应。因此，古典自由主义经济学家对经济增长持普遍乐观态度。

尽管如此，古典自由主义经济学家的观点形成于工业革命引发的巨变之前，在研究社会经济运行规律的过程中，他们对经济增长所遭遇的自然资源极限表现出了深深的忧虑，这分别体现在斯密、李嘉图和马尔萨斯对人均实际收入的悲观预期和土地报酬递减规律的认识上。也正因为如此，就连生态社会主义者戴维·佩珀（David Pepper）也承认：“事实上，古典经济学家并不必然缺少‘绿色的’视角。马尔萨斯与李嘉图所论述的边际报酬递减规律认为，农业生产上每一额外单位的劳动与资本投入，所带来的收益是日趋衰减的。因此，就如今日的绿色经济学那样，他们的经济学说也源于有限资源、增长极限以及潜在匮乏的设想。”①

人均实际收入是粗略地测量经济增长的关键指标。在斯密看来，工资是由劳资双方订立的合同决定的，在订立合同时，资方总是处于有利地位，但无论如何，工资仍有一个最低限度用于维持工人的生活，而工人想要获得超过最低限度的工资，则取决于三个因素：一是劳动供不应求；二是国民财富的不断增加；三是对劳动者需求的程度加大。就前两个因素而言，斯密似乎表现出了对工人工资增长的乐观态度。一方面，斯密描述了劳动人口供不应求的现象。在斯密看来，无论富裕还是贫困，家庭人口的数量仍然无法满足劳动者需求的增加，在北美，家庭的富裕鼓励早婚，“可是，尽管早婚招致了人口很大的增加，但北美人民却仍不断发出劳动者不足的诉苦声”②；在苏格兰高地，家庭的贫困未必会使人不结婚，“但极不利于子女的抚养”③。另一方面，斯密又指认了不断增加的国民财富促进了劳动工资的提高。在斯密看来，不是庞大的现有国民财富而是不断增加的国民财富促进了劳动工资的提高。“劳动报酬优厚，是国民财富增进的必然结果，同时又是国民财富增进的自然征候。反之，贫穷劳动者生活维持费不足，是社会停滞不前的征候，而劳动者处于饥饿状态，乃是社会急速退步的征候。”④ 对此，斯密指出英格兰确实比北美各地富有，但是北美各地的劳动工资却比英格兰各地高，但即使是在英格兰，由于劳动者得到生活必需品和便利品的成本低廉，也使劳动者的真实报酬可能在比例上大于劳动货币价格的增加。而对于第三个因素，斯密指认了工资处于一种动态平衡之中，他认为，劳动工资的增加与劳动需求所需要的程度有关。“什么时候，要是劳动报酬不够鼓励人口增殖，劳动者的缺乏不久就会抬高劳动的报酬。什么时候，要是劳动报酬过分鼓励人口增殖，劳动者的过多不久就使劳动的报酬减到其应有的程度。在前一场合，市场上的劳动供给，如此不足，在后一场合，市场上的劳动供给，又如此过剩，结果都迫使劳动价格，不久又回到社会所需要有的适当程度。”⑤

不过，对于能否实现劳动工资的无限增长，斯密则持一种谨慎的态度。他说：“一国所获的财富，如已达到它的土壤、气候和相对于他国而言的位置所允许获得的

① ［英］戴维·佩珀：《现代环境主义导论》，宋玉波、朱丹琼译，格致出版社、上海人民出版社 2011 年版，第 65 页。

② ［英］亚当·斯密：《国富论》，郭大力、王亚南译，商务印书馆 2015 年版，第 65 页。

③ ［英］亚当·斯密：《国富论》，郭大力、王亚南译，商务印书馆 2015 年版，第 73 页。

④ ［英］亚当·斯密：《国富论》，郭大力、王亚南译，商务印书馆 2015 年版，第 67 页。

⑤ ［英］亚当·斯密：《国富论》，郭大力、王亚南译，商务印书馆 2015 年版，第 74 页。

限度，因而没有再进步的可能，但尚未退步，那么，在这种状态下，它的劳动工资及资本利润也许都非常的低。一国人口的繁殖，如已完全达到其领土所可维持或其资本所可雇用的限度，那么，在这种状态下，职业上的竞争必然非常激烈，使劳动工资低落到仅足够维持现有劳动者人数，而且由于人口已经非常稠密，也不可能再有增加。一国的资本，如与国内各种必须经营的行业所需要的资本相比，已达到饱和程度，那么各种行业所使用的资本，就达到各行业的性质和范围所允许使用的程度。这样，各地方的竞争就大到无可再大，而普通利润便小到无可再小。”① 显然，斯密在这里谈及了一国财富和人口会遭遇土地的限度制约而并无无限增长的趋势，一国资本所获得的利润也会呈下降趋势，由于利润的多少影响了对劳动者的需求，因此前者的下降减少了对后者的需求，从而使劳动工资也呈下降趋势。

李嘉图则从土地收益递减规律出发判断出资本的利润率和劳动的实际工资双重下降的趋势。在李嘉图看来，在同一块土地上追加投入等量的资本和劳动，土地产量总是以递减的比例增加，即存在土地收益递减规律。如果所有的土地都是极其肥沃且数量无限的，就不会产生地租。“当未被人占有而愿意耕种的人可以随意支配的土地还很丰富时，没有人会为使用土地而支付代价。根据一般的供求原理，人们对于这种土地是不可能付给任何地租的，其理由和使用空气、水以及任何其他取之不尽用之不竭的自然恩赐物时无需支付报酬的理由相同。”② 由于在原有土地上连续追加投资的收益递减，就必须耕种较为贫瘠的土地，而由于越来越贫瘠的土地被耕种，农产品的价格就会越来越高。农产品价格的提高将带来两方面的后果：一方面，资本的利润率持续不断地下降，直至停止资本积累，社会就进入只能实现简单再生产的静止状态。由于农产品价格的提高，工人的名义工资就必然要上涨，这样一来，取决于工资高低的利润就必然要下降。李嘉图说：“利润的自然趋势是下降的；因为在社会和财富的发展中，必要的食品增加量是通过牺牲越来越多的劳动获得的。……任何资本都不能提供利润，劳动的需求也不会增加，因此人口就可能达到了最高点。事实上早在达到这个时期以前，很低的利润率就已经使一切积累停止，一国的全部产品在支付劳动者的工资以后，几乎都会成为地主和什一税及赋税的收受者的财产。”③ 另一方面，工人的名义工资虽然随着农产品价格的上涨而相应上涨，但这只是名义工资上涨了，实际工资却下降了。“劳动者就没有这样幸运，他的确将得到更多的货币工资，但谷物工资却减少了。不仅是他能够支配的谷物减少了，而且一般生活状况都将恶化；因为他将发现，这时要使市场工资率维持在自然工资率以上是更为困难的。”④

马尔萨斯关于经济增长的自然极限最为明确。我们都非常熟悉他的人口增长速度势必超过生活资料增长速度的人口原理，这一原理使其深信苦难和贫穷是一个社会的

---

① ［英］亚当·斯密：《国富论》，郭大力、王亚南译，商务印书馆2015年版，第88页。

② ［英］大卫·李嘉图：《政治经济学及赋税原理》，郭大力、王亚南译，商务印书馆2013年版，第55页。

③ ［英］大卫·李嘉图：《政治经济学及赋税原理》，郭大力、王亚南译，商务印书馆2013年版，第99-100页。

④ ［英］大卫·李嘉图：《政治经济学及赋税原理》，郭大力、王亚南译，商务印书馆2013年版，第83页。

自然法则，是广大劳工阶级的生活常态。“由于劳动者的人数也多于市场所能提供的工作机会，劳动的价格必然趋于下降，与此同时食物的价格则趋于上升。所以，劳动者要挣得和以前同样多的工资，就得更卖力地工作。在这种艰苦时期，结婚会受到严重阻碍，养家糊口也难上加难，以致人口处于停滞状态。在此期间，劳动价格低廉，劳动者人数充裕，劳动者不得不更勤勉地工作，这些会鼓励耕作者向土地投入更多的劳动，鼓励他们开垦新土地，对已耕种的土地施用更多的肥料，进行更全面的改良，直到生活资料和人口恢复最初的比例。此时劳动者的境况会有所好转，人口所受到的抑制会有所放松。劳动者生活境况的恶化与好转，就是这样周而复始地重演的。”① 马尔萨斯在《人口原理》第二版中也提出了土地收益递减规律的思想：“土地这笔总基金，从一切土壤性质来说，非独不会递增，而且必然会逐步递减”，“扩大耕种面积和资本的大量增加只会带来较小比例的报酬”②。由于土地收益递减，同时劳动者所需的谷物下降到一定程度后便无法再降低，因此土地收益递减规律的作用便完全体现在农业利润上，由此所导致的农业利润率下降引致资本从农业向非农业转移，而这种转移最终又降低了工商业的利润率。

古典自由主义经济学家关于经济增长的土地资源极限的思想，在当代被视为环境保护思想的源头之一，因为这种思想很明确地认识到了自然资源的有限性问题，而这正是人们对当今生态危机的重要体认。如果将古典自由主义关于土地有限性的思想称为“古典稀缺论”，那么可以将当代关于自然资源有限性的思想称为“现代稀缺论”。“二战”后，随着资本主义国家进入相对平稳的阶段，对经济增长和人口增长的担忧再次成为公众和学界热议的话题，马尔萨斯主义得以复苏，出现了“新马尔萨斯主义”。1948 年，费尔菲尔德·奥斯本（Fairfield Osborn）和威廉·沃格特（William Vogt）分别出版了《我们被掠夺的星球》和《生存之路》，这两本著作均指向了资源稀缺和人口过剩。奥斯本明确指出：“地球的人口发展趋势就是不断上升，地球的生物资源储备量在不断下降。”③ 而在沃格特看来：“地球不是用橡胶做成的，它不能伸缩；每个国家的人口所拥有的英亩数是有限的，并且随着人口的增长，具有生产性的土地的相对数量将下降。”④ 由此，这两本著作共同开启了马尔萨斯主义在“二战”后的复苏。⑤ 20 世纪 50 年代以来，复苏马尔萨斯主义的人士不仅重申了马尔萨斯的传统论题，即人类社会不断增长的人口和有限的生活资料供给之间的矛盾，而且将这一矛盾进一步拓展为更宽广的自然资源稀缺性议题。

20 世纪 50 年代的主要代表人物是美国经济学家肯尼思·博尔丁（Kenneth Boulding）。1956 年，他在《形象：生活与社会中的知识》一书中将马尔萨斯的元素引入了整体经济学（Holistic Economics），其认为 1845～1849 年爱尔兰大饥荒是马尔萨斯

---

① ［英］马尔萨斯：《人口原理》，朱泱、胡企林、朱和中译，商务印书馆 1992 年版，第 14 页。

② ［英］马尔萨斯：《人口原理》，子淇、南宇、惟贤译，商务印书馆 1961 年版，第 2、394 页。

③ Fairfield Osborn, *Our Plundered Planet*, Boston: Little, Brown and Company, 1948, p. 201.

④ William Vogt, *Road to Survival*, New York: William Sloane Associates, Inc., 1948, p. 194.

⑤ Pierre Desrochers and Christine Hoffbauer, "The Post War Intellectual Roots of the Population Bomb", *The Electronic Journal of Sustainable Development*, Vol. 1, No. 3, 2009, pp. 37-61.

法则运行的结果。[①] 1966 年，他在亨利·贾勒特（Henry Jarrett）主编的《增长经济中的环境质量》一书中，发表了短文《即将到来的宇宙飞船地球经济学》。博尔丁认为，经济学原理应该从过去的开放经济（牛仔经济）转向封闭经济（太空人经济），把地球视为一只孤立的宇宙飞船，其生产能力和净化污染能力都是有限的，在这种有限性的制约下，衡量人类福祉和经济成功的标志不应是传统经济学的产量最大化和消费最大化，而是整个自然资本存量的性质、数量、质量及复杂性，包括人类的身体及精神状态。[②]

20 世纪 60 年代的主要代表人物是美国斯坦福大学教授保罗·埃利希（Paul Ehrlich）。1968 年，他在其畅销书《人口炸弹》中用大量的篇幅描述了越来越糟糕的环境状况和粮食安全境况，并宣称：“养活全人类的战争已经结束。尽管从现在开始采取应急措施，到 20 世纪 70 年代，上亿人口仍将饿死。”[③] 他的建议直言不讳：在困难重重的国家如印度，人们或许迟早都要挨饿，因此应避免提供粮食援助来减缓人口增长。这种论调与马尔萨斯如出一辙。

20 世纪 70 年代的主要代表人物是罗马俱乐部和美国经济学家尼古拉斯·乔治斯库-罗根（Nicholas Georgescu-Roegen）。1972 年，罗马俱乐部发布了《增长的极限》报告，该报告采用系统动力学的方法建立了世界模型，探索了全球关切的 5 种主要趋势，即加速工业化、快速的人口增长、普遍的营养不良、不可再生资源的耗尽以及恶化的环境，其最终的观点是“地球是有限的”，面对无止境的人口增长和物质需求，两者的矛盾最终将把人类文明引向崩溃。乔治斯—罗根则将熵增定律引入经济过程，认为人类的经济行为无法避免熵增定律，任何经济行为的成本总是高于产出，经济过程牢牢地扎根于物质基础之上并受其约束，正是这些约束使经济过程的演化是单方向的且不可逆转的。

20 世纪八九十年代的主要代表人物是莱斯特·R. 布朗（Lester R. Brown）和加勒特·哈丁（Garrett Hardin）。被《华盛顿邮报》誉为“世界上最有影响力的一位思想家”的布朗，在 20 世纪 80 年代就因为其对环境问题的深刻认识而获得联合国环境奖（1987 年）和世界自然基金会金奖（1989 年）。提出“公地悲剧”的哈丁在 1995 年出版的《生活在极限之内：生态学、经济学和人口禁忌》中否定了现实生活中的指数增长，批判了“无限”的世界观，将人们的注意力重新引向了人口过剩。哈丁认为：“无论何时，领土扩张终会结束，人类将被迫靠地球上有限的资源为生。有限资源的分配问题将变成人类事务的中心。马尔萨斯作为经济学家发现人口增长加剧了这些问题是必然的。”[④]

21 世纪以来的主要代表人物除了依旧活跃的布朗，还有理查德·海因伯格（Richard Heinberg）等。布朗从 2003 年到 2009 年出版了 4 个版本的《B 模式》，揭

---

① Kenneth Boulding, *The Image*: *Knowledge in Life and Society*, Ann Arbor: University of Michigan Press, 1956.

② ［美］肯尼思·博尔丁：《即将到来的宇宙飞船地球经济学》，载［美］赫尔曼·戴利、肯尼思·汤森：《珍惜地球：经济学、生态学、伦理学》，马杰等译，商务印书馆 2001 年版，第 334-351 页。

③ Paul Ehrlich, *The Population Bomb*, New York: Ballantine Books, 1968, p. xi.

④ ［美］加勒特·哈丁：《生活在极限之内：生态学、经济学和人口禁忌》，戴星翼、张真译，上海译文出版社 2001 年版，第 26 页。

示了以高碳化石能源和线性经济的物质过程为特征的传统发展模式，即“一切照旧”（Business as Usual）的“A模式”已经走到了尽头，是不可持续的发展模式，未来变革的方向是以低碳可再生能源和物质再生性利用为特征的可持续发展的“B模式”。此外，布朗还出版了《处在世界边缘的世界：如何防止环境和经济崩溃》（2011年）、《饥饿的地球村：新食物短缺地缘政治学》（2012年）和《大转型：从化石燃料向太阳能、风能转型》（2015年）等著作。[①] 作为后碳研究院（Post Carbon）的资深研究员，海因伯格在《当增长停止：直面新的经济现实》一书中不仅重申了《增长的极限》的论调，剖析了阻碍经济增长的化石燃料和其他自然资源的枯竭问题，而且结合2008年国际金融危机，讨论了经济增长为何会因为全球货币及金融体系的内在桎梏而面临极限的问题，他对未来的预测直截了当：“世界经济增长将成为历史。”[②] 此外，持类似观点的还有克里斯·马滕森（Chris Martenson）的《速成班：我们经济、能源和环境的不可持续未来》[③] 和玛丽亚·罗内（Maria Ronay）的《我们不得不改变》[④]。

二、古典自由主义对自然资源私有产权和自由市场机制合法性的确证

在古典自由主义的理论传统中，私有财产权和自由放任的市场经济是两个重要的理论内核和支柱，将其应用到生态环境治理领域则意味着自然资源私有财产权合法性的确证，以及以自由放任的市场机制配置自然资源的确证，对两者的确证所具有的生态意涵使古典自由主义的“绿色化”成为可能，即自然资源私有财产权以及以自由放任的市场机制配置自然资源完全可以推进环境保护的实现。对此，让我们考究一下古典自由主义的代表人物洛克和斯密的理论。

众所周知，洛克的理论贡献在于论证了私人所有权的合法性，如果从生态的维度看，洛克在论证私人所有的“对象”时，明显也指向了自然资源。据笔者考察，洛克在《政府论》下篇中的“论财产”一章中所提到的自然资源就包括土地、一切低等动物、鹿肉、苹果、矿石、水、鱼、龙涎香、野兔、橡实和果实。因此，洛克对私人所有权合法性的论证，实际上也包括对自然资源私有权合法性的论证。那么，洛克是怎样阐述这种合法性的呢？

洛克承认，上帝给予人类世界上的东西都是共有的，怎样才能使任何人对任何东西享有财产权呢？洛克给出了以下两个理由：一是人的理性产生了自然资源的私有权。上帝在给予人类共有的东西时，也给予人类自然理性，人类拥有生存权利就是人类的自然理性，为了生存，上帝给予人类共有的东西就必须供人类使用，既然这些东

---

① Lester Brown, *World on the Edge: How to Prevent Environmental and Economic Collapse*, Washington, D. C.: Earthscan, 2011; Lester Brown, *Full Planet, Empty Plates: The New Geopolitics of Food Scarcity*, New York: W. W. Norton & Company, 2012; Lester Brown, *The Great Transition: Shifting from Fossil Fuels to Solar and Wind Energy*, New York: W. W. Norton & Company, 2015.

② ［美］理查德·海因伯格：《当增长停止：直面新的经济现实》，刘寅龙译，机械工业出版社2013年版，第21页。

③ Chris Martenson, *The Crash Course: The Unsustainable Future of Our Economy, Energy, and Environment*, Hoboken, N. J.: John Wiley & Sons, 2011.

④ Maria Ronay, *We Have to Change*, Bloomington: iUniverse, 2010.

西是供人类使用的，那就必然要通过某种拨归私用的方式，然后才能让人类生存下去，由此便产生私有权。二是人的劳动产生了自然资源的私有权。在洛克看来，人类理所当然地对他自己的身体享有所有权，对他的身体所从事的劳动享有所有权，当他在任何东西中渗入自己的劳动，在这些东西上面加进他自己所拥有的某些东西后，就使这些东西成为他的财产，由此又产生私有权。

在《政府论》中，洛克也提及了私有权合法性的反对意见。有的人认为，私有权的享有将使人们无限制地占有物品。对此，为了增强私有权的合法性，洛克进一步对私有权的实施做了三点规制：第一，私有权的应用不可造成浪费，也不会造成浪费。洛克指出，自然法在给予人类私有权的时候，同样对这种权利加以限制，限制的尺度就是以供人类享用为度，人类受生理等条件的制约，只能享用一定量而不是无限量的东西，因此，对其占有也就必须以此为限度，超过了自己可以享用的度而任其腐烂是不行的，此时，允许私有权的合法性存在就意味着，这些超过自己可以享用的东西必须归其他人所有。第二，私有权的应用不可伤及他人的基本生存，也不会伤及他人的基本生存。洛克讲上帝没有给予他的任何一个儿女对世界上特定部分东西的所有权，却给予了他的贫困兄弟享受他的剩余物的权利，当他的兄弟有急切需要的时候，任何有财产的人都必须拿出他的财产加以救济，如果不这样做的话，就是一种罪恶，并且自己在享用私有权的时候，必须留给他人“足够的同样好的”[①] 东西。第三，私有权的应用要增进全人类的共同利益，也定会增进全人类的共同利益。劳动使人们拥有了私有权，洛克指出，同样地，也正是因为劳动才使一切东西有了价值，一英亩种植烟草等作物的土地同一英亩公有的、未加垦殖的土地的区别就在于，前者因为劳动的改进作用使其价值远远高于后者。私有权不仅使无价值的东西变得有价值，还提高了劳动生产率，增加了人类共同的积累，因为在洛克看来，在私有土地上所生产的产品比共有的、放任自流的土地要多出好多倍。

从生态的维度来看，私有权的施行意味着对自然资源的无限占有和消耗，而洛克上述对私有权合法性的论证往往成为自然资源私有权可以保护环境的重要依据，不少学者根据洛克的这些论证，引申出了其中的生态意涵。例如，史蒂芬·达芬（Stephen Duffin）比较了新西兰原住民毛利人的环境伦理思想和洛克的思想，发现洛克的思想尽管存在着与毛利人的环境伦理不一致的地方，但是也存在着高度的相似性，这主要体现在：私人所有权并不意味着对一切事物的占有，不允许粗暴地对待动物，反对以战争的方式获取私人所有权，要顾及未来几代人的生存权利，万物之间是相互依赖的[②]。凯斯林·斯夸德里托（Kathleen Squadrito）通过考察洛克在《政府论》和《教育漫话》中的“统辖权”或“支配权”观点，指出洛克虽然无法预见20世纪的生态危机，他所持有的经济价值观也助长了环境退化，但是，他的社会意识形态是人道主义和进步性的，因为在洛克看来，生态平衡是上帝创造物生存的必要条件，因此人类受上帝指派保存他们自己的物种。显然，在这里洛克并不赞同破坏地球生态平衡

---

① ［英］洛克：《政府论》（下篇），叶启芳、瞿菊农译，商务印书馆1964年版，第18、21页。

② Stephen Duffin, “The Environmental Views of John Locke and the Maori People of New Zealand”, *Environmental Ethics*, Vol. 26, No. 4, 2004, pp. 381–401.

的行为①。

总的来看，对洛克思想所具有的“绿色潜能”可归结为以下几个要点：从不得浪费的原则引申出，自然资源的私有权的施行不会导致对自然资源的无限耗尽；从不可伤及他人的原则引申出，自然资源私有权的施行要求将“足够的同样好的”东西留给他人和子孙后代；从增进人类共同利益的原则引申出，自然资源私有权可以增进自然的价值，提高资源的利用效率，并最终实现人类的共同福祉。

接下来，我们再来看看斯密的理论。对于私有财产权，斯密已经不将其视为需要论证的问题了，他完全同意洛克的劳动所有权概念，“劳动所有权是一切其他所有权的主要基础，所以，这种所有权是最神圣不可侵犯的”②。在斯密那里，私有权合法性的确认成为其论述工人获取工资、资本家获取利润和地主获取地租合法性的来源。

在资本累积和土地私有尚未发生以前的社会，劳动的全部生产物都属于劳动者自己，对这样一种劳动产品的分配方式，斯密流露出了不满，他指出，分工引起劳动生产力的提高将使一切物品变得更加低廉，但是，有些物品似乎比从前昂贵了，因为某些产业的劳动生产力增加的倍数远远落后于大多数产业，交换的结果就是这一产业的产品可以换取其他大多数产业更多的产品，从劳动量的角度看，这一产业现在只要耗费较少的劳动量就可以换取之前的等量产品。

现在，这种原始状态已经不复存在了，这是因为人类社会进入了土地私有和资本累积的时代，劳动者的劳动生产物要做两次扣除：一是当资本一经在个别人手中积聚起来，就会雇用劳动者，购买原材料与生活资料供给他们，以便从中获取利润，利润便是资本家垫付原材料和工资的报酬。二是“一国土地，一旦完全成为私有财产，有土地的地主，像一切其他人一样，都想不劳而获，甚至对土地的自然生产物，也要求地租。森林地带的树木，田野的草，大地上各种自然果实，在土地共有时代，只须出些力去采集的，现今除出力外，却须付给代价。劳动者要采集这些自然产物，就必须付出代价，取得准许采集的权利；他必须把他所生产或所采集的产物的一部分交给地主。这一部分，或者说，这一部分的代价，便构成土地的地租”③。斯密不仅看到了土地私有化产生的地租，还看到了有的海域或河域的私有化也会产生租金，对此，他至少举了三个例子：欧洲的鲑鱼业、克尔普海草的生产和设得兰群岛近海地带水产物的生产。例如，他说：“对于以生产这种海草的海岸为界的所有地，地主也要求地租，像他们对谷田要求地租一样。”④ 做了上述扣除后，剩下的就是工人的工资了。

对这三种收入所形成的三大阶级，斯密的态度是不同的。对地主阶级，斯密是一种谴责的态度：“他们不用劳力，不用劳心，更用不着任何计划与打算，就自然可以取得收入。这一阶级所处的安乐稳定地位，使他们自然流于懒惰。懒惰不但使他们无知，并使他们不能用脑筋来预测和了解一切国家规章的后果。”⑤ 对工人阶级，斯密虽然对他们因社会利益相关的痛苦表示同情，但同时认为这与他们了解社会利益的能

---

① Kathleen Squadrito, “Locke's View of Dominion”, *Environmental Ethics*, Vol. 1, No. 3, 1979, pp. 255-262.

② ［英］亚当·斯密：《国富论》，郭大力、王亚南译，商务印书馆 2015 年版，第 117 页。

③ ［英］亚当·斯密：《国富论》，郭大力、王亚南译，商务印书馆 2015 年版，第 43 页。

④ ［英］亚当·斯密：《国富论》，郭大力、王亚南译，商务印书馆 2015 年版，第 141 页。

⑤ ［英］亚当·斯密：《国富论》，郭大力、王亚南译，商务印书馆 2015 年版，第 245 页。

力相关。对资产阶级，斯密认为他们尽管以利润为目标，但却是最为社会所尊敬的，而且斯密不是简单地肯定这一阶级，而是肯定这一阶级中的制造业者这一阶层，对于另一个阶层——商人，斯密则认为他们在若干方面往往和公众利益不同，有时甚至相反，特别是商人为了减少竞争，使商人的利润提高到自然的程度以上，而让其他市民承受不合理的负担。

显然，从斯密对三大阶级的态度论述中，我们可以看出其反对封建剥削、批判重商主义的立场，以及对劳动者获取工资和资本家获取利润合法性的肯定倾向，所有这一切皆起因于私有权合法性的确认。由此我们可看出，论证自然资源由共有状态向私有状态转变的合法性，对于工人获取工资、资本家获取利润和地主获取地租的合法性是何等重要，也就是说，私有权是资本家获取利润的基础条件，是维持资本主义秩序的根基。可想而知，新自由主义对私有化的“坚定”，其意图在于维持这样一种秩序。

当斯密写到“工资、利润和地租，是一切收入和一切可交换价值的三个根本源泉”[①] 时，斯密将劳动价值论悄然转变成收入价值论，收入价值论本质上属于生产费用论，后来经萨伊发展为效用价值论。在萨伊看来，物品的效用就是物品价值的基础，在生产中，劳动、资本、土地这三个要素共同创造了产品，创造了效用，因而形成价值。因此，在价值分配上，这三个要素的所有者工人、资本家、地主就理应得到相应的报酬——工资、利息、地租。马克思把萨伊的这种观点归结为“三位一体公式”。

遵循这样的逻辑，效用价值论在当今时代被应用到新自由主义生态环境治理维度下的“自然资本主义”理论上，他们提出了自然资源效用价值论，将土地这一主要自然资源对生产的效用拓展为水资源、森林资源、空气资源、化石燃料等自然资源对生产的效用上，既指出这些自然资源的使用是要耗费成本的，从中延伸出迫使资本家节约使用自然资源的“环保观点”，又指出在价值的分配上可以因此而获得收入的激励作用，从而实现所谓的环保与获利的“双赢”。

斯密在完全肯定洛克的私有权合法性的基础上，要进一步论证的是自由市场的合法性。为此，斯密是以“经济人”假设为出发点来进行论述的。在斯密看来，人的本性是利己，人的行为受利己支配，一切经济现象，包括能促进生产率提高的自由市场都是个人利己活动的结果。在《国富论》的开篇，斯密就考察和叙述了分工对提高劳动生产率的巨大作用，这种作用的发生是因为人类具有与生俱来的交换倾向，而人们之所以愿意交换，是因为在交换过程中，人们发现专心从事某一工作所取得的好处，要比自己包揽一切工作所取得的好处多，因此，分工最终是出于人的利己倾向。既然分工和通过买卖方式的交换可以极大地促进生产率的提高，那么，那些阻碍商品销售的各种人为市场障碍就应该废除，取而代之的就是自由市场，这是一种“最明白最单纯的自然自由制度”。由于斯密从人的利己本性出发论证自由市场的合法性，导致有些环境主义者将斯密视为利己主义的捍卫者，进而指责斯密的思想与环境保护的公共利益诉求是不相容的，因此不可能在自由主义的基础上延伸出保护环境的思想。就连美国环境史学家唐纳德·沃斯特（Donald Worster）也认为：“人们一直普遍

---

① ［英］亚当·斯密：《国富论》，郭大力、王亚南译，商务印书馆2015年版，第46页。

认为贪婪是人类最可耻的行为之一，需要法律、规则和一种普遍的防范意识将其控制在安全的范围内。但在亚当·斯密等的理论影响下，贪婪开始被看成自我利益的合理追求，而不再是单纯的自私。也就是说，它成了美德。”①

其实，斯密在谈及人性的时候，并没有将利己视为人性的唯一，而是指出人性还是有利他的一面，正如在《道德情操论》的开篇，斯密就指出：“人，不管被认为是多么的自私，在他人性中显然还有一些原理，促使他关心他人的命运，使他人的幸福成为他的幸福必备的条件，尽管除了看到他人幸福他自己也觉得快乐之外，他从他人的幸福中得不到任何其他好处。”② 但即便是利己（Self-interest）这一概念，也并不等同于人们常说的自私（Selfish），后者是为了自己的利益全然不顾对他人的伤害，而前者则不然。斯密在将人性归为利己的情况下，还指出个人对利己的追逐，必须依一定的道德准则合法地追逐，即对利己的追逐不得伤害他人。在斯密看来，一个社会既可以存在于互相帮助的人之间，也可以在进行图利性质的交换中得以维持，但是，有一种情形将使社会分崩离析，即“社会不可能存在于随时准备互相伤害的那些人之间”③，不得伤害他人就是一个社会得以存在必须坚守的正义，这也就成为个人追逐利己的底线，“任何人绝不可以这样看重他自己而不顾其他任何人，以至于为了使他自己获益而去伤害或损害他人，即使他自己所获得的利益远大于他人所遭到的伤害或损害”④。

为了确保个人对利己的追逐不伤害他人，斯密找到了两个“帮手”。第一个是“公正的旁观者”。斯密问道，是什么力量可以反制人们的利己呢？是安住在每个人心中的“公正的旁观者”，“正是他告知我们，慷慨宽宏的合宜，以及不公不义的丑恶；正是他告知我们，为了还来得更大的他人利益而放弃我们自己最大的利益是合宜的，而对他人造成最小的伤害以便为我们自己谋取最大利益则是丑恶的”⑤。“公正的旁观者”就是基于人的利他本性对他人和自己的感情和行为做出赞同或反对的道德评判，正是这样一种道德评判限制了人性中的利己。第二个是政府。认为斯密是完全的自由市场放任主义者其实是对斯密的一种误解，为了使个人免受他人伤害，斯密强调政府应该具有提供某些公共服务的职能，这包括：“第一，保护社会，使不受其他独立社会的侵犯。第二，尽可能保护社会上各个人，使不受社会上任何其他人的侵害或压迫，这就是说，要设立严正的司法机关。第三，建设并维持某些公共事业及某些公共设施（其建设与维持绝不是为着任何个人或任何少数人的利益）。”⑥ 斯密指出，国家具有维持某些公共事业和公共设施的第三个义务是因为：“这类机关和工程，对于一个大社会当然是有很大利益的，但就其性质来说，设由个人或少数人办理，那所得利润绝不能偿其所费。所以这种事业，不能期望个人或少数人出来创办或维持。”⑦

---

① ［美］唐纳德·沃斯特：《在西部的天空下：美国西部的自然与历史》，青山译，商务印书馆 2014 年版，第 249 页。

② ［英］亚当·斯密：《道德情操论》，谢宗林译，中央编译出版社 2013 年版，第 2 页。

③ ［英］亚当·斯密：《道德情操论》，谢宗林译，中央编译出版社 2013 年版，第 103 页。

④ ［英］亚当·斯密：《道德情操论》，谢宗林译，中央编译出版社 2013 年版，第 164-165 页。

⑤ ［英］亚当·斯密：《道德情操论》，谢宗林译，中央编译出版社 2013 年版，第 164 页。

⑥ ［英］亚当·斯密：《国富论》，郭大力、王亚南译，商务印书馆 2015 年版，第 657 页。

⑦ ［英］亚当·斯密：《国富论》，郭大力、王亚南译，商务印书馆 2015 年版，第 691 页。

从总体上看，斯密对涉及土地、水资源等自然资源的道路、桥梁、运河、港湾这些公共基础设施的供给是否完全交由私人提供这一问题上持谨慎态度，他推崇的是将消费者融资与地方公共管理相结合的公共设施建设模式。

从理论上看，依靠斯密的这两个"帮手"，在"看不见的手"——利己和自由市场的支配下，对个人利益的追逐已经确定了作为总体的社会利益的增进，因为人们都必须在不伤害他人的条件下追求自利。如此一来，斯密就将个人的自利和社会的利益两者之间的冲突"和谐"起来了，但这种"和谐"显然是需要条件的，因此，在这种"和谐"内部始终埋藏着"冲突"的隐患甚至必然，正因为这种巨大的不确定性，才引发斯密之后的经济思想流派出现资本主义是导致和谐还是导致冲突的分歧，前者主张任何社会问题均可在资本主义的框架内得以解决，而后者则认为要彻底解决社会问题就必须根除资本主义。

显然，新自由主义的"生态环境治理术"就属于前者。从上述准则出发，利己和自由市场就可以引申出环境保护的观点：不伤害他人的原则，包括不伤害他人的身体健康，这就意味着必须对伤害他人身体健康的污染现象进行控制，必须为公众提供清洁饮用水、污水处置和废物处理等环境公共基础设施。后来的政治家、学者就将斯密视为以市场手段解决环境问题的鼻祖。克林顿在 1992 年的一次演讲中认为，美国过去在环境上的努力是一种命令控制型的管制，要求企业减少规定的污染量和使用给定的技术，尽管这种方法取得了重要的成绩，但抑制了企业的创新，增加了管制成本。因此，克林顿认为有必要引入强有力的市场手段解决美国的污染问题，他呼吁环境保护的全新时代，在这个全新时代，运用市场帮助我们的环境重回轨道，充分认识到亚当·斯密"看不见的手"上有一根"绿色拇指"①。被誉为英国最具影响力的绿色思想家乔纳森·波利特（Jonathon Porritt）也认为要重唤亚当·斯密的遗产，"要与市场和自由选择同行，而不是反对它们，这意味着资本主义是唯一能够实现生态可持续性与个人利益和成功相互兼容的首要制度"②。生态经济学家赫尔曼·戴利（Herman Daly）甚至认为，生态经济学在斯密等人的古典经济学中有很深的历史根基③。

第二节 古典自由主义"绿色潜能"的限度

上述考察让我们感到古典自由主义貌似很"绿色"，但实际上古典自由主义的所谓"绿色化"仍然存在着诸多限制，它对未来的趋向判断和根本目的与现当代的环境思潮还存在较大差异。

---

① Bill Clinton, *A New Covenant for the Environment*, *Bill Clinton*: *The Inside Story*, in Shawn Landres, eds., New York: S. P. I. Books, 1992, p. 312.

② Jonathon Porritt, *Capitalism as if the World Matters*, London: Earthscan, 2005, p. 31.

③ Herman Daly, *Ecological Economics and Sustainable Development*, *Selected Essays of Herman Daly*, Cheltenham: Edward Elgar, 2007, p. 63.

一、“乐观”的古典自由主义

总的来说，如果说古典自由主义是基于土地收益递减规律而指认经济增长的极限，那么现当代的环境主义者则是基于自然资源收益递减规律而指认经济增长的极限，因此，古典自由主义关于增长极限的思想已经成为研究环境议题的一种“范式”，其基本的出发点就是自然资源的稀缺性。瑞典隆德大学环境史学者安德烈亚斯·马尔姆[①]（Andreas Malm）根据增长极限的思想在斯密、李嘉图和马尔萨斯各自论述中的权重，将这种范式概括为环境议题上的“李嘉图—马尔萨斯范式”[②]。上述“二战”后关于增长极限的代表人物和观点均是在此范式下结合时代条件应运而生的产物，正如E. 库拉（Erhun Kula）所指出的，《增长的极限》“试图将古典的李嘉图—马尔萨斯稀缺观与诸如全球污染、非再生资源耗竭和技术导向的资本积累等当代问题结合起来”[③]。

现当代的环境主义者对增长极限的研判屡遭诟病。有的人指责罗马俱乐部所使用的计算机模型不完美，当年的《新闻周刊》还公开指出其是不负责任的一派胡言，而后来的事实似乎也证明他们的预测是错误的。当时，美国斯坦福大学教授、生态学家保罗·埃利希还与美国马里兰州立大学教授、经济学家朱利安·西蒙（Julian Simon）发生了“世纪之赌”。埃利希认为，随着人口的迅速增加以及工业化进程的不断加速，全球性的饥荒和资源耗竭很快就要到来，资源价格也会不断上涨。但西蒙却不以为然，他认为，人类社会的技术进步和价格机制会解决人类发展中出现的各种问题，自然资源不会枯竭，价格会不升反降。埃利希和西蒙用协议方式买入了1000美元的等量金属，价格以1980年9月29日为准。假如十年后铬、铜、镍、锡、钨5种金属的价格在剔除通货膨胀因素后上涨了，西蒙将付给埃利希5种金属的差价。假如价格下跌了，埃利希将把差价支付给西蒙。这场“赌博”结果在1990年揭晓，出乎多数人意料，5种金属的综合价（剔除通货膨胀因素）全下跌了，西蒙居然赢了，埃利希为此支付了1万美元的赌金。

尽管如此，我们都不会否认“二战”后“增长极限学派”的环境保护主义属性，这是因为他们存在的意义不在于对未来预测的准确程度，埃利希输了赌局只是因为他预测错了时间，如今我们已经知道许多与自然资源相关的大宗商品的价格呈不断上升的趋势。“增长极限学派”的意义在于他们对人类“居安思危”式的提醒，提醒人类要关注其所生存的自然环境的有限性特征，正是由于这一特征使人类无法规避增长极限的趋势。因此，他们言辞中的“人口爆炸”“宇宙飞船地球”“熵增定律”等话语所透露出的均是深深的忧虑，他们基本上属于“悲观派”，他们将自己的思想追根溯

---

① 马尔姆是瑞典隆德大学人类生态学、环境史、经济史教授，2016年他与伊朗的索拉·埃斯梅利亚安（Shora Esmailian）一起赢得了“多伊彻纪念奖”，该奖全称为“艾萨克·多伊彻与塔马拉·多伊彻纪念奖”（Isaac and Tamara Deutscher Memorial Prize），创立于1969年，是为了纪念研究托洛茨基和苏联事务的著名学者艾萨克·多伊彻和他的妻子塔马拉·多伊彻而设立的，被称为马克思主义领域的诺贝尔奖，每年用于表彰那些“最佳和最具创新性的马克思主义著作”。

② Andreas Malm, *Fossil Capital: The Rise of Steam Power and the Roots of Global Warming*, London: Verso, 2016, p. 24.

③ ［英］E. 库拉：《环境经济学思想史》，谢扬举译，上海人民出版社2007年版，第164页。

源到古典自由主义，也是因为古典自由主义的悲观论调。

与此相对，新自由主义显然不是对地球有限资源深感忧虑的“悲观派”，而是十足的“乐观派”，在此意义上，他们的“绿色化”是大打折扣的“绿色化”。这是因为古典自由主义经济学家对未来经济发展前景的看法有两面性：一方面，他们依据土地的有限性指认了经济增长的极限问题，有悲观的一面；另一方面，他们又有乐观的一面。

斯密对未来的繁荣抱以乐观的态度，他认为英国还有很多优良土地未被开垦，又有很多已开垦的土地未得到有效利用以充分实现其潜在价值，他还坚持认为，农业生产部门的扩张和改进将开启更加繁荣之路。上述笔者引述了斯密关于一国财富受土壤、气候等因素限制的思想，在引文后，斯密就指出：“也许没有一个国家的财富曾经达到这种程度。中国似乎长期处于静止状态，其财富也许在许久以前已完全达到该国法律制度所允许有的限度，但若易以其他法制，那么该国土壤、气候和位置所可允许的限度，可能比上述限度大得多。”①

在资本主义经济运行前景的问题上，尽管李嘉图在“论工商业途径的突然变化”一章中指出，由于人们需求的变化、国家税收的变化以及战争等因素，会引起局部性生产过剩的经济危机，使工商业的发展遭遇困难，但他还是对资本主义的发展前景抱有信心。“如果这种困难是直接伴随着从战争到和平的转变而来的，那就只要知道这一原因的存在，便有理由认为，维持劳动的基金只不过离开了常轨，而不是大大受到了损失；而且在遭受暂时的苦难之后，国家又会继续繁荣。同时我们还必须记住，退步状况永远是一种反乎自然的社会状态。个人的生长过程是由青年而壮年，而老死；但是国家的发展过程却不如此。国家达到最旺盛的状态以后，再向前进时诚然可能受到阻碍，但它们的自然趋势却是永远地继续发展，使它们的财富和人口永远不会减少。”② 让李嘉图对资本主义发展前景抱有如此信心的是萨伊定律，他是萨伊定律的追随者，接受了供给会自动创造需求的理论。在李嘉图看来，尽管某种商品可能会生产过多，但就全部商品来说，经过资本的自由转移，调节生产，这种情形是不会发生的。一方面，从生产者的角度来看，生产的目的是为了销售，资本运用的地方不可能是产品长期过剩的行业；另一方面，从消费者的角度来看，人们为了满足自己的需要必须进行购买活动，而人们的需要又是无限的，再加上货币只是交换的媒介，收入会立即被本人花掉，或者借给别人花掉，于是生产者和消费者“一拍即合”，生产出来的产品既然有人需要，那么就不存在因商品卖不出去而导致生产的过剩问题。

如前文所述，他们对未来前景的悲观表态，是因为他们对未来的预期是基于土地边际收益递减的规律，这一规律后来被进一步拓展为西方经济学中的边际报酬递减规律，而这一规律要成立是有前提条件的，倘若这些条件不存在，他们的悲观论调就会转变为乐观论调。第一个条件是技术水平保持不变。显然，生活在工业革命时代的斯密，不可能对这一具有时代变革意义的技术革命视而不见。“斯密关于自然资源充足

---

① ［英］亚当·斯密：《国富论》，郭大力、王亚南译，商务印书馆 2015 年版，第 89 页。

② ［英］大卫·李嘉图：《政治经济学及赋税原理》，郭大力、王亚南译，商务印书馆 2013 年版，第 224 页。

的非常乐观的著述，受到其时资源大体上丰富的世界和发生在制造业、农业和采集业中稳步技术进展等情况的影响。”① 第二个条件是没有对外贸易的发展。显然，在古典经济学的诸多命题中，对自由贸易或国际贸易的倡导是其核心命题之一，因此，他们在相当大程度上是倡导国际贸易的。马尔萨斯对技术的进步作用估计不足，这一点马克思、恩格斯早已批判过，但是，马尔萨斯也是提倡自由贸易的，所以，据美国经济学家撒缪尔·莱文（Samuel Levin）介绍，尽管马尔萨斯为人口过剩所困扰，但他并不排除将会有一个渐进的、进步性的人类社会。②

二、“服务资本主义”的古典自由主义

洛克对私有产权合法性的论证存在着这样的缺陷：上帝给予人类的东西是共有的，表明这些东西归所有人享有，而洛克将这种共有等同于无主产权，否认了共有产权下人们拥有自然资源的使用权，并依此也可以生存的可能性；拨归私用的方式显然是一种使用权，洛克将使用权等同于所有权，否定了共同所有权之下分离出使用权的可能性；因劳动产生私人所有权的论证，只是论证了劳动产品的私人所有权，但劳动产品的源泉——自然资源本身是没有渗入劳动的，它的所有权归属于谁？这一问题是洛克不曾设想的，我们不能对他求全责备。但是，如果我们再回到洛克的文本，就会发现洛克的论述在生态维度上存在着巨大的张力，他的论述还是有滑向生态环境破坏的倾向。

第一，洛克以不可浪费的原则来限制自然资源私有权的滥用，对人们提出了不可占有超过自身需要的自然资源的要求，这点看似“很环保”，但其实存在着破坏生态环境的“隐患”。既然不可占有超过自身需要的自然资源，那么，如何处置那些超过自身需要的东西呢？在洛克看来，办法当然是多种多样的，可以将这些东西馈赠给别人，可以拿这些东西同别人交换其他产品，但最终在大众中流行起来的是货币，因为人们可以出售超过自己需要的东西换取货币，而货币是可以保存且不至于损坏的耐久的东西。从中我们可以看出洛克是用私有产权的合法性论证了货币的起源和合法性，这其实也从反面证明了私有产权的合法性，因为货币在现实生活中的真实存在提供了私有产权得以成立的前提条件。但是，货币真的能解决对自然资源无限占有的问题吗？其实，这相应地将产生两个问题：一是人们购买他人超过自身需要的东西，必须要形成有效需求，有效需求的欠缺同样会造成浪费，而有效需求的形成有赖于合理的生产制度和分配制度，众所周知，资本主义制度下的生产制度和分配制度是造成人们有效需求不足的根本原因，因此，不根除这一制度，就无法解决浪费问题，洛克自己所提出的自然资源私有权合法性所依存的前提条件就不能成立。二是退一步看，假如不存在有效需求的问题，同样会存在其他问题，因为既然货币是一种可以贮藏的不易损坏的东西，人们就可以以此为理由占有尽可能多的东西，尽管如洛克所说，不会造成东西的腐烂败坏，但在这种利用中，造成对自然资源总量意义上的不断耗尽。洛克

① ［英］E. 库拉：《环境经济学思想史》，谢扬举译，上海人民出版社2007年版，第15页。

② Samuel M. Levin, “Malthus and the Idea of Progress”, *Journal of the History of Ideas*, Vol. 27, No. 1, 1966, pp. 92-108.

自己也说：“只要一个人在他邻人中间发现可以用作货币和具有货币价值的某种东西，你将看到这同一个人立即开始扩大他的地产。”①

第二，洛克以不伤及他人生存权的原则来限制私人所有权的滥用，要求留给别人“足够的同样好的”东西，但是，洛克在论述的过程中完全假定了自然资源的无限性，也就是说，他之所以认为私有财产权具有合法性，是因为在自然资源无限供给的条件下，对某些自然资源的私人占有不会影响其他人对自然资源的占有。“足够的同样好的”原则在“论财产”这一章中出现三次，第一次出现在第 27 节，讲的是私有产权合法性成立的条件问题，即必须留有“足够的同样好的”东西给其他人，但在第二次和第三次出现时，洛克则直接将“足够的同样好的”条件当成既定事实了。在第 33 节中，他说：“这种开垦任何一块土地而把它据为己有的行为，也并不损及任何旁人的利益，因为还剩有足够的同样好的土地，比尚未取得土地的人所能利用的还要多。所以，事实上并不因为一个人圈用土地而使剩给别人的土地有所减少。”②在第 36 节中，洛克又说：“没有任何人的劳动能够开拓一切土地或把一切土地划归私用；他的享用也顶多只能消耗一小部分；所以任何人都不可能在这种方式下侵犯另一个人的权利，或为自己取得一宗财产而损害他的邻人，因为他的邻人（在旁人已取出他的一份之后）仍然剩有同划归私用以前一样好和一样多的财产。”③ 可见，洛克其实假定了自然资源的无限性，而当这一前提根本不存在时，私有财产权的合法性就不复存在。反过来看，如果施行自然资源的私有财产权，完全有造成伤及他人无法获取自然资源的可能性。因此，不能从洛克的论述中先天地认为私有产权可以保护自然资源。

第三，洛克以增进人类共同利益的理据来规制私人所有权，并指出私人所有权通过劳动生产率的提高而提高资源的利用效率。暂且不讨论私人所有权是否比公共所有权在劳动生产率提高方面来得优越，就洛克通过私人所有权提高自然资源利用率而言，其中隐含着一个让人不易察觉的先验假定，即自然的价值只有渗入人类的劳动才能体现出来，换句话说，自然对于人来说仅有工具价值，甚至只有经济价值。正是劳动使一切东西具有不同的价值，而美洲未经垦殖的土地是没有价值的，洛克讲道：“关于这一点，没有比美洲几个部落的情况更能作为明显的例证。这些部落土地富足而生活上的一切享受却是贫困的。自然对他们也同对任何其他民族一样，充分地提供了丰富的物资——那就是能生产丰富的供衣食享用之需的东西的肥沃土地——但是由于不用劳动去进行改进，他们没有我们所享受的需用品的百分之一。在那里，一个拥有广大肥沃土地的统治者，在衣食住方面还不如英国的一个粗工。”④ 这种只将自然的价值限定在劳动之上的观点，显然是极端人类中心主义的观点。苏珊·利森（Susan Leeson）指出，在洛克的理论框架中，非人世界只具有纯工具性价值，只是满足人类需要的一个手段。在他看来，地球是交给人类使他们生活舒服的，而人与自然结

① ［英］洛克：《政府论》（下篇），叶启芳、瞿菊农译，商务印书馆 1964 年版，第 31 页。
② ［英］洛克：《政府论》（下篇），叶启芳、瞿菊农译，商务印书馆 1964 年版，第 21 页。
③ ［英］洛克：《政府论》（下篇），叶启芳、瞿菊农译，商务印书馆 1964 年版，第 22-23 页。
④ ［英］洛克：《政府论》（下篇），叶启芳、瞿菊农译，商务印书馆 1964 年版，第 26-27 页。

合就是从没有用的东西中创造出有价值的东西。[①] 埃里克·卡茨（Eric Katz）也认为：“洛克主张以人来评价自然世界。因此，洛克是最大的人类中心主义的现代理论家。对洛克来说，自然仅是因为被人类视为资产而使用才具有价值。”[②] 洛克的观点也是深生态学等生态中心主义者极力反对的，在深生态学看来，其所造成的后果，一方面是无视自然本身的生态价值；另一方面是存在着“借提高自然价值之名，行破坏环境之实”的生态风险，而这一点正是生态帝国主义的真实写照。威廉·克罗农（William Cronon）在揭示新英格兰殖民史的历程中就指出，欧洲殖民者为了将自己的殖民行为合法化，而极力贬低印第安人对土地的利用不足：“对印第安人生活方式的批评几乎是早期殖民者作品中近乎恒久性的内容，在这样的批评中，我们会发现很多关于殖民者们相信土地必须要利用的观念。弗朗西斯·希金森写道，‘印第安人用不了新英格兰这块土地的1/4，他们既没有定居的地方，例如，居住的城镇，也没有他们提出所有权的土地，因为他们不断地从一个地方到另一个地方，改变着他们的栖息地’。”[③] 洛克站在资产阶级的立场上，假想了印第安人处于生活极端贫困的场景，但是，洛克其实并没有注意到印第安人本身并不承认自己的贫困，由于他们的生产方式并不是资本主义生产所追求的永无止境的积累，因而需求是极其容易被满足的，从而更多的是一种“丰裕”的体验。[④]

对于斯密借洛克的私人财产权来论证工人获取工资、资本家获取利润、地主获取地租的合法性，进而将劳动价值论悄然转换成收入价值论、生产费用论或效用价值论，马克思、李嘉图等早就做了批判。马克思指出，收入价值论、生产费用论是一种循环论证，是用价值分配来说明价值形成，“价值的分配，或者说，价值的占有，决不是被占有的价值的源泉”[⑤]。效用价值论是混淆了使用价值和价值，是以使用价值来说明价值形成。“萨伊先生在第4章中谈到了太阳、空气、气压等自然要素赋予商品的价值，这种种要素在生产中有时代替人类的劳动，有时在生产中和人类协同发生作用。不过这些自然要素尽管会大大增加商品的使用价值，但是从来不会使商品增加萨伊先生所说的交换价值。……萨伊先生始终忽视了使用价值和交换价值之间有根本的区别。”[⑥] 其实，斯密本人的劳动价值论也同样论述了自然资源本身的使用价值很大，但不具有交换价值，他说：“水的用途最大，但我们不能以水购买任何物品，也不会拿任何物品与水交换。”[⑦] 如前文所述，从本质上看，收入价值论、生产费用论或者效用价值论都旨在为资本家获取利润进行辩护，将生产要素及相应的收入看作是永恒存在的，抹杀资本主义社会分配的历史性特征，以维持资本主义所谓的“自然”

---

① Susan Leeson, “Philosophic Implications of the Ecological Crisis: The Authoritarian Challenge to Liberalism”, *Polity*, Vol. 11, No. 3, 1979, pp. 303-318.

② Eric Katz, *Nature as Subject*, Lanham: Roman and Littlefield, 1996, p. 224.

③ ［美］威廉·克罗农：《土地的变迁：新英格兰的印第安人、殖民者和生态》，鲁奇、赵欣华译，中国环境科学出版社2012年版，第46页。

④ 蔡华杰：《走出传统节约观的迷思：基于社会主义生态文明视角的研究》，人民出版社2018年版，第34-41页。

⑤ 《马克思恩格斯全集》（第26卷第一册），人民出版社1972年版，第74页。

⑥ ［英］大卫·李嘉图：《政治经济学及赋税原理》，郭大力、王亚南译，商务印书馆2013年版，第241页。

⑦ ［英］亚当·斯密：《国富论》，郭大力、王亚南译，商务印书馆2015年版，第24页。

秩序。“自然资本主义”并不是所谓的环保和获利的“双赢”，而是借效用价值论悄然论证自然资源私有权和从中获取利润的合法性。

同洛克一样，斯密的思想尽管具有环境保护的“绿色潜能”，但要使这种“绿色潜能”真正转变为现实，它仍受制于斯密思想的核心，即利己和自由市场是服务于资产阶级和资本主义的发展。有的人指出，《国富论》奉行的是利己，《道德情操论》奉行的是利他，这两部著作的人性论是相矛盾的，这就是著名的“斯密问题”。我们知道，两者在斯密的思想中并不矛盾，因为在斯密看来，要利己首先要利他，只有利他才能利己，利己和利他是统一的。但关键的问题是，利己和利他两者的地位是不一样的，两者都是人的本性，但是，利己是“本源和实体”，利他则是这种本源和实体的“影子和表现”，换句话说，利己是目的，利他只是实现利己的手段而已。在将利他也视为人的本性的《道德情操论》中，斯密将利己视为“伟大的人生目的”①。而潜藏在这一目的背后的更深层的目的，则是为资产阶级的兴起和资本主义的发展扫除障碍。正如伊斯特万·梅扎罗斯（István Mészáros）所说，斯密的话语“局限于试图按照控制个人的意图和动机，来理解资本制度的运行参数。……然而，实际上，决定问题的不是个体资本家的主观‘意图’或‘积累动机’，而是资本扩张的客观规则。因为，如果不能成功地从事它的扩张性再生产的过程，资本制度将——或迟或早、并且绝对肯定地——瓦解。也就是说，就‘主观意图’和动机所及，资本的单个的人格化‘必然想要的’，是由该制度的扩张性规定所勾勒的目的本身，而且不仅仅是他们自身作为特殊个人的‘自私目的’”②。斯密在两个地方论述了“看不见的手”可以促进社会总体利益的增进，但这两个地方都存在着问题。一处是《国富论》中，斯密指出，个人在把资本用来支持国内产业，使国内产业生产物的价值达到最高程度时，“看不见的手”促进了社会的总体利益。另一处是《道德情操论》中，地主将超过自身生理所能消费的土地生产物分配给他人，从而促进社会的总体利益。但是，一方面，社会的总体利益并不是目的本身，公共利益只是一种无意识的、偶然的结果，斯密本人在这两个地方都承认，“他通常既不打算促进公共的利益，也不知道他自己是在什么程度上促进那种利益”③，“他们就这样，在没打算要有这效果，也不知道有这效果的情况下，增进了社会的利益”④。另一方面，在资本扩张规则下，用以支撑斯密这两处论点的论据都是有缺陷的。《国富论》中资本只投资国内产业的前提条件，在资本扩张的规则下势必为资本全球化所替代，这实际上也成为当今世界某些发展中国家国内市场依附于全球市场的现实写照。同样地，《道德情操论》中的地主倘若在资本扩张规则的支配下，怎会只积累生理所能消费的生活必需品？如此一来，一旦所谓“看不见的手”是为了资本主义的发展，利他便无从实现。就连波利特本人也承认，在现实中，政府与企业似乎越来越成为合作伙伴，当要求将公司的负外部性

---

① ［英］亚当·斯密：《道德情操论》，谢宗林译，中央编译出版社 2013 年版，第 59 页。

② ［英］I. 梅扎罗斯：《超越资本：关于一种过渡理论》（上），郑一明等译，中国人民大学出版社 2003 年版，第 112 页。

③ ［英］亚当·斯密：《国富论》，郭大力、王亚南译，商务印书馆 2015 年版，第 428 页。

④ ［英］亚当·斯密：《道德情操论》，谢宗林译，中央编译出版社 2013 年版，第 227 页。

内化的时候，政府往往不愿引入新的管制措施①。

第三节　自然资源存在方式的变革与资本主义的历史起源

为什么新自由主义对全球生态环境治理的渗透和影响，要到古典自由主义的理论传统中寻找依据，并实现古典自由主义的“绿色化”？这是因为通过古典自由主义的“绿色化”，可以将古典自由主义的理论内核，同时也是新自由主义的理论内核应用到生态环境治理中，以证明新自由主义对生态环境治理的有效性。不过，更为重要的是，新自由主义可以借古典自由主义的“绿色化”反证自然资源私有化和自由市场机制配置自然资源的合法性，而这种合法性的论证又构成了资本主义合法性证明的关键一步。因此，新自由主义是借古典自由主义的“绿色化”来说明在资本主义的体系框架内治理生态环境的有效性，对资本主义的捍卫是其不可动摇的前提条件。

一、新自由主义对古典自由主义绿色维度的选择性继承

新自由主义对古典自由主义“绿色化”的继承，其实也只是对其“外壳”的继承，即对自然资源私有财产权和自由市场机制配置自然资源的继承。古典自由主义经济学家看到了土地有限性带来的土地边际收益递减，也看到了技术的变革和自由市场贸易能够克服这种递减趋势。当今带有环保意识的“现代稀缺论”者继承的是前者，而新自由主义继承的却是后者，其提出了克服生态危机的“技术万能论”和“市场万能论”，因此与环境主义者的忧患意识不同的是，他们是十足的乐观派。对实现古典自由主义“绿色化”的关键环节，如上述洛克的三个规制和斯密的“两个帮手”，新自由主义则视而不见。如果单独地看洛克对私人财产权的三个规制——不能浪费、将“足够的同样好的”东西留给子孙后代、提高自然资源的使用效率，其对生态环境保护的意义是很明显的，但当这些原则与洛克的私人财产权结合起来时，三个规制就不起作用了，从根本上说，其原因在于这三个规制是服从和服务于私人财产权并最终服务于资本主义的，而不是真的要保护生态环境。

同样地，新自由主义对斯密理论的继承，也只是继承关于“看不见的手”可以增进社会总体利益这一“教条”，并将其应用于生态环境治理中，主张自然资源配置的彻底私有化和完全市场化，而对斯密所给定的限制性“条款”——“公正的旁观者”和“政府”的作用并未继承。因为前者对于作为意识形态的新自由主义是极其重要的，任何意识形态代表的是特定阶级的利益，但却把特定阶级的利益说成是为所有人服务。恩格斯曾一语道破其中的伪善：“凡对统治阶级是好的，对整个社会也应该是好的，因为统治阶级把自己与整个社会等同起来了。所以文明时代越是向前进展，它就越是不得不给它所必然产生的种种坏事披上爱的外衣，不得不粉饰它们，或

① Jonathon Porritt, *Capitalism as if the World Matters*, London: Earthscan, 2005, pp. 92-93.

者否认它们——一句话，即实行流俗的伪善，这种伪善，无论在较早的那些社会形式下还是在文明时代初期阶段都是没有的，并且最后在下述说法中达到了极点：剥削阶级对被压迫阶级进行剥削，完全是为了被剥削阶级本身的利益；如果被剥削阶级不懂得这一点，甚至想要造反，那就是对行善的人即对剥削者的一种最卑劣的忘恩负义行为。”① 其实，倘若以斯密“看不见的手”为理论基础，完全可以洞悉该理论维护资本主义秩序的意识形态属性。依据斯密的“看不见的手”，资产阶级对自身利益的追逐如果能自动实现社会总体利益的增进，那由此而来的逻辑便是，经济政策的制定只要符合资产阶级的利益就可以了，因为资产阶级利益的获取意味着其他阶级利益的自动实现。斯密的“看不见的手”就这样被引申为新自由主义的“滴漏效应”。具体到生态环境治理领域，明明是资本逻辑引致全球性的生态危机，要克服生态危机就要根除资本逻辑，但是，资本主义国家完全回避这样的问题，因为在它们看来，为了维持资本主义秩序，就必须宣称“看不见的手”可以促进社会利益的总体增进，这当然包括人类的生态福祉。但即便是新自由主义所认为的对自然资源私有化做出重要理论贡献的哈丁，在《公地悲剧》发表30年后，也重新撰文指出其抛弃了斯密的个人主义模型，即所谓自利的经济人个体只要追逐自己的利益，就可以实现社会整体利益的增进，并指出当今环境问题恰恰是贪婪的个体追逐自身利益的结果。②

新自由主义对古典自由主义在生态维度上有选择性地继承，暴露了其资本主义的意识形态属性，那么，为什么新自由主义要选择继承古典自由主义的自然资源私有财产权和自由市场机制呢？这是因为从生态的维度看，资本主义的诞生与自然存在着紧密的联系，“资本主义诞生于人类生活的核心，以及人类与作为其生活基础的大自然的互动”③。这种联系具体体现为，自然资源存在方式的变革开启了资本主义的兴起之路。

人类社会生产方式的变革，意味着人类生存方式的变革，相较于封建主义的生产方式，在资本主义时代，处于被雇佣地位的工人不再是自给自足的佃农，而是靠出卖劳动力获取工资而生存，处于雇主地位的资本家则靠剥削工人而生存。这种人类生存方式、生产方式的变革，同时也意味着自然资源本身的存在方式的变革，“在历史上的每一时刻，历史上特有的自然资源占用形式都是社会经济再生产方式和权力关系的重要构成部分”④。正如马克思所说，使“大批个人变为可能的自由雇佣工人（只是由于没有财产而被迫劳动，并出卖自己劳动的个人）这一解体的过程，在另一方面所要求的，不是这些个人先前的收入来源和部分财产条件的消失，相反地，只是它们的使用有所不同，它们的存在方式改变了”⑤。马克思这里谈及的个人财产条件包括土地、原料等劳动的客观自然条件。换句话说，资本主义生产方式的形成，需要人类

① 《马克思恩格斯文集》（第4卷），人民出版社2009年版，第197页。

② Garrett Hardin, “Extensions of ‘the Tragedy of the Commons’”, *Science*, Vol. 280, No. 5364, 1998, pp. 682–683.

③ ［加］埃伦·米克辛斯·伍德：《资本主义的起源：学术史视域下的长篇综述》，夏璐译，中国人民大学出版社2016年版，第146页。

④ ［奥地利］乌尔里希·布兰德、［德］克里斯蒂娜·迪茨、［厄瓜多尔］米里亚姆·兰：《拉丁美洲的新榨取主义：全球资本主义动力机制的新表现》，刘琦译，《国外理论动态》2018年第1期。

⑤ 《马克思恩格斯全集》（第30卷），人民出版社1995年版，第497页。

生存方式的变革，以及随之而来的对自然资源存在方式的变革。

自然资源存在方式的变革涉及两方面的内容：第一，自然资源从“不存在”到“存在”的变革。为什么自然资源会“不存在”呢？自然资源不是本身就存在于大自然中的吗？的确，自然资源作为一种客观存在物，是不以人的意志为转移的一种“存在”，但是，自然资源这一概念的界定又是与人的认识能力、需要或目的相联系的，一种自然资源要实现“历史性的出场”，必须具备两个条件：其一，人类必须具备获取这种自然资源的能力，包括知识和技术能力；其二，这种自然资源能够满足人们的某种需要。因此，自然资源的存在与否，不仅仅是由自然本身进行界定，还要由人进行界定。余雷尔瑟·万初普（Ciriacy Wantrup）曾指出：“‘资源’概念预先就意味着某个‘计划管理者’在评价其环境对于达到一定目的所具有的作用。”① 一种自然存在物之所以成为“资源”，是因为它能满足人的某种需要，因此，一种自然资源原先或许已经存在于大自然中，但却是一种与人没有发生关系的客观存在物，对人而言不是“资源”，后来由于某种缘故而与人的需要产生联系，从而成为“资源”。也就是说，自然资源之所以“出场”成为资源，是其使用价值使然，其使用价值能够满足人的某种需要，而这种使用价值并不是从来就有的。正如马克思在谈到使用价值的质和量时所指出的，每一种物都是许多种属性的总和，可以在不同的方面有用，“发现这些不同的方面，从而发现物的多种使用方式，是历史的事情”②。这里马克思所说的“历史的事情”，指的是物的有用性是随着人类历史的发展而逐渐被人们认识的历史过程。以石油为例，“石油的用途却被人类忽视了数千年。虽然以往人们会广泛运用石油，如研制武器、防水、润滑、制造药膏，还一度作为燃料，但是，人类对这种到处渗出地表的恶臭黏稠物质始终需求不大，直到我们花了一个世纪，了解到已经无法再依赖鲸脂照明时，才开始对石油有了需求”③。第二，自然资源的“所有方式”和“使用方式”的变革。“所有方式”涉及的是自然资源的产权问题，“使用方式”涉及的是使用自然资源的目的问题。从前资本主义向资本主义的转变，就是不断变革自然资源的“所有方式”和“使用方式”的过程，即将自然资源的共有产权或者前资本主义的所有权转变为资本主义的私人财产权，将以使用价值为导向的自然资源的使用转变为以交换价值为导向的自然资源的使用。接下来，我们就分别看看这两方面的变革与资本主义兴起之间的关系。

二、自然资源从“不存在”到“存在”的变革开启了资本主义兴起之路：以煤炭和蒸汽机的崛起为例

自然资源有一个从“不存在”到“存在”的动态演变过程，我们需要考究的就是何种缘故使自然资源发生这种演变。为资本主义的兴起铺垫道路的自然资源——煤炭，它早已存在于自然界，但真正让其作为燃料推动工业发展，从而成为人类所需的

① Ciriacy Wantrup, *Resource Conservation Economics and Policies*, Berkeley: University of California Press, 1952, p. 28.

② 《马克思恩格斯文集》（第5卷），人民出版社2009年版，第48页。

③ ［美］阿尔弗雷德·克劳士比：《人类能源史：危机与希望》，王正林、王权译，中国青年出版社2009年版，第110页。

自然资源并得到大规模采掘，则与蒸汽机的发明紧密联系在一起，正如恩格斯在其著作中多次提及的："蒸汽机第一次使绵延于英国地下的无穷尽的煤矿层具有真正的价值。许多新的煤矿开始投入生产，而原有的煤矿则加倍紧张地开采。"① "由于蒸汽机的出现，英国丰富的煤层才具有了重要意义。"② "英国由于蒸汽使它的煤铁矿有了价值，站到现代资产阶级发展的最前列。"③ 因此，在这一小部分，笔者就以煤炭这一自然资源以及与之相关的蒸汽机为例，考察其与资本主义的历史起源之间的关系。那么，蒸汽机及其驱动燃料——煤炭在历史上为什么会在与水车的竞争中被人类采纳而成为工业革命时代的主导性技术？学界存在以爱德华·里格利（Edward Wrigley）、罗伯特·艾伦（Robert Allen）和加州学派为代表的"稀缺范式"，以及以马尔姆为代表的"资本逻辑范式"下的经济史之争，我们就由此说开去。

（一）煤炭和蒸汽机的崛起：基于"稀缺范式"的阐释

古典自由主义时代是工业革命兴起的时代，在自然资源的利用上，人类也由此开启了全面利用煤炭的时代，也就是说，煤炭实现了由原来的"不存在"到"存在"的"出场"性变革，那么，是什么原因促使了这种变革的发生？基于"稀缺范式"阐释煤炭和蒸汽机的崛起，还得从古典自由主义经济学家对"稀缺"问题的体认谈起。如前文所述，古典自由主义经济学家斯密、李嘉图和马尔萨斯等在研究社会经济运行规律的过程中，基于土地的"稀缺性"，揭示了土地报酬递减规律，对人均实际收入的增长带有悲观预期，从而对经济增长所遭遇的自然资源极限表现出了深深的忧虑。

古典自由主义经济学基于土地的稀缺性而指认经济增长的极限，这一观点逐渐被应用到环境和经济议题的研究中，把土地拓展为经济运行中所涉及的自然资源，土地的稀缺性对经济增长的限制就变成自然资源的稀缺性对经济增长的限制。其中的言外之意是，倘若经济要实现持续不断的增长，人类就要找到可以替代原有稀缺的且不断耗尽的自然资源。从自然资源的稀缺性出发展开研究俨然成了环境和经济议题的一种研究范式，根据斯密、李嘉图和马尔萨斯有关增长极限的论述在他们各自思想中的权重，马尔姆将这种范式概括为环境议题上的"李嘉图—马尔萨斯范式"④，我们可以将之简称为"稀缺范式"。

如果依据古典自由主义的"稀缺范式"，蒸汽机的崛起源于人类为了克服自然资源利用过程中出现的"稀缺问题"。所谓"稀缺"，指的是相对于人类社会追求经济无限增长的要求，在维持经济增长所需的能源方面出现了供给不足，蒸汽机及其驱动燃料——煤炭就是因为它克服了这种供给不足才被人类社会视为重要的技术创新和自然资源，从而实现了自身的历史性出场。煤炭替代其他自然资源成为工业革命时代的首选自然资源，这种"替代"或能源转型也成为工业革命之"革命"所在。英国工业革命史学者里格利、艾伦和经济史学界的加州学派就是从"稀缺范式"出发解释

---

① 《马克思恩格斯文集》（第1卷），人民出版社2009年版，第101页。

② 《马克思恩格斯文集》（第1卷），人民出版社2009年版，第398页。

③ 《马克思恩格斯文集》（第2卷），人民出版社2009年版，第596页。

④ Andreas Malm, *Fossil Capital: The Rise of Steam Power and the Roots of Global Warming*, London: Verso, 2016, p. 24.

蒸汽机的崛起。

里格利充分肯定了古典经济学家关于经济增长极限的讨论，并将之运用到工业革命时代自然资源变革的讨论中。他认为，工业革命时代实际上是一个从高级有机经济（Advanced Organic Economy）阶段向矿物能源经济阶段转变的时代。里格利将前工业革命时代的经济称为高级有机经济，这种经济的特征是“完全依赖或者说是几乎完全依赖两种能力，一种是以日晒形式到达地球的一部分能量流的获取能力，另一种是在维持获取能量过程中所消耗的能量和由此获得的新能量间良好平衡的能力”①。在里格利看来，所有类型的物质生产都涉及能源的支出。使用铁锹、犁地、开采铜矿、织布机的运转、冶铁和烧砖，所有这些都要使用热能或机械能。经济活动的其他诸多方面也是如此。例如，在农业和制造业的生产过程中，原材料和制成品的运输也需要消耗大量的能源。而前工业革命阶段的物质生产，正是这种高级有机经济对其构成了最终限制。

里格利指出，每年来自太阳的能源总量是巨大的，远远超过了今天全世界能源总量的支出，但是，在高级有机经济中，人类获得这种超级丰富的能源主要是通过植物的光合作用。无论是人类还是动物，植物的光合作用都是所有生命有机体的粮食基础。然而，光合作用是一种效率低下的过程。据估计，只有 0.1%~0.4%的太阳能能到达地面。此外，过量或不足的雨量、过高或过低的气温都会限制植物的生长。英国每年接收到的太阳能等于 230 亿吨煤炭所包含的能量。因此，光合作用所能获得的能量只有 2000 万~8000 万吨煤炭产生的能量。在高级有机经济中，不管是机械能还是热能，植物的光合作用都是目前最重要的能量来源。

就机械能而言，机械能主要由人力和畜力提供。从人力中获取的机械能只是其消耗粮食的一部分，因为人同所有动物一样，必须摄入大量粮食以维持基本的生存。例如，即使一个人没有干活，也必须每天摄入 1500 千卡的能量才能生存。因此，一天摄入 2500 千卡的能量，其中只有 40%用于生产性工作。每个人能够提供的有用功取决于当时人均粮食摄入量。同样的道理也可应用到动物身上。营养不良的动物就需要更高的粮食摄入量来维持生命，只留下一小部分能量用于耕地或者运货。高级有机经济中具有重要意义的因素是人力和畜力的比例问题。在许多社会中，每个人可以控制的能量更多的是由这个比例所决定，而不是人类获取营养的程度。例如，一匹马所能做的工作是一个人的 6 倍，在马或牛丰富的地方，每个人能做的有用工作将得到增强。长期以来，墨西哥的玉米耕种是由人和牛共同完成的。没有牛的帮助，人在 1 公顷玉米地上就需要付出 1140 个小时的劳动。有了牛的帮助，只需要花费 380 个小时，然后再加上牛的 200 个小时。将大量的土地用于动物的放牧意味着减少用于栽培人类所需粮食的土地，由此限制了人口的数量，但是，通过增加每个人的有用工作量，农业的人均产出量却提高了。

就热能而言，在高级有机经济中，热能来自燃烧木材或者木炭。同畜力所提供的能量一样，热能也依赖于植物的光合作用。工业生产中需要消耗大量的热能。制作玻

① ［英］E. A. 里格利：《延续、偶然与变迁：英国工业革命的特质》，侯琳琳译，浙江大学出版社 2013 年版，第 54 页。

璃、制砖、酿造啤酒、织物染色、冶炼金属、煅烧石灰等类似的进程都需要大量的热能。木材是大部分高级有机经济的唯一热能来源。然而，林木总是有限的。以可持续产量为基础，1 英亩的林地每年只能生产 1～2 吨的干柴。17 世纪的英格兰，生产 1 吨条形铁需消耗约 30 吨的干柴。如果英国土地面积的一半覆盖着林地，那么，以可持续产量为基础，这些林地只能生产 125 万吨条形铁。因此，如果熔炼和加工钢铁所需的热能来自木材和木炭，那么，通过简单的计算就可得知，建造现代铁路、钢船或者让每一个家庭拥有一辆小汽车，所需的钢铁是不够的。到 19 世纪 30 年代末，英国的生铁只能够生产条形铁。

基于上述对机械能和热能的说明，里格利指出，任何国家的物质产出都可以通过国际贸易在一定程度上得到缓解，但是，高级有机经济所遭遇的基本问题依旧存在。正如李嘉图所指出的，增长的限制是由物理的和生物的因素所构成，而这些因素是人类能力所无法改变的。只要机械能和热能的供给是以日照量和日照效率为条件的，期待人类物质条件的快速改进就是愚蠢的。[①] 从里格利的论述来看，他无非是指出了高级有机经济的植物光合作用所能提供的能量存在着“稀缺性”，从而限制了生产的增长，那么，工业革命期间的英国是如何克服这种限制的呢？是蒸汽机和煤炭的使用让英国摆脱了能源稀缺的“魔咒”。里格利写道：“当矿物能源——煤炭，开始提供越来越多的行业所需的热能时，以及随后蒸汽机这种将热能转化为机械能的有效设备的出现，为确保实质上获得无穷无尽的机械能提供了解决办法，因此，无论是总产量还是人均产量的增长前景都将完全不同于以前我们一直所获得的水平。”[②] 里格利主要是通过论述农业和制造业中劳动生产率的提高来证明蒸汽机和煤炭的利用克服了能源获取的“稀缺性”难题。例如，在谈到农业劳动生产率时，他指出，将蒸汽机发动机运用到脱粒作业中，就是将农场外的机械能源用于农场耕作，这种机械能源的采用，使农场的马匹被拖拉机和卡车所替代，也使原先用来种植牲畜饲料的土地现在可以用来生产粮食。据估计，10 万英亩土地上种植的树木才能满足 1 万吨铁需要的燃料，因此，把土地从生产能源的作用里解放出来会收到巨大的红利。1820 年，煤炭的巨大消耗量等同于再增加 1500 万英亩的土地。农业劳动生产率也获得了巨大提升，1/50 的劳动力就能满足人们的粮食需求，而如果是在有机经济时代，这个比例通常是 4/5。同样地，在制造业方面，里格利以蒸汽锤为例，指出其由于产生于无生命的能量来源，因此能够很好地辅助人力和畜力进行生产，是保障和促进人均产出水平的重要工具。他总结道，实现如此增长的两个必要条件是：“一是人均产量的快速增加，这主要得益于能从新能源中获得比以前更多的热能和机械能；二是在土地供应不变的情况下，当产量增加时不会引起依赖有机原材料相关的问题。”[③]

---

① E. A. Wrigley, *Energy and the English Industrial Revolution*, Cambridge: Cambridge University Press, 2010, pp. 13-17.

② ［英］E. A. 里格利：《延续、偶然与变迁：英国工业革命的特质》，侯琳琳译，浙江大学出版社 2013 年版，第 6 页。

③ ［英］E. A. 里格利：《延续、偶然与变迁：英国工业革命的特质》，侯琳琳译，浙江大学出版社 2013 年版，第 85 页。

艾伦也赞同里格利所归纳出的这种“经典范式”[①]，他围绕着煤炭的产量和价格进一步探究了英国工业革命得以顺利推进的问题。在艾伦看来，有效地开发利用煤炭资源是英国走向成功的诸多要素之一，16世纪中叶以后，英国煤炭产量迅速增长，从1560年的227千吨增长到1800年的15045千吨，增长了66倍，此时，就全世界煤炭产量而言，英国所占的比例已高于所有其他国家的总和。产量的增加导致英国的能源价格极为便宜，到1800年，即使是煤炭价格最高的伦敦也仅为3.84克白银，这远远低于欧洲其他地区和亚洲许多国家的煤炭价格。[②] 在煤炭价格大幅下降的同时，纽科门式蒸汽机到麦克诺特式蒸汽机不断发展，其性能不断改良的积极影响是耗煤量的大幅减少，这导致蒸汽机的应用范围的扩展。最终，在煤炭价格和蒸汽机耗煤量双重下降的情况下，煤炭也就顺理成章地取代木材成为主要的燃料。

将“稀缺范式”应用到阐释工业革命时代自然资源存在方式变革的还有加州学派，其代表性人物彭慕兰（Kenneth Pomeranz）在其著作《大分流：欧洲、中国及现代世界经济的发展》中试图解决为什么工业革命发生在西欧的问题。在他看来，工业革命之前，世界是多元的，没有一个经济中心，英国并没有显示出明显的、独有的内生优势，同东亚国家一样，也面临着经济增长遭遇自然资源供给不足，即能源的“稀缺性”问题。在木材短缺方面，到拿破仑时代，这已经被视为一个全欧洲性的严重危机，并由此导致燃料价格的大幅度上涨，其上涨幅度远超其他价格的上涨。在英国，1500~1630年木柴价格上升了700%，是1540~1630年一般价格上涨幅度的3倍。1750年以后，英国的木材、木炭、松脂制品和条形铁（用木炭生产）长期短缺，1763~1795年条形铁的价格翻了一番。木材的短缺导致英国进口数急剧上升，18世纪50年代进入英国港口的全部货运吨数中一半以上是木材，1752~1792年杉木的进口增加了700%。除了木材短缺，土壤肥力的耗竭也是一个问题。在英格兰，到18世纪，森林过度砍伐的地方，泥石流和沙尘暴是常见的现象；到19世纪初，尽管有像“诺福克轮作制”、三叶草的引进这样的土壤修复知识的增进，土壤还是面临严重的衰竭。因此，所有这些都使英国面临对经济增长造成严重阻碍的生态危机。

不过，在19世纪，尽管欧洲的人口和人均消费加速增长，生态环境的变化却稳定了下来。在森林覆盖率方面，西欧在经历了400年的下降之后，于1800~1850年的某个时间稳定下来，而如果扩展到整个19世纪这一时间段，英国的森林覆盖率甚至有所上升，土壤肥力也稳定下来甚至得到改善。所有这一切的发生，彭慕兰认为，“仅仅是在18世纪后期特别是19世纪，意料之外的重要的断裂使它能够突破以前限制了所有人视野的能源利用和可用资源的根本制约时，它才成为一种幸运的反常”[③]。也就是说，使英国从世界其他国家中“分流”出来，走上工业革命富强之路的原因是英国找到了摆脱能源稀缺的道路，这就是对煤炭的广泛利用。一方面，彭慕兰比较

---

① ［英］罗伯特·艾伦：《近代英国工业革命揭秘：放眼全球的深度透视》，毛立坤译，浙江大学出版社2012年版，第122页。

② ［英］罗伯特·艾伦：《近代英国工业革命揭秘：放眼全球的深度透视》，毛立坤译，浙江大学出版社2012年版，第121-159页。

③ ［美］彭慕兰：《大分流：欧洲、中国及现代世界经济的发展》，史建云译，江苏人民出版社2010年版，第254页。

了水和煤炭的性能，指出作为动力的水在能源供给方面的劣势；另一方面，他还比较了英格兰和中国长江三角洲在煤炭利用上的优劣，即英格兰在煤炭利用上具有更明显的地理环境优势，而中国的生产中心却远离煤的产地。中国较富裕、对燃料需求量大的 20 个东南省份，煤的蕴藏量仅占中国煤蕴藏量的 9.8%，而那些对燃料需求不大的省份，如山西和内蒙古却高达 61.4%，华南许多地区和位于华北的北京，对燃料的需求也很大，但这些地方的煤矿规模却很小。相反，欧洲最大的一些煤矿位于英国，这使它们得以靠近优良的水运，靠近欧洲最具商业活力的经济中心，靠近其他区域许多熟练的手工业者以及面临木材短缺的社会。[①]

（二）马尔姆的质疑：基于蒸汽动力与水力的比较分析

对于上述解释，马尔姆认为其中存在着许多明显的缺陷。第一个缺陷是用语的不准确，化石燃料同木材或者人一样是有机的，这就是化石燃料的燃烧也会排放大量二氧化碳的原因。[②] 在这里，马尔姆是从生物特性上比较化石燃料和前工业革命的燃料。化石燃料和由树木组成的燃料都会释放二氧化碳是从它们的基本化学原理方面进行理解，矿物燃料由碳和氢按照不同的比例组成，煤、石油和天然气的化学成分主要是碳，当它们燃烧时，碳和氧结合生成二氧化碳。以火焚烧森林的后果同燃烧化石燃料大致相同，因为焚烧森林时，树木和植物中的碳和氧也结合起来生成二氧化碳。

撇开语义学的卖弄，马尔姆认为其第二个缺陷在于这种范式不适用我们谈论的转型问题。从光合作用中获取的原动力——人与动物的身体——从来没能为大规模的工业提供机械能。在 18 世纪的英国工厂里，它们经过“验证”已经被视为无用的东西而被迅速抛弃。光合作用的产物以及木材都能够提供热能或用于人类的取暖，但是不能用于为机器提供原动力，因此，蒸汽机及其驱动燃料煤炭并不是在提供热能意义上的一种“替代”，而是对作为原动力的，且在工业革命前夕广泛使用的水能的“替代”。因此，需要重点考察的是作为“原动力”的煤炭及其驱动的蒸汽机在多大程度上优越于水能。马尔姆的指认是正确的。英国有久远的利用煤炭的历史，在 1750 年，虽然工业生产所用的煤占整个英国煤炭使用量的 30%，但这个时候，煤只是用于取暖而不是动力，直到 20 世纪后半叶，英国城市家庭中烧煤的火炉和烧焦炭的热水器仍然是家庭的主要热量来源。显然，我们在讲到工业革命时代的煤炭时，并不是在此意义上的煤炭。恩格斯在比较工业革命前后煤的使用上时，也指认工业革命前“煤则仅供家用”[③]。

当然，里格利并不是没有比较煤炭和水能，他在谈到高级有机经济条件下工农业生产所需的机械动力来源时也曾做出比较：“除畜力外，机械动力的其他来源，主要是风车和水轮，虽然不会面临同样的问题，但是也不能改善能量整体供应情况。风能具有间歇性，容易在其他方面不便利的地点上开发。水能也由于水变化和封冻期呈现季节性变化，并且边际成本递增，因此人们首先会在较好的地方进行开发，然后开发

---

① ［美］彭慕兰：《大分流：欧洲、中国及现代世界经济的发展》，史建云译，江苏人民出版社 2010 年版，第 51–82 页。

② Andreas Malm，“The Origins of Fossil Capital：From Water to Steam in the British Cotton Industry”，*Historical Materialism*，Vol. 21，No. 1，2013，pp. 15–68.

③ 《马克思恩格斯文集》（第 1 卷），北京：人民出版社 2009 年版，第 97 页。

那些剩下较少的或位置不便的地方。撇开这些弊端，尽管他们在某些方面发挥了很大的应用价值，但是无论是水能还是风能都不能形成足够的规模，因此我们不能借此实现提高人均产出和生活水平的愿望。”① 尽管如此，从中我们仍可看出，里格利的比较仍是从风能和水能的生物特性出发所进行的比较，并且由此得出煤炭对风能和水能的替代是对“稀缺”的克服，从而保证经济增长的持续性。对此，马尔姆还是做出了如下假设来挑战主流的观点，他认为，如果水能并不呈现“稀缺”状态，其相对价格也没有呈现上升趋势，但工业革命的转型依旧发生了，那么，“稀缺范式”就“岌岌可危”了。

为了挑战“稀缺范式”，揭开蒸汽机崛起之谜，马尔姆考察了工业革命时期水力和蒸汽动力的优劣。依据“稀缺范式”，应该是水力存在着能源供给的“稀缺”这样一种缺陷，才致使人类社会对原动力的选择“瞄准”了蒸汽机和煤炭。马尔姆并不否认英国河流的水力资源潜在功率在20世纪已经不能满足工业对动力资源的需求了，但是，这与我们谈论的转型还是没有关系，因为原动力的转型并不是在20世纪发生的，对两种原动力在20世纪的优劣进行比较对于理解转型并没有多大的意义，关键是要在两种原动力最初进行转型的时代进行比较，这样才能洞悉其中的“奥妙”。蒸汽机的发明尽管是17世纪的事情，但是，“古罗马人已经了解蒸汽力的原理。……只不过古罗马人和他们的后代子孙不同，他们并不知道如何善用这种能源，顶多只是充当奇器玩物而已”②。就此而言，同煤炭一样，蒸汽力在人类面前的“表现”也有一个转型的过程，尽管蒸汽力原理早已存在，但并不是作为能源来源而存在。在这个问题上，就连秉持“稀缺范式”的艾伦也承认作为动力源的蒸汽机转型问题是一个难题：“棉纺织工业在使用蒸汽机作为动力源方面进展缓慢，如何才能更加科学合理地解释这种现象，这确实给那些研究蒸汽机技术变迁史的学者出了一道难题。”③

马尔姆认为，转型的关键时刻发生在1825~1850年，而这一时期正是资本主义的结构危机时期，并与棉布生产的自动化相一致。恩格斯对英国的考察验证了马尔姆的结论：在《英国状况·十八世纪》中，恩格斯就指出，1834年的不列颠帝国有1300家棉纺织工厂，“棉花加工机器所使用的动力为：蒸汽力——33000马力，水力——11000马力”④。在《英国工人阶级状况》中，恩格斯认为，“现在这些数字都已经远远地被超过了；可以大胆地设想，在1845年，机器的动力……都将比1834年增加二分之一”⑤。

那接下来要考证的就是在这一时期，到底是不是因为水资源动力的“稀缺”而导致蒸汽动力的崛起。对此，马尔姆引证了罗伯特·戈登（Robert Gordon）的研究成果来加以说明。“稀缺范式”让我们深信英国的制造商面临水资源的短缺，他们别无

---

① ［英］E. A. 里格利：《延续、偶然与变迁：英国工业革命的特质》，侯琳琳译，浙江大学出版社2013年版，第78-79页。

② ［德］乌丽克·赫尔曼：《资本的世界史》，赖雅静译，远足文化2018年版，第32-33页。

③ ［英］罗伯特·艾伦：《近代英国工业革命揭秘：放眼全球的深度透视》，毛立坤译，浙江大学出版社2012年版，第264页。

④ 《马克思恩格斯文集》（第1卷），人民出版社2009年版，第99页。

⑤ 《马克思恩格斯文集》（第1卷），人民出版社2009年版，第394页。

选择，只好转向蒸汽机。这样一种假设首次遭到戈登的质疑，他在1983年的文章中写道：“在蒸汽机广泛使用之前，如果工业区的几乎所有水力都已被充分挖掘出来，那么这就证明了能源危机的存在。但是，如果在这个时期还有未使用的水力资源，那么，诉诸社会因素支撑假设就成为必要的了。”① 更准确地说，后者将会从整体上“证伪”“稀缺范式”，对蒸汽机的崛起需要一种完全不同的解释，一种社会意义上的解释。

戈登非常细致地再现了工业区的气象和地质条件，排除了那些不适宜建设磨坊的地址，考察了英国制造区的11条河流，为了评估1838年（而不是18世纪七八十年代棉纺织业大量利用水力的上升时期）这11条河流总的潜在功率，他计算了排水区、下降梯度和水量，得出的结果如表1-1所示。

表1-1　英格兰水力潜在功率

河流名称	总的潜在功率（兆瓦）	1838年已使用比例（%）
德文特河（Derwent River）	44	1.7
多芬河（Dove River）	30	0.8
艾威尔河（Irwell River）	4	3.4
里布尔河（Ribble River）	52	3.0
斯波登河（Spodden River）	6	7.2
默西河（Mersey River）	56	6.5
亚耳河（Aire River）	38	4.1
特伦特河（Trent River）	111	1.4
泰姆河（Tame River）	15	1.0
埃里沃什河（Erewash River）	2	1.9
利恩河（Leen River）	1	3.4

资料来源：Robert Gordon,“Cost and Use of Water Power during Industrialization in New England and Great Britain: A Geological Interpretation”, *The Economic History Review*, Vol. 36, No. 2, 1983, pp. 240-259.

戈登指出，这种评估是一种保守设想。为了计算总的潜在功率，他假设水车能效的发挥是40%，但是，最高质量的水车在19世纪30年代可以翻倍。即使如此，在水车数量最多的1838年，水力潜力的发挥也只在5%上下波动。假设在低成本条件下只有15%的潜力可开发利用，这仍然留有大量的水力可开发利用，毫无疑问的结论是：并没有能源危机的发生。戈登进一步指出，从更一般的意义上看，“通过工业区持续不断的扩张可以获得更多的水力，而不用付出高初始成本或者过多的可变因素、交通方面的成本。因此，所谓的低成本下水力的物理特性并不构成对工业发展的限制”②。此外，马尔姆还引述了约翰·肖（John Shaw）在《苏格兰的水力：1550—1870》一

①② Robert Gordon,“Cost and Use of Water Power during Industrialization in New England and Great Britain: A Geological Interpretation”, *The Economic History Review*, Vol. 36, No. 2, 1983, pp. 240-259.

书中的结论：苏格兰潜在的水力从来没有得到完全实现。①

如果水资源稀缺，那么它的价格就会高昂，并不断攀升。“稀缺范式”的忠实者布林利·托马斯（Brinley Thomas）指出：“对商品稀缺的必要验证就是其在自由市场中相对于一般价格水平来得高。”② 只要对水资源的需求超过供给，从而增加其成本，那么，能源危机的出现就是合理的；如果蒸汽机成为危机的解决办法，这就说明它是更便宜的。该范式的追随者并不孤单，根据新古典经济学的教科书，变化了的资源禀赋引起价格上涨，促使企业以新技术替换昂贵的旧技术作为投入品。有学者将这样一种公理性的模型用于英国工业革命的解释中。大卫·兰德斯（David Landes）在《解除束缚的普罗米修斯》中就指出，技术变革从来都不是自动产生的，它意味着要废除业已确立的方法，破坏既得的利益，在这样的条件下要发生技术变革，就必须具备一定的条件，其中一个就是“由于生产要素成本自动增加而引发的创新需求”③。20世纪初，有理由相信化石燃料的低成本是其获得支配地位的最初原因。可新能源迟迟得不到应用，一个可以感知的理由就是其高昂的价格。威廉·罗森（William Rosen）指出：“如果说蒸汽动力的历史教会了我们什么的话，那就是选择低成本燃料的办法总能赢得胜利。”④

对于上述言论，马尔姆同样不认同。他指出，或许水车需要大量的投资。比如，有许多固定成本：轮子本身、地基、舵手室、贮存和管制水流的大坝。磨坊工厂主要建造一套沟渠系统将水引流到轮子上。但是使用蒸汽动力也需要许多投资。比如，蒸汽引擎，包括铁、黄铜、铜、飞轮、锅炉和管道；在特殊的发动机房内稳固地安装需要娴熟的劳动力。有故障要进行全面修理，蒸汽机具有很高的折旧率，而水车只要进行小修补，就可以用上好几十年，甚至一个世纪。水是免费的，一旦资本家从土地所有者那里获得一份租约，为水流支付地租，就没有更多的燃料费用。而煤炭必须不断地从市场上购买回来。因此，对比之后的结论就是：在19世纪初，水车比蒸汽机车更加便宜。棉布史学家斯坦·利查普曼（Stanley Chapman）写道：“难以抵制这样的结论：蒸汽机比最昂贵的水力装置来得更加昂贵。”⑤

为了说明使用水力资源比蒸汽机车来得更加便宜，马尔姆考察了当时的三个案例：柯克曼·芬利（Kirkman Finlay）所使用的“卡特琳雄狮”水车（The Lions of Catrine）和“丁斯顿大力士”水车（The Hercules of Deanston）、塞缪尔·格雷格（Samuel Greg）创办的夸瑞·贝克工厂（Quarry Bank）和亨利·阿什沃思（Henry Ashworth）、埃德蒙·阿什沃思（Edmund Ashworth）两兄弟在伊格利溪（Eagley River）旁边创办的两座工厂。三个工厂主在蒸汽机和水力资源的选择过程中，都毅然

---

① John Shaw, *Water Power in Scotland*: 1550-1870, Edinburgh: John Donald Publishers, 1984.

② Brinley Thomas, “Was There an Energy Crisis in Great Britain in the 17th Century?”, *Explorations in Economic History*, Vol. 23, No. 2, 1986, pp. 124-152.

③ ［英］大卫·兰德斯：《解除束缚的普罗米修斯》，谢怀筑译，华夏出版社2007年版，第42页。

④ ［美］威廉·罗森：《世界上最强大的思想：蒸汽机、产业革命和创新的故事》，王兵译，中信出版社2016年版，第323页。

⑤ Stanley Chapman, “The Cost of Power in the Industrial Revolution in Britain: The Case of the Textile Industry”, *Midland History*, Vol. 1, No. 2, 1971, pp. 1-24.

选择了水力作为工厂的原动力，其中重要的原因就是使用水力资源可以节省购买煤炭的费用。19 世纪 30 年代末 40 年代初，工厂主已经可以从丁斯顿附近的煤矿中以每吨 6 先令 2 便士的价格获取煤炭，这样的价格与爱丁堡差不多，比伯明翰低。但即便如此，芬利也没有使用蒸汽动力。1844 年，他通过与格拉斯哥（Glasgow）的蒸汽动力工厂做比较，指出由于以蒸汽机为动力，格拉斯哥的工厂每年需要额外支付煤炭的损耗、运输等费用，而使用“卡特琳雄狮”每年可以节省 700 英镑的费用。格雷格在不同时间段也比较了水力和蒸汽动力。在 1828 年，使用蒸汽动力需要额外耗费 12 英镑/马力；到了 1849 年，蒸汽动力要发挥 100 马力的功率需要每年额外耗费 274 英镑；而到了 1856 年，要产生同水力一样的 172 马力功率，同样地，蒸汽动力每年需要额外耗费 1196 吨的煤炭，而这又要额外支付 500 多英镑的费用。而阿什沃思更是直言他想“嫁给”水资源，他曾告诉一位访客，他的埃格顿工厂（Egerton）每周可以省去煤炭的费用是 20 英镑，为此，它在 1843 年获得了 560 英镑的收益。①

马尔姆的上述论述无非是想表明，并不是所谓的水力资源的“稀缺”导致转型，因此，用“稀缺范式”解释工业革命时期蒸汽机的崛起是说不通的。由此，疑云初现，如何解释？

（三）蒸汽机的崛起：基于“资本逻辑范式”的阐释

与“稀缺范式”不同，马尔姆对蒸汽机契合资本主义生产方式的历史进行了考察，我们可以将他的这种历史考察视为“资本逻辑范式”下的考察。我们都知道，资本主义生产方式的有效运行，需将原先已经分离的生产资料和劳动力重新结合起来，因此，资本家必须获取生产资料和劳动力，这是一个基本的前提。水资源和煤炭都属于生产资料，如前文所述，既然不是获取水资源的困境导致一个社会转向以煤炭为基础的蒸汽动力，那么，就是获取劳动力的困境使然。对此，马尔姆从空间和时间的维度展开了蒸汽机的经济史叙事，以此说明蒸汽机的使用克服了“资本逻辑”得以展开的劳动力获取困境难题。

从空间的维度看，蒸汽机的优势在于它能使资本家将工厂建造在有大量可获剥削的劳动力场所。马尔姆谈及了约翰·麦卡洛克（John McCulloch）1833 年刊登在《爱丁堡评论》上的文章的观点：人们常常误解蒸汽机的优势，它并不是节约了劳动力，而是使工厂能够在恰当的地点得以兴建。水力工厂的运行费用，同蒸汽工厂一样廉价，有时甚至更加便宜。但是，蒸汽机的发明使我们摆脱了需要类似瀑布这样的不适宜场所，工厂可以兴建在有大量勤劳工作习惯的人口的中心地区。他还指出，水是一种更廉价的机器，但是，我们不能总获得持续不断的水流。蒸汽机可以用在任何地方，用在那些人口密集的地方，但不仅仅是人口密集，而且这些人口必须是“勤劳的”，换句话说，必须是服从工厂主命令的人口。因此，蒸汽机的优势不仅仅在于可以克服获取能源的障碍，而且可以克服获取劳动力的障碍。其优越性就体现在它是一种从工人阶级那里榨取剩余财富的中介，不像水车，它可以建造在任何地方。因此，“蒸汽机是一张通往城镇的车票，在那里，有大量的劳动力候着。蒸汽机并没有开启

① Andreas Malm, *Fossil Capital: The Rise of Steam Power and the Roots of Global Warming*, London: Verso, 2016, pp. 83-92.

获取急需能源的大门，而是开启了获取可被资本家剥削的劳动力的大门。不是河流，而是煤炭解除了资本家在空间上所受的束缚，这一优势足以超过水资源的丰裕性、廉价性和技术优越性”①。

尽管有获取劳动力的问题，但是，在马尔姆看来，这并不是由水资源本身的自然特征所决定的，自然规律并不决定水流丰富地区就必然呈现低密度人口的状态，也不决定人们不愿进入工厂或者逃离工厂，只是这些问题受河流的自然特征所影响而得到增强。反之，劳动力获取的难题是由社会因素决定的，在 18 世纪末 19 世纪初，工厂的平均利润率还是很高的，但是，到 19 世纪 30 年代，所有这一切都改变了，引发变化的是英国在立法方面的两个事件：一个是英国废除了《反结社法》，另一个是英国通过了关于工作日时长的法案。

1824 年，英国废除了《反结社法》，于是出现了大量工人罢工。19 世纪 30 年代，工人的暴动冲击到水力工厂：在阿什沃思的水力工厂，工人堵塞工厂大门，向仍在工作的工人丢弃石头；斯坦利（Stanley）水力工厂变成了苏格兰纺织工人工会的堡垒。水力工厂主对工会，特别是对自己的工人给予了回击。阿什沃思兄弟将废除《反结社法》视为是对工人的一种纵容行为，于是在 1830 年解雇了罢工的领袖，但是，此时又出现了劳动力供给不足的问题，阿什沃思兄弟又要去发布招募广告，付出额外的成本替换罢工领袖，由此所产生的代价就是利润的减少。由此可见，随着 19 世纪 30 年代罢工浪潮的来袭，能够立即获取劳动力储备军的优势成为那些生存下来的工厂的必要条件，而使用蒸汽机的工厂恰好具备了这样的优势。原先使用水力资源的格雷格斯（Gregs）工厂，最初也存在着类似的担忧。所幸的是，1826 年，格雷格斯工厂在兰开夏（Lancashine）和贝利（Bury）获得了两个蒸汽动力工厂，他将大部分资金重新投在了这两座工厂上，因为这两座工厂拥有一个决定性优势：可以轻易获取当地的劳动力。19 世纪 30 年代，格雷格斯通过蒸汽动力继续扩张，而仍然以水力资源为基础的阿什沃思兄弟的工厂，在高支数纺纱方面则丧失了领导地位。在 19 世纪 30 年代的罢工和经济危机期间，棉纺织业的资本家为了捍卫他们的地位，反对工人罢工，他们进一步增强了机械化生产，引入了走锭精纺机和动力织布机，随着生产自动化的增强，劳动力就要服从机器。

马尔姆总结道：到 19 世纪 30 年代，就自然的、技术的或者严格的经济意义而言，所发生的并不是水力潜在功率的耗竭；相反，资本主义的发展已经到了这样一个节点，蒸汽机的最大优势——在空间上的可移动性——已经超过了其他的考虑。他进一步指出，工会的斗争、1825 年后的经济危机和棉纺织业生产的自动化增加了对具有可替代性、可随意抛弃、适应机器的工人的需求，尽管这样一种转向城市蒸汽机的动力已经在 18 世纪和 19 世纪之交呈现，但是，水力工厂的离心动力和有适合的劳动力储备军的地理集中性的矛盾在废除了《反结社法》和 1825 年的经济危机以后才变得严重起来。②

从时间维度看，与之相关的是工业革命期间的另一个事件——英国通过了关于工

①② Andreas Malm, "The Origins of Fossil Capital: From Water to Steam in the British Cotton Industry", *Historical Materialism*, Vol. 21, No. 1, 2013, pp. 15-68.

作日时长的有关法案。水在时间维度上的弱势就在于，水流的大小是随季节的变化而变化的。水会结冰而减少或断流，也会因洪水而泛滥成灾。1833 年，格雷格描述了自己创办的夸瑞贝克工厂的水力特征：水的功率，90 马力；河流不规则，偶尔会因洪水而断流 1 天或 1 天半；在干旱季节，有几个周，只能完成 3/4 的工作；在正常季节，有 2~3 周每天要断流几个小时。在约克郡西区的宾利（Bingley）附近的棉纺织厂，簿记员爱德华·伯科特（Edward Birkett）告诉工厂询价的议员，水车在正常情况下的工作时长可以是 13 个小时，但是，在干旱的夏季月份里，工作 6 小时后就要停工了。

从水的自然属性看，水流的规律服从于季节的“阴晴不定”，但是，马尔姆指出，这一弱势对生产的影响却是社会因素引起的。[①] 也就是说，水力时间维度上的弱势并不必然对生产产生不利影响。只要工厂仅是为当地市场提供商品，一天的水量太多或者太少当然是不便的，但也不是很严重的问题，在水流供应不便时人们可以去做其他工作。但是，到 19 世纪，马尔姆所说的“社会因素”却放大了水力工厂在生产竞争中的这些缺陷，这一“社会因素”指的是生产不再是为当地市场而生产，而是为全球市场而生产，生产规模的扩张要求工作日时长的稳定性，而英国所通过的限制工作日时长的法案——《十小时工作日法》[②] 和《工厂法》，更是迫使工厂主纷纷放弃水车而转向使用蒸汽机。

19 世纪初的棉纺织厂的生产目标不再限于当地市场，而是全球市场，产量最大化进而利润最大化是工厂追求的目标，因此，工厂所需的是最长的工作日。如果标准的生产时间是 6 或 8 小时，使用水力是完全足够的，但是，在 19 世纪 30 年代初，这个标准至少是 12 个小时。起初，水力工厂主通过延长工作日来解决这一难题，如果水不够，工人就被遣送回家，等有水了通过延长工作日再来补偿之前错过的时间。

但是，英国分别于 1833 年和 1847 年通过了《工厂法》和《十小时工作日法》，这两部法案逐渐“绞杀”了水力。《工厂法》规定棉纺织工厂不得雇用低于 9 岁的童工，儿童工作时长不得超过 8 小时，年轻人工作时长不得超过 12 小时。经过广泛的协商，查德威克（Chadwick）委员会认为水力工厂可以例外，童工和年轻人每天可以多工作半小时以补偿水流断水的时间。但半小时显然是不够的，在约克郡的伯利（Burley），一水力工厂主指出，《十小时工作日法》对棉布贸易造成极大伤害，立法是鼓励健康和道德的，但这个法案会破坏这个国家农村地区许多水力工厂，并且将交易转移到人口密集的大城镇。在那里，有不受水流影响的蒸汽机。尽管使用蒸汽动力的工厂主反对限制工作日的法案，但是他们能够适应更短的工作日。应对工作日减少的重要战略就是在限定的工作日时间内生产更多。工厂必须通过安装更具生产效率的机器，在更少的时间里生产出更多产品，必须加快机器的运行速度，或者增加工人工作的强度。如此一来，采用蒸汽机成为资本家应对工作日时长减少的内在解决办法。[③]

---

①③ Andreas Malm, “The Origins of Fossil Capital: From Water to Steam in the British Cotton Industry”, *Historical Materialism*, Vol. 21, No. 1, 2013, pp. 15-68.

② 《十小时工作日法》是英国议会在 1847 年 6 月 8 日通过的，于 1848 年 5 月 1 日起生效。该法案将妇女和儿童的日劳动时间限制为 10 小时。参见《马克思恩格斯文集》（第 1 卷），人民出版社 2009 年版，第 799 页。

经过上述分析，马尔姆指出，棉纺资本家转向使用蒸汽机的主要原因是它能实现对劳动力的控制，因此，蒸汽机就是一种阶级事业（Class Project）。相较于水力，蒸汽机的吸引力在于能将其应用到工人阶级的工业中生产剩余财富，在资产阶级的视野下，我们可以将蒸汽机的能力称为“无力的力量”（Powerless Power）。“无力”指的是蒸汽机服从于它的主人；“力量”指的是蒸汽机的力量在于资本家能够对之使用绝对的强力，同时机器能够产生资本所需的所有动力。从此以后，在蒸汽机这种“无力”的巨大力量推动下，英国资本开启了其阶级权力的“理想春天”①。

（四）从生产力和生产关系的有机统一中理解自然资源出场式变革

技术的发明与技术的选择是两个完全不同的事情，其生发逻辑也存在很大的差异，两者在时间序列上并不是同步进行的，一项技术可以出于个人的“好奇心”而得以发明，但这样一种技术从发明到被人类社会所选择而广泛使用，往往经历了漫长的过程，不仅需要这种技术本身的不断改进，而且还受到一个社会经济、政治等多种因素的影响，与社会形态的变迁、生产方式的转型密切相关。笔者在此探讨的蒸汽机的崛起就是学界关注的经典案例，其既体现了蒸汽机发明及其技术发展的历史，也集中反映了一个时代经济政治的特征。综上所述，人类社会对蒸汽机的选择逻辑可以从两个范式出发加以阐释：一是从“稀缺范式”出发，指明蒸汽机与水力技术相比，在自身技术的演变过程中逐渐取得生产效率上的“完胜”地位，从而克服人类在追求经济增长时所面临的自然资源“稀缺”困境；二是从“资本逻辑范式”出发，指明蒸汽机与水力技术相比，在时间与空间的维度上维持资本积累方面又取得“完胜”地位，从而克服获取并剥削劳动力的难题。

如果从生产力和生产关系的维度看，前一种范式就是从生产力的维度出发进行阐释，后一种范式就是从生产关系的维度出发进行阐释，马尔姆从后一种范式出发，意在否定前一种范式的合理性，对此，他也将矛头指向了马克思有关蒸汽机的相关论述。马尔姆认为，马克思没有解释蒸汽机的崛起问题，并且带有技术决定论或经济决定论的倾向。马克思在《哲学的贫困》中曾指出：“随着新生产力的获得，人们改变自己的生产方式，随着生产方式即谋生的方式的改变，人们也就会改变自己的一切社会关系。手推磨产生的是封建主的社会，蒸汽磨产生的是工业资本家的社会。”② 在此，马克思的逻辑是：作为技术的蒸汽机推动了资本主义社会的诞生，可以表示为：蒸汽机→资本主义。因此，马克思这里解释的是资本主义是如何产生的问题，而不是解释蒸汽机是怎么产生的问题，其中还貌似存在技术决定论或经济决定论的倾向。

的确，马克思、恩格斯都看到了蒸汽机的采用所引发的社会变革，特别是在与先前技术的比较中，它所带来的生产效率的进步，正如恩格斯所说：“自从使用蒸汽机和金属滚筒印花以来，一个工人做着200人的工作。”③ 由此，从生产力的维度可知，蒸汽机崛起的缘由是其在生产效率上的优越性，体现的是蒸汽机的发明及其技术改良的历史。蒸汽机的出现及其对于水力动力的替代是一个长期变迁的过程，而不是

---

① Andreas Malm, “The Origins of Fossil Capital: From Water to Steam in the British Cotton Industry”, *Historical Materialism*, Vol. 21, No. 1, 2013, pp. 15-68.

② 《马克思恩格斯文集》（第1卷），人民出版社2009年版，第602页。

③ 《马克思恩格斯文集》（第1卷），人民出版社2009年版，第101页。

“一下子”完成的，在这一过程中，蒸汽机技术的变革是一个重要的因素。从公元1世纪希罗（Hero of Alexardria）制造以蒸汽驱动的草地洒水装置，到1712年托马斯·纽科门（Thomas Newcomen）架设第一台用于工业的蒸汽机，再到詹姆斯·瓦特（James Watt）对蒸汽机的改良，直到后来亚瑟·伍尔夫（Arthur Woolf）发明双气缸、表面冷凝等方法，每一次的进展都使蒸汽机本身不断完善。正是由于蒸汽机技术本身的不断完善，英国棉纺织工厂才逐渐从原来使用水力资源全面转向使用蒸汽机，“到19世纪30年代中叶至60年代后期，蒸汽机的装机容量才出现了爆炸性的增长，成为诸多工业部门深为倚重的动力源”①。

然而，如果将马克思、恩格斯对蒸汽机崛起的缘由仅归结为生产力维度上的技术决定论或经济决定论，也是不符合他们的原意的。因为将历史唯物主义理解为经济决定论早就遭到恩格斯的批评，在1890年9月21日致约瑟夫·布洛赫（Joseph Bloch）的信中，恩格斯就指出：“根据唯物史观，历史过程中的决定性因素归根到底是现实生活的生产和再生产。无论马克思或我都从来没有肯定过比这更多的东西。如果有人在这里加以歪曲，说经济因素是唯一决定性的因素，那么他就是把这个命题变成毫无内容的、抽象的、荒诞无稽的空话。”② 仅从生产力的维度来理解机器的本质，也遭到马克思的批评。有的数学家和力学家则认为，工具是简单的机器，机器是复杂的工具，而有的经济学家则认为，工具和机器的动力不同就是两者之间的区别，马克思对这两种观点都不认同，因为这样的说明“没有历史的要素”③，也就是说，他们脱离了一定社会的历史形态来考察机器的本质，把机器看成是同人与人之间的经济关系没有联系的物件。

因此，在历史演进中，除生产力的决定作用之外，同样要看到生产关系的反作用。在马克思那里，技术就其本身而言是一种生产力，但这种技术要真正推动生产力的发展，还将受生产关系的制约。在不同生产关系下，其所展现的效应也是不同的，人类社会对蒸汽机的选择同时反映了这个社会向资本主义制度的转型和重大变迁，体现的是资本主义制度下人类社会对技术的选择。“18世纪，数学、力学、化学领域的进步和发现，无论在英国、法国、瑞典、德国，几乎都达到了相同的程度。发明也是如此，例如在法国就是这样。然而，在当时它们的资本主义应用却只发生在英国，因为只有在那里，经济关系才发展到使资本有可能利用科学进步的程度。”④ 针对蒸汽机的崛起，恩格斯曾经提到：“虽然珍妮纺纱机降低了纱线的生产费用，并且由于扩大了市场而给予工业以第一推动，但是，它几乎没有触及工业生产的社会方面，即生产的性质。只是在阿克莱和克朗普顿的机器以及瓦特的蒸汽机建立了工厂制度以后，运动才开展起来。最初出现的是使用马力或水力的比较小的工厂，但它们很快就被使用水力或蒸汽力的比较大的工厂排挤了。”⑤ 从中，我们可以看出，蒸汽机只有经历

---

① ［英］罗伯特·艾伦：《近代英国工业革命揭秘：放眼全球的深度透视》，毛立坤译，浙江大学出版社2012年版，第276页。

② 《马克思恩格斯文集》（第10卷），人民出版社2009年版，第591页。

③ 《马克思恩格斯文集》（第5卷），人民出版社2009年版，第428页。

④ 《马克思恩格斯文集》（第8卷），人民出版社2009年版，第367页。

⑤ 《马克思恩格斯文集》（第1卷），人民出版社2009年版，第98-99页。

“工厂制度”这一中介，才能使“运动”开展起来，换句话说，蒸汽机本身在生产力方面的优势只有与一定的社会制度相结合时，才能真正发挥作用。

马克思在《资本论》中论述了“工厂制度”的形成发展过程，这是一个逐步确立起蒸汽机等机器的主体地位，工人反而处于被支配地位的过程，是工人逐渐由形式从属沦为实际从属于资本的过程，是一个资本家逐渐加深对工人剥削的过程。在资本主义条件下，生产的目的是榨取尽可能多的剩余价值，某种机器成为资本家的选择正是因为它成为生产、榨取剩余价值的重要手段。在简单协作和工场手工业的生产组织形式下，工人在劳动分工中所产生的社会生产力却表现为资本天然具有的生产力，工人变成局部工人，逐渐丧失掌握整个生产的能力，但工人对资本的从属还只是形式上的从属，资本对工人的剥削还遇到了多方面的障碍，因为建立在手工劳动的技术基础上的生产过程，还需要大批的熟练工人，较难的局部劳动还需要工人较长的学习时间，资本还未完全建立起对工人的绝对支配，“在整个工场手工业时期，都可听到关于工人缺乏纪律的怨言。……资本始终没有能够占有工场手工业工人全部可供支配的劳动时间”[①]。这时，只有在新的技术基础上，才能发展资本主义生产关系，而这种变革是“以劳动资料为起点”[②]的。当劳动资料实现由手工工具向机器转变后，工人原有的手工技术和劳动经验被机器替代，工人只需操作简单的机器，只是机器的助手，工人的劳动更加片面化，如果离开工厂就无法进行独立生产，从而形成对资本的实际从属，最终，“生产过程的智力同体力劳动相分离，智力转化为资本支配劳动的权力，是在以机器为基础的大工业中完成的”[③]。就这样，建立在机器大工业基础上的资本主义生产关系便逐渐走向成熟，资本主义生产关系由于机器的采用取得了与之相适应（即适应其实现对工人的绝对支配并榨取剩余价值的根本目的）的技术基础。

可见，我们应从生产力和生产关系的有机统一中认识蒸汽机崛起的缘由，将“稀缺范式”和“资本逻辑范式”结合起来加以说明。正如克里斯·弗里曼（Chris Freeman）和弗朗西斯科·洛桑（Francisco Louçã）所认为的那样，每个时代都以一种技术集群为标志，这些技术集群的进步和发展推动经济增长，但这并不是技术决定论，根据康德拉季耶夫长波理论，作为每个时代核心的特定技术的有效开发和应用，都需要必要的制度结构提供支撑。[④]就蒸汽机的崛起而言，其所体现的就是资本、技术、劳动、自然的四角关系。资本主义生产方式的有效运转，有赖于获取稳定的动力供给和可供剥削的劳动力，而这一基本条件的实现，又有赖于特定技术的支持，这种技术以其自身独特的、优越于过往技术的方式在利用和改造自然的进程中逐渐成为资本主义生产方式有效运转的“伙伴”，因此，资本会选择有利于自身利益的技术，在这一进程中，技术不仅仅是作为一种“物”而存在，在其背后还承载着资本对劳动力、资本对自然的双重关系，也即人与人、人与自然的双重关系。简言之，资本作为“指挥棒”，经由技术这一中介，实现对劳动力和自然的双重控制。

---

① 《马克思恩格斯文集》（第5卷），人民出版社2009年版，第425-426页。

② 《马克思恩格斯文集》（第5卷），人民出版社2009年版，第427页。

③ 《马克思恩格斯文集》（第5卷），人民出版社2009年版，第487页。

④ Chris Freeman and Francisco Louçã, *As Time Goes by: The Information Revolution and the Industrial Revolutions in Historical Perspective*, New York: Oxford University Press, 2001, p. vii.

回到蒸汽机崛起的例子，我们就会发现它体现了“稀缺范式”和“资本逻辑范式”的有机统一，这可以从资本运行所需的动力资源和劳动力资源的分布情况进一步得到说明。马尔姆指出了水力的“离心动力”（Centrifugal Dynamic）的特点，即水车是从水流的降落和流动中获取能源，其所产生的动力取决于水量供应、水流降落高度或者水流速度，水车就必须安装在有大量天然或人工的瀑布附近，因此，水力工厂总是远离城市地区而建。在18世纪80年代，来自曼彻斯特和其他棉布中心区的棉纺织工厂分散在兰开夏、英国中部地区、苏格兰和威尔士，向外延伸到奔宁（Pennines）山脉和罗森代尔（Rossendale）峡谷，德文特（Derwent）及其邻近峡谷，或者克莱德（Clyde）上部地区，在这些地方，工厂主发现了尚未被触及的水流，这里的瀑布更高，降雨更多，无须建造大型的大坝①。这一特征也让法国史学家保尔·芒图（Paul Mantoux）感叹道：“人们必须到那些距离今天集聚着大量工人人口的中心相当远的小地方寻找近代大工业的起源。”② 大工业尽管起源于“小地方”，却未能在此扩散开来，因为它面临着降低成本所需的劳动力资源，只有在劳动力供给充足的大城市才能为资本家提供可供剥削的“产业后备军”，而此时的英国在经历了社会经济结构、生产方式、政府政策的改变后，受圈地运动、农业技术革命和交通运输条件提高等因素的影响，已经出现了农村劳动力人口向城市的大规模转移，“英国农村人口从18世纪下半叶起就开始大量向城市和工矿区流动，到19世纪二三十年代，流动的规模进一步扩大，部分农村地区绝对人口数开始减少，从50年代开始，全国农村人口的绝对数也开始下降，城市和工矿区的人口数和在全国人口中的比例却迅速上升。英格兰和威尔士城市人口在总人口中的比例从1750年的25%左右提高到1801年的33.8%，1851年达50.2%，基本实现城市化，1911年达到78.1%，农村人口在一个半世纪里从75%降至21.9%”③。因此，只有将工厂建在城市才能获取稳定的、可供剥削的劳动力。上述两种要素的分布情况，最终促成了资本家选择具有“万能机”称号的蒸汽机，它既克服了“稀缺范式”下资本获取原动力稀缺的问题，也克服了“资本逻辑范式”下获取劳动力资源的问题。

资本、技术、劳动和自然的四角关系，也体现在历史逐渐向世界历史的演变过程中。在追求利润最大化的资本逻辑之下，资本主义生产必然产生过度投资和消费不足的过度积累危机。要克服这一危机，资本一方面可以像英国国内那样，通过获取廉价的煤炭资源和维持工人的高工资来降低成本和维持消费市场，另一方面也必须寻求海外市场的扩张，通过对外贸易的途径让过剩资本得到吸收。这就是哈维所指认的资本积累的“空间修复”，“在保证持续获利机会方面，获取廉价的投入与获取广大的市场具有同等重要的意义”④。其实，在工业革命前，与英国国内市场相比，对英国制造品的海外需求已经十分巨大，英国出口工业产量的增长十分迅速，“1700～1750

---

① Andreas Malm, “The Origins of Fossil Capital: From Water to Steam in the British Cotton Industry”, *Historical Materialism*, Vol. 21, No. 1, 2013, pp. 15-68.

② ［法］保尔·芒图：《十八世纪产业革命：英国近代大工业初期的概况》，杨人楩、陈希秦、吴绪译，商务印书馆1983年版，第196页。

③ 王章辉：《英国工业化与农村劳动力的转移》，《世界历史》1996年第6期。

④ ［美］大卫·哈维：《新帝国主义》，初立忠、沈晓雷译，社会科学文献出版社2009年版，第113页。

年，国内工业产量增长 7%，而出口工业产量增长了 76%；1750~1770 年，国内工业产量和出口工业产量的增长分别为 7%和 80%”①。出口工业产量的增长迫切需要资本拓展对外贸易，吸收剩余以实现资本积累的“空间修复”，而这样的修复同样需要采用能推动对外贸易发展的远距离航运交通工具的支持，1768 年，瓦特和英国伯明翰轮机厂老板马修·博尔顿（Matthew Boulton）合作研制可以用于船舶推进的蒸汽机正好满足了这一需求，这一发明克服了使用帆船的空间有限性和时间不稳定性的技术劣势，从而为资本扩张提供了技术支持。而且，以煤炭做燃料的蒸汽机汽船能够搭载更多的货物，同时减少雇佣工人的数量，1887 年，莱昂·普莱费尔（Lyon Playfair）曾叙述了英国把发动机功率增大 3 倍这一创新的效果：不久之前，一艘排水量为 3000 吨的汽船进行一次远距离航行需要 2200 吨煤，只能有限地运载 800 吨货物。如今，一艘现代汽船作同样的一次航行只需 800 吨煤，可以运载 2200 吨货物；随着对煤的节约，人类劳动也减少了，1870 年，汽船上每 1000 吨运力需要 47 个人，现在只需要 28 个。正是蒸汽机的使用推动了英国对外贸易在 19 世纪五六十年代的迅猛发展，1910 年，英国仍占世界贸易新增和报废吨位的 40%，这一优势一直维持到“一战”前夕。② 由此可见，蒸汽机在轮船业的使用降低了劳动力成本和拓展了对外贸易，从而为克服资本过度积累危机提供了强有力的技术支撑。对蒸汽机崛起的考察，可进一步抽象出技术选择的逻辑之所在：一种先进的技术不仅会因其自身的发明和不断改良促进生产效率的大幅度提升，而且会凭借这种优势推进特定生产关系的形成、巩固和发展，从而取代先前的旧有技术，成为人类社会广泛使用的技术，而当一个社会的生产关系发生历史性变迁时，人类又要重复上述的技术选择逻辑，不仅需要一种技术的发明和不断改良，以推动生产力的发展，而且需要这种技术能够稳固新型的生产关系并反作用于生产力的发展，人类社会对技术的选择就是在生产力与生产关系的相互作用中得以确立的。

虽然笔者回顾的是 19 世纪自由主义时代煤炭和蒸汽机崛起的历史，但对解释 20 世纪的能源转型，以及 21 世纪能源的再次转型愿景，具有历史借鉴意义。当人类历史进入 20 世纪时，我们似乎又在遵循着老路，陷入了一种要维持资本不断积累的路径依赖困境。如果说 19 世纪是“煤炭—蒸汽机”时代，那么 20 世纪则是“石油—内燃机”时代，尽管迄今为止我们还未能摆脱对煤炭的依赖。内燃机对蒸汽机的替代，同蒸汽机对水力的替代如出一辙，它不仅凭借着生产效率上的优势“完胜”蒸汽机，而且由其所引发的交通运输工具的革命性变革，特别是汽车的发明和围绕汽车所构建起来的“汽车社会”，对于 20 世纪资本持续不断积累和化解资本的过度积累危机起到了独特的作用。回望整个 20 世纪，我们见证了汽车行业的发展推动资本主义积累体制由“福特—凯恩斯主义”向“后福特—新自由主义”的变迁，而这一变迁的动力就在于资本主义生产方式维持自身有效运转的迫切需要。③

---

① ［美］E. K. 亨特：《经济思想史：一种批判性的视角》，颜鹏飞译，上海财经大学出版社 2007 年版，第 32 页。

② Chris Freeman and Francisco Louçã, *As Time Goes by: The Information Revolution and the Industrial Revolutions in Historical Perspective*, New York: Oxford University Press, 2001, pp. 206-207.

③ 参见本书第七章。

现今，在全球气候变化日益威胁人类生存的21世纪，我们又面临着能源转型的历史时刻，如何通过技术的选择减少二氧化碳排放以应对气候变化是人类面临的迫切问题。对蒸汽机崛起缘由的探究，意味着一定的生产关系会有与之“搭档”的自然资源，随着生产关系的变更，它所选择的“搭档”也会发生变更，蒸汽机对水车的替代就是这种变更的结果。而当中国确立起社会主义生产关系后，其选择的“搭档”也必须发生变更，这是因为与资本主义生产关系相比，社会主义生产的目的不再是为了满足资本的不断增殖，而是为了满足人民对美好生活的需要，包括满足人民对优美生态环境的需要。就此而言，一方面，亟须引起我们警惕的是，资本为了维持它的“历史终结者”地位，人为阻滞能源向可更新能源的转型，人类社会将继续深陷当前的化石燃料难以自拔，从而阻碍技术进步；另一方面，实现向可更新能源的全面转型，不仅出于技术本身的不断完善与改进，还有赖于整个社会政治经济系统的全面支撑、转型或升级，对处于新时代的中国特色社会主义而言，已经自觉将生态文明建设纳入意识形态体系的中国共产党，其顶层设计、总揽全局和协调各方的作用就显得极为重要，这能够对前一方面的问题加以引导和规制，确保生态文明建设的战略定力，是我国建设生态文明最大的优势。①

三、自然资源“所有方式”和“使用方式”的变革开启了资本主义兴起之路

其实，洛克和斯密对自然资源的“所有方式”和“使用方式”都做了论述，但不是在“变革”的意义上进行论述，而是将资本主义的自然资源存在方式作为一种符合人的天性的方式进行论述。洛克从上帝赋予人的所谓“理性”阐述了私有产权，斯密从“互通有无、物物交换和互相交易”的自利人的所谓交换“倾向”阐述了自由市场，从而，两人均将原本是人类历史上的“变革”现象视为人的本性之类的东西加以肯定，进而把资本主义视为自然之物，其意识形态属性显而易见。以斯密为例，以自利为出发点的理性个人具有交换的倾向，随着技术的改进，劳动分工深入发展，导致交换行为也日益专业化，商业活动日益频繁，市场日益成熟，资本主义由此诞生，因此，资本主义并未被视为重大社会转型，只是代表了历史悠久的商业活动进入成熟阶段，仅仅被视为一种量的增加。

但如果我们在长时段的历史进程中对自然资源的存在方式进行考察，就会发现事实并非如此，它伴随着质方面的重大变革，而不仅仅是量方面的增加。

可以说，在人类诞生以前，并无所谓产权的问题，自然资源作为一种存在物理所当然地处于无主状态，人类诞生以后，以“先占原则”确定了自然资源的归属，在生产力极端低下的情况下，人们唯有组成共同体才能确保自身的生存，单个人只有在共同体中才能存活下去，这时的自然资源归共同体所有，但个人有使用并分享自然资源的权利。随着生产力的不断发展，才逐渐出现了奴隶社会和封建社会条件下的私有制，这种私有制与资本主义的私有制存在着明显区别，前者是以自己劳动为基础的私有制，并不具备后者所要求的清晰产权的排他性。资本主义诞生以前，人类社会还存在着上述这两种所有制，在自然资源的共有产权方面，“直到1800年，世界上的很多

① 参见本书第四章。

草原——北美大草原、南美大草原、澳洲内陆、非洲大草原——还都是为土著们所共有”①。在前资本主义的自然资源私有制方面，“中世纪末期的西欧，存在着可供领主、自由农和非自由农共同使用的大量未开发土地，包括天然牧场、荒地、林地、沼泽地等。人们可以在其上自由放牧，可以从中获取生活所必需的燃料、木材、水源等”②。甚至是在圈地运动之后，农民仍然保持着在“灌木丛、树林、下层灌木、采石场、采沙场的特权。他们从那里为做饭获得燃料，为人畜生存获得木材，从灌木篱墙处收获野苹果和榛子，从任何一小块荒地里得到艾菊等野生草药……在他们地块上的无论如何微不足道的一点生物，都能够被节俭的农民劳动者或他的妻子有效利用起来”③。总的来说，在资本主义诞生之前，自然资源的共有制和前资本主义的私有制在这个世界上共存，然而，为了资本主义的形成和发展，它必须被“炸毁”。

生产资料的所有权是资本主义兴起的重要基础，“生产资料所有权和支配权是使剥削手段与领域不断变化成为可能的核心社会关系：由一个小集团占有和支配生产资料，没有生产资料所有权和支配权的大多数人则处于无权状态，为获取仅能糊口的工资而工作。这两个阶级之间的社会关系是资本主义发展的重要基础”④。所有权的变更往往引起巨大的争议，正如著名法学家威廉·布莱克斯通所说：“世上没有任何一种东西，像财产权这样，如此普遍地冲击着人类的想象力，激荡着人类的情感。这种权利，就是一个人对这一世界外在物的索取和行使的一种独断的、排他性的所有权。而且，几乎没有人不在费神地思考这种权利的起源和基础。占有让我们高兴，但同时，我们似乎惧怕回看最初获取这种财产权的方式，担心我们的资格有某种缺陷；或者，我们最多只是依赖于满足有利于我们的法律规定，而不去考察那些法律规定得以建立的理由或其拥有权威的基础。”⑤ 资本主义的形成过程是以资本主义的私有制替代共有制和前资本主义私有制，为了这种转变的顺利进行，必须重塑人们对共有制和前资本主义私有制的价值认知，并通过立法等方式迫使劳动者与自然资源等生产资料形成必要的分离，从而才能形成资本主义的自然资源私有产权和使用方式。

如前文所述，洛克是通过贬低共有地的“经济”价值来进行证明的，斯密则历数了长男继承法、限嗣继承法、使用奴隶劳动、对分佃耕制下土地为何无法得到改良，论证了只有租地农民才愿意投资土地改良耕作。在这里，洛克和斯密看待自然资源在存在方式上有无价值、价值高低的标准是一致的，即只有从自然资源的耕作劳动中获取收益才有所谓的“价值”。在共有土地上，人们的劳动不是为了获取收益，而是为了维持共同体本身；在前资本主义的私有制下，收益不是来自市场机制下对生产者提出的提高劳动生产率的迫切性，即用较少的自然资源获取更多的产出物，而是来

① ［英］安德罗·林克雷特：《世界土地所有制变迁史》，启蒙编译所译，上海社会科学院出版社 2016 年版，导言第 5 页。

② 杨春学：《私有财产权理论的核心命题：一种思想史式的注解和批判》，《经济学动态》2017 年第 4 期。

③ Alan Everitt, "Farm labourers", in Joan Thirsk, eds., *The Agrarian History of England and Wales* (*Vol.* 4), Cambridge: Cambridge University Press, 1967, p. 405.

④ ［美］道格拉斯·多德：《资本主义及其经济学：一种批判的历史》，熊婴译，江苏人民出版社 2013 年版，第 8 页。

⑤ 杨春学：《私有财产权理论的核心命题：一种思想史式的注解和批判》，《经济学动态》2017 年第 4 期。

自于其他的因素，如垄断性特权、优良的海运、军事实力。因此，自然资源的这两种存在方式必须被打破，共有制和前资本主义的私有制必须让位于资本主义的私有制。否则，自然资源的价值就无法显现，如共有地就会被视为“被废弃的共有地”①。

但这还不够，依据洛克对私有财产权的论证，无法说明资本家为何拥有未有自己劳动渗入的劳动成果，除非与自然条件等生产资料相结合的劳动本身也为资本家所有，而这就引出了雇佣劳动的必要性，雇佣劳动并不意味着资本家对雇佣工人的劳动本身的所有，而只是对劳动力的所有，但劳动力的使用就是劳动本身。因此，资本主义的兴起还必须有赖于雇佣劳动的形成，这又有了下一方面的变革史，即通过立法等手段迫使劳动者与自然资源等生产资料形成必要的分离。这一变革不仅意味着自然资源“所有方式”的改变，而且意味着自然资源“使用方式”的改变，即原先仅出于使用价值的目的来使用自然资源，而现在则出于交换价值的目的来使用自然资源。这样，为了实现交换价值的最大化，或者说剩余价值的最大化，必须改变过去共同体或封建社会条件下无追求剩余价值的欲望，而这就必须迫使原先可以依靠自然资源生存的个体被迫同自然资源分离，转变成雇佣工人。

作为资本主义史前史的资本原始积累过程促成了这一变革的发生，是自然资源存在方式发生变革的生动写照。对这一变革的血泪史，洛克和斯密并未过多着墨，甚至反过来将其描绘成田园诗般的过程，斯密把资本家看成是勤劳、聪明、节俭的人，把无产者看成懒惰的、耗尽自己一切东西的无赖汉，他说：“资本增加，由于节俭；资本减少，由于奢侈与妄为。一个人节省了多少收入，就增加了多少资本。”② 但事实并非如此，福柯曾指认了原始积累背后规训机制的发展，他认为“规训机制的发展和普遍化构成了这些进程的另一黑暗方面”③。马克思指出，资本原始积累过程就是通过掠夺教会地产、欺骗性地出让国有土地、盗窃公有地、殖民制度、国债制度、现代税收制度、保护关税制度等手段造成劳动者与生产资料，特别是土地这一重要自然资源的分离。除了土地这一自然资源，资本原始积累还迫使劳动者同其他自然资源相分离，如英国的《狩猎法》就迫使农民同猎物相分离。打猎是当时英国乡间贫苦民众维持生计的重要手段之一，《狩猎法》对贫苦民众狩猎的禁止和严苛的惩罚措施，导致众多的农民脱离了原来的生存方式，沦为雇佣工人。《狩猎法》的实施，并未带来现代意义上的野生动物保护，因为这是一部贵族和资产阶级化的法律，它禁止贫苦民众狩猎，却允许贵族享有打猎的特权，在狩猎的对象上也是以是否具有娱乐性为标准来确定。这导致《狩猎法》产生毁灭性的后果，那些受法律保护的一些动物大大毁坏了庄稼，而另一些被疯狂捕杀的肉食动物，诸如幼年的狐狸、貂鼠等，则是有益的肉食者，可以防止啮齿类动物的过度繁殖。④

---

① Jesse Goldstein, “Terra Economica: Waste and the Production of Enclosed Nature”, *Antipode*, Vol. 45, No. 2, 2013, pp. 357-375.

② ［英］亚当·斯密：《国富论》，郭大力、王亚南译，商务印书馆 2015 年版，第 319 页。

③ ［法］米歇尔·福柯：《规训与惩罚》，刘北成、杨远婴译，生活·读书·新知三联书店 2012 年版，第 248 页。

④ Michael Perelman, “Primitive Accumulation from Feudalism to Neoliberalism”, *Capitalism Nature Socialism*, Vol. 18, No. 2, 2007, pp. 44-61.

总之，新自由主义对古典自由主义私有产权和自由市场的热衷，是因为古典自由主义的论证是借自然资源存在方式的变革来助推资本主义的兴起，其目的在于维护资本主义的合法性，而对于古典自由主义在环境维度上的“绿色化”思想并未真正继承。

第二章 新自由主义“生态环境治理术”的理论全景

环境问题，作为一个核心的社会政治问题的产生，与新自由主义相关的主流思想和实践同时发生。

——［英］马修·伊格尔顿—皮尔斯《新自由主义：关键概念》

新自由主义“生态环境治理术”的形成，源自于两个方面：一是新自由主义代表人物本身曾就环境问题做出论述；二是新自由主义的核心思想被应用到生态环境治理中。因此，本章描绘的新自由主义“生态环境治理术”的理论“全景图”，既包括新自由主义代表人物本身的环境思想，也包括在其影响下所形成的当代理论形态——自由市场环境主义的方法论根基，最终，在回顾资本主义生态化的历史进程中引出新自由主义“生态环境治理术”的具体策略。

第一节 新自由主义者“群像”：生态环境治理维度

当我们深入新自由主义者的文本时，可以发现以米瑟斯、哈耶克、弗里德曼、布坎南为主要代表的新自由主义者在论证他们的核心观点时，常常将生态环境议题作为自己的研究对象。对此，本节深度阐释了这一群体在生态环境治理维度上的四大论题，以期为下一章对新自由主义“生态环境治理术”的深入剖析和批判奠定基础。

一、自然资源的稀缺性和非给定性

笔者曾对 19 世纪以前西方经济学的稀缺性假设进行了思想史考察，并指出这种假设的资本主义意识形态属性，在历经了 19 世纪的边际革命后，稀缺性假设已成为西方经济学的主要假设之一。① 无论是作为资本主义意识形态的辩护工具，还是自身学术思想理论体系的构建，新自由主义当然也不回避对这一问题的探讨。从环境关切的角度看，新自由主义不仅论及了自然资源的稀缺性，还指明了自然资源的非给定

① 蔡华杰：《走出传统节约观的迷思：基于社会主义生态文明视角的研究》，人民出版社 2018 年版，第 15-28 页。

性，而这两者又共同构成了如下问题的起点和预设：经济问题的生成。由于这一问题带有元理论的性质，因而可知其在新自由主义理论体系中的地位和作用。

人们为什么要从事经济活动？经济问题何以成为一个需要人们加以研究的问题？最直接的原因就在于，大自然赐予人类生存的资源不是取之不尽用之不竭的，而是呈现稀缺性的特征，正因如此，才有如何节约、集约地使用资源的问题，而节约、集约本身就是经济概念的内涵之一，也正因如此，才有了经济学这一学科的诞生。对社会主义的全面批评是新自由主义的主题，这也成为其论述自然资源稀缺性的基本场域，即在新自由主义者看来，对社会主义的全面批评应包括批评社会主义不考虑自然资源的稀缺性。艾伦·艾伯斯坦（Alan Ebenstein）指出，庞巴维克是攻击古典社会主义的第一个奥地利人，据经济史学家亨利·斯皮格尔（Henry Spiegel）介绍，资本主义对社会主义的批评，事实上是对人类生存条件的批评，即对稀缺这一中心问题的批评，同资本主义一样，社会主义也必须处理这一问题。[①] 受庞巴维克的影响，米瑟斯同样指责社会主义没有认真对待自然资源的稀缺问题，“在天真的社会主义者看来，这个世界足以使每个人幸福和满足。产品的短缺只是不合理的社会秩序造成的”[②]。

在米瑟斯看来，让经济体系保持不断变化的影响因素包括外部自然条件、人口数量和质量、资本品数量和质量、生产技术、劳动组织、需求六大类，其中最重要的就是外部自然条件的变化，这其中又包括土壤肥力枯竭、建筑材料或矿藏的消耗等。“但是，社会主义永远不可能控制经济活动的自然条件。自然不听从人的调遣，人却必须服从自然。社会主义社会也必须认真对待外部自然的变化；它必须考虑自然力干扰的后果；它必须认识到它所掌握的自然力和资源不是取之不尽的。”[③] 除了指责社会主义不考虑自然资源的稀缺性，米瑟斯的主要论据还包括马克思、恩格斯等社会主义者对马尔萨斯人口规律和收益递减规律的拒绝或者批判，其实，这已经是一个老生常谈的论题了，已经成为当前西方十种最常见的反马克思主义观点之一，[④] 但凡抨击马克思的西方学者都将之视为马克思缺乏生态思想，且是一个妄图征服自然的“普罗米修斯主义者”的主要论据。

在批评社会主义的基础上，米瑟斯最终指出：“大自然没有赐予我们任何权利，正是由于她供给我们的生存资料极为匮乏，并且需求实际上是没有止境的，人们才被迫从事经济活动。”[⑤] 与米瑟斯一样，布坎南也做出了同样的论断，他说：“请把注意力集中到生物学意义上的必需品上：食物、住所、衣服。我们倾向于假设，这些人们普遍希望得到的‘物品’不会‘从树上长出来’，也就是说，它们在数量上并没有多到足以充分满足所有需求。换言之，我们假设，稀缺状态是人们进行选择时的背景……这种普遍存在的稀缺状况是一种非常简单的事实，而且为将这种状况推广到个

---

① Henry Spiegel, *Hayek's Journey: The Mind of Friedrich Hayek*, New York: Palgrave Macmillan, 2003, p. 47.

② ［奥地利］路德维希·冯·米瑟斯：《社会主义：经济与社会学的分析》，王建民、冯克利、崔树义译，中国社会科学出版社 2012 年版，第 163 页。

③ ［奥地利］路德维希·冯·米瑟斯：《社会主义：经济与社会学的分析》，王建民、冯克利、崔树义译，中国社会科学出版社 2012 年版，第 162 页。

④ ［英］特里·伊格尔顿：《马克思为什么是对的》，李杨等译，新星出版社 2011 年版，第 222-233 页。

⑤ ［奥地利］路德维希·冯·米瑟斯：《社会主义：经济与社会学的分析》，王建民、冯克利、崔树义译，中国社会科学出版社 2012 年版，第 27 页。

人化的框架当中，很少甚或根本不需要任何想象力。”[①] 在这里，我们已经可以看出新自由主义与边际革命时期的稀缺性假设具有高度的一致性，所谈论的都是资源的稀缺性和人的需求的无限性之间的矛盾。而正如笔者曾经撰文指出的，这一假设本身不仅存在着内在的学理缺陷，而且还是维护资本主义意识形态的合法性工具，[②] 就此而言，新自由主义对自然资源稀缺性假设的再次指认也必将成为其维护资本主义意识形态的理论前提，我们将在新自由主义处理环境问题的市场拜物教中洞悉这一特征。

自然资源的稀缺性不足以构成经济问题生成的充分条件，因为如前文所述，自然资源的稀缺性是一个无须任何想象力的、人尽皆知的简单事实，对这种事实的指认只是经济问题生成的必要条件，但还远未能形成新自由主义所体认的经济问题。在哈耶克看来，倘若存在如下这些情形，即假设我们拥有所有相关的信息，假设我们能够从一个给定的偏好系统出发，又假设我们掌握了有关可资使用的手段或资源的全部知识，便不是我们所要面对的经济问题了，而是一个纯粹的逻辑问题，因为我们解决问题所必须掌握的那些条件已经在这种假设中完全设定好了，也就是说是“给定”的，那么，接下来就是从这些条件出发经由数学的形式，运用经济运算方法加以解决即可，由此便可构建一个合理的经济秩序。

为了更好地说明这个问题，哈耶克区分了工程性质的问题和经济问题。人们往往把具有工程性质的问题混同于经济问题，使经济问题所具有的截然不同的性质不为人所知。工程性质的问题要解决的是如何从“给定”的资源或手段中获取最大的成果，这会驱使人们去寻找最经济的方法，这看似是个经济问题，但是，在处理这一问题时，由可资获得的资源或手段旨在达到的那些目的却具有绝对确定的性质，从这个角度来看，探求最经济的方法也只不过是一个技术问题而已了。而当工程性质的问题转变为经济问题，就意味着人们旨在达到的那些目的具有不确定性，“一旦人们为了追求不同的目的而竞相需求那些可资获得的资源，经济问题便产生了。判断经济问题存在与否的标准，乃是人们在生产过程中必须加以考虑的成本问题。我们在这里所说的成本，就像在任何其他地方一样，所意指的只是把特定的资源用于其他方面所会产生的利益”。[③] 哈耶克在此所说的，实则是如何将稀缺的资源用于多样的目的，是如何实现资源的最优配置和产出的最大化问题，这与工程性质的问题所不同的是，这里的资源不是“给定”的，而是“非给定的”，是否使用这种资源，使用多少资源，用于何种目的，依循旨在实现的目的在相对重要性上的差异。

哈耶克在说明经济问题的生成时，列举了一些关涉自然资源的例子，因为这里的资源是广义上的资源，既包括人力资源，也包括自然资源。对属于工程性质的问题，哈耶克谈及了矿产资源，他指出：“试图发现一种能够使他们从一定量的矿产中冶炼

① ［美］詹姆斯·布坎南：《财产与自由》，韩旭译，中国社会科学出版社 2002 年版，第 13 页。

② 蔡华杰：《稀缺性假设是怎样炼成的：一个思想史的考察》，《南京政治学院学报》2017 年第 3 期；蔡华杰：《基于程恩富关于资源与需要双约束假设下的节约分析》，《海派经济学》2014 年第 3 期。

③ ［英］F. A. 冯·哈耶克：《个人主义与经济秩序》，邓正来译，生活·读书·新知三联书店 2003 年版，第 181 页。

出最大量金属的冶金学家……所关注的实际上都是技术问题。”① 因为这是在绝对确定的目的之下配置给定的矿产资源。对属于经济问题的，哈耶克谈及了土地资源。当社会共同体中的指导者确定先生产食物后生产衣服时，就不存在什么经济问题了，但如果人们进一步假定，认为他们应当留下尽可能多的资源去追求其他目的，那么，这就不再只是一项技术性质的任务了。“在这种情况下，究竟多少资源才是较大量的资源这样的问题也就应运而生了。如果一名工程师提出了一种给追求其他目的留下大量土地但极少劳动力的方法，而另一名工程师则提出了一种给追求其他目的留下大量劳动力但极少土地的方法，那么在不存在任何价值标准的情况下，我们又如何来确定上述两者当中何者是更大的量呢?”②

二、自然资源的工具性

新自由主义者抨击马克思等社会主义者忽视自然资源的稀缺性，指责他们是妄图征服自然的“普罗米修斯主义者”，其实，新自由主义本身也主张增强对自然资源的开发力度，将自然资源视为一种为人类服务的工具性存在物。

新自由主义是对古典自由主义的复归，古典自由主义产生于西方近代社会，是作为基督教及其神学的对立物而出现的，但其思想却萌芽、孕育于有关中世纪的基督教文化传统中，人与自然的主客二分关系思想就是其中之一。林恩·怀特（Lynn White）将生态危机的根源追溯到基督教的“支配自然”思想，其认为基督教是一种以人类为中心的宗教，人类是上帝在世间的代言人，是来支配自然的，自然是为人类而存在的。③ 我们可以从怀特对生态危机的基督教文化传统根源的追溯中看出，人类是上帝在世间的代言人，是来支配自然的，自然是为人类而存在的。

当自由主义的历史演进到17世纪以洛克为代表的古典自由主义时，可以说，这才真正为新自由主义的自然资源工具性思想奠定了根基。古典自由主义将人的自由视为一种天赋人权，无论在自然状态下，还是在摆脱自然状态的社会秩序下，这是必须誓死维持和捍卫的权利，而将自然资源视为一种为人类服务的工具，是保护自由这种天赋人权的重要条件之一。因为自由的实现有赖于如下两个方面的保障：一方面是私有财产权的至高无上，私有产权的生成在于人对自己劳动以及劳动产品的所有权，这其中包括拥有土地、一切低等动物、鹿肉、苹果、矿石、水、鱼、龙涎香、野兔、橡实和果实等自然资源的私人所有权；另一方面是对自然资源的开发权，自然资源不仅为人类所“占有”，而且还必须为人类所“开发”，才能使人类从蒙昧状态走向文明时代。洛克对人类自由权的实现所配置的两个保障说明，自然资源的存在只是归属于人类，是一种属人的存在物；自然资源的价值唯有为人类所利用才能实现，是一种为人的存在物。简言之，自然资源就是一种为人类服务的工具物。

---

① ［英］F. A. 冯·哈耶克：《个人主义与经济秩序》，邓正来译，生活·读书·新知三联书店2003年版，第179页。

② ［英］F. A. 冯·哈耶克：《个人主义与经济秩序》，邓正来译，生活·读书·新知三联书店2003年版，第180页。

③ Lynn White，“The Historical Roots of Our Ecologic Crisis”，*Science*，Vol. 155，No. 3767，1967，pp. 1203-1207.

新自由主义继承了古典自由主义的资源观，提出在判定是否要保护自然资源的标准上，必须以是否推动了人类社会的“进步”为尺度，当然，这里的“进步”主要指的是社会总收入的增加、工业的发展等经济指标。在是否要保持土地资源的肥沃程度上，哈耶克认识到这类资源并非是取之不竭的财富，如果我们想要保持或增加我们的收入，我们必须能够用一种对未来收入有同样贡献的新资源来取代正在被耗尽的资源。“然而，这不意味着需要以实物的形式加以保持或用另一种同类的东西来代替，或者自然资源的总储量应保持完整无缺。从社会以及个人的角度考虑，任何一种自然资源只不过是我们天赋的可枯竭的总资源中的一种，我们的问题不是以某种特定形式保护这种资源，而是永远使之保持在一种可以对总收入做出人们最佳期望之贡献的形式中。某种特定自然资源的存在只意味着，只要它还存在，它对于我们的收入的暂时贡献将帮助我们创造在将来会同样帮助我们的新资源。……也许简明地说明这个主要之点的最佳方法是说明所有的资源保护都构成投资，应完全像其他所有投资一样用相同的尺度来判断资源保护。”①

与其他方面的投资相比，倘若对某种自然资源进行投资可以获得同等的收入，那么，依哈耶克的标准看，在经济上就没有保护这种自然资源的理由了，哪怕这种自然资源在将来会枯竭。相反，如果反其道而行之，为了保存自然资源而终止对这种资源的开发，则会阻碍哈耶克眼中所谓的人类社会的“进步”。“如果六十或八十年前环保主义者就已提出的关于煤的供应将要枯竭的警告得到重视的话，工业发展就会被大大地延迟。而内燃机将不会使运输革命化，如果其使用只限于那时已知的油资源（在汽车和飞机的时代的头几十年当中，以当时的速度使用油的已知资源，油将会在十年内枯竭）的话。”②

哈耶克在这里有“污染不可避免论”的味道，在他看来，自然资源必须为人类所使用才能体现出价值，对自然资源的使用必然破坏环境，但却能服务于人类社会的“进步”，因此，自然资源的耗尽、污染的产生、环境的破坏都是不可避免的，也无须自责。弗里德曼也同样指责公众期待有一个无污染的世界是一种不理智的行为：“公众在讨论环境问题时，往往容易感情用事，而不是进行理智的思考。在许多讨论中，好像问题是要么有污染，要么没有污染，似乎应该有而且可以有一个不存在污染的世界。这显然是毫无意义的空想。一个人只要认真思考过这一问题，就不会认为完全无污染的局面是可取的，也不会认为这是可行的。我们可以彻底杜绝汽车尾气对空气的污染，只要废弃所有的汽车即可。但这样一来，我们就无法拥有现有的工农业生产力，由此我们大多数人的生活水平就会急剧下降，许多人可能就会因此而活不下去。再有，大气污染的主要因素之一就是人类呼出的二氧化碳，我们可以直截了当地终止这一污染源（大家都不要呼吸），但这显然是得不偿失的。”③

① ［英］弗里德里希·奥古斯特·冯·哈耶克：《自由宪章》，杨玉生、冯兴元、陈茅等译，中国社会科学出版社 2012 年版，第 552 页。

② ［英］弗里德里希·奥古斯特·冯·哈耶克：《自由宪章》，杨玉生、冯兴元、陈茅等译，中国社会科学出版社 2012 年版，第 548 页。

③ ［美］米尔顿·弗里德曼、罗丝·弗里德曼：《自由选择》，张琦译，机械工业出版社 2018 年版，第 219 页。

既然自然资源对提高社会的总收入，乃至对人类的进步都做出了贡献，那么，随之而来的结果便是鼓吹生产要素价值论和效用价值论，以此来取代马克思的劳动价值论。米瑟斯指责在马克思主义理论中潜伏着一种模糊的想法，即生产的自然要素不必节省，并认为这一结论来自于马克思把劳动视为唯一的成本要素这一思想观点，也就是说马克思把自然要素排除在生产的成本要素之外。在这一点上，米瑟斯也继承了其恩师庞巴维克对马克思的批评。在庞巴维克看来，马克思忽视了物的要素在价值形成中的作用：“我们能不能说，一切具有交换价值的财货都有这种共同属性，就是它们都是劳动的产物呢？原始土地是劳动的产物吗？金矿是劳动的产物吗？煤矿是劳动的产物吗？然而人人都知道这些东西都具有很高的交换价值。”①

三、鼓吹自然资源的私有化

私有化是新自由主义的核心观点之一，几乎构成了新自由主义的理论基础和前提，正如米瑟斯所言：“用一个唯一的词汇就能概括自由主义的纲领，这就是：私有制，即生产资料的私有制。自由主义的一切其他主张都是根据这一根本性的主张而提出的。”② 私有制在新自由主义的理论体系中的地位和作用无须赘述，为了对私有制进行辩护，新自由主义甚至将实行私有制提高到表征人类文明程度的高度。那么，新自由主义是如何对自然资源私有化进行辩护的呢？

布坎南在《财产与自由》一书中的开篇便指出：“我在本书中的论点是，这个简单的道理，为方便起见，我们可以称之为亚里士多德的观点，绝对不同于为私有财产所作的另一种辩护，这种辩护是由经济学家们或者法律—政治哲学家们提出来的，但远未得到他们的很好的理解。这第二种观点没有把资源利用中的效率或生产率放在完全占支配地位的准绳的位置上。自由而不是效率，具有关键性的重要意义，尽管这两个目标在大多数运用过程中是互补的。”③ 可见，在对自然资源私有化的辩护上，总的来看，新自由主义交织着两条互补的路线：一是“亚里士多德的观点”或者资源利用效率的观点，这其实指的是“公地悲剧”的路线；二是捍卫自由的路线。

第一条为自然资源私有化辩护的路线是“公地悲剧”的路线。自然资源的工具性地位，要求自然资源以最有效率的方式为人类所利用，而在新自由主义者眼中，实行自然资源的公共所有权将导致自然资源的利用效率极其低下，这源于在产权问题上的“公地悲剧”。

“公地悲剧”一词见于哈丁1968年发表在《科学》杂志上的《公地悲剧》一文。但“公地悲剧”的思想早在亚里士多德的《政治学》中就已经表露出来，他说：“一件事物为越多的人共有，人们对它的关心就会越少。人们最关心的是自己的事物，对公共事物则很少顾及。或者说，对于公共的一切，他们至多只关心其中与个人利益相关的事物。”④ 这就是布坎南所说的“亚里士多德的观点”。此后，不少学者也表达了

---

① ［奥地利］欧根·冯·庞巴维克：《资本与利息》，何崑曾、高德超译，商务印书馆2010年版，第395页。

② ［奥地利］路德维希·冯·米瑟斯：《自由与繁荣的国度》，韩光明等译，中国社会科学出版社1995年版，第61页。

③ ［美］詹姆斯·布坎南：《财产与自由》，韩旭译，中国社会科学出版社2002年版，第1页。

④ ［古希腊］亚里士多德：《政治学》，高书文译，中国社会科学出版社2009年版，第44页。

同样的忧虑。1740年，休谟形容在一个有公共物品或服务存在的经济社会中，不可避免地将发生“搭便车”的现象。而最接近哈丁“公地悲剧”模型的是1833年英国经济学家威廉姆·里奥德（William Lloyd）出版的一本小册子《关于控制人口的两场演讲》，《公地悲剧》发表30年后，哈丁发现自己也“非常赞同里奥德1833年在牛津所做的演讲”①。在这本小册子里，涉及一个过度使用共同资源的例子，这就是牧民分享一块共同的土地的情况。每个牧民都有权让自己的牛吃草，如果一个牧民放置超过分配给他的数量的牛，那么，结果就是过度放牧。牧民可以从额外的每一头牛中获得额外的好处，但是整个群体却共同分担对公地所造成的破坏。如果所有牧民都做出了这个单独理性的经济决策，那么，公地资源可能会被耗尽甚至毁灭，从而损害所有人的利益。② 20世纪以来，学界之所以将哈丁的“公地悲剧”模型应用到自然资源领域，就在于早在哈丁发表《公地悲剧》之前就有学者对开放获取的渔业进行了研究，这主要得益于珍斯·沃明（Jens Warming）、斯科特·戈登（Scott Gordon）和安东尼·斯科特（Anthony Scott）三位学者的研究成果。③

1968年，“公地悲剧”由哈丁正式提出。哈丁给出了公地上过度放牧的例子。哈丁写道：“公地的悲剧就是这样产生的。看一个对所有人开放的草场。可以预料到的是，每个牧民都将努力利用这个公共福利喂养尽可能多的牛。……作为一个理性的存在，每个牧民都在追求其利益的最大化。他明确或者含蓄地、多少有意识的问：‘在我的牛群中再增加一头牛对我有什么效益呢?’”④ 自私自利的逻辑使哈丁确信牧民的想法是可以增加牛的数量的，因为增加一头牲畜使牧民获得了增加这头牲畜的所有利润，而由超载放牧带来的负面影响却由所有的牧民分担。哈丁认为：“悲剧就在这里。每个人都被锁进一个强迫他无限制地增加自己畜群量的系统——在一个有限的世界里。在这个相信公地自由使用的社会里，每个人都在追求自己的最大利益，但所有人们争先恐后追求的结果最终是崩溃。公地的自由使用权给所有人带来的只有毁灭。”⑤ 在哈丁提出“公地悲剧”之前，关于过度放牧的问题也得到了一些历史学者的确认，比如格纳（E. C. K. Gonner）就曾说道：“随着公地上放养的牲口越来越多……结果就是公地的超负荷运转。”⑥

其实，在哈丁正式提出“公地悲剧”之前，米瑟斯、哈耶克也早就武断地认为自然资源公有制效率低下并由此产生悲剧的问题。米瑟斯在阐述自由主义政策的基础

① Garrett Hardin, “Extensions of ‘the Tragedy of the Commons’”, *Science*, Vol. 280, No. 5364, 1998, pp. 682–683.

② William Lloyd, Two lectures on the checks to population, https://www.jstor.org/stable/60215049.

③ Peder Andersen, “‘On Rent of Fishing Grounds’: A Translation of Jens Warming's 1911 Article, with an Introduction”, *History of Political Economy*, Vol. 15, No. 3, 1983, pp. 391–396; Scott Gordon, “The Economic Theory of a Common Property Resource: The Fishery”, *Journal of Political Economy*, Vol. 62, No. 2, 1954, pp. 124–142; Anthony Scott, “The Fishery: The Objectives of Sole Ownership”, *Journal of Political Economy*, Vol. 63, No. 2, 1955, pp. 116–124.

④ ［美］加勒特·哈丁：《公地悲剧》，载赫尔曼·E. 戴利、肯尼思·N. 汤森：《珍惜地球：经济学、生态学、伦理学》，马杰等译，商务印书馆2001年版，第151–152页。

⑤ ［美］加勒特·哈丁：《公地悲剧》，载赫尔曼·E. 戴利、肯尼思·N. 汤森：《珍惜地球：经济学、生态学、伦理学》，马杰等译，商务印书馆2001年版，第152页。

⑥ E. C. K. Gonner, *Common Land and Inclosure*, Kelly: New York, 1912, p. 25.

时，指出人类的生产活动由两个要素组成，其中一个就是物化的生产要素，这既包括大自然赐予我们的、绝大部分与土地密切相关的物质和能源，也包括从原始的自然生产要素里创造出来的那些中间产品。对于这些生产要素，米瑟斯极力主张实行私有制，因为公有制“会导致生产率的下降，以至于使其非但不能够创造更多的财富，反而会起到减少财富的作用”①。

哈耶克对自然资源私有化的辩护，主要集中在对土地资源和森林资源的私有化上。在涉及“那些既在城市事务也在农业中由于邻里效应以及由于利用某块土地而给该社团的其余部分造成的更加深远的后果而产生的那些问题”时，哈耶克指责英国的大庄园已经变得很不经济，政府在这方面的作用就是改善现有的法律框架，特别是那些涉及所有权和使用权的法律，为此能够采取的措施就是合并从中世纪继承下来的分散的财产或在英国围圈公地。而像类似的问题，哈耶克在此也为读者留下伏笔，指出“将在后面谈及自然资源的保护时加以考虑”。之后，哈耶克就针对人们对私人企业浪费自然资源的说法进行了辩护，他说：“不容否认，的确有浪费；但是必须强调的是其最重要的实例——森林的耗尽在很大程度上是因为森林未成为私人财产，而继续作为公有土地根据一些不足以刺激开发者采取保护措施的条件交付给私人开发。确实，对有些自然资源来说，一般条件下合适的财产安排将不能保证有效的利用，可能需要在这方面制订一些特别的法律条款。”② 由此可见，从土地资源到森林资源，哈耶克的立场和观点是明确的，就是要求政府在立法上有所作为，即立法实现自然资源的私有化，而其缘由也是一致的，前者是英国大庄园的不经济，后者是在公有森林的开发和保护上没有激励机制，两者均是效率低下的表现。

第二条为自然资源私有化辩护的路线是捍卫自由的路线。在自由主义的传统中，对自由权利的向往和强调几乎成为其最重要的行事准则，洛克的天赋人权包括生命、自由和财产权，在这三种权利中生命权是最基本的权利，要保障人的生命权就必须限制政府的权力，不仅要保障人的自由不受政府的干预，还要保障人的财产权利不受政府的侵犯，可以说，捍卫私有财产权构成了自由权利的重要保障。之所以在自然资源私有化的辩护上有第二条路线的存在，就是因为“公地悲剧”的路线在自由权利的解释和规范能力上还存在着模糊或薄弱之处。布坎南直言：“公共财产的悲剧的比喻把注意力集中于向个人提供的独立的排他性权利、独立的私人空间的分配。这种比喻倾向于忽略分配完成后相互独立的权利的实施问题。”③ 一方面，从“公地悲剧”的路线为私有产权进行辩护，几乎完全以效率标准为基础，这在某种程度上就偏离了保护自由权利的初衷；另一方面，将公共财产私有化，隐含着最初的产权分配应由政府执行的要求，这就存在着政府干预、侵害公众自由权利的危险主张。因此，有必要寻求另一条为私有产权进行辩护的路线，这就是捍卫自由的路线，当然，这一路线不是

---

① ［奥地利］路德维希·冯·米瑟斯：《自由与繁荣的国度》，韩光明等译，中国社会科学出版社1995年版，第61页。

② ［英］弗里德里希·奥古斯特·冯·哈耶克：《自由宪章》，杨玉生、冯兴元、陈茅等译，中国社会科学出版社，2012年版，第546页。

③ ［美］詹姆斯·布坎南：《财产与自由》，韩旭译，中国社会科学出版社2002年版，第7页。

对前一条路线的否定，而是一种重要的补充。

布坎南的立论起点显然是古典自由主义的社会契约论立场，霍布斯的丛林法则就是其论述的起点。在霍布斯所设想的自然状态下，任何个人都极为看重安全，因此就将权力交给君主，君主允诺向他的公民提供保护，只是这种允诺似乎是“摇摇欲坠”的，公民生活在君主强制性权力下的世俗社会比自然状态下的状况或许更加糟糕，因此，无论公民所生活的世俗社会如何，“请注意，如下这一点很重要，在这样一种结构中，个人的存在要优于而且因此也独立于与君主达成的契约，即使这样一种存在与由君主提供的可供选择的秩序相比并不令人愉快”①。也就是说，无论如何，都不能以任何借口侵害个人的权利。虽然布坎南自己打算在以洛克的而不是霍布斯的契约为框架的范围内进行研究，但两者存在的只是自然状态下达成协议的对象不同而已，两者在契约框架内所形成的逻辑结构是一样的。正是以此为出发点，布坎南开始构建其为私有产权辩护的理论逻辑。

与社会契约理论假设自然状态一样，布坎南首先假设了一个在公共财产已经被分割或者私有化的社会状态，在这样的社会，专业化生产没有任何优势，每个个人利用自己的优势生产出全部所需的物品，其效率同引入专业化生产和交换一样有效率，也就是说，这是一个没有“市场”的、独立性很强的社会，或者用布坎南自己所称的，是一个自给自足的移民家族领地模式。怎么可能存在一种完全自给自足的个人或者家庭经济呢？这里也需要关于经济如何运转的假设性建构。一种就是前述的自然资源的稀缺性，在这种稀缺状态下，人类为了使其生存成为可能，当然要被迫进行劳作。但是，布坎南跨过了这一稀缺状态，而是“按照一种以农业作比喻的方式来思考，在这种框架中，在自给自足的单位当中的人们在田地里耕作，以生产出生存所需的物品。按照经济学家们的话来说，这种自给自足的移民家田领地的模型，变成了一种含有劳动—土地两种要素的有关生产的模型。物品是通过受到自然力的援助和支持的劳动而取自土地的。这种隐喻认为，场所的固定性是自给自足的生产—消费单位的一个特征”②。

紧接着，布坎南却又放弃了自给自足的生产具有很理想的效率这一假设，转而假设专业化提高了生产率，专业化生产获得了优势，因此，随之而来的便是，原先生活在自给自足状态下的个人或者家庭在进行简单的交谈后认识到，生产所带来的利润在日益增长，他们就迈向了融入市场的最初一步。然而，正如霍布斯对公民为了自己的安全将权力交于君主所产生的担忧一样，布坎南也表达了对公民为了利润或者效率将自身融入市场的担忧，这种担忧主要是因为个人或者家庭将受制于“市场的盲目力量”，这种力量一方面将导致个人或者家庭形成对他人的依赖性，从而丧失原来在自给自足状态下的独立性，另一方面也正因为这种依赖性的形成，将会为人对人的剥削创造潜在的条件。

那么，如何才能避免“市场的盲目力量”的宰制？在这里，布坎南又依循社会契约论的框架。当霍布斯所设想的君主存在着侵犯公民的基本权利时，公民宁可放弃

---

① ［美］詹姆斯·布坎南：《财产与自由》，韩旭译，中国社会科学出版社 2002 年版，第 5 页。

② ［美］詹姆斯·布坎南：《财产与自由》，韩旭译，中国社会科学出版社 2002 年版，第 13 页。

这种存有君主状态的社会而退回到自然状态，因为在那里，公民至少还保留着天赋人权。同霍布斯一样，布坎南的办法就是个人或者家庭可以自由退出市场，退回到自给自足的状态，但要实现退出的自由，必须确保自给自足状态下个人或者家庭的私有财产权。“农民所拥有的作为财产的自身的劳动力和土地，使他能够对可能产生自不利交易条件的潜在剥削加以限制。……个人必须保留对生产性资源的处置权的私人控制，他必须能‘自由地’以他认为合适的任何方法使用劳动力和土地资源。私人财产所有权使人们实现了专业化和交易，因而也获得了一些产生于效率的收益，但是，同样重要的是，私有财产也使人们得到了某种保护和隔离措施，以免遭市场的‘盲目力量’的冲击，而不管这些‘盲目力量’最终来源于哪里。”① 从中我们可看出，这里的私有产权既包括对自身劳动力的私有产权，也包括土地等自然资源的私有产权，而且布坎南还强调，“这个模型还是对财产制度的看法上强调土地的重要性的观点的核心内容”②。可见，如果说霍布斯对个人私有产权的强调是为了捍卫个人免遭君主专制权力迫害的自由，那么，布坎南对自然资源私有产权的强调就是为了捍卫个人或者家庭免遭“市场的盲目力量”迫害的自由。

四、以市场机制解决环境问题

虽然布坎南指明了“市场的盲目力量”有侵害公民自由的危险，但是，这并不等于布坎南等新自由主义者否定市场发挥作用，布坎南在这里只是为了论证私有产权的合法性才指明市场的弊端。市场的弊端或者市场的失灵，常常是外界攻击新自由主义的理由，但新自由主义自始至终都“固执”地笃信市场的至高无上性和万能性。在环境议题上，新自由主义者始终怀疑政府在处理环境问题上的有效性，主张以市场机制保护环境和配置自然资源。

相较于其他议题，让政府干预解决环境问题具有更大的合理性，因为生态环境是一个公共物品，常常出现市场失灵的现象，为了纠正这一现象就必须由政府加以控制解决。所以，哈耶克就指出在自然资源开发的相关领域，“普遍的意见仍是，此处存在的特殊情况要求政府采取广泛的控制。在美国这种观点尤其强烈，在那里‘保护运动’在一定程度上已经是鼓吹经济规划的根源，并且对激进的经济改革者的固有思想也有所影响。几乎没有哪个论点像所谓私人企业浪费自然资源的说法那样被广泛和有效地用来使公众相信‘竞争的浪费性’以及中央控制重要的经济活动的合理性”③。然而，众所周知，新自由主义者对政府干预深恶痛绝，以至于哪怕像解决环境问题这样的公益性问题，新自由主义者也是对政府“敬而远之”，弗里德曼就曾直言不讳地承认，假使他不喜欢当地城镇所做的事情，比如污水处理，他宁可迁移到另一个城镇。④

新自由主义者认为，在环境议题上，与其说是市场失灵，毋宁说是政府失灵。这

---

① ［美］詹姆斯·布坎南：《财产与自由》，韩旭译，中国社会科学出版社 2002 年版，第 20-21 页。

② ［美］詹姆斯·布坎南：《财产与自由》，韩旭译，中国社会科学出版社 2002 年版，第 18 页。

③ ［英］弗里德里希·奥古斯特·冯·哈耶克：《自由宪章》，杨玉生、冯兴元、陈茅等译，中国社会科学出版社 2012 年版，第 545-546 页。

④ ［美］米尔顿·弗里德曼：《资本主义与自由》，张瑞玉译，商务印书馆 2004 年版，第 6 页。

源于新自由主义的知识论。如前文所述，自然资源有两个特性——稀缺性和非给定性，因此，这里就涉及如何将有限的自然资源进行配置的问题，哈耶克把一整套有关配置我们可资使用的资源的相互关联的决策称为“计划”。现在的问题是，不在于是否应当制订计划，而是由谁来制订计划，这可以有三种方式：一是由一个中央权力机构以集权的方式来制定；二是由许多独立且分立的个人以一种分散的方式来制定；三是由有组织的行业或者垄断者来制定。哪种方式更有效率呢？

对于前两者来说，这涉及新自由主义的知识论，即是中央权力机构能最为充分地运用现有的知识，还是分立的个人能最为充分地运用现有的知识？通常认为，有关科学方面的知识可以由精心挑选出来的专家所掌握并加以运用，但是，在哈耶克看来，科学知识只是全部知识中的很小一部分，现实生活中还存在着另一种极其重要的但未经系统组织的知识，即“有关特定时空之情势的知识”（The knowledge of the particular circumstances of time and place）。这种知识具有分散性和变化性的特征，即它掌握在分立的个人手中，且处于不断变化之中。对于这种知识，有的经济学家着迷于统计上的综合指标，期望通过统计获取并运用这些知识。但是，哈耶克则认为，有关特定时空之情势的知识是不能通过统计加以获取的，“因为就统计而言，我们必须处理的那些因素，虽说数量很大，但是却没有大到足以使这样的偶然性力量产生稳定性。商品和服务的持续流动之所以能够得以维持，实是因为下述情形所致：第一，人们持续不断地进行着精心的调整；第二，人们每天都在根据前一天所不知道的情势做出新的安排；第三，一旦某人不能交付商品或提供服务，另一个人即刻就会顶掉他的位置”①。所以，对于这种知识，因其性质的缘故而不可能进行统计，从而也无法以统计的形式传递给任何一个中央权力机构。

还有一些有关可能的未来发展的知识，政府可能要比多数自然资源的个人所有者更了解。对于这类知识，虽然最近的科学成就说明政府可能更加了解，但是，哈耶克认为：“总会存在大量关于某些特殊情况的知识，这些情况是对某些特殊资源作出决定时必须要加以考虑的，而这些特殊资源只为个人所有者所拥有，不可能集中于一个权威手中。因此，固然可能有些情况是政府了解而很少有其他人了解的，然而，必然有更多的情况，是某些别人所知而为政府所不知，这也同样是真实的。”②

除了指责政府无法获取特定时空情势下和关乎未来发展的知识外，哈耶克还指出，那些认为政府可以以更便宜的利率获得贷款，从而能更好地考虑未来的需要其实是错误的，“因为政府在这方面具有的优势完全在于这样的事实，即在其投资中失败的风险不是由它们承担，而是由纳税人承担；事实上，仅就判断某个特定投资是否值得而言，风险性一点也不少。但是，如果投资没有预期的利润，政府可以用征税的办法补偿自己，由于政府通常只计算它实际上作为所用资金的花费支付的利息，因此该论点不利于而不是有利于政府投资”③。

综上可知，哈耶克在以哪种方式能够最为充分地运用现有的知识这一问题上，是

---

① ［英］F. A. 冯·哈耶克：《个人主义与经济秩序》，邓正来译，生活·读书·新知三联书店 2003 年版，第 124-125 页。

②③ ［英］弗里德里希·奥古斯特·冯·哈耶克：《自由宪章》，杨玉生、冯兴元、陈茅等译，中国社会科学出版社 2012 年版，第 549 页。

否定政府以集权的方式来获取知识，而“必须由那些熟悉这些特定情势的人——亦即那些直接了解相关变化以及即刻可以被用来应对这些变化的资源的人——做出最终的决策”①。

那么，第三种方式——由有组织的行业或者垄断者来制订计划，可行吗？就前者而言，新自由主义者主要针对的是那些提供休闲消遣娱乐的天然美景、历史古迹或具有科学价值的场所。如果这些地方由私人进行供给，则会存在“搭便车”的行为，即这些消遣的机会使个别受益人得到好处，却不能向他们收费，因此，必须采取“集体性行动”加以解决。哈耶克认为：“天然公园、自然保护等与市政当局小规模提供的消遣机会是同一种类的东西，要说明的是，它们应尽可能由自愿组织（如英国的国家信托基金会）提供，而不是通过政府的强制性力量。”② 哈耶克在这里提到的英国的国家信托基金会，是由欧克塔维亚·希尔（Octavia Hill）、罗伯特·亨特（Robert Hunter）和哈德威克·拉恩斯雷（Hardwicke Rawnsley）三人于1895年创办的英国的最大公益信托组织。它拥有350多处遗产，包括许多历史悠久的房屋和花园，工业古迹和社会历史遗址。该组织也是英国最大的土地所有者之一，拥有超过247000公顷的土地，包括许多自然美景。但是，并不是所有的新自由主义者都认为这样的公园必须由行业性组织来提供。例如，弗里德曼将公园分为市立公园和国家公园，位于市中心的公园，由于存在着难以识别从中获得好处的人并且向他们收费的难处，所以可以由政府进行经营。而像黄石公园这样的国家公园，弗里德曼认为：“入口是很少的，大多数人来到公园，都得停留一定的时间，所以完全可以建立收费棚和收门票。现在的确是这样做了，虽然收费不足以维持整个的开支。假使公众对这种活动具有足够的为之而付钱的需要，那么，私营企业肯定会有积极性来提供这些公园。当然，许多这种性质的私营企业目前是存在着。我自己看不出有任何能为这个领域中的政府活动提供理由的邻近影响或重要的垄断影响。”③

就后者而言，将自由竞争奉为圭臬的新自由主义者也有例外，这一例外体现在对以垄断的方式经营与自然资源相关的产业的认可。哈耶克曾说：“事实常常证明，由一个垄断集团开采稀有的自然资源可能会更长久地利用这些资源，而且或许可能这是这类垄断集团形成并在自由经济下存在下去的唯一事例。”④ 哈耶克的这一结论来自于米瑟斯对自由竞争与垄断经营的分析。自由主义的反对者认为，当今世界到处都是像托拉斯、卡特尔这样的垄断企业，因此，自由经济在其发展的过程中必然消灭自由主义本身。米瑟斯反过来认为，垄断不是自由经济发展的必然结果，在未进行任何干预的情况下，自由经济的发展只能是劳动分工及其所带来的经济专业化的深入持续发展。当前垄断的形成完全是政府干预的结果，是政府为了保护本国经济，采取保护关

① ［英］F. A. 冯·哈耶克：《个人主义与经济秩序》，邓正来译，生活·读书·新知三联书店2003年版，第126页。

② ［英］弗里德里希·奥古斯特·冯·哈耶克：《自由宪章》，杨玉生、冯兴元、陈茅等译，中国社会科学出版社2012年版，第553页。

③ ［美］米尔顿·弗里德曼：《资本主义与自由》，张瑞玉译，商务印书馆2004年版，第37页。

④ ［英］弗里德里希·奥古斯特·冯·哈耶克：《自由宪章》，杨玉生、冯兴元、陈茅等译，中国社会科学出版社2012年版，第550页。

税和其他类似措施来保护国内市场，将那些在世界市场上失去竞争力的企业人为保留下来的结果。

尽管如此，米瑟斯还是承认：“在以生产资料私有制为基础的经济中，特定的初级生产是在没有国家特别保护的情况下容易出现垄断的唯一领域，垄断在某些初级生产部门是可能的，其中采矿业——从该词的最广义上讲——是它们的真正领地。今天我们看到的不是来自政府干预的垄断结构，除了一部分铁路公司和发电厂的例子外，几乎全是以对某些自然资源的支配权为基础的组织。这些自然资源肯定只存在于相对稀少的地方，单凭这一点就使垄断成为可能。……在有石油、汞、锌、镍和其他物质的地方，如果所有者能够联手，有时就能形成世界性的垄断，近年来的历史中不乏这样的例子。”① 也就是说，关涉自然资源的行业形成垄断具有必然性。那么，这种关涉自然资源的垄断行业的形成对自然资源的保护起到什么作用呢？当垄断价格替代竞争价格时，自然资源的所有者就能获得较高的地租，生产者会减少其产量，消费者也会限制其消费量，并且寻找其他替代品。“如果从世界经济和很长远的观点来考虑，垄断似乎会节省对不可替代性自然资源的消费。像在矿业中那样，当垄断价格取代竞争价格时，人们会更节约地对待这些珍贵资源，会少采掘、多加工。每一种正在开采的矿物，都是在消耗自然给予人类的不可替代的礼物，所以我们越是少动用这种库存，就越是能为后代保障更好的供应。”②

从新自由主义者对上述三种方式的态度来看，显然，对政府以集权的方式“计划”自然资源的配置抱以敌视的态度，已经成为新自由主义者的共识，由此所引起的另一个共识就是以“市场”去配置自然资源的使用。前面谈及的垄断价格替代竞争价格对生产者和消费者的影响，就是价格机制引发的自然资源的配置，而分立的个人同样是通过价格信号的引导去配置自然资源的。其实，虽然只有个人才能获取特定时空情势下的知识，但是，这也成为个人的一个弱点，即个人也只能够获得有限的、与之相关的周遭环境的知识，仅凭这一知识还不足以使个人在一个更大的经济系统中面对变化多样的情势做出正确的决策，所以，问题就转化成个人何以获取自己视域之外的知识，从而做出正确的决策。那么，何谓“正确的决策”？在经济活动中，所谓决策无非就是个人决定生产什么、由谁生产，以及为谁生产等问题。新自由主义者排斥政府在这些问题上做出决定，不仅因为它与个人相比无法获取特定情势下的知识，还在于它有导致专制和寻租的危害，因为在以布坎南为代表的公共选择学派看来，政府也是一个经济人，政府自身的利益同保护环境的基本目标关系极少，政府热衷于采取管制的办法处置环境问题，是因为政府可以像企业那样从中获取利润。那么，何谓“正确”呢？新自由主义在其“污染不可避免”论调的前提下，指出“问题的关键不在于‘消灭污染’，而在于用什么方法能够使污染水平‘适当’，‘适当的’污染水平是指：在这一污染量之下，减少污染得到的收益刚好大于为减少污染而必须放弃其他好东西（如房屋、鞋子、上衣等）所付出的代价。在这一

---

①［奥地利］路德维希·冯·米瑟斯：《社会主义：经济与社会学的分析》，王建民、冯克利、崔树义译，中国社会科学出版社2012年版，第358-359页。

②［奥地利］路德维希·冯·米瑟斯：《社会主义：经济与社会学的分析》，王建民、冯克利、崔树义译，中国社会科学出版社2012年版，第359页。

污染水平之下，如果我们继续减少污染，付出的代价就会大于得到的收益”①。显然，新自由主义完全基于一种成本效益的分析框架来看待自然资源的决策正确与否的问题。

要在决策中进行一种成本效益的分析，就必须有一种量化的比较，这就要求包括自然资源在内的各种商品和服务必须有一个价格的表现形式，这样才能够使用一个统一的计算方法进行比较，比如，在修建铁路工程时，若将铁路修在山上，是绕山而建还是挖一条隧道？这时就必须将其简化成一个统一的衡量尺度，计算三种不同方法所要耗费的成本和所获得的收益的差额。如此一来，哈耶克等新自由主义者认为，“正确的决策”必须通过价格体系据以解决，“从根本上讲，在一个有关相关事实的知识（The knowledge of the relevant facts）由众多个人分散掌握的系统中，价格能够帮助不同的个人协调他们所采取的彼此独立的行动”②。

在此，哈耶克就举了一个关涉自然资源的事例——锡的市场配置问题：“我们不妨假设这样一种情况：世界某地出现了一种使用某种原材料——例如锡——的新机会，或者有一处锡的供应源已然耗尽。显而易见，上述两种原因当中究竟哪种原因造成了锡的紧缺，对于锡的用户来说并不重要——这一点意义非常重大。在这种情况中，锡的用户只需要知道，他们以前一直消费的那部分锡，现在用在其他地方可以盈利更多，因此他们必须节约用锡。对于绝大多数的锡用户来说，甚至都没有必要知道什么地方对锡有更大的需求或者节约用锡究竟可以满足什么样的其他需求。只要其中的一些锡用户直接了解到了这种新的需求并把这种资源转用于这种新的需求方面，而且只要那些意识到由此产生的新缺口的人转而寻求其他资源来填补这个缺口，那么他们所采取的这种做法的影响就会迅速扩及到整个经济系统。当然，这种情况不仅会影响到锡的用途，而且也会影响到锡的替代品的用途以及这些替代品的替代品的用途，影响到所有锡制品的供应以及它们的替代品的供应等。然而，所有上述影响实际上都是在绝大多数提供这些替代品的人对这些变化的最初原因毫无所知的情况下发生的。”③

市场就是这样凭借着其所具有的价格机制、供求机制让人们在一种“毫无所知的情况下”去权衡、决定使用什么样的自然资源，如何使用自然资源，使用多少自然资源。哈耶克对市场的这种效应表示出了极大的震惊，他说：“令人极感震惊的是，在一种原材料短缺的情形中，虽说没有人发布命令，也甚少有人知道个中原因，但是无以计数的人——他们的身份五花八门，即使用数个月的时间也无法调查清楚——却都能够用一种更为节约的方式去使用这种原材料或者用这种原材料制成的产品。”④ 市场就是凭借着这种“看不见的手”去决定个人和企业在经济活动中的行为，弗里德曼概括了价格机制的三种功能：“第一，价格可以传递信息；第二，价格提供

① ［美］米尔顿·弗里德曼、罗丝·弗里德曼：《自由选择》，张琦译，机械工业出版社2018年版，第219-220页。

②③ ［英］F.A. 冯·哈耶克：《个人主义与经济秩序》，邓正来译，生活·读书·新知三联书店2003年版，第128页。

④ ［英］F.A. 冯·哈耶克：《个人主义与经济秩序》，邓正来译，生活·读书·新知三联书店2003年版，第130页。

激励，使人们采用成本最低的生产方式，把可用的资源用于最有价值的目标；第三，价格决定了人们从产出中获得多少，即收入分配。”① 在弗里德曼看来，这三种功能对自然资源的节约利用的意义是直接而明显的。例如，当某种木料价格因稀缺而变得昂贵时，铅笔生产商为了获取利润，就有动力去节省使用该种木料；而同样是出于获利的需要，人们就会自愿节约像矿山这样的实物资本，从而将其积累起来，避免上一代人所创造的财富被下一代人挥霍殆尽。

上述四大论题构成了新自由主义在生态环境治理维度上的完整体系，之所以是“完整体系”，是因为这四大论题不是相互孤立的分命题，而是在捍卫资本主义意识形态和政治工程的主旨统领下，对生态环境议题做出的相互联系的逻辑论证。其中，自然资源的稀缺性和非给定性是新自由主义“生态环境治理术”的本体论前提，正因为自然资源的这一特性，才需对自然资源之于人类的意义在认识论上做出自然资源工具性的“强势或极端人类中心主义”价值判断，而自然资源的私有化和市场机制的配置要求则分别构成了践行这种价值判断的产权前提和具体手段。我们知道，资源的稀缺性、二元论的形而上学、彻底私有化和绝对市场化均是资本主义意识形态和政治工程合法性的基本要素，因此，这四大论题无非是捍卫资本主义的“绿色外衣”，是进一步巩固资本主义合法性的“绿色武器”。

更重要的是，对上述四大论题的阐释将是我们批判新自由主义生态环境治理维度的着力点和出发点。例如，对新自由主义的四大环境论题的学理批判，包括对自然资源稀缺性得以形成的前提批判，对自然资源私有产权高效率神话的批判，以及对自由市场机制配置自然资源有效性的批判；对新自由主义誓死捍卫的资本主义意识形态与生态环境治理领域的“耦合”关系从历史和现实的视角作深入阐释和批判，即生态环境治理领域最初是如何成为资本积累的条件，而今又如何演变为资本积累的重要战略场域；对新自由主义生态环境治理维度的现实表现进行素描，并以此阐释可能的替代性路径，特别是当代中国“社会主义生态文明”的话语体系和鲜活实践如何在替代性路径意义上彰显其应有的理论魅力和未来想象。这些问题，我们将在下一章对新自由主义“生态环境治理术”的批判中具体展开。

第二节　自由市场环境主义的方法论根基

20 世纪 70 年代以来，随着新自由主义在全球的勃兴及其对资本主义生产方式的强势捍卫，相应地，上述四大论题几乎变成当今世界对待生态环境的基本认知和治理生态环境问题的主流原则，并形成了将自由市场和绿色技术奉为圭臬的“浅绿”流

① ［美］米尔顿·弗里德曼、罗丝·弗里德曼：《自由选择》，张琦译，机械工业出版社 2018 年版，第 16 页。

派，在理论话语层面上表现为“生态现代化”① “自由市场环境主义”等学术流派，是新自由主义对全球生态环境治理影响的理论成果。鉴于学界对生态现代化较为熟悉，也鉴于后者的影响越来越大，笔者在这一小节将阐述自由市场环境主义的三个方法论根基，以窥见新自由主义对全球生态环境治理的影响。

众多学者对自由市场环境主义（Free Market Environmentalism）的形成做出了贡献。例如，美国凯斯西储大学法学院（Case Western Reserve School of Law）法学教授乔纳森·阿德勒（Jonathan Adler），1991～2000年，他在美国竞争企业协会（Competitive Enterprise Institute）工作，主导着该协会的环境研究项目，是自由市场环境主义的支持者。又如，约翰·巴登（John A. Baden），他不仅创建了旨在推动自由市场环境主义的智库经济与环境研究基金会（Foundation for Research on Economics and the Environment），还与哈丁于1977年共同编辑出版了《管理公地》（*Managing the Commons*）。再如，美国克莱姆森大学（Clemson University）的布鲁斯·延德尔（Bruce Yandle），他将公共选择理论引入自由市场环境主义。

自由市场环境主义的集大成者是泰瑞·安德森（Terry Anderson）和唐纳德·利尔（Donald Leal）。他们于1991年首次出版了《自由市场环境主义》一书，并于2001年和2015年分别再版，到2015年的第三版时，他们加了个副标题——“为了下一代”。他们称，该版本将是《自由市场环境主义》的最后一个版本，在这一版本里，他们邀请了其眼中的“下一代”思想家继续阐发自由市场环境主义，坚信这些“下一代”会继续推动自由市场环境主义的核心思想，即通过产权和市场改进环境质量，并成为未来环境领导者的指路明灯。② 方法论是研究问题的起点，纵观其前后三版的论述，可以看出自由市场环境主义的方法论主要有以下三点：

一、自由市场环境主义对人性、知识、过程的理解

自由市场环境主义的理论是建立在对人性、知识和过程的理解上的③，这是《自由市场环境主义》一书前两个版本都强调的问题。

首先，自由市场环境主义将人的本性归为利己。人们也许会为了亲朋好友而把自己的福祉搁置一旁，或者被道德准则所制约，但是，自由市场环境主义认为，好的意图并不足以产生好的结果，环境伦理学是令人期待的，但这并不会改变人的利己本性，实现对资源的良好管理并不取决于良好的意图，而在于社会制度如何有效地通过对个人的激励以此来利用利己本性。

其次，实现良好的资源管理，还有赖于使用资源的个体所获取的信息。自由市场环境主义认为，有关资源的信息具有时间和地点的具体性，无论我们是考虑人与人之

① 关于“生态现代化”的进展和评估可参见：郇庆治、［德］马丁·耶内克：《生态现代化理论：回顾与展望》，《马克思主义与现实》2010年第1期；滕菲：《人类世的到来与生态现代主义的后自然思想》，《福建师范大学学报（哲学社会科学版）》2019年第5期。

② Terry Anderson and Donald Leal, *Free Market Environmentalism: For the Next Generation*, New York: Palgrave Macmillan, 2015, p. xii.

③ Terry Anderson and Donald Leal, *Free Market Environmentalism: For the Next Generation*, New York: Palgrave Macmillan, 2015, pp. 5–8.

间的相互作用，还是人与自然的相互作用，良好的资源管理所需的信息随时间、地点的变化而变化。所以，尽管有些知识，如物理学定律或者生态学原理，主要存在于专家的头脑中，但生态系统的复杂性又使他们不可能对其进行远程管理。最终，信息的获取将有赖于个人的分散化管理，而不是集中化的政治控制。

最后，对利己人性和分散化知识的理解使自由市场环境主义成为一种对过程的研究，而不是研究解决问题的处方。如果人们能够超越利己本性，知识可以通过集中化来获取，那么，通过政治控制来解决问题的可能性就大一些。但是，人性是利己的，知识的获取是分散的，那么，过程必然产生多种解决方式，这取决于个体决策者所面对的成本和收益。通过私人所有制将财富和良好的管理结合起来，市场过程可以产生许多经验，成功的经验将被推广。问题并不在于是否找到了正确的解决办法，而在于良好的决策是否得到奖励，糟糕的决策是否得到惩罚。

自由市场环境主义认为，对人性、知识和过程的理解与自然界中有机体之间相互作用的特点是相同的。达尔文对生物进化的革命性研究揭示了，无论是低等生物还是高等生物，都受利己本性的支配。生态学也同样强调自然界中信息所具有的时间、地点的具体性，每一个物种都必须根据自己所拥有的知识对分散的、具体的时间、地点做出反应，这对其生存是至关重要的。生态学还强调对过程的研究，当生态系统中出现生态位时，不是握有集权的中央计划管理者试图找到填补这个生态位的解决方案，而是在一个物种的成功填补过程中，实现生态系统自身的良性运行。

二、避免“涅槃谬误”

Nirvana Fallacy，译为涅槃谬误，或者完美主义谬误，指的是宣称某种方案不够完美而否认其可行性，并试图想象出另一套制度安排和方法来加以替代，而这样的替代性方案仅是被想象出来的，并不存在于现实中。伏尔泰曾经说过：完美是优秀的敌人（The perfect is the enemy of the good）。这可以视为对避免“涅槃谬误”的较早表达。而“涅槃谬误”一词的真正使用是在哈罗德·德姆塞茨（Harold Demsetz）1969年的论文《信息和效率：另一种观点》中。在这篇论文中，德姆塞茨指出，当前在许多公共政策经济学中蔓延的观点隐约表现出了在理想规范和现实不完美的制度安排之间进行相关性选择的倾向，这样一种涅槃方法与比较制度方法存在很大不同，就后者而言，相关性选择存在于可选择的现实制度安排之中。在实践中，那些采纳涅槃方法的人试图发现理想与现实的差异，一旦差异被发现，他们就得出现实安排效率低下的推论。而那些采纳比较制度方法的人则尝试评估哪种可选择的现实制度安排可以最好地处理经济问题，他们使用一种理想的规范提供判断标准，根据这一标准评估所有可选择的现实安排，然后选出其中一种最有可能缩小分歧和有效率的现实安排。德姆塞茨批判了诺贝尔经济学奖得主肯尼斯·阿罗（Kenneth Arrow）。阿罗认为，由于信息问题、风险规避等，完全自由运行的市场不能提供足够的发明创造，因此，如果通过政府或某个非营利机构资助发明活动，是可以改进社会福利的。针对这一论断，德姆塞茨指出，阿罗事实上是用一个想象中的完美来代替现实中的不完美，并没有解决现实中的问题。通过政府或非营利机构来进行干预可以让情况变好，这个论断是建立在政府或非营利机构能够比市场更好地处理信息，以及这种“毫不利己、专门利人”

的政府或非营利机构可能存在的基础之上的。然而，在现实中根本不存在这样的机构或政府，因此，阿罗的理论就成了建立在流沙之上的大厦了。①

自由市场环境主义使用的是德姆塞茨所说的比较制度方法，即比较的是政治环境主义和自由市场环境主义在现实中是如何起作用的，而不是陷入对想象中的完美之物和现实中较不完美之物的比较这样的“涅槃谬误”。自由市场环境主义自创立以来就遭人诟病，为了自圆其说，安德森和利尔就呼吁人们要避免“涅槃谬误”，为此，他们承认自由市场环境主义并不能解决所有环境问题，但却历数了指责自由市场环境主义不够完美的反对意见，并一一做了澄清和辩驳。②

一是关于界定和执行产权的成本问题。对于某些自然资源来说，虽然界定和执行产权是极其昂贵的，但是，这种高成本并不是不能克服的，界定和执行产权的技术也在不断改进。市场交易有赖于产权的清晰界定和执行，这对于静态的土地来说较为容易，但对于流动性较强的水资源、野生动物和空气则困难得多，需要耗费较高的成本。不过，自由市场环境主义认为，只要资源具有足够的价值，就很值得花费成本去界定和执行产权，而且技术的进步也可逐步克服这一难题。例如，在美国西部，在带刺的钢丝网发明之前，使用栅栏界定和执行牧场的产权所需成本是极其昂贵的，因此，当时的西部牛仔住在小木屋里，而这些小木屋就建在传统习俗所界定的放牧土地边界之间，小木屋连成一片，形成所谓的“线条营地”来区分牧民的领地，这样的“线条营地”既可以将自己的牛限制在自己的牧场上，也可用于防止盗猎者盗取牛群。尽管这种“线条营地”不能像栅栏那样在内化成本上较有效率，但这确实是一种创新性的可选择方案。随着带刺的钢丝网的发明，将牛群限制在所有者领地的成本降低了，牧民就选择了这种效率更高的技术。在自由市场环境主义者看来，牛仔所使用的“线条营地”不是市场失灵，而是对界定和执行产权所需成本的一种有效率的回应。

二是关于产权的公平问题。在清晰界定和执行产权的基础上，存在着产权如何分配以及随之而来的公平问题。产权是收入和财富分配的核心，因为其决定了谁可以获取资源并从中获取收益的问题。自由市场环境主义在权利的分配上属于不可知论者，并不提供什么才是公平的权利分配的答案，其所要解释的是“权利是什么”，而不是宣称“权利应该是什么”。正因如此，才产生财富的分配问题。那些拥有较高收入的人群可以为享有更好的环境质量支付更多的金钱，而低收入者则无法承担相应的费用。那么，谁可以拥有资源？谁必须为此付费？环境市场交易的分配后果是什么？相较于富人，穷人拥有较少的优美环境，居住在废气、废水排放源附近，健康问题堪忧。诸如此类现象都是环境公平问题。解决这种环境不公正的办法就是重新分配产权，政府可将产权从企业手中转移给社区，要求企业清除贫穷社区周边的有毒废弃物；可以将穷人重新安置在远离排放源的地方；可以免费开放所有的公园；可以将水价保持在低位。但是，在自由市场环境主义看来，产权的重新分配将会带来其他变

① Harold Demsetz, “Information and Efficiency: Another Viewpoint”, *Journal of Law and Economics*, Vol. 12, No. 1, 1969, pp. 1-22.

② Terry Anderson and Donald Leal, *Free Market Environmentalism: For the Next Generation*, New York: Palgrave Macmillan, 2015, pp. 8-12.

化。政府命令清除有害废弃物使人们更加渴望获取废弃物周边的产权，从而推高周边的房价，这样就迫使居住在废弃物周边的低收入群体迁出，从而使该地区变得仅适合富人居住。政府的政策不仅会对人产生影响，还会对资源本身产生影响。众所周知，国家公园在基础设施的改进方面往往面临资金不足的困境，在门票、露营、钓鱼等方面收取高费用可以提供额外收入。但是，人为提高价格却会伤害穷人，使他们无法进入公园。而人为降低价格虽然可以让低收入者进入公园，但随之而来的后果将是更多富人进入国家公园，管理国家公园所需的收入也会相应减少。

三是保护环境的道德问题。假如不存在清晰界定和执行产权的问题，也不存在权利分配的公平问题，那么，还存在着保护环境是否是一个道德必要性的问题，而不仅仅是经济意义上的成本效益权衡的问题。马克·萨戈夫（Mark Sagoff）曾这样描述这一问题：“美丽但濒临灭绝的蝴蝶——兰格蚬蝶，居住在洛杉矶附近的沙丘上，发展商愿意支付每亩10万美元的资金来开发这片沙丘。从微观经济学的观点来看，使这片土地免于开发是没有效率的，因为发展商可以支付比环境主义者更高的价格。尽管如此，环境主义者可能直言：从经济上看，保护蚬蝶是不经济的，但是，从道德上、法律上和政治上看，保护蚬蝶是正确的事情。”[①] 对此，自由市场环境主义有两点回应：第一，为何环境主义者不能比发展商出价高呢？十大环境团体的总收入超过了20亿美元，可以为蝴蝶或其他物种购买或租赁栖息地。第二，如果拯救环境是一个道德议题，我们必须问问是否道德立场在市场或者在政治事务中占有一席之地，显然，不能将单一的价值观强加到人们身上。

三、环境问题的本质

如果环境理论有一个“元问题”的话，那么，可将“什么是环境问题”或者“环境问题的本质是什么”视为“元问题”，因为对这一问题的回答是解决环境问题的出发点，只有知道了什么是环境问题，才能由此出发去解决环境问题。关于这一问题的答案，出现了两种模型：一种是均衡模型，另一种是动态模型。自由市场环境主义秉持的是后一种模型，并对前一种模型展开了批判。[②]

自然是什么？从均衡模型出发，有生态学家倾向于认为这个世界就是一个均衡体系，自然就是不受人类侵扰的存在物，即自然始终保持着一种内在平衡的状态。19世纪的生态学家乔治·马什（George Marsh）、20世纪的生态学家弗雷德里克·克莱门茨（Frederic Clements）都持这样的观点。例如，马什在1865年就曾写道：“没有人类，低等动物和自我生长的植物在种类、分布和比例方面将会保持不变，地球的自然地理将长期保持不受干扰的状态。”[③] 因此，自然呈现给人类的就是一副静止的、平衡的“画面”。自然出现问题，意味着自然的这种静止、平衡的“画面”被打破，

---

① Mark Sagoff, “Free-Market Versus Libertarian Environmentalism”, *Critical Review*: *A Journal of Politics and Society*, Vol. 6, No. 2-3, 1992, p. 214.

② Terry Anderson and Donald Leal, *Free Market Environmentalism*: *For the Next Generation*, New York: Palgrave Macmillan, 2015, pp. 15-28.

③ George Marsh, *Man and Nature*: *Or*, *Physical Geography as Modified by Human Action*, Cambridge: Belknap Press, 1965, p. 38.

也就是说，自然受到了人类的侵扰和破坏，这就是所谓的环境问题。从这一视角出发，对环境问题的解决就意味着要回到自然不受人类侵扰的原始状态。

但是，自由市场环境主义对此并不认可，他们认为，自然本身处于动态的变化过程，而且也一直被人类所改造，以自然的均衡模型为出发点的环境政策将为解决环境问题带来困境。自由市场环境主义认为，即使不受人类的干扰，自然本身也不是一种静止不变的状态。例如，明尼苏达州边界水域的树木自从最后一次冰河期结束以来就发生了很大变化，这个地区从苔原变成云杉，从云杉变成松木，从松木变成桦木，从桦木变成桤木，最后又变回云杉和松木，这些变化均是在没有人类影响的情况下发生的。除了自然本身会处于一种动态的变化中，自由市场环境主义更是坚信，现在的生态系统一直和人类的行为紧密联系，人类一直在改变和塑造生态系统，正如埃玛·马里斯（Emma Marris）所描述的人类影响生态系统所达到的范围：从最大的国家公园的最深处到生长在大型连锁商店背后的杂草，每一个生态系统都被人类所触及。尽管有生态学家发现了自然界的动态变化特征，但是，传统的应对环境问题的方法论前提仍然是自然的均衡模型，这突出地表现在各种环境法的制定中，包括美国的《濒危物种法案》《荒野法案》《清洁空气法案》。例如，美国的《濒危物种法案》试图将濒危物种的数量恢复到欧洲人抵达美国之前的数量，这样一种数量被视为是不受人类干扰的濒危物种的“正确”数量。

自由市场环境主义指出，这样的方法论渗透到环境政策的制定中，对解决环境问题带来了挑战和困境，安德森等列举了三个例子来加以说明：一是水资源分配。1922年的《科罗拉多河协定》规定将科罗拉多河流域的水资源分配给美国西部七个州，该协定将可分配的水流量定位在1899~1920年的水流量。但后来却有研究发现，这个水流量是该河流历史上处于高位的水流量。而持续不断的干旱和人们对水资源不断变化的需求大大减少了流量，使上游各州无法遵循协议的要求。二是森林管理中对火的处置。将自然的均衡模型引入森林管理，意味着必须阻止森林燃火、限制砍伐木材以便森林的生长，即必须抑制人为的燃火或木材砍伐破坏森林。但是，这样的森林管理政策却导致了有害的森林生长，美国西南某些地区的森林密度已经从每亩80棵树增加到上千棵。森林密度的持续增加推动了更大、更具破坏力的森林野火，这使森林失去了再生功能。美国优胜美地国家公园的巨型杉木已经有2000多年的历史了，高度达300英尺，这些巨木似乎成为自然的均衡模型的例证，当优胜美地国家公园建成后，公园的管理者就从自然的均衡模型视角出发，将这些巨木保护起来，免受人类的干扰，包括森林火灾。但是，到了20世纪60年代，这些巨木在不受人为干扰的地方却不再生了。相反，在那些已被凿开、阳光能照射到裸露地表的地方，杉木幼苗却开始发芽生长。后来的研究发现，巨型杉木的生长有赖于人为燃火的“干扰”，因为数十年人为地抑制火的燃烧，使其他树种，如白冷杉占据了森林的空地，抑制了杉木种子的发芽生长。三是斑点枭。1990年《濒危物种法案》将斑点枭列为受威胁物种后，为了保护斑点枭最喜欢的栖息地，华盛顿和俄勒冈的原生林就被禁止砍伐了。但是，在随后的20多年时间里，政府却无所作为，由于其他更具攻击性的猫头鹰物种大林鸮的入侵，斑点枭的数量持续下降。

不仅自然不是一副均衡的“画面”，在自由市场环境主义者看来，市场也不是一副均衡的“画面”。均衡模型通常将市场视为完美信息、交易成本为零和完美竞争的状态，在这种状态下，供给和需求达到完美的平衡。虽然市场确有通往秩序和均衡的倾向，但自由市场环境主义认为，在这一均衡的表面下却暗流涌动，存在着个体之间相互作用的动态“画面”，这种相互作用表现为一种竞争关系，这有如生态系统中物种之间对生态位的填补，在市场中，那些能以更有效率的方式获取知识和资源的企业家就能有效占据市场中的“生态位”。

总的来看，自然的动态模型表明，试图恢复到自然不受人类干扰的稳定或静态自然并不符合自然的本性，人类总是要干预和利用自然；市场的动态模型表明，个体之间在市场中处于竞争关系，那些以更有效率的方式进行生产的个体及其企业将在市场中生存下来。因此，从自然的和市场的动态模型出发，自由市场环境主义认为，所谓的环境问题，实际上是面对自然所提供的不断变化的慷慨赠予，人类对自然的这种赠予产生冲突性的需求。美国西部的农民想使用溪水灌溉自己的作物，而垂钓者想保护溪水以便为鱼群提供栖息地和自己的休闲之用；非洲的马赛牧民想使用草地放牧，而环保组织和狩猎旅行的导游却想保护草地以便保护野生动物的栖息地。如此一来，环境问题不能简单地通过将自然系统与人类影响分离开来加以解决，相反，人与自然是相互交织在一起的，解决问题的关键在于创设一种制度去解决人类对自然资源的冲突性需求。

那么，什么样的制度才能解决这样的环境问题呢？一种是政治的环境主义，即依靠政府的管制、税收或者补贴等手段来解决环境问题。另一种是自由市场环境主义，即依靠清晰界定的产权为基础的市场制度来解决环境问题，市场价格为人们提供自然价值的信息，市场中的交易双方在这一信息的基础上通过正和合作来解决对环境的冲突性需求。为什么自由市场环境主义认为自身在解决环境问题上比前者来得优越呢？安德森指出：“在讨论可以帮助解决冲突性需求的各种制度之前，理解如下情形是十分重要的，即当人人都可以获取资源的情况下，也就是没有界定清晰的产权去限制或者适度使用资源的情况下，竞争与冲突将是最严重的。”① 所以，这还得从环境问题产生的原因说起。

一般认为，环境问题是一种外部性问题，是市场失灵导致的。但自由市场环境主义认为，事实恰恰相反，环境问题不是市场失灵的结果，而是市场缺失的结果，而市场缺失又是由产权缺失引起的，这就是前述的“公地悲剧”，其基本思想就是产权不清的自然资源将被无限制地滥用。

因此，在自由市场环境主义看来，“开放获取就是环境和资源问题的来源”②。开放获取（Open Access），就是没有产权的自然资源可以被人们随意取用，由此而来的就是为自然资源创立产权。产权有私人产权、国家产权和集体产权三种，后两种又可以笼统地称为公共产权，因而原本按照自由市场环境主义的逻辑机理，创建产权可以是创建私有产权，也可以是创建公有产权，但“在‘所有权’和市场交换观念强有

---

① Terry Anderson and Gary Libecap, *Environmental Markets: A Property Rights Approach*, New York: Cambridge University Press, 2014, p. 2.

② Terry Anderson and Gary Libecap, *Environmental Markets: A Property Rights Approach*, New York: Cambridge University Press, 2014, p. 8.

力地相互联结的推动之下，具有影响力的财产理论通常把向私有财产演变和正式的资源管理制度看作是几乎不可避免的”①。这或许和“commons”一词有一定的关系。哈丁在阐述“公地悲剧”时，所使用的“commons”一词具有公共产权的性质，因此，自由市场环境主义常常将开放获取同公共产权混淆起来，进而为避免“commons”这样一种悲剧，提出了自然资源产权私有化的应对策略。这里的自然资源产权私有化与上一章洛克对自然资源私有产权合法性的论证稍有不同，洛克的论证是对私有产权本身合法性的论证，而这里以“公地悲剧”来论证自然资源产权私有化，是从产权“转变”这一意义上的论证。正如汉密尔顿和班克斯所说：“与一般意义上的财产相比，私有财产的主要正当理由之一是这样一种理论，即财产为什么应该从另一种类转变为私有财产种类。”② 在这里，或许也是“私有产权”与“私有化”两个概念的区别。因此，更准确地说，“公地悲剧”是自然资源“私有化”合法性论证常被援引的说辞。

自由市场环境主义主张自然资源产权私有化，不仅仅是在术语视角下对“commons”所造成的悲剧的一种回应，还是对公共所有权视角下政府环境管制效率不高的一种回应。环境问题往往被视为一种外部性问题，从环境公共物品的供给和稀缺自然资源的消耗两个角度来看，这种外部性问题可分为两种情形：环境公共物品的供给不足和稀缺自然资源的消耗过度问题。主张对环境问题进行政府管制的经济学家庇古从私人净边际产品和社会净边际产品的比较中阐述了这一议题。一方面，存在着私人净边际产品低于社会净边际产品的情形。例如，城市中花费人力和物力建造私人花园时，会提供无从得到补偿的服务，因为这些花园尽管不让公众进入，却改善了周围的空气；投资造林也是如此，因为对气候产生的有利影响扩展到了造林者所拥有的森林以外。另一方面，也存在着私人净边际产品高于社会净边际产品的情形。例如，当城市中某一住宅区某块地皮的所有者在这块地皮上建造工厂，从而破坏了邻近地方的舒适环境时，也会给第三者造成无从补偿的附带损害。显然，在前一种情形下，由于存在着“搭便车”问题，会引发环境公共产品供给不足的问题，而在后一种情形下，由于存在着环境破坏成本较低的问题，会引发过度消耗自然资源的问题。对于私人净边际产品和社会净边际产品的这种背离，庇古提出的解决办法是政府干预，包括政府的补贴或者征税，也就是“必须有一个权力较大的管理机构，由它干预和处理有关环境美化、空气和阳光这样的共同问题，就像处理煤气、自来水等共同问题那样”③。这种政府管制，从产权的意义上看，其实就是一种公共所有权，因为如果不存在政府对生态环境、自然资源的所有权，政府就没有理由去干预企业或个体在生态环境空间和自然资源上的所作所为。对于这种公共所有权视野下的政府环境管制，自由市场环

---

① ［澳］李·戈登：《治理公共资源：水资源中的环境市场和财产》，载［英］艾琳·麦克哈格、［新西兰］巴里·巴顿、［奥地利］阿德里安·布拉德布鲁克等：《能源与自然资源中的财产和法律》，胡德胜、魏铁军等译，北京大学出版社2014年版，第559页。

② ［加］詹尼特·沃森·汉密尔顿、奈杰尔·班克斯：《大教堂的不同景观：财产法的理论文献》，载［英］艾琳·麦克哈格、［新西兰］巴里·巴顿、［奥地利］阿德里安·布拉德布鲁克等：《能源与自然资源中的财产和法律》，胡德胜、魏铁军等译，北京大学出版社2014年版，第69页。

③ ［英］A. C. 庇古：《福利经济学》（上卷），朱泱、张胜纪、吴良建译，商务印书馆2006年版，第208页。

境主义认为，它存在着三个方面的问题[①]：一是政府将为获取税率所需的知识付出高昂的信息成本；二是征税将产生诸如产量下降、失业、经济增长下降等其他问题；三是难以确保政府的征税真正用于环境保护等公共事业。

如此一来，创建自然资源私人财产权就成了自由市场环境主义的重要议题，在此，自由市场环境主义利用了科斯定理来加以论证。科斯定理的基本含义是只要产权清晰，并且交易成本为零或者很小，那么，无论初始产权赋予谁，市场均衡的最终结果都是有效率的，可以实现资源配置的帕累托最优。“虽然科斯关于社会成本问题的洞察为经济学家所普遍认可，但是，经济学家还没有将其系统地应用到自然资源和环境的冲突问题中。当我们系统应用科斯定理的时候，我们就会发现公地悲剧显然就是一个产权问题。与庇古式的征税和命令控制型的解决方案不同，科斯式的方法关注的是谁拥有产权、如何演进、如何更好地得到界定和执行、如何降低交易成本以鼓励效率的提高和减少冲突。”[②] 具体说来，自由市场环境主义认为，科斯定理包含了如下四个方面的环境问题：[③]

一是自然资源的稀缺性引发自然资源的使用者竞相获取资源价值。倘若自然资源是丰裕的，那对于自然资源的需求者来说，开放获取就不成问题，只有当自然资源供给趋紧，呈现稀缺性状态，一方对自然资源的获取就会减少其他方的获取，才引发竞争性的冲突。正是因为自然资源的稀缺性提高了自然资源的价值，从而使竞争双方有动力去获取自然资源产权以获取收益。

二是试图获取自然资源的竞争双方都有承担成本的问题。从外在性的视角理解环境问题，往往将环境问题视为其中一方对另一方施加成本，如工厂排放废气，是将成本施加给想要清洁空气的公众。但从科斯定理的角度看，外在性事先假定了产权的存在，并隐含着对因果关系的判断，而科斯定理则是一个“因果不可知论”，并不事先假定冲突中的责任归属，如工厂的废气对想要清洁空气的公众施加成本，反过来，想要清洁空气的公众则向工厂施加处理废气的成本，因此，成本具有相互性。

三是产权的清晰界定决定了谁在生产过程中将考虑和支付成本的问题。既然成本具有相互性，那么，问题就转化为谁应该为这样的成本付出代价。如果将产权赋予工厂，那么，公众就要付出代价，反之，如果将产权赋予公众，工厂就要付出代价。一方付出一定的成本或代价，就意味着另一方从中获得一定的收益。安德森举了一个果园中养蜂人、杏树种植者和柑橘种植者三方的故事。在美国加利福尼亚州的圣华金河谷，果园中蜜蜂的授粉对杏树的种植起到了积极作用，而杏树也为蜜蜂酿造蜂蜜提供了所需的花粉，因此，在杏树种植者和养蜂人之间就形成了市场交易：杏树种植者为获取蜂蜜向养蜂人支付费用，而养蜂人为获取花粉也向杏树种植者支付费用。现在，出现了第三方——柑橘种植者，为了培育无核柑橘品种，他需要喷洒灭虫药物，这就

---

① Terry Anderson and Gary Libecap, *Environmental Markets: A Property Rights Approach*, New York: Cambridge University Press, 2014, pp. 35-41.

② Terry Anderson and Gary Libecap, *Environmental Markets: A Property Rights Approach*, New York: Cambridge University Press, 2014, p. 91.

③ Terry Anderson and Gary Libecap, *Environmental Markets: A Property Rights Approach*, New York: Cambridge University Press, 2014, pp. 58-72.

将蜜蜂也一并杀死了。是养蜂人和杏树种植者对柑橘种植者施加成本呢，还是柑橘种植者对养蜂人和杏树种植者施加成本呢？庇古式的分析忽视了成本的相互性。对一方的成本（更少的蜜蜂）则意味着对另一方的收益（挽救了杏树），反之，对一方的收益（更多的蜜蜂）则意味着对另一方的成本（较少的杏树收成）。成本由谁承担，取决于产权如何分配。

四是清晰界定的产权鼓励竞争双方进行交易去解决问题。科斯指出："如果将生产要素视为权利，就更容易理解了，做产生有害效果的事的权利（如排放烟尘、噪声、气味等）也是生产要素。正如我们可以将一块土地用作防止他人穿越、停汽车、造房子一样，我们也可将它用作破坏他人的视野、安逸或新鲜空气。行使一种权利（使用一种生产要素）的成本，正是该权利的行使使别人所蒙受的损失——不能穿越、停车、盖房、观赏风景、享受安谧和呼吸新鲜空气。"① 以此方式进行思维，自由市场环境主义认为，环境同其他生产要素没有什么不同，如果产权不可交易，那么就不能将环境资产用于他处，其价值无法提升，对其进行投资和保护的动力也会下降。如果产权得以清晰界定，那么，交易就会推动自然资源流向价值更高的使用领域。例如，美国西部的水资源，水权最初掌握在用于灌溉和采矿的牧场主和农民手中，随着用于环境目的——如鱼的栖息地——的价值的提高，灌溉和采矿目的就与这一目的相冲突，在允许水权买卖的情况下，俄勒冈水务信托公司（Oregon Water Trust）就与原先拥有水权的115位牧场主和农民进行协商，以购买或者租赁的方式要求其为俄勒冈东部瓦洛厄山鲑鱼产卵提供足够的水资源。由此一来，在产权清晰界定并可交易的情况下，也就是存在环境市场的情况下，双方对水资源需求的冲突得以解决。

第三节　资本主义生态化和生态资本化

新自由主义理论本身包含着丰富的生态环境治理思想，并且在其影响下形成了自由市场环境主义的理论形态，这对于资本主义而言莫过于巨大的"幸运"，因为捍卫资本主义意识形态的新自由主义，在面对生态危机这一当今时代最具挑战性的问题面前，新自由主义在环境思想上的体系性建构不仅可以让资本主义摆脱生态罪责的嫌疑，而且更为重要的是将资本主义与生态优美"和谐"起来，实现两者的共生共荣，其结果就是体现为一种资本主义生态化的表象。资本主义生态化有长时段的历史进程，新自由主义"生态环境治理术"的"生态资本化"策略只是对其的进一步延续、拓展和深化。

一、资本主义生态化的历史进程

资本主义生态化虽然是新自由主义与生态环境治理相结合而出现的一种新近的表

① ［英］罗纳德·H. 科斯、［美］阿曼·A. 阿尔钦、［美］道格拉斯·C. 诺思等：《财产权利与制度变迁：产权学派与新制度学派译文集》，刘守英等译，格致出版社2014年版，第39页。

象，但是，从历史维度看，新近的资本主义生态化又是资本主义长时段发展历程的产物，其产生与发展同资本主义的历史进程紧密联系在一起。具体来说，如果从一个资本主义的“局内人”的视角来看资本主义生态化，那么，这指的是资本主义在面对日益严峻的生态环境难题下，从无视自然资源储备和生态环境承载能力的有限性将生态环境视为“免费的礼物”的阶段，过渡到为减缓自然资源损耗而主张对生态环境进行“科学使用”的阶段，再到以自身的机制化解生态危机的“救世主”阶段，这一进程的最终结果就是实现自身的“绿色化”，即“绿色资本主义”。

劳动过程，是劳动者运用劳动资料使劳动对象发生预定变化的过程，劳动过程的展开离不开劳动资料和劳动对象，两者统称为生产资料，其中包括了自然界给予人类的自然资源，有的自然资源作为劳动资料而存在，有的自然资源作为劳动对象而存在。但是，在资本主义发展的初期，其生产过程并没有意识到这一基本的前提条件，而是将自然生态环境视为近乎免费的“无偿礼物”进行使用，自然生态环境既作为资本主义发展的原材料来源地，又作为资本主义发展的废弃物倾倒场所而存在。马克思曾直言：“作为要素加入生产但无须付代价的自然要素，不论在生产中起什么作用，都不是作为资本的组成部分加入生产，而是作为资本的无偿的自然力，也就是作为劳动的无偿的自然生产力加入生产的。”① 这种对待自然的态度导致资本主义在其最初的发展阶段就面临着自然资源耗尽的危险，在这一阶段，资本主义对生态环境的破坏有两个问题值得我们注意：

一是从遭受掠夺和剥削的自然资源对象来看，作为资本主义发展初期最重要的自然资源——土地和森林，便成为主要对象，这在马克思、恩格斯对资本主义的相关论述中均可窥见。恩格斯在致尼古拉·弗兰策维奇·丹尼尔逊的信中，就谈及经历资本主义的国家都会遭受土壤损耗和森林消失的问题，他说：“不过所有已经或者正在经历这种过程的国家，或多或少都有这样的情况。地力耗损——如在美国；森林消失——如在英国和法国，目前在德国和美国也是如此。”② 马克思指出，资本主义的生产方式“使它汇集在各大中心的城市人口越来越占优势，这样一来，它一方面聚集着社会的历史动力，另一方面又破坏着人和土地之间的物质变换，也就是使人以衣食形式消费掉的土地的组成部分不能回归土地，从而破坏土地持久肥力的永恒的自然条件。这样，它同时就破坏城市工人的身体健康和农村工人的精神生活”③。在森林问题上，马克思在阅读弗腊斯著作的过程中发现了欧洲森林消失这一问题，他在自己的笔记中做了如下记录：“法国现有森林面积不及原来十二分之一；英格兰原有 69 块大片森林，现在仅存 4 片；在意大利和欧洲西南部半岛上，曾经在平原地带都很常见的大片森林，现在即便在山上都难得一见。”④

二是从遭受掠夺和剥削的国家来看，发达资本主义国家早期的发展就已严重依赖于其他国家的森林和土地资源，从而在掠夺和剥削上呈现出全球化的特征。恩格斯曾经质问西班牙的种植场主在古巴的生态行径：“西班牙的种植场主曾在古巴焚烧山坡

---

① 《马克思恩格斯文集》（第 7 卷），人民出版社 2009 年版，第 843 页。
② 《马克思恩格斯文集》（第 10 卷），人民出版社 2009 年版，第 627 页。
③ 《马克思恩格斯文集》（第 5 卷），人民出版社 2009 年版，第 579 页。
④ ［日］斋藤幸平：《马克思的生态笔记》，刘仁胜、赵伊琳译，《鄱阳湖学刊》2018 年第 3 期。

上的森林，以为木灰作为肥料足够最能盈利的咖啡树利用一个世代之久，至于后来热带的倾盆大雨竟冲毁毫无保护的沃土而只留下赤裸裸的岩石，这同他们又有什么相干呢？”① 这就是一种资本主义早期发展的路径，在此，最具典型意义的莫过于荷兰了。在欧洲列强之中，荷兰人的森林资源占有量最不利于其海外扩张，但荷兰就是凭借着自身对海外市场的征服，从当地农民那里以最低的价格购得实物，将北欧和东欧地区变成自己资本主义发展的重要经济支撑。1550~1750年，荷兰所需的林木资源和粮食资源曾先后从北欧的挪威、芬兰和东欧的加里宁格勒、里加和塔林等地区进口，而荷兰对这些国家森林资源的掠夺则是呈现“打了就跑”的特征，即将一处的森林资源掠夺完毕，再另寻一处森林资源进行掠夺。比如在1550年，挪威几乎没有锯木厂，到了1600年，为了满足荷兰的需求，挪威锯木厂猛增到500多家，直到17世纪60年代，荷兰进口木材达到峰值，为30万~37.5万立方米，相当于40万公顷森林的自然增长量。此后一个世纪，荷兰从挪威进口的木材从原来的约26万吨下降到7.6万吨。之后，荷兰就逐渐寻求从上述的东欧各国进口木材，1641年，东欧各国仅提供8.6%的木材，到了17世纪80年代，这一数字上升到32%，而当这一地区的林木资源又快要耗尽的时候，其他国家又接力成为荷兰的自然资源来源地，如18世纪20年代，芬兰的贸易量达到荷兰进口木材总量的近2/3。截至1750年，一个庞大的整合了的资本主义世界生态体系业已凸显，从俄罗斯的乌拉尔山脉到北美的五大湖区，从北大西洋的鳕鱼场到非洲罗安达的蓄奴港。②

资本主义对自然近乎免费的不断索取和剥削，终究引发有识之士的不满，从而开启了资本主义生态化的历史进程。19世纪30年代到60年代曾出现了像爱默生、梭罗、马什这样的生态文学作家，他们揭示了自然本身所具有的审美价值，指出人与自然之间是相互依存的，对自然资源应加以科学管理和使用，特别是森林资源。这些思想被美国林业局首任局长吉福德·平肖（Gifford Pinchot）接纳，从而开启了19世纪末20世纪初第一波的资本主义生态化进程。平肖是美国的资源保护主义者，他主张为了更好地使用自然资源而保护自然资源，强调“富有效率地、可持续地使用自然资源”以减缓有限自然资源的枯竭。作为美国林业局的首任局长，平肖认为林务员的中心任务是改良森林使之持续地为人类提供服务，并避免浪费和滥用资源。随后，平肖与老罗斯福总统联手发起了20世纪初的环境保护运动，将大量自然土地通过建立国家公园和各种自然保护地的方式保护起来。老罗斯福总统签署了1906年的《文物法案》和5个国家公园法律，建立了51个鸟类保护区，4个游憩保护地，150个国家森林。这些努力使美国在公共管理保护下的国土面积达到93万平方千米，接近国土总面积的10%。老罗斯福因此也被誉为美国的“环保总统”。

二、生态资本化的四个方面

全球的生态环境问题并没有因为资本主义生态化的第一波浪潮而得到遏制，在历

① 《马克思恩格斯文集》（第9卷），人民出版社2009年版，第562-563页。

② ［瑞典］杰森·摩尔：《荷兰资本主义与欧洲的前沿：大17世纪人类对自然的征服》，孙岳译，载刘新成：《全球史评论》（第4辑），中国社会科学出版社2011年版，第272-295页。

经了两次世界大战之后，资本主义国家迎来了其发展的黄金时期，而与之相伴的是生态环境问题的集中爆发。20 世纪六七十年代，随着《寂静的春天》《只有一个地球》《增长的极限》等一系列著作的出版，环境保护运动步入了现代时刻。与此同时，随着资本主义逐渐进入新自由资本主义阶段，其也开启了第二波的生态化浪潮，同前一次的生态化浪潮和《寂静的春天》等著作对自然资源的枯竭所引发的担忧和悲观情绪不同，此次的生态化浪潮似乎实现了对资本主义生态意涵的大逆转，即资本主义不再是生态环境破坏的罪人，而是摇身一变成为生态危机的“救世主”，它能利用其自身的机制化解生态危机。也就是说，资本主义不再将其自身视为生态危机的根源，而是开始寻求自身与生态的共生共荣。从 1987 年联合国世界环境与发展委员会正式提出“可持续发展”理念，到 1992 年里约峰会上世界各国讨论可持续发展理念的具体实施办法，再到 2012 年“里约+20”峰会上的“绿色经济”概念，2015 年世界各国签署的《巴黎协定》，都旨在实现经济效益、生态效益和社会效益的共赢。所有这些都是在资本限度内进行的改革，因而被称作“生态资本主义”或“绿色资本主义”，这种生态化引发了资本主义局部性、选择性绿化，在特定的时空范围内起到了修复和改善生态环境的作用。

在新自由主义的影响下，资本主义生态化首先意味着国家的作用发生变化，即国家削弱对环境保护的管制。在新自由主义全面宰制经济社会运行之前，各国制定了不少环境保护法规加强对公众和企业行为的环境管制，比如美国从 20 世纪初就开始制定一系列监管环境质量的法律，1963 年和 1970 年的《清洁空气法案》和 1969 年的《国家环境政策法案》的出台被视为有关环境立法达到顶峰时期的标志，1970 年美国还组建了环境保护署以落实各种法律。里根 1981 年上任后却宣称“树比汽车造成了更多的污染”，而后又把很多长期反对政府管制的人任命到政府的关键职位，如安妮·戈萨奇（Anne Gorsuch）被任命为环境保护署署长，1980~1984 财年，环境保护署的雇员下降了 21%。①

新自由主义要求国家撤出环境保护领域，但同时又要求国家推出其所需要的环境保护措施，这就形成资本主义生态化的手段——“生态资本化”，即将生态环境中的一切自然资源及其所提供的一切服务都转化为资本，从而获取利润。与过往的资本化宣称实现经济效益和社会效益共赢所不同的是，它宣称经济效益、社会效益和生态效益的多赢。生态资本化，是由一连串的理论逻辑和实践举措构建起来的一套理论体系和实践应对。它首先揭示当今生态环境遭受破坏的原因在于“公地悲剧”和“免费公地”，即公共所有的自然生态环境被视为“免费的礼物”赐予人类，不仅具有遭受理性人类破坏的趋势，而且作为人类的资产为人类所经营的效率极其低下，随之而来的，首先便是要求实现对自然资源资产产权配置的彻底私有化。在自然资源私有化的前提下，为了避免自然被人类视为“免费的礼物”，同时鼓励私人所有者保护自然资源，就应该允许私人所有者通过自然资源的交易从中获取利益，也就是将自然资源转化为商品，实现价值化，评估其能产生的价值，并且创建与之相关的市场展开交易，

① ［美］大卫·M. 科兹：《新自由资本主义的兴衰成败》，刘仁营、刘元琪译，中国人民大学出版社 2020 年版，第 15 页。

让自然资源的私人所有者根据市场机制去决定“生产什么，为谁生产，生产多少，如何生产”等一系列问题。在资本主义步入金融垄断阶段之后，资金也逐渐在自然生态环境领域里流入和流出，在国内和国际范围内的资本市场创造诸多绿色金融衍生品。简言之，我们可以将新自由主义影响下的生态资本化，具体归结为自然资源的私有化、商品化、市场化和金融化四个方面，私有化和商品化是市场化和金融化的前提，而市场化和金融化是私有化和商品化发展到一定程度的必然结果。

需要注意的是，随着生态资本化这一经济基础的发展，国家机构等上层建筑也将服务于这一生产领域的变革。新自由主义对国家的影响，集中体现为国家向“新自由主义绿色国家”转变，即一方面，如前文所述，国家“退出”市场，秉持新自由主义“最小干预”的基本原则，退出生态环境治理领域的市场干预，削减环境保护和修复的资金支持；另一方面，国家又“进入”市场，积极为各种与生态环境治理相关的市场提供服务，如为转基因生物技术创造市场；将国内绿色商品市场拓展为国际市场，为弥补自身环境资金支出的不足，还不得不拓展环境市场的参与者，除了鼓励私营公司的参与，还鼓励和支持世界银行、国际货币基金组织、世界贸易组织等跨国金融机构、大自然保护协会等各种跨国环境非政府组织的参与。接下来，我们可以对全球范围内生态资本化的四个方面进行如下“扫描”：

（一）自然资源的私有化

不同学科的学者都尝试对私有化的现象进行描述，《辞海》将私有化界定为：“政府把公营企事业或国有财产转让、出售给私营企业或个人经营管理及拥有的过程。”①《人文地理学词典》将私有化界定为“公共资产出售或转让给私营部门”②。德国政治学者佩特拉·多布娜（Petra Dobner）也对私有化做了界定，即将公共事务、公共财产和公共权利转变为私人事务、私人财产或私人权利。私有化可以分成五种情形：形式上的私有化、物质型私有化、功能型私有化、融资型私有化、资产型私有化。③这些界定较好地描述了私有化的现象，但依然存在着一些有待探讨的问题：一是将何物私有化。从产权归属的意义上看，上述界定当然充分考虑了公共物品的私有化，但更多强调的是国有资产的私有化问题，但产权除了国有之外，还有集体所有和无主所有两种形式；从产权形态的意义上看，上述界定强调了有形物的私有化，但除此之外还有虚拟物。二是私营化在何种意义上是私有化。随着现代经济的发展，所有权、承包权、经营权、使用权、收益分配权等权能的相互分离，将承包权、经营权等权能划归私人所有，从而出现了私营化现象，那么，这是否意味着私有化？上述界定将私有化和私营化等同起来，多布娜把形式上的私有化、功能型私有化、融资型私有化这三种形式也当成私有化，在笔者看来，这三种形式带有私营化的性质，但私营化是否是私有化，最根本的还是要看生产资料的所有权是否完全转移到私人或私营集团手中，以及生产资料所有权公共属性或私人属性的实质性程度。

不管怎样，笔者认为，我们可以根据被转变的自然资源所有权主体和自然资源对

---

① 中华书局辞海编辑所：《辞海》，上海辞书出版社 2009 年版，第 2129 页。

② ［英］R. J. 约翰斯顿：《人文地理学词典》，柴彦威等译，商务印书馆 2004 年版，第 553 页。

③ ［德］佩特拉·多布娜：《水的政治：关于全球治理的政治理论、实践与批判》，强朝晖译，社会科学文献出版社 2011 年版，第 109-110 页。

象，以及私有化的不同形式，对自然资源的私有化做出以下两个维度的描述：一是原来隶属于国家、集体或者无人所有的自然资源被转变为私人或私营团体所有。从产权的分类看，产权主要有国家所有、集体所有、私人所有和无主所有四种类型，因此，自然资源的私有化相应地存在着将国家所有、集体所有和无主所有三种类型的自然资源转变成私人或私营团体所有。从被私有化的自然资源对象上看，主要涉及的自然资源不仅有水资源、土地资源、野生动物资源、海洋资源、生物基因这样的实体物，还涉及碳排放权、污染权这样的虚拟物。二是现实存在的自然资源私有化形式呈现多样性的特征。根据产权转移到私人手中的彻底性程度，大致可以分成以下几种：一是自然资源的完全私有化，即自然资源所有权完全转移到私人手中，这包括自然资源的所有权、承包权、使用权、经营权、收益权等所有权能的完全转移；二是自然资源的功能型私有化，即将关涉自然资源的公共职能转交给私人经营，如各种公私合作模式（PPP 模式），公共部门和私营部门根据约定条件分享产权和收益权，分担不同的责任；三是自然资源的融资型私有化，即私人或私营集团为关涉自然资源的公共事务提供资金支持，并由此获得一定的回报。

将上述两个维度结合起来看，全球范围内典型的案例有：1989 年以来，英国政府将原来的公有水务局兜售给私营企业，从而实现英格兰和威尔士在供水服务和污水处置等服务上的私有化[①]；20 世纪八九十年代，在世界银行的推动下，摩洛哥政府以立法的形式将原来集体所有的土地转变为私人所有；20 世纪 80 年代末以来，原来隶属于国家所有的北太平洋渔业，转变为私人所有；20 世纪 80 年代以来，美国通过发放狩猎许可证和允许私人建设狩猎农场的方式实现对野生动物的私有化。

（二）自然资源的商品化

自然资源的私有化源于对环境公共物品开放获取所造成的自然资源滥用问题的指责，这里所谓的滥用问题实际上就是指自然资源的使用者以近乎免费的价格获取生产生活之所需，因此，随之而来的逻辑便是，为了解决这一问题，就必须赋予自然资源以适当的价格，使用者只有支付一定的货币才能获取，这一过程体现出的使用者与自然资源的“交换”意蕴显而易见，即使用者要以一定的货币交换自己所需的自然资源。正是这一过程的“交换”意蕴，使自然资源成为一种商品，实现了自身的商品化，这其中所体现出的生态意蕴也是显而易见的，从最直接的意义上看，自然资源不再是一种“免费的礼物”，而是将其内化在了使用者的使用过程中，成为使用者必须为之付出的基本成本，当前的使用者和潜在的未来使用者为了降低成本，就不得不面对滥用自然资源而造成的价格高企不下的难题，从而“小心翼翼”地节约自然资源的使用，或者宁愿支付一定的金钱保护自然生态环境免遭破坏。由此，无论是从消耗自然资源的角度看，还是从保护自然生态环境的角度看，不断地将自然资源商品化都可以作为一种动力机制而发挥作用。

自然资源的商品化历史悠久，受新自由主义的影响，其进程在 20 世纪 80 年代之后不断加剧，当前，自然资源的商品化主要表现在以下几个方面：

一是生态旅游（Ecotourism）。从商品化的意义上看，这是将特定范围的自然生

---

① 详见本书第六章相关介绍。

态空间作为一个商品整体销售给旅游者。1983 年，世界自然保护联盟（International Union for Conservation of Nature，IUCN）特别顾问谢贝洛斯-拉斯喀瑞（Ceballos-Laskurain）首次提出生态旅游的概念。1990 年，国际生态旅游协会（International Ecotourism Society）将其定义为：在一定的自然区域中保护环境并提高当地居民福祉的一种旅游行为。因此，在规范性的意义上，生态旅游与其他商业性的大众旅游所不同的是，它是以自然景物，特别是原始的、较少受侵扰的自然区域作为旅游的物件，这一物件在销售给游客后不仅不应受到损害，还必须将销售收入用于保护环境和促进当地居民的福祉。世界范围内，那些自然资源禀赋占据优势、生物多样性丰富的国家都致力于发展生态旅游，比如非洲的肯尼亚和拉丁美洲的哥斯达黎加。

二是生物勘探（Bioprospecting）。这是发达国家的生物技术商业公司和科研机构发现生物资源并对其商业化经营的过程，这些商业行为体看中了这些生物资源的基因所具有的独特功能，比如药用、抵御病虫害等功能，然后将这一基因视为一个独立的实体从生物体中分离出来，通过基因工程加以量的增减和质的改造，或者从一种有机体转移到另一种有机体上，最后创造出所谓的新产品加以兜售，而由于基因对一种生命的决定性意义，因此，这种类型的商品化其实就是对生命本身的商品化。世界范围内，从事生物勘探的知名公司主要有孟山都公司、先正达公司、杜邦公司、陶氏公司、拜耳公司、巴斯夫公司等。

三是生态系统服务付费（Payments for Ecosystem Services）。在美国学者杰西卡·登普西（Jessica Dempsey）和摩根·罗伯逊（Morgan Robertson）看来，生态系统服务付费，如果不是自然的新自由主义化的“旗舰产品”，那也应被视为自然的新自由主义化的“先锋产品”①。人类的生存与发展归根结底离不开自然生态系统所提供的各种服务，联合国《千年生态系统评估报告》（*Millennium Ecosystem Assessment*）明确界定了生态系统为人类提供的四类服务：供给服务（如食物和水）、调节服务（如调节气候）、文化服务（如精神和美学）和支持服务（如初级生产和土壤形成）。因此，为了生存与发展，人类就必须作为购买者向那些保护生态系统的所有者或者管理者支付费用，这就导致生态系统提供的各种服务作为商品被出售。欧洲在 2008 年到 2010 年开展了“生态系统和生物多样性经济”（Economics of Ecosystems and Biodiversity）项目，发布了两份内部研究报告。这个项目聚焦于“让自然的价值可见”，其主要目标是期望将生物多样性和生态系统服务的价值纳入决策的各个环节，通过采用结构化的估值方法帮助决策者认识到生态系统和生物多样性提供的广泛收益，并从经济方面展示其价值，并酌情建议如何在决策中获得这些价值。② 世界上规模最大、运行时间最长的生态系统服务付费项目是美国的土地休耕保护项目（Conservation Reserve Program），该项目是根据美国 1985 年的《食品安全法案》设计，于 1986 年起开始实施，农场主、牧场主、经营者和佃农自愿参加的一个长期土地休耕项目，主要针对土壤易受侵蚀或具有其他生态敏感性的农业用地，由美国政府提供资金对自愿参加的农

① Jessica Dempsey and Morgan Robertson, “Ecosystem Services: Tensions, Impurities, and Points of Engagement within Neoliberalism”, *Progress in Human Geography*, Vol. 36, No. 6, 2012, pp. 758-779.

② 参见该项目的官网：http://www.teebweb.org/。

民进行补贴，以弥补其损失并扶持其在休耕土地上采取种树、种草等长期性植被保护措施。

自然要真正实现资本主义形式的商品化，就必须通过货币形式表现其价值，也就是必须对自然价值进行估值，明确其拥有多高的价格，尽管存在着是否以价格体现自然的价值问题，但对这一问题的确定性是新自由主义经济学认为无须讨论的问题，因为在他们看来，如果不进行估值的话，环境价值就将缺省为零，这将不利于我们做出更好的决策。2012 年度沃尔沃环境奖得主，美国斯坦福大学教授、自然资本价值评估领域的专家格雷琴·戴利（Gretchen Daily）认为：“不去量化生态价值会带来的问题是我们向生态环境索取了那么多资源，而这些资源源源不断供给人类社会所产生的价值会是零。我认为我们的研究应当更务实一些，让人类赖以生存的自然环境体现出本身的价值。举个例子，如果我们能从经济学的角度证明人类能够从保护自然环境，防止气候变化和洪涝灾害中得到巨大效益，那么增大对保护环境的投入就会更自发和更深入人心。这正是适应新世纪经济形式的环境保护方式。”①

因此，接下来要解决的问题是：自然资源有哪些价值？如何评估这些价值？当前已有的估值数字是多少？经济学家将自然资源的总经济价值分为三个部分：使用价值、选择价值、非使用价值。使用价值反映的是人类对当前自然资源的直接使用。选择价值反映的是人类对未来自然资源的可能使用。非使用价值反映人类为那些永不使用的自然资源而付费。将这三种价值合并在一起就可以得到总支付意愿。那么，如何评估这些价值呢？可行的方法包括揭示偏好法和陈述偏好法，根据直接与间接的方式又可以分为多种类型的方法，包括市场价格、模拟市场、旅行成本、特征资产价值、特征工资价值、预防支出、条件价值评估、基于特征的模型、联合分析、选择试验、条件排序。② 那么，全球生态环境的价值是多少呢？最著名的估值来自于美国学者罗伯特·科斯坦萨（Robert Costanza），他和其他众多学者于 1997 年在《自然》杂志上发表了《全球生态系统服务的价值和自然资本》一文，通过对全球 17 种生态系统服务功能进行评估，得出了全球生态系统每年可以提供的服务价值至少是 332680 亿美元。③ 2014 年，科斯坦萨同其他学者在《全球环境变化》上发表《全球生态系统服务价值的变化》一文，再次更新了数据，他们采取同 1997 年相同的测算方法，估计 2011 年全球生态系统服务是 125 万亿美元（假设更新单元值和生物群落的变化区域）或 145 万亿美元（假设只有单位值发生了变化）。值得注意的是，科斯坦萨在文中还特意强调了生态系统服务有别于商品化或者私有化，许多生态服务被视为公共商品或者公共池塘资源，因此，传统的市场往往并不是管理生态系统服务的最佳制度框架，但是，这些服务必须被价值化，并且我们需要全新的、公共的资产机构将这些价值考

---

① 《2012 沃尔沃环境奖揭晓：斯坦福大学自然资本价值评估研究者获奖》，《交通世界（建养·机械）》2012 年第 9 期。

② ［美］汤姆·蒂坦伯格、琳恩·刘易斯：《环境与自然资源经济学》（第 8 版），王晓霞译，中国人民大学出版社 2011 年版，第 32-59 页。

③ Robert Costanza, Ralph d' Arge and Rudolf de Groot, et al., “The Value of the World' s Ecosystem Services and Natural Capital”, *Nature*, Vol. 387, No. 6630, 1997, pp. 253-260.

虑在内。[①] 截至2018年，生态系统服务付费计划在全球范围内超过550个，估计每年交易额为360亿~420亿美元。[②]

（三）自然资源的市场化

从利用市场手段保护环境层面看，全球广泛使用的政策主要有环境税、排污收费、排污权交易、支持污染减排或经营环保产业的补贴等。例如，在环境税方面，德国开征了废水税、废油税等；荷兰开征了燃料税、噪音税、垃圾税、水污染税、超额粪便税等；美国开征了二氧化硫税、碳税、资源枯竭税等；丹麦开征了电池税、农药税等。环境税方面，不仅有征收，还有减免措施，比如日本对于那些降低二氧化碳排放量的高排放用户可以减税50%~60%；对于钢铁制造业等使用的无其他适宜替代能源的煤炭、焦炭等则实施免税。各国在开征环境税后，均取得明显成效。瑞典在开征二氧化硫税（每吨3050美元）一年之后，硫化物的排放量比上年减少了16%，并且自征收硫税以来，油中硫的含量降低了40%，燃煤和泥浆中硫的排放也有相当程度的降低。[③]

在排放权交易方面，目前世界上最大的碳排放交易市场是欧盟碳排放交易体系，该体系的主体设计思路是基于实行总量控制，即指在保证排污总量不超过允许值或逐年下降的前提下，内部各排放主体以货币交换的方式来互相调节排放量，最终达到有效减排目的。欧盟的具体措施是由各成员国为自身设定排放量的上限值，汇总得到欧盟层面的排放总量，再由上至下将配额分配给每个排放企业作为其减排效果的衡量指标。[④] 该市场于2005年开始交易，覆盖了欧洲经济区的31个成员国，限制了近1.1万家发电厂和制造工厂以及500多家航空公司的碳排放。欧盟委员会2018年发布的《欧洲碳市场报告》宣称，该体系的推出促进了市场主体排放的下降，截至2016年，欧洲碳排放市场的碳排放量已连续六年下降，2017年与2016年相比虽略有回升，增加了0.18%，但主要是因为实际GDP同往年相比增长了2.4%。[⑤] 据世界银行《碳价现状和趋势》2018年度报告显示，截至2018年，全球范围内已经实施或计划实施51项碳定价举措，这包括主要在地区层面上实施的25个排放交易系统，以及在国家层面上实施的26个碳税。这些碳定价举措将涵盖11亿吨二氧化碳当量或约20%的全球温室气体排放。2018年，碳排放交易体系和碳税涉及的总价值为820亿美元，比2017年的520亿美元增加了56%。[⑥]

将生态系统所能提供的服务商品化，明确其价值后，就要将这些服务推入市场进

---

① Robert Costanza, Rudolf de Groot and Paul Sutton, et al., "Changes in the Global Value of Ecosystem Services", *Global Environmental Change*, Vol. 26, No. 1, 2014, pp. 152-158.

② James Salzman, Geneviere Bennett and Nathaniel Carroll, et al., "The Global Status and Trends of Payments for Ecosystem Services", *Nature Sustainability*, Vol. 1, No. 3, 2018, pp. 136-144.

③ 何燕、陈真帅：《国外环境税的发展现状及启示》，《环境保护》2010年第17期。

④ 肖星宏、万春林、邓翔等：《欧盟碳排放交易体系及其对我国的启示》，《价格理论与实践》2015年第4期。

⑤ 参见欧盟委员会2018年《欧洲碳市场报告》：https://ec.europa.eu/clima/sites/clima/files/ets/docs/com_2018_842_final_en.pdf。

⑥ World Bank, "State and Tends of Carbon Pricing 2018", https://open knowledge.worldbank.org/bitstream/handle/10986/29687/9781464812927.pdf.

行交易以从中获取利润。第一个全球化的生态系统服务交易信息资源平台——“生态系统市场”（Ecosystem Marketplace）于2004年正式上线，在其官网的自我介绍中，它认为：“全人类依赖生态系统服务，但是，从经济的角度看，这些服务通常是‘免费的’，因此，它们常常遭受过度利用。维持生态系统服务的令人充满希望的方法就是，以市场价值调节生态系统服务的供给和需求，为这些服务定价。市场机制可以为可持续管理和长期保护生态系统服务提供资金。这些市场正在形成，但当前的规模还比较小，影响也有限。”因此，为了推动生态系统服务市场的发展，该平台发布了以市场手段保护生态系统服务的新闻和报告，2007年以来，其员工开始收集调查数据，发布了第一份《自愿碳市场状况》报告。随后，该平台也将调查范围扩大到森林碳、流域投资和生物多样性等多个领域。通过提供这些信息，该平台认为这些市场最终将会不断增长并成为我们经济体系的根本构成部分，从而促进生态系统服务的可持续供给。①

（四）自然资源的金融化

詹森·摩尔（Jason Moore）指出，新自由主义时代的显著特征是金融向日常生活的渗透，并且最终向外在于人类的自然的再生产渗透。② 从广义上说，上述自然资源的市场化也是金融化的组成部分，可以视为自然资源金融化的初始阶段，但是在2008年金融危机以前，“自然资源的金融化”这一术语较少引起人们的关注。在新自由主义的影响下，当金融资本越来越在整个社会经济生活中起支配作用，国家的经济活动重心从实体经济转向虚拟经济，金融业逐渐成为国家经济的中枢和命脉时，自然资源也被归入其中，导致在环境保护和修复上的金融化发展，其突出表现为绿色债券业和保险业的发展。

绿色债券是指任何将所得资金专门用于资助符合规定条件的绿色项目或为这些项目进行再融资的债券工具。绿色债券与传统债券在很多方面通常是相同的，只是在所筹集的资金的用途上，绿色债券通常将筹集到的资金用于大规模的、资本密集型的绿色基础设施建设项目，如清洁能源、低碳交通、智能电网设施和减缓自然资源的损耗等类似项目。绿色债券的运行机制是，由开发性金融机构发行债券，委托一家或多家债券经理人向社会公众和机构投资者（债券持有者）发售，所筹集的资金形成一个“绿色债券基金”，向特定的借款人发放用于上述绿色基础设施建设项目。旧金山于2001年批准发行了1亿美元的债券，用于资助太阳能、风能等可再生能源的发展。2007年7月，欧洲投资银行发行了第一只“气候意识债券”（Climate Awareness Bonds，CAB），该债券被公认为全球首只绿色债券。世界银行一直是发展绿色债券市场的先锋，相关工作由其下属机构世界银行和国际金融公司负责开展。2008年，世界银行与瑞典北欧斯安银行联合发行了首只命名为“绿色债券”的债券，截至2017年9月，世界银行以18种货币共发行了135只绿色债券，筹资总额达102亿美元。国际金融公司于2013年成为世界上首家发行10亿美元全球基准绿色债券的机构，截

① 参见“生态系统市场”官网：https://www.ecosystemmarketplace.com/about-us/。

② Jason Moore, “The End of the Road? Agricultural Revolutions in the Capitalist World-Ecology, 1450-2010”, *Journal of Agrarian Change*, Vol. 10, No. 3, 2010, pp. 389-413.

至 2017 年 9 月，该机构以 12 种货币共发行了 77 只绿色债券，筹资总额达 58 亿美元。①

近年来，世界各地巨灾频繁爆发，为了规避巨灾风险，各种与巨灾相关的保险业逐渐兴起。从私人领域看，越来越多的保险公司转向资本市场寻求承保能力，保险连接证券应运而生。这是一种将保险风险向资本市场转移的金融产品。1992 年，在横扫美国东南部的五级飓风“安德鲁”给保险业造成重创之后，芝加哥贸易委员会（Chicago Board of Trade）首次发行巨灾保险期货，保险连接证券正式进入资本市场。巨灾债券（Catastrophe Bonds）是目前市场上最重要的一类保险连接证券，是一种根据约定巨灾损失的发生情况决定利息支付和本金偿还的债券，1997~2011 年发行了将近 400 亿美元。② 在公共领域，为了让发展中国家，特别是那些易受气候变化影响的发展中国家的弱势群体在巨灾发生后能及时得到保险，G7 峰会于 2015 年发起了“保障复原力倡议行动”（InsuResilience-Initiative）。2017 年，“气候风险融资和保险解决方案”的主题在汉堡举行的 G20 峰会议程中发挥了突出作用，在其“气候与能源行动增长计划”（Climate and Energy Action Plan for Growth）中，G20 表示支持建立“全球气候与灾害风险融资和保险解决方案伙伴关系”（Global Partnership for Climate and Disaster Risk Finance and Insurance Solutions），其核心目标是提高最贫困和弱势群体的抵御能力。最终，在上述倡议的基础上，2017 年 11 月，联合国波恩气候变化大会发起了全球保险合作伙伴关系——“保障复原力全球伙伴关系”（InsuResilience Global Partnership），旨在到 2020 年为仍缺乏自然灾害保险的数亿弱势人群提供因气候变化引发的自然灾害保险。G20 国家和 49 个在气候变化问题上最弱势的国家加入了这一伙伴关系。

---

① 参见世界银行官网：https://www.shihang.org/zh/results/2017/12/01/green-bonds。

② Leigh Johnson, “Geographies of Securitized Catastrophe Risk and the Implications of Climate Change”, *Economic Geography*, Vol. 90, No. 2, 2014, pp. 155-185.

第三章 新自由主义“生态环境治理术”的本质批判

典型的资本主义把任何危机的原因都归咎于影响资本扩张的障碍，而不是资本扩张的本身。解决办法是扩大资本领域，把自然也作为理性的商品交换体系的一部分。

——［美］约翰·贝拉米·福斯特《生态危机与资本主义》

新自由主义对全球生态环境治理产生了广泛的影响，已经成为一种现实的存在，现在是时候进行清算了。本章遵循从直观到本质的理路对其展开深度批判，以认清其真实面目。从直观上看，它至少存在着实效合法性、道德合法性和认知合法性三重政治合法性问题，而在本质层面上，新自由主义的“生态环境治理术”只不过是将生态环境转变为资本积累的战略场域，是资本积累的延续和拓展，也正因为如此，自然在资本逻辑的宰制下呈现出被“剥削”和“异化”的面目。

第一节 新自由主义“生态环境治理术”的政治合法性质疑

在传统的政治学语境中，政治合法性指的是政府实施统治的正统性、正当性或者合理性。韦伯归纳了政治合法性基础的三种类型：建立在已经确立的习俗或者习惯基础上的传统权威型，建立在政治领袖非凡人格或者超凡感召力基础上的个人魅力型，以及建立在合理的规则和程序基础上的法理型。① 但是，随着时代的发展，不断呈现的新问题日益增多，这导致维系政府合法性基础所要考量的要素也越来越多，因此，伴随着生态危机的挑战，有效应对本国的生态环境问题逐渐成为一国政府的政治合法性来源。与此同时，一国政府制定怎样的法律法规、采取怎样的政策工具、通过何种组织实施这些法律和政策同样有一个政治合法性的问题，其所表征的是利益相关者或者公众对这些法律法规、政策工具和治理主体的认同和服从的自愿程度。如果前者关涉政府政治合法性对环境治理的需求，后者则关涉环境治理的政治合法性需求。②

---

① ［德］马克斯·韦伯：《经济与社会》（上卷），林荣远译，商务印书馆 1997 年版，第 241 页。

② 冉冉：《合法性与环境治理：研究议程、范式与来源》，《国外理论动态》2019 年第 11 期。

然而，两者之间并不必然呈现一种线性的正相关关系，即一国政府的政治合法性很高，对环境治理的需求也很高，但这并不意味着其环境治理的政治合法性就必然很高。就新自由主义的“生态环境治理术”而言，其合法性的来源并不会因20世纪70年代以来各国政府和相关跨国组织的新自由主义化而得到增强，我们可以根据环境治理的实效合法性、道德合法性和认知合法性①来对此做出一定的初步判断，质疑以市场化为主轴的新自由主义生态环境治理的政治合法性。

一、新自由主义“生态环境治理术”的实效合法性质疑

从生态环境治理的实效合法性看，新自由主义的生态环境治理面临着长远和整体成效的挑战。尽管新自由主义的“生态环境治理术”在局部和短期内显现出一定的成效，但是，对这种成效我们必须有一个清醒的认识，如下三个方面必须引起我们的重视：

一是从整体上看，生态环境治理的新自由主义化并没有带来显著的环境改善。联合国环境规划署2019年出版的第六期《全球环境展望》对当前的进展做出了悲观预期：“总体而言，按目前的进展，世界将难以如期实现《2030年可持续发展议程》的环境层面目标，也难以在2050年之前实现国际商定各项环境目标。”在“部分可持续发展目标和国际商定的环境目标的全球实现趋势预测”中，将“限制全球变暖”目标要素的展望归入“偏离目标”类别。② 的确，从全球范围看，自《京都议定书》签订实施以来，以市场化机制应对全球气候变化并没有取得明显的实效，大气中二氧化碳的浓度还在持续不断攀升之中。据美国国家海洋和大气管理局（National Oceanic and Atmospheric Administration，NOAA）称，美国国家海洋和大气管理局莫纳罗亚大气基线观测站（Mauna Loa Atmospheric Baseline Observatory）记录的地球大气中二氧化碳含量已达到该观测站61年来的最高季节峰值，2019年5月达到414.7ppm。大气中二氧化碳的浓度不仅每年在攀升，而且增长率也在不断加速，20世纪70年代平均每年约增加0.7ppm，20世纪80年代和90年代平均每年分别增加约1.6ppm和1.5ppm，而在过去的10年里则每年增加2.2ppm。③ 在地区层面，无论是在发达国家还是在发展中国家，新自由主义生态环境治理失败的案例则不胜枚举。前者如加拿大安大略省的沃克顿（Walkerton），该地区自1990年以来引入新自由主义性质的削减环境开支费用、私有化供水服务系统等举措，最终于2000年5月发生了加拿大历史上最惨痛的饮用水污染事故。④ 后者如巴西亚马逊地区，该地区的铁矿石和锰业务的私有化尽管在保护当地环境方面要比先前的国有化有效得多，但是，这种私有化仍无法解决对矿区以外产生的环境外部性问题。⑤

① 冉冉：《合法性与环境治理：研究议程、范式与来源》，《国外理论动态》2019年第11期。

② 参见2019年联合国环境规划署的《全球环境展望》（决策者摘要）。

③ 参见美国国家海洋和大气管理局莫纳罗亚大气基线观测站官网：https：//research. noaa. gov/article/ArtMID/587/ArticleID/2461/Carbon-dioxide-levels-hit-record-peak-in-May。

④ Scott Prudham，“Poisoning the Well：Neoliberalism and the Contamination of Municipal Water in Walkerton，Ontario”，*Geoforum*，Vol. 35，No. 3，2004，pp. 343-359.

⑤ Maria Guadalupe Moog Rodrigues，“Privatization and Socioenvironmental Conditions in Brazil's Amazonia：Political Challenges to Neoliberal Principles”，*Journal of Environment & Development*，Vol. 12，No. 2，2003，pp. 205-238.

二是那些已经明显得到改善的环境问题，原因是复杂的，并不一定是采纳新自由主义政策的结果。美国空气质量的改善和日本公害的减少都得益于新自由主义勃兴之前就已经采取的命令控制型环境管制措施。科尔重温了美国《清洁空气法案》的经济历史，指出由于控制大气污染的技术限制（缺乏空气污染的信息，包括严重程度、所需削减量等信息）和制度限制（缺乏足够的人员来负责实施空气污染管制），1970年的《清洁空气法》和1977年的修正案在环境保护问题上的公共财产权和命令控制型管制方法其实是明智的。1977~1990年，美国所有的标准污染物排放量都在下降，排放量平均下降了24%，空气环境质量大幅度提高，国家标准污染物的环境浓度从1981年到1988年平均下降了22.6%。[①] 日本生态社会主义者岩佐茂也指出："日本之所以能够缓解由经济高速增长所带来的公害，主要就是由于制定了严格的环境标准，并做到了有法必依。制定和贯彻环境标准可以直接规制污染源和破坏源，这一直接规制是目前环境保护中最有效的手段。"[②] 相反，自20世纪70年代末美国和日本倡导新自由主义改革后，主张放宽环境管制的政策对环境的改善产生了消极影响。里根政府1981年1月设立了“放宽管制总统特别委员会”，开始着手放宽对公害的管制，削减了环境署的预算和人员编制，如此一来，甚至达到无法发行环境白皮书的境地。对此，美国的环境组织就尖锐地批评道：里根政府使管制公害改善公共卫生的历史倒退了30年。而且，在此期间还发生了环境署长官与企业之间相互勾结的案件。同样的情形也发生在日本，政府放宽了民间对防止公害投资的管制，放宽了二氧化碳的排放标准，导致实施了填海造地等破坏环境的开发计划。[③]

三是退一步看，倘若承认新自由主义的“生态环境治理术”取得了一定的成效，我们应充分认识到当前的成效有可能只是饮鸩止渴式疗法，有可能只是走向环境灾难的最后繁荣时刻，因为新自由主义完全依赖以市场机制挽救市场机制本身造成的问题，很难从根本上解决生态环境问题。美国环境史学家唐纳德·沃斯特（Dorald Worster）曾考察了加州水利社会建设的长时段历史进程中所陷入的“基础设施陷阱”，可视为一种镜鉴。在19世纪70年代以前，加州的土著农民、早期西班牙和美国的殖民者以自给自足为价值目标，自觉接受河流的自然规律，比如，河流在汛期汹涌澎湃，每到春季，河水就冲出河道，淹没沼泽地、草场，要么等洪水退却后到淤泥里种上玉米和大豆，盼望着在土壤干涸之前有所收获；要么在一些较小的支流上建灌木堰，以便为他们的花园提供稳定的水源。19世纪70年代以后，当从事农业的美国人来到加州之后，市场和利润至上的观念取代了原来自给自足的价值目标，这也同河流原有的自然限制相矛盾，肥沃的农用地分布在较大的冲积平原上，在那里，简易水坝太脆弱，不足以拦截携带着雪水的圣华金河，这就达到了引水极限。为了克服这一引水极限，在不挑战市场和利润至上的价值理念下，加州引入了走出这一极限的关键制度，即成立私有企业——圣华金河与金河运河灌溉公司，修建巨大的新灌溉体系，

① ［美］丹尼尔·H. 科尔：《污染与财产权：环境保护的所有权制度比较研究》，严厚福、王社坤译，北京大学出版社2009年版，第79-90页。

② ［日］岩佐茂：《环境的思想：环境保护与马克思主义的结合处》，韩立新、张桂全、刘荣华译，中央编译出版社2006年版，第256页。

③ ［日］宫本宪一：《环境经济学》，朴玉译，生活·读书·新知三联书店2004年版，第15-21页。

并创建了水市场，水成了批量生产的商品。自然的限制似乎被克服了，然而，在利润的驱使下，到了20世纪30年代，一系列的环境问题出现了，比如，抽取的地下水过多，取水的深度过大，导致用于灌溉的水的盐分过高，如此一来，作物的根部和土壤都遭受腐蚀和破坏。而为了维持他们已经赢得的市场，私有公司又进一步向联邦政府寻求资金帮助，建造更复杂的中央大峡谷工程，一方面想以此克服出现的环境问题，另一方面想进一步赢得国际市场竞争的胜利。生态环境问题似乎又被解决了，但是，到了20世纪70年代，原有在20世纪30年代遇到的环境问题又出现了，并且还出现了诸如能源费用不断攀升、病虫害抗药性增加等新问题，加州水利社会又陷入了新的不确定。沃斯特最后总结说：“虽然灾难到来的时刻可以被推迟一段时间，但一个庞大的、错综复杂的，尤其是以市场扩张为动力的灌溉农业，看来不大可能一劳永逸地从自我毁灭中解脱出来。”①

二、新自由主义“生态环境治理术”的道德合法性质疑

从生态环境治理的道德合法性看，新自由主义的生态环境治理面临着严峻的环境正义挑战。新自由主义赋予市场机制天生的道德合法性，其“本质上具有伦理性，能够指导一切人类行为，代替所有先前的伦理信念”②。从新自由主义所产生的环境效应看，尽管如前文所述，其存在着很大的治理失效，但在不同的地区却也曾出现治理成功的案例。例如，英格兰和威尔士在进行水资源政策的新自由主义改革后，该地区实行了供水服务的私有化，居民饮用水水质有了较大的改进。③ 但是，倘若这样的环境改善是以其他人相关利益的损害为代价而取得的，那么，这就会产生环境治理的道德合法性问题，即环境正义问题。在英格兰和威尔士水资源的案例中，就出现了低收入群体和高收入群体在承担水费和污水处理费方面的差异。例如，低收入家庭每周平均花费约4%的预算来支付水费，远远高于所有家庭1%的平均水平。④ 越来越多的研究表明，新自由主义的生态环境治理政策主要对经济意义上的穷人和政治意义上的无权者等弱势群体造成伤害，他们在获取资源方面的权利常常被强势群体所侵害。例如，在智利，20世纪90年代以来水权交易自由化方面的新自由主义改革导致半干旱的近北地区大型农场的农民和小农在获取水资源方面出现明显的分化，即相较于后者，前者更易获得水资源。⑤ 美属维尔京群岛国家公园（Virgin Islands National Park）在引入私营组织“维尔京群岛国家公园之友”后，尽管弥补了国家资金投入不足的问题，保护了国家公园，但是，此举还是存在着很大的争议。例如，该组织热衷于在岛上投资房地产和旅游观光业项目，对维尔京群岛历史遗迹的解释中绝口不提欧美国

---

① ［美］唐纳德·沃斯特：《在西部的天空下：美国西部的自然与历史》，青山译，商务印书馆2014年版，第70页。

② ［美］大卫·哈维：《新自由主义简史》，王钦译，上海译文出版社2010年版，第3-4页。

③ Karen Bakker, “Neoliberalizing Nature? Market Environmentalism in Water Supply in England and Wales”, *Annals of the Association of American Geographers*, Vol. 95, No. 3, 2005, pp. 542-565.

④ Karen Bakker, “Paying for Water: Water Pricing and Equity in England and Wales”, *Transactions of the Institute of British Geographers*, Vol. 26, No. 2, 2001, pp. 143-164.

⑤ Jessica Budds, “Power, Nature and Neoliberalism: The Political Ecology of Water in Chile”, *Singapore Journal of Tropical Geography*, Vol. 25, No. 3, 2004, pp. 322-342.

家的殖民压迫和当地民众的反抗史，彻底禁止岛民为维持生计但对环境不构成破坏的传统捕鱼活动。[①]

三、新自由主义“生态环境治理术”的认知合法性质疑

从生态环境治理的认知合法性看，新自由主义的生态环境治理面临着传统和本地知识生态理性的挑战。公众对环境治理的认同和服从意愿会受到其原有知识和信仰系统的影响，当原有知识和信仰系统本身富有生态理性时，另一种替代性知识和信仰系统的强行渗入就会受到抵制，其合法性将受到质疑，新自由主义的“生态环境治理术”也面临着类似的问题。如果我们重新审视近期资本主义生态化居于核心位置的市场机制手段就会发现，这并不是一直以来占支配性地位的环境治理方式，只是新自由主义勃兴以后的产物，将其视为一种“天然”的治理方式的潜在危害在于，它遮蔽了替代性选择的可能性。生态资本化的四个方面中最核心的是自然资源的市场化，但市场化的环境政策只是一个新近的政策，是新自由主义政治学的产物。在历史上曾出现的两波资本主义生态化中，我们发现，第一波的资本主义生态化引发了资本主义国家对环境保护的重视，但市场化的环境治理方式并未成为支配性的手段。美国林业局首任局长平肖在保护森林的举措上秉持的是功利主义的价值观，不仅提倡自然资源由全体公民共享，反对由少数拥有巨额财富的人拥有，而且在环境治理机制上并未诉诸市场机制，反而鼓励采纳专家的意见，表现出了对专家的高度信任，直到 20 世纪 80 年代中期，在反思美国林业局的政策中才产生了以自由市场机制引入公开竞争运作的方式保护森林的思想[②]，而此时也正是新自由主义思潮勃兴的时期。在 20 世纪 70 年代后期兴起的第二波资本主义生态化中，以彻底市场化的思维来治理生态环境问题逐渐占据支配地位。2018 年，隶属于环境经济学“市场学派”的威廉·诺德豪斯（William Nordhaus）获得诺贝尔经济学奖，可视为这种治理思维的支配地位发展到顶峰的标志。

倘若将市场化的生态环境治理机制视为从来就有的机制，并欢呼其治理的短暂性和局部性成效，进而将此视为人类治理环境的“绿色历史的终结”，那么其潜在的危险将是替市场摆脱生态危机罪责的嫌疑，使人类无法找到生态危机的真正根源性病症，也会遮蔽以其他方式解决生态危机的有效性。获得 2018 年多伊彻纪念奖的日本学者斋藤幸平就指出，在资本主义条件下，“自由主义者希望碳交易或者其他市场交易可以解决气候变化问题，只是起到一种意识形态工具的作用，这阻碍了我们直面真正的危险和威胁，似乎市场可以自动解决问题而无须我们有意识地对现存的生产方式进行激进的变革。就此而言，自由主义者是非常危险的”。[③] 其实，在市场机制之外，已经存在着诸多契合生态性的生产生活方式，这些生产生活方式如果从创造价值、资本积累的角度看，显然是落后的，因此就有被根除的危险。例如，“对于干旱和半干

---

① Crystal Fortwangler, “Friends with Money: Private Support for a National Park in the US Virgin Islands”, *Conservation and Society*, Vol. 5, No. 4, 2007, pp. 504-533.

② ［美］戴斯·贾丁斯：《环境伦理学》，林官明、杨爱民译，北京大学出版社 2002 年版，第 43-53 页。

③ Kohei Saito, “The Ecosocialist Views of Karl Marx: An Interview with Kohei Saito”, https://climateandcapitalism.com/2019/06/16/ecosocialist-views-of-karl-marx-kohei-saito/.

旱地区来说，游牧是缺水环境下的一种最生态化和最可持续的谋生方法。这就是为什么东非有许多人是牧民，并且他们长期以来在这方面都是成功的。但是肯尼亚政府在考虑本国的未来时，游牧是没有什么地位的，基本上是作为一种必须被根除的东西，因为在某些强大的势力看来它是‘落后’的。没有哪个政府愿意让18%的人自由生活、独立谋生，在相对独立于中央政府控制的情况下，他们横跨几个国家的边界进行放牧的生活方式是一种对资本主义土地使用标准和私人财产规范的下意识挑战”①。曾经担任世界银行非洲地区咨询职位的茨卡·伊泽纳雅—伊西布（Chika Ezeanya-Esiobu）分享了非洲人民利用传统经验进行农业灌溉的例子，她提到了一个世界银行项目，该项目在尼日尔耗资百万美元建造大型灌溉项目，但其进展缓慢且不具有可持续性，而基于传统本土知识的，一种名为“塔沙”（Tassa）的灌溉方法，根据当地的土地几乎被沙漠覆盖的自然条件修筑的小型水坝，却获得了巨大成功。② 显然这是一种不需要类似世界银行这样的跨国金融机构进行大规模资金投入即可获得成功的传统方法。因此，在任何传统的生产生活方式面前，资本逻辑都不可自诩为包治百病的灵丹妙药，更不可遮蔽以社会主义的制度设计和价值理念为旨归的替代性生产生活方式解决生态危机的有效性，否则，将使人类社会在貌似正确的错误道路上越走越远。

第二节　新自由主义“生态环境治理术”的历史本质

我们既可以从现实的维度去质疑新自由主义“生态环境治理术”的政治合法性问题，更应该从历史本质的维度去揭示市场化的全球生态环境治理机制与新自由主义思潮的密切联系，从而认清新自由主义“生态环境治理术”的本质面目。从表面上看，资本主义生态化引发了资本主义局部性、选择性的生态化，在特定的时空范围内甚至起到了修复和改善生态环境的作用，资本主义生态化也似乎在创造着世界性的“绿色历史”，生态资本化的手段似乎意味着资本主义是“绿色历史的终结”。然而，“如果事物的表现形式和事物的本质会直接合二为一，一切科学就都成为多余的了”③。马克思的告诫表明，我们应该依靠科学的抽象，透过现象揭示事物的本质，把握其内在的运动规律，再以本质去解释现象才能深刻而清晰地阐述事物的产生、发展和变化，以使人们对现象有更系统和科学的认识。

一、人与自然的互构性

为了理解新自由主义对生态环境的影响，还要从最基本的问题开始谈起，即自然

① Chris Williams, “Damming the Future: The Struggle to Protect Kenya’s EwasoNgiro River”, https: //truthout.org/news/item/31316-damming-the-future-the-struggle-to-protect-kenya-s-ewaso-ngiro-river.

② 茨卡·伊泽纳雅—伊西布在TED上所做的演讲视频《非洲如何利用其传统知识取得发展》，详见：https: //www.ted.com/talks/chika_ ezeanya_ esiobu_ how_ africa_ can_ use_ its_ traditional_ knowledge_ to_ make_ progress。

③ 《马克思恩格斯文集》（第7卷），人民出版社2009年版，第925页。

是什么、人是什么、人与自然的关系是什么。对这三个问题的回答构成了生态理论的哲学基础，也成为我们研究的出发点。对此，历来就有人类中心主义和生态中心主义的持续争论。

人类中心主义，是一种以人类为事物的中心的价值观。其核心观点是把人类的利益作为价值原点和道德评价的依据，只有人类才是价值判断的主体，只有围绕着人类的利益展开活动才是有意义的事情，从这一立场出发，人就成为唯一的具有内在价值的存在物，而人之外的存在物只具有相对于人而言的工具价值，因此，只有人才应该是道德关怀的对象。从人与自然的伦理关系角度看，人类中心主义突出地表现为“控制自然”的观念和“征服自然”的现代化进程。在人类中心主义看来，“控制自然”的观念，就是把人之外的自然界看成满足人类利益的工具性存在，而现代化进程就是利用先进的科学技术以满足人类不断增长的欲望的进程，把人类社会从被动适应自然的状态转变为不断改造自然、控制自然的状态，因此，有时候，人类中心主义也被视为技术中心主义。面对当今的生态危机，秉持人类中心主义价值观的学者并不将其视为一种威胁，反而坚信以技术和经济手段能够化解危机，他们构成了环境思想和运动中的“浅绿”流派。

生态中心主义是作为人类中心主义的对立面而出现的，它们构成了环境思想和运动中的“深绿”流派。生态中心主义认为，当今生态危机的凸显是因为人类的价值观出了问题，即人类的贪婪与自私、人类妄图“控制自然”和“征服自然”的人类中心主义价值观，以及自然内在价值的缺失造成了生态环境的破坏。正如现代环境保护运动的先驱蕾切尔·卡森（Rachel Carson）所说：“‘控制自然’这个词是一个妄自尊大的想象产物，是当生物学和哲学还处于低级幼稚阶段时的产物，当时人们设想中的‘控制自然’就是要大自然为人们的方便有利而存在。”① 因此，人类要走出生态危机就必须摒弃人类中心主义的价值观，建立一种新的伦理价值模式。这种新的模式主张整个自然界是一个生态系统，人在生态系统中并不处于中心位置，人只是其中的一个成员，并非天生比其他生物优越，因此伦理学应扩展到人与非人存在物（包括动物或所有生物或生态系统）之间的关系上，将内在价值赋予非生命存在物。

无论是人类中心主义还是生态中心主义，其实都是将“自然”视为一个独立存在的领域加以阐述，前者将自然解释为一个受人类支配的对象，后者则试图将自然从人类的支配中拯救出来从而实现自身的独立性，可见，两者在人与自然的关系上仍然是一种二元论的阐释。对此，需要一种超越二元论的理论，它既能正视人类在一定程度上无法摆脱人类中心主义，又能克服生态中心主义阐释自然的片面性，可以说，马克思、恩格斯的自然观对此做出了初步的探索。

吊诡的是，人们对马克思、恩格斯自然观的关注却是从批判他们的反生态性开始的。其实，自然概念在马克思的论著中并不是一个重要的核心范畴，但由于马克思对工业文明时代生产力巨大发展的高歌，对劳动过程改造自然这一特征的揭示，使马克思总是被贴上“反生态”的标签。批判的声音往往激起辩护的声音，善意的学者已经对马克思和恩格斯做出了系统性的辩护和生态性的论证。总的来看，我们可以以此

① ［美］蕾切尔·卡森：《寂静的春天》，吕瑞兰、李长生译，上海译文出版社 2008 年版，第 295 页。

将马克思和恩格斯的自然观概括为辩证唯物主义的自然观，这一自然观呈现了人与自然辩证统一的基本面貌，强调了自然之于人的根源性和先在性，以及人与自然之间的相互作用维度。

正如福斯特所言：“马克思的世界观是一种深刻的、真正系统的生态（指今天所使用的这个词中的所有积极含义）世界观，而且这种生态观是来源于他的唯物主义的。”① 在哲学本体论问题上，马克思显然是在唯物主义的基础上，强调了物质之于意识的根源性和先在性，物质世界独立于思维世界而存在，在这个物质世界中，自然界是人类社会的根源，人类的诞生和后续的生存都与自然紧密相连。人同其他动植物一样，是作为自然界的一个成员，在自然界长期的自我辩证运动过程中产生的。在自然科学三大发现——能量守恒定律、细胞学说和生物进化论的基础上，恩格斯对自然界的辩证发展做了系统性的归纳，把自然当成会自己运动的物质系统：“新的自然观就其基本点来说已经完备：一切僵硬的东西溶解了，一切固定的东西消散了，一切被当作永恒存在的特殊的东西变成了转瞬即逝的东西，整个自然界被证明是在永恒的流动和循环中运动着。……整个自然界，从最小的东西到最大的东西，从沙粒到太阳，从原生生物到人，都处于永恒的产生和消逝中，处于不断的流动中，处于不息的运动和变化中。”② 自然界的运动，在于自然界内部各成员之间的相互联系和相互作用，对自然物质的认识只有在这种联系和作用中才能得到理解，恩格斯在这里明确指出“从原生生物到人”也处于永恒的产生和消逝中，也就是说，人类与自然界的其他成员一样，不是从无到有的过程，是自然界经过长久的演替才演化出来的生命体。“也许经过了多少万年，才形成了进一步发展的条件，这种没有形态的蛋白质由于形成核和膜而得以产生第一个细胞。而随着这第一个细胞的产生，也就有了整个有机界的形态发展的基础；……在这些原生生物中，有一些逐渐分化为最初的植物，另一些则分化为最初的动物。从最初的动物中，主要由于进一步的分化而发展出了动物的无数的纲、目、科、属、种，最后发展出神经系统获得最充分发展的那种形态，即脊椎动物的形态，而在这些脊椎动物中，最后又发展出这样一种脊椎动物，在它身上自然界获得了自我意识，这就是人。”③

在此意义上，要对人类有一个基本的认识，也必须将人看作与自然界其他成员无异的存在物，将人看作与自然界其他成员相互联系和相互作用的存在物，而这种联系和作用就体现为人是作为广义自然中的一员同自然界其他成员实现共存，人依靠人之外的自然界才能生存并确证自己的存在，因此，人直接的是自然存在物。“人作为自然的、肉体的、感性的、对象性的存在物，同动植物一样，是受动的、受制约的和受限制的存在物，就是说，他的欲望的对象是作为不依赖于他的对象而存在于他之外的；但是，这些对象是他的需要的对象；是表现和确证他的本质力量所不可缺少的、重要的对象。”④ 马克思还将这种对象称为人的“无机的身体”，如此一来，人与自然

① ［美］约翰·贝拉米·福斯特：《马克思的生态学：唯物主义与自然》，刘仁胜、肖峰译，高等教育出版社2006年版，前言第3页。

② 《马克思恩格斯文集》（第9卷），人民出版社2009年版，第418页。

③ 《马克思恩格斯文集》（第9卷），人民出版社2009年版，第420-421页。

④ 《马克思恩格斯文集》（第1卷），人民出版社2009年版，第209页。

的关系，无非就是人的“有机的身体”和人的“无机的身体”的关系。

因此，如果将马克思《1844年经济学哲学手稿》和恩格斯《自然辩证法》中这些关于自然之于人的根源性和先在性的基本观点应用到劳动过程理论中，即使将劳动过程理解为支配自然和改造自然的过程，也不至于引起自然的灭顶之灾。劳动过程所展现的人对自然的支配和改造，可以将之视为人确证自己存在（是自然界的一分子）的一种对象性活动，而这种活动，同其他动植物的活动一样具有共同的自然属性，是相互联系、相互制约的作用与反作用关系，此时，人对自然的改造也会引起自身自然的改造。正因为这种人与自然的关系构想才使恩格斯发出警告之声：“但是我们不要过分陶醉于我们人类对自然界的胜利。对于每一次这样的胜利，自然界都对我们进行报复。每一次胜利，起初确实取得了我们预期的结果，但是往后和再往后却发生完全不同的、出乎预料的影响，常常把最初的结果又消除了。”①

二、历史性的自然

然而，为什么人们只记得这种劳动过程中的“支配”“控制”韵味，而忘记了自然肯定会实施的“报复”？为什么劳动过程的结果往往引起了生态环境的破坏？其实，马克思、恩格斯的自然观不仅是一种揭示人与自然之间相互渗透的唯物主义的辩证自然观，而且还是一种揭示了自然与社会相互渗透且自然的存在方式随社会形态变迁而变迁的实践唯物主义的自然观。从辩证唯物主义的自然观出发理解劳动过程，所体认的是一切世代都毫无差异的劳动过程的共同特点，这种毫无差异指的是人为了生存都不得不进行劳动，这是贯穿于一切社会形态下的活动。但是，各个世代的劳动过程除了有这一共性之外，还存在着异质性，这是因为劳动在不同的社会形态下呈现的方式是不同的，这可以表现为劳动目的、劳动组织方式、劳动产品分配原则等各方面的差异，显然，这是与一个社会的经济制度紧密相连的，而当人与自然的关系经由劳动中介后，其样态自然也随之发生变化。因此，在马克思、恩格斯那里，无论是人、自然，还是人与自然的关系，都是一种被历史性的劳动实践所中介了的客体。

马克思、恩格斯之后的马克思主义诠释者都力图将自然的历史性特征揭示出来。青年时期的卢卡奇在《历史与阶级意识》中，将自然在社会历史本体论的意义上规定为一个社会概念，他指出：“自然是一个社会的范畴。这就是说，在社会发展的一定阶段上什么被看作是自然，这种自然同人的关系是怎样的，而且人对自然的阐明又是以何种形式进行的，因此自然按照形式和内容、范围和对象性应意味着什么，这一切始终都是受社会制约的。”② 法兰克福学派第三代代表人物施密特承袭了青年卢卡奇的观点，他的《马克思的自然概念》试图阐述自然与社会相互渗透的主要状况，这一总体原则使其反对抽象的自然物质本体论。在施密特看来，马克思反对黑格尔，消解了黑格尔辩证法的唯心主义的神秘形式，但同时又反对费尔巴哈，不是想用本体论意义上的直观自然物质去替换黑格尔的“绝对精神”，这是因为，自然只有在成为

① 《马克思恩格斯文集》（第9卷），人民出版社2009年版，第559-560页。

② ［匈］卢卡奇：《历史与阶级意识》，杜章智、任立、燕宏远译，商务印书馆1999年版，第325页。

为我之物的时候才成为重要的自然物质，只有通过社会劳动的各种形式才实现自身的出场。“物质的存在作为其外延与内涵上的无限性，是先于历史实践的一切形式的，但是当物质存在成为对人是有意义的东西时，这种物质的存在并不是在它优先产生的地位上被唯物主义理论必须假定的那种抽象的物质存在，而是第二性的东西，是通过历史的劳动所占有的。马克思通过物质的全部发展，牢牢抓住常被称作自然的东西的那种被社会所中介的性质，他关心的与其是自然现象的变化内容，不如说是它变化的历史条件。”① 所以，施密特眼中的马克思的自然概念非常明确，就是一种被历史实践中介了的非本体论的自然概念，凸显的是自然概念的社会历史性质，这也成为马克思的自然观与其他各种自然观的重要区别。

既然马克思关心的“自然现象的变化内容”只是“它变化的历史条件”的结果，那么，问题就转化为对“变化的历史条件”的考察，继施密特之后，尼尔·史密斯（Neil Smith）就直接进入这一层次考察马克思关于人与自然关系的论述。在其对马克思主义空间理论产生重大影响的《不平衡发展》（首版于 1984 年）一书中，从“变化的历史条件”出发将生产过程的历史演变描述为从“生产一般”到“为交换而生产”再到“资本主义生产”三个阶段。② “生产一般”，是一种人与自然进行物质变换的过程，如前文所述，这一过程蕴含着人与自然的辩证统一，人通过改变自然的形式满足自己的需要从而确证自己的存在，而自然也在被改变的过程中作为人的对象而确证自己本质力量的存在。但是，这种统一不是人与自然无异质性的同一，其标志性的差异就是，人是不断地通过生产和再生产自己的生活资料以及劳动力，从而逐渐摆脱自然的限制和束缚，史密斯将这种生产活动称为“自然的生产”，即人类生产出能满足自己所需要的“自然”。“自然的生产”的具体样态或形式不是一成不变的，而是随着生产力和生产关系的具体的、现实的互动而发展。

从最初的“生产一般”的“自然的生产”过程中，某些形式的社会关系也随之发展起来，比如最基本的社会关系就是基于性别的劳动分工。在“生产一般”阶段，人与自然之间在这一层面上的关系是一种使用价值意义上的关系，人从自然界中生产对自己有用的使用价值，并且消费这一使用价值，这时，就发生了使用价值的生产与消费同自然界之间的关系。使用价值的生产与消费时而平衡，但也会因为获取有利的自然条件而时而过剩，同样也会因自然灾害的影响而时而失衡，为了避免失衡现象的发生，人类就主动将使用价值的剩余生产发展成为一种“社会必要”，即社会必要意义上的剩余生产。

剩余的生产只是避免失衡现象发生的第一步，接下来要实现对这种剩余的占有，占有的方式可以有两种：一种是自己生产自己所需的剩余，然后自己占有；另一种是自己通过生产别人所需的剩余，交换回自己所需的剩余。前一种生产就是生产对自己有用的使用价值，后一种生产就是生产对别人有用的使用价值，即“为交换而生产”，这时的产品也就转化成商品。“为交换而生产”这种占有剩余的方式要得以维

---

① ［德］A. 施密特：《马克思的自然概念》，欧力同、吴仲昉译，北京：商务印书馆，1988 年版，第 210 页。

② Neil Smith, *Uneven Development: Nature Capital and the Production of Space*, Athens and London: The University of Georgia Press, 2008, pp. 53-85.

持，必须不断加深和巩固原有的各种分工，并且还要不断形成新的分工，比如人类历史上的畜牧业和农业的分工，手工业与农业的分工，不从事生产、专门从事商品交换的商人和进行交易的市场的形成，以及城市和乡村之间的分离。随着剩余产品的不断累积，劳动分工的不断深化发展，就出现了一部分人从事生产剩余产品的劳动，而另一部分人不劳动却占有剩余产品的阶级分化现象，这些不从事生产劳动的人为了维持对剩余产品的占有，就必须维持已经形成的私有制度，并且依靠暴力机构的帮助，由此便产生了阶级统治的工具——国家。如果前一阶段人类是生产和再生产自己的生活资料，后一阶段则是生产和再生产这些社会关系和机构。史密斯将前者称为“第一自然”，将后者称为“第二自然”。从“自然的生产”角度看，“为交换而生产”的阶段不仅生产“第一自然”，还生产“第二自然”。

“资本主义生产”也是一种交换形式的生产，但在史密斯看来，其与交换经济的差别在于交换价值成为价值的表现形式，生产中出现了拥有生产资料却不劳动的资产阶级，以及丧失生产资料、不得不出卖自己劳动力才能维持生活的无产阶级。资产阶级只有持续不断地进行资本积累才能在竞争中生存，无产阶级只有创造出超过劳动力价值的价值才能生存。在“为交换而生产”的社会，生产的目的是创造使用价值，并为别人所消费，但在“资本主义生产”中，生产的目的是创造价值，并从中获取利润。因此，在与自然的关系上，同之前生产的区别在于，“资本主义生产”第一次在世界范围内占有自然并将其转变为生产资料，不仅如此，自然界的一切东西都必须被转化成商品贴上价格的标签，进而在市场中进行交易。

三、自然：资本积累的重要战略场域

从史密斯对生产的三个阶段的划分来看，显然，随着不同阶段生产目的的转变，人与自然的关系也随之发生变更。在以生存和交换使用价值为目的的生产形式下，人类尽管试图通过改变自然生产剩余，但此时对剩余的占有只是为了自己的生存，剩余的表现形式也仅是有限地使用价值，因此，人类没有产生超出自然固有地域界限和性质而彻底改造自然的冲动和执念，人还是从属于自然。然而，在以剩余价值最大化为目的的生产形式下，资产阶级和无产阶级都必须以创造价值和持续不断地积累资本为必要条件才能生存下来，如此一来，人类势必按照这一要求去重塑自然，自然就不是按照其本来的面目出现，而是按照剩余价值最大化所要求的面目出现，这既包括自然进入人类历史视野的量的变化，即将超出一定地区范围内的自然纳入资本主义生产条件中，也包括自然展现其价值的方式的质的变化，即自然必须被转化成有一定价值、表现为一定价格的商品，在市场上与其他商品进行交易。因此，在资本主义生产阶段，人倒转了与自然的关系，不再从属于自然，而是自然从属于人类，从而整体的自然就对象化为历史存在。

马克思曾在《资本论》中描述了资本主义发展进程中劳动对资本的从属的变化，即随着生产剩余价值的方法从绝对剩余价值向相对剩余价值的转变，劳动也从形式上从属于资本演变为实际上从属于资本。后来，史密斯借鉴马克思的这一阐述，将资本主义历史发展进程中资本与自然的关系，相应地描述为自然对资本的从属，即从

“形式从属”演变为“实际从属”。[①] 在简单协作和工场手工业的绝对剩余价值生产阶段，劳动对资本的形式从属表现为，单个的工人虽然以雇佣工人的身份进入资本主义的生产过程，但资本家受生产技术的限制，还在一定程度上保持着对生产过程的控制，主体性尚未彻底被磨灭。当资本主义的生产技术演进到机器大工业阶段后，工人则变为机器上的一个齿轮，丧失了自身的主体性，完全将自身消解在资本主义技术和社会组织的多维网络之中。[②]

同样地，既然劳动作为资本主义生产过程一个必不可少的构成要素，会发生这种从属关系的变化，那么，自然同劳动一样，作为资本主义生产过程的另一个必不可少的构成要素，也会随之发生变化。史密斯认为，同绝对剩余价值通过延长剩余劳动时间、增加雇佣工人这种量意义上的扩张类似，自然对资本的形式从属表现为，资本积累借助殖民主义，将全世界范围内的木材、棉花、煤炭、石油等自然资源挖掘出来用于生产活动，这是一个从量的意义上不断进行扩张获取自然资源的过程。自然对资本的实际从属则表现在以下两个维度上：一方面，资本通过自然进行流通，比如通过农业生产或者所谓土地“改良”等类似的活动而展开，自然对资本的实际从属不仅加剧了这种性质的流通，而且将其由原来的“偶尔为之”转变为“刻意战略”。另一方面，与前一方面相反，是自然通过资本进行流通，并且这也已由原来的“偶尔为之”转变为“刻意战略”。生物技术（如转基因、克隆技术）和各种与自然相关的商品期货、生态信用、公司股票、环境衍生品就是这种战略得以实施的方式。从本质上看，这两种方式中的自然，其原本所具有的独特性都已经随着资本积累的需要而“大变脸”，什么是自然，何种自然有用，都取决于剩余价值最大化的需要，资本要么凭借技术手段创造出自然原本所没有的“自然”，要么是自然的整体功能被肢解成单一片面的要素加以买卖，资本就是这样以获利的需要改造自然，从而使自然的存在方式完全从属于资本。

至此，我们再回顾整个资本主义生态化的历史进程，就会发现，从本质上看，资本主义生态化，与其说是生态危机的“救世主”，毋宁说是资本主义危机的“救世主”，是资本主义通过“生态修复”维持自己的苟延残喘。就此而言，生态危机其实已经成为资本主义持续运行的一个契机。正如马丁·奥康纳（Martin O' Connor）所言：“环境危机已经为自由资本主义社会带来了新的生机。当前，通过声称接手拯救

---

① Neil Smith, “Nature as Accumulation Strategy”, in Leo Panitch and Colin Leys, eds., *Coming to Terms with Nature*, London: Merlin Press, 2007, pp. 16-36.

② 马克思在《资本论》第一卷中写道：“在工场手工业中，社会劳动过程的组织纯粹是主观的，是局部工人的结合；在机器体系中，大工业具有完全客观的生产有机体，这个有机体作为现成的物质生产条件出现在工人面前。在简单协作中，甚至在因分工而专业化的协作中，社会化的工人排挤单个的工人还多少是偶然的现象。而机器，除了下面要谈的少数例外，则只有通过直接社会化的或共同的劳动才发生作用。因此，劳动过程的协作性质，现在成了由劳动资料本身的性质所决定的技术上的必要了。”“因此，相对剩余价值的生产以特殊的资本主义的生产方式为前提；这种生产方式连同它的方法、手段和条件本身，最初是在劳动在形式上从属于资本的基础上自发地产生和发展的。劳动对资本的这种形式上的从属，又让位于劳动对资本的实际上的从属。”参见《马克思恩格斯文集》（第5卷），人民出版社2009年版，第443、583页。

环境的任务，资本主义为自身发明了新的合法性：对自然的可持续的和合理的使用。”①

资本主义的本质就是增殖性，“不增长，就死亡”是资本主义运行的铁律，追求剩余价值的最大化是资本主义的终极目标，因此，维持资本积累是资本主义生存的法则，而自然资源则构成了资本积累的基本生产条件。就此而言，在资本主义形成初期所发生的西欧国家对东欧和北欧国家榨取近乎免费的自然资源，只是自然在形式上从属于资本的开端，之后，资本主义国家凭借殖民主义对广大第三世界国家的自然资源榨取，则是这一开端的延续，只是将地域范围从东欧和北欧国家拓展到全球范围。而后，第一波的资本主义生态化，即平肖提出的“富有效率地、可持续地使用自然资源”，是资本在面对自然资源这一生产条件行将耗尽的危险时所做出的必然回应。

要持续不断地进行资本积累，仅靠这种量意义上的扩张是不够的。资本在全球范围内对自然的大肆掠夺和剥削，势必提高原材料的价格，从而影响资本积累，自然对资本的从属必须从“形式从属”进一步演变为“实际从属”。因此，资本主义凭借技术上的革新，通过不断转移资本积累的场域，试图维持自己的获利能力。在不同的历史时段，发挥维持资本积累的技术载体是不同的②，19 世纪的自由竞争和私人垄断资本主义阶段是以蒸汽机和铁路建设为载体，20 世纪 70 年代之前的福特主义阶段是以化石燃料和“汽车社会”建设为载体。当这两个历史时段的技术载体帮衬资本获利的作用行将耗尽之时，资本便寻求“生态”充当接力棒，使其担当起拯救资本主义危机的重任，这便有了 20 世纪 70 年代之后的第二波资本主义生态化。与第一波资本主义生态化所不同的是，在第二波资本主义生态化中，“自然”在资本积累中的地位和作用，已不仅仅是作为生产要素起前提作用而进入资本积累生产过程，自然已经不是从形式上从属于资本，其本身已经按照资本的获利需要，以私有化、商品化、市场化和金融化的方式，借助生态旅游、生物技术、碳排放权、绿色债券等绿色外衣消解到市场交易中，变成了资本获利的“生意经”。自然在实际上从属于资本，变成了资本积累的重要战略场域，资本包裹着绿色的外衣继续谋求剩余价值最大化，也就是通过“自然”这一场域来“修复”其本身的内在矛盾危机。尽管存在着这样的不同，但前后两波资本主义生态化在维护资本主义这一点上是接续的。但新自由主义的“生态环境治理术”企图迫使自然“实际从属”于资本从而拯救资本主义，无论如何都是拯救不了自己的，因为其在以剩余价值最大化为根本旨趣下的无限扩张，始终无法逾越自然资源有限性的屏障。

总之，新自由主义对全球生态环境治理的渗入所引发的新一波资本主义生态化，并不仅仅是对 20 世纪六七十年代以来全球性生态危机进行回应的结果。如果将此次的资本主义生态化同之前的资本主义生态化联系起来加以考虑的话，这就绝不是一种偶然的、临时应对生态危机的现象，如同新自由主义本身只是资本积累进程中的一个发展阶段一样，其实，资本主义的生态化也只是资本寻求进一步积累的一个发展阶

① Martin O' Connor, “On the Misadventures of Capitalist Nature”, in Martin O' Connor, eds. , *Is Capitalism Sustainable? Political Economy and the Politics of Ecology*, New York: Guildford, 1994, pp. 125-126.

② 详见本书第一章和第七章对蒸汽机和汽车社会的相关论述。

段，正如摩根·罗伯森（Morgan Robertson）所指出的，自然的新自由主义化就是一个推动生态力量为新自由主义霸权服务的项目，是建立和稳定资本主义活动的新领域。①

第三节　新自由主义“生态环境治理术”影响下的自然存在方式

新自由主义“生态环境治理术”的本质是将自然演变成资本积累的重要战略场域，那么，自然在这一场域中除了“形式从属”和“实际从属”于资本，它是以何面目存在的？新自由主义“生态环境治理术”试图将自然资源私有化和市场化，为何这样的主张对其如此重要？其与资本逻辑又有何千丝万缕的联系？哈维在解读马克思的《资本论》时曾指出：“如果你想了解你是谁、并且在复杂价值的漩涡中处于何种地位，你必须首先了解商品的价值是如何创造和产生的，及其带来的社会、环境、政治等后果，如果你认为，在不切实际地面对我们社会基本的价值结构是由谁和如何决定的前提下，你就能够解决像全球变暖这样严重的环境问题，那么你就是在和自己开玩笑。”② 因此，我们要理解新自由主义“生态环境治理术”下自然的存在方式，有必要从马克思的劳动价值论出发去进行一番探究。

一、自然在马克思资本主义生产过程叙事中的地位

马克思的劳动价值论是否构成当今生态危机的思想根源是国际学界争论不休的问题。生态马克思主义者福斯特曾指出，对马克思的生态诘难有六大论据，其中一个就是：“我们被告知，马克思最终没有解决对自然的掠夺问题（没有将其融入他的价值理论），而是采取了一种‘普罗米修斯主义的’（支持技术的、反生态的）观点。”③

其实，早在1975年，舒马赫就认为马克思的劳动价值论没有将价值赋予自然是一个毁灭性的错误：“忽视这一重要事实的一个原因是，我们把游离于现实的、未经人手加工的东西都视为无价值的东西。甚至连伟大的马克思博士在阐释所谓的‘劳动价值论’时也犯下这一毁灭性的错误。”④ 当今的生态经济学家从自然的内在价值出发也对马克思作出了尖锐的批判，让—保罗·德里格（Jean-Paul Deléage）指责马

① Morgan Robertson, “The Neoliberalization of Ecosystem Services: Wetland Mitigation Banking and Problems in Environmental Governance”, *Geoforum*, Vol. 35, No. 3, 2004, pp. 361-373.

② ［美］大卫·哈维：《跟大卫·哈维读〈资本论〉》（第1卷），刘英译，上海译文出版社2014年版，第25页。

③ ［美］约翰·贝拉米·福斯特：《马克思的生态学：唯物主义与自然》，刘仁胜、肖峰译，高等教育出版社2006年版，第11页。

④ E. F. Schumacher, *Small is Beautiful: Economics as if People Mattered*, New York: Harper & Row, 1975, p. 15.

克思对价值概念的定义“没能赋予自然资源内在价值”[①]。路易斯·巴博萨（Luiz Barbosa）指出，马克思“坚信原材料是自然界给予我们的无偿礼物，而人类劳动赋予其价值。因此，马克思没能注意到自然的内在价值”[②]。甚至有学者认为，马克思的劳动价值论是一种“力挺”工人阶级的规范性（Normative）理论，而不是研究商品和服务的真实且客观的价值的描述性（Descriptive）理论。“事实上，这样的理论告诉我们的并不是人们对事物进行估值的实际情况，而是创造这一理论的作者如何进行估值。”[③] 新近一次争论的升级版发生在一位生态经济学者和一位马克思主义地理学者之间，前者是来自西班牙巴塞罗那自治大学环境科学与技术研究所的乔戈斯·卡利斯（Giorgos Kallis），他质问来自曼彻斯特大学长期讲授《资本论》第一卷的马克思主义地理学者埃里克·斯温格多夫（Erik Swyngedouw）：蜜蜂、马或者化石燃料的确开展了工作，它们同人类的手和思维一样，对最终产品的形成的确做出了贡献。马克思主义的主要观点为什么反对自然也做工作这样一个简单不过的事实？为什么不接受并将其纳入价值理论中？对于一罐蜂蜜来说，生产它的“社会必要劳动时间”难道不是不仅由养蜂人的劳动决定，还由蜜蜂的劳动决定吗？[④]

对此，一些善意的学者，特别是生态马克思主义学者，都从不同的角度深入马克思的文本，论证马克思的劳动价值论没有排斥自然在生产过程中的作用。既然要澄清的是自然在生产过程中的作用，那笔者对这一问题的论演就从生产过程开始。

对马克思劳动价值论的生态诘难，无非是批评马克思不重视自然在生产过程中的作用，那么，我们就来看看马克思是如何论述生产过程的。马克思的研究对象是资本主义生产方式的运行规律，对资本主义生产过程的考察使其揭开了剩余价值的秘密。但马克思的叙述却不是从资本主义生产过程开始，而是从资本主义生产与其他社会类似的劳动过程开始，为什么这样进行分析呢？资本主义生产是人类生产活动历史长河中的一个阶段，是前资本主义生产发展到一定阶段的产物，它与前资本主义生产有共同的地方，因此，从共同的地方开始研究，更有利于看清资本主义生产与前资本主义生产之间的差异，这种共同的生产过程就是“生产一般”。正如马克思所指出的：“对生产一般适用的种种规定之所以要抽出来，也正是为了不致因为有了统一（主体是人，客体是自然，这总是一样的，这里已经出现了统一）而忘记本质的差别。”[⑤] 正是马克思的这一研究方法，才让我们看到了自然在这一转变过程中地位和作用的改变，也才让我们看清资本主义生产的本质性特征对自然究竟意味着什么。

自然在劳动过程中的表现形式是作为劳动对象和劳动资料而存在，那么，我们就依次看看马克思对劳动对象和劳动资料的论述。先看劳动对象。人类的劳动总要作用

---

① Jean-Paul Deléage, “Eco-Marxist Critique of Political Economy”, *Capitalism Nature Socialism*, Vol. 1, No. 3, 1989, pp. 15-31.

② Luiz C. Barbosa, “Theories in Environmental Sociology”, in Kenneth A. Gould and Tammy Lewis, eds., *Twenty Lessons in Environmental Sociology*, Oxford: Oxford University Press, 2009, p. 28.

③ Alf Hornborg, “Towards an Ecological Theory of Unequal Exchange: Articulating World System Theory and Ecological Economics”, *Ecological Economics*, Vol. 25, No. 1, 1998, pp. 127-136.

④ Giorgos Kallis and Erik Swyngedouw, “Do Bees Produce Value? A Conversation Between an Ecological Economist and a Marxist Geographer”, *Capitalism Nature Socialism*, Vol. 29, No. 3, 2018, pp. 36-50.

⑤ 《马克思恩格斯全集》（第30卷），人民出版社1995年版，第26页。

于一定的对象，马克思对劳动对象做了如下描述：“土地（在经济学上也包括水）最初以食物，现成的生活资料供给人类，它未经人的协助，就作为人类劳动的一般对象而存在。所有那些通过劳动只是同土地脱离直接联系的东西，都是天然存在的劳动对象。例如从鱼的生活要素即水中分离出来的即捕获的鱼，在原始森林中砍伐的树木，从地下矿藏中开采的矿石。相反，已经被以前的劳动可以说滤过的劳动对象，我们称为原料。例如，已经开采出来正在洗的矿石。一切原料都是劳动对象，但并非任何劳动对象都是原料。劳动对象只有在它已经通过劳动而发生变化的情况下，才是原料。”①

从马克思的描述来看，劳动对象包括三种：土地、天然存在物、原料。按照马克思的说法，我们可以看出三者是按照劳动滤过的程度进行划分的。土地未经人类劳动滤过，天然存在物和原料都与人类劳动有关，但天然存在物只是经人类劳动而同土地脱离了联系，其形态未发生变化，如马克思所说的鱼、树木、矿石，而原料则不同，它不仅被劳动滤过，而且“发生变化”。马克思根据天然存在物和原料的这一差别，将生产分为不同的行业：“在采掘工业中，劳动对象是天然存在的，例如采矿业、狩猎业、捕鱼业等等中的情况就是这样（在农业中，只是在最初开垦处女地时才是这样）；除采掘工业以外，一切产业部门所处理的对象都是原料，即已被劳动滤过的劳动对象，本身已经是劳动产品。例如，农业中的种子就是这样。动物和植物通常被看做自然的产物，实际上它们不仅可能是上年度劳动的产品，而且它们现在的形式也是经过许多世代、在人的控制下、通过人的劳动不断发生变化的产物。”② 在下文，我们会发现，马克思对产业的这一区分在他论述价值形成、增殖过程和影响资本积累量的因素中的重要性。

再看劳动资料。从马克思的描述来看，劳动资料包括三种：人身上的器官、包括土地及其直接产物在内的自然物、生产工具。当然，马克思也根据物品在劳动过程中是否发挥劳动资料的作用，将“一切物质条件”也归入劳动资料的范畴。与劳动对象的分类标准不同，劳动资料是根据人类历史发展进程中生产力的发展程度来划分的，这三种劳动资料依次体现了生产力的发展程度，因而可以作为区分经济时代的标志。但同样重要的是，马克思在描述这三种劳动资料时，生产力的发展程度同样也隐含着三者被劳动滤过的程度。“自然物本身就成为他的活动的器官，他把这种器官加到他身体的器官上，不顾圣经的训诫，延长了他的自然的肢体。土地是他的原始的食物仓，也是他的原始的劳动资料库。比如，他用来投、磨、压、切等等的石块就是土地供给的。……一般说来，劳动过程只要稍有一点发展，就已经需要经过加工的劳动资料。在太古人的洞穴中，我们发现了石制工具和石制武器。在人类历史的初期，除了经过加工的石块、木头、骨头和贝壳外，被驯服的，也就是被劳动改变的、被饲养的动物，也曾作为劳动资料起着主要的作用。”③ 从这段话中，我们可看出，劳动资料经历了未被劳动滤过的自然界到被劳动滤过的生产工具的转变，例如，从原来

① 《马克思恩格斯文集》（第5卷），人民出版社2009年版，第208-209页。

② 《马克思恩格斯文集》（第5卷），人民出版社2009年版，第212页。

③ 《马克思恩格斯文集》（第5卷），人民出版社2009年版，第209-210页。

“土地供给”的石块，到“经过加工”的石块，就体现了石块被劳动滤过的程度。在讲到劳动资料广泛存在于“一切物质条件”中时，马克思同样写道：“土地本身又是这类一般的劳动资料，因为它给劳动者提供立足之地，给他的劳动过程提供活动场所。这类劳动资料中有的已经经过劳动的改造，例如厂房、运河、道路等等。”① 也就是说，作为劳动资料的“一切物质条件”，可以分为未被劳动滤过的土地和已经经过“劳动改造”的其他物质条件。

劳动对象和劳动资料表现为生产资料，因此，根据马克思的划分，我们也可以将生产资料简单地划分为：被劳动滤过的生产资料和未被劳动滤过的生产资料。那么，两者在整个劳动过程中的地位和作用如何？有无区别？显然，就劳动过程而言，不管生产资料是否已被劳动滤过，其都作为劳动过程的一个要素参与了劳动过程，并以一种“形式变化”和“质料转移”的方式“消失”在劳动产品中。我们可以看看马克思接下来对劳动过程的叙述。

在总结劳动过程时，马克思写道：“在劳动过程中，人的活动借助劳动资料使劳动对象发生预定的变化。过程消失在产品中。它的产品是使用价值，是经过形式变化而适合人的需要的自然物质。劳动与劳动对象结合在一起。劳动对象化了，而对象被加工了。在劳动者方面曾以动的形式表现出来的东西，现在在产品方面作为静的属性，以存在的形式表现出来。”② 可见，马克思在此并没有对区分被劳动滤过和未被劳动滤过的劳动对象和劳动资料加以论述，而是从劳动三要素的相互作用来描述劳动过程及其结果。包括未被劳动滤过的自然界在内的一切劳动对象和劳动资料对于劳动过程的结果（作为使用价值而存在的产品，或者说财富）都是不可或缺的，它们“构成产品的主要实体”③。

劳动对象和劳动资料在劳动过程中被劳动改造，这意味着它们的“形式”发生了变化，国外学者也据此诘难马克思，指责马克思秉持“支配自然”的人类中心主义观点。但是，我们不要忘了，马克思除了从劳动三要素的相互作用来描述劳动过程，在这之前还从人与自然的关系来描述劳动过程，即“劳动首先是人和自然之间的过程，是人以自身的活动来中介、调整和控制人和自然之间的物质变换的过程”④。从中，我们可看出马克思对劳动过程的描述包含了两个规定性：一是劳动过程是一种形式转换过程，即一种合目的性的改造和支配自然的过程；二是劳动过程是一种质料转移过程，即一种保留自然质料的“物质变换”过程。生态马克思主义者通过重释劳动过程的这两个规定性，将其生态意蕴凸显出来。

生态马克思主义者对前一个规定性的重释表明，劳动过程的支配含义是一种合乎自然规律的支配含义，应与“统治”这样的极端人类中心主义概念区别开来。我们暂且不在概念问题的明晰和准确性上过多赘述，退一步讲，假使马克思对劳动过程的描述带有人类中心主义的韵味，在自然是否参与生产产品这一问题上，马克思的答案显然是肯定的，因为劳动过程无论是合乎自然规律的支配，还是“统治”意义上的

①② 《马克思恩格斯文集》（第5卷），人民出版社2009年版，第211页。

③ 《马克思恩格斯文集》（第5卷），人民出版社2009年版，第212页。

④ 《马克思恩格斯文集》（第5卷），人民出版社2009年版，第207-208页。

支配，倘若失去支配的劳动对象和劳动资料，劳动过程的展开就无从谈起。

生态马克思主义者对后一个规定性的重释则在更加直接的意义上证明了马克思所说的劳动过程充分考虑了自然在生产产品中的作用，因为作为一种质料转移的"物质变换"过程，自然要素只是在人类的劳动过程中改变了原有的形式，马克思特意在脚注中引用意大利经济学家彼得罗·韦里的《政治经济学研究》中的论述加以说明。韦里在该书中说："宇宙的一切现象，不论是由人手创造的，还是由自然的一般规律引起的，都不是真正的新创造，而只是物质的形态变化。结合和分离是人的智慧在分析再生产的观念时一再发现的唯一要素；价值〈指使用价值，尽管韦里在这里同重农学派论战时自己也不清楚说的是哪一种价值〉和财富的再生产，如土地、空气和水在田地上变成小麦，或者昆虫的分泌物经过人的手变成丝绸，或者一些金属片被装配成钟表，也是这样。"① 自然的形式改变了，其质料却没有发生变化，只是转移到劳动过程的结果——具有使用价值的产品身上，而正是这样的转移，表明了自然要素是人类社会财富创造的重要条件。马克思并没有忽视自然要素，他承认人类无论怎样改变自然的形式创造出产品，在产品中总留有"天然存在的物质基质"："上衣、麻布等等使用价值，简言之，种种商品体，是自然物质和劳动这两种要素的结合。如果把上衣、麻布等等包含的各种不同的有用劳动的总和除外，总还剩有一种不借人力而天然存在的物质基质。人在生产中只能像自然本身那样发挥作用，就是说，只能改变物质的形式。不仅如此，他在这种改变形态的劳动本身中还要经常依靠自然力的帮助。因此，劳动并不是它所生产的使用价值即物质财富的唯一源泉。正像威廉·配第所说，劳动是财富之父，土地是财富之母。"②

劳动过程是周而复始地展开的。劳动过程产生的新产品，有的作为消费品被购买者消费了，有的则留在生产领域进入下一个劳动过程，这些新产品就从产品的角色转变成生产资料的角色。显然，这些产品是被劳动滤过的产品，因此，下一个劳动过程开始时所使用的生产资料也就是已被劳动滤过的生产资料。即便如此，马克思仍不忘强调天然存在的生产资料在这一劳动过程中的不可或缺，他说："只要劳动资料和劳动对象本身已经是产品，劳动就是为创造产品而消耗产品，或者说，是把产品当做产品的生产资料来使用。但是，正如劳动过程最初只是发生在人和未经人的协助就已存在的土地之间一样，现在在劳动过程中也仍然有这样的生产资料，它们是天然存在的，不是自然物质和人类劳动的结合。"③

从马克思的叙述中，我们可以看出马克思从未排斥未经劳动滤过的自然对整个劳动过程周而复始地循环展开所具有的重要作用，与一般劳动过程类似的资本主义生产过程也是如此，因此，当我们将表现为劳动对象和劳动资料的自然要素加入资本主义生产过程的公式（G—W…P…W′—G′）后，这一过程就可以用图 3-1 来表示。

如图 3-1 所示，资本家从市场上购买劳动力（A）和生产资料（Pm）这两种商品（W）准备进行生产，其中，自然存在于劳动对象（OL）和劳动资料（IL）中，生产终了时，形成了全新的商品（W′），在劳动的作用下，劳动者改变了自己，形成

①② 《马克思恩格斯文集》（第 5 卷），人民出版社 2009 年版，第 56-57 页。

③ 《马克思恩格斯文集》（第 5 卷），人民出版社 2009 年版，第 214-215 页。

了新的劳动力（A′），原来的生产资料也以全新的形式（Pm′）构成商品的实体，其中包含着形式改变了的劳动对象（OL′）和劳动资料（IL′），自然发生了质料转移。

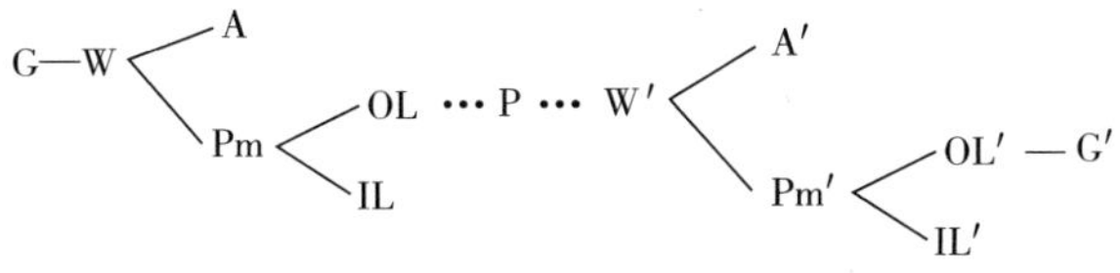

图 3-1　加入自然要素的资本主义劳动过程

此外，值得一提的是，马克思对自然这一显而易见的作用的重视，不仅体现在叙述整体的劳动过程中，还体现在马克思特意写的一些脚注中。例如，马克思在介绍作为劳动对象的土地时，特意在脚注中引用詹姆斯·斯图亚特《政治经济学原理》中对土地虽微小但也对人类获得财富奠定前提条件的作用加以注解：“土地的自然产品，数量很小，并且完全不取决于人，自然提供这点产品，正像给一个青年一点钱，使他走上勤劳致富的道路一样。”① 在谈及生产资料概念时，马克思举例嘲讽没有鱼的渔业简直就是奇谈怪论：“例如，把尚未捕获的鱼叫做渔业的生产资料，好像是奇谈怪论。但是至今还没有发明一种技术，能在没有鱼的水中捕鱼。”②

作为劳动过程的资本主义生产充分重视了自然对于创造产品的作用，但是，仅把资本主义生产当作简单的劳动过程是绝对不够的，资本主义生产还是价值的形成、增殖过程和资本积累过程。当我们去审视马克思有关价值形成、增殖过程的叙事时，自然在其中基本处于“消失”的状态，但在需要自然以一种无偿馈赠面目出现时，它又突然“浮现”出来。让我们具体来看看马克思的叙述。

作为劳动过程的资本主义生产，生产资料，无论是否被劳动滤过，都是生产所不可或缺的，所以，马克思总结劳动过程时没有区分被劳动滤过的生产资料和未被劳动滤过的生产资料，因为产品的创造与生产资料是否被劳动滤过没有关系。但是，在讲述资本主义生产中的价值形成过程时，马克思的确撇开了未被劳动滤过的自然来谈价值的形成，这一点我们可以从马克思列举的产业中窥见。如前文所述，马克思曾经根据劳动对象是否被劳动滤过，将产业分为未被劳动滤过的采掘业和已被劳动滤过的其他产业，尽管这样的划分有点片面，因为这只是根据劳动对象进行划分，但马克思在论述上的确将采掘业的生产资料简化为天然存在的自然物，而将其他产业的生产资料，如纺织业，简化为已被劳动滤过的劳动产品。

在价值的形成、增殖过程的论述中，马克思自始至终以棉纱的生产为例。生产棉纱所需的劳动对象是原料——棉花，但如前文所述，作为原料，棉花与其他两种劳动对象——土地和天然存在物的区别就是，它是植棉者劳动的产物。生产棉纱还需要劳动资料，从马克思对劳动资料的界定来看，这理应包括土地、纱锭、厂房等在内的“一切物质条件”，有趣的是，马克思在此做了假定，他说：“我们再假定，棉花加工

① 《马克思恩格斯文集》（第 5 卷），人民出版社 2009 年版，第 209 页。

② 《马克思恩格斯文集》（第 5 卷），人民出版社 2009 年版，第 211 页。

时消耗的纱锭量代表纺纱用掉的一切其他劳动资料。”[①] 如果从劳动过程所需的劳动资料看，显然，纱锭是不能成为“代表”的，因为土地也是基本的劳动资料，而且是未经人类劳动滤过的劳动资料。所以，从马克思列举纺织业来说明价值形成、增殖过程这个事情来看，一是他没有列举劳动对象是天然存在物的采掘业，二是他没有将未经人类劳动滤过的劳动资料考虑在内。总之，未经劳动滤过的自然在马克思对价值形成、增殖过程的分析中“消失”了。

但是，退一步讲，倘若马克思以生产资料主要是天然存在的自然物的采掘业为例，或者在纺织业的劳动资料假定中增加土地这一要素，马克思的结论依然是一样的。这是因为马克思早已阐明了价值量的计算方法：“我们知道，每个商品的价值都是由物化在该商品的使用价值中的劳动的量决定的，是由生产该商品的社会必要劳动时间决定的。这一点也适用于作为劳动过程的结果而归我们的资本家所有的产品。因此，首先必须计算对象化在这个产品中的劳动。”[②] 既然计算价值量就是“计算对象化在这个产品中的劳动”，那么，那些未经劳动滤过的土地等自然要素就无法计算它们的价值量，或者价值量就为零，而作为原料的棉花不一样，原料是“已被劳动滤过”的劳动对象，已经是人类劳动的对象化产物，即已经包含了植棉者的劳动，从而“在棉花的价格中，生产棉花所需要的劳动已经表现为一般社会劳动”。[③] 作为劳动资料的纱锭也是如此，如果假定纱锭和土地作为一切劳动资料的代表，二者价值量的总和仍然等于纱锭的价值量。因此，以棉花和纱锭作为生产资料来加以阐释，撇开土地等自然要素，同样能很好地说明价值的形成、增殖过程。那些没有经过劳动滤过的自然，则对于价值的形成、增殖过程的阐释没有什么意义，因为它们没有价值，作为生产资料也不会发生马克思所说的价值转移。在这一点上，马克思自己也特意加以说明：“如果生产资料没有价值可以丧失，就是说，如果它本身不是人类劳动的产品，那么，它就不会把任何价值转给产品。它只是充当使用价值的形成要素，而不是充当交换价值的形成要素。一切未经人的协助就天然存在的生产资料，如土地、风、水、矿脉中的铁、原始森林中的树木等等，都是这样。”[④]

自然要素不形成价值，不仅表现在马克思论述价值形成、增殖时自然要素的“消失”，而且表现在论述增加资本积累量时自然要素的“浮现”，因为此时需要强调自然作为一种“无偿赠予”物对于增加资本积累量的前提作用。

马克思在分析价值形成、增殖过程时所使用的例子是纺织业，而在分析如何增加资本积累量时却提到了采掘业。为什么会有这样的“选择”？如前文所述，就如马克思自己所说的，在纺织业，劳动对象是原料，本身是已被劳动滤过的劳动产品。而在采掘业，劳动对象是天然存在物，未被劳动滤过，不是过去劳动的产品。因此，在论述价值形成、增殖过程时，马克思撇开了未被劳动滤过的生产资料，而在分析资本积累量的决定因素，或者说论述资本积累如何形成扩张能力时，就必须引入那些不是过去劳动的产品，因为这时要研究的是在“没有不变资本部分的相应增加”[⑤] 的情况

①②③ 《马克思恩格斯文集》（第5卷），人民出版社2009年版，第218页。

④ 《马克思恩格斯文集》（第5卷），人民出版社2009年版，第237页。

⑤ 《马克思恩格斯文集》（第5卷），人民出版社2009年版，第696页。

下，资本是如何获得一种扩张的能力的。“没有不变资本部分的相应增加”意味着资本家无须额外追加生产资料的资本投入，而唯有那些自然“无偿赠予”的劳动对象才能满足这一条件。显然，马克思在描述价值形成、增殖过程时所谈及的纺纱厂就不具备这样的条件，在纺纱厂，随着纺织工人的劳动时间由原来的6个劳动小时增加到12个劳动小时，棉花的消耗量也相应地由原来的10磅增加到20磅，这就意味着资本家要预付更多的不变资本，而在采掘业就不同，“在采掘工业中，例如在采矿业中，原料不是预付资本的组成部分。这里的劳动对象不是过去劳动的产品，而是由自然无偿赠予的。如金属矿石、矿物、煤炭、石头等等”①。在这里，马克思使用的“原料”一词，显然与他对劳动对象的分类相矛盾，应将其替换为“天然存在物”才更符合马克思的本意。正因为这些劳动对象是一种未经劳动滤过的“天然存在物”，因此，它们的增加就“没有不变资本部分的相应增加”，如此一来，才有可能通过加强对劳动力的剥削程度，即提高劳动力的紧张程度，来增加资本积累量。

所以，自然在马克思叙述劳动过程中的地位和作用，与价值形成、增殖过程，以及资本积累量中的地位和作用，是完全不同的，马克思充分肯定了自然对于前者的不可或缺，但的确阐述了未经劳动滤过的自然要素是不形成价值的。所以，马克思在《1861—1863年经济学手稿》中非常明确地说道：“大生产——应用机器的大规模协作——第一次使自然力，即风、水、蒸汽、电大规模地从属于直接的生产过程，使自然力变成社会劳动的因素。……这些自然力本身没有价值。它们不是人类劳动的产物。”②

二、从劳动二重性出发理解自然“存在方式”的二重性

马克思的劳动价值论虽然没有赋予自然要素任何价值，但是，我们应当明确，对劳动价值论反生态性的诘难完全错置了对象，不是马克思，而是资本主义应当成为被控告的对象。伯克特（Paul Burkett）指出：“人们一致抱怨马克思的价值理论排斥或者贬低了自然的生产性作用，但是，人们应该将这种抱怨转移到资本主义本身。”③福斯特同样指出，完全以一种从交换中产生的价值来界定财富，这意味着只有在市场上进行销售的商品才被计算在内，因此，在这一制度下，那些外在于交换系统的外在自然——水、空气和现存物种就被视为“免费的礼物”。④批判马克思将自然视为“免费的礼物”的学者常常引用马克思如下这段话：“作为要素加入生产但无须付代价的自然要素，不论在生产中起什么作用，都不是作为资本的组成部分加入生产，而是作为资本的无偿的自然力，也就是，作为劳动的无偿的自然生产力加入生产的。”⑤在此，马克思说得再明白不过了，是资本将自然视为无偿的自然力加入了资本主义生

① 《马克思恩格斯文集》（第5卷），人民出版社2009年版，第696页。

② 《马克思恩格斯全集》（第37卷），人民出版社2019年版，第201-202页。

③ Paul Burkett, “Value, Capital and Nature: Some Ecological Implications of Marx’s Critique of Political Economy”, *Science and Society*, Vol. 60, No. 3, 1996, pp. 332-359.

④ John Bellamy Foster, Brett Clark, and Richard York, *The Ecological Rift: Capitalism’s War on the Earth*, New York: Monthly Review, 2010, p. 53.

⑤ 《马克思恩格斯文集》（第7卷），人民出版社2009年版，第843页。

产，因此，指责的对象应当是资本主义生产。当我们再次从马克思的劳动价值论出发，深入观察资本主义生产时，就会发现马克思的劳动价值论不仅揭示了资本家剥削工人创造剩余价值的“秘密”，而且揭示了自然在资本主义生产中被剥削和异化的“秘密”，其中的关键在于，必须在劳动价值论的劳动二重性视角下审视资本主义生产，洞悉自然在其中的“存在方式”的二重性。

探讨自然要素是否形成价值，实际上也是探讨自然要素在价值形成过程中的存在方式，唯有破解自然的存在方式，才能破解自然为什么未被价值化或被价值化。考察自然的“存在”，不能从自然本身出发考察自然，因为这将陷入对自然的“存在”的抽象理解，马克思把“存在”视为“现实的历史”的存在，而不是抽象的存在：“对现实的描述会使独立的哲学失去生存环境，能够取而代之的充其量不过是从对人类历史发展的考察中抽象出来的最一般的结果的概括。这些抽象本身离开了现实的历史就没有任何价值。”[①] 因此，只有从关于自然的“现实的历史”，即自然所处其中的最重要的经济范畴出发，才能揭示自然的“存在方式”，而在我们研究的资本主义社会，这一最重要的、最具本质意义的经济范畴，当数价值这一范畴，而价值的产生还源自“理解政治经济学的枢纽”[②] ——劳动的二重性，因此，我们还是要从这个首先由马克思批判地证明的枢纽说起。

那些对马克思劳动价值论进行生态诘难的学者是含混不清的，有的指责马克思没有认识到自然对创造财富的作用，有的指责马克思没有认识到自然对创造价值的作用，而那些为马克思进行辩护的善意学者也是将财富和价值混淆起来进行论述。例如，黄瑞祺和黄之栋在替马克思和恩格斯进行辩护时，在引述了恩格斯《自然辩证法》中关于财富源泉的引文后，指出“恩格斯把自然与劳动当成财富源泉的看法，对那些主张劳动才是一切价值来源的劳动价值论者来说，起到了很大的缓和作用”，显然，前半句话是讲劳动与财富的关系，而后半句话则悄然将“财富”替换成了“价值”。同样地，在引述完马克思《哥达纲领批判》中那段“劳动不是财富的源泉”之后，他们也指出，“在这里，我们看到了价值泉源，也就是所谓财富泉源不只是劳动而已，自然界与自然物质也是价值的来源之一”。此处，他们直接将“价值泉源”和“财富泉源”等同起来了。[③] 之所以混淆了“财富”和“价值”，是因为他们混淆了马克思的劳动过程和价值形成、增殖过程，没有从劳动二重性的角度理解马克思的使用价值（物质财富）创造和价值形成的区别。

当部分经济学家把劳动二重性所产生的使用价值和价值混淆起来时，就会误以为自然本身产生了价值，并导致“自然租金拜物教”的发生。马克思指出：“商品世界具有的拜物教性质或劳动的社会规定所具有的物的外观，使一部分经济学家迷惑到什么程度，也可以从关于自然在交换价值的形成中的作用所进行的枯燥无味的争论中得到证明。既然交换价值是表示消耗在物上的劳动的一定社会方式，它就像例如汇率一样并不包含自然物质。”[④] 当劳动产品采取商品这一形式时，人与人之间的关系就必

① 《马克思恩格斯文集》（第1卷），人民出版社2009年版，第526页。
② 《马克思恩格斯文集》（第5卷），人民出版社2009年版，第55页。
③ 黄瑞祺、黄之栋：《绿色马克思主义：马克思主义与生态学的接点》，松慧文化2005年版，第115-116页。
④ 《马克思恩格斯文集》（第5卷），人民出版社2009年版，第100页。

须体现为物与物之间的关系，正是这一表现形式遮蔽了部分经济学家的双眼，误以为物本身就能够产生交换价值，其实，交换价值是人与人之间关系的一种表现，一种物只有在特定的人与人的关系下才能产生交换价值。因此，价值是不包含任何自然物质的，历史上的重农学派认为地租是由土地本身生成的，就是认为土地本身可以形成价值并产生交换价值，完全陷入了地租拜物教。如果将马克思的这一批判不仅仅用在土地本身，而是用在生态经济学对自然的理解上，那生态经济学家就是陷入了自然租金拜物教，因为生态经济学家在肯定自然具有使用价值的时候，却从这种自然属性中直接延伸出价值，好像自然凭借着自身“物”的属性，就获取了价值和交换价值，这正如马克思对贝利进行的批判，其完全颠倒了价值和使用价值的属性。贝利替商品说出了所谓的“内心话”：“‘价值〈交换价值〉是物的属性，财富〈使用价值〉是人的属性。从这个意义上说，价值必然包含交换，财富则不然。’‘财富〈使用价值〉是人的属性，价值是商品的属性。人或共同体是富的；珍珠或金刚石是有价值的……’珍珠或金刚石作为珍珠或金刚石是有价值的。”① 其实，“物的使用价值对于人来说没有交换就能实现，就是说，在物和人的直接关系中就能实现；相反，物的价值则只能在交换中实现，就是说，只能在一种社会的过程中实现”②。所以，我们要理解自然的价值，也是要在“一种社会的过程中实现”，要认清在这一社会的过程中所体现出的社会关系，而不是被资本主义生产的表象所迷惑。倘若我们将资本主义生产还原为一般的生产使用价值的过程，那就无法体现资本主义生产的特殊性，而这也将使我们无法看清资本主义生产的本质。这正如毛泽东同志在谈到研究事物的方法时曾指出的：“对于物质的每一种运动形式，必须注意它和其他各种运动形式的共同点。但是，尤其重要的，成为我们认识事物的基础的东西，则是必须注意它的特殊点，就是说，注意它和其他运动形式的质的区别。只有注意了这一点，才有可能区别事物。任何运动形式，其内部都包含着本身特殊的矛盾。这种特殊的矛盾，就构成一事物区别于他事物的特殊的本质。”③

在马克思那里，物质财富和价值是两个完全不同的东西。资本主义劳动由于其二重性特征，使资本主义的生产过程及所创造的财富也具有二重性特征：一方面，资本主义劳动是一种具体劳动，它创造了使用价值，在马克思那里，“不论财富的社会的形式如何，使用价值总是构成财富的物质的内容”④。这种与社会形式无关的具有普遍性的财富，就是物质财富，马克思将这种劳动过程称为“生产一般”，据此，我们可以将这一劳动过程的产物——物质财富称为“财富一般”。另一方面，同其他社会条件下的劳动所不同的是，资本主义劳动也是一种抽象劳动，它创造价值，这一劳动过程同时是价值的形成、增殖过程，这时，财富又表现为价值形式。因此，资本主义劳动过程，既是“生产一般”过程，创造了使用价值这种“财富一般”，又是价值形成、增殖过程，创造了“财富的价值形式”。这不是两个过程，而是同一个过程的两个方面。对资本主义来说，两者的意义和地位是不同的，由于价值是资本主义的本质

① 《马克思恩格斯文集》（第5卷），人民出版社2009年版，第101页。
② 《马克思恩格斯文集》（第5卷），人民出版社2009年版，第102页。
③ 《毛泽东选集》（第1卷），人民出版社1991年版，第308-309页。
④ 《马克思恩格斯文集》（第5卷），人民出版社2009年版，第49页。

范畴，因此，资本主义劳动过程本质上是价值形成、增殖过程，资本主义劳动过程的结果——其所创造的财富，从本质上看其实是“财富的价值形式”，但“生产一般”和“财富一般”又构成这一价值形式的物质承担者，成为“财富的价值形式”的外在表象。

正是资本主义劳动的二重性、资本主义劳动过程的二重性和资本主义财富的二重性，导致了自然也在其中呈现二重性存在，即自然的“自然形式”和“社会形式”。看清自然在资本主义之中的二重性，就能看清自然被“剥削”和遭受“异化”的面目。

那么，我们应从哪些维度进行考察呢？马克思曾指出：“现在时髦的做法，是在经济学的开头摆上一个总论部分——就是标题为《生产》的那部分（参看约·斯·穆勒的著作），用来论述一切生产的一般条件。这个总论部分包括或者据说应当包括：(1) 进行生产所必不可少的条件。……（2）或多或少促进生产的条件……”① 马克思这里所指的经济学在总论部分的两个内容，实际上是指将资本主义生产看作超历史的“生产一般”及其所创造的“财富一般”所具有的两个内容，第一个是涉及创造财富所需要的生产条件问题，第二个是涉及促进财富增长的生产条件问题。如果不是将资本主义生产看作超历史的，而是历史性的生产，那么，这两个内容实际上涉及的是生产价值、剩余价值的条件和增加价值、剩余价值的问题。因此，笔者也根据马克思的这两个内容考察自然“存在方式”的二重性问题。

三、自然在创造财富中的二重性“存在”

我们先来看看自然在资本主义条件下创造财富中的二重性及其异化问题。

从创造“财富一般”来看，其必不可缺少的条件当然是生产的各种基本要素，这包括生产资料和劳动及其两者的结合，那么，创造“财富一般”的“生产一般”是“一个抽象，……例如，没有生产工具，哪怕这种生产工具不过是手，任何生产都不可能。没有过去的、积累的劳动，哪怕这种劳动不过是由于反复操作而积聚在野蛮人手上的技巧，任何生产都不可能”②。如果让马克思再写一个“例如”，那肯定是“自然”，在《资本论》第一卷，马克思在完整阐述生产过程的结果——商品时，就指出了商品是自然物质和劳动这两种要素的结合。因此，要使“生产一般”得以正常进行的基本条件是包括自然在内的生产资料和劳动，换句话说，生产者要“占有”包括自然在内的生产资料，并将劳动加于其上，生产才能顺利进行。在这里，作为条件的“占有”就提出了自然对于生产者而言的所有权问题，对此，马克思在《1844年经济学哲学手稿》中就已明确指出：“自然界，就它自身不是人的身体而言，是人的无机的身体。人靠自然界生活。这就是说，自然界是人为了不致死亡而必须与之处于持续不断的交互作用过程的、人的身体。所谓人的肉体生活和精神生活同自然界相联系，不外是说自然界同自身相联系，因为人是自然界的一部分。”③ 从中我们可以

① 《马克思恩格斯全集》（第30卷），人民出版社1995年版，第27页。
② 《马克思恩格斯全集》（第30卷），人民出版社1995年版，第26页。
③ 《马克思恩格斯文集》（第1卷），人民出版社2009年版，第161页。

看出，人为了不致死亡而必须实现对人自身的身体和人的无机身体——自然界的占有，从生产的意义上看，这就是要实现生产者对自然的所有权，但同人对自己的身体是一种“天然占有”的所有权一样，对自然界的所有权也应是一种“天然占有”的所有权，“天然占有”意味着任何人都拥有为了不致死亡而使用自然界的基本权利，因此这种权利必定带有公共性的韵味，而不是私人意义上的所有权。正是基于此，马克思痛斥了所谓土地私有权的荒谬性：“个别人对土地的私有权，和一个人对另一个人的私有权一样，是十分荒谬的。甚至整个社会，一个民族，以至一切同时存在的社会加在一起，都不是土地的所有者。他们只是土地的占有者，土地的受益者。”①

自然以一种“无机的身体”的存在方式被生产者“天然占有”，这就是在“生产一般”的状态下自然的“自然形式”，它实现了自身与生产者的有机统一，并且成为创造“财富一般”所必不可缺少的基本条件。这一特征作为共同的规定，也体现在资本主义生产中，从表面来看，资本主义生产也是包括自然在内的生产资料与生产者的结合过程。但也正是这一表象遮蔽了自然在资本主义生产中的“社会形式”，即自然以资本主义私人占有的存在方式同生产者相“分离”。对此，我们还是从学界对马克思劳动价值论的生态诘难说起。

批评马克思劳动价值论具有反生态性质的经济学家常常重复这样的论调：难道自然在价值和剩余价值的形成中没有贡献吗？其实这涉及马克思劳动价值论和资产阶级的古典政治经济学在研究价值和剩余价值时的旨趣差异问题。从劳动价值论形成的学术史来看，劳动是一切商品价值的源泉，这一论点在经济学说史上并不是马克思独有的贡献，在马克思之前，虽然资产阶级的古典政治经济学家在劳动价值学说上还存在不彻底、不科学的各种缺陷，但他们先于马克思提出了劳动创造价值的观点，如配第提出商品价值是劳动创造的原理，斯密也提出区分使用价值和交换价值、劳动是衡量商品交换价值的真实尺度等原理，马克思还赞赏李嘉图对价值量的分析虽不充分但已是最好的分析，因为他发现了价值是劳动创造的，价值量由劳动时间决定。同资产阶级的古典政治经济学家不同的是，马克思研究劳动创造价值，不仅指明劳动创造价值，更重要的在于分析剩余价值是如何经工人创造出来却又被资本家无偿占有的事实，从而揭开资本家剥削工人的秘密，也就是经由分析剩余价值的起源从而揭示资本主义的经济关系及其历史性。而像李嘉图这样的资产阶级古典政治经济学家则倒转过来，“从来没有考虑到剩余价值的起源。他把剩余价值看作资本主义生产方式固有的东西，而资本主义生产方式在他看来是社会生产的自然形式”②，因而他也就只是在决定价值和剩余价值量的问题上兜圈子，而不愿触及产生价值和剩余价值的基本经济关系前提。

这种研究旨趣的差异对理解自然的存在方式有何意义？如果从资产阶级古典政治经济学出发，忽视自然在价值量和剩余价值量上的影响就应该遭到批判，因为自然条件的好坏明显对价值量和剩余价值量产生影响。针对这样的诘难，马克思的回答是：自然条件的好坏影响了价值量和剩余价值量的大小，但是，只有在资本主义经济关系

① 《马克思恩格斯文集》（第7卷），人民出版社2009年版，第878页。
② 《马克思恩格斯文集》（第5卷），人民出版社2009年版，第590页。

下，才有价值和剩余价值的生产，自然条件的好坏不起决定性作用，而且正是资本主义经济关系的确立才导致了资本对人和自然的双重剥削。

马克思非常重视自然条件对商品价值量的影响，在《资本论》开篇论述价值量变动时，马克思就指出生产商品所需的劳动时间是随着劳动生产力的变动而变动的，而劳动生产力是由多种情况而定，其中就包括“自然条件”[①]。由于相对剩余价值的生产是以劳动生产力的提高为基础的，因此，马克思在论述相对剩余价值时，又再次谈到自然条件，他将自然条件分为人本身的自然和人周围的自然，后者在经济上包括生活资料的自然富源和劳动资料的自然富源，这些自然条件影响了劳动生产力，影响了一个社会能提供剩余劳动的多少。“绝对必需满足的自然需要的数量越少，土壤自然肥力越大，气候越好，维持和再生产生产者所必要的劳动时间就越少。因而，生产者在为自己从事的劳动之外来为别人提供的剩余劳动就可以越多。”[②] 马克思还援引了狄奥多鲁斯对古代埃及优越的自然条件的惊叹，古代埃及之所以能够腾出那么多的剩余劳动来兴建宏伟的建筑，主要是因为在物种的丰富性、气候温暖等优越的自然条件下，养活人口所需的必要劳动时间少得惊人。

然而，“良好的自然条件始终只提供剩余劳动的可能性，从而只提供剩余价值或剩余产品的可能性，而决不能提供它的现实性”[③]。马克思举了亚洲群岛东部岛屿上居民采伐可以食用的西米粉的例子加以说明。良好的自然条件使这些岛屿的居民一周只需要劳动一天的时间就可以养活自己，但是，在这个岛屿上却没有出现他们去为别人无偿从事剩余劳动的现象，也就没有剩余价值的产生，可见，良好的自然条件并不必然产生剩余价值，只有当生产力发展到一定程度，相应地在生产关系层面出现西米树的资本家私人占有，以及丧失西米树的劳动者沦为雇佣工人的情况下，才会出现雇佣工人采集西米粉的剩余劳动形成剩余价值的情况。所以，只有在资本主义的经济关系下，才有剩余价值的产生问题。

不仅如此，马克思更是通过劳动创造价值的分析，揭开了资本家剥削雇佣工人的秘密，即雇佣工人只获得了维持其劳动力价值的工资，而其所创造的超过劳动力价值的那部分价值，即剩余价值却被资本家无偿占有了。所以，在这里，剥削意味着雇佣工人自己创造的价值的一部分被资本家无偿占有了，没有得到相应的报酬。为什么明明是雇佣工人自己创造的价值却可以被资本家占有？因为资本家凭借着对劳动力和生产资料的双重所有，占有了工人阶级劳动过程的结果——产品，也就是说，“产品是资本家的所有物，而不是直接生产者工人的所有物”[④]，资本家随后在流通过程中对产品的销售而实现了对剩余价值的占有，因此，对剩余价值的占有，有赖于资本家对劳动力和生产资料的私人占有，唯有如此才形成对工人的剥削。

那么，从中我们可以看出，剥削不仅在于价值由谁创造，还在于基于所有制之上的归谁所有问题，就此而言，资本家不仅凭借着对劳动力的占有而剥削劳动者所创造的剩余价值，还凭借着对自然要素等生产资料的占有而实现对自然的“剥削”。

---

① 《马克思恩格斯文集》（第5卷），人民出版社2009年版，第53页。
② 《马克思恩格斯文集》（第5卷），人民出版社2009年版，第586页。
③ 《马克思恩格斯文集》（第5卷），人民出版社2009年版，第588页。
④ 《马克思恩格斯文集》（第5卷），人民出版社2009年版，第216页。

我们可以从《哥达纲领批判》那段耳熟能详的段落更好地理解资本家对自然的“剥削”。在为马克思的劳动价值论进行辩护时，学者常常引用《哥达纲领批判》中的这段话作为论据：“劳动不是一切财富的源泉。自然界同劳动一样也是使用价值（而物质财富就是由使用价值构成的！）的源泉，劳动本身不过是一种自然力即人的劳动力的表现。上面那句话在一切儿童识字课本里都可以找到，并且在劳动具备相应的对象和资料的前提下是正确的。可是，一个社会主义的纲领不应当容许这种资产阶级的说法回避那些唯一使这种说法具有意义的条件。只有一个人一开始就以所有者的身份来对待自然界这个一切劳动资料和劳动对象的第一源泉，把自然界当做属于他的东西来处置，他的劳动才成为使用价值的源泉，因而也成为财富的源泉。”① 对此，恩格斯也明确指出：“政治经济学家说：劳动是一切财富的源泉。其实，劳动和自然界在一起才是一切财富的源泉，自然界为劳动提供材料，劳动把材料转变为财富。”② 的确，在这里，马克思和恩格斯非常明确地指出，财富的创造除了劳动之外，还需有一个前提条件，即实现对劳动对象和劳动资料的占有，因此，只讲劳动是财富的源泉，是将生产资料的资本主义私人占有给“遮蔽”起来了，从生态的意涵上看，就是将自然资源的资本主义私人占有和其他阶级丧失对自然资源的所有权给“遮蔽”起来了，那么，这也就“遮蔽”了资本家对劳动和自然共同创造的财富的剥削。

所以，在马克思那里，自然要在创造财富中发挥作用，不仅应作为一种天然物而存在，还应该实现对这种天然物的占有，在“生产一般”的创造“财富一般”的过程中，自然是以被生产者“天然占有”的方式而存在，但是，资本主义生产中，为了创造“财富的价值形式”，并实现对价值和剩余价值的占有，自然却是与生产者相分离，而后又经资本家“撮合”的方式而存在，这样一种“社会形式”就导致了自然的异化。“需要说明的，或者成为某一历史过程的结果的，不是活的和活动的人同他们与自然界进行物质变换的自然无机条件之间的统一，以及他们因此对自然界的占有；而是人类存在的这些无机条件同这种活动的存在之间的分离，这种分离只是在雇佣劳动与资本的关系中才得到完全的发展。”③

如此一来，也就解释了自资本主义诞生以来，为何资本总是热衷于自然资源的私有化，以至于新自由主义影响下的“生态环境治理术”将自然资源的彻底私有化奉为首要前提，因为正是这样的私有化，才构成资本剥削人与自然的前提条件。马克思对“劳动是财富的源泉”的批判，意在揭示劳动者的劳动创造了财富，却因为生产资料的资本主义私人占有而被资本家所剥夺，因此，将自然纳入创造价值的考虑，如果不考虑变更自然资源的资本主义私人占有，那么，其价值经由劳动的中介，还是落入资本家手中，因此，同工人一样，它也受资本家的剥削。所以，为了让自然真正发挥创造财富并受惠于最广大人民的要求，这同时也就向我们提出了自然资源的资本主义私人占有回归自然资源的公共占有以克服自然的异化的要求。在此意义上，在我国毫不动摇地坚持自然资源的公共所有权才能真正体现对自然创造财富的重要作用，否

① 《马克思恩格斯文集》（第3卷），人民出版社2009年版，第428页。
② 《马克思恩格斯文集》（第9卷），人民出版社2009年版，第550页。
③ 《马克思恩格斯文集》（第8卷），人民出版社2009年版，第139页。

则，仅赋予自然价值，承认自然也在“劳动”，对自然来说也是“无”，正像雇佣工人也在劳动，但其劳动产品对其来说也是“无”。

四、自然在促进财富增长中的二重性“存在”

接下来，让我们看看自然在资本主义条件下促进财富增长中的二重性及其异化问题。

在揭示了创造价值和剩余价值的基本经济关系前提下，马克思与资产阶级古典政治经济学一样，也要探究如何促进财富增长的问题。这就要研究各个国家或民族发展过程中的劳动生产率高低程度，生产率越高，财富就越多，而影响劳动生产率高低的因素，在“经济学家”那里，包括“气候，自然环境如离海的远近，土地肥沃程度等等”①，如前文所述，马克思也对类似的自然条件提高劳动生产率的作用给予了高度重视。然而，在资本主义条件下，当财富表现为“财富一般”和“财富的价值形式”二重性时，自然在这其中也以二重性的存在方式而呈现异化状态。

如何判断一个国家或民族的财富是增加了还是减少了呢？换言之，衡量财富增加或减少的尺度是什么呢？“财富一般”和“财富的价值形式”是不同的。创造“财富一般”的“生产一般”过程，是劳动作用于自然，改变自然的形式，最终创造出能满足人类的需要、具有使用价值的产品。可见，产出的特定产品或者说使用价值的质与量就成为衡量“财富一般”的尺度。从量的角度看，正如马克思所说：“更多的使用价值本身就是更多的物质财富，两件上衣比一件上衣多。两件上衣可以两个人穿，一件上衣只能一个人穿，以此类推。”② 从质的角度看，在产品数量一样的情况下，能提供更高质量产品的社会，意味着能够使用物质财富的时间更长久。自然，在这种增加“财富一般”中的作用当然是至关重要的一个社会掌握了优越的自然条件，意味着这个社会获取了更加丰富的自然资源，它对生产力的发展就能起推动作用，就能创造出更多的使用价值。例如，煤炭资源丰富一点，就能为社会提供更丰富的产品和使用价值，英国正是凭借煤炭开启了工业革命的进程。自然，就是以其本身的具体多样性的存在方式“助力”“财富一般”的增加，这就是自然在“生产一般”状态下的“自然形式”。

令人遗憾的是，如此重要的自然，在资本主义生产之下，由于财富表现为价值形式，导致其也在价值的主导下发生“贬值”的异化。这是因为财富一旦表现为价值形式，衡量财富的多寡就转换成衡量价值量大小的问题，而价值量的大小可以从以下两个维度考察：从构成价值实体的维度看，取决于生产商品耗费劳动时间的长短；从价值的社会关系本质的维度看，取决于生产商品的社会必要劳动时间。我们可以从这两个维度窥见自然遭受“贬值”的异化。

构成价值实体的是耗费在生产商品上的劳动，衡量劳动量大小的尺度是劳动时间，因此，要根据生产商品的劳动时间长短来决定商品的价值量。在资本主义条件下，财富不是“财富一般”，而是“财富的价值形式”，衡量财富多寡，不是“生产

① 《马克思恩格斯全集》(第30卷)，人民出版社1995年版，第28页。

② 《马克思恩格斯文集》(第5卷)，人民出版社2009年版，第59页。

一般”意义上生产的使用价值的质和量，而是价值量的大小，两者不仅没有对应关系，还存在此消彼长的对立关系。马克思指出：“然而随着物质财富的量的增长，它的价值量可能同时下降。”[①] 这源于两者的衡量尺度是不同的，衡量价值量大小的不是产品在物理意义上质的高低和量的多少，而是“用它所包含的‘形成价值的实体’即劳动的量来计量。劳动本身的量是用劳动的持续时间来计量，而劳动时间又是用一定的时间单位如小时、日等做尺度”[②]。一个社会由于劳动生产力的提高，从而增加了这个社会所生产的产品或使用价值，即增加了这个社会的“财富一般”，然而，也正是由于生产效率的提高，使生产单位商品的劳动时间减少，从而单位商品的价值量反而减少了，同样地，整个社会的使用价值总量增大了，但表现为价值形式的财富的总量，即价值总量或总价值量保持不变。

正是这种财富衡量尺度在资本主义社会的二重性，导致了价值越来越无法充当已生产出来的“财富一般”的尺度，两者之间存在着巨大的张力。对此，马克思明确指出：“随着大工业的发展，现实财富的创造较少地取决于劳动时间和已耗费的劳动量，较多地取决于在劳动时间内所运用的作用物的力量，而这种作用物自身——它们的巨大效率——又和生产它们所花费的直接劳动时间不成比例，而是取决于科学的一般水平和技术进步，或者说取决于这种科学在生产上的应用。……现实财富倒不如说是表现在……已耗费的劳动时间和劳动产品之间惊人的不成比例上。”[③] 这就出现了自然在增加财富中的意义问题：优越的自然条件，显然能提供一个社会的劳动生产力，从而对增加“财富一般”起到了巨大的推动作用，这一点确证了自然在增加“财富一般”中的地位和作用；然而，自然的这种作用却在“财富的价值形式”中得不到体现，不论自然条件如何优越，以至于促进了劳动生产力的巨大发展，由于价值在资本主义社会中始终是财富的规定形式，财富始终仅由所耗费的直接劳动时间来计算，因此，表现为价值形式的财富却没有因此得到增长。这样一来，“资本本身是处于过程中的矛盾，因为它竭力把劳动时间缩减到最低限度，另一方面又使劳动时间成为财富的唯一尺度和源泉。……一方面，资本唤起科学和自然界的一切力量，……以便使财富的创造不取决于（相对地）耗费在这种创造上的劳动时间。另一方面，资本想用劳动时间去衡量这样造出来的巨大的社会力量，并把这些力量限制在为了把已经创造的价值作为价值来保存所需要的限度之内”[④]。

当价值形式演进到货币形式后，即以货币和价格表现价值时，由于货币本身价值的不稳定，以及市场价格的波动，导致了以货币表现自然的价值也始终处于不稳定的状态。一方面，货币本身也是有价值的，它会由于通货膨胀、通货紧缩或者投机狂潮而发生变动，货币的表现形式也是多种多样的，其可信度取决于发行货币的国家的信誉和实力。另一方面，供求关系的改变所引发的市场价格的迅速变化同样意味着自然价值的迅速变化，在人为因素的影响下，自然资源的供给有可能呈现稀缺的状态，导致其价格的上涨，从而表现为价值飙升的假象，反之亦然，如1973~1975年第一次

① 《马克思恩格斯文集》（第5卷），人民出版社2009年版，第59页。
② 《马克思恩格斯文集》（第5卷），人民出版社2009年版，第51页。
③ 《马克思恩格斯全集》（第31卷），人民出版社1998年版，第100页。
④ 《马克思恩格斯全集》（第31卷），人民出版社1998年版，第101页。

石油危机期间和1980年石油过剩期间美国得克萨斯油田的价值涨落。①

既然优越的自然条件对价值增殖不起作用，那么，资本家为什么还要竭尽全力去使用这些优越的自然力呢？这是因为资本家使用优越的自然力可以降低单位商品的价值量，从而降低支付给工人的工资，进而使资本家获取更多的剩余价值。“由于这些自然因素没有价值，所以，它们进入劳动过程，却并不进入价值增殖过程。它们使劳动具有更高的生产能力，但并不提高产品的价值，不增加商品的价值。相反，它们减少单个商品［的价值］，因为它们增加了同一劳动时间内生产的商品量，因而减少了这个商品量中每一相应部分的价值。只要这些商品参与劳动能力的再生产，劳动能力的价值就减少了，或者说，再生产工资所必需的劳动时间就缩短了，而剩余劳动则增加了。可见，资本之所以占有自然力本身，并不是因为它们提高商品价值，而是因为它们降低商品价值，因为它们进入劳动过程，而并不进入价值增殖过程。”②

另外，构成价值实体的是劳动，但价值表征的是人与人之间的交换关系，这里所考察的劳动是同一的人类劳动力的耗费，因此，单位商品的价值量不是由生产该商品的个别劳动时间决定，而是由社会必要劳动时间决定。这一规定导致了如下两个结果：一是资本一直在不断寻求自然的帮助，寻求那些“无偿馈赠”的自然的帮助；二是资本也一直在不断抛弃自然，抛弃那些已经无法给其带来超额剩余价值的自然。从价值量上看，前一种自然是“一文不值”的，后一种自然有一个从大变小直至归零的过程。

在马克思看来，价值量是由生产商品所耗费的劳动量决定的，不是由个别劳动力所耗费的个别劳动时间决定的，相反，“只是社会必要劳动量，或生产使用价值的社会必要劳动时间，决定该使用价值的价值量”③。这里涉及个别资本家生产商品的个别劳动时间和整个社会生产商品的社会必要劳动时间的关系，当个别资本家生产商品的个别劳动时间低于社会必要劳动时间时，在其他条件不变的情况下，就能以高于商品个别价值的社会价值出售，从而获取超额剩余价值，处于这样一种条件下的资本家就能在竞争中不断将剩余价值转化为资本，在市场竞争中将自身置于有利地位，整个社会就是在这样的经济机制下运转。而个别劳动时间的缩减有赖于个别资本家生产该商品的劳动生产力的提高，提高劳动生产力的办法之一就是获取有利的自然条件。所以，生态经济学家认为优越的自然条件提高了劳动生产力从而增加了价值量，实际上指的是个别资本家提高劳动生产力从而获得了超额剩余价值。但正是在超额剩余价值的引诱下，驱使着每个资本家去不断寻找有利的自然条件，所谓“有利”，既包括获取“无偿馈赠”的自然条件，也包括获取免费排放废弃物的自然环境，最终，自然就成为资本家手中的原料库和垃圾倾倒场所而被贬得“一文不值”。

商品的价值量由生产商品的社会必要劳动时间所决定，这里的“社会”，从空间的意义上看，马克思肯定预见了全球市场这样具有当今时代特征的空间范围。“马克思是在世界正通过蒸汽轮船、火车和电报，快速向全球贸易开放的历史环境下写作

---

① ［美］戴维·哈维：《正义、自然和差异地理学》，胡大平译，上海人民出版社2010年版，第172－173页。

② 《马克思恩格斯全集》（第37卷），人民出版社2019年版，第202页。

③ 《马克思恩格斯文集》（第5卷），人民出版社2009年版，第52页。

的。他非常清楚价值不是在我们的后院甚或是一国经济内部被决定的，而是产生于全球的商品交换。”① 因此，当我们看到马克思写到“这些工业所加工的，已经不是本地的原料，而是来自极其遥远的地区的原料”② 时，我们不应该感到惊叹，这正是价值规律使然，当今的帝国主义国家也正是在这一规律的指引下，将自己塑造成了生态帝国主义，在全世界范围内不断寻找廉价的原料来源。

在此又出现了上述表现为使用价值的质和量的财富与表现为价值形式的财富之间的矛盾，资本家为了在相对剩余价值形成之前，尽可能获取超额剩余价值，就会驱使自身不断寻求廉价的原材料，从而提高劳动生产力。资本家这样行事都是因为在资本主义社会，财富的衡量尺度是表现为劳动时间的价值形式，因此，资本家只顾着获取价值形式的财富，而不顾在这种追求中对创造“财富一般”所必须的自然所造成的损耗。在这一过程中，作为价值形成、增殖过程，个体资本家可以获得超额剩余价值，社会的价值总量没有发生改变，但是，这并不意味着使用价值的质和量没有改变，使用价值是价值形成的物质承担者，作为价值承担者的使用价值的质和量却在“生产一般”的进程中不断耗费。

商品的价值量由生产商品的社会必要劳动时间决定的，这里的“社会”，从时间的意义上看，马克思尽管将其与“现有”的静态概念相联系，但这同时也是动态的，即“现有”的时间会随着劳动生产力的变动而变动，从而价值量也处于动态的变动之中。那些作为生产资料而存在的自然物，其价值量的变动也随着劳动生产力的变动而变动。虚拟商品、原材料和辅助燃料，都包含着自然要素，它们作为生产资料在市场上出售，其价值量不仅取决于生产自身所需的社会必要劳动时间，而且取决于整个社会生产相关商品所需的社会必要劳动时间。当整个社会生产某种商品所使用的生产资料普遍发生转换时，原来的生产资料就面临被淘汰的命运，这明显地体现为人类历史进程中的能源转换进程，从使用马、牛这样的畜力作为动力，到使用风车、水车这样的自然力作为动力，再到使用煤炭、石油、天然气这样的化石燃料作为动力，就是这一进程的生动写照。原来整个社会所使用的生产资料是马、牛这样的自然物，那些率先使用风车、水车进行生产的资本家在市场竞争中就能够获取超额剩余价值，但当整个社会普遍使用风车、水车作为生产资料时，原先的马、牛这样的自然物，其价值就逐渐减少并最终归零。到了19世纪，由于廉价的煤炭、石油的发现，风靡了相当长时间的风车、水车逐渐被蒸汽机、内燃机所替代，其价值也逐渐减少并最终归零。整个20世纪就是化石燃料的世纪，而眼前又进行着类似的运动，尽管我们不能确定什么样的生产资料会成为主导要素。因此，从能源转换的进程来看，即使那些被赋予高价值的自然物，其价值也会因为社会必要劳动时间的变化而逐渐减少甚至归零。当然，这也有可能意味着价值归零的自然物在未来重新被赋予高价值，但可以肯定的是，在这样的经济运行机制下，只有那些能够为个别资本家带来超额剩余价值的个别自然要素才会逐渐被赋予高价值。

---

① ［美］大卫·哈维：《跟大卫·哈维读〈资本论〉》（第1卷），刘英译，上海译文出版社2014年版，第24页。

② 《马克思恩格斯文集》（第2卷），人民出版社2009年版，第35页。

从上述的分析中，我们可看出，区别于自然的具体多样性的“自然形式”，自然在资本主义条件下以一种“价值形式”的面目存在，这就是自然的“社会形式”。正是自然的“价值形式”在价值量的衡量尺度规定中遭受了“贬值”的异化。自然在这种衡量尺度中的异化，其实就是市场配置资源的结果，即市场的竞争机制、价格机制驱动着资本家选择能够带来剩余价值最大化的自然资源，如此一来，为了避免这一层面的异化，就向我们提出了从市场配置自然资源走向公共计划配置自然资源的要求。

然而，这只是理解自然的“价值形式”的一个层面，即只是纯粹从价值的量的规定性上来考察自然遭受“贬值”的异化。将价值做量化的考虑和分析，在学术史上被称为“量化的价值论”，弗兰兹·佩特里（Franz Petry）、伊萨克·鲁宾（Issak Rubin）和保罗·斯威齐（Paul Sweezy）都曾做过这样的处理。例如，斯威齐曾写道：“价值量理论的主要任务，就是来自这个作为一种量值的价值的定义。它无非是要研究，在一个商品生产者的社会中，究竟有什么规律制约着劳动力在各个不同生产领域间的配置。”[①] 可是，如果这样理解价值量理论的任务，那马克思只是揭示了价值规律对劳动力配置的制约问题，或者如上述分析的，对自然配置所引起的贬值问题，但马克思对价值量的研究探讨不是止步于此，针对资产阶级古典政治经济学，他还进一步追问：“为什么劳动表现为价值，用劳动时间计算的劳动量表现为劳动产品的价值量呢？”[②] 这就启发我们不应仅从量的角度分析价值，还应从质的角度分析价值，从而进一步理解自然的“价值形式”对自然本身意味着什么。

价值是与商品紧密联系在一起的，商品本身具有二重性，即使用价值和价值，当生产出来的产品表现为商品，它就不是作为对生产者有用的使用价值而存在，而必须作为对别人有用的使用价值同其他商品相交换而存在。为了让两种商品的交换顺利进行，就必须使两种商品有共同的东西，即两种商品必须是质上同一，只存在量上的差别，为此，就必须把商品的使用价值撇开，把使用价值抽去，“也就是把那些使劳动产品成为使用价值的物体的组成部分和形式抽去。它们不再是桌子、房屋、纱或别的什么有用物。它们的一切可以感觉到的属性都消失了”[③]。这时劳动的有用性质消失了，劳动的具体形式消失了，各种劳动全部化约为相同的人类劳动，即抽象劳动，商品这个物，“作为它们共有的这个社会实体的结晶，就是价值——商品价值”[④]。价值的形成过程表明，与劳动过程不同，这不是一个简单的人与自然的物质变换过程，自然本身的具体多样性并没有直接进入价值的建构之中，价值仅由抽象劳动独自建构。由此，我们也可以再次理解上述所说的为什么自然条件的改进促进了劳动生产力的提高，却并不直接增加单位商品的价值量，因为价值量不直接表达所生产的产品的量。

自然本身的具体多样性虽然没有直接进入价值的建构之中，但是，价值的建构却离不开自然，因为价值始终要附着在使用价值上，使用价值是其物质承担者，为了解决这一矛盾，这时就需要“配合”抽象劳动的形成，实现自然本身的抽象化，把自

① ［美］保罗·斯威齐：《资本主义发展论》，陈观烈、秦亚男译，商务印书馆 1997 年版，第 51 页。

② 《马克思恩格斯文集》（第 5 卷），人民出版社 2009 年版，第 98 页。

③④ 《马克思恩格斯文集》（第 5 卷），人民出版社 2009 年版，第 51 页。

然的具体多样性撇开，把使用价值抽去，自然在这种抽象化过程中就表现为一定量劳动的“吸收器和转移器”。我们可以再回头去看看马克思对价值形成和增殖过程的描述。马克思指出，如果把价值形成过程和劳动过程进行比较，就会知道，“在价值形成过程中，同一劳动过程只是表现出它的量的方面。所涉及的只是劳动操作所需要的时间，或者说，只是劳动力被有用地消耗的时间长度。在这里，进入劳动过程的商品，已经不再作为在劳动力有目的地发挥作用时执行一定职能的物质因素了。它们只是作为一定量的对象化劳动来计算”①。进入劳动过程的自然，不再作为“物质因素”了，而是作为对象化劳动来计算，因此，“同劳动本身一样，在这里，原料和产品也都与我们从本来意义的劳动过程的角度考察时完全不同了。原料在这里只是当做一定量劳动的吸收器”②。原料不仅成为抽象劳动的“吸收器”，还成为价值的“转移器”，因为它们在劳动过程中消耗了自身，丧失了使用价值，但是与此同时又转化为一个新的使用价值，从而将自身所包含的价值量转移到新的使用价值身上。马克思还列举了生产资料在价值转移上的两种不同形式，其中一种就是像煤这样的原料，是一次性转移到新产品中的。

所以，在价值形成和增殖过程中，的确是连一个自然物质原子的影子都找不到了，自然都化约为抽象劳动或者抽象劳动时间。如果我们仔细注意马克思对此的用语，会发现他常用“只是”这种语气来表达自然在这个过程中的转化，“只是”表明的是“仅此而已”，自然“只是”抽象劳动的“吸收器”和“转移器”，仅此而已。就此而言，与前述劳动过程不同，价值的形成和增殖过程如图 3-2 所示：

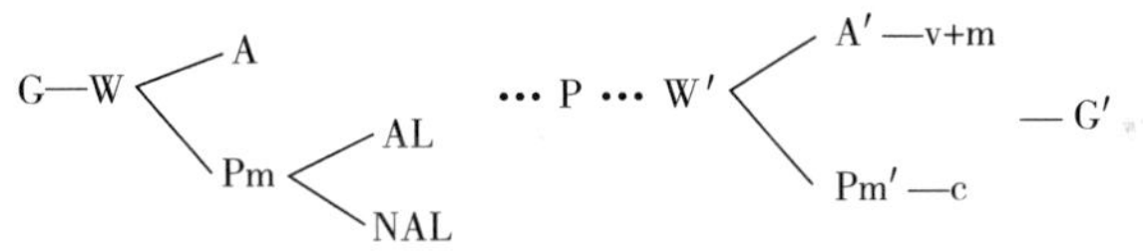

图 3-2 资本主义生产中自然的单一抽象性

在图 3-2 中，资本家从市场上购买生产所需的劳动力商品（A）和生产资料（Pm），这时的生产资料已经不是表现为劳动资料和劳动对象的生产资料，而是表现为原料中包含着的抽象劳动（AL）和天然存在物的“无抽象劳动”（NAL），紧接着，雇佣工人使用资本家的生产资料展开劳动，生产出商品（W′），这个商品包括生产过程劳动力新创造的价值（v+m），也包括生产资料转移来的价值（c），最终，资本家出售商品获得比原来多得多的货币（G′）。整个过程，再也看不见自然的具体多样性，看到的“只是”自然的单一抽象性。正如摩根·罗伯逊（Morgan Robertson）所指出的：“马克思否认的是自然直接生产资本主义特定类型的价值，为了体现自然具有创造价值的作用，自然必须作为一种社会抽象，在人类劳动的帮衬下进入资本主

① 《马克思恩格斯文集》（第 5 卷），人民出版社 2009 年版，第 228 页。

② 《马克思恩格斯文集》（第 5 卷），人民出版社 2009 年版，第 221 页。

义的劳动过程。”①

因此，对于资本主义的价值形成和增殖过程来说，无论是包含自然要素的生产资料，还是劳动力，其使用价值都不再是具体劳动，生产资料不是具体劳动的产物，劳动力的使用不再是具体劳动的展开，两者的使用价值全部化约为一定的抽象劳动量，或者说一定的劳动时间，马克思对这种作用的转换都使用了“具有决定意义”② 的修饰语。正因为如此，马克思在描述价值形成和增殖过程中主要以纺织业为例，但由于自然发挥抽象劳动“吸收器和转移器”的作用，马克思在纺织业之外又提到了采掘业中天然存在物的作用。“如果工人不是在纺纱厂做工，而是在煤矿做工，劳动对象煤就是天然存在的。但是，从矿床中开采出来的一定量的煤，例如一英担，依然代表一定量被吸收的劳动。”③

自然从具体多样性的自然转变为单一抽象性的自然，实际上就是从目的降为手段，变成从属于价值的手段，与量层面上的“贬值”相比，自然在这种意义上的降格，是在质层面上遭受“贬值”的异化，这是理解自然的“价值形式”更为根本的层面。自然降格为价值的手段，意味着自然如果有“主体性”的话，那么，这种主体性就会因为自然的这种异化而消失殆尽。马克思曾谈到这种劳动抽象化形成价值的过程中体现在生产资料上的两种“有趣的现象”④：一种是同一生产资料，作为劳动过程的要素，全部加入同一生产过程，但是作为价值形成的要素，则只是部分加入同一生产过程；另一种则正相反，一种生产资料能够全部进入价值形成过程，而只是部分进入劳动过程。这种“有趣的现象”同样发生在自然的身上：自然是一个完整的生态系统，包括空气、水、土地、森林等要素，这些要素相互联系形成一个有机整体，共同加入生产过程中，但将其进行价值化后，只是将某种单一的自然要素纳入生产过程；人们加工从森林里砍伐回来的木头制作家具，整个木头全部进入价值形成过程，但是，人们在劳动过程中不可避免地会产生锯末和刨花，锯末和刨花没有变成家具，因此，又只是部分进入劳动过程。

美国著名学者詹姆斯·斯科特（James Scott）以出色的分析为我们展现了森林被单一抽象化之后的另一片景观。⑤ 在科学林业发展之前的早期现代欧洲国家，主要通过财政收入的“棱镜”来看待森林，即森林在其眼中就是获取财政收入的来源。这种看待自然的狭隘方式导致自然的整体性和多样性的使用价值都被“抽去”了，在视野之内的只是那些可以卖到一定价格的板材和薪炭的商业化木材，那些对财政收入没有潜在价值的树、灌木和其他植物，都被忽视了。因此，国家关注的是会影响财政收入的盗猎行为，而对森林的其他用途，如采集食物和贵重矿物、避难等方面，则被忽视了。为了从森林中获取财政收入，国家就必须保护那些对财政收入有作用的植

① Morgan Robertson, “Measurement and Alienation: Making a World of Ecosystem Services”, *Transactions of the Institute of British Geographers*, Vol. 37, No. 3, 2012, pp. 386-401.

② 《马克思恩格斯文集》（第5卷），人民出版社2009年版，第221、226页。

③ 《马克思恩格斯文集》（第5卷），人民出版社2009年版，第222页。

④ 《马克思恩格斯文集》（第5卷），人民出版社2009年版，第237页。

⑤ ［美］詹姆斯·C. 斯科特：《国家的视角：那些试图改善人类状况的项目是如何失败的》，王晓毅译，社会科学文献出版社2012年版，第3-20页。

物，而对那些阻碍其获得财政收入的物种则要消灭之：“有价值的植物是‘庄稼’，与它们竞争的则被贬为‘杂草’，吃它们的昆虫被贬为‘害虫’。树有价值因为出产‘木材’，而与它们竞争的则是‘杂’树，或者‘矮树丛’。对动物也采取了同样的逻辑。具有很高价值的动物是‘打猎的猎物’或‘家畜’，与它们相竞争和猎食它们的则被归为‘食肉动物’或‘有害兽’。”①

随着18世纪后半叶科学林业的兴起，对森林的抽象化过程又通过两种形式来展开。一是以样本森林方和锥体体积等类似的计算方法精确测量各类商业性树木的存量，以及估算某一类树中一棵标准树所含的可售木材的量，最终的结果就是生成一个精确的在各种正常生长和成熟条件下的不同大小和不同树龄的商业化木材的数据，而这却成为整个森林的概貌。二是通过仔细地播种、栽植和砍伐，从而制造出一个便于国家林业官员清点、管理、测量和估价的森林，即将真实、多样和杂乱的原生森林转变为新的、单一森林。如此一来，原本具有生物多样性特征的森林生态系统，演变成了整齐划一的、错落有致的、从视觉上具有美感的森林景观。然而，这一切都是为了便于获取利润而“重新设计”的景观，“比如便于高级林业官员对森林进行概括性的调查；便于按照集权的长期计划进行监督和砍伐；提供稳定的、规格一致的商品木材，从而消除财政收入不稳定的一个主要因素；此外还可以创造一个清晰的自然地带，从而更便于操纵和进行试验”②。

从本质上看，这些举措都是一种“抽去”森林多样具体的使用价值，而让森林尽可能“只是”体现为在质上相同、量上差异的属性的转变过程，目的是为交换所需的通约条件做准备，进而从中获得利润。这样的景观在短期内是看不出有什么生态和经济负效应的，因为人们看到的是绿化面积的不断扩大，然而，“绿化面积”仅是一种抽象量化的景观，它并不代表真正使用价值的增加。德国在19世纪广泛种植具有商业性价值的挪威云杉就是一个很好的例子。起初，德国种植第一轮挪威云杉不仅缩短了轮作的周期，而且得到了很好的经济回报，因为新的森林改变了国内木材供给下降的趋势，提供了更多相似的木材和有用的木材纤维。但是，在第二轮种植以后，“许多单一树种……就显出了惊人的退化。这种现象出现的原因是很复杂的，这里只能给出的一个简化的解释……这样整个营养物质的循环就脱出了常轨，最终甚至几乎停止……无论如何，单一云杉林在第二或者第三代中会降低一到两个林地等级（用来区分木材不同的质量级别）是众所周知的常见现象。这意味着要损失20%~30%的产量”③。

自然的具体多样性消失在价值形成过程中的同时，也导致自然整体受价值的抽象统治。捍卫马克思劳动价值论的学者在引述了《哥达纲领批判》中的那句“劳动不是一切财富的源泉”之后，却较少注意到紧接着这段话之后的论述，即“资产者有

① ［美］詹姆斯·C. 斯科特：《国家的视角：那些试图改善人类状况的项目是如何失败的》，王晓毅译，社会科学文献出版社2012年版，第7页。

② ［美］詹姆斯·C. 斯科特：《国家的视角：那些试图改善人类状况的项目是如何失败的》，王晓毅译，社会科学文献出版社2012年版，第14页。

③ ［美］詹姆斯·C. 斯科特：《国家的视角：那些试图改善人类状况的项目是如何失败的》，王晓毅译，社会科学文献出版社2012年版，第16-17页。

很充分的理由硬给劳动加上一种超自然的创造力，因为正是由于劳动的自然制约性产生出如下的情况：一个除自己的劳动力以外没有任何其他财产的人，在任何社会的和文化的状态中，都不得不为另一些已经成了劳动的物质条件的所有者的人做奴隶。他只有得到他们的允许才能劳动，因而只有得到他们的允许才能生存"①。在此，从马克思"不得不"的语气词可看出，雇佣工人被一种社会规定性所制约，他"不得不"的缘由不仅在于丧失了生产资料所有权，还在于一种以抽象劳动为中介的社会规制着这种必要性，即工人只有将自己的劳动力以商品的形式出售给资本家，实现自身劳动力的抽象化，才能获取工资以维持自己的生存。同理，自然也是如此，价值作为一种社会中介，规定着自然"只有"实现自身的抽象化，从属于抽象劳动才能成就自己的价值，这其实也表明，当自然以"价值形式"的方式表现自身的存在时，价值正以一种"无声的强制"② 保证资本逻辑宰制着自然。正如上述德国 19 世纪种植挪威云杉时，最初只是作为补种的树种以恢复过度开发的混合树林，但是，由于第一轮种植挪威云杉带来了巨大的商业利益，因此，几乎没有人愿意再试图回到混合林。如此一来，这片挪威云杉的生存"价值"就体现为它能为德国带来巨大的商业利益。所以，我们也不难理解前文新自由主义"生态环境治理术"的认知合法性问题，从本质上看其实也是资本逻辑的这种"抽象统治"带来的。

自然的"价值形式"在质层面上所遭受"贬值"的异化，实际上向我们提出了废除价值本身的要求。杰夫·曼（Geoff Mann）一针见血地揭示了马克思的价值范畴所具有的独特含义："马克思主义者和/或批判政治实践的最终目标不是将价值公平分配给其生产者，而是价值范畴本身的废除、摧毁和克服。"③ 所以，只有废除以抽象劳动和抽象劳动时间为尺度的社会规定性及其导致的对整个社会的人与自然的抽象统治，自然本身才能够回归到一种本真状态，从而获得自身的解放，那些试图将自然价值化的意图和实践举措，可能在短期内会产生一定的效果，但从长远和根本上看，是对自然的扭曲。

最后，我们可以从表 3-1 来看新自由主义"生态环境治理术"下自然存在方式的二重性。总的来说，在马克思对资本主义生产过程的叙事中，他指认了自然对劳动过程的贡献，而自然要素本身却不形成价值。马克思这种叙事上的差异，让我们进一步从劳动二重性中体认到自然在资本主义生产中"存在方式"的二重性，从而彰显劳动价值论的生态意涵。一方面，从创造财富的角度看，在劳动过程中，自然的"自然形式"表现为以一种"无机的身体"的存在方式被生产者"天然占有"，实现了自身与生产者的统一，但在价值形成、增殖过程中，自然的"社会形式"因资本主义私人占有制而表现为同生产者相"分离"，从而导致了自身被"剥削"的异化。另一方面，从促进财富增长的角度看，在劳动过程中，自然的"自然形式"表现为以一种"具体多样性"的存在方式促进财富的增长，但是，在价值形成、增殖过程中，自然的"社会形式"却表现为"单一抽象性"的"价值形式"，从而导致了自

① 《马克思恩格斯文集》（第 3 卷），人民出版社 2009 年版，第 428 页。

② 《马克思恩格斯文集》（第 5 卷），人民出版社 2009 年版，第 846 页。

③ Geoff Mann, "Value after Lehman", *Historical Materialism*, Vol. 18, No. 4, 2010, pp. 172-188.

身被“贬值”的异化。

表 3-1　新自由主义“生态环境治理术”下自然存在方式的二重性

劳动二重性	财富二重性	自然存在方式的二重性	
		创造财富过程中的存在方式	促进财富增长中的存在方式
劳动过程	财富一般	自然形式：以一种“无机的身体”的存在方式被生产者“天然占有”，实现了自身与生产者的“统一”	自然形式：具体多样性 使用价值总量↑　财富一般↑
价值形成、增殖过程	财富的价值形式	社会形式：因资本主义私人占有制而表现为同生产者相“分离”，从而导致了自身被“剥削”的异化	社会形式：单一抽象性 价值的量 (1) 实体维度：价值总量=使用价值量×单位商品的价值量 使用价值总量↑　财富的价值总量不变→自然的作用被“遮蔽” (2) 关系维度：社会必要劳动时间决定价值量 自然被贬值：一文不值；价值下降直至归零 价值的质 (3) 本质维度：抽象存在 自然只是价值的“吸收器”和“转移器”
出路		自然资源 公共所有	量：自然资源的公共计划 质：构建另一种“价值”

第四章　抵御新自由主义“生态环境治理术”的对策

社会主义者不能仅满足于尝试和接纳来自生态学的批判话语，真正的任务是要将我们从资本主义正在制造的压迫和矛盾中解放出来。

——［美］大卫·哈维《世界的逻辑：如何让我们生活的世界更理性、更可控》

我们在前三章的分析中已经认识到新自由主义“生态环境治理术”的历史起源，其在全球扩张过程中的消极影响及其本质，因此，我们要自觉抵御新自由主义对我国生态环境治理领域的渗透，必须采取“一体两翼”的应对之策。“一体”指的是应对新自由主义“生态环境治理术”的总原则，即在社会主义的规定下展开生态环境治理；“两翼”指的是构筑抵御新自由主义“生态环境治理术”的理论防线和制度防线，即走向生态政治经济学的理论防线，以及党的领导、自然资源公有制、“有效市场”与“有为政府”相结合的三条制度防线，理论防线和制度防线统一于社会主义规定性的总原则之中。

第一节　应对新自由主义“生态环境治理术”的总原则

如前文所述，新自由主义“生态环境治理术”试图以自然资源的私有化、商品化、市场化和金融化四个方面的生态资本化来影响全球的生态环境治理，从本质上看，这是以服务于资本的无限增殖为宗旨的必然结果。可以说，新自由主义“生态环境治理术”与资本主义紧紧地扣在了一起，而社会主义是对资本主义的超越和替代，就此而言，要有效应对新自由主义对我国生态环境治理的影响，就必须将我国的生态环境治理置于社会主义的规定性下展开，以社会主义的本质去规制生态环境治理的目标、手段等内容，这构成了我国应对之策的总原则。

一、新自由主义“生态环境治理术”的意识形态霸权

新自由主义在其形成和发展的过程中，通过对社会主义无法进行合理的经济计算从而无法有效配置资源的批判，逐渐形成了一种意识形态霸权，即宣扬建立在私有产权基础上，实行自由放任的市场经济的资本主义社会的自然性、完美性和唯一性，是

人类社会的“历史的终结”。新自由主义者以“价值中立”的姿态从一系列其认为无须质疑的前提出发——独立个体是分析的基本单位，理性经济人是独立个体的基本特征——得出了实则价值并非中立的结论，即自由资本主义的至上性和不可挑战性。“别无选择”（There is no alternative），就是秉持新自由主义意识形态并将其应用到英国政策实践中的撒切尔夫人的一句名言，在她看来，自由市场的经济运行原则是不可替代的，自由资本主义是人类社会的最终选择。

作为意识形态霸权的新自由主义，就是要描述和解释当前占据主流地位的资本主义生产方式，以及由此衍生出来的现存世界的“事实”，不仅使其自身获得合法化的地位，而且从“霸权”的意义出发，还要以这些“事实”去塑造那些尚未被纳入其中的事物和关系，这就形成了新自由主义在生态环境治理领域的话语霸权，它至少在如下三个相互关联的议题上描述、解释并塑造着人与自然的当前关系：一是自然在整个人类社会中的地位和作用是什么。对此，新自由主义秉持极端人类中心主义的自然观，以主客二分的方式对待自然界，将其视为人类追求经济无限增长的工具和手段。二是如何解释当前出现的生态危机。对此，新自由主义让抽象意义上的个体背上了这个“黑锅”，不分阶级性质的个人的“贪婪”生活方式成为生态环境遭受破坏的成因。三是如何走出生态危机。对此，新自由主义试图以新自由主义挽救自己，将生态环境纳入资本逻辑的轨道，实现生态资本化。新自由主义在生态环境治理领域的这套话语的确形成了自洽性的逻辑闭环，它从塑造最基本的人与自然主客二分的支配与被支配的关系出发，当人对自然的支配出现问题时，它一方面将责任推给“普罗大众”，另一方面又借此宣称自己信奉的自由资本主义能够解决这个问题。

最终，新自由主义完成了自己在生态环境治理领域的意识形态话语霸权的逻辑建构，完成了将生态资本化的合法性解释。而一旦新自由主义“生态环境治理术”获得合法性解释，它将进一步将整个社会的生态环境治理路径掌控在自己手中，形成特有的路径依赖现象。比如，一旦自然资源私有产权获得了至上的合法性地位，那么，这将重塑社会中个体对财产权、效率与合作等方面的认知意识：一方面，自然资源的私有化将使劳动者与包括自然资源在内的生产资料相分离，导致个体逐渐放弃了对自然资源的习俗或共有权利，成为“理所当然”的雇佣劳动者；另一方面，自然资源的私有化同时创造了新的自然资源所有者，这个所有者在资本逻辑之下，逐渐成为追求更具效率的、实现利润最大化的、理性的个体。这样一来，新自由主义借助“生态环境治理术”塑造了其所需要的社会秩序中的个体：“自愿”成为资本获取利润的雇佣劳动者，以及以经济利益作为驱动力来从事各项活动。

就这样，“别无选择”的口号也渗透进生态环境治理领域，这意味着那些面临着生态危机的国家要克服这一难题，就必须照搬新自由主义的这套方案，新自由主义俨然成了全球生态危机的救世主。接下来，我们看到的不仅是英、美等国政要在其国内推行新自由主义政策，还有诸如新自由主义代言人的三大国际经济组织——世界银行、国际货币基金组织和世界贸易组织借助生态环境问题向广大发展中国家兜售新自由主义教条。这样一来，新自由主义借助生态环境议题将资本主义生产关系扩张到广大发展中国家，势必使资本主义内在的基本矛盾在这些国家爆发，给发展中国家带来经济危机和生态危机。

新自由主义的意识形态霸权根源于其看待资本主义的非历史性，将资本主义的一些范畴，如个人的自利与自由、商品交换、生产资料的资本主义私人占有视为“天生”的，要么符合人的本性，要么是自古以来就有的，因此，资本主义失去了其历史性而获得了永恒性。古典自由主义对资本主义起源的“商业化模式”解释就是典型，它将资本主义的起源仅仅视为一种量意义上的增加，即过往已经存在的市场的扩大以及商业化经济活动在量上的增加，而忽视了资本主义本身在质意义上的巨大转型特征，即社会财产关系的转型以及随之而来的人与人之间关系的重大变迁。新自由主义继承了古典自由主义，同样未能看到资本主义的历史独特性，“变本加厉”地将其应用到包括生态环境治理等一切社会领域中，一方面为资本主义所造成的生态环境问题做辩护，如宣称工业革命时期的环境问题不成问题，“死亡率的下降却能够说明，这种环境并没有糟糕到影响城镇居民的身体健康的地步。另外，是工人自愿地移居到城镇地区的，这也说明，污染及城镇其他不便之处的‘机会成本’没有实际工资提高带来的收益大”①。另一方面高歌资本主义能够解决生态环境问题，如自由市场环境主义所声称的，只要实现自然资源所有权的私有化并允许所有权人对其进行交易，个体就会在利益最大化的诱导下保护好生态环境。

实际上，个人的自利性、市场交易等范畴都不是人类所固有的，而是一种历史性存在，并不适用于一切时代和一切领域，对此，应有辩证认识。正如恩格斯所说：“正如资产阶级依靠大工业、竞争和世界市场在实践中推翻了一切稳固的、历来受人尊崇的制度一样，这种辩证哲学推翻了一切关于最终的绝对真理和与之相应的绝对的人类状态的观念。在它面前，不存在任何最终的东西、绝对的东西、神圣的东西；它指出所有一切事物的暂时性；在它面前，除了生成和灭亡的不断过程、无止境地由低级上升到高级的不断过程，什么都不存在。”② 特别是像生态环境治理这样的公共领域，法国学者米歇尔·于松曾指出：“如果是贪欲在激发着研究人员的工作热情，那么今天许多大学和实验室将空无一人。”③ 同样地，将生态环境治理建立在人在市场交易中的自利性这一基础之上，或许短期和局部可以发挥效用，但将希望完全寄托于此，并不能长久和有效，我们应该突破新自由主义对资本主义这种“别无选择”路径的迷恋。

二、资本主义条件下解决生态危机的限度

其实，新自由主义“生态环境治理术”所依赖的一些手段并不是我们完全排斥的对象，比如市场机制、环境友好型的技术手段，问题的关键是，新自由主义将这些手段完全置于资本主义体系框架内，而在这一体系之下，这些手段完全服从于资本不断增殖的需要，其效用的发挥将受到抑制，导致这一后果的最深层原因在于资本无限增殖的需要与生态环境承载能力的有限性构成了根本性的矛盾，在“不增长，便死亡”的资本主义铁律下，生态危机何以克服？

---

① ［英］F. A. 哈耶克：《资本主义与历史学家》，秋风译，吉林人民出版社 2011 年版，第 199 页。

② 《马克思恩格斯文集》（第 4 卷），人民出版社 2009 年版，第 270 页。

③ ［法］米歇尔·于松：《资本主义十讲》，潘革平译，社会科学文献出版社 2013 年版，第 111 页。

一切人类社会的存在和发展都离不开生态环境，人类的物质生产活动都离不开生态环境的支持，一方面，生态环境作为“自然资源库”，为生产活动提供必要的劳动资料和劳动对象；另一方面，生态环境作为“废物处置室”，承接生产活动所产生的各种废物。没有生态环境这两方面的作用，任何生产都无法进行，而生态环境的这两方面作用具有有限性特征，这同样构成了对任何社会生产的限制。既然这是在任何社会生产方式下生态环境的特征，那么，为什么这样一种有限性特征不构成对非资本主义社会的威胁？这涉及资本主义生产方式与非资本主义生产方式“质的规定性”的差异。任何社会都不能停止生产，从社会生产过程的不断更新来看，生产过程同时也是再生产过程，而且不仅有简单再生产，也有规模扩大的再生产，因此，不管在什么社会里都存在马克思所说的积累。但这里的积累是资本积累，而积累在资本主义生产方式条件下采取剩余价值资本化的形式，也就是将剩余价值转化为资本，用于下一个生产过程以便获取又一个剩余价值，而这样一个过程是循环反复、永无止境的，最终，资本处于无限增殖的境况。这是资本主义生产方式条件下积累的最鲜明特征，资本增殖的无限性与生态环境承载能力的有限性构成了难以克服的矛盾。

任何社会的生产都不能超出生态环境上述两方面正常发挥作用的限度，尽管有这样的限度，但那些能够获取并改造较多较优生态环境的社会形态，就在生产方面占据优势，生产发展就快些。从原始社会到奴隶社会再到封建社会，人类在生态环境面前都有一种畏惧之心，这是因为人类对自然的征服，始终囿于自己技术条件的能力，获取和改造生态环境的能力也较弱，而当资本主义以资本的无限增殖为动力这一“武器”诱导整个社会打开征服自然的大门后，人类社会在获取和改造生态环境上从而推动生产力方面获得了空前的发展。然而，殊不知，资本主义这个曾经用来征服自然的“武器”现在却对准资本主义自己了，因为无论如何，资本主义社会同其他社会一样绕不开生产所依赖的有限生态环境这一铁律，以资本的无限增殖为铁律的资本主义势必将矛头对准它自己。也就是说，资本主义虽然凭借资本无限增殖这一诱导性“武器”在一定程度上征服了自然，但反过来，被征服的自然却威胁到了资本无限增殖的可能性，显而易见的原因是，随着自然资源不断被开采或者污染而在数量或质量上的加速耗竭和衰退，资本主义运转所需的生产资料成本势必高企不下，资本无限增殖就要被打破。

资本主义面对着自己制造出来的“成长的烦恼”，如果要在保全自己的条件下解决这个矛盾，即在资本主义框架内，在不触动资本不断增殖的条件下克服生态危机，那么，有两条道路可以选择，要么假借环境保护实现资本的继续扩张，把环境保护本身变成资本不断增殖的手段，要么持之以恒地在全球乃至全宇宙范围内寻找到可供其不断增殖的生态环境支撑。前一种方法就是新自由主义的生态资本化方法，后一种方法是新自由主义所笃信的技术万能的方法。那么，两者在资本主义的框架下，究竟能不能解决生态危机，从而维持资本的无限增殖？对此，新自由主义的答案当然是肯定的，在它看来，在资本主义的框架内，即以资本无限增殖为旨归，同样能解决当前的生态危机，不会威胁到资本主义的生存，可以表示为：资本不断增殖→解决生态危机→资本持续增殖。如果这个逻辑成立，那么，在资本主义的框架内解决生态危机的命题就可以成立。这正如新自由主义所宣扬的，如同只要资本不断增殖就能解决贫困问题一样，只要资本不断增殖，它就有如“普照的光”，能够自动解决包括生态危机在内的一切问题。

1987年，世界环境与发展委员会发布的报告《我们共同的未来》虽然极力关注自然资源的不断消耗，但同样也表达了经济必须更快增长的观点。[①] 1992年，里约峰会上，可持续发展企业委员会发布的《改变经营之道》将基于市场力量，通过开放和竞争性贸易去推动经济持续不断地增长视为可持续发展的基本前提。[②] 新自由主义的这一命题得到了环境库兹涅茨曲线理论的支撑。环境库兹涅茨曲线由基恩·格罗斯曼（Gene Grossman）和阿兰·克鲁格（Alan Krueger）于1991年提出。他们指出，经济增长通过规模效应、技术效应与结构效应三种途径影响环境质量：所谓规模效应，指的是生产所投入和排放的规模对环境质量产生的影响；所谓技术效应，指的是一个社会所使用的技术对环境质量产生的影响；所谓结构效应，指的是一个社会的经济结构对环境质量产生的影响。两位学者指出，在经济增长初期，生产投入和排放的规模都较大，对环境造成持续危害，环境质量逐渐恶化，经济增长通过规模效应对环境产生不利影响，但是，随着经济的不断增长，收入水平不断提高，更加高效、更加环保的技术得到采用，经济结构逐渐由能源密集型的农业和重工业转向低污染的服务业和知识密集型行业，这时，拐点出现，环境质量逐渐得到改善。经济增长和环境质量的关系就呈现先恶化后改善的倒U形曲线。因此，只要持续不断地推动经济增长，通过技术效应和结构效应，拐点就能出现，环境状况就会出现好转。

环境库兹涅茨曲线上拐点的出现在于一个社会的技术和经济结构朝着有利于环境质量改善的方向发展，在新自由主义的理念下，资本无限增殖的宗旨能够实现这样的发展。就技术效应而言，在资本无限增殖的逻辑之下，使用更加先进的技术如若能减少单位资源的使用量，从而降低生产的成本，那么，这种技术就成为资本的选择，技术进步可以在资本逻辑之下实现，蒸汽机本身技术的不断进步，以及电动汽车逐渐兴起就是例子。就结构效应而言，在资本不断增殖的逻辑之下，一国的经济结构会逐渐由利润率较低的劳动密集型经济结构转向利润率较高的技术密集型、资本密集型经济结构，从而对环境质量的影响逐渐减弱。

资本无限增殖的逻辑似乎引导着社会的环境质量逐渐改善，但是，这样的技术效应和结构效应却忽视了两位学者所提出的规模效应，因为资本无限增殖作为一种牵引力，必然导致规模效应的发生，如果让资本主义实现“零增殖”，那么，这无异于资本主义的终结。从技术效应来看，在资本主义条件下，一种新型的无污染的绿色技术只有在有利可图的情况下才会得到资本家的使用，在一种绿色技术的可营利性尚未显现出来之前，它是会遭到抵制的，先进的绿色技术的全社会采纳将是一个漫长的过程。退一步讲，当资本家有利可图采用了更加先进的绿色技术，尽管技术的进步减少了单位资源的使用量，但只要在资本不断增殖的引导下，由于效率的改进，随之而来的便是生产成本的降低和消费品的廉价化，进而促进了生产规模和消费规模的扩张，

---

① 世界环境与发展委员会：《我们共同的未来》，王之佳、柯金良等译，吉林人民出版社1997年版，第110-112页。

② Joshua Karliner, “Corporate Power and Ecological Crisis”, *Global Dialogue*, Vol. 1, No. 1, 1999, pp. 124-138.

由此产生“杰文斯悖论”。从结构效应来看，尽管一国的经济结构对环境质量的影响逐渐减弱，但从全球范围内已经发生的经济结构调整来看，这种变革的结果是发达国家向发展中国家的产业转移，即随着劳动力和自然资源成本的不断攀升，资本无限增殖的逻辑势必导致发达国家放弃原有具有比较优势的制造业等高污染行业，将其转移到那些劳动力和自然资源相对廉价的广大发展中国家，而自己发展新兴的具有比较优势的新技术和新能源行业，在这一进程中，发达国家将污染转嫁给了发展中国家，由此产生“生态帝国主义”。“杰文斯悖论”和“生态帝国主义”都是在资本无限增殖的牵引下产生的，资本无限增殖虽然短期和局部改善了环境，但从长远和全球范围看，又将对环境造成破坏，因此，在资本无限增殖的逻辑之下，不是产生倒 U 形的环境库兹涅茨曲线，而是会产生 M 形的污染反复循环曲线，环境状况会在表面好转下又趋于恶化，资本无限增殖的逻辑并未能克服其自身产生的生态危机。

三、在社会主义的规定下展开生态环境治理

要打破新自由主义的意识形态霸权，就必须明确，走出生态危机，不是“别无选择”地照搬新自由主义的治理路径，那么，摆在中国面前可选择的道路有两条，一条是退回到前资本主义社会，抛弃技术发展和市场交易，让人类重新在自给自足的自然经济条件下过上浪漫主义的田园生活。显然，这种思路只能让全部陈腐污浊的东西死灰复燃，造成贫穷的普遍化，而在贫穷的普遍化之下，不远的将来，生态环境进一步遭受破坏则难以避免，这条道路是我们不能选择的道路。

另一条是坚定社会主义性质治理路径及其成功的现实可能性。要树立这样的坚定信念，首先要直面和回答的问题是如何正确认识苏联等一些国家和我国出现的生态环境问题。对此，我们应从如下两个方面进行阐释：

一是不能孤立地认识苏联等一些国家和我国的生态环境问题，必须将其置于资本主义世界体系和发展进程内加以分析。16 世纪以来，随着资本主义生产方式的发展，开始形成了以西北欧为中心的资本主义世界体系，这一体系由中心区、半边缘区和边缘区三个部分组成，三个不同的区域在这个体系中扮演着不同的角色，中心区利用边缘区提供的原材料和廉价劳动力发展经济，生产加工制成品向边缘区销售并获取巨额利润，半边缘区介于两者之间，对边缘区扮演中心区角色，而对中心区扮演边缘区角色。16 世纪以来形成的资本主义世界体系，尽管扮演中心区角色作用的国家逐渐由荷兰、西欧国家转向以美国为首的西方发达国家，但中心区和边缘区、半边缘区的世界性结构和各自扮演的角色没有发生根本性变化。20 世纪 80 年代以来，西方发达国家开始远离实体经济，利用发展中国家廉价劳动力和相对低门槛的环境标准，将高污染、高耗能的劳动密集型产业转移到我国进行生产，这种污染产业转移的战略对我国生态环境造成了巨大压力，引发了严重的环境污染。苏联自成立以来就一直为资本主义各国极力遏制的对象，“二战”后更是成为冷战格局中的一极，因此，尽管有成立初期在自然保护区上开拓性的举措，但在西方资本主义世界的包围下，苏联还是走上了大力发展重工业和进行军备竞赛的道路，而这也是一条快速耗尽自然资源和污染环境的道路。

二是要把一个社会的根本制度及其价值取向和实现这种制度和价值取向的具体运

行机制区别开来，以此来分析苏联等一些国家和我国的环境问题。根本制度及其价值取向是一个社会区别于另一个社会的重要标志，不同的国家在这个层面上有根本的差异，社会主义制度及其价值取向是苏联等一些国家和我国区别于实行资本主义制度的欧美国家的重要标志，而在这一本质层面之下会有实现根本制度及其价值取向的具体运行机制、在这个层面上不同的国家可以采取相同的运行机制，比如市场经济的一般运行机制、经济增长的具体方式等。不得不承认，苏联等一些国家和我国都是在经济落后的状况下开始建设社会主义的，在经济增长的手段上都曾一度依赖对自然资源的大肆开采，我国在改革开放后实行市场经济体制，其对生态环境的负面效应也逐步显现，可以说，这样的经济增长方式和市场经济手段的运用，都是社会主义国家和资本主义国家共同的东西，不是社会主义本身的问题。如果对此没有正确的认识，那么，当面临由具体运行机制带来的问题时，就会像苏东国家一样走上改变整个国家根本性质的歧途，彻底实行资本主义的根本制度。

由此可见，苏联等一些国家和我国的环境问题与社会主义自身并无直接联系，不能将社会主义看成应对生态环境问题的失效。其实，在面对苏联解体、东欧剧变这个问题上，邓小平曾说：“一些国家出现严重曲折，社会主义好像被削弱了，但人民经受锻炼，从中吸取教训，将促使社会主义向着更加健康的方向发展。”[①] 如果将邓小平的这句话应用到生态环境问题上，也许更值得引起我们深思的是，苏联等一些国家和我国出现生态环境问题，重要的不是否定社会主义本身，而是从中吸取教训，进一步促进社会主义向着更加健康的方向发展，“健康的方向”蕴含着走向生态文明的方向。

坚定社会主义性质治理路径的有效性，最根本的当然还在于它是一条超越资本主义的道路，它摒弃了资本主义条件下对资本无限增殖的要求，从根本上克服了资本无限增殖与生态环境承载能力有限性之间的矛盾。马克思、恩格斯的历史唯物主义赋予生产力发展的决定性作用，有人据此误将生产力的不断发展视为马克思、恩格斯追求的终极目标，从而陷入了要求推动生产力无限发展的窠臼，导致对马克思主义的教条式理解。从历史唯物主义的原理出发，当社会主义生产关系替代资本主义生产关系之后，的确是促进了生产力的发展，但马克思、恩格斯追求的终极目标并不止步于此，否则，《共产党宣言》在论述了资本主义所造就的巨大生产力之后就不会马上进入对资本主义的批判。在马克思、恩格斯那里，一个理想社会的生产状况，不在于“量”意义上的增长，最终还在于满足全体社会成员的需要，如此一来，“量”意义上的增长并无进一步延伸出增长的“无限性”要求，而只需“足够”即可。正如恩格斯在《共产主义原理》中谈到的：“摆脱了私有制压迫的大工业的发展规模将十分宏伟，相形之下，目前的大工业状况将显得非常渺小，正像工场手工业和我们今天的大工业相比一样。工业的这种发展将给社会提供足够的产品以满足所有人的需要。农业在目前由于私有制的压迫和土地的小块化而难以利用现有改良成果和科学成就，而在将来也同样会进入崭新的繁荣时期，并将给社会提供足够的产品。这样一来，社会将生产

---

① 《邓小平文选》（第3卷），人民出版社1993年版，第383页。

出足够的产品，可以组织分配以满足全体成员的需要。”① 从中我们可以看出，未来社会尽管也将在发展规模上“十分宏伟”，但最终也是提供“足够”的而不是无限的产品，且是为了满足全体成员的“需要”。不以资本无限增殖为旨趣，这是社会主义区别于资本主义的重要特征，正是这一特征才铲除了其与生态环境承载能力有限性产生矛盾的土壤。也正是这一特征，才使环境库兹涅茨曲线上的拐点有可能出现，社会主义生产方式质的规定性摈弃了资本无限增殖的宗旨，由此消除规模效应对环境的破坏，而当优美生态环境的需要在人的需要结构中占据重要位置时，再加上生态危机的全球性特征，社会不仅会主动采纳先进的绿色技术，而且会推动生态环境治理的全球化，这时技术效应对环境的积极作用就逐渐显现，同时，结构效应也将在全球层面得以实现。

实际上，今天我们再深究“什么是社会主义”这样的问题时，定会将生态优美纳入其中，因为在社会主义发展史上和生态学发展史上始终隐匿着两条线索：一是在社会主义发展史上，生态议题早就进入了其视野之内；二是在生态学发展史上，社会主义要素也体现在其视野之内。可以说，社会主义和生态学相互交融的历史，为我们坚定在社会主义规定下进行生态环境治理路径的现实可能性提供了历史镜鉴和思想宝库。

一方面，社会主义内含着生态优美的未来社会愿景。我们可以通过考究作为未来社会愿景的社会主义包括了生态优美的维度，从而对在社会主义规定下进行生态环境治理的合理性提供规范式论证，也就是说，在社会主义的愿景构想中，包含着“应当”意义上的生态优美的愿景，那么，今天我们进行生态环境治理就应当自觉地将其与社会主义联系起来进行思考。如果将社会主义视为一种未来美好社会构想的总称，那么，这样一种美好社会的轮廓究竟是什么？它包含哪些要素？无疑，人们对这个问题的回答是动态的且不断丰富完善的，既包括生产力高度发达、劳动者剩余价值不再遭受资本家剥削的经济愿景，又包括劳动者当家做主建立无产阶级性质国家政权的政治愿景，而在生态危机凸显的年代，人们对未来社会的愿景逐渐增加了绿色维度，当今中国共产党的奋斗目标已经明确将生态文明建设纳入其中，提出要建设包括“美丽”在内的社会主义现代化强国，其他国家的共产党也突出了环境保护方面的诉求。中国共产党和其他国家共产党对未来社会生态愿景的构想，是对时代突出问题的回应，但这种生态维度早就进入了经典马克思主义、社会主义者的愿景构想之中。除了我们已经熟知的马克思的“合理调节人与自然之间的物质变换”和“人的解放和自然的解放”的思想，先于马克思的空想社会主义者莫尔、康帕内拉、傅立叶等在未来社会的构想中也融进了生态维度。莫尔的乌托邦理想社会注重物品的经久耐用和公共环境的卫生健康。康帕内拉在描述太阳城这个未来社会模板时，其理想的样态包含人们对气候的预知和对自然界动植物的熟识，在山顶广场上的神殿装有类似风向标的东西，可以预知某年刮什么风，陆地和海洋发生什么气候变化，而在第三城区的城墙上有对花草树木、各种鱼类的习性特征的说明，第四城区的城墙上有对鸟类、爬虫、昆虫的性质、体积、习性、颜色和生活方式的标明，第五城区的城墙上则有对高

① 《马克思恩格斯文集》（第1卷），人民出版社2009年版，第688页。

级动物马类的解说。[①] 可见，康帕内拉对未来社会愿景的构想中蕴含着人们对自然规律的认识和把握。傅立叶的理想社会也浸透着诸如“小即美的”、稳态经济、生产耐用品等绿色原则。

另一方面，生态学思想中蕴含着社会主义意识。无疑，在当今环境人文社会科学领域中的“红绿”思潮是自觉将生态环境议题与社会主义联系起来的一股思潮，但在研究自然规律的生态学等环境自然科学领域，同样隐匿着将两者结合起来的思想。德国农业化学家尤斯图斯·冯·李比希（Justus Von Liebig）对资本主义农业所造成的新陈代谢（或者物质变换）断裂的生态批判为马克思社会主义的生态学定义奠定了基础。马克思曾将劳动过程界定为人与自然之间的物质变换过程，也指出生产者联合起来的未来将合理地调节这一物质变换过程，可以说，这是生态学视域下的社会主义界定，而这一界定来源于李比希对土壤退化的研究。李比希在他的《化学在农业和生理学上的应用》中说明了土壤营养物质对植物生产过程中的重要作用，因此，合理的农业就是要遵循“归还”的原则，将土壤的营养物质归还给土地，才能确保农业发展所需的肥力，但是，当时的农业在资本主义条件下，由于城乡分离和远距离贸易的发展，导致英、美等国土壤营养成分流失，为了克服这种养分循环的断裂，英美资本家只能通过对外攫取其他国家（先是秘鲁，后是智利）的岛礁，将其变成自己的附属地从而获取所需的养分（比如鸟粪）。提出生态学四法则的美国生态学家巴里·康芒纳（Barry Commoner）驳斥了将生态环境问题归咎于自然和人本身的观点，而是直指自然和人本身生存于其中的经济体系，即在工业中不断增长的利润体系是对环境造成急剧破坏的真正原因。康芒纳认为，以追求利润为旨趣的美国私人企业是以生态系统的破坏为代价的，而苏联尽管也存在着类似的环境问题，但在社会主义体系下，它拥有区别于资本主义体系的、有利于采取集体行动的制度优势，以及不追求发展的无限性的经济理论优势。未来社会的经济体制，不是建立在私人切面上而是建立在社会切面上，不是根据生产过程中的价值增殖而是有效使用价值进行生产。[②]

从社会主义发展史和生态学发展史中隐匿的这些线索来看，更加明确了生态环境议题的两个问题：第一，生态环境议题位于社会主义者的视野之内，并且得到了生态学家社会主义意识下的高度关注，我们可以将前述的社会主义者称为“生态的社会主义者”，将生态学家称为“社会主义的生态学家”，因此，今天我们提出在社会主义的规定性下才能走出生态危机，从文献学的角度看，实际上是“回到”经典社会主义和生态学的论述。第二，生态环境议题是具有意识形态属性的议题。一个现象的意识形态性应当包含三个基本要素：一是对现存社会秩序进行批判性分析；二是提供理想社会的模型；三是指出为实现这样的理想社会所应该具有的过渡性战略和策略。社会主义发展史和生态学发展史中隐匿着对资本主义的生态批判，对社会主义理想社会生态维度的美好构想，也提出了为社会和有效使用价值进行生产等过渡性战略，这些都表明生态环境议题是一个具有高度意识形态属性的议题。

---

① ［意］康帕内拉：《太阳城》，黎廷弼、陈大维、黎思复译，商务印书馆1960年版，第4-8页。

② ［美］巴里·康芒纳：《封闭的循环：自然、人和技术》，侯文蕙译，吉林人民出版社1997年版，第201-235页。

总之，要应对新自由主义对我国生态环境治理的影响，就其捍卫资本主义的意识形态属性和随之而来的治理生态环境的失效而言，我国必须坚定地将社会主义的价值理念和制度设计与生态环境治理紧密地结合起来，这是一个总原则。对此，必须进行彻底的、根本性的转型，将社会主义作为前置性条件，在社会主义的规定性下才能走向真正的生态文明。如此一来，我们在谈及“五位一体”总体布局时，通常讲要把生态文明建设放在突出地位，融入经济建设、政治建设、文化建设、社会建设各方面和全过程，这凸显了生态文明建设的重要性，但同时也要明确将中国特色社会主义的经济、政治、文化和社会制度作为前置性条件去规制生态文明建设的展开，要以社会主义的本质作为衡量尺度，不能突破这四个方面的基本制度来谈生态文明建设，脱离了这四个方面的基本制度就会使我国的生态文明建设走上歧路，最终也就难以走向社会主义生态文明新时代。

因此，我们要注意将经济建设、政治建设、文化建设、社会建设中的基本制度、价值理念和政策举措反向融入生态文明建设，警惕和防范新自由主义对生态环境治理的影响。一是要警惕新自由主义对生态环境治理经济维度的影响和危害，坚决抵制自然资源全盘私有化、环境治理彻底市场化和自由化等错误观点，巩固和发展公有制在自然资源领域的多种实现形式，鼓励社会资本积极参与生态环境治理的建设，支持关涉生态环境领域的国有资本和国有企业做强做优做大；不断推进“有效市场”和“有为政府”更好结合，完善宏观经济治理，创新宏观调控思路和方式，保障能源资源安全，坚持绿色金融为生态产业实体经济服务，全面加强绿色金融监管，防范化解绿色金融领域风险，防止资本在生态环境治理领域无序扩张和野蛮生长，保护广大劳动者的生态权益。二是要警惕新自由主义对生态环境治理政治维度的影响和危害，防范多党轮流执政政治思潮的侵蚀，坚持党对生态环境治理的全面领导；发挥人民代表大会制度的根本政治制度作用，支持和保证人民代表大会依法行使在生态环境治理方面的立法权、监督权等权力；完善民主党派中央对涉及生态环境治理方面的重大决策部署贯彻落实情况实施专项监督、直接向中共中央提出建议等制度；积极发展生态环境治理领域的全过程人民民主，构建多样、畅通、有序的民主渠道，完善基层民主制度，完善环境事项公开制度，保障人民对环境问题的知情权、参与权、表达权、监督权，从各层次扩大公民有序参与生态环境治理。三是要警惕新自由主义对生态环境治理文化维度的影响和危害，牢牢掌握意识形态工作领导权，确立和坚持马克思主义在意识形态领域指导地位的根本制度，深入研究和阐释马克思主义生态理论及其中国化成果，特别要注重以习近平生态文明思想武装全党、教育人民、指导实践，推动环境人文社会科学学科体系、学术体系、话语体系建设；必须结合新的时代条件，传承和弘扬好中华优秀传统生态文化，推动中华优秀传统生态文化创造性转化、创新性发展；讲好中国生态文明建设故事，提高国际传播能力，自觉抵制“中国环境威胁论”等错误观点。四是要警惕新自由主义对生态环境治理社会维度的影响和危害，牢固树立良好生态环境是最普惠的民生福祉的基本民生观，为人民群众提供更多优质生态产品，努力实现社会公平正义，不断满足人民日益增长的优美生态环境需要；将人民的环境权益和发展权益结合起来，推进生态扶贫，解决相对贫困问题；以产业生态化和生态产业化为契机，为人民提供更多生态就业岗位。

第二节　筑牢中国式生态环境治理道路的理论防线

要有效应对新自由主义“生态环境治理术”，必须筑牢中国式生态环境治理道路的理论防线。从中国进行生态环境治理的大背景来看，党的十七大报告首次提出了“生态文明”，党的十八大报告首次提出“社会主义生态文明”，党的十九大报告强调要牢固树立“社会主义生态文明观”，可以说，“社会主义生态文明”就是抵御新自由主义的基础理论，“社会主义生态文明”也正在成为学界热议的主题词，并取得了不少研究进展。① 但如果从抵御新自由主义的角度看，我们又要辨析受新自由主义影响的环境经济学和生态经济学，有针对性地提出理论应对之策，将我国的社会主义生态文明建设奠定在科学的理论基础之上，以马克思主义政治经济学为指导，走向“生态政治经济学”，从而筑牢中国式生态环境治理道路的理论防线。

一、“物质利益难题”与“环境利益难题”

与新自由主义“生态环境治理术”不同，我国的生态环境治理要坚持社会主义生态文明的基本方向，而社会主义生态文明要成为一种理论体系，理应有其学科基础，这一基础又理应包括环境自然科学学科和环境人文社会科学学科，我们这里暂且不谈前者。就环境人文社会科学学科而言，郇庆治教授指出，20 世纪 80 年代以来，我国形成了众多的环境人文社会科学学科，包括环境哲学、环境伦理学、环境美学、环境文学（艺术）、环境史学、环境社会学、环境政治学（环境公共管理）、环境教育学、环境经济学和环境法学等。② 那么，在这众多的环境人文社会科学学科中，对环境问题进行经济学研究的环境经济学或者生态经济学为何重要？让我们先从马克思的“物质利益难题”开始讲起，因为这是马克思转向经济学研究的一个触点，以此我们也可以思考对生态环境问题进行经济学研究的重要性。

在马克思思想发展史上有一个“物质利益难题”，即马克思在《〈政治经济学批判〉序言》中回顾自己的思想经历时说：“我学的专业本来是法律，但我只是把它排在哲学和历史之次当作辅助学科来研究。1842～1843 年，我作为《莱茵报》的编辑，第一次遇到要对所谓物质利益发表意见的难事。莱茵省议会关于林木盗窃和地产析分的讨论，当时的莱茵省总督冯·沙培尔先生就摩泽尔农民状况同《莱茵报》展开的

---

① 2015 年 6 月，“中国社会主义生态文明研究小组”（CRGSE）在北京大学郇庆治教授的牵头下成立。该研究小组是由北京大学马克思主义学院和德国罗莎·卢森堡基金会北京代表处共同组建的一个网络性学术团体，它是基于一种广义的生态马克思主义或生态社会主义理论，着重探讨 2012 年以来中国政府大力推进的社会主义生态文明建设是否以及在何种程度上将会成为一种全面、深刻的经济政治制度绿色化重构或社会生态转型过程。其主要目标如下：一是开展对中国社会主义生态文明话语与实践的一种绿色左翼视角下的系统性研究；二是提出关于社会主义生态文明制度愿景及其实现路径的战略与政策建议；三是促进中国生态文明研究学者与国际绿色左翼学界的全球性交流、对话和合作。该研究小组在上述三个层面取得了不少成绩，推动了社会主义生态文明理论与实践研究的深入发展。

② 郇庆治：《亟待发展的中国环境人文社科学科》，《环境教育》2011 年第 1 期。

官方论战，最后，关于自由贸易和保护关税的辩论，是促使我去研究经济问题的最初动因。”① 所谓“物质利益难题”就是，马克思在早期秉持启蒙理性主义的基本立场，强调理性精神和自由的类本质对新闻出版、国家、法等上层建筑的决定作用，坚信这些上层建筑应该是对理性和自由本质的反映，可是，当他以此去评判现实的一切社会政治状况时，却遭遇了私人的物质利益对国家和法的支配，启蒙理性主义在私人物质利益面前显得脆弱无力，这让马克思感到“为难”。最终，这一难题开启了马克思思想从唯心主义到唯物主义的转变，展开对黑格尔哲学的批判，由此得出了作为物质生活关系总和的市民社会决定国家的结论。而马克思带着解剖市民社会的渴望，开启了经济问题的研究，展开了对政治经济学的批判。

从马克思的这段思想史中，我们可以发现理性、国家和法等上层建筑、市民社会三者之间的关系如何让马克思遭遇“物质利益难题”，如果以一种抽象理性去规制市民社会和国家和法等上层建筑，也就是说以“应当”去观照和规制现实中的物质利益关系，往往会陷入“为难”的境地，“为难”就难在国家和法等上层建筑并不体现理性，理性之光也未自动地普照到所有人的现实利益。

如果我们将三者的关系移植到生态环境领域，我们也会遭遇类似于“物质利益难题”的“环境利益难题”。当理性具化或演进为生态理性，我们再去观照国家、法等上层建筑和广大受众的环境利益时会发现，与“物质利益难题”类似，“环境利益难题”的为难之处在于，为什么作为“应当”的生态理性无法成为一种“普照的光”照射到国家和法等上层建筑？并以此来规制和引导现实社会的运行？我们可以列举几例：一是国家和法等上层建筑并不因生态理性的规制而自动变成“绿色国家”“绿色法”，如有些国家退出《京都议定书》和《巴黎协定》的行径；二是在生态理性对生态危机危言耸听式的预警下，也未能规制众多国家和受众的行为，即使明知自己的行为会危害自己的环境利益，学界将此现象称为“吉登斯悖论”，现实中的例子则诸如推行“限塑令”和垃圾分类的艰难；三是那些符合生态理性的“绿色法”的制定，也没有转化为现实的环境改善，从而保障公众的环境利益；四是人类的环境利益的受损情况分布是不平衡的，总是存在着类似发达国家和发展中国家之间、种族之间、性别之间、阶级之间的差异。

如果我们秉持马克思早期启蒙理性主义的基本立场，那么，在“环境利益难题”的学科阐释上，一方面，必须不断繁荣环境哲学、环境伦理学、环境美学这些阐释和完善生态理性的学科；另一方面，以这种不断完善的生态理性去改造和完善国家和法等上层建筑，又需要进一步繁荣环境法学、环境政治学、环境行政管理学、环境教育学、自然文学等学科。然而，如果要真正走出“环境利益难题”，我们还需要向马克思那样，对作为物质生活关系总和的市民社会进行研究，倒转过来，以市民社会的变革带动国家和法等上层建筑的绿色变革，进而又以国家和法等上层建筑的绿色变革反作用于市民社会，巩固市民社会的绿色转型。这就需要解剖市民社会绿色维度的生态（环境）经济学，以及与之相关的揭示人与自然关系历史变迁的环境史学（特别是那些研究历史上形成的“资本主义生态景观”），揭示环境问题复杂社会成因的环境社

---

① 《马克思恩格斯文集》（第2卷），人民出版社2009年版，第588页。

会学的研究。

二、社会主义生态文明理论的政治经济学基础：何以必要

对“环境经济学”或者“生态经济学”的提法，是从其出场的意义进行命名，意在揭示破解“环境利益难题”亟须对物质生活关系总和的市民社会进行经济学分析，如此一来的逻辑结果应当是直接切入对生态环境问题的政治经济学研究，因为经济学本来就叫作政治经济学，但是，对生态环境问题进行经济学研究的发展历史却不是这样的①，学界在研究的过程中形成了不同的范式和流派，根据对西方绿色思潮的“三分法”②，我们也可以将对生态环境问题的经济学研究分成三种：“浅绿色”的环境经济学、“深绿色”的生态经济学、“红绿色”的政治经济学。其中，受新自由主义影响较大的是“浅绿色”的环境经济学，“深绿色”的生态经济学次之，“红绿色”的政治经济学是与之相对的经济学理论。接下来，笔者通过比较三种经济学理论，指出只有“红绿色”的政治经济学才是正道。

“浅绿色”的环境经济学，其理论基础是当今西方主流经济学——新古典经济学，特别是福利经济学，因此，环境经济学有时也被称为新古典环境经济学。它针对的是理性个人和企业的经济行为因市场失灵而产生的环境污染等外部性问题，试图通过将环境重新纳入市场范畴，对自然资源和污染损害进行经济评估赋予其货币价值，以此克服环境污染问题，并采用边际分析、均衡分析、影子价格、机会成本等方法实现对稀缺资源最有效率的使用，从而实现帕累托有效配置状态的福利最大化目标。环境经济学之所以是“浅绿色”的，是因为它始终认为尽管存在着市场在环境公共物品上的失灵现象，但只要通过各种经济技术手段、数理分析工具为生态系统服务和污染赋予市场价值，就可以克服市场失灵，从而一如既往地实现经济增长，而不存在生态系统对经济系统的终极限制。反过来说，那些无法通过各种经济技术手段，比如支付意愿法，对生态系统进行赋值的，在环境经济学家看来，这样的生态系统就没有价值。

“深绿色”的生态经济学发端于20世纪60年代，尼古拉斯·乔治斯库—罗根（Nicholas Georgescu-Roegen）、肯尼思·博尔丁（Kenneth Boulding）和赫尔曼·戴利（Herman Daly）被誉为该学科的创始人和先驱。罗根将物理学的热力学定律引入对经济过程的分析，指出输入经济过程的是有价值的自然资源，是处于低熵状态的物质能量流，而经济过程的结果必然输出无价值的废物，也就是物质能量流以高熵的状态出来。经济过程受熵定律的约束，使经济过程的演化不可逆转。博尔丁也指认了熵定律对地球能量系统的约束，将地球比喻为一艘宇宙飞船，将地球经济比喻为“太空人”

① 一个典型的例子是在海洋和渔业生态环境问题上，“公地悲剧”思想的先驱性人物斯科特·戈登（Scott Gordon）在1954年就撰文指出，对渔业的经济分析是极其匮乏的，然而，最终的问题并不是海洋中生物的生态本身，而是人类为了自己的经济目的而使用这些资源的问题。尽管如此，戈登还是采用了新古典经济理论来分析渔业问题。参见H. Scott Gordon, “The Economic Theory of a Common-property Resource: The Fishery”, *Journal of Political Economy*, Vol. 62, No. 2, 1954, pp. 124-142。

② 郇庆治：《21世纪以来的西方绿色左翼政治理论》，载郇庆治：《当代西方绿色左翼政治理论》，北京大学出版社2011年版，第2页；王雨辰：《论西方绿色思潮的生态文明观》，《北京大学学报（哲学社会科学版）》2016年第4期。

经济，其生产能力和净化能力都是有限的，因此，度量经济成功与否的标准是存量而不是产量的多寡。同样地，戴利非常明确地指认了经济增长受到生物物理限制，这种限制来源于环境资源和接受废弃物能力的有限性、熵和生态的相互依赖性，据此，我们应从对增长的狂热中走向一种“稳态经济”。

生态经济学三位创始人和先驱对环境和经济的基本观点奠定了生态经济学的学科理论基础，其主要研究的是生态系统和经济系统相互关系及其规律的科学，它与环境经济学有诸多区别，主要体现在对自然价值的认识和衡量、对市场机制的看法、对可持续发展等议题的不同认知。在环境经济学那里，自然价值就是通过货币价值得以体现，以市场机制应对市场失灵，并信赖经济增长的不受限制，而生态经济学则强调货币价值之外的自然价值，市场机制应用范围的条件性和生态可持续的优先性。乔纳森·哈里斯（Jonathan Harris）和布瑞恩·罗奇（Brian Roach）为我们提供了两者的差异（见表4-1）。

表4-1　环境经济学与生态经济学的区别

问题	环境经济学的观点	生态经济学的观点
如何确定环境价值？	使用以支付意愿为基础的经济价值	经济价值也许有用，但也要承认内在价值
价值如何衡量？	尽可能将所有价值转换成货币价值	某些价值，特别是内在价值，是无法用货币价值表现的
是否提倡以市场机制解决市场失灵？	是的，且可以用在大部分案例中	也许，但是微观层面的市场机制解决方案不适用于解决宏观层面的问题
是否考虑未来几代人？	有时是，要根据市场活动考虑权重	从道德上赋予未来几代人更多权重
价值中立是否可取？	经济学致力于价值中立	价值观在多元框架下是可接受的
什么是可持续发展？	维持人类的福祉	维持生态的福祉
是否存在经济增长的最终限制？	或许没有，至少在可预见的未来	从自然资源的有限获取性来看，很有可能

资料来源：Jonathan Harris and Brian Roach, *Environmental and Natural Resource Economics: A Contemporary Approach*, New York: Routledge, 2017, p. 13.

2019年，美刊《生态经济学》邀请了国际生态经济学领域的10余名资深学者探讨生态经济学的未来发展方向，其中，戴利强调了生态经济学未来30年的研究方向，不是寻求什么新鲜的东西，而是沿着前30年的路径，继续挑战新古典经济学这一未完成的任务，主要包括如下10个议题：一是要重视新古典经济学仍然不予认可的通量（Throughput）概念；二是自然资本和人造资本基本上是不可替换或者互补的；三是GDP的“去物质化”和所谓的“信息经济”并不能减少GDP增长的物质消耗强度；四是人类福祉并不能等同于GDP增长；五是新古典经济学只承认劳动力和资本对生产的作用，但生态经济学不能忽视自然在生产和国民收入核算中的作用；六是要重视对稀缺自然资源的使用进行征税；七是不管价格是否正确反映价值，衡量GDP的所有类别都是错误的，如将自然资本的损耗视为增加GDP；八是当前的金融系统是私人商业借贷活动的副产品，不是进行有效交易的公共服务，生态经济学提倡地方货币金融系统；九是生态经济学倡导国际贸易、签订国际协议，但保持国家独立性的“国际化”，反对通过自由贸易、自由资本流动从而为了经济目的而消除国家边界的“全球化”；十是虽然生态经济学从生态学中汲取智慧，但也有避免陷入哲学唯物主义和决定论的形而上设想，这对于需要意识能动性的、作为政策科学的生态经济学是致命的。①

生态经济学与环境经济学的这些差异，源于两者对经济系统和生态系统关系问题上的“前分析观点”（Preanalytic Vision，熊彼特语）的差异，即对经济系统和生态系统的关系认识上。环境经济学的“前分析观点”是将生态系统看作经济系统的一个子系统，只是经济体进行资源开采和废弃物排放的部门。而生态经济学的“前分析观点”则是将经济系统作为生态系统的一个子系统加以分析，经济系统受制于生态系统，经济生产依赖生态系统中不断表现为稀缺性的自然资本。因此，一个以热力学定律支配下的经济系统，不可能维持不断的经济增长，经济增长必定终将结束，取而代之的是寻求最优规模和公平分配，且这种最优的经济规模必须确保生态的可持续性，即经济生产活动对自然资源的消耗，以及紧随其后的生产活动和消费活动产出的废弃物，所有这些自然资源流量或者通量不能超过生态系统吸收废弃物和再生新资源的自然能力范围。生态经济学并不完全排斥环境经济学的基本原理，但它始终将经济规模必须受生态系统限制这一前提摆放在首要位置，接着再研究公平分配和有效配置的问题，这就是其“深绿”处之所在，它赞同生态学提出的自然内在价值概念，一种不依赖于人的独立价值。因此，在微观经济学层面，生态经济学要分析存在稀缺性和负外部性的情况下，自然资本的最优开采量；在宏观经济学层面，生态经济学要将稀缺的自然资本对经济增长的限制带入国民生产总值、经济金融部门的分析中，并研究各种经济政策杠杆；在国际经济学层面，生态经济学要求反思全球化过程中生产、贸易全球化带来的资源消耗和环境破坏的负外部性，分析金融危机与生物物理限制的因果关系。

社会主义生态文明在环境经济学和生态经济学的影响下，其对“环境利益难题”的回应，就是“激励”和“约束”，即通过对自然资本稀缺性的预警和体认，对自然资本重新赋值以激励社会主体采取环境保护的行动或约束环境破坏的行为。我们可以发现，正在进行的生态文明建设已经获得了这些学科的学理支撑，生态文明建设的具体举措正是这些学理的具体体现，比如：推进绿色发展进程中的绿色金融；健全耕地、草原、森林、河流、湖泊休养生息过程中，要建立市场化、多元化生态补偿机制；加大生态系统保护力度要完成生态保护红线、永久基本农田、城镇开发边界三条控制线划定工作。对这些政策的落实可以在一定程度上缓解“环境利益难题”，推动国家和法等上层建筑的绿色转型，激励个体、企业和整个社会层面的绿色行动。由此我们也可以发现，环境经济学和生态经济学尽管存在着差异和分歧，但两者并非完全排斥，比如碳交易市场就是两者共同的政策主张。

然而，无论是环境经济学还是生态经济学，尽管在经济系统和生态系统的相互关

① Herman Daly, “Some Overlaps between the First and Second Thirty Years of Ecological Economics”, *Ecological Economics*, Vol. 164, 2019, pp. 1-3.

系这个“前分析观点”上存在着分歧，但是，由于受新自由主义对个人理性预先假定的影响，它们却在另一个“前分析观点”上存在着一致性，即都是在理性、道德的视野下对社会现实展开批判，这必然导致其理论存在缺憾。环境经济学一贯坚持经济理性立场，把人看作具有理性的经济人，当生态环境问题“来袭”时，环境经济学在经济理性中注入生态理性，通过碳税这样的经济工具意图将生产外部性内部化，但诸如碳税这样的以成本效益分析为工具的政策完全有可能在利润收益高于支付生产外部性内部化成本的情况下走向反面，使企业不将碳税“放在眼里”。在国际层面，则会出现像世界银行首席经济学家萨默斯主张将污染转移到发展中国家的生态帝国主义言论，而其荒谬的理由就是发展中国家处理污染的成本要远远低于西方发达国家。

生态经济学则是从生态理性出发，在要求人们承认自然的内在价值和生物物理稀缺性“本质”下，对资源开采量和废物排放量进行限制，以此为基础考虑如何实现稀缺的自然资源产权的公正分配和交易问题，但生态经济学的生态理性本身就存在着问题。比如，从生态系统通量的稀缺性出发，有可能使地球的生态系统处于崩溃的临界点这样一种危险状态。生态经济学告诉人们生态系统中的自然资源和废弃物接收能力的总量，要求人类不能越过这一红线，以此为基础，这就有可能使经济活动时刻处于临界点之下，尽管在其看来生态系统不会崩溃，但却濒临崩溃。再如，从生态系统通量的稀缺性出发，有可能跌入技术万能论的陷阱。生态经济学之所以提出生态系统通量生物物理性质的稀缺性，是从地球封闭系统的角度而言，如果输入的环境资源和接收的废物是在一个开放系统中，如无序性成本和熵成本由太阳来承担，那么，就不存在稀缺性的问题，因此，这就意味着竭力获取可再生能源，甚至在遥远的未来将人类移送到别的星球上去，从而突破地球的封闭系统，问题即可解决。

环境经济学和生态经济学从理性出发的批判性分析，最重要的缺憾在于两者缺乏马克思所说的“历史的要素”①。举四个例子：一是在生态经济学看来，生态系统通量的稀缺性是相对不断的经济增长而言，但生态经济学并没有回答人类社会发展至今是如何以及为何陷入不断经济增长的泥潭而无法自拔。生态经济学在这里有将问题指向生产力的倾向，有污染必然论的倾向，缺少了历史的要素，也缺少了生产关系的维度。

二是体现在两者对经济过程循环流动的理解上。两者都将经济过程的循环流动描绘为企业从生态系统获取自然资源进行生产，生产要素包括自然资源、人力和资金，经济活动的结果是产出商品和服务，同时向生态系统输出污染物和废弃物。两者在阐释这一循环流动模式时将其视为人类产生以来一切世代的生产活动，可是这一循环流动模式中的“企业”“家庭”显然是一定经济关系的产物，不是从来就有的，也不会永恒存在。这一循环流动模式是将特定经济关系下的生产模式还原为一般意义上的生产模式，是一种遮蔽经济关系的幻象。

三是体现在对“自然资本”的理解上。自然资本是两者共同的关键概念，一方面用以强调自然在生产过程中的作用，另一方面也为自然赋予货币价值提供依据，那么，什么是自然资本呢？戴利和乔舒亚·法利（Joshua Farley）的定义是：“一种可

---

① 《马克思恩格斯文集》（第5卷），人民出版社2009年版，第428页。

以收获自然服务和有形自然资源流的存量，包括太阳能、土地、矿物和矿物燃料、水、活有机体，以及生态系统中所有这些元素相互作用下提供的服务。”① 显然，这种对自然资本的界定只是将自然资本视为“物”，而没有看到“物”背后的经济关系，它只是对传统经济学的资本定义在量意义上的拓宽，使资本的范围扩大，将大自然提供的生产工具包含在内。

四是对特定历史条件的认知上。两者对当前历史给定的初始条件，包括市场体系、私人和公共财产、政府调控都持默认态度，都主张在现存的制度框架内进行改革，任何对现存制度的挑战都将被视为非常激进的选择，正如生态经济学在设计政策原则时所写的：“我们的当前体系是什么？从本质上说，不仅包括市场体系以及私人财产，而且包括公共财产和政府调控。……即使我们能够想象出替代的解决方案，然而我们既没有智慧也没有时间抛开我们最基本的制度。如果我们建议对这些制度作出明显的改变，都会被某些人认为是非常激进的，因此重要的是即使基本的观念已经发生改变，仍然强调必须采取谨慎的原则，即从我们现在所处的位置开始。”②

无论从经济理性出发还是从生态理性出发，都无法洞察到生态环境问题的根本，他们将产生生态环境问题的原因归结为观念上缺乏经济理性或者生态理性，但问题还在于，是一个社会的经济关系形塑着社会成员的“一举一动”。这正如马克思曾谈到的资本家和工人阶级之间均有各自的“权利”要求延长工作日和限制工作日时长，而这背后正是商品交换规律所承认的③，这意味着要解决工作日上的冲突，通过限制工作日时长的办法始终是一种不彻底的办法，是从外部进行强制的办法，只有通过变革最根本的经济关系才能彻底解决这个问题。对经济关系的规律性揭示，就是要将问题的解决放到变革经济关系中去寻找。

环境经济学和生态经济学没有当年马克思转向经济学研究时的那种动因，马克思在遭遇“物质利益难题”后，进入了经济学研究，为的就是对一定的经济关系重新加以审视，揭示资本主义社会生产力与生产关系、经济基础与上层建筑的互动关系，以达到对现代社会的历史性理解和超越。实际上，马克思在研究社会结构的生产力与生产关系时，对包含自然条件的生产力和人与人之间发生的生产关系的论述，已明确指出两者之间的关系：“人们在生产中不仅仅影响自然界，而且也互相影响。他们只有以一定的方式共同活动和互相交换其活动，才能进行生产。为了进行生产，人们相互之间便发生一定的联系和关系；只有在这些社会联系和社会关系的范围内，才会有他们对自然界的影响，才会有生产。”④ 就此而言，环境经济学和生态经济学都有意

---

① ［美］赫尔曼·E. 戴利、乔舒亚·法利：《生态经济学：原理和应用》（第2版），金志农、陈美球、蔡海生译，中国人民大学出版社2014年版，第16页。

② ［美］赫尔曼·E. 戴利、乔舒亚·法利：《生态经济学：原理和应用》（第2版），金志农、陈美球、蔡海生译，中国人民大学出版社2014年版，第381-382页。

③ 马克思写道：“商品交换的性质本身没有给工作日规定任何界限，因而没有给剩余劳动规定任何界限。资本家要坚持他作为买者的权利，他尽量延长工作日，如果可能，就把一个工作日变成两个工作日。可是另一方面，这个已经卖出的商品的独特性质给它的买者规定了一个消费的界限，并且工人也要坚持他作为卖者的权利，他要求把工作日限定在一定的正常量内。于是这里出现了二律背反，权利同权利相对抗，而这两种权利都同样是商品交换规律所承认的。”参见《马克思恩格斯文集》（第5卷），人民出版社2009年版，第271-272页。

④ 《马克思恩格斯文集》（第1卷），人民出版社2009年版，第724页。

无意地忽视生产关系去抽象谈论生态系统和经济系统的关系，生态经济学夸大了生态系统对经济系统的决定作用，而环境经济学又无视经济基础对生态系统的反作用。从生产力与生产关系、经济基础与上层建筑的相互作用中加以研究正是政治经济学关注的问题域。

我们首先必须澄清一个问题，即马克思的政治经济学是否将“人与自然的关系”纳入自己的研究范畴。马克思在《资本论》第一版序言中讲到：“我要在本书研究的是，资本主义生产方式以及和它相适应的生产关系和交换关系。”① 因此，我们通常根据这句中文翻译认为政治经济学的研究对象是人与人之间的生产关系，而当我们去对照原文时，恐怕还是要重新认识。根据郭冠清的介绍，在德文版原文中，我们将之译为“生产关系”的“verhältnisse”，实际上常见的意思有两个，即“关系”和“条件”，也就是说，在这里，中文译本选择将这个德文译为“生产关系”，而不是“生产条件”。但后来经恩格斯校订的英文版原文为：“In this work I have to examine the capitalistmode of production and the conditions of production and exchange corresponding to that mode.”这里使用了“conditions”一词，因此应该译为“条件”，整句话就变成：我要在本书研究的是，资本主义生产方式以及和它相适应的生产和交换的条件。② 笔者查阅了当前的《资本论》英译本，进步出版社（Progress Publishers）和劳伦斯—威沙特出版社（Lawrence and Wishart）出版的英译本均使用“conditions”一词，只有企鹅经典出版社（Penguin Classics）将其译为“关系”，尽管如此，该版本还是在其后标注了德文单词原文“Verkehrsverhältnisse”③。由此可见，“条件”的译法还是有依据的。而一个社会进行生产的条件，包括自然条件和社会条件，因此，政治经济学应将社会的“自然条件”纳入自己的研究范畴。

但是，如果我们只是这样理解政治经济学的研究对象，那么，它与环境经济学和生态经济学就没有区别了。中译本将其译为“关系”，在笔者看来也没错，我们不能简单地以直译的方式来理解政治经济学的研究对象，因为研究社会的“自然条件”，必定涉及不同的阶级在生产、使用自然条件过程中所形成的人与人的关系和人与自然的关系。“与之相适应”这句短语意味着，有什么样的生产方式，就有什么样的“生产和交换条件”，而“生产和交换条件”具体体现为一定生产关系之中的“生产和交换条件”。具体到“自然条件”上也是如此，有什么样的生产方式，就会有什么样的“自然条件”，也就是说，我们必须在生产方式所决定的生产关系范畴中理解“自然条件”，否则对“自然条件”的理解只能像环境经济学和生态经济学那样停留在“物”的层面。这就为我们理解自然“价值”和“稀缺”概念提供了与环境经济学和生态经济学不同的“前分析观点”。

如果说环境经济学的“前分析观点”是生态系统为经济系统的子系统，将经济系统的不断增长固化，生态经济学的“前分析观点”是经济系统为生态系统的

---

① 《马克思恩格斯文集》（第5卷），人民出版社2009年版，第8页。

② 郭冠清：《回到马克思：政治经济学核心命题的重新解读（下）——以〈马克思恩格斯全集〉历史考证版第二版（MEGA2）为基础》，《经济学动态》2015年第8期。

③ Karl Marx, *Capital: A Critique of Political Economy*, Vol. 1, Translated by Ben Fowkes, New York: Penguin Books, 1976, p. 90.

子系统，将生态系统的稀缺性固化，那么，政治经济学的“前分析观点”则是将经济系统和生态系统动态化，它从经济关系出发，对经济关系加以研究，以洞悉特定观念的、政治的上层建筑的根源，生产方式的变更带来经济关系的变更，以此影响上层建筑。因此，在这一模式下，经济系统和生态系统未必固化出永恒的特征，经济系统不是先验地追求不断增长的货币价值，生态系统也不是先验地呈现稀缺性的特征。经济系统和生态系统是因变量，引发其变化的自变量是一定社会的生产方式及其经济关系，因此，一个社会所遭遇的“环境利益难题”，实则是这个社会对经济系统和生态系统的认知，这样的认知是这个社会生产方式及其经济关系的结果，如此一来，要破解“环境利益难题”就应该到“此处”寻找。由此，我们用政治经济学的观点去回答前面哈里斯和罗奇提出的问题，就可以得出三者的差异（见表 4-2）。

表 4-2　环境经济学、生态经济学、政治经济学的区别

问题	环境经济学的观点	生态经济学的观点	政治经济学的观点
如何确定环境价值？	使用以支付意愿为基础的经济价值	经济价值也许有用，但也要承认内在价值	价值是一个历史范畴，在不同的历史时期，价值的具体表现是不同的，同样地，以货币表现生态价值也是历史的
价值如何衡量？	尽可能将所有价值转换成货币价值	某些价值，特别是内在价值，是无法用货币价值表现的	
是否提倡以市场机制解决市场失灵？	是的，且可以用在大部分案例中	也许，但是微观层面的市场机制解决方案不适用于解决宏观层面的问题	短期、局部有效，因此，要注意以政府的宏观调控加以规制和引导
是否考虑未来几代人？	有时是，要根据市场活动考虑权重	从道德上赋予未来几代人更多权重	不能抽象地谈“人类”，那些代表先进的、生态的生产力的“人类”将是考虑的对象
价值中立是否可取？	经济学致力于价值中立	价值观在多元框架下是可接受的	具有鲜明的生态正义和社会正义的价值立场
什么是可持续发展？	维持人类的福祉	维持生态的福祉	维持人与自然的和谐共生
是否存在经济增长的最终限制？	或许没有，至少在可预见的未来	从自然资源的有限获取性来看，很有可能	这取决于是否以资本增殖为导向

资料来源：Jonathan Harris and Brian Roach，*Enrironmental and Natural Resource Economic：A Contemporary Approach*，New York：Routledge，2017.

吊诡的是，像戴利这样的生态经济学家对政治经济学的“前分析观点”似乎并不领情，而是将其视为缺点，戴利就直言：“马克思及其劳动是所有价值之源的理论比其他传统经济学家都更热衷于否定大自然在经济机能以及价值创造中具有任何重要的作用。对于马克思而言，自然物化了稀缺性的思想是一种非常可恶的东西。所有的贫穷都是不公平社会关系（或阶级剥削）的结果，而不是‘大自然吝啬’的结果。”① 在这里，戴利对马克思充满着误解，缺少了“历史的要素”和对经济关系的分析，他并不理解劳动成为所有价值之源的真正内涵，也不理解稀缺性的动态演进之史背后的驱动因素，从而无法找到生态价值缺失和生态系统稀缺性的根源，只能从外部，即设想一种生态理性强加于现世社会。

我们可以从戴利的上述两个诘难来列举政治经济学对于环境问题的洞见。第一个诘难是有关劳动价值论的。按照戴利的意思，马克思只将价值的源泉赋予劳动，否定了自然在价值创造中的重要作用。其实，这只是资本主义生产方式条件下对价值的特定理解。价值是一个历史范畴，它的具体表现形式发生了从简单的、个别的或偶然的价值形式到总和的或扩大的价值形式，再到一般价值形式，最后到货币形式的变化。不是马克思，而是资本主义应该成为被指责的对象，即在资本主义条件下，自然要素不形成价值。当环境经济学和生态经济学在谈论自然在生产过程中对一个社会的财富创造发挥巨大作用时，实则指的是自然的使用价值在发挥作用，当我们在谈“自然资本”这一概念，说自然是一种资本，是有价值时，其实陷入了误区，正确的说法应该是：自然是一种资产，对于人类来说有巨大的使用价值，这突出的是自然作为一种“物”满足人类需要的效用。但是，在资本主义社会，生产过程只关心价值和剩余价值的形成、占有和实现，自然的使用价值必须服从于这一目的，为此，资本家要做两件事情，这两件事情也是新自由主义“生态环境治理术”十分热衷的手段：一是涉及“生产条件”，要将自然要素在内的所有生产资料私有化，从而在这个社会形成拥有生产资料和丧失生产资料的阶级及其经济关系，这是形成价值和剩余价值的先决条件，这在马克思的时代表现为资本的原始积累，在当今时代表现为跨国公司在“绿色外衣”下对发展中国家的自然资源，特别是土地和森林资源的“绿色占领”。在自然资源的资本主义私人占有条件下，资本家在使用自然资源的过程中，如果没有对自然资源创造财富的作用，以及生产后排放废弃物对自然环境造成的损失两个方面进行补偿，就形成资本家对自然的“剥削”。二是涉及“交换条件”，为了交换成功，除了涉及两大部类之间的交换条件之外，其实还涉及一个最基本的交换条件，即商品所有者必须按照社会必要劳动时间决定的价值量进行交换。这也是一种先决条件，在这一规律的支配下，会出现自然的使用价值很大，但却无法增进整个社会总价值的情形；会驱使资本家不断在全球范围内开采廉价自然资源，以及那些被商品化、渗入劳动的自然要素，随着整个社会更替生产工具，而出现贬值的情形；最终还会出现自然的使用价值只是成为价值的“吸收器”和“转移器”，即自然的使用价值是资本家获取剩余价值的物质承担者，被“抽象化”而支离破碎的情形。如果说让自然保持原真性和完整性，维护自然存在物的栖息地，让其发挥原有的正常功能是自然的“完美”状态，那么，资本家在实现剩余价值的过程中对自然的“抽象化”处置，就让自然陷入“异化”状态。

第二个诘难是有关稀缺性的问题。稀缺性是西方主流经济学的基本假设之一，也

① ［美］赫尔曼·E. 戴利、乔舒亚·法利：《生态经济学：原理和应用》（第2版），金志农、陈美球、蔡海生译，中国人民大学出版社2014年版，第29页。

被其视为生成经济问题的最基本缘由，同样也是新自由主义“生态环境治理术”的基本命题之一。这个基本假设是，资源是有限的或稀缺的，却要满足人类无限的需要，这一矛盾的存在才产生了经济学这门研究资源配置的学科。环境经济学和生态经济学都是在这一框架下思考环境问题。环境经济学直接对这一假设进行阐发，指出由于我们无法得到无限的自然资源去满足所有人的无限需要，因此，必须利用好市场工具去实现自然资源的优化配置以及处理好自然资源耗竭和污染问题。生态经济学认为，自然环境资源在量上和接收废弃物的能力上都是有限的，不可能满足无限的经济增长需要，因此，必须将经济系统的规模限制在生态系统有限规模的范围内。马克思的政治经济学不是不研究资源配置，也不是不承认稀缺性问题，而是对稀缺性进行“前提批判”：一是环境经济学对稀缺性假设的应用存在着对比不同质对象的问题，在解释自然资源的稀缺性时是以一种客观的视角对待，在一定时空范围内自然资源呈现稀缺性的客观特征，而在解释需要时却指向了主观角度，人的需要只有在主观上才是无限的，此时的需要等同于“欲望”，而如果是在一定时空范围内人的需要则是有限的，因此，不能先验地假定人的需要是无限的，然后想办法去满足这种无限的需要。就此而言，我们对人民“美好生活需要”的判断就显得极为重要，因为这不再是各方面量意义上不断增长的需要。二是生态经济学虽然认识到相对于生态系统的有限性，经济的无限增长是不可能的，但是，经济无限增长的要求是如何形成的？我们只有深入资本主义生产方式的运行机制，即资本总公式（M−C−M′）的研究中才能得到理解，换句话说，我们之所以体认到生态系统的稀缺性，更准确地说是相对于资本要求无限增殖的逻辑本性而言。而为了确保资本增殖，就要研究其中所形成的人与人的经济关系对人与自然关系的影响。不能简单地说生态系统的稀缺性迫使我们必须做出改变，而应该说资本主义生产方式的运行机理导致生态系统越来越呈现稀缺性特征，从而迫使我们必须做出改变。

三、走向生态政治经济学

综上可见，政治经济学对环境问题的研究具有重要意义，因此出现了直接使用“马克思的生态学”这一术语的福斯特，近年来也有斋藤幸平基于《马克思恩格斯全集》历史考证版第二版（MEGA2）挖掘了前人所不知的马克思自然科学笔记中的生态学部分，但政治经济学毕竟不是以环境问题作为主要的研究对象，将政治经济学这一术语同环境经济学、生态经济学并列显然是不合适的，为此，笔者使用“生态政治经济学”① 一词来表示从政治经济学的视角对生态环境问题进行“红绿”性质的阐释，以区别于“浅绿”的环境经济学和“深绿”的生态经济学。与环境经济学和生态经济学这些已经比较成熟的学科不同，生态政治经济学目前还谈不上是一门

① “生态政治经济学”一词，由中国人民大学经济学院刘明远于2006年提出，近年来又经马艳等学者进行使用和初步阐发。参见刘明远：《关于创建生态政治经济学的思考》，《政治经济学评论》2006年第2期；马艳：《生态政治经济学的量化分析》，《中国社会科学报》2016年3月30日；曹顺仙、张劲松：《生态文明视域下社会主义生态政治经济学的创建》，《理论与评论》2020年第1期；蔡华杰：《重视对传染病的生态政治经济学反思》，《毛泽东邓小平理论研究》2020年第2期；付文军：《论马克思生态政治经济学批判的逻辑理路》，《兰州学刊》2020年第2期。

学科，从研究现状看，我们可以在与新自由主义“生态环境治理术”的比较中，将之视为一种“话语体系”加以构建，而作为“话语体系”加以构建，涉及至少但不仅限于如下议题：基本定位、研究对象和问题域、研究方法和分析工具、逻辑起点等。

生态政治经济学的基本定位，可以从以下两方面来理解：一是生态政治经济学与受到新自由主义影响的环境经济学、生态经济学的关系。一方面，生态政治经济学的提出，并不能全盘否定后两者在探索环境问题时所具有的贡献，两者对环境问题在微观层面和宏观层面的数理分析和政策建议在特定的条件下具有现实意义，生态政治经济学可以沿用两者已经提出的一些术语，比如“生态价值”“自然资本”；另一方面，由于生态政治经济学与两者的“前分析观点”存在本质差异，因此，它必然带有“革命性”和“创新性”的特点，从总体上看，应该是对两者的一种批判性超越，就此而言，尽管可以沿用两者的某些术语，但其内涵及其引起的政策建议必定发生重大变化。二是生态政治经济学与生态哲学、生态社会主义（学）的关系。新自由主义“生态环境治理术”是以抽象的个人为根基，受新自由主义影响的环境经济学和生态经济学仍然囿于这样的抽象个人，陷入人与自然二元对立的人类中心主义或者生态中心主义，而生态政治经济学则跳出抽象的生态中心主义和人类中心主义，以历史唯物主义的人与自然辩证关系的生态哲学作为哲学理论基础，在深入剖析社会的经济关系和生态系统相互作用的基础上，抵达自由王国中“人的解放”与“自然的解放”的双重解放目标。由此，生态政治经济学是通往生态社会主义（学）的一座必不可少的桥梁，它会改变以前试图通过纯粹的思想观念变革的方式来实现生态优美的社会主义社会的途径，且将这一社会的建立奠定在坚实的现实基础之上。

作为话语体系，生态政治经济学要有自己明确的研究对象及其问题域。受新自由主义影响的环境经济学将如何实现经济无限增长作为研究对象和问题域，生态经济学将如何维持生态系统的稳定性作为研究对象和问题域，生态政治经济学不是不研究经济增长和生态系统的稳定性问题，而是要求在联系特定生产方式中研究这两个问题。对生态政治经济学研究对象的界定离不开政治经济学的研究对象，后者为前者限定了基本边界。尽管政治经济学的研究对象在学界还存在争议，但我们还是可以以前述马克思在《资本论》中对自己研究对象的阐述为参照，将政治经济学的研究对象描述为：人类各种社会的生产方式及其与之相适应的生产关系和交换关系，并从中揭示各种社会的经济运动规律。这样一种经济运动规律对社会各领域的影响深远，甚至起着决定性的作用。而生态政治经济学，其核心性议题就是要探究一个社会的生产方式及其所形成的生产关系和交换关系对生态环境问题的深远影响，以及生态环境的变迁对这个社会经济运行的反向影响，最终揭示一种合生态性的社会经济运动规律问题。从生态政治经济学角度分析环境问题，就是认为生产方式不同，由此引起生产关系和交换关系不同，使环境问题的发生机制、对策和效果产生差异。就此而言，社会主义生态文明的“社会主义”前缀就显得特别重要，这一前缀能够凸显我国由于生产方式的差异而使生态文明建设表现出的一些特质，以及由此带来的对世界生态文明建设的独特贡献。既然生态政治经济学是以生产方式及其对生态环境的影响作为研究对象，那么，从当下的语境看，其问题域就应该限制在资本主义生产方式和社会主义生产方式与生态环境的互动关系上。总的来看，就是要对资本主义生产方式的反生态本性做进一步的学理分析，特别是自然资源的资本主义私人占有制与生态环境的公共性之间的内在根本矛盾如何衍生出生态危机，资本主义市场经济体制对生态环境的损害机理是怎样的；要对社会主义生产方式和中国特色社会主义生产方式如何保护生态环境进行学理探讨，特别是体现公有制的国有制（国有企业）和集体制（集体企业）及其所实行的按劳分配的生态效应做进一步探讨。这既需要实践观察，更需要理论总结和提升。显然，这些都是新自由主义“生态环境治理术”不愿触及的根本问题域。

生态政治经济学独特的研究方法和分析工具主要是历史分析法和阶级分析法。新自由主义“生态环境治理术”脱离特定历史条件和阶级结构，特别是脱离不同社会历史性的生产方式和处于这种生产方式下人的阶级成分去研究生态环境议题，最终只能将资本逻辑视为生态环境治理应当遵循的逻辑，而生态政治经济学并非如此。其所采用的历史分析法，就是把社会现象放在它所产生的特定历史条件和背景下加以分析和研究，“考察每个问题都要看某种现象在历史上怎样产生、在发展中经过了哪些主要阶段，并根据它的这种发展去考察这一事物现在是怎样的”①，从而才能发现特定现象产生、存在和发展变化的原因和客观必然性。其所使用的阶级分析法，就是要求在考察阶级社会中的诸多现象时，要重点分析这种现象背后的阶级基础和阶级关系，从而揭示现象背后的阶级本质。这两种研究方法和分析工具，显然与新自由主义影响下的环境经济学和生态经济学偏重数理逻辑和经济技术手段存在较大差异，可以说，历史分析法和阶级分析法更侧重“经济哲学”层面的思辨分析，它以历史为视角，在对不同阶级进行分析的基础上揭示了社会的阶级矛盾和进步动力，具有鲜明的阶级立场和价值取向。从生态的角度来看，历史分析法着重体现为研究不同社会生产方式中自然、劳动、资本、技术的不同组合方式及其后果，这四个要素是进行生产的关键要素，当一种生产方式向另一种生产方式转变时，它们之间的关系就会发生变化。因此，我们既要考察前资本主义社会向资本主义社会过渡再向共产主义社会过渡的变化所引起的生态环境后果（比如，从前资本主义社会自然条件与劳动者的结合，转变为资本主义私人占有制条件下自然条件与劳动者的分离，再到共产主义社会“联合生产”条件下自然条件与劳动者的再次结合，这种转变对自然环境意味着什么），也要考察在同一种社会形态不同发展阶段的变化所引起的生态环境后果（比如，资本主义已经经历过的自由竞争资本主义、私人垄断资本主义、国家垄断资本主义阶段使用不同的技术工具究竟何为，与资本的关系如何？环境问题又会有何不同的表现方式?）。阶级分析法着重体现为在社会生产中由于对自然资源的占有关系不同而产生具有不同地位的阶级，我们要考察是谁以及其如何成为自然资源的所有者？它用这种自然资源做了什么？它从中获取怎样的收益，又对自然资源的丧失者和自然资源本身造成怎样的损害？不可否认，没有对这些问题的追问，对环境变化的解释就缺乏整体性。而对这些问题的追问，将会使我们发现生态环境领域在国内和国际层面的阶级矛盾，并通过恰当的阶级斗争方式最终指向构建一个民主的生态社会。在这个社会，至

① 《列宁专题文集·论辩证唯物主义和历史唯物主义》，人民出版社 2009 年版，第 283 页。

少表现为原住民保有其原有的自然资源所有权，工人拥有更多的环境知情权、参与权和决策权，发展中国家不再只是成为发达国家经济增长的原料供给方和废物容纳方，不再只是位于价值链的低端位置。

参照《资本论》，能否将生态政治经济学的逻辑起点确定为已经转变成“虚拟商品”的自然？新自由主义“生态环境治理术”的逻辑起点是自然资源的稀缺性和理性的自利人假定，这些假定都是脱离现实运动的假定。而在《资本论》中，马克思以商品作为叙述的逻辑起点，从商品内在的使用价值和价值的矛盾出发，逐渐揭示了这一纯粹的形式如何发展出了资本主义经济的内在矛盾，以及走向社会主义的历史必然性趋势。同样地，我们要揭示当今生态危机的根源和出路，也可以从自然在当今时代最纯粹的形式，即表现为“虚拟商品”的自然出发，去揭示其中的矛盾运动规律。这可能涉及两个问题：一是自然是如何成为“虚拟商品”的；二是自然一旦成为“虚拟商品”，它的使用价值和价值之间存在怎样的矛盾。单单对这两个问题的回答，“就包含着一部世界史”，就前者而言，至少要说明全球商品链中原材料生产和其他环节生产的分工、自然资源所有权的变迁、自然资源使用价值的“出道”等议题；就后者而言，至少要说明自然的使用价值何以被纳入资本主义的生产过程，并使其“价值化”后意味着什么等议题。

第三节 筑牢中国式生态环境治理道路的制度防线

要有效应对新自由主义对我国生态环境治理的影响，必须筑牢中国式生态环境治理道路的制度防线，这至少包括以下三条制度防线：中国共产党对生态环境治理的领导制度、自然资源公有制的基本制度，以及“有效市场”和“有为政府”相结合的体制设计。党的领导制度能够确保我国生态环境治理站在正确的立场上并保持长久的战略定力，自然资源公有制为我国生态环境治理“全民公益性”效应的发挥提供制度基础，“有效市场”和“有为政府”相结合的体制设计能够形成政府与市场协同治理生态环境的格局。三条制度构成有机统一的整体，形成对新自由主义“生态环境治理术”全盘私有化、彻底市场化和绝对自由化治理路径的有效防线。

一、加强和改善中国共产党对生态环境治理的领导制度

新自由主义对国家调控、政府干预抱以敌视的态度，将市场机制视为“灵丹妙药”而奉为圭臬，在此影响下的“生态环境治理术”从未将政党及其领导下的政府作用纳入其中，我国的生态环境治理倘若以此为准绳必将影响到我国治理的根本方向，直至危害到党的执政基础。当前，要抵制新自由主义对我国生态环境治理的影响，必须坚持和完善党的领导制度体系，把党的领导落实到生态环境治理领域，筑牢第一条制度防线。

党的十九大报告提出了“构建政府为主导、企业为主体、社会组织和公众共同

参与的环境治理体系”①，从中我们可以看出，在生态环境领域的国家治理体系中缺少“党的领导”，但是，在我国，党政军民学、东西南北中，党是领导一切的，中国共产党的领导是中国特色社会主义最本质的特征和最大优势，“中国共产党领导人民建设社会主义生态文明”也被写入了党章，因此，生态环境的国家治理体系理应将党的领导吸纳其中，以保持政策的统一性。为此，2020年，中共中央办公厅、国务院办公厅印发的《关于构建现代环境治理体系的指导意见》将党委领导纳入现代环境治理体系之中，明确要“构建党委领导、政府主导、企业主体、社会组织和公众共同参与的现代环境治理体系”②。那么，需要追问的学理性问题是：为什么在生态环境治理领域必须坚持、加强和完善党的领导，才能确保生态环境治理的社会主义性质和方向？党的领导如何真正嵌入生态环境治理领域中？

生态环境治理过程的关系复杂性是其明显的特征，即从生态环境治理的内外部关系来看，涉及生态文明建设与经济、政治、文化、社会文明建设不同治理领域的关系问题，涉及“山水林田湖草沙”等意义上不同治理对象的关系问题，涉及国家、省市县和城市、乡村之间不同治理区域的关系问题，涉及政府、企业、社会组织、个体等不同治理主体的关系问题，要让不同治理领域、治理对象、治理区域和治理主体协同推进，就需要一个“核心”发挥“总揽全局、协调各方”的作用，这个“核心”只有中国共产党才能承担。这也是目前学界所论证的为什么要坚持党的领导的核心要义。这是从治理层面的有效性角度展开论证，即在生态环境治理的过程中出现宏观和微观问题，必须以党的领导加以解决，属于治理的技术性层面的论证，凸显的是党的领导在生态环境治理能力方面的意义。

我们在此要谈的是，针对新自由主义“生态环境治理术”，党的领导为什么能确保生态环境治理的社会主义性质和方向，要凸显党的领导在生态环境治理政治方面的意义，属于生态环境治理中的立场和定力问题。从最一般的意义来讲，坚持党的领导，本身就意味着坚持社会主义，因为这是社会主义与资本主义的重大区别。具体到生态环境治理领域，党的领导所确保的社会主义性质和方向是如何体现的呢？总的来看，如果说生态优美是社会主义的题中应有之义，那么，只有在中国共产党的领导下，秉持政党性质和初心使命，才能在资本增殖和环境保护的博弈中，确保环境保护历史主动地位和维护劳动群众环境权益的坚定立场，才能带动劳动群众生态意识的不断觉醒，确保生态环境治理的战略定力。具体来说，这表现在如下两个方面：

一是中国共产党的政党性质和使命，确保其在驾驭资本的过程中正确处理资本增殖与环境保护的关系，从而保证生态环境治理的坚定立场。

立场是观察、分析问题和解决问题的根本立足点和出发点。立场不同，观察和分析问题的出发点就不同，解决问题的方法也就不同。在资本增殖和环境保护的两难选择中，新自由主义自始至终都站在资本增殖的立场上，要么牺牲生态环境确保资本增殖的无限性，要么美其名曰“保护生态环境”，实则将生态环境转变成资本积累的重

① 习近平：《决胜全面建成小康社会　夺取新时代中国特色社会主义伟大胜利——在中国共产党第十九次全国代表大会上的报告》，人民出版社2017年版，第51页。

② 《中共中央办公厅　国务院办公厅印发〈关于构建现代环境治理体系的指导意见〉》，《中华人民共和国国务院公报》2020年第8期。

要战略场域，当环境保护和资本增殖发生冲突时则滑向资本增殖，维护的是资产阶级追求利润最大化的利益。

共产党是马克思主义性质的政党，以实现人的彻底解放为根本宗旨。自人类社会产生以来，人类无时无刻在努力以推进生产力的巨大发展来获得自身的解放，资产阶级在它不到一百年的阶级统治中创造的生产力比过去一切世代创造的生产力还要多、还要大，但是，这种生产力的发展是建立在对无产阶级的残酷剥削与压迫的基础上，并未实现人的彻底解放。中国共产党是无产阶级的先锋队，代表最广大人民的根本利益，为人民谋幸福是其初心使命。最初，物质生活水平的提高是人民幸福的重要内容，时至今日，人民的生态幸福也被纳入其中，因此，中国共产党既要为人民谋求物质方面的幸福，也要为人民谋求生态方面的幸福。资本增殖能够促进生产力的发展，为人民的物质幸福提供条件，但是，当其与环境保护相冲突时，由于为人民谋求生态幸福也是中国共产党的使命，因此，主动地驾驭资本，将其引导到真正保护生态环境的道路上就成为中国共产党的选择。就此而言，认清我国经济发展进入新常态而调整经济增长速度和经济结构，提出“绿水青山就是金山银山”的绿色发展观，就是中国共产党在资本增殖和环境保护两难选择中对环境保护的主动选择，显示了中国共产党在初心使命上的坚定立场。

环境污染的发生，在一定程度上是因为可以从中获取收益，这就产生了环境污染的受益者以及与之相对应的受损者。就污染企业作为受益者而言，据大量的文献研究，与之相对应的污染受损者往往是社会中的弱势群体，包括广大劳工、中低收入者等群体，由于后者的弱势地位，两者之间的利益冲突如果任其自行解决，后者便处于被动局面而不占优势。中国共产党坚持一切为了人民，人民不是一个抽象的范畴，而是具体的、历史的，在人民内部存在多个阶级、阶层，中国共产党始终站在最广大劳动人民的立场上来观察、分析和解决问题，在两者发生冲突时，主动地驾驭资本，维护最广大劳动人民的环境权益。就此而言，《中华人民共和国民法典》（以下简称《民法典》）侵权责任编设立的“环境污染和生态破坏责任”专章，为了体现对污染受害者的倾斜保护，规定“因污染环境、破坏生态发生纠纷，行为人应当就法律规定的不承担责任或者减轻责任的情形及其行为与损害之间不存在因果关系承担举证责任”，就是中国共产党维护最广大劳动人民环境权益的主动选择，显示了中国共产党在初心使命上的坚定立场。

二是中国共产党的政党性质和使命，确保其在顺应人类社会发展规律之中，将生态环境治理的政治势能位阶逐步提高，从而保证生态环境治理的战略定力。

生态环境治理是顺应人类社会发展规律的治理行动，是符合人类文明发展趋势的治理行为，理应得到本国和其他国家人民的支持，并在基本掌握生态环境遭受破坏原因的基础上，解决生态环境问题的思路应该很清晰，问题理应得以解决。但显然，问题远比此复杂得多。从国内层面来看，广大人民在生产力已经取得巨大进步的基础上，物质幸福和生态幸福都成为幸福结构的重要组成部分，但两者在人民幸福结构中的权重并不是对等的，由于当前生态幸福的享有与个体的收入状况相互联系，以及环境污染的危害不是有形的、直接的，而是潜移默化、长远的，因此，从总体上看，大多数人更关心自己的经济状况和物质满足程度，生态意识还无法自动觉醒。从国际层面来看，自1972年联合国首次人类环境会议召开至今，各国尽管达成了不少的环境保护协议，但是在气候变化这一重大问题上的谈判依旧是举步维艰，有关气候变化的具有约束性作用的立法和制度仍然不足。在此背景下，新自由主义的口号是“一切照旧”，尽管它提出了生态环境治理四个方面的举措，但在服务资本增殖的根本宗旨之下，它并未从人类社会发展规律的高度和人类文明的远景规划来考虑问题，最终导致环境问题的解决只能是局部性和暂时性的。

社会主义替代资本主义的人类社会发展规律，不仅具有历史趋势的客观性，而且需要历史主体的能动性，需要工人阶级和广大人民群众认识规律后的自觉行动，作为无产阶级先锋队的共产党，承担起了推动这种自觉行动的领导力量，以科学的理论武装自身，领导工人阶级和广大人民群众认识这一规律，推动了社会主义革命的胜利发展。时至今日，党的领导依旧在发挥同样的作用，其中很重要的一个方式就是逐步提高生态环境治理的政治势能，以此来确保此项行动的持续性。回望百年路，中国共产党将生态环境保护议题的政治势能从革命时期的从属于经济建设的位阶，逐渐提升到建设和改革时期的中国特色社会主义事业的重要组成部分，这鲜明地体现在生态文明建设在党和国家事业发展中的地位。这一建设已经成为习近平总书记在参加十三届全国人大二次会议内蒙古代表团审议时所提出的“四个一”，即在“五位一体”总体布局中生态文明建设是其中一位，在新时代坚持和发展中国特色社会主义基本方略中坚持人与自然和谐共生是其中一条基本方略，在新发展理念中绿色是其中一大理念，在三大攻坚战中污染防治是其中一大攻坚战。这一建设也已经成为我国全面建设社会主义现代化国家新征程上的远景目标，即到2035年，“生态环境根本好转，美丽中国目标基本实现”，到21世纪中叶，“生态文明将全面提升”。中国共产党正是通过提升生态文明的政治地位，以及以“愿景导向”的明确部署，来领导广大人民群众发挥历史主体的能动性，确保生态环境治理在国内外复杂形势下的战略定力。

在上述学理审视的基础上，就必须将党的领导嵌入生态环境治理，以确保生态环境治理的正确方向和战略定力。为此，必须积极探索党的领导和生态环境治理的有机融合机制，习近平总书记2018年5月18日在全国生态环境保护大会上提出的“加强党对生态文明建设的领导”为我们提供了根本遵循。具体而言，一是在党的领导的最高原则方面，必须坚持党中央权威和集中统一领导的政治规矩。各地区各部门要增强“四个意识”，坚决做到“两个维护”，按照党中央对生态文明建设的部署，不折不扣地、坚定有力地完成各项改革任务，而这有赖于各地区各部门从政治责任的高度认识生态文明建设及其所展开的生态环境治理的重要性，只有这样才能保证党中央决策部署迅速有效地贯彻执行。二是在党的领导的制度建设方面，必须落实党政主体责任制度和构建考核评价体系。要明确地方党委和政府主要领导是本行政区域生态环境保护和治理的第一责任人，对本行政区域内的生态环境质量负总责。而要在生态环境治理上避免走上错误的方向，必须在有关生态环境治理的重大决策流程方面建立好决策前的党委集体讨论制度，确保党对生态环境治理方向的政治把关；必须在有关生态环境治理的重大决策执行方面建立好考核评价制度，特别是对党中央决策部署不坚决不彻底，并造成区域生态环境问题突出的责任人依法追责。三是在党的领导的组织建设方面，必须建设一支生态环境保护铁军。落实党管干部、党管人才原则，打造一支政治强、本领高、作风硬、敢担当的生态环境保护铁军，就确保生态环境治理正确方向性而言，这支队伍的“政治强”素质就显得特别重要，这意味着这支队伍要将严守政治纪律和政治规矩贯穿到生态环境治理的全过程和各方面，并能辨别生态环境治理领域诸如新自由主义这样的错误思潮，同这些错误思潮展开思想斗争，同时保证生态环境治理的高效执行力和正确方向性。

二、坚持和完善自然资源公有制的基本制度

党的十八届三中全会提出了健全自然资源资产产权制度的改革任务，这一任务的提出是因为“我国生态环境保护中存在的一些突出问题，一定程度上与体制不健全有关，原因之一是全民所有自然资源资产的所有权人不到位，所有权人权益不落实”[①]。为此，要对水流、森林、山岭、草原、荒地、滩涂等自然生态空间进行统一确权登记，形成归属清晰、权责明确、监管有效的自然资源资产产权制度。改革以来，各地也在积极地推进这项工作，但要明确的是无论怎样改革，都不能让自然资源的确权工作走上新自由主义“生态环境治理术”的私有化邪路，也就是说，无论怎样确权登记，都必须坚持和完善自然资源的公有制毫不动摇，筑牢第二条制度防线。

其实，我国在法律层面已经规定了自然资源的国家所有和集体所有。我国《宪法》第九条明文规定：“矿藏、水流、森林、山岭、草原、荒地、滩涂等自然资源，都属于国家所有，即全民所有；由法律规定属于集体所有的森林和山岭、草原、荒地、滩涂除外。”2020 年 5 月通过的《民法典》第二百四十七条规定：“矿藏、水流、海域属于国家所有。”第二百五十条规定：“森林、山岭、草原、荒地、滩涂等自然资源，属于国家所有，但是法律规定属于集体所有的除外。”第二百五十一条规定：“法律规定属于国家所有的野生动植物资源，属于国家所有。”第二百六十条第（一）款规定，集体所有的不动产和动产包括法律规定属于集体所有的土地和森林、山岭、草原、荒地、滩涂。我国《宪法》和《民法典》对自然资源所有权的规定，显然一以贯之地坚持了自然资源的公有属性，那么，在自然资源所有权制度上对公有制度的坚持具有什么样的效应？对此，必须将其与生态环境的公共物品属性及其“全民公益性”结合起来加以探究，从中厘清两者之间的理论逻辑关系。我们还是先从人的需要及其满足说起。

人的需要具有自然性，有其自然生理和心理基础，人在生理和心理机制作用下便产生吃、穿、住、行的基本物质需要和艺术欣赏等方面的基本精神需要，满足需要是一个社会进行产品供给的动因和前提，也是生产产品的目的之所在，“没有需要，就没有生产”[②]。产品的供给就是为了满足人的需要，而人的需要不是固定不变的，有历史性、动态性，随着生产力的发展，人不仅对原有的基本物质需要和精神需要会有更高质量的要求，也会更加注重原本处于次要地位的需要，其中就包括对优美生态环境的需要，人民群众的需要就逐渐由“盼温饱、求生存”发展为“盼环保、求生态”。

---

① 中共中央文献研究室：《十八大以来重要文献选编》（上），中央文献出版社 2014 年版，第 507 页。
② 《马克思恩格斯文集》（第 8 卷），人民出版社 2009 年版，第 15 页。

人的需要的满足必须有人这一主体之外的客体存在。一个良性社会的有效运转就是要为人提供这一客体，我们可以将这一客体称为“财富”，它可以表现为物质产品、精神产品和服务产品。同样地，人的优美生态环境需要的满足，也必须有人这一主体之外的客体的存在，相对于“财富”而言，我们可以将这一客体称为“生态财富”，它同样可以表现为“生态产品”，包括有形的和无形的“生态产品”，这些生态产品以其自身效用为人类提供各种服务。根据联合国《千年生态系统评估报告》，可以将生态产品提供的服务分为以下四类：供给服务（如食物和水）、调节服务（如调节气候）、文化服务（如精神和美学）和支持服务（如初级生产和土壤形成）。在新时代，我们进行现代化建设，就是“要提供更多优质生态产品以满足人民日益增长的优美生态环境需要”①。但是，生态环境是公共物品，要满足人民的优美生态环境需要，必须将其按照公共物品的属性来建设或供给，也就是确保其“全民公益性”，正如习近平总书记所指出的，“良好生态环境是最公平的公共产品，是最普惠的民生福祉”②，这是习近平生态文明思想的基本民生观，同时体现了习近平生态文明思想的人民性特征。

大自然是人类宝贵的生态财富，在如下两个层面上为人类提供广义上的生态产品：一是具备原真性和完整性的自然生态系统本身这一生态产品，其整体效用的发挥将为当代人民及其子孙后代提供生存所需的生态环境基础，如水源供给、调节气候等生态功能；二是在不损害自然生态系统的前提下，人们利用自然生态系统开发出相应的生态产品，这主要包括三类产品：生态旅游观光服务产品、载有原产地自然资源标识的生态产品，以及生态科普、自然教育服务产品等。前一种意义上的生态产品是首要的，也就是说我们要通过自然生态系统的原真性、完整性保护去满足人民对优美生态环境的需要，保障人民的生态权益。同时，我们也要兼顾后一种意义上生态产品的供给，我国某些生态基础较好的地区，同时也是经济相对落后的地区，生态环境治理需要肩负生态保护、经济发展、改善民生等重任，特别是要考虑当地原住居民的生产生活需求和生态经济发展，而且通过不损害自然生态系统的旅游观光、获取载有原产地自然资源标识的产品以及接受生态科普和自然教育服务，人民能够亲近自然、体验自然、了解自然，从而满足对优美生态环境的需要。

这两类生态产品的供给要体现“全民公益性”，即全民共享性，让广大公众，不分年龄、民族、种族、性别、职业、家庭出身、宗教信仰、受教育程度、收入水平，都享有生态系统服务功能，获得自然环境教育和亲近自然、体验自然、了解自然以及作为国民福利的游憩机会。那么，我们如何实现这两类生态产品的有效供给，并体现“全民公益性”呢？不同学科的探究路径各不相同，笔者试图从生产力和生产关系两个维度加以分析。

如前文所述，要满足人的需要，就要生产财富。所谓财富，就是人类通过自身劳动创造满足人类需要的客体，这一客体通过自己的属性或者效用，即使用价值来满足

① 《习近平谈治国理政》（第3卷），外文出版社2020年版，第362页。

② 中共中央文献研究室：《习近平关于社会主义生态文明建设论述摘编》，中央文献出版社2017年版，第4页。

人类的需要。从生产力的维度看，一般是通过“发展生产力”的办法来实现，即通过提升改造生态环境的能力来为人类供给更多更好的财富，包括物质财富和精神财富。但为了满足人的优美生态环境需要则不同，生态财富的供给不是通过传统意义上的发展生产力，即增强对生态环境的改造力度来实现的，反而是通过保护生态环境来实现的，保护生态环境又内在地要求改善生态环境，只有做到保护生态环境和改善生态环境，才能为人们提供“生态财富”以及“生态产品”。“保护生态环境就是保护生产力，改善生态环境就是发展生产力”[①]，所以，与通过开发改造生态环境意义上的发展生产力，提供财富满足人们的需要不同，在此，是通过保护生态环境和改善生态环境意义上的“保护生产力”，提供生态财富满足人民的优美生态环境需要。因此，在此意义上的“保护生产力”，才能实现两类生态产品的有效供给。

通过保护生产力为人类提供生态财富来满足优美生态环境的需要，只是满足这一需要的前提，因为“使用价值只是在使用或消费中得到实现”[②]，两类生态产品构成其物质内容的使用价值仅仅是“可能的使用价值”，在未被人使用或者消费的情况下就没有转变成“现实的和起作用的使用价值”[③]，财富不仅有构成其物质内容的、体现人与物之间关系的使用价值，还有体现人与人之间关系的价值形式，财富就是一个二重物。要获取生态财富，就必须考虑其价值形式所体现的人与人之间的关系，其中最根本的就是生产关系。那么，从生产关系的维度看，具体采取什么举措才能实现两类生态产品的有效供给，并实现其“全民公益性”呢？一个社会的生产关系结构由生产资料所有制、产品分配方式以及由此形成的人与人之间的关系三个部分构成，其中起决定性作用的是生产资料所有制，因此，自然资源的所有制问题就凸显出来。

从生产关系的视角考虑财富的获取，涉及生产资料所有制与分配之间的关系，即人与人之间在财富的分配、消费方面的关系取决于人与人之间在占有生产资料方面的关系。马克思指出，在生产与分配之间的关系上，似乎分配先于生产，决定生产，但实则相反，“分配的结构完全决定于生产的结构，分配本身就是生产的产物，不仅就对象说是如此，而且就形式说也是如此。就对象说，能分配的只是生产的成果，就形式说，参与生产的一定方式决定分配的特殊形式，决定参与分配的形式”[④]。同样地，在生产与消费的关系上，马克思也指出，“消费资料的任何一种分配，都不过是生产条件本身分配的结果；而生产条件的分配，则表现生产方式本身的性质”[⑤]，这里的“生产条件的分配”指的就是生产资料所有制。

那么，从生产关系的视角考虑生态财富的获取，同样涉及生产资料所有制与分配之间的关系，即生产生态财富所需的自然资源归谁所有与生态财富的分配、消费之间的关系。而生态财富在人与人之间的分配关系，是由一定社会的自然资源所有制基础所决定的。人与人之间在占有自然资源方面形成的关系，决定了生态财富的分配关

① 中共中央文献研究室：《习近平关于社会主义生态文明建设论述摘编》，中央文献出版社 2017 年版，第 4 页。

② 《马克思恩格斯文集》（第 5 卷），人民出版社 2009 年版，第 49 页。

③ 《马克思恩格斯文集》（第 5 卷），人民出版社 2009 年版，第 214 页。

④ 《马克思恩格斯全集》（第 30 卷），人民出版社 1995 年版，第 36 页。

⑤ 《马克思恩格斯全集》（第 25 卷），人民出版社 2001 年版，第 20 页。

系、交换关系和消费关系，反之，生态财富的分配关系、交换关系和消费关系又体现着人与人之间占有自然资源的关系。

当我们在谈论作为公共物品的生态环境的“全民公益性”时，实际上在谈论的就是如何让公众“分配”和“消费”到上述两类生态产品，因此，这就涉及自然资源的所有制与分配、消费之间的关系。那么，从生产关系的维度看，是以私有制为基础的制度设计，还是以公有制为基础的制度设计能实现两类生态产品的有效供给，并实现其“全民公益性”呢？

新自由主义从私有企业经营效率优于公有企业、市场调节优于政府干预的信条出发，在生态产品的供给方面，力主让私营组织和市场机制进行供给和调节。不仅如此，新自由主义的“涓滴理论”还被应用其中，认为市场所引发的不平等和要素禀赋结构的变化将产生更强的激励结构，穷人也可以从生态财富的增长中获益，也就是自动实现生态财富从富人到穷人的“涓滴效应”，这样一来，仅增加生态财富的供给即可。其实，新自由主义只考虑私有模式和市场机制能带来作为使用价值的生态财富的增长及其“涓滴效应”，而不质疑私有制和市场失灵将造成生态财富分配不平等的后果，分配不平等就意味着“全民公益性”无法得到实现，自然生态系统的原真性和完整性无法惠及所有人及其子孙后代，与此相关的生态旅游产品、载有原产地自然资源标识的产品，以及生态科普、自然教育服务等生态产品可能在市场利润最大化的调控下将低收入群体阻挡在外。

将优美的生态环境作为公共产品来提供，应具有非排他性和非竞争性的属性，而一旦将生态环境建立在私有制的基础上，这两方面的属性将遭到侵蚀，我们可以从两类生态产品的供给中探查到这种侵蚀：一是具备原真性和完整性的自然生态系统如果归属私人所有，就意味着私人主体完全有权排斥其他主体及其子孙后代“分配”和“消费”生态环境，从而违反“非排他性”原则。二是自然资源如果归属私人所有，由私人主体利用自然生态系统而开发出相应的生态旅游观光服务产品，载有原产地自然资源标识的产品，以及生态科普、自然教育服务产品，意味着私人主体完全拥有这些产品的所有权，而其他主体，特别是参与生产这些生态产品的劳动者（如受雇于私营旅游公司的原住民群体）只能获得相当于自己劳动力价值的必要劳动所创造的价值，即工资，由其剩余劳动所创造的剩余价值将全部为私人主体无偿占有，这就可能导致生态产品的价值实现中分配的不平等性，以及在市场利润最大化的调控下由于高收入群体有能力多消费此类产品而影响了低收入群体的消费，从而违反“非竞争性”原则。这样一来，如果以私有制为基础，势必偏离其“全民公益性”的初衷。

因此，我们必须毫不动摇地坚持以自然资源公有制为基础的制度设计展开生态环境治理。自然资源公有制从根本上改变了社会的生产关系，重构和调整了社会成员的分配、交换和消费关系，所有自然资源一律属于全体社会成员共同享有，这一基本制度体现的“全民公益性”表现在以下三个方面：

一是从“共有”的意义来看，全体社会成员是自然资源的最高所有者。在社会主义生态文明的条件下，全体社会成员是享有经济、政治、社会和生态权利的最高主体，自然资源理所当然也归全体社会成员所有，是最高的占有主体，这是最根本的特征。

二是从“共建”的意义来看，全体社会成员在改善生态环境过程中具有主体性。在社会主义生态文明的条件下，自然资源归属全体社会成员共同占有，他们在利用开发自然资源的过程中充分表达自己的意志，发挥主人翁精神，行使当家做主的权利，一部分人不再只是为了少数人的利益而从事异化劳动，因此，当获取优美生态环境、优质生态产品的需要成为全体社会成员的需要时，改善生态环境本身就成为全体社会成员主体性的一种表达。在这种情况下，正如马克思所指出的，“社会化的人，联合起来的生产者，将合理地调节他们和自然之间的物质变换，把它置于他们的共同控制之下”①，全体社会成员将在优美生态环境、优质生态产品的需要之下，以主人翁的精神，以高度的自觉性、主动性和创造性，加强合作共同创建和保护生态环境。

三是从“共享”的意义来看，全体社会成员在全社会范围内占有生态产品。在社会主义生态文明的条件下，全体社会成员共同占有自然资源，从而也成为自然资源产品的占有者和支配者，意味着全体社会成员在使用自然资源与享受其产品方面，实现了权利上的平等关系，避免了一部分人由于掌握了自然资源的所有权而排斥别人享用自然资源，或者在生产生态产品的过程中为了自己的私人利益而占有别人的剩余劳动，因此，这也就意味着自然生态系统本身，以及依托自然资源而开发出的休闲游憩、文化服务、自然教育等生态产品应由全体社会成员占有和享用。

三、持续推进“有效市场”和“有为政府”相结合的体制设计

生态环境治理内含着以何种方式合理配置自然资源的问题，从而生态环境治理也要处理好政府和市场的关系问题。正确处理政府和市场的关系问题，原本是经济体制改革的核心问题，但两者的关系问题源于如何将资源合理配置到社会生产的不同部门，这里的资源既包括劳动力资源，也包括自然资源在内的其他资源，倘若自然资源无法有效、合理地配置到社会不同的生产部门，就意味着自然资源的浪费。政府和市场作为资源配置的两种方式，如何处理好两者之间的关系就理所当然地成为全球各国生态环境治理关注的重要议题。显然，在这个议题上，新自由主义将市场奉为圭臬，主张以彻底市场化的手段展开生态环境治理，认为不仅可以通过碳税这样的经济工具将环境负外部性内化为企业的成本，还可以通过创建水权、排污权等市场激励企业或者个体做出环境友善的行为举动，而且可以通过绿色债券等金融产品助推绿色环保产业的发展或者为公众提供抵御环境风险的保障。与新自由主义“生态环境治理术”彻底否定政府在生态环境治理中的作用不同，我国既积极利用市场手段治理生态环境，同时也强调政府在生态环境治理中的作用，今后，我们必须持续推进“有效市场”和“有为政府”相结合的体制设计，筑牢第三条防线。

实际上，新自由主义要求复归古典自由主义的市场化策略，但其恰恰背叛了古典自由主义在市场化策略上的限度，因为像斯密这样的古典自由主义虽然极力推崇自由市场，但也明确地指出公共服务应该由政府来供给，而像科斯这样的新自由主义者虽然也极力排斥政府的作用，但其提出的要明晰产权的前提，政府作用则必不可少。其实，在现实的经济运行过程中，完全由自由市场配置资源均属于特例，而正如笔者在

① 《马克思恩格斯文集》（第7卷），人民出版社2009年版，第928页。

本书第三章中所述，在西方生态环境治理的历史进程中，也有一个从政府治理到政府与市场共同治理的过程。同时，我们也应该认识到，新自由主义所斥责的政府效率低下的论调也是缺乏现实根据的。例如，美国《清洁空气法》贯穿始终的“国家空气质量标准原则”就是一种命令控制型的政府管控行为，这一原则对所有行业排放标准的规定有效促进了美国污染物的减排，1977~1990 年，所有的标准污染物排放量都在下降，平均下降了 24%，空气环境质量大幅度提高，1981~1988 年国家标准污染物的环境浓度平均下降了 22.6%。① 接下来，笔者通过回顾中国共产党领导人民进行生态环境治理的百年历程，进一步探究在此过程中，我国是如何处理该领域的政府与市场关系，以及与新自由主义“生态环境治理术”相比，这种处理的本质特征何在。

1. 中国生态环境治理进程中政府与市场关系的百年探索

通常我们将中国共产党领导人民进行革命、建设和改革的历程划分为新民主主义革命时期、社会主义革命和建设时期、改革开放和社会主义现代化建设时期以及中国特色社会主义新时代四个阶段。如果从政府与市场的关系来认识百年历程，通常又可以分为改革开放前高度集中的计划经济体制时期和改革开放后逐步建立和完善社会主义市场经济体制时期。在生态环境治理领域，结合前两种的一般分法和该领域的特殊实践，中国共产党领导人民进行生态环境治理的百年历程，如果从政府与市场的关系维度进行划分，可以大致将中国的生态环境治理方式划分为两个阶段，即 1921~1978 年的政府主导“命令控制型”阶段和 1978~2021 年的政府作用与市场作用日益融合阶段。

第一个阶段是 1921~1978 年的政府主导“命令控制型”阶段。这一阶段是中国共产党夺取新民主主义革命伟大胜利与完成社会主义革命和推进社会主义建设的阶段。中国共产党领导人民展开了反对帝国主义、封建主义、官僚资本主义，争取民族独立、人民解放的革命运动，并最终战胜敌人建立起社会主义制度，同时推进社会主义现代化建设。这一阶段，虽然生态环境治理不是主题，但对山林的修复和保护、兴修水利和抵御各种自然灾害是中国共产党团结带领人民进行革命斗争的生命源，新中国成立后，对生态环境的保护和修复同样也能为百废待兴的经济建设提供重要保障，因此，中国共产党在这一阶段展开了生态环境治理工作。

从政府与市场的关系维度看，在这一阶段，我国采取的是单一的政府主导“命令控制型”生态环境治理模式，其特征是政府始终在环境政策制定和执行中扮演主要角色，中央政府以自上而下的行政动议规划和制定生态环境治理方案，地方政府和全国公众被广泛号召起来执行相应方案，进而达到生态环境保护、修复和抵御自然灾害的特定目标。新中国成立前的新民主主义革命时期，党领导下的苏维埃政府和陕甘宁边区政府，广泛发动群众开展了保护山林、兴修水利等生态环境治理运动，集中力量破除了水灾、旱灾、水土流失等自然灾害。新中国成立后的社会主义革命和建设时期，我国实行高度集中的计划经济体制，逐步开展农业、林业、畜牧业等领域的经济建设，主要利用行政手段管理国民经济，在生态环境治理领域则延续之前的治理模

① ［美］丹尼尔·H. 科尔：《污染与财产权：环境保护的所有权制度比较研究》，严厚福、王社坤译，北京大学出版社 2009 年版，第 86 页。

式，继续开展诸如植树造林、兴修水利、增产节约反对浪费、治理淮河、爱国卫生和改良土壤等群众运动和抵御自然灾害行动。例如，1951 年 5 月，毛泽东同志发出“一定要把淮河修好”的号召①，把大规模治淮推向高潮，开启新中国初期治理黄河工程、荆江分洪工程、官厅水库工程等水利工程建设。1956 年 3 月，毛泽东同志在《中共中央致五省（自治区）青年造林大会的贺电》中发出“绿化祖国”的号召。同年，国务院批准建立我国第一个国家级自然保护区——广东肇庆鼎湖山国家级自然保护区。这些举措就是自上而下组织各类专家进行周密的规划设计，政府投入大量资金并发动群众广泛参与和实施，从而达到预定目标的过程。1973 年，我国召开第一次全国环境保护大会，拉开了我国环境保护事业的序幕，会后通过了《关于保护和改善环境的若干规定（试行草案）》，其中，对环境保护工作提出的十个方面的要求，依然带有明显的“命令控制型”色彩，如第七个方面“植树造林，绿化祖国”规定中出现的“绿化一切可能绿化的荒山荒地”显然延续了 20 世纪 50 年代毛泽东同志“绿化祖国”的号召。

第二个阶段是 1978~2021 年的政府作用与市场作用日益融合阶段。1978 年改革开放以来，我国日益认识到市场经济在整个国民经济发展中的重要作用，我国生态环境治理逐渐改变单一的政府“命令控制型”模式，走上了政府作用与市场作用日益融合的阶段。这一阶段又可以具体划分为以下四个时期：

一是 1978~1992 年生态环境治理高度依赖政府作用、市场手段相对单一时期。

如果单纯从经济体制改革的进程来看，可以说，自从 1978 年改革开放以来，我国对市场手段的地位和作用的认可是较快的，但是，在生态环境治理领域，与我国经济体制改革一开始就认识到市场经济的作用不同，在 1992 年确立社会主义市场经济体制的改革目标之前，我国仍然十分信赖政府对生态环境治理领域的“命令控制型”模式。

这一时期，我国开始着力进行顶层设计。1981 年国务院颁布的《关于在国民经济调整时期加强环境保护工作的决定》要求“加强国家对环境保护的计划指导”②；1983 年确立了环境保护的基本国策地位；1988 年设立了直属于国务院的国家环境保护局，实现了国家环境管理机构从临时状态到国家编制序列的身份转变，并出台了管控型的环境管制政策，特别是国务院出台的“同步发展”方针（经济建设、城乡建设、环境建设同步规划、同步实施、同步发展，实现经济效益、社会效益、环境效益相统一）。此外，1979 年《环境保护法（试行）》中的“三同时”制度（防止污染和其他公害的设施，必须与主体工程同时设计、同时施工、同时投产使用），以及城市环境综合整治定量考核制度、环境目标责任制度、限期治理制度和污染集中控制制度等多项制度的实行，均表明此阶段我国的生态环境治理对政府采用行政和法律手段强化环境管理的高度信赖。

但是，这一时期又是我国经济体制从高度集中的计划经济迈向社会主义市场经济

① 史戈：《毛泽东：一定要把淮河修好：新中国大规模治水事业的开端》，《江淮文史》2019 年第 5 期。

② 《国务院关于在国民经济调整时期加强环境保护工作的决定》，《中华人民共和国国务院公报》1981 年第 4 期。

的过渡时期。1979 年，邓小平明确指出：“说市场经济只存在于资本主义社会，只有资本主义的市场经济，这肯定是不正确的。社会主义为什么不可以搞市场经济，这个不能说是资本主义。我们是计划经济为主，也结合市场经济，但这是社会主义的市场经济。”① 邓小平的论述开启了我国政府与市场在资源配置方式中日益融合的大门，其后经历了 1981 年第五届全国人民代表大会四次会议提出的“计划经济为主、市场调节为辅”，1984 年党的十二届三中全会提出的“在公有制基础上的有计划的商品经济”，1987 年党的十三大报告提出的“社会主义有计划商品经济的体制，应该是计划与市场内在统一的体制”的转变，直到党的十四大，我国最终确立了建立社会主义市场经济体制的改革目标。因此，尽管此阶段的生态环境治理高度依赖政府的环境管理，但在对市场作用的认知下也萌生出了诸如征收排污费这样的相对单一的市场手段。1979 年制定的《环境保护法（试行）》第十八条就规定：“超过国家规定的标准排放污染物，要按照排放污染物的数量和浓度，根据规定收取排污费。”根据这条规定，1981 年国务院发布的《关于在国民经济调整时期加强环境保护工作的决定》和 1982 年发布的《征收排污费暂行办法》，均要求对超过标准排放污染物的企业、事业单位征收排污费。

二是 1992~2002 年生态环境治理以政府作用为主、市场手段为辅时期。

1992 年，我国改革开放进入了一个新阶段，党的十四大指出，中国经济体制的改革目标是建立和完善社会主义市场经济体制。经济体制改革的核心是正确认识和处理计划与市场的关系，要求更好地发挥计划和市场两种手段的长处。党的十五大提出，使市场在国家宏观调控下对资源配置起基础性作用。

在此背景下，在生态环境治理领域，我国进入了以政府作用为主、市场手段为辅时期。1992 年，我国出席联合国环境与发展大会后，党中央、国务院批准并转发《关于出席联合国环境与发展大会的情况及有关对策的报告》，该报告提出了我国环境与发展领域应采取的十大对策和措施，其中第 7 条对策就是“运用经济手段保护环境”，指出“各级政府应更多地运用经济手段来达到保护环境的目的。按照资源有偿使用的原则，要逐步开征资源利用补偿费，并开展对环境税的研究，研究并试行把自然资源和环境纳入国民经济核算体系，使市场价格准确反映经济活动造成的环境代价，制定不同行业污染物排放的时限标准，逐步提高排污收费标准，促进企业污染治理达到国家和地方规定的要求，对环境污染治理、废物综合利用和自然保护等社会公益性明显的项目，要给予必要的税收、信贷和价格优惠”②。1996 年颁布的《国务院关于环境保护若干问题的决定》也单独一节指出要“完善环境经济政策，切实增加环境保护投入”，在这一节中提出“要按照‘污染者付费、利用者补偿、开发者保护、破坏者恢复’的原则，在基本建设、技术改造、综合利用、财政税收、金融信贷及引进外资等方面，抓紧制订、完善促进环境保护、防止环境污染和生态破坏的经济政策和措施”，同时还对前一阶段的排污收费提出了进一步要求，即“要按照‘排污费高于污染治理成本’的原则，提高现行排污收费标准，促使排污单位积极治理

① 《邓小平文选》（第 2 卷），人民出版社 1994 年版，第 236 页。

② 《我国环境与发展十大对策》，《环境保护》1992 年第 11 期。

污染”。[①] 1998年，国务院印发了《全国生态环境建设规划》，在生态环境建设的政策措施方面，提及了以下三方面的举措：一是税收和信贷方面的政策，要“对‘四荒’承包治理项目要在贷款和税收等方面尽可能提供优惠条件”；二是资金投入方面政策，鼓励个人、国外资金投入生态环境建设项目，“多渠道、多层次、全方位筹集建设资金”；三是生态补偿政策，要“按照‘谁受益、谁补偿、谁恢复’的原则，建立生态效益补偿制度”。[②] 2000年印发的《全国生态环境保护纲要》不仅指出全国生态环境保护的基本原则包括要充分运用经济手段保护生态环境，还明确提出“长期以来对生态环境保护和建设的投入不足，也是造成生态环境恶化的重要原因”[③]，这就为下一个时期引入各类社会资本投入生态环境治理、提供生态环境公共产品提供了认识基础。可见，从对经济政策的单独论述到直指生态环境恶化的重要成因，表明经济手段在我国生态环境治理手段中地位的初步确立。

但与此同时，总览这一阶段的生态环境治理，政府的作用还是被“寄予厚望”，依旧扮演着主要角色。在《关于出席联合国环境与发展大会的情况及有关对策的报告》中虽然单节论述了经济手段，但其在第9条对策“健全环境法制，强化环境管理”中又指出“发达国家‘经济靠市场、环保靠政府’的有益经验应该借鉴。在政府机构改革和经济体制改革中，环境保护作为政府的基本职能将更加突出。因此，要健全和强化环境管理体系，要提高工作效率和服务质量，但不能放松对环保的审批要求。认真总结环保法实施中的经验和存在的问题，并在此基础上进一步完善环境保护法规和标准，各级党政领导部门要支持环保管理部门依法行使监督权力，做到有法必依、执法必严、违法必究，继续积极推行各项行之有效的环境管理制度，全面加强环境管理”[④]。《国务院关于环境保护若干问题的决定》存在大量“控制”“严禁”的话语色彩，比如要求实施污染物排放总量控制，严禁采用国家明令禁止的设备和工艺，再次强调“三同时”制度等“命令控制型”话语，即使在对环境经济政策的单节论述中，也指出政府应增加对环境保护的投入，逐步提高环境污染防治投入占本地区同期国民生产总值的比重，并建立相应的考核检查制度。《全国生态环境保护纲要》在指出要充分运用经济手段治理环境时，与其同时并列的还有法律、行政、技术手段，而对重点生态功能区、重点资源开发和生态良好地区的生态环境保护所提出的要求，也强化了“命令控制型”环境管理手段。在这个时期的生态环境治理进程中，也主要是政府主导下的治理，特别是在开展规模工业、规模流域污染防治和重点城市环境治理的过程中，政府通过制定区域和流域污染防治规划，实施重点污染物总量控制，对污染企业“关、停、并、转”，对城市工业结构、能源结构的主动调整，都彰显了其强势地位和推动作用。

三是2002~2012年生态环境治理进程中市场作用和政府作用同步加速发展时期。

2002年，党的十六大报告指出，要加强和完善宏观调控，在更大程度上发挥市

① 《国务院关于环境保护若干问题的决定》，《中华人民共和国国务院公报》1996年第23期。

② 《国务院关于印发全国生态环境建设规划的通知》，《中华人民共和国国务院公报》1998年第29期。

③ 《国务院关于印发全国生态环境保护纲要的通知》，《中华人民共和国国务院公报》2001年第3期。

④ 《我国环境与发展十大对策》，《环境保护》1992年第11期。

场在资源配置中的基础性作用。2007 年，党的十七大报告指出，要从制度上更好发挥市场在资源配置中的基础性作用，形成有利于科学发展的宏观调控体系；同时，“生态文明”一词首次写进党代会报告。从现实层面来看，20 世纪 90 年代以来，随着社会主义市场经济的快速发展，我国也加快了大规模经济建设，中国的环境污染日趋严峻，由此需要投入大量的资金进行生态环境治理，尽管在 1998～2002 年我国通过发行国债，初步缓解了政府资金的匮乏，但仍然无法弥补资金缺口，因此，政府亟须引入社会资本以解决资金匮乏问题。

在此背景下，党的十七大报告在如何促进生态文明建设方面，使政府和市场的作用均得到体现，此次报告不仅提出了“基本形成节约能源资源和保护生态环境的产业结构、增长方式、消费模式”的宏观目标，重申了“坚持节约资源和保护环境的基本国策”，还提出了“完善反映市场供求关系、资源稀缺程度、环境损害成本的生产要素和资源价格形成机制”，并要求“建立健全资源有偿使用制度和生态环境补偿机制”。

相比于前一个时期，生态环境治理的市场化改革开启了加速发展时期，其作用得到明显认可和践行。2002 年 12 月 27 日，原建设部印发《关于加快市政公用行业市场化进程的意见》，鼓励社会资金、外国资本采取独资、合资、合作等多种形式，参与供水、供气、供热、污水处理、垃圾处理等经营性市政公用设施的建设，提出了建立市政公用行业特许经营制度，由此拉开了关涉生态环境的公用事业市场化改革的序幕。2005 年，国务院印发《关于落实科学发展观加强环境保护的决定》，在谈到“创新机制”的基本原则中，提出了“建立政府、企业、社会多元化投入机制和部分污染治理市场化运营机制”，而在建立和完善环境保护的长效机制方面，则单列了“推行有利于环境保护的经济政策”和“运用市场机制推进污染治理”两小节，提出了实行有利于环境保护的价格、税收、信贷等政策，建立生态补偿机制，实施城市污水、生活垃圾处理收费制度，实行二氧化硫等排污权交易等环境治理市场化机制。[①] 2006 年，时任国务院总理温家宝在第六次全国环境保护大会上的讲话中指出，要实现“从主要用行政办法保护环境转变为综合运用法律、经济、技术和必要的行政办法解决环境问题，自觉遵循经济规律和自然规律，提高环境保护工作水平”[②]，这一转变是此次大会提出的做好新形势下的环保工作要加快实现的三个转变之一。最终，在这一时期，我国启动了生态补偿、排污权交易、绿色信贷等多种市场化环境治理方式试点工作，例如，2007 年 9 月 11 日，原国家环境保护总局公布《关于开展生态补偿试点工作的指导意见》，宣布将在自然保护区、重要生态功能区、矿产资源开发和流域水环境保护四个领域开展生态补偿试点。2002 年，国家环保总局将山东省、山西省、江苏省、河南省、上海市、天津市、柳州市纳入二氧化硫交易试点，后因我国电力行业是重点排放单位，为减少我国电力行业中二氧化硫的排放，又将华能集团纳入试点，形成了“4+3+1”的格局。2011 年 10 月，碳排放权交易地方试点工作在北

① 《国务院关于落实科学发展观加强环境保护的决定》，《中华人民共和国国务院公报》2006 年第 3 期。

② 温家宝：《全面落实科学发展观 加快建设环境友好型社会》，《中华人民共和国国务院公报》2006 年第 16 期。

京、天津、上海、重庆、广东、湖北、深圳7个省（市）启动。

生态环境治理市场化的加速发展不等于放任自由市场发挥作用，在充分利用市场手段治理生态环境时，政府的作用也同步加速发展。2002年的《关于加快市政公用行业市场化进程的意见》除了要求加快推进市政公用行业市场化进程，引入竞争机制，建立政府特许经营制度之外，同时对实行特许经营的范围、获得程序、申请条件、变更与终止做了明确规定，并提出政府管理方式“从直接管理转变为宏观管理，从管行业转变为管市场，从对企业负责转变为对公众负责、对社会负责”的要求，以及明确相关部门要承担起监督和指导任务，即“建设部负责对全国推进市政公用行业市场化进程和建立特许经营制度的工作进行宏观指导；各省、自治区建设行政主管部门负责对所管辖的行政区域内的市政公用行业实施特许经营制度工作进行监督和指导”。[①] 2006年，时任国务院总理温家宝在第六次全国环境保护大会上的讲话中尽管要求转变原来主要用行政办法保护环境的办法，注重运用市场机制促进环境保护，但没有因此而否定必要的行政手段，在加快经济结构调整的要求中，仍然指出要“严格执行产业政策和环保标准，下决心淘汰那些高消耗、高排放、低效益的落后生产能力，严禁新上那些浪费资源、污染环境的建设项目”[②]。而在《关于开展生态补偿试点工作的指导意见》中，则非常明确地提出“政府引导与市场调控相结合”的基本原则，即“要充分发挥政府在生态补偿机制建立过程中的引导作用，结合国家相关政策和当地实际情况研究改进公共财政对生态保护投入机制，同时要研究制订完善调节、规范市场经济主体的政策法规，增强其珍惜环境和资源的压力和动力，引导建立多元化的筹资渠道和市场化的运作方式”[③]。

四是2012～2021年生态环境治理进程中“有效市场”和“有为政府”相结合时期。

党的十八大以来，我国社会主义市场经济体制逐步完善，对政府和市场关系的认识又得到进一步深化。党的十八大提出，要“完善宏观调控体系，更大程度更广范围发挥市场在资源配置中的基础性作用”，“必须更加尊重市场规律，更好发挥政府作用”。与党的十四大提出的“使市场在社会主义国家宏观调控下对资源配置起基础性作用”相比，党的十八届三中全会进一步明确，“使市场在资源配置中起决定性作用和更好发挥政府作用”，这次对政府和市场关系的定位，既强调了市场决定资源配置是市场经济的一般规律，又强调了市场在资源配置中起决定性作用并不是起全部作用。2015年11月23日，习近平总书记在十八届中央政治局第二十八次集体学习时的讲话中明确提出，“我们要坚持辩证法、两点论，继续在社会主义基本制度与市场经济的结合上下功夫，把两方面优势都发挥好，既要‘有效的市场’，也要‘有为的政府’，努力在实践中破解这道经济学上的世界性难题”[④]。2020年10月，党的十九

---

① 《关于加快市政公用行业市场化进程的意见》，《中国建设报》2003年1月6日。

② 温家宝：《全面落实科学发展观　加快建设环境友好型社会》，《中华人民共和国国务院公报》2006年第16期。

③ 《国家环境保护总局关于开展生态补偿试点工作的指导意见》，《中国对外经济贸易文告》2007年第68期。

④ 习近平：《不断开拓当代中国马克思主义政治经济学新境界》，《求是》2020年第16期。

届五中全会正式提出了“推动有效市场和有为政府更好结合”。

在此背景下，党的十八大以来，我国对政府和市场在生态环境治理领域作用的认识进一步深化。2018 年 5 月 18 日习近平总书记在全国生态环境保护大会上明确指出：“环境治理是系统工程，需要综合运用行政、市场、法治、科技等多种手段。”① 习近平总书记的讲话为我国生态环境治理指明了基本方向。一方面，我国给市场在生态环境治理领域的作用按下了“快捷键”，生态环境治理的市场手段日益丰富。党的十八大以来，我国加速推进生态环境治理领域的市场化改革。除了强调继续推进资源有偿使用和生态补偿制度，吸引社会资本投入生态环境保护的市场化机制，推行环境污染第三方治理，党的十八大报告还提出要积极开展“四大交易”——节能量、碳排放权、排污权、水权交易试点。党的十八届三中全会又把这四项交易提升到四项交易制度，提出“发展环保市场，推行节能量、碳排放权、排污权、水权交易制度”。党的十八届三中全会在生态环境治理领域市场化改革方面，最重要的是要求“健全自然资源资产产权制度和用途管制制度。对水流、森林、山岭、草原、荒地、滩涂等自然生态空间进行统一确权登记，形成归属清晰、权责明确、监管有效的自然资源资产产权制度”。此外，党的十八届三中全会还要求调整消费税征收范围、环节、税率，把高耗能、高污染产品及部分高档消费品纳入征收范围，更重要的是，此次全会提出了“建立巨灾保险制度”，可以视为生态环境治理领域在金融化发展方面又迈出了重要一步。党的十九大以来，除了同样要求推进、完善原有的诸如碳排放权交易制度、生态补偿制度等生态环境治理的市场化手段，同时也提出要构建和推进市场导向的绿色技术创新体系，发展绿色金融，“绿水青山就是金山银山”也被写入党的十九大报告和党章，成为党的重要执政理念。2018 年，武夷山市探索出“生态银行”平台，借鉴商业银行“分散化输入、集中式输出”模式，对生态资源进行优化配置和高效利用，实现综合效益提升，成为实践“绿水青山就是金山银山”的典型案例。2019 年 4 月，国家发展改革委、科技部印发了《关于构建市场导向的绿色技术创新体系的指导意见》。2021 年 4 月，中共中央办公厅、国务院办公厅印发了《关于建立健全生态产品价值实现机制的意见》。2013 年起，前述 2011 年启动的 7 个试点碳市场陆续开始上线交易，覆盖了电力、钢铁、水泥等 20 多个行业近 3000 家重点排放单位。2017 年 12 月印发《全国碳排放权交易市场建设方案（发电行业）》，标志着我国碳排放交易体系正式启动，这是利用市场机制控制和减少温室气体排放、推动绿色低碳发展的一项重大创新实践。2021 年 7 月 16 日，我国启动了全国统一的碳排放权交易市场，纳入发电行业重点排放单位 2162 家，覆盖约 45 亿吨二氧化碳排放量，是全球规模最大的碳市场。

另外，我国又给政府在生态环境治理领域的作用按下了“增强键”，政府在生态环境治理领域的作用愈加完善。除了继续重申坚持节约资源和保护环境的基本国策，党的十八大以来，生态环境治理的宏观愿景目标得到明确。党的十八大报告提出“美丽中国的建设目标”，党的十九大报告要求加强对生态文明建设的总体设计和组织领导，并将“美丽”纳为 21 世纪中叶社会主义现代化强国的要素之一，同时制定

① 习近平：《推动我国生态文明建设迈上新台阶》，《求是》2019 年第 3 期。

了阶段性目标，即到2035年，生态环境根本好转，美丽中国目标基本实现，到21世纪中叶，生态文明将全面提升。在确定和增强政府的职责和作用方面，党的十八大届三中全会不仅明确指出其中包括加强和优化公共服务，推动可持续发展，还明确关系生态安全、涉及战略性资源开发和重大公共利益等企业投资项目，需由政府审批；强化节能节地节水、环境、技术、安全等市场准入标准，建立健全防范和化解产能过剩长效机制。党的十九大要求提高污染排放标准，强化排污者责任，健全环保信用评价、信息强制性披露、严惩重罚等制度。党的十九届四中全会要求除国家重大项目外，全面禁止围填海。党的十八大以来中央生态环保督察刮起的“环保风暴”，直接体现了政府在生态环境治理领域“增强键”的作用。2015年7月，习近平总书记主持召开中央全面深化改革领导小组第十四次会议，会议审议通过了《环境保护督察方案（试行）》。2019年6月，中共中央办公厅、国务院办公厅印发《中央生态环保督察工作规定》。截至2021年9月30日，第二轮第四批中央生态环境保护督察组全面完成督察进驻工作。

同样要认识到的是，在生态环境治理领域按下市场作用“快捷键”的同时，绝不意味着那些生态环境治理市场化的领域让市场起全部作用，而是政府依然要承担起应有的职责。国务院办公厅2014年12月发布的《关于推行环境污染第三方治理的意见》，在基本原则中，既要求“坚持市场化运作。充分发挥市场配置资源的决定性作用，尊重企业主体地位，营造良好的市场环境，积极培育可持续的商业模式，避免违背企业意愿的‘拉郎配’”，又要求“坚持政府引导推动。更好地发挥政府作用，创新投资运营机制，加强政策扶持和激励，强化市场监管和环保执法，为社会资本进入创造平等机会”①。2019年印发的《关于构建市场导向的绿色技术创新体系的指导意见》既指出要充分发挥市场在绿色技术创新领域、技术路线选择及创新资源配置中的决定性作用，同时也指出要加快科技体制改革，创新政府对绿色技术创新的管理方式，通过进一步强化服务、完善体制机制，提高绿色技术创新的回报率，激发创新活力，促进成果转化应用。2021年10月24日，国务院印发《2030年前碳达峰行动方案》，提出的工作原则之一是“双轮驱动、两手发力”②，一方面，更好发挥政府作用，构建新型举国体制；另一方面，充分发挥市场机制作用，大力推进绿色低碳科技创新，深化能源和相关领域改革，形成有效激励约束机制。在碳排放权交易市场，政府的作用同样不可缺失。在企业进入市场之初，碳排放配额就像一个“紧箍咒”一样，一直约束着企业的碳排放行为，而碳排放配额的分配主要是靠行政手段。政府每年根据宏观经济的发展、节能减排技术的进步，以及国家应对气候变化政策的发展，对分配给各企业的碳排放配额进行调整，促使企业不断提升能源利用效率。

总的来看，中国共产党百年来对生态环境治理领域中政府和市场关系认识的历程表明，我国逐步突破原有高度集中的计划经济体制，逐渐将市场机制视为资源配置的重要手段，其在生态环境治理领域中的作用和地位有一个逐渐上升的过程，其在生态

---

① 《国务院办公厅关于推行环境污染第三方治理的意见》，http：//www. gov. cn/zhengce/content/2015-01/14/content_ 9392. htm，2015年1月14日。

② 《2030年前碳达峰行动方案》，《人民日报》2021年10月27日。

环境治理领域中得以实现的形式有一个从单一的排污收费到征税、生态补偿、第三方治理、排污权交易、绿色金融、生态银行等多样化形式的发展过程。与此同时，在这一进程中我国也从未放任自由市场在生态环境治理领域发挥全部作用，政府仍然在该领域发挥其应有的作用，且社会主义市场经济体制越是走向成熟，生态环境治理的市场化进程越是加速发展，政府的作用越是在生态环境治理领域有所作为，其得以实现的形式也有一个从较早的单一命令控制方式到制定基本国策、规划生态环境保护目标、制定环境保护法规、项目环保审批、制定市场准入标准、分配碳排放配额、加强环保督察和监管等宏观、中观、微观多层面形式的发展过程。最终，在中国共产党百年的探索历程中，我国逐渐形成了在生态环境治理领域“有效市场”和“有为政府”相结合的局面。

2. 从国家性质层面认识我国生态环境治理进程中政府与市场的关系

回顾中国共产党百年来对生态环境治理领域中政府和市场关系的认识和实践，我们也可以发现其与新自由主义的区别。一方面，新自由主义明显排斥政府在生态环境治理领域的作用，主张以绝对自由放任的市场机制去配置自然资源，而我国不仅从未否认政府在生态环境治理领域的作用，反而是积极赋予其作用和职责，即使在推进生态环境治理市场化进程中，政府也是在尊重市场规律的基础上主动作为，用远景规划引导市场主体的投资行为，用政策创制为市场主体提供公平的竞争环境和有利条件，用法制法规规范或惩处市场主体的经营行为。另一方面，新自由主义对生态环境治理领域的市场化改革要求具有明显的偏狭性，偏爱不受任何干预的自由交易市场的作用，如将缓解气候变化的希望完全寄托于私有产权基础上的碳排放权交易市场发挥作用，随着资本主义不断向国际金融垄断资本主义阶段发展，新自由主义也特别倚重金融化手段对生态环境治理领域的效用，而我国对市场手段的运用是综合性的，既认可和运用碳排放权市场、巨灾保险这样的市场手段，也同时运用税收、排污收费、生态补偿、财政补贴这样的市场手段。

上述是我国在生态环境治理领域政府与市场关系上与新自由主义表面上的一些区别，体现为是否承认政府的作用以及市场手段的具体实现形式。之所以说这些区别是一种表面意义上的区别，是因为在这些区别背后有一个更为深层次的区别，这一深层次的区别从根本上决定了我国生态环境治理肯定政府的作用，以及市场手段灵活丰富多样性的必然性结果，这就是我们应从国家性质的根本性区别出发，去理解两者在本质上的区别，即新自由主义是在资本主义条件下处理生态环境治理领域的政府与市场关系，而我国是工人阶级领导的、以工农联盟为基础的人民民主专政的社会主义国家，社会主义制度是我国的根本制度，我国国家性质的根本规定性决定了我们是在社会主义条件下处理生态环境治理领域的政府与市场关系。从这一本质区别出发，意味着尽管两者都充分认识到市场在生态环境治理领域的作用，但新自由主义运用市场手段治理生态环境的目的是实现资本的无限增殖，而我国运用市场手段治理生态环境的目的是满足人民对美好生活的需要。这种本质性的差异，将我国在生态环境治理领域的政府和市场关系与新自由主义明显区别开来。

在资本主义条件下，以实现资本无限增殖为目的，必然陷入政府与市场关系二元对立的理论认知，并由此增大环境不正义和环境保护短期性的现实可能性。在资本无限增殖的目的下思考政府与市场的关系，意味着政府与市场究竟是何种关系需以是否能够为资本带来无限增殖为准绳。当政府干预有利于资本无限增殖时，就主张政府干预，反之，则主张自由放任的市场经济。美国庸俗资产阶级经济学家凯里认为，英国应当禁止政府对社会的干预，而美国则要实行保护关税的政府干预政策。之所以得出这样的结论，是因为他将资产阶级社会的生产关系视为不可撼动的前提，即从资本无限增殖的不可撼动性出发，认为英国的资产阶级社会受到传统封建主义社会的影响和干扰，因此必须“抽掉政府的影响”，而美国资产阶级社会受到竭力追求工业垄断的英国对世界市场的破坏作用的影响，因此，“能够防御这一点的，只有保护关税，这是抵御英国大工业破坏力量的国家强力的屏障”。而对于另一个庸俗资产阶级经济学家巴师夏来说，与凯里一样，他从资产阶级社会的生产关系出发，认为法国应当实行自由贸易，因为法国资产阶级社会的生产关系受到国家给它设置的桎梏的影响而发展缓慢，因此“要求法国放弃它的经济上的疆界”。[①] 20 世纪以来，从凯恩斯主义到新自由主义再到新凯恩斯主义的发展历程，呈现了单方面主张加强政府干预和主张自由放任的市场经济观点的交替发展，而这种交替发展本质上是对资本无限增殖受到威胁的情形下做出的回应，要么以市场失灵导致私人市场有效需求不足，出现经济周期性萧条从而影响资本无限增殖为理据，彻底否定市场作用，要么以政府干预侵害资本自由流动，经济出现滞胀从而影响资本无限增殖为理据，彻底否定政府作用。

新自由主义属于后者，在捍卫资本无限增殖的本质下，其主张不受政府干预的自由贸易政策必然被置于优先地位，而人民群众的生态福祉则处于次要地位。1992 年，各国气候谈判者在里约签署联合国气候变化协议时，明确指出抗击气候变化的措施，包括单方面措施，都不能形成对国际贸易的变相约束。如此一来，毫不奇怪的是加拿大安大略省大力发展可再生能源项目遭到世界贸易组织的强烈反对，只是由于该项目的发展要求太阳能开发商必须保证至少 40%～60%的劳动力和原料来自该省。结果，这一原本可以推动当地摆脱化石燃料依赖的项目最终不得不被迫终止。[②] 国际知名生态友好型组织——大自然保护协会（The Nature Conservancy，TNC），拥有美国得克萨斯州大片的土地用于保护濒危的阿特沃草原鸡，但在新自由主义勃兴以后，受其影响大自然保护协会开始逐渐放宽其对于“保护”的定义，让保护区的土地最终可以容纳那些不协调的行动，因此，同样毫不奇怪的是这一协会在这片自己拥有的保护区内提炼化石燃料，于 1999 年开凿了一口新的气井，而这一气井会为大自然保护协会带来数百万美元的进账，结果，到 2003 年，保护区内的阿特沃草原鸡的数量由原来的 36 只下降到 16 只。又如，发达国家和发展中国家之间的碳市场往往会给原住民带来灾难性的后果。碳交易被发达国家的财团视为“天上掉下的钱”，他们驱赶原住民离开自己的故土，或者禁止在原有领地内打猎、捕鱼，严重影响了原住民的生产和生活，有的原住民甚至因违反禁令而被所谓的“公园管理员”枪杀，而这些牺牲的人本来是过着地球上最为可持续性的、低碳的生活方式，他们与自然之间有着很强的互

① 《马克思恩格斯全集》（第 30 卷），人民出版社 1995 年版，第 3-11 页。

② ［加］娜奥米·克莱恩：《改变一切：气候危机、资本主义与我们的终极命运》，李海默、韦涵、管昕玥等译，上海三联书店 2018 年版，第 81-85 页。

惠关系，仅仅只是小规模利用本地生态系统，同时又关心土地并不断致力于使土地资源得以再生。而在欧洲的碳市场上，在利润最大化的“指挥棒”下，出现了碳价过低、配额过多的情况，最终没有实现碳排放总量下降的目标，反而使大量的电力公司和航空公司这些高污染企业获得了不菲的意外之财。①

我国是在社会主义的根本前提以及由此决定的满足人民美好生活需要这一目的下处理政府和市场的关系，这一根本前提对生态环境治理领域的政府和市场关系产生如下结果：

一是这必然会得出生态环境治理既要政府又要市场的结论。因为市场主体在竞争中固然可以提高自然资源配置的效率，促进自然资源富有效率的利用，也会在获取利润的受益中保护环境，但纯粹的市场手段不能确保社会公平和环境保护的长久性，正如上文的案例所看到的，一方面，从生态环境保护领域的市场交易中受益的主体可能造成对其他主体的侵害，造成环境不正义，另一方面，从环境保护中受益的市场主体倘若无法从中获取持续的利润就有放弃保护环境的倾向和现实可能性，造成环境保护的短期性。环境不正义和环境保护的短期性都无法满足人民对美好生活的需要，在这样的情形下，以满足人民美好生活需要为目的的政府就有必要进行干预，以纠偏生态环境治理市场化进程中出现的环境不正义和短视行为，例如，与新自由主义影响下出现的上述负面案例不同，我国就要通过政府的命令控制型手段禁止开凿油井，认真研判碳价的高低和配额的分配，并保障处于弱势地位且生态友好的原住民基本的生计和发展权利。

二是我国是根据人民美好生活需求结构的动态演变来调整政府和市场在生态环境治理领域中何者起主要作用。既然在生态环境治理领域既要政府又要市场，那么，如何解释中国共产党百年生态环境治理进程中在特定时期出现的政府命令控制型单一治理方式？又如何解释向“有效市场”和“有为政府”相结合的治理方式的转变？这仍然可以从满足人民美好生活需要这一目的出发进行解释。从内部结构来看，人民美好生活需要是多元的，既有对美好物质生活和精神生活的需要，也有对良好生态环境的需要。从动态演进来看，人民美好生活需要又是具体的、历史的，在不同历史时期居于主导地位的需要是不同的。

在第一个阶段，反对帝国主义、封建主义、官僚资本主义，争取民族独立、人民解放成为新民主主义革命时期战争环境下中国人民的迫切需要，新中国成立后到改革开放前，巩固新生政权、恢复生产以保障并逐步提高物质需要和文化需要是这一阶段占主导地位的需要。可以说，在第一阶段，人民对优美生态环境的需要处于从属地位，因此，那些影响民族独立、关涉物质生活和文化生活需要的生态环境问题首先进入我国治理对象的范围，即在战争年代能起到保护革命军队作用、在和平年代能起到恢复生产作用的森林防护，以及对人民生产生活有直接影响的水土流失、土壤盐碱化等问题。为了解决这些问题以满足人民的需要，在革命战争年代和社会主义计划经济体制的背景下，只能依靠政府的力量来完成，政府以命令控制型的方式进行统筹和规

① ［加］娜奥米·克莱恩：《改变一切：气候危机、资本主义与我们的终极命运》，李海默、韦涵、管昕玥等译，上海三联书店 2018 年版，第 231-282 页。

划并广泛发动群众可以比较迅速地解决这些问题。

在第二个阶段，当真正意义上的生态环境问题进入我国的视野之后，我国即使在改革开放初期已经认识到市场在资源配置中的积极作用，也仍旧高度依赖命令控制型的政府环境管理手段，这不仅与第一个阶段的经验密切相关，而且更为重要的是，进入第二个阶段，人民的物质文化需要随着经济的不断增长而不断增长，市场在增强经济发展活力，为人民提供大量物质财富满足物质文化需要方面的作用得到认可，其在经济生活中的地位逐渐上升。同时，人民对优美生态环境的需要也随着经济粗放型增长的负效应而不断增长，这就意味着我们既要满足人民的物质文化需要，也要满足人民对优美生态环境的需要，因此，如果单方面地强调政府的作用，就会影响前者；反之，如果单方面地强调市场的作用，就会影响后者，只有将两者有机统一起来才能同时满足前后两种需要。

三是从满足人民美好生活需要出发，市场在资源配置中“决定性”作用的确立，与新自由主义对自由放任的市场经济源于政府失灵这种二元对立的解释完全不同，这种“决定性”作用恰恰是政府对市场规律的认识和驾驭能力逐渐提高后才得以确立起来的。对此，习近平总书记做出了简明而深刻的阐释：“现在，我国社会主义市场经济体制已经初步建立，市场化程度大幅度提高，我们对市场规律的认识和驾驭能力不断提高，宏观调控体系更为健全，主客观条件具备。”① 也就是说，我国是在“条件具备”的情况下逐步明确市场该起到什么样的作用，在生态环境治理领域，也只有在政府对市场规律逐步加深认识和驾驭能力逐步提高这样的“条件具备”的情况下，才能逐步引入并提高市场手段的作用，以及逐渐采纳多种形式的市场手段。这一解释当然也是对满足人民美好生活需要的回应，只有在“条件具备”的情况下，才能更好地规避市场手段固有的弊端，以致不构成对人民满足需要的危害。这一解释也意味着我国不是等到市场失灵了才实现向政府手段的转换，而是在市场主体治理生态环境的全过程中政府都要相应发挥作用，尤其是事前的规划统筹显得特别重要，可以最大程度降低市场主体治理生态环境可能出现的偏离环境保护的概率，从而减轻对人民生态福祉的负面影响。

总之，抵御新自由主义对我国生态环境治理的影响，就应该摒弃单纯的彻底市场化治理方式，继续不断推进“有效市场”和“有为政府”相结合的体制设计。这样一种体制设计就是在社会主义根本制度的前提下，以满足人民美好生活需要为宗旨，政府从全局性和长远性出发，统筹规划经济社会发展与生态环境保护的关系，创新和完善宏观生态环境治理，充分发挥市场对稀缺自然资源的配置效率，激发各类市场主体投入到生态环境治理之中，使市场手段更好地服务于生态文明建设，从而形成政府和市场有机统一的格局，最终推动中国实现人与自然和谐共生的现代化。

最后，笔者结合 2018 年的两次调研，谈谈我国生态环境治理进程中如何走出与新自由主义“生态环境治理术”的不同道路，以及今后仍需警惕的问题。

2018 年 4 月 26~29 日，中国社会主义生态文明研究小组在江西省抚州市进行学术调研，主题是“社会主义生态文明试验区建设中的生态资本、绿色技术与大众参

① 《习近平谈治国理政》，外文出版社 2014 年版，第 76 页。

与”，同年10月12~16日，研究小组又在山西岢岚县、右玉县进行学术调研，主题是“社会主义生态文明建设中的生态扶贫、生态补偿与生态正义”，这些调研是研究小组2018~2020年“作为一种转型政治的社会主义生态文明”课题框架下系列调研的一部分，旨在推动当代中国社会主义生态文明理论研究的深化与政策创议的实践。笔者有幸作为小组成员参与了这两次调研。

江西省抚州市位于江西省东部，南北长约222千米，东西宽约169千米，总面积18816.92平方千米，占江西省总面积的11.27%，下辖临川、东乡两个区，临川区是抚州市委、市政府所在地，总面积2121平方千米，东乡区距临川区40千米，总面积1196平方千米。笔者考察的两个私营企业——江西省抚州市润邦农业开发集团有限公司（以下简称润邦集团）和上海太和水环境科技发展有限公司（以下简称上海太和）开展生态环境治理的区域就位于这两个区内。

东乡区毗邻中国最大淡水湖鄱阳湖滨湖地区，有着优越的生态资源，原区域内刘家岭煤矿已关停多年，但废煤渣一直严重污染水土；原国有东风农场因为过量施用化肥，抵抗自然灾害能力差，也于1998年彻底倒闭。润邦集团通过产业融合方式，租赁包含以上区域的土地1.6万亩，致力于修复好利用好这片美丽的山水林田湖草，全力打造润邦田园综合体。抚州市名人雕塑园作为抚州市重要的城市休闲景观水体，是宝贵的水环境资源和重要的历史文化载体，治理前园内水体浑浊发绿，水体相对封闭、流动性差，局部有蓝绿藻漂浮，水中无明显生物，水体感官整体性较差，抚州市政府引入上海太和致力于对名人雕塑园的休闲景观水体进行生态修复。

从治理的生态效益方面看，润邦集团通过对这片区域进行农业综合开发，达到了生态资源修复的效果。该集团自2012年开始，搬迁和移除被洪水冲毁废弃的1个猪场、10个小村庄和三座秃山，花费半年时间清除田里的石块；通过移土、土地平整、大量施用有机肥、种植红花草肥田、水旱轮作、秸秆还田等多种措施修护耕地；到2016年，已获批有机农产品生产基地、省级现代农业示范园区，新增大块规整便于机械化耕作的有机高标准良田数千亩；通过建设提灌站、200多个蝶阀、大型喷灌机械、沟渠、闸门等水利设施，使区域内几座水库、两条河流、湿地和湖泊水系连通；通过控制围堤内外水位差，按生产需要调节每块田塘的水位；区域内种养殖污水通过沟渠、人工湖、生物浮床、螺蛳净化、小龙虾养殖、环沟套养等多种生产措施，达到充分利用养分和水资源循环利用目的，并生产出多种品质优、价值高的有机水产品、大米、中草药等农产品。上海太和通过植入食藻虫、沉水植物和水生植物等“绿色技术”对名人雕塑园的水体进行生态修复，从感官目标看，水体透明度常年达到2米以上，不足2米处清澈见底，水质指标达到或优于《地表水环境质量标准》（GB 3838-2002）Ⅱ-Ⅲ水质标准，实现水体沉水植物良好的覆盖率（≥60%），构建了“水下森林”生态系统，充分发挥生态系统的自净能力，实现水体循环再生、自我修复的特点。

在生态效益的基础上，润邦集团也带来了不少的经济效益和社会效益。从经济效益看，润邦集团充分利用当地的自然资源白花蛇舌草，形成了其核心支柱产业——药材白花蛇舌草产业，其相关产品已具有200亿元的市场规模，通过“白花蛇舌草—水稻—红花草”轮种的方式进行种植，单季白花蛇舌草产量600~800公斤/每亩，

2017年种植面积8600亩（公司加农户），年总产量6020吨，平均售价1.7万~1.8万元/吨，实现年销售收入10234万元，加以努力，将形成30亿元以上的产业规模。从社会效益看，宋塘村原来一直是东乡区最偏远最落后的村庄，靠山吃山、靠水吃水，村民收入微薄、生活艰苦。自润邦集团开始实施农业综合开发项目以后，逐步把文明、环保、诚信、友爱、法制、发展等正能量和先进理念带进农村，成立了“农机专业合作社”“农作物专业合作社”等，并通过专业技术培训和农业生产合作，联系农户1000多人次。

“一方水土养不好一方人”是对岢岚县和右玉县历史的最好概括了。岢岚县赵家洼村是典型的深度贫困村，村子位于一条山谷之中，全村只有900亩贫瘠的、不存水的旱田，仅有的一口浅层渗水井勉强能维持村民的饮用水供给。右玉县地处毛乌素沙漠的天然风口地带，是一片风沙成患、山川贫瘠的不毛之地，中华人民共和国成立初期仅有残次林8000亩，森林覆盖率不足0.3%。对此，两地开展了各具特色的生态环境治理。岢岚县采取的是“整村搬迁”的治理举措。在搬迁之前，政府经过大调研，精准识别出115个深度贫困村，做出了符合岢岚实际、精准特色的整村搬迁决策。随后，形成了1个县城、8个中心集镇和41个中心村的“1+8+41”的安置规划。在新村的建设和治理上，又形成了“五个统一”做法：统一拆除复垦修复，统一规划建设新区，统一特色风貌整治，统一整村提升达标，统一跟进社区治理。由此我们所看到的的确是村庄建筑风貌上的“错落有致”和“整齐划一”，比如在建房标准方面，以每人20平方米的标准所建造的265间移民安置房，都进行了统一装修和统一配置家具。在这整村搬迁的过程中，不仅有中央层面的关心和指导，更有最基层党支部的引领、推动、服务和保障作用，在宋家沟村，就吸纳搬迁村党员12名，重新组建了党支部，建立了2个党小组，并在村委会的主导下，组建5个村民小组，促进搬迁户快速融入新生活。如果说岢岚县是“易地”实现快速脱贫和修复生态环境，那么，右玉县则是“就地”迎难而上，在历任县委书记的带领下，一年接着一年，一代接着一代，通过造林绿化，硬是将森林覆盖率不足0.3%的右玉县，建成了目前森林覆盖率达到54%的“塞上绿洲”。

从这两次调研的情况看，我们可以深切地感受到，正是在秉持以人民为中心的价值理念下，以满足人民对优美生态环境的需要为宗旨，党的强有力领导和政府的强势推动才使社会资本真正为人民的生态福祉和民生福祉服务，既正确处理好了政府与市场的关系，又实现了环境正义，从而有效规避新自由主义的消极影响。

抚州市政府正是秉持了满足人民美好生活需要，包括优美生态环境需要的目的，引入社会资本参与生态环境治理才较好地发挥了其应有的作用。2017年，中共江西省委、省政府就印发了《关于深入落实〈国家生态文明试验区（江西）实施方案〉的意见》，该意见在基本原则方面就提出要“努力实现经济社会发展和生态环境保护协同共进”，要“坚持以人为本。加大环境综合治理力度，切实解决社会关注度高、涉及人民群众切身利益的突出问题，改善和巩固生态质量，建设天蓝、地绿、水净的美好家园，促进生态富民，增强人民群众的获得感”。显然，“经济社会发展和生态环境保护协同共进”“增强人民群众的获得感”这样的基本原则是以满足人民的美好生活需要为根本导向，这构成了江西展开生态环境治理的根本规约性力量，该意见中提出的积极引入社会资本，加快培育环境治理和生态保护市场主体，推行环境污染第三方治理等重大举措都必须在这一根本规约性力量下运行。正是在这一背景下，抚州市政府引入社会资本治理生态环境，才实现了生态效益、经济效益和社会效益的多赢。

与江西省抚州市积极利用社会资本参与生态环境治理不同，笔者在山西省岢岚县和右玉县的调研，深切感受到的是党和政府集中统一领导、统筹协调、注重顶层设计强力推进生态文明建设，在生态环境治理的战略定力和生态环境保护的长久性方面，以及维护环境正义上发挥了重要作用。在生态环境恶劣和经济发展相对落后的地区，相对而言，较难吸引以利润最大化追求为导向的大型资本集团，也就难以发挥大型企业在修复和保护生态并提供环境正义方面的作用，岢岚县和右玉县就属于这样的地区。

因此，要想重塑生态环境以满足人民群众的生存和发展需要，党的强有力领导和政府的强势推进作用就显得特别重要，这一作用的发挥明显地呈现出“有组织、有计划、持久性”的统筹规划特征，在组织和计划的长远过程中，岢岚县和右玉县的生态修复保护和脱贫攻坚被置放在了同一进程中，使“生态主义”和“社会主义”的环境正义维度得以彰显，“红”与“绿”实现深度融合。岢岚县 115 个整自然村常住 1854 户 4338 人搬出了大山，65 个村 6014 户 14550 人脱贫，贫困发生率由 30.9% 下降到 8.08%。在搬出后的后续产业扶贫中，我们可以发现，与依靠大型社会资本集团不同的是，各种合作社的帮扶起到了重要作用，集体经济发挥了应有的促进就业作用，村集体经济的年收入达 6 万余元。与搬迁相伴随的是生态环境的修复和保护，岢岚县统一组织 74 家造林合作社进行生态修复，复垦土地 2580 亩，生态修复 2507 亩，实现荒山造林、退耕还林 10.98 万亩；2017 年还对岚漪河进行河道治理，修建污水处理站和堤坝，在河床放置生态石笼，同时修建垃圾转运站，对垃圾进行无害化处理，对宋家沟全村 206 户进行了旱厕改造。在右玉县，当第一任县委书记张荣怀发出“右玉要想富，就得风沙住；要想风沙住，就得多栽树；要想家家富，每人十棵树!”的号召时，就是将“脱贫”与“造绿”结合起来，由此拉开了右玉人近 70 年坚持不懈植树绿化和脱贫致富的序幕，展开了一场豪气壮阔的 22 任县委书记“红绿交融”的接力。时至今日，右玉县不仅修复了“绿水青山”，还创造了“金山银山”。2017 年，全县完成地区生产总值 67.19 亿元，同比增长 9.1%，财政总收入突破 9 亿元大关，达到 9.55 亿元，居民人均可支配收入 22717 元，同比增长 7.5%。[①] 这一段艰苦奋斗的历史也孕育出了时至今日我们应当倍加珍惜的“右玉精神”，而这一精神所体现的全心全意为人民服务，迎难而上、艰苦奋斗，以及久久为功、利在长远，显然强调的主体是党及其领导下的政府，即政府应当在公众所关心的议题上起主导作用并有所作为。与岢岚县一样，这种党和政府主导的绿色扶贫不仅呈现出“有组织、有计划”的特征，在右玉县更重要的是体现“久久为功、利在长远”的“持久性”特征。正如习近平总书记所说：“只要朝着正确方向，一年接着一年干，一代接着一

① 《关于右玉县 2017 年国民经济和社会发展计划执行情况及 2018 年国民经济和社会发展计划草案的报告》，右玉县人民政府网，2018 年 4 月 4 日。

代干，生态系统是可以修复的。”①

当然，从防范新自由主义思潮侵蚀的角度来看，江西省抚州市和山西省岢岚县、右玉县的生态环境治理道路，还有若干需要警惕的问题：一是抚州市引入社会资本将国有农场的经营权和集体土地的使用权转让给民营资本，其合法性仅仅在于前者在生态效率上的无效吗？或者说是否是国有农场本身的经营不善引发了生态环境的破坏，并且只有通过彻底消灭国有农场才能挽救环境吗？从润邦集团的宣传单上看，答案是肯定的。但是，我们从上述两个民营资本的引入看，在产权问题上，并未实现自然资源的彻底私有，土地所有权仍掌握在集体手中，而对生态环境的改善起到作用的，无非是生态养殖、循环生产、绿色技术之类的手段或策略，也就是说无论是民营资本还是国有资本，都可以对这些手段或策略加以利用，在一定条件下都可以实现等效的生态效应，因此，将环境破坏的原罪归为国有农场并不在理。

二是在经营权转换的过程中，尽管如润邦集团所言，其联系了大量农户实现精准扶贫，但如何确保这种农户与大型企业的依附关系之下收益的公平分配仍然有待进一步检视，特别是润邦集团是否将其由于历史缘故而获取的低成本优势转化为农户生活水平的相应改善。收益分配的问题，不仅是一个收益分配比例如何权衡的技术性问题，更是考验一个执政党阶级立场的政治性问题，特别是在劳资力量对比不均衡的情况下，如何确保公平正义的实现，的确是一个需要谨慎对待的问题，就连自由市场环境主义所信奉的亚当·斯密本人也洞察到了资本家所处的优势地位将对工人的处境造成不利影响：“地主、农业家、制造者或商人，纵使不雇用一个劳动者，亦往往能靠既经蓄得的资本维持一两年生活；失业劳动者，能支持一星期生活的已不多见，能支持一月的更少，能支持一年的简直没有。就长时期来说，雇主需要劳动者的程度，也许和劳动者需要雇主的程度相同，但雇主的需要没有劳动者那样迫切。”② 亚当·斯密对劳资双方的阶级分析至少说明，相对于资方，劳方处于弱势地位，这就需要在收益分配上的权衡审慎考虑。

三是基于市场机制的经济激励机制改善和修复生态环境，始终处于一种不确定性的保护状态，这其中的机会成本问题仍是抚州市政府需密切关注并适时进行干预的问题，倘若资本从生态环境的破坏中所获取的收益大于从保护中所获取的收取，那么，市场机制必将资本引向破坏环境的道路上。市场机制终归是一种以成本效益为基本手段、以效率高低为尺度的诱导性机制，获取利润最大化和实现价值增值仍是其终极目的，而生态效益明显属于从属性地位，因此，资本无论是通过市场机制还是引入绿色技术而试图实现自身的“生态化”，其本质依然是资本，其增殖性的本质没有变，其将自然价值化的惯用策略没有变。如此一来，在现实中我们看到的或许是局部和短期内生态环境的改善，而能否确保生态环境的整体和长远改善还有待进一步观察，就此而言，必须在社会主义的总规定下去规制资本的增殖本性。

四是要实现政府、企业和公众三者良性互动治理生态环境。政府、企业、公众是生态环境治理的三个主体，在两次调研中，笔者尤为关心的是，政府在何种意义上推

① 《右玉绿色宣言：坚持绿色发展　建设生态文明》，《中国青年报》2018 年 5 月 24 日。

② ［英］亚当·斯密：《国富论》，郭大力、王亚南译，商务印书馆 2015 年版，第 61 页。

动了生态环境改善和环境正义的实现，企业如何在市场机制的引导下修复和保护了环境，公众又如何在这一系列进程中既实现了环境权益又履行了环境义务。更为重要的是，三者尽管在生态环境治理进程中分别扮演了不同的角色，但是，如果没有三者的良性互动和协调，就无法实现“力往一处使”地促进生态环境保护和修复。或者说，三者各自在生态环境治理上的“各自奋战”，都有可能偏离生态环境治理的本意和初心，企业会在“绿色”外衣的光鲜外表下无止境地追逐利润最大化进而破坏环境，公众可能在经济利益的诱惑下自主选择放弃原本“绿色”的理念和行动，政府也会因此而离真正的“绿色”政绩越来越远，从而中国生态环境治理就有可能出现表面化的环境保护，并或多或少地增加环境破坏的风险。因此，一方面，党和政府应当认识到其主导下的绿色扶贫等举措倘若没有公众的广泛参与和监督，无论是在过去还是在将来都是不可能取得成功的，为此，党和政府应当扩大公民的有序参与；另一方面，在人民群众对美好生活的向往由基本生计型向生态优美型转化过程中，伴随而来的将是生态旅游、休闲农业等行业在经济欠发达地区的崛起，而这理应成为党和政府密切加以引导的行业，切不可任由这些企业在利润最大化的诱导下迷失了方向，从而对公众和社会造成环境伤害。

下　篇

第五章　新自由主义与国家公园

今天，我们高兴地看到有一种到大自然中去旅行的趋势。成千上万心力交瘁生活在过度文明之中的人们开始发现：走进大山就是走进家园，大自然是一种必需品，山林公园与山林保护区的作用不仅仅是作为木材与灌溉河流的源泉，它还是生命的源泉。

——［美］约翰·缪尔《我们的国家公园》

1872 年，当世界上第一个国家公园——美国黄石国家公园建立后，以创建国家公园的方式保护动植物的栖息地，已经成为世界各国的通行做法，尽管各国国家公园的模式不尽相同。每当提起“国家公园”，人们联想到的便是无比壮丽的优美景观，人与自然和谐相处的诗意画面。但是，这并不意味着国家公园的创建，自然就能够自动得到有效保护。联合国环境规划署 2012 年 10 月 18 日在印度海德拉巴举行的《生物多样性公约》缔约方大会第十一次会议上发布了《2012 受保护的地球报告》（Protected Planet Report 2012）。该报告指出，由于管理不善、资金短缺以及信息数据不足等问题，全球一半拥有丰富生物多样性的区域目前没有得到有效保护。要实现到 2020 年前防止濒危物种灭绝并扩大保护区范围的“爱知目标”（Aichi Target）困难重重，急需国际社会采取切实行动。[①] 一份研究显示，自 1900 年以来，27 个国家至少 89 个保护地存在着“被降级的、缩减面积的、失去合法性的保护地”这样的情形。[②] 在非洲、拉美、东南亚和加勒比地区，4. 1%的保护地在 1962~2009 年经历着同样的情形[③]；在巴西，1981~2012 年，发生 93 起类似事件[④]。在新自由主义的影响下，全球范围内国家公园的建设也被渗入新自由主义要素，这不得不引起我们的重视。本章在概述新自由主义对国家公园为主体的自然保护地建设的影响后，紧接着进入本质层面的分析，以全球国家公园的“无人模式”为例，剖析了国家公园遭受资本逻辑影

① Bastian Bertzky, Colleen Corrigan and Jamems Kemsey, et al., *Protected Planet Report* 2012: *Tracking Progress Towards Global Targets for Protected Areas*, Cambridge: UNEP-WCMC, 2012.

② Michael B. Mascia and Sharon Pailler, “Protected Area Downgrading, Downsizing, and Degazettement (PADDD) and Its Conservation Implications”, *Conservation Letters*, Vol. 4, No. 1, 2011, pp. 9-20.

③ Michael B. Mascia, Sharon Paillor and Roopa Krithivasan, et al., “Protected Area Downgrading, Downsizing, and Degazettement (PADDD) in Africa, Asia, and Latin America and the Caribbean, 1900-2010”, *Biological Conservation*, Vol. 169, 2014, pp. 355-361.

④ Bernard E, Pema L A O and Araújo E, “Downgrading, Downsizing, Degazettement, and Reclassification of Protected Areas in Brazil”, *Conservation Biology*, Vol. 28, 2014, pp. 939-950.

响的前因后果，最后，分析了我国武夷山与三江源国家公园建设中遭遇的难题及其不同于新自由主义的破解之道。

第一节　新自由主义对以国家公园为主体的自然保护地建设的影响

倘若我们指认资本逻辑是生态危机的罪魁祸首，那么，环境保护运动就理所当然地成为遏制资本逻辑蔓延的重要力量。正是基于此，哈维将“保护生物多样性和保护生物栖息地免遭破坏的运动”① 归入反抗造成环境破坏的“剥夺性积累”的多种运动之一。哈维认为，环境保护运动是一种推动替代性前景的运动，“我们可以更好地理解出现于市场体系内外的种种对抗性文化，它们或明或暗地拒绝市场伦理以及新自由主义化所强制推行的实践。例如，在美国内部就有愈演愈烈的环境保护运动，努力推动替代性前景以更好地联系政治计划和生态计划”②。因此，作为环境保护运动产物的国家公园的建立，同样理所当然地成为阻挡资本逻辑、市场伦理和新自由主义渗入的重要举措。但殊不知，新自由主义也以其特定的方式“掺和”到全球国家公园的建设中，影响全球国家公园原本应当彰显的生态效益和社会效益。依据新自由主义全盘私有化、完全自由化和彻底市场化等核心思想，其对国家公园建设的影响集中体现为：随着国家对环境治理的退出，越来越多的私人集团介入到国家公园的创建和管治中，主导着人们对国家公园的认知和实践。而这又与新自由主义影响下对国家公园的“去政治化”阐释密切相关，我们必须摆脱这一陷阱，重新对国家公园进行“再政治化”理解。

一、新自由主义影响下的以全球国家公园为主体的自然保护地建设

（一）私有自然保护地的作用愈加受到重视

世界自然保护联盟（International Union for Conservation of Nature，IUCN）根据治理类型将自然保护地划分为政府治理、共同治理、私人治理、原住民和地方社区治理四种类型，在已知的保护地治理类型中，政府治理类型仍占主导，占所有治理类型的80%以上。私有自然保护地（Privately Protected Areas，PPA）是世界自然保护联盟定义的保护地，其成员来源包括从事私人治理的人员（如个人和个人群体）、非政府组织、公司（既包括现有的商业公司，也包括为管理私有自然保护地群体的私人业主成立的公司）、营利业主、研究实体（如大学、实地站点）或宗教实体。世界自然保护联盟认为，目前对私有自然保护地的重视还远远不够，应该得到更多认可和支持。根据世界自然保护地数据库 2020 年 1 月的统计数据显示，全球的自然保护地总数达到了 248305 个，其中由私营组织进行治理的仅有 41 个，由个体土地所有者进行治理

① ［美］大卫·哈维：《新帝国主义》，初立忠、沈晓雷译，社会科学文献出版社 2009 年版，第 135 页。
② ［美］大卫·哈维：《新自由主义简史》，王钦译，上海译文出版社 2010 年版，第 214 页。

的仅有 7125 个，由非营利组织进行治理的仅有 7603 个。[①] 迄今为止，大部分自然保护地是在国有土地和水域上建立的。虽然这些举措非常宝贵且规模空前，体现了各国政府的承诺，然而，世界自然保护联盟认为，仅有公有的自然保护地，还不足以实现《生物多样性公约》的目标。私有自然保护地是实现《生物多样性公约》的“爱知生物多样性目标”第 11 个目标的一个重要组成部分，这一条目标提出了要建立完善全球具有生态代表性的保护地网络。

在世界自然保护联盟这一国际公认的保护地组织的推动下，同时，受新自由主义对私营组织效率的青睐，私有自然保护地的数量目前虽然还不是很多，但其在保育方面的作用愈加得到认可和重视。2014 年，《生物多样性公约》第十二次缔约方大会认可并鼓励私有自然保护地继续对生物多样性保育做贡献。2016 年，私有自然保护地占比 4.5%，到了 2018 年，私有自然保护地为 13105 个，占比 5.5%，其中，北美的私有自然保护地最多，占比 22%，欧洲和西亚最少，不到 1%。[②] 对私有自然保护地的扶持也逐渐成为各国政府的政策。在澳大利亚，几十年来，私有自然保护地一直是该国的一项重要政策目标，保护契约和土地征用是澳大利亚政府采用的主要机制。澳大利亚政府通过“国家自然保护区体系计划”（National Reserve System Program），向私人土地信托公司提供高达 2/3 的购买价格，用于战略性的土地收购，以支持私有自然保护地。在南非，该国允许在征得土地所有者同意的情况下在私人土地上指定保护地。许多私有自然保护地是通过省级生物多样性管理规划建立起来的，管理当局与土地所有者签订具有法律约束力的合同，使土地所有者遵守管理目标，这些合同最长可达 99 年，最少也不会低于 30 年，有的则是永久有效。南非的国家公园也可以是私人所有，通常毗邻国有的国家公园，土地所有者会签订 50~100 年的合同。在墨西哥，该国政府从 2002 年开始认证私有自然保护地，使自然保护地获得合法地位，但仍有不少私有保护地的业主更愿意在国家认可的范围之外从事自己的保护行动。[③]

各国对私有自然保护地的推崇均涉及土地权属的变化，都有一个从土地公有或者集体所有到私有的转变，这种转变是在新自由主义的影响下发生的，考察国家公园所有权的变化，我们就能深刻感受到这一点，智利巴塔哥尼亚国家公园（Patagonia National Park）就是这样的典型案例。

在历史上，巴塔哥尼亚国家公园所在的艾森地区，天气恶劣、地形复杂，人迹罕至，直到 19 世纪末，为了让殖民者定居，并将其融入国内和全球的资本主义市场，智利和阿根廷政府以暴力驱逐巴塔哥尼亚地区的原住民。1903 年，在与阿根廷的陆地边界争端中，智利政府特许畜牧公司在此地开展经营活动，以鼓励移民定居并防止被阿根廷兼并。畜牧公司的经营活动几乎覆盖了整个艾森地区，艾森地区的查卡布科山谷（Chacabuco Valley）就是其中最大的经营地区之一。查卡布科山谷的牧场经营吸引了智利和欧洲移民，并成为该地区经济和社会生活的支柱，最终促成了科克伦镇

---

① 参见世界自然保护地数据库官网：https://www.protectedplanet.net/。

② 参见 2016 年和 2018 年发布的《全球保护地球报告》（*Protected Planet Report*），https://www.protectedplanet.net/c/protected-planet-reports。

③ Heather Bingham, James A. Fitzsimons, Kent Redford, et al., “Privately Protected Areas: Advances and Challenges in Guidance, Policy and Documentation”, *Parks*, Vol. 23, No. 1, 2017, pp. 13-27.

的发展。1967 年，智利政府收回了特许经营，进行土地改革，赋予农民阶级权利，废除寡头庄园制度。国家收回了查卡布科山谷，并交由公共机构"土地改革公司"（The Corporation for Agrarian Reform）进行管理。查卡布科山谷被交到由农民组成的合作社手中，在这里，土地归合作社集体管理。来自科伊艾克镇和科克伦镇的 26 户家庭搬入此地。但是，此后的皮诺切特军政府却将智利引上了完全资本主义的政治经济体系，开启了新自由主义改革。皮诺切特改变了 1964 年以来的土地政策，对土地进行重新分割和出售。受新自由主义对农业政策的影响，即先验地认为大型的、高效率的资本主义农场能使智利的农业部门在全球市场有竞争力，皮诺切特军政府期间合并了许多中小规模的农场，这导致大量农业工人成为无地无产阶级，查卡布科山谷也不例外。1973 年智利政变后，合作社的家庭仍留在山谷里工作和生活，直到 1981 年，与前任政府有关的"土地改革公司"的职员被撤换，最终，在争取获得土地所有权无果之后，合作社成员在政权的压力下放弃土地所有权并离开了山谷。1983 年，军政府收回了这片土地，并将其公开拍卖给了一名出生在智利的比利时裔男子弗朗西斯科·德·斯梅特（Francisco de Smet），他重新开展畜牧经营活动，此后，牧场成为科克伦镇居民的主要就业场所，牧场生产的肉也主要供应给当地居民，是当地居民的主要肉食来源。2004 年，克里斯·汤普金斯（Kristine Tompkins）的名为"巴塔哥尼亚自然保护"（Conservacion Patagonica）机构买下了查卡布科山谷，占地约 8 万公顷，这个项目的目标是将这个山谷捐赠给智利政府，同其周边的两块公有自然保护地——杰涅梅里自然保护区（Jeneimeni National Reserve）和塔曼果自然保护区（Tamango National Reserve）合并起来建立巴塔哥尼亚国家公园。①

（二）推动私人集团对国家公园等自然保护地的管治

在新自由主义的影响下，国家不断削减环境资金的投入，资金的减少迫切需要其他主体的介入给予补充，这就给除国家之外的私人主体提供了机会，其中最直接的方式就是私营公司直接管理国家公园，对国家公园的建设负总责。例如，1984 年，卢旺达政府建立了纽恩威国家公园缓冲区，1992 年，1 万多公顷的非原生林得到种植，到了 2011 年，该国家公园被私有化，英国新森林公司（UK-based New Forests Company）对该国家公园内超过 8500 公顷的林木拥有 49 年的管理权。② 此外，大量的非营利性环境非政府组织也介入其中。比如，大自然保护协会（The Nature Conservancy，TNC），它成立于 1951 年，是全球最大的非营利性自然环境保护组织之一，一直致力于在全球保护具有重要生态价值的陆地和水域，维护自然环境、提升人类福祉。再如，保护国际（Conservation International，CI），它成立于 1987 年，总部位于美国华盛顿特区，宗旨是保护地球上尚存的自然遗产和全球的生物多样性，并以此证明人类社会和自然是可以和谐相处的。在非洲，与卢旺达政府合作的非营利组织"非洲公园"（African Parks）就对阿卡盖拉国家公园（Akagera National Park）的修复和长

① Elena Louderand and Keith Bosak，"What the Gringos Brought：Local Perspectives on a Private Protected Area in Chilean Patagonia"，*Conservation and Society*，Vol. 17，No. 2，2019，pp. 161-172.

② Nicole D. Gross-Camp，Adrian Martin，Shawn McGuire and BereketKebede，"The Privatization of the Nyungwe National Park Buffer Zone and Implications for Adjacent Communities"，*Society and Natural Resources*，Vol. 28，No. 3，2015，pp. 296-311.

期管理负总责。

20 世纪 80 年代中期，支持国家公园建设的“友谊团体”蔓延到了美国。在过去的 40 年时间里，大部分“友谊团体”开始建立起来。2003 年，美国 42%的国家公园拥有“友谊团体”。今天，在美国有超过 200 家慈善组织与国家公园形成合作伙伴关系①。美国最大的“友谊团体”之一就是美国国家公园基金会（The National Park Foundation）。1967 年，在美国第一夫人伯德·约翰逊和慈善家劳伦斯·洛克菲勒等的游说下，国会通过了建立美国国家公园基金会的正式章程。据美国国家公园基金会的自我介绍，基金会的建立直接保护了一些最具标志性和历史意义的地点。例如，在成立的头 10 年内，美国国家公园基金会设立赔款以保护西奥多·罗斯福总统在长岛萨加莫尔（Sagamore）的家庭旧址；紧急购买土地以拯救葛底斯堡（Gettysburg）、蓝色山脊公园道（Blue Ridge Parkway）和缪尔森林（Muir Woods）；为保护落基山脉（The Rocky Mountains）提供赠款；设立了一项基金来加强对波托马克河（Potomac River）沿岸的林登·约翰逊纪念园（Lyndon B. Johnson Memorial Grove）的保护。②美国国家公园基金会的捐赠资金主要由各类机构基金会、家庭、个人和企业四大部分组成，而美国国家公园基金会近几年的年度报告均给予企业捐赠很高的评价：“一个多世纪以来，企业的支持在国家公园系统中发挥了重要作用。这种慷慨、奉献的支持传统一直延续到今天，对国家公园在第二个世纪的成功和生机发挥至关重要的作用。今天，许多国家公园和项目如果没有企业的资助是不可能的。美国国家公园基金会依靠与企业的合作伙伴关系获取所需的资源，以维护国家公园辉煌的遗产，并确保它们为子孙后代提供保护。”③ 其中，2015～2018 年，除了 2016 年，企业捐赠的金额巨大，占比均超过了三成，2015 年占比近五成（见表 5-1）。

表 5-1　2015～2018 年企业捐赠给国家公园基金会的金额和占比

年份	企业捐赠金额（万美元）	占比（%）
2015	3640	49.5
2016	2000	12.6
2017	2680	30.0
2018	3110	36.7

资料来源：根据美国国家公园基金会的年度报告（https：//www.nationalparks.org/about-foundation/financial-reports）整理。

此外，某个国家公园也会有与之对应的专门私营资助组织。例如，“维尔京群岛国家公园之友”（Friends of the Virgin Islands National Park）就是对应资助美属维尔京群岛国家公园的非营利组织。美属维尔京群岛位于大西洋和加勒比海之间，在加勒比海小安的列斯群岛东部，西距波多黎各 64 千米，由圣托马斯岛（83 平方千米）、圣

① 参见美国国家公园管理局官网：https：//www.nps.gov/subjects/partnerships/become-a-friend.htm。

② 参见美国国家公园基金会官网：https：//www.nationalparks.org/about-foundation/mission-history。

③ 参见美国国家公园基金会的年度报告：https：//www.nationalparks.org/about-foundation/financial-reports。

约翰岛（50 平方千米）和圣克鲁斯岛（218 平方千米）组成。20 世纪 80 年代中期，在美属维尔京群岛国家公园的口译主任查克·威克特（Chuck Weikert）、时任主管理查德·迈德（Richard Maeder）以及劳伦斯·洛克菲勒（Laurance Rockefeller）的大力支持下（1956 年，他捐赠了约 5000 英亩土地，用于建造这座公园），“维尔京群岛国家公园之友”于 1988 年 12 月正式成立。

据该组织的官网介绍，成立至今其所取得的重要成就包括：①投资约 63 万美元，在整个国家公园的锚地安装 340 个系泊处，在飓风洞安装风暴系泊系统，使美属维尔京群岛国家公园成为无锚公园。“维尔京群岛国家公园之友”继续协助国家公园的维护、测绘和其他船外系泊系统。②每年让约 3000 名学生参加由护林员带领的实地考察、生态营、登山队员、奖学金和公园活动，培养下一代的环保公民。③帮助美属维尔京群岛国家公园建立和维护一个在加勒比地区无与伦比的考古项目，并讲述前人的故事。④在公共土地信托获得 420 英亩马霍湾（Maho Bay）庄园的过程中发挥重要作用，并将其转让给美国国家公园管理局。⑤确保所有公园小径保养良好，并提供安全及愉快的远足体验。[①]

（三）国家公园等自然保护地的生态旅游业加速发展

国家公园不是旅游景区，但可以发展生态旅游业，世界自然保护联盟对国家公园的功能进行界定时就指出，国家公园可以提供与其环境和文化相容的休闲和游憩机会。尽管如此，建立国家公园的主要目的是保护大尺度的生态过程以及这一区域的物种和生态系统的完整性，发展国家公园的生态旅游业最主要的目的是通过为公民提供游憩的机会，让公民接受环境教育和民族文化教育，而从生态旅游业的发展中获取经济收益，显然必须受生态效益和社会效益的制约，因此，这不是一种无限的发展。然而，从表面上看，生态旅游业属于一种不对资源进行大规模耗费的非消耗性消费，在新自由主义力主调和经济增长和环境保护的基本论调下，这种产业就成为其大力倡导的对象，因此，受新自由主义影响，与国家公园相关的生态旅游业有一种不断扩张的趋向。接下来，我们来看看 Teijo Rytteri 和 Riikka Puhakka 以芬兰帕拉斯—禺拉斯山国家公园（Pallas-Yllästunturi National Park）为例，在新自由主义的影响下该国家公园酒店业的发展情况[②]。

1910 年，芬兰保护森林管理委员会在其一份报告中首次提出建立国家公园的想法。该委员会建议在佩尔科森涅米的帕拉斯山和皮哈图图里山建立国家公园。1928 年，芬兰议会提议将帕拉斯—欧纳斯山建成保护地，经过长达 10 年的立法过程，1938 年，芬兰首批国家公园得以建立，这其中就包括帕拉斯—欧纳斯山国家公园。2005 年，芬兰政府整合了禺拉斯—阿克努斯自然保护区（Ylläs-Aakenus Nature Reserve）和帕拉斯—欧纳斯山国家公园，将新的保护地重新命名为帕拉斯-禺拉斯山国家公园。[③]

---

① 参见“维尔京群岛国家公园之友”官网：https：//friendsvinp. org/home/history。

② Teijo Rytteri and Riikka Puhakka，“The Art of Neoliberalizing Park Management：Commodifcation，Politics and Hotel Construction in Pallas-Yllästunturi National Park，Finland”，*Geografska Annaler*：*Series B*，*Human Geography*，Vol. 94，No. 3，2012，pp. 255-268.

③ 参见帕拉斯—禺拉斯山国家公园官网：https：//www. nationalparks. fi/en/pallas-yllastunturinp#history。

芬兰的旅游业早在帕拉斯—欧纳斯山国家公园建立前就发展起来。1887 年，芬兰成立了旅游行业的组织——芬兰旅游协会（Finnish Tourist Association）。1936 年，该协会在拉普兰地区建了许多酒店，其中就包括在帕拉斯山的一座酒店。1944 年，这家酒店在“二战”中被德国军队摧毁。1948 年，一个新的、较小的酒店重新开张，该地区也因此成为旅游和小型越野滑雪活动的中心地区。这家酒店自开业以来已扩展了两倍。国家公园地区允许小规模的基础设施建设，1953 年，第一座滑雪缆车建成，其他两座滑雪缆车分别于 1969 年和 1984 年投入使用。此外，20 世纪 50～60 年代在帕拉斯建造了几间荒野小屋，1977 年还建造了一个游客中心。尽管酒店的建立使帕拉斯山成为大众旅游的热门目的地，但当时的芬兰政府并不看重旅游业对经济发展的潜在推动作用，反而更关注旅游业对自然环境的有害影响，并严格限制国家公园内的娱乐休闲活动。

但是，对芬兰国家公园旅游业的定位随着新自由主义在全球的肆虐而悄然发生变化。20 世纪 90 年代以来，芬兰政府逐渐改变了对旅游业的认知，由原来限制旅游业的发展转变成提倡旅游业的发展。在新自由主义的影响下，政府福利支出减少，再加上生产的衰退，国家公园在整个国家经济中的作用得到重新定位，政府开始将国家公园的发展视为地方经济发展的推动力。芬兰政府对国家公园设定的目标是通过实施可持续性原则，将自然旅游的社会经济效益与生态保护效益结合起来。在国家公园的治理中，增长和营利的思想逐渐被接受，2002 年，芬兰政府将国家公园的管理权交由一家名为“Metsähallitus”国有公司进行管理，尽管该企业属于国有，但其完全按照私营企业营利的方式运作，其更侧重于为旅游业的发展创造更多的机会，它设定的目标包括增加游客数量，提高自然旅游业的经济影响力和增加基础设施的投资。与此同时，政府计划在国家公园收取使用费，用于休闲娱乐服务和设施建设。

受新自由主义的影响，帕拉斯—禺拉斯山国家公园的旅游业同样经历了由私营企业推动的意在扩张的冲动。1997 年，芬兰旅游协会将帕拉斯山的酒店卖给一家私营企业“Ebur Oy”，该企业期待扩大酒店的业务。于是，2001 年，该企业向穆奥尼奥市政当局提交了一份提案，建议通过改变基蒂莱市和穆奥尼奥市之间的行政边界，将基蒂莱市的酒店转移到穆奥尼奥市。2001 年 11 月，穆奥尼奥市将提案递交给芬兰政府。这一提案遭到了基蒂莱市的反对。来自芬兰左翼联盟（Vasemmistoliitto）的地区和市政事务部长马蒂·科尔霍宁（Martti Korhonen）也不赞同穆奥尼奥市的提案。

2003 年，新的地方事务部长，信奉新自由主义、来自中间党（Centre Party）的汉内斯·曼尼宁（Hannes Manninen）意图推动这一提案的落实。最终，帕拉斯 143 平方千米的土地从基蒂莱市转移给穆奥尼奥市。2004 年，帕拉斯酒店的企业主计划建造新的酒店，但遭到议会环境委员会的反对，议会环境委员会认为该地区并不适合建造新的酒店。但是，穆奥尼奥市开启了一个旅游开发项目，打算扩张酒店规模，帕拉斯酒店的企业主也参与其中。为此，穆奥尼奥市政当局邀请咨询公司对酒店开发的环境影响进行评估，评估报告认为，建造 150 间客房和 150 间别墅不会对环境造成过度影响。

2007 年，芬兰新的环境部长宝拉·莱赫托麦基（Paula Lehtomäki）计划修订帕拉斯—禺拉斯山国家公园法案，增加帕拉斯酒店数量。2008 年 3 月，芬兰政府出台了政府法案的草案，该草案允许帕拉斯旅游区酒店和滑雪设施的修建。该草案规定，该地区的最大限制面积是地上建筑面积 15000 平方米，地下建筑面积 4500 平方米，两者加起来是现有酒店面积的 8 倍。该草案还允许酒店提供 500 个床位，而这几乎是现有床位数量的 4 倍。2008 年秋，该草案遭到了环保组织“拯救帕拉斯”的抵制。2009 年 2 月，草案进行了修订，将最大限制面积改为 1 万平方千米，允许酒店提供 250 个床位，同时，限制新的访客中心和服务中心的最大面积为 500 平方米，关闭公园的房车区域，减少住宿接待容量。但利益相关者仍旧不满意这个修订草案，且相关的自然保护组织依然反对这个项目，而酒店公司和穆奥尼奥市政当局声称先前的草案是可以接受的。

2009 年夏，来自中间党的发展和对外贸易部长帕沃·韦于吕宁（Paavo Väyrynen）认为，250 个床位对企业来说是无法盈利的，主张增加到 320 个床位。2009 年 10 月，芬兰政府再次修订法案，将许可的占地面积改为 1 万平方米，床位 320 个。但是，该法案不是限制最大占地面积，而是限制建筑的最大高度和限制地下建筑。此后，该法案还提交到环境委员会和议会进行充分的讨论，支持者和反对者一如既往地就项目的环境影响、经济影响、程序正义、可能的官员腐败等问题进行了激烈的争辩。在反对这个项目的声音中，有一个是值得注意的，即该项目的建设有可能产生示范效应，导致其他国家公园的效仿。而这种反对声音也是反对新自由主义思想的主要声音，因为新自由主义将开启资本积累新的可能性。这种可能性不是虚幻的，在第一份法案的草案书面声明中，埃农泰基厄市政当局就要求新的法案也应当允许位于埃农泰基厄的帕拉斯—禺拉斯山国家公园的北部建造酒店。当时，环境部长否决了这一提议，但是，中间党和民族联合党（The National Coalition Party）仍然呼吁在其他国家公园发展类似的项目。2010 年 5 月底，芬兰议会投票表决这一法案，最终，议会以 90 票赞成、55 票反对的票数通过了这一法案，2010 年 7 月 1 日起生效。法案最后将占地面积限制在 1 万平方米，酒店床位数 320 个，并管制地下建筑和建筑高度，同时关闭房车区域。

（四）国家以国有化等方式服务于国外私营机构的投资

通常认为，新自由主义在所有权上强调私有产权的至高无上，总是叱责国有产权的效率低下等问题，因此主张国家不应干预任何经济事务，但实际上，当一国政府采纳新自由主义政策后，国家也有可能通过国有化的方式服务于新自由主义的意识形态。就国家公园的建设而言，国家的作用可以表现为通过国有化的手段为国外私营机构的投资创造条件，在此意义上，国家公园就转变为“新自由主义国家空间”。加拿大学者伊丽莎白·兰斯川姆（Elizabeth Lunstrum）为我们展现了“新自由主义国家空间”的代表——莫桑比克林波波国家公园（Limpopo National Park）。①

1975 年，莫桑比克脱离葡萄牙的殖民统治赢得独立；1977 年，莫桑比克解放阵线宣布在莫桑比克建设科学社会主义社会，将主要经济命脉及土地收归国有，禁止土地的销售、租赁和借贷。同其他刚建立的欠发达社会主义国家一样，莫桑比克解放阵

① Elizabeth Lunstrum, “Mozambique, Neoliberal land Reform and the Limpopo National Park”, *The Geographical Review*, Vol. 98, No. 3, 2008, pp. 339-355.

线将建国后的首要任务定为经济建设，因此，在随后的几年时间里，莫桑比克通过工业化和农业集体化展开了其“征服自然”的过程，并没有给予自然保护特别关注。直到20世纪80年代初，莫桑比克才陆续加入了一些国际自然保护公约，1981年签署了《非洲自然及自然资源保育公约》《濒危野生动植物国际贸易公约》，1982年签署了《保护世界文化和自然遗产公约》。在土地权属上，虽然原住民的传统共有权同样得不到承认，但与殖民时期不同的是，原住民在完全保护区内有管理保护区的参与权。

独立后的莫桑比克陷入了内战中，饱受战乱和经济崩溃的痛苦，在这期间，受战乱的影响，自然保护地基本上名存实亡，如戈龙戈萨国家公园（Gorongosa National Park）的野生动物数量下降了90%。与此同时，莫桑比克为了摆脱经济困境，在新自由主义的影响下，与世界银行和国际货币基金组织合作，开启了去中心化和私有化的经济变革进程。1979年，新通过的《土地法》允许莫桑比克的国民和外国人获取土地进行投资，规定那些提议建立保护地的实体对自然保护地的保育、原住民的安置和赔偿负责，这就为私人资本和外国资本的介入提供了法律依据。1987年，莫桑比克解放阵线接受了一项综合性的结构调整计划——“经济重建计划”，包括货币贬值、自由贸易、减少补贴、废除对农产品价格的控制，推动私营经济和市场活动的发展。在政治方面，莫桑比克解放阵线同意于1994年举行多党选举。

20世纪90年代初，为了配合新自由主义经济、政治改革，莫桑比克也开启了土地所有制改革。1997年，莫桑比克新的《土地法》获得通过。新的《土地法》规定所有土地都属于国家所有，但同时赋予私人和社区土地使用权，明确给他们发放使用凭证。比如，第12款规定：“获得土地使用权需符合以下条件：a）根据法规和惯例社会团体和自然人占用的土地，不得与宪法相抵触。b）本国自然人在友好协商的前提下占用土地，有不少于十年的土地使用权。c）由自然人或法人提交的授权请求应依此法建立的规范程序。”第13款规定：“没有所有权不影响获得土地使用权（通过占有），在上条款的a）和b）中已经提及。”新的《土地法》同样赋予使用者对土地的转让和抵押贷款权力，这样就形成了土地市场。第16款规定：“1. 土地使用权的继承的转让不分性别。2. 土地使用权的所有权可以生者之间进行转让，包括现有的基础设施，建筑和利益。此合同的实现要通过国家权力机关授权。3. 在以上前提下，各种使用权的转让需要被核准。4. 如果是城市建筑，不动产的转让需转让土地使用权。5. 建立在土地或者任何依法获得的所有权的不动产资金，土地使用权的凭证能够进行抵押贷款。”

土地法对林波波国家公园内外社区造成了不同的影响。1997年《土地法》颁布后，林波波国家公园的外围社区——坎哈尼和库博在国际非政府组织——瑞士国际合作协会和非洲野生动物基金会的帮助下，通过建造旅游项目和野生动物保护区的方式获得了土地使用权。例如，前者于2004年建成并开放了旅游住宿设施“科瓦雷社区木屋”（Covane Community Lodge），这为坎哈尼社区获得了7024公顷土地使用权；后者和美国国际开发署一起帮助库博社区建立了野生动物保护区，这为库博社区获得了1.2万公顷土地使用权。尽管两个社区的建设初步实现了生态效益和经济效益的双赢，但兰斯川姆依然对这两个项目能否继续保持这种双赢持谨慎态度，特别是开放给私人资本投资的库博野生动物保护区。

与林波波国家公园外围社区不同，林波波国家公园内的社区却被否决了土地使用权。莫桑比克政府依据《土地法》的规定，即在完全保护区和部分保护区不能获得使用土地的权利，以及国家可以根据公共利益的需要终止土地使用权，要求林波波国家公园内5000~6000名社区成员进行搬迁，这些成员的土地使用权被政府当局否决了。原住民土地使用权遭否决为国内外私人资本的介入提供了便利，兰斯川姆总结了新自由主义影响下私人资本介入的三种方式：一是在众多国际组织的资金支持下，莫桑比克建立了许多跨区域的大型保护地。例如，林波波国家公园、大林波波跨国保护地、津巴布韦—莫桑比克—赞比亚跨境公园、尼亚萨—塞卢斯保护地等，就得到了和平公园（Peace Parks）、德国国际合作机构（GIZ）、世界银行、南部非洲发展共同体（Southern African Development Community，SADC）等机构的资金资助。二是负责管理保护地的机构先由旅游部承担，接着转给土地、环境和农村发展部，最后再转给国家自然保护地管理局，而这个机构是由2001年创办的私人基金会——保护生物多样性基金会（Foundation for the Conservation of Biodiversity）赞助下成立的“半国家机构”，且宣称通过引入私营部门使莫桑比克政府让保护地的管理在未来更加专业和有利可图。三是2014年通过新的《保护法》，鼓励国内和国外的公共、私人和社区进行合作以提供资金来源，戈龙戈萨国家公园、林波波国家公园、马普托特别保护区（Maputo Special Reserve）、蓬塔德奥罗海洋部分保护区（Marine Partial Reserve of Ponta de D'ouro）和尼亚萨保护区（Niassa Reserve）就引入了公私合营模式（Public-Private Partnership，PPP）进行管理。从中，我们可以看到在林波波国家公园的创建、管理和经营等环节都有国外大资本集团的介入。

从林波波国家公园的案例中，我们可以看出新自由主义思想在实践过程中的多样性。与新自由主义主张的私有化，国家的“撤退”，以及批判私有化造成土地被侵占的案例不同，我们在林波波国家公园看到的是国家以积极的姿态通过立法，对不同地区的土地所有权进行不同的权属界定，以及土地国有化所造成的土地侵占问题。但是，莫桑比克的经济改革依旧属于新自由主义的改革，因为莫桑比克对土地权属所做的一切，都是为了实现一种摆脱以国家为中心的去中心化经济发展路径，无论是林波波国家公园外围的土地社区所有，还是内部的土地国有化，都是为了吸引国外投资，进一步推动资本积累，在此意义上，莫桑比克是一个“新自由主义国家”，林波波国家公园则是“新自由主义国家空间”。

二、新自由主义影响下的国家公园“去政治化”阐释

为什么会出现上述国家公园建设中的现象？这与新自由主义的全盘私有化和彻底市场化主张密切相关。更进一步看，这与新自由主义撇开生产关系及其特定意识形态属性的“去政治化”倾向有关。从表面上看，环境问题表征的是人与自然之间的关系危机，这里的人和自然往往被视为一种抽象的简单总体，人被视为与一定社会中的生产关系无涉，自然也从不为一定社会中的生产关系所重塑和再造，因此，在谈论环境问题的时候，人们更易陷入“去政治化”的窠臼。“去政治化”的研究取向意味着在价值立场上的“中立化”，以及特定现象的意识形态属性的“淡化”。就生态环境

问题而言，“去政治化”阐释就表现为，在面对生态危机时，主张针对生态环境问题本身展开叙事而尽量回避或有意忽视与之相关的资本主义生产方式这一成因，忽视相关的政治价值立场和意识形态性，而将之视为生产力发展到一定程度必然出现的“自然”结果。因此，无论是从环境问题的根源还是破解之道上看，其始终停留在一种治标不治本的运思路径层面上。新自由主义对社会现象的认识和阐释，同样带有撇开生产关系及其特定意识形态属性的“去政治化”倾向，它不仅将生存于社会中的人看成独立的个体，而且不顾各国的具体实际，意图将其所信奉的以美国为代表的制度模式推向全球，甚至以公有制效率不高为由，要求普遍实行私有化政策。如此一来，在新自由主义的影响下，具体到国家公园的问题上，其突出地表现为以下三种阐释路径：

一是“人之原罪”的阐释路径。国家公园起源于荒野思想，而所谓荒野就是最大限度地排斥人的活动，这与对生态危机的人为成因理解有很大的联系，即作为抽象整体的人类应该对生态环境的破坏负责，人的行为和观念构成了当今生态灾难的“原罪”，这既包括人类数量的增长，也包括人类妄图“控制自然”的贪婪本性。因此，似乎将国家公园创建成一种无人居住、无人从事生存与生产经营活动、不受人类侵扰的“伊甸园”，让国家公园内的动植物等自然存在物休养生息，就可以消除“人之原罪”的问题。

二是“管理不善”的阐释路径。尽管美国黄石国家公园是世界上第一个国家公园，但世界各国均在探索适合本国国情的国家公园管理模式，在此意义上，如何更好地管理国家公园已然成为国家公园建设中的关键所在，而没能采用现代或先进的管理制度、技术、体制、机制等“管理不善”的要素成为研究国家公园的基本出发点。因此，似乎将国家公园视为一种全新的管理模式建立起来，就可以破解之前各类自然保护地“管理不善”的问题。

三是“公地悲剧”的阐释路径。“公地悲剧”一词由哈丁在 1968 年提出，其基本内涵是在个人理性的引导下，无人所有的自然资源终将在个人追求自身利益最大化的过程中遭受过度开采以致毁灭的悲剧。国家公园范围内的自然存在物，不仅作为免费的储存库供人类肆意开采，还作为免费的倾倒场所供人类堆积废弃物，其价值没有得到应有的尊重和实现。因此，似乎将国家公园作为一块自然保护地圈占起来，实现排他性的占有，进而将国家公园所提供的生态旅游空间、生态系统服务、生物资源全部实现价值化，进入市场交易，以补偿其为人类所做出的贡献，就可以规避“公地悲剧”的问题。

这三种阐释路径对现实政策层面的影响就是形成了对国家公园的环境行政监管和环境经济的政策工具，对这些政策工具的应用推动了国家公园建设的多维度展开，但是，这些阐释及其所形成的政策工具的“去政治化”韵味，是从人与自然的角度出发，将国家公园视为一种由动植物等自然存在物而构成的“物”来进行管理和建设，是“环境问题”，而不是“环境—社会问题”。据笔者的切身感悟，其实，所有的生态环境问题都是生态环境之外的问题，“去政治化”的阐释忽视了人与人所构成的政治经济权力关系对国家公园的创立、重塑和再造的影响，这势必会反过来影响国家公园所应具有的公共性和生态性双重效应的发挥，如此一来，旨在将国家公园置于特定政治过程背景下进行考察的政治生态学将为我们提供重要借鉴，以此认清并破解国家公园建设中的深层次问题。

政治生态学与新自由主义影响下的三种阐释路径的不同之处在于，它十分自觉地将生态环境问题进行一种"再政治化"的处理，即认为生态系统是人类社会长时段政治经济建构的历史产物，人类社会生产方式的历史性变革逐步打破了生态系统的绝对约束，其间伴随着自然资源所有权的变化所引起的财富和权力生产与分配的重置，以及由此产生生态环境变化的受益者和受损者的阶级分化，而这反过来将进一步重塑社会的生态可持续发展和公平正义。在一个资本逻辑仍强势性地占支配地位的时代，资本主义生产方式与生态环境问题的不期而遇，让政治生态学不得不考虑资本主义生产方式之于生态环境问题的意义，正如詹姆斯·麦卡锡（James McCarthy）所指出的，政治生态学认为资本积累和资本主义的关键性社会关系（如私人所有权、商品化和阶级结构）制造和驱动了现代世界的许多环境变革、退化和冲突，正是这样一种分析视角使政治生态学首次与文化生态学和其他思考人与环境关系的方式区别开来。正因如此，政治生态学基本的价值立场便是站在与资本相对的弱势边缘群体一方，如农民、原住民、少数民族、宗教少数派、妇女和穷人。

国家公园是政治生态学关于"自然保育与控制"论题之下的典型分析案例。保罗·罗宾斯（Paul Robbins）将这一论题的基本观点概括如下：政治官僚和全球利益集团以所谓保护"可持续性""社群"或者"自然"的名义，从当地的生产者个体或具有相同阶级地位、性别或民族的生产者团体手中攫取自然资源和景观的控制权。在对资源控制权的争斗中，当地的生计、生产和组织体系遭到瓦解，尽管这种体系的生产实践活动从历史上看是丰产且符合自然规律的，但却被前述的政治官僚集团贬斥为不具有生态可持续性。在这里，所谓的政治官僚和全球利益集团，指的是资本人格化的资本家及其各种代理人和集团。

那么，这一论题对于国家公园上述三种阐释路径的批判性或反思性意义就在于：我们应该以一种历史主义和阶级分析的方法来审视国家公园的形成以及建设进程，对自然的保护不是在静态空间上通过国家公园这种环境行政监管体制的创新就可以实现的，而应从动态时间上将国家公园与资本主义的兴衰演变联系起来考察。由此，我们就会发现所谓"人之原罪"的国家公园观念，实则与资本主义兴起时所需的自然资源私有产权相关，因为后者要求一种对自然资源的排他性占有，只是排他的对象是之前对自然资源实现共同占有的原住人群，对这一人群的驱逐不仅带来了社会正义的挑战，也消解了原先可持续的生产生活方式；所谓"管理不善"并不能成为创建国家公园的充分条件，因为国家公园创建之前同样存在大面积受到保护的自然区域；所谓"公地悲剧"只不过是臆想出来的看似合理的假象，这不仅仅是对"私地悲剧"的无视，更是借国家公园所提供的多种生态要素的价值化，进一步实现灵活多样的资本积累，这势必造成资本积累与生态保护内在矛盾的最终爆发。

对国家公园建设的政治生态学分析，一言以蔽之，无非是要我们窥见全球国家公园创建进程中资本既根据其逻辑创建了国家公园，又根据其需要不断"蚕食"国家公园。资本对国家公园的渗入显然与国家公园的本真精神相悖，即国家公园应体现为带有浓厚民族自豪感的文化存在和富有生物多样性的生态存在，而不能将其降低为资本增殖的工具，如此一来，我们应该不忘我国建立国家公园的“初心”，切实履行国家公园建设中“保护优先，全民受益”的基本原则。因此，在接下来的章节中，笔者一方面揭批受新自由主义影响的“人之原罪”阐释路径下国家公园“无人模式”的意识形态属性，另一方面揭批受新自由主义影响的“管理不善”话语在国家公园体制改革中的表现，并且以武夷山国家公园和三江源国家公园体制试点区改革为例，深入分析改革进程中的难题以及坚持国家公园范围内自然资源公有制的意义。

第二节　新自由主义影响下国家公园“无人模式”的意识形态本质

如何看待上述新自由主义对全球国家公园建设的影响？笔者还是尝试从新自由主义所服务的资本主义意识形态与国家公园建设的联系中一探究竟。国家公园本身是以风景的表象呈现于人类面前，即以一种“物”的形态表征出来，这样一种“物”的表象形态往往掩盖或遮蔽了“物”背后所蕴含的人与人之间的关系。也就是说，仅从狭义的生态语境中把国家公园视为一种“物”进行创建是不够的，必将忽视人类生存和永续发展这一国家公园的根本价值，导致国家公园成为不包含“人”的要素的幻象。因此，必须将国家公园的生态语境置于一定的人与人之间关系的视角，特别是人与人所结成的政治经济语境中进行思考，方能理解国家公园创建和完善中亟须解决的问题。本节以国家公园的“无人模式”为例考察资本逻辑与国家公园创建中的复杂关系，揭示受新自由主义影响的国家公园创建中“人之原罪”话语的本质。

一、国家公园“无人模式”的“被形成”

生态环境的变化，大体来说，是由两种因素引起的：自然的或人为的。要减少生态环境的变化所造成的消极影响，要么消除自然因素的影响，要么消除人为因素的影响。尽管自然内部本身的变化会引起生态环境的变化，如“大象会把树木连根拔起并剥去树皮，帮助了灌木蚕食树木的地盘。它们也通过传播种子‘栽种树木’——它们温暖、营养丰富的排泄物为种子的生根发芽提供了理想的温床。相反，美国的科学家们指出，野牛由于踩坏了苗木而阻止了大草原上树木的生长”①。但总的来说，生态危机的人为成因已渐成共识，最大限度地消除人的影响因素就成为保护自然的重要考虑。因此，将人驱逐出自然领域就成为建立国家公园的重要前提，由此形成国家公园的“无人模式”。

政治生态学认为，国家公园的创建深深地刻上了政治烙印。建立国家公园，存在着“驱逐”的行为体和“被驱逐”的行为体，前者的行为意味着其获得自然的控制权，包括对自然资源的所有权、使用权和处置权，这也同时意味着后者对这些权利的

① ［英］威廉·贝纳特、彼得·科茨：《环境与历史：美国和南非驯化自然的比较》，包茂红译，译林出版社2008年版，第44页。

丧失。那么，被驱逐的是什么“人”？为什么是这类人而不是其他人被驱逐？这样做对“人”造成什么影响？反过来又对“生态”造成什么影响？这正是政治生态学要关注的问题。

构成国家公园被驱逐的人群是原本生活在国家公园建立之前的原住民。原住民，英文中一般使用“indigenous people”，有时也对应“aboriginal people”“native people”“tribal people”，在加拿大称“first nations”，译作第一民族，在殖民地国家被称作“fourth world peoples”，译作第四世界民族。世界自然保护联盟对原住民的定义是：“独立国家的部落民族，他们被视为原住，是因为他们是居住在该国并部分或全部保留本民族自身的社会、经济、文化和政治制度的人民的后裔……他们的地位全部或部分受到民族自身的风俗或传统的制约，或受到特殊法律或法规的制约。”① 在工业革命前夕，约占世界人口20%、接近2亿人的原住民还有效地控制着世界上大部分地区。②

要将原住民“合法”地驱逐，然后建立国家公园，必须重塑对自然和原住民的认知。一方面，必须将自然塑造成与人分离的、不受人类侵扰的对象物；另一方面，必须将原住民塑造成破坏自然的形象。这样一来，结论就是只有不受人类干扰的自然才是本真意义上的自然，保护自然理应排除人类的入侵，再加上原住民对生态环境的破坏，所以首先需要驱逐的就是原住民人群。

因此，一方面，必须将自然塑造成与人分离的、不受人类侵扰的对象物。自然是与人相分离的对立物，这样一种观念的形成是从把自然塑造成可以控制的对象开始的，当自然成为人类控制的对象时，就隐喻着自然是独立于人的存在物，否则就无所谓控制与否的问题了。自然与人相分离的思想为国家公园的“无人模式”奠定了基础。国家公园起源于荒野思想，而荒野的内涵正是强调了无人侵扰的自然独立性要求。奥尔多·利奥波德把荒野定义为没有道路、人工痕迹、村舍和其他人类活动的保留地。创建荒野协会的鲍伯·马歇尔认为，荒野必须是没有永久居民的地方。1964年美国国会通过的《荒野法案》把荒野界定为环境和生物群落未受人为影响、不存在人类居住行为的未被开发的地区。根据这一思想建立的国家公园排斥了任何人类行为的干扰，比如禁止部落族人涉足的黄石国家公园。③

另一方面，还必须将生活在国家公园和保护地的原住民塑造成危害环境的形象。北美印第安人在殖民者眼里与野兽无别，并且带有危害现代人的攻击性。威廉·布拉德福声称：“美洲一片广阔无边、无人居住的土地，十分富饶，适宜定居，找不到任何文明居民，只有一些野蛮残暴的人出没其间，而这些人与这里出没的野兽并无多大

---

① ［澳］希瑟·泽普尔：《作为文化景观的国家公园：原住民、自然保育与旅游业》，载［澳］沃里克·弗罗斯特、［新西兰］C. 迈克尔·霍尔：《旅游与国家公园：发展、历史与演进的国际视野》，王连勇译，商务印书馆2014年版，第281页。

② ［美］约翰·博德利：《发展的受害者》，何小荣、谢胜利、李旺旺译，北京大学出版社2011年版，第1-2页。

③ ［美］托马斯·韦洛克：《创建荒野：印第安人的迁徙与美国国家公园》，史红帅译，《中国历史地理论丛》2009年第4期。

差别。”[①] 对原住民的环境指责主要针对的是原住民对野生动物的猎杀和森林的焚烧。19 世纪 80 年代，黄石公园园长在历次的年度报告中常常提及印第安人捕杀野生动物的事件，如在 1880 年的年度报告中就指出 1875～1877 年被屠杀的麋鹿至少有 7000 只，1889 年的年度报告又指责印第安人采取极具破坏性的方法猎杀野生动物。印第安人对森林的焚烧也受到指责，森林生态学家约翰·雷伯格（John Leiberg）对黄石公园比特图特（Bittertoot）森林的研究表明，在过去 150 年间该森林至少有 2/3 曾被印第安人烧毁过两次。[②]

二、国家公园“无人模式”的社会和环境影响

在上述对自然、国家公园、原住民的重塑下，国家公园“无人模式”的创建对原住民造成了被迫迁移、贫困和环境破坏的社会和环境影响。

首先，“无人”意味着原住民的被迫迁移。被迫迁移，在英文学术文献中对应的术语是“displacement”，有的学者也使用“dislocation”“eviction”“exclusion”“involuntary resettlement”等术语。在中国学界，一般将从自然保护区迁移出来的人口称为生态移民，其内涵包括两种情形：一种是身体意义上的迁移，指的是原住民从自然保护地搬迁出去，失去了原有的土地和住所；另一种是非身体意义上的迁移，指的是尽管原住民仍然居住在自然保护地内，但是由于法律或其他原因导致原住民丧失对土地和其他生态环境资源的权利。[③]

全球范围内究竟有多少原住民被迫迁移，并没有一个明确的数字，大多数研究关注的是特定地区原住民的迁移。例如，查尔斯·盖斯勒（Charles Geisler）和拉辛德·索扎（Ragendra Sousa）认为，仅仅在非洲就有 1400 万～2400 万环境难民[④]；迈克尔·塞尔诺（Michael Cernea）和凯·思密特-索尔陶（Kai Schmidt-Soltau）估计，中非约有 4 万～4. 5 万人从 9 个国家公园中被驱逐或者在经济方面遭受影响[⑤]。在另一篇文章中，他们研究了喀麦隆、中非共和国、赤道几内亚、加蓬、尼日利亚、刚果共和国 6 个非洲国家的德贾动物保护区、克鲁普国家公园、洛贝凯国家公园、本巴·贝克国家公园、桑加—恩多基国家公园、恩索科国家公园、卢安果国家公园、穆卡拉巴—杜杜国家公园、艾帕萨·明果里国家公园、克里斯河国家公园、诺娃贝尔多基国家公园和奥扎拉国家公园共 12 个保护地，结果显示有 12 万～15 万人从这 12 个保护

---

① 付成双：《自然的边疆：北美西部开发中人与环境关系的变迁》，社会科学文献出版社 2012 年版，第 157 页。

② 高科：《美国国家公园建构与印第安人命运变迁：以黄石国家公园为中心（1872—1930）》，《世界历史》2016 年第 2 期。

③ Michael Cernea，“‘Restriction of Access’ is Displacement：A Broader Concept and Policy”，*Forced Migration Review*，Vol. 23，2005，pp. 48-49.

④ Charles Geisler and Ragendra De Sousa，“From Refuge to Refugee：The African Case”，*Public Administration and Development*，Vol. 21，No. 2，2001，pp. 159-170.

⑤ Michael Cernea and Kai Schmidt-Soltau，“The End of Forcible Displacement? Conservation Must Not Impoverish People”，*Policy Matters*，Vol. 12，2003，pp. 42-51.

地中被驱逐。[①] 据罗德里克·诺伊曼（Roderick Neumann）介绍，坦桑尼亚塞卢斯野生动物保护区的建立导致4万人无家可归。[②] 尽管国外学界的研究得出不同的数据，但毋庸置疑的是原住民被迫迁移已经成为不可忽视的事实。

其次，原住民的被迫迁移，以及国家公园收益分配上的不公平导致了原住民的持续贫困。无论是身体意义上的还是非身体意义上的被迫迁移，都意味着原住民或当地人对包括土地在内的生计资源的丧失，因而引发这类群体持续贫困的潜在性。建立国家公园和保护地与减贫两者之间的关系已为人所认识，但作为自然保育主要手段的国家公园和保护地是否应当承载着减贫的战略任务，似乎还未能形成共识。威廉·亚当斯（William Adams）等认为，在减贫和保育关系的问题上，人们对不同的国家公园和保护地建设具有不同的认知，大体说来主要有以下四种[③]：

第一，减贫和保育是相互分离的政策领域。这一立场把减贫和保育视为不同的政策关注点。因此，保育是可以追求的独立于减贫的合法目标，反之亦然。如果贫困被视为保育失败的重要原因，对此的回应应当是生物多样性栖居地的再设计，以及对保护地更强有力的捍卫，而不是浪费稀缺的保育资源去减贫。这一立场认为，保育对减贫的积极作用是间接的，通过生态系统服务的获取从而给社会带来经济收益，比如从森林流域中获取更多的水资源。或许有的保护地可以实现两者的双赢，把生物多样性和减贫结合起来，但是，这一立场认为，尝试将两者在任何地方结合起来，具有这样的风险，即错误分配有限的保育资源，对生物多样性保护实行妥协。保育的成功，其衡量标准是生物多样性，而不是社会发展，其中的关键在于由政府或者合法的私人所有者根据科学标准建立起全球性的保护地，并得到有效管理。

第二，贫穷对保育构成了重要限制。这一立场认为，如果不解决贫困问题，自然保育就会失败。因此，保育必须为减贫做出有效贡献，包括为穷人带来净收益，同时避免产生地方性成本。保育组织可以投资一些关键性保护地，以此来解决贫困问题。

第三，保育不应当增加贫困，但保育目标高于减贫目标。这一立场认为，在建立国家公园和保护地的过程中，至少不能增加贫困或者破坏穷人的生计，但是，即使在无法为穷人带来收益的情况下，也可以建立国家公园和保护地。

第四，减贫依赖生计资源保育，但减贫目标高于保育目标。这一立场主张，经济上的穷人，社会上和政治上被边缘化的人依赖生态系统中具有生计功能的物种，这些人群的生计可以通过恰当的保育行动得到改善。因此，保育是实现减贫的工具，对自然资源的可持续使用是减贫和社会正义战略的基础。换句话说，维持生物多样性这样的保育战略并不是目的，而是手段，当国家公园和保护地不能实现减贫目标时，就有可能出现抵制的情况。

原住民或者周边地区民众的贫困，是因为他们丧失了对土地和其他资源的所有权

---

① Michael Cernea and Kai Schmidt-Soltau, "Poverty Risks and National Parks: Policy Issues in Conservation and Resettlement", *World Development*, Vol. 34, No. 10, 2006, pp. 1808-1830.

② Roderick Neumann, *Imposing Wilderness: Struggles over Livelihood and Nature Preservation in Africa*, Berkeley: University of California Press, 1998, p. 147.

③ William Adams, Ros Aveling, Dan Brockington, et al., "Biodiversity Conservation and the Eradication of Poverty", *Science*, Vol. 306, No. 5699, 2004, pp. 1146-1149.

或者使用权，但即使是那些没有丧失权利的人，也因为国家公园和保护地提供服务的收益和成本在分配上的不平等导致他们的贫困。在收益分配中，原住民或周边民众往往获得相对较少的份额。国家公园和保护地的收益来自诸多方面，比如，生态系统所提供的服务，千年生态系统评估报告明确了生态系统的四项服务功能：供给服务，如食物、水、纤维和燃料；调节服务，如调节气候、调节水源和调控疾病；文化服务，如精神、美学、消遣和教育；支持服务，如初级生产和土壤形成。国家公园和保护地管理者可以利用这些服务获取收益。再如，旅游业，国家公园和保护地的生物多样性和风景为旅游业提供了丰富的资源，可以从旅游业的收费和相关经济活动中获取收益。

然而，这些收益的分配未必是完全有利于当地人的。纳亚·夏尔马·帕德尔（Naya Sharma Paudel）评估了尼泊尔皇家奇特旺国家公园（Royal Chitwan National Park）对当地人的不公平问题。通过对该国家公园周边两个村落人群的调查，帕德尔揭示了所谓的旨在解决公园周边居民贫困问题的“综合保育和发展项目”（Integrated Conservation and Development Programmes）实际上对少数的富裕阶层和有权阶层较为有利，而对于像原住民、少数民族、贫穷阶层这样的弱势群体较为不利。[①] 杰尼斯·索迪克夫（Genese Sodikoff）揭示了马达加斯加的昂达西贝特别自然保护区（Special Reserve of Andasibe）受雇的周边工人尽管对执行“综合保育和发展项目”具有关键作用，但依旧由于低廉的工资而陷入了经济困境。[②] 安德鲁·鲍姆福德（Andrew Balmford）和托尼·惠滕（Tony Whitten）将保育所引发的成本划分为：直接成本，如获取或租赁土地、管理或者修复栖息地、管理人口、执行限制土地使用规定等所引发的成本；间接成本，如限制捕猎野生动物或者转换野生动物栖息地所引发的机会成本，以及动物破坏造成的成本。他们的研究表明，保育的成本存在空间分配的不平等，后者的成本要高于前者，并且主要由地方社区所承担。[③]

最后，原住民的被迫搬迁及其所引发的贫困和分配不公问题，反过来又迫使原住民加大对保护地自然资源的所谓“非法”开采和捕猎。例如，霍尔堡印第安事务专员认为，按照白人所采取的方法配发给印第安人的给养，完全不够其生活之需，印第安人因此才沿袭传统，为了维持生存而进行狩猎活动。[④] 据爱丽丝·凯丽（Alice Kelly）在 2010 年 10 月至 2011 年 5 月期间对喀麦隆瓦萨国家公园的一次田野调查显示，对那些被驱逐出原本属于他们放牧、捕猎和捕鱼地区的人们来说，他们反而以较不可持续的方式利用公园内的自然资源，当他们进入公园后，他们会冒着被囚禁、迫害、罚金甚至死亡的危险尽可能多地攫取资源。居住在公园周边的人们见证了动物数量的减少，国家公园的导游告诉凯丽：十年前他敢向游客保证，在公园内可以见到大象或

---

① Naya Sharma Paudel, “Protected Areas and the Reproduction of Social Inequality”, *Policy Matter*, Vol. 14, 2006, pp. 155-169.

② Genese Sodikoff, “An Exceptional Strike: A Micro-history of ‘People Versus Park’ in Madagascar”, *Journal of Political Ecology*, Vol. 14, 2007, pp. 10-33.

③ Andrew Balmford and Tony Whitten, “Who Should Pay for Tropical Conservation, and How Could the Costs be Met?”, *Oryx*, Vol. 37, No. 2, 2003, pp. 238-250.

④ 高科：《美国国家公园建构与印第安人命运变迁：以黄石国家公园为中心（1872—1930）》，《世界历史》2016 年第 2 期。

者狮子，而现在则不敢做出任何承诺，顶多承诺可以见到些许鸟类，也有可能见到长颈鹿。[①] 也就是说，在某种程度上，印第安人所谓的破坏环境的行为是白人造成的，是一种被迫行为。

三、国家公园“无人模式”的阶级意涵

实际上，对自然、荒野、国家公园的理解，最初并不是这样的。人与自然之间的关系不是主客二分的，不存在“所有”与“被所有”的关系。例如，澳大利亚的乌鲁鲁·卡塔曲塔及其周边区域的阿南古原住民，并不认为他们与乌鲁鲁独岩巨石和卡塔曲塔圆石山丘之类的景观之间的关系是西方文化模式中的占有与被占有的关系，相反，他们把自己看成是乌鲁鲁·卡塔曲塔的组成部分，乌鲁鲁·卡塔曲塔也是他们中的一部分，以至于攀爬乌鲁鲁巨石的“征服”行为被视为不尊重的行为。[②] 而对于荒野的理解，也不是上述排斥人的侵扰的纯粹自然，最早提出国家公园一词的乔治·卡特琳，其提倡建立的国家公园是一个保护包括原住民在内的地区，她说：“对美国来说，她将为其文雅的公民和世界保留和展示一个多么美丽而激动人心的样本！一个国家的公园，包括人和野兽，全都处在他们野性和清新的自然美之中！”[③]

印第安人的狩猎和焚烧森林行为对生态环境造成毁灭性破坏的观点也是值得商榷的问题。大多数评论家强调了原住民在狩猎活动中所具有的可持续性，这里的可持续性指的是生态系统在长期的经济活动之后仍然保有生存平衡的能力，比如，“土著美国人和桑人在狩猎时很有节制，只猎杀维持自己生存所必需的数量的动物”[④]。在焚烧森林行为方面的可持续性方面同样得到认可。例如，刀耕火种式的农业其特征是首先砍伐并焚烧森林，然后清理出小块土地，种植两年左右又抛荒，让森林再次生长并恢复原样，15~20年后，可以在这块地上再次进行刀耕火种，事实证明这是一种合理和稳定的适应方式，因为这些地方的土壤层很浅，巨大的降雨量严重阻碍了农业活动。[⑤] 茨瓦纳人相信树木可以庇护神灵的意识形态也显示出其在生态上的优越性。[⑥] 在印度，世世代代生活在原始森林中的原住民对当地的“神圣树林”庇护有加，他们“对神圣树林的生态价值非常清楚，他们视之如珍宝，守之如传统，希望让子孙万代共同获益。与此同时，树林不仅保护了水源，还为在神圣树林之外受尽屠戮的动物提供了庇护。其中，最著名的一个例子是尼尔吉里山的‘采蜜人’。‘采蜜人’在

---

① Alice B. Kelly, “Conservation Practice as Primitive Accumulation”, *The Journal of Peasant Studies*, Vol. 38, No. 4, 2011, pp. 683-701.

② ［澳］塔玛拉·扬：《“欢迎光临原住民的家园”：乌鲁鲁·卡塔曲塔国家公园》，载［澳］沃里克·弗罗斯特、［新西兰］C. 迈克尔·霍尔：《旅游与国家公园——发展、历史与演进的国际视野》，王连勇译，商务印书馆2014年版，第145-158页。

③ ［美］罗德里克·费雷泽·纳什：《荒野与美国思想》，侯文蕙、侯钧译，中国环境科学出版社2012年版，第94页。

④ ［英］威廉·贝纳特、彼得·科茨：《环境与历史：美国和南非驯化自然的比较》，包茂红译，译林出版社2008年版，第22页。

⑤ ［美］约翰·博德利：《发展的受害者》，何小荣、谢胜利、李旺旺译，北京大学出版社2011年版，第127页。

⑥ ［英］威廉·贝纳特、彼得·科茨：《环境与历史：美国和南非驯化自然的比较》，包茂红译，译林出版社2008年版，第46页。

野外发现野生岩蜂时，就会在蜂巢的底部生火以获取蜂蜜——不过当蜂巢出现在神圣树林中时，他们就不采了。把神圣树林里的岩蜂赶尽杀绝，只会断送可持续地利用这个物种的可能，他们对这个禁忌心知肚明"①。

显然，从上述的史实和评论看，对自然和原住民的认知存在着明显的分化，那么，造成这种分化的原因是什么呢？其实，正如卢卡奇所说："自然是一个社会的范畴。这就是说，在社会发展的一定阶段上什么被看作是自然，这种自然同人的关系是怎样的，而且人对自然的阐明又是以何种形式进行的，因此自然按照形式和内容、范围和对象性应意味着什么，这一切始终都是受社会制约的。"② 因此，"自然是什么""原住民是什么人"这样的问题需要在特定的社会历史背景下理解，换言之，"自然是什么""原住民是什么人"从来没有固定的答案，随着社会历史背景的变迁，其答案也将随之发生变化。

细读社会历史，我们就可洞察到关于自然、荒野、国家公园和原住民的认知在前资本主义和资本主义条件下的不同，自然观、荒野观、国家公园的建立内嵌着资本主义的意识形态和资产阶级的阶级利益。

控制自然观念的形成不是自然历史进程的产物，而是近代以来资本主义和资产阶级国家兴起所需的观念。威廉·亚当斯（William Adams）和乔恩·赫顿（Jon Hutton）指出，对自然的有效控制是与现代国家相联系的理性化的中心原则。理性化是支撑资本主义和官僚制的辩证和自我驱动的过程；理性化把自然视为完全可塑的，用以满足人类的需要。这种对待自然的方法论为科学的发展、16 世纪以来欧洲帝国主义的雄心打下了基础。事实上，现代国家的治理建立在这样的思想上，即为了社会利益，通过严谨的知识，自然可以被理解、摆布和控制。③ 资本主义往往从现代科学之父弗兰西斯·培根那里寻求控制和支配自然思想的合法性。在他们看来，培根将养育之母和生命之源的地球视为榨取的对象，开启了一种伦理上控制自然的新风尚，作为"控制自然"结果的科学技术的进步所引致的社会分层和等级制在培根那里未曾有过异议，由此，当时已经形成的雇佣劳动者与资本家之间的鸿沟在培根"控制自然"的思想下进一步加深了其合法性的程度，从而服务于资本主义的兴起。"培根的《新大西岛》假想了一套作为'人类整体'进步和改善基础的科学研究纲领，但是，与安德列和康帕内拉内心所设想的改善全体农民、乞丐、村民和手艺人的境况相反，培根与服装商、批发商人、矿主和政府的利益是一致的。"④ 但是，培根的所谓"支配自然"只是他们根据培根的只言片语而杜撰出来的，不是对培根思想进行系统性分析而得出的。实际上，"人类'支配自然'的观念，虽然具有人类中心主义的倾向，但并不必然是指对自然或者自然规律的极端漠视。培根本人论证道，控制自然的思想

---

① ［印度］马德哈瓦·加吉尔：《印度：让原住民守护古老森林》，祝锦杰译，《光明日报》2019 年 1 月 3 日。

② ［匈］卢卡奇：《历史与阶级意识》，杜章智、任立、燕宏远译，商务印书馆 1999 年版，第 325 页。

③ William Adams and Jon Hutton, "People, Parks and Poverty: Political Ecology and Biodiversity Conservation", *Conservation and Society*, Vol. 5, No. 2, 2007, pp. 147-183.

④ ［美］卡洛琳·麦茜特：《自然之死：妇女、生态和科学革命》，吴国盛、吴小英、曹南燕等译，吉林人民出版社 1999 年版，第 195 页。

根植于对自然规律的理解和遵从"[①]。由此，就不难理解有的学者从培根的论述中得出与"支配自然"相矛盾的"可持续性"的思想，如培根哲学的"改进者"约翰·伊芙琳（John Evelyn）在其著作《森林》（1664 年）中强烈要求保护森林，以及在《驱散烟雾》（1661 年）中抨击空气污染。[②]

征服自然与征服人是一枚硬币的两面。早期的国家公园和保护地深深地刻上了阶级烙印，在其创建进程和建设中展现了富裕白人资产阶级、原住民、工人阶级的阶级和种族分化，在经济和政治上占据支配地位的富裕阶层和权势阶层，同时支配着国家公园的话语权，"什么是国家公园""建立国家公园的目的何在""谁可以享有国家公园"等一系列话语蕴含着明显的阶级利益。如前文所述，建立国家公园和保护地已经成为现今保护自然的通用做法，由此造成一种观念，即建立国家公园和保护地是出于保护自然的目的，其实，事情远非如此简单。最初国家公园的建立尽管有保护自然的意向，不过，这其中还交织着复杂的、不同阶级之间的利益博弈。国家公园的建立并不是出于保护自然的目的，而是为了满足富裕白人资产阶级的经济利益和娱乐休闲等利益。

据加拿大北不列颠哥伦比亚大学的西奥多·宾尼玛（Theodore Binnema）和梅拉妮·涅米（Melanie Niemi）的历史考证，在加拿大班夫国家公园管理人员认为国家公园可以有常住居民的情况下，原住民还是被迫迁出国家公园，这说明原住民的被迫搬迁不是因为要建立无人居住的国家公园，而是另有目的。这其中运动狩猎者的游乐目的及其所带来的经济价值，是原住民被迫搬迁和遭受生态诘难，以及建立国家公园的重要推动力量。"倡导保育的最古老的必要性之一是为狩猎而保存动物。长期以来，富人和有权人提倡并主导着保育，目的在于他们想享用好的狩猎。"[③] 居住在班夫国家公园的库特尼族、克里族、黑脚印第安人、斯托尼族等原住民的狩猎活动与运动狩猎者的狩猎准则存在矛盾，前者是出于生存而进行狩猎，后者是出于运动和获取战利品而进行狩猎。如果是出于生态保护的目的，狩猎的准则应当是有利于生物多样性的捕杀，在允许狩猎的对象和数量上应随着生态系统的变化而变化，因此，无论是原住民还是运动狩猎者的捕杀行为，都有可能对生态系统造成威胁，都应该受到指责和限制。

我们也可以窥见有些国家建立国家公园过程中所持的双重标准。印度卡纳塔克邦（Karnataka）南部的纳格尔霍尔（Nagarhole）国家公园约有 40 只老虎，公园内原来也居住着约 6000 人的原住民，他们祖祖辈辈都居住在此地，与老虎的居住时间相当。但印度森林管理局却要驱逐这些原住民，声称他们破坏了森林。原住民的回应是：他们的需求是适中的，包括对薪柴、水果、蜂蜜、鹌鹑、山鹑，他们并不想拥有枪支，虽然住在森林边上的咖啡种植者确实有枪支，不管怎样，他们质问管理者，如果森林

---

① ［美］约翰·贝拉米·福斯特：《马克思的生态学：唯物主义与自然》，刘仁胜、肖峰译，高等教育出版社 2006 年版，第 14 页。

② John Foster, "Introduction to John Eveyln's Fumifugium", *Organization and Environment*, Vol. 12, No. 2, 1999, pp. 184–187.

③ Dan Brockington, Rosaleen Duffy and Jim Igoe, *Nature Unbound: Conservation, Capitalism and the Future of Protected Areas*, Sterling: Earthscan, 2008, p. 47.

只是为老虎所有，那么，为什么你们允许在国家公园内建造印度最大的连锁酒店，而却把我们驱逐出去呢?[①]

此外，加拿大太平洋铁路的开通运行及其所带来的火灾和外来人口的激增，也是野生动物减少的重要原因，理应受到指责。但是，在班夫国家公园的建立过程中，公园管理者代表的是运动狩猎者的利益，这其中最重要的原因在于“更舍得花时间和金钱”的运动狩猎者能带来巨大的经济效益。“国家公园法禁止一切狩猎活动的中心目标是资源保护主义——为公园外的运动狩猎者可持续地提供可狩猎动物——而不是自然保护主义。这一政策的拥护者经常谈到运动狩猎的经济价值。1905 年，班夫地区的一位居民估算，过去 3 年中运动狩猎者平均每年在班夫地区花费 1500 美元；一份报纸估算，外省的运动狩猎者猎杀一头大角羊需要花费 500 美元；莫利地区的印第安事务专员霍华德·西博尔德指出，美国运动狩猎者猎获一两头盘羊有时需要花费 2000~3000 美元。”[②] 理查德·塞勒斯（Richard Sellars）同样指出，公园管理者对原住民猎杀野生动物进行指责，是因为原住民猎杀的是美国白人游客和猎手所需的观赏性和狩猎性动物，比如麋鹿和野牛。[③] 在森林锐减方面，原住民的焚烧行为之所以受到指责，也不是出于保护自然的缘由，而是因为“当时美国社会主要将森林视为经济资源，因此，火对于森林来说便完全是一种危害”[④]。

“native”一词含义的变迁也同样说明了“什么是原住民”在不同社会政治背景下的巨大差异。早期的“native”一词，同世界自然保护联盟的定义有类似之处，指的是生于某地的人，描述的是原住民的物理特征，是一个中性的词汇。从 16 世纪开始，原住民变成具有正面的社会和政治意涵，如“native land”（故乡）、“native country”（祖国）。“然而，政治的征服与统治产生了 native 的负面意涵（不论名词或形容词都有）：名词之意通常等同于奴隶或农奴；形容词意涵通常是指‘生而奴隶的’。虽然这种特殊的社会用法现在已经被舍弃了，但其负面意涵变得很普遍，指一个被外来政权统治或被居高临下者参观访问之地的次等居民。”[⑤] 其实，在中文语境中，原住民有时也被俗称为“土人”，甚至“野人”，这种称谓显然带有某种嘲讽式的居高临下的贬斥味道。正是因为“native”一词具有贬损意味，因此，在平等对待原住民的英文文献中，通常不使用“native”一词，而是用“indigenous”一词。“Indigenous（固有的、天生的、当地的）是一个委婉语词，同时也是一个具有较中性意

① Ramachandra Guha and Juan Martinez-Alier, *Varieties of Environmentalism: Essays North and South*, New Delhi: Oxford University Press, 1997, p. 106.

② ［加］西奥多·宾尼玛、梅拉妮·涅米：《“让改变从现在开始”：荒野、资源保护与加拿大班夫国家公园土著民族迁移政策》，李鸿美译，《鄱阳湖学刊》2016 年第 5 期。

③ Richard Sellars, *Preserving Nature in the National Parks: A History*, New Haven: Yale University Press, 1997, p. 24.

④ 高科：《美国国家公园建构与印第安人命运变迁：以黄石国家公园为中心（1872—1930）》，《世界历史》2016 年第 2 期。

⑤ ［英］雷蒙·威廉斯：《关键词：文化与社会的词汇》，刘建基译，生活·读书·新知三联书店 2016 年版，第 365-366 页。

涵的词汇。在英文里，很难用这个 indigenous 来形容他人为次等人。”[①]

但是，具有讽刺意味的是，为了获取更丰厚的旅游收益，国家公园管理者又重塑了原住民的形象，将其原先的“野蛮性”过滤掉了，把印第安人等原住民“请回”了国家公园。为了迎合美国人对边疆荒野经历的渴望，体验原汁原味的印第安荒野，公园管理者和旅游利益集团在黄石公园推出了“西部边疆围猎庆祝活动”，在优胜美地国家公园推出了“印第安人田野活动日”等展现印第安人“原貌”的旅游项目，印第安人被要求穿着鹿皮、头戴羽毛供游人观赏拍照，原先印第安人“野蛮落后”并带有攻击性的行为也被公园管理者重新解释为“冲突”或“偶然事件”而不是“战争”等字眼，以此消除游客的恐惧心理。[②] 从中，我们可以看出，为了经济利益，公园管理者和相关利益集团可以在“国家公园是否可以有人居住”的问题上持双重标准，以具有明显的种族歧视和工具性价值取向对待原住民，原住民并不是因为权利的受尊重才回归国家公园的，而是作为“旅游吸引物”或者“人类动物园”这样的遭受侮辱的角色“被回归”到国家公园的。

国家公园建立的目的直接关系到“谁可以享有国家公园”。代表运动狩猎者、铁路公司和外来游客利益的国家公园排斥了原住民和贫困阶层享有国家公园的权利。莱斯利·贝拉（Leslie Bella）指出，加拿大国家公园受铁路公司的控制，使竞争减少，并对进入山区做了严格限制，只有那些愿意并有能力支付高额费用的中上层收入者才有机会进入山区以享受美景。[③] 同样地，国家公园建立中的种族歧视也反映到享用国家公园的种族不平等上，美国怀俄明大学和国家公园管理局共同进行的一项 2008～2009 年度调查显示，国家公园近八成游客为白人。调查中，受访的非裔群众表示，他们几乎看不到自己种族的公园员工和游客，也会觉得国家公园收费太高，离家很远、很陌生。国家公园管理局本身的员工种族构成也很明显，2014 年有 80%的员工为白人。管理局下属的国家公园基金会，22 位管理人员中也只有 4 位不是白人。《纽约时报》曾有评论文章称，美国国家统计局预测在 2044 年少数族裔将成为大多数。如果这个“大多数”与国家公园只有很少或几乎没有接触，那么未来的国家公园及其相关系统会陷入困境。[④]

四、不忘建立国家公园的“初心”

揭示国家公园创建中的阶级因素，目的并不在于要求生态环境保护回到前现代或原住民的生产方式和生活方式，其实，印第安人的“亲环境”行为并不足以抵制当代的环境破坏进程。我们需要反思的是创建国家公园的“初心”是什么？综合学界的观点，可以看出国家公园的起源和其创建目的主要有以下几种：第一，生态维度的考虑，即国家公园的建立是为了保护公园内的自然生态环境，保存荒野的生态价值。

---

① ［英］雷蒙·威廉斯：《关键词：文化与社会的词汇》，刘建基译，生活·读书·新知三联书店 2016 年版，第 366 页。

② 高科：《美国国家公园建构与印第安人命运变迁：以黄石国家公园为中心（1872—1930）》，《世界历史》2016 年第 2 期。

③ Leslie Bella, *Parks for Profits*, Montreal: Harvest House, 1987, p. 24.

④ 张小溪：《美国一民间组织呼吁：国家公园应展现多元文化》，《中国社会科学报》2016 年 9 月 9 日。

第二，文化维度的考虑，即国家公园的建立是为了发挥其在民族认同上的功能，以此提升国民的民族自豪感和国家的民族凝聚力。第三，经济维度的考虑，这可分为正反两个方面：一方面，国家公园的创建能够为特定阶级带来经济收益，如上述的运动狩猎者、铁路公司、旅游公司；另一方面，国家公园的创建不会损害特定阶级的经济利益，或者本身不具备任何经济利益，如有的国家公园的成立地点对工商业的利益无直接危害，也无须花费政府任何经费；国家公园的起源与“荒地假设”有关，即只有那些被视为没有任何物质经济利益的地区（因而被称为“荒地”）才被划为国家公园进行建设。

显然，任何一个国家公园的创建都与上述三个维度的考虑有关，从创建结果看，如果能实现三个维度的多赢当然甚好，但是，从创建的目的看，如果经济维度处于优先支配性地位，那它就会排斥生态和文化维度的“初心”，造成国家公园被资本势力所“蚕食”而失去了其应有的生态功能和文化功能。试想经济维度的两个方面，倘若破坏国家公园更加有利可图，或者国家公园不再是所谓的“荒地”，国家公园经济利益相关方会做出何种反应？答案显而易见。其实，早期的国家公园出于经济维度的考虑往往挤压了其他维度的考虑，“最初的黄石辩护者们并没有关注荒野，他们活动的目的是阻止私人获取和开发间歇泉、温泉、瀑布以及类似的奇观。在纽约州，起决定作用的观点是林地有提供充足用水的需要。在这两个地方，荒野的保留都是无意中的。只是后来才有少数人意识到，建立第一个国家和州立公园之最重要的结果是荒野的保留”①。这才有当今政治生态学家对包括黄石国家公园在内的国家公园“无人模式”的批评。

同样地，受新自由主义影响的国家公园，由于从根本上看，它服从和服务于资本主义意识形态，遵循的是资本逻辑至上的原则，因此，其经济维度的考量明显优先于生态维度和社会维度的考量。正是在这种考量下，当私营资本渗入国家公园后，就出现了上述智利巴塔哥尼亚国家公园创建过程中农业工人被迫离开自己的土地而沦为无产阶级的境地，芬兰帕拉斯—禺拉斯山国家公园建设进程中酒店行业试图不断扩张其规模的“冲动”，乃至莫桑比克政府为了吸引国外资本的投资而通过国有化的方式导致林波波国家公园原住民丧失土地所有权，维尔京群岛国家公园在引入私营组织“维尔京群岛国家公园之友”后，尽管弥补了国家资金投入不足的问题，但是，该组织却热衷于在岛上投资房地产和旅游观光业项目，对维尔京群岛历史遗迹的解释中绝口不提欧美国家的殖民压迫和当地民众的反抗史，彻底禁止岛民为维持生计但对环境不构成破坏的传统捕鱼活动。② 所有这些都表明，在新自由主义影响下，国家公园的建设受到了资本逻辑的掣肘或牵引，国家公园保护生态的“初心”被彻底扭曲。

“我们的荒野观和自然观是社会建构的产物，我们应该反思人类如何试图改变物

① ［美］罗德里克·纳什：《荒野与美国思想》，侯文蕙、侯钧译，中国环境科学出版社2012年版，第102页。

② Crystal Fortwangler, “Friends with Money: Private Support for a National Park in the US Virgin Islands”, *Conservation and Society*, Vol. 5, No. 4, 2007, pp. 504-533.

质世界，以符合我们想象中的荒野与自然。”① 我们必须考究国家公园建设的“初心”是为了保护荒野和自然，还是为了特殊利益集团的经济利益。人为的荒野观或自然观会对原住民的人权、保护区的生态造成破坏，使国家公园蜕变成为特定人群服务的经济工具。如此一来，我国就应该坚定并真正履行国家公园建设中“保护为主”的最基本原则，可以说，我国国家公园的问题尽管有行政管理体制方面的原因，但更多的是资本力量对国家公园的入侵与破坏，这可从中央环境保护督察组的督察情况窥见一斑，被督察的省、自治区都存在着自然保护区被企业非法开发、侵占的问题。因而，从认知的角度看，各级政府应进一步明确国家公园和保护地自然保育优先、经济开发受限甚至禁止的原则。

不以“保护为主”的国家公园建设，成为少数人谋取利益的经济工具，从中获益的就只有少数人，这样一来就违背了国家公园的“国家”意涵，即国家公园是带有公共性特征的国家公园，而不是私人所有的公园，这样一种特征的基本隐意是国家公园产生的效益理应是“区域受益、全民共享”。为此，国家公园的建设进程中，应根据不同地区具体的人地关系确定是否要驱逐国家公园内的人。其实，有些地方的原住民具有丰富的生态体验和生态知识，加拿大劳伦森大学（Laurentian University）生物学客座教授杰西·波普（Jesse Popp）认为，原住民的生活与他们对环境的认知关系密切，原住民的知识蕴藏着他们对环境及其内部生态系统的理解，既包含传统文化，也有生态知识。从加拿大的实践经验可以看出，原住民在环境变化、野生动物种群监测、行为生态学等方面都可以提供独特见解。他们有关弓头鲸行为的知识帮助研究人员改善了调查方法，在估算弓头鲸种群数量方面取得了更好的成果。因而，结合历史和现实经验，可以看到善用原住民的科学知识可以为现代科学发展和自然资源管理做出更大的贡献。②

就我国而言，在三江源国家公园和东北虎豹国家公园建设中就存在人地关系的差异。在三江源国家公园，原住民适当强度的游牧形成了一个非常好的物质循环，有利于生态保护，如果把草场用围栏围起来，或者把人都赶走，这个地方的生态质量反而会下降。因此，三江源国家公园相对宽松的人地关系，决定了其不能采取封闭隔离式的保护，维持原住民适当的生产生活更有利于自然保护。我国自三江源国家公园体制试点以来，为了同时增强当地牧民参与生态管护的积极性和脱贫致富的能力，当地组建了由生态管护员组成的生态保护队伍，使牧民由草原利用者变为生态管护者，鼓励引导并扶持牧民从事国家公园生态体验、环境教育服务以及生态保护工程劳务、生态监测等工作，让牧民在参与生态保护、国家公园管理中获得稳定收益。据了解，建立三江源国家公园以来，当地牧民每户平均年收入增加 21600 元。③ 但东北虎豹国家公园的建设则需要尽量把人员清除出去，把地还给老虎，否则人和兽会产生很严重的直接冲突。世界上类似的例子还有很多。比如，朱鹮习惯甚至依赖人工稻作系统生存，

① ［加］西奥多·宾尼玛、梅拉妮·涅米：《“让改变从现在开始”：荒野、资源保护与加拿大班夫国家公园土著民族迁移政策》，李鸿美译，《鄱阳湖学刊》2016 年第 5 期。

② 姚晓丹：《重视美洲原住民的科学贡献》，《中国社会科学报》2018 年 1 月 5 日。

③ 全占军、罗建武、朱彦鹏：《加强自然保护地管理应处理好哪些关系?》，《中国环境报》2019 年 4 月 2 日。

如果禁止传统农耕生产，反而可能导致其灭绝，这正是日本朱鹮灭绝的重要原因之一。而中国的朱鹮能够从原来仅剩下的 7 只发展到现在野外种群近 2000 只，正是准确把握了这种人地关系并做出了相应的制度安排。[①] 但在将原住民迁移出国家公园的过程中，仍必须同时解决原住民的基本生计问题，这一问题对国家公园的成效具有重要的反馈作用。国务院发展研究中心研究员苏杨认为，我国国家公园建设过程中将面临两个突出的约束，其中一个就是土地权大多不属于政府，内部有大量原住民。[②] 据国家林业局东北虎豹监测与研究中心副主任、北京师范大学虎豹研究团队的野外调研负责人冯利民博士介绍，东北虎豹面临的生存困境，最大的阻碍来自人为干扰，如砍伐森林、经济作物种植、用猎套捕猎有蹄类、放牧等。因此，解决好原住民的生存与发展问题，国家公园区域内及周边群众的民生问题，对国家公园的成功非常关键。[③]

第三节 抵御新自由主义影响的我国国家公园建设路径：以武夷山国家公园与三江源国家公园为例

正如第二节所言，国家公园建设中存在着突出的人地矛盾，这一问题的背后实则涉及人与人之间的政治经济利益问题，因此，本节以武夷山国家公园和三江源国家公园为例，揭示我国国家公园建设中存在的“管理不善”话语及其不足，并由此深入探讨国家公园建设面临的更为严峻的挑战和初步破解之道，以窥见我国国家公园建设中不同于新自由主义影响下的有效进路，以及坚持国家公园范围内自然资源公有制的意义之所在。

一、国家公园建设中的“管理不善”话语霸权

毫无疑问，创建自然保护地是 19 世纪末以来保护自然的最主要手段。英国保育主义者爱德华·诺斯·巴克斯顿（Edward North Buxton）在 1902 年就指出，保护各种物种首要的是创建自然保护地。2003 年第五届世界公园大会将保护地描述为全球保育努力的基石，认为无论是作为生物多样性的蓄水池，清洁空气和水资源的来源，暴风雨的缓冲器、碳汇，还是作为与自然重新联系的地方，保护地对于个体和集体的未来都是至关重要的。对保护地的激情，贯穿了整整 20 世纪。[④]

国家公园和自然保护地是两个不同的概念，根据世界自然保护联盟的分类，国家公园只是自然保护地体系 6 类保护对象中的Ⅱ类，将两者相提并论是不妥的，但是，国家公园在保护地体系中又占有重要地位，目前全球以保护特定区域内的自然资源为目标的保护地平均面积为 804 平方千米，以保护和利用风景为目标的保护地平均面积

① 苏杨：《国家公园体制要兼顾保护和全民公益性》，《中国环境报》2016 年 12 月 12 日。

② 苏杨：《国家公园体制建设难点在哪儿?》，《中国环境报》2016 年 1 月 18 日。

③ 刘琴：《国家公园成立：改变野生东北虎豹命运的大事件》，https：//www. chinadialogue. org. cn/article/show/single/ch/10074-China-s-big-cats-get-space-to-roam#top，2017 年 9 月 15 日。

④ William Adams, *Against Extinction*: *The Story of Conservation*, London: Earthscan, 2004, p. 4.

为1911平方千米，以保护野生动植物栖息地为目标的保护地平均面积为1487平方千米。其中风景保护地的平均面积最大，这些保护地绝大多数是国家公园，这也说明在全世界不同类型的保护地中，国家公园对自然环境的保护起到了重要作用。① 因此，鉴于国家公园在自然保护地体系中的地位，以及为了扩大自然保护地的影响力，国际自然保护领域长期以来一直使用“国家公园与自然保护地”的提法。根据世界保护地数据库（The World Database on Protected Areas）资料显示，截至2018年7月，世界保护地数据库中记录了238563个保护地，其中陆地保护地面积超过2000万平方千米，相当于地球陆地面积的14.9%，海洋保护地面积超过600万平方千米，占世界海洋面积的7.3%。②

那么，我国是因为之前没有类似国家公园这样的保护自然的手段才提出要建立国家公园的吗？在我国，的确没有与西方国家在名称上一致的国家公园，英文中的“national parks”在我国对应的是风景名胜区，但是，在国家公园体制试点改革前，实际已经建立了诸如自然保护区、国家森林公园、国家地质公园、国家湿地公园等保护自然的自然保护地体系。例如，早在1956年，我国就建立了第一个自然保护区——广东鼎湖山国家级自然保护区，尽管该保护区的主要保护对象只是南亚热带地带性森林植被，相较于后来的国家公园在保护对象上略显狭小，但随着自然保护区的建设和发展，自然保护区的对象和功能逐渐扩大。从广义上看，自然保护区是指受国家法律特殊保护的各种自然区域的总称，国家公园也包含在自然保护区的范围内，属于自然保护区的一种，就此而言，自然保护区其实就是现在我们所说的自然保护地，因此，在2019年6月中共中央办公厅、国务院办公厅印发的《关于建立以国家公园为主体的自然保护地体系的指导意见》（以下简称《指导意见》）中，就将自然保护地分成了三类，其中就包括国家公园。如果从狭义上看，显然《指导意见》是将国家公园和自然保护区分为两种不同的类型，尽管如此，我们对比一下国家公园和自然保护区的定义③就会发现，其实两者在国家代表性、类型等方面存在一定差异，但在自然保护的目标和方向上还是一致的。而且，中国的自然保护地事业经过60多年的发展，其成就是巨大的，不仅生态系统的恢复有目共睹，主要的陆生旗舰物种数量都在增长，在目前全球物种灭绝速度加快的情况下，2016年大熊猫的濒危等级却被世

---

① 吴承照：《保护地与国家公园的全球共识——2014IUCN世界公园大会综述》，《中国园林》2015年第11期。

② UNEP-WCMC, IUCN and NGS, Protected Planet Report 2018, https://livereport.protectedplanet.net/pdf/Protected_Planet_Report_2018.pdf.

③ 《中华人民共和国自然保护区条例》对自然保护区的定义是：对有代表性的自然生态系统、珍稀濒危野生动植物物种的天然集中分布区、有特殊意义的自然遗迹等保护对象所在的陆地、陆地水体或者海域，依法划出一定面积予以特殊保护和管理的区域。《建立国家公园体制总体方案》对国家公园的定义是：由国家批准设立并主导管理，边界清晰，以保护具有国家代表性的大面积自然生态系统为主要目的，实现自然资源科学保护和合理利用的特定陆地或海洋区域。《指导意见》对两者的定义分别为：国家公园，是指以保护具有国家代表性的自然生态系统为主要目的，实现自然资源科学保护和合理利用的特定陆域或海域，是我国自然生态系统中最重要、自然景观最独特、自然遗产最精华、生物多样性最富集的部分，保护范围大，生态过程完整，具有全球价值、国家象征，国民认同度高。自然保护区，是指保护典型的自然生态系统、珍稀濒危野生动植物物种的天然集中分布区、有特殊意义的自然遗迹的区域，具有较大面积，确保主要保护对象安全，维持和恢复珍稀濒危野生动植物种群数量及赖以生存的栖息环境。

界自然保护联盟从濒危降为易危。[1] 1956~2017 年，我国陆续建立各级、各类自然保护区 2750 处，占陆域国土面积的 14.86%。这些自然保护区范围内保护着 90.5%的陆地生态系统类型、85%的野生动植物种类和 65%的高等植物群落，以及 300 多种重点保护野生动物、130 多种重点保护野生植物。[2] 2016 年 5 月 22 日，时任环境保护部部长陈吉宁在国际生物多样性日暨中国自然保护区发展 60 周年大会上指出，60 年来，我国自然保护区已初步形成布局基本合理、类型比较齐全、功能相对完善的体系。全国的自然保护区数量已经高于世界平均水平。全国有超过 90%的陆地自然生态系统类型，约 89%的国家重点保护野生动植物种类，以及大多数重要自然遗迹在自然保护区内得到保护，部分珍稀濒危物种种群逐步恢复。[3]

那么，如果两者都是为了保护自然，且原有自然保护地（区）的成效还算不错的情况下，为什么我们不在原有自然保护区的基础上，对自然保护区进行调整完善，却要另外引入西方的国家公园理念和制度？这不得不引发我们的思考。这就涉及为什么要建立国家公园，建立什么样的国家公园和怎样建设国家公园的问题。对此，笔者在本章第二节就指出存在着“管理不善”“人之原罪”和“公地悲剧”三种受新自由主义影响的“去政治化”阐释路径。在我国，自 2013 年“国家公园”一词上升到国家层面的战略举措以来，我国对国家公园的探讨或多或少都带有这几种阐释路径的韵味，而其中第一种阐释路径影响最甚，这可从我国国家公园提出和建设过程中提出的各种话语窥见一斑。

2013 年 11 月，党的十八届三中全会通过《中共中央关于全面深化改革若干重大问题的决定》，首次在国家层面提出要建立国家公园，其实，该决定讲的是建立“国家公园体制”，即“坚定不移实施主体功能区制度，建立国土空间开发保护制度，严格按照主体功能区定位推动发展，建立国家公园体制”[4]。当然，国家公园是国家公园体制建立的物质载体。随后，从体制视角来阐述国家公园建设的相关事项就成了各类文件的热门词汇。2015 年 1 月 20 日，国家发展和改革委员会等 13 部委联合印发《建立国家公园体制试点方案》，把各类保护地的“交叉重叠、多头管理的碎片化问题得到基本解决，形成统一、规范、高效的管理体制和资金保障机制”作为国家公园体制试点目标之一。2015 年 4 月 25 日，《中共中央　国务院关于加快推进生态文明建设的意见》在谈到“保护和修复自然生态系统”时指出，“建立国家公园体制，实行分级、统一管理”。2015 年 9 月，中共中央、国务院印发的《生态文明体制改革总体方案》要求对各类保护地进行功能重组，合理界定国家公园范围。2016 年 8 月，中共中央办公厅、国务院办公厅印发《国家生态文明试验区（福建）实施方案》，在推进国家公园体制试点这一重点任务中，提出要整合、重组辖区内各类保护区功能，改革自然保护区、风景名胜区、森林公园等多头管理体制。2017 年 9 月，中共中央办公厅、国务院办公厅印发《建立国家公园体制总体方案》，其中将“交叉重叠、多

① 苏杨：《为何和如何让“国家公园实行更严格保护”》，《中国发展观察》2017 年第 1 期。

② 全占军、罗建武、朱彦鹏：《加强自然保护地管理应处理好哪些关系?》，《中国环境报》2019 年 4 月 2 日。

③ 郭静原：《我国自然保护区面积达国土面积 14.83%　超世界平均水平》，http://finance.china.com.cn/roll/20160523/3734776.shtml，2016 年 5 月 23 日。

④ 中央文献研究室：《十八大以来重要文献选编》（上），中央文献出版社 2014 年版，第 541 页。

头管理的碎片化问题得到有效解决”作为主要目标之一，并明确提出，“到2030年，国家公园体制更加健全，分级统一的管理体制更加完善，保护管理效能明显提高”。2019年6月，中共中央办公厅、国务院办公厅印发《关于建立以国家公园为主体的自然保护地体系的指导意见》，在对我国自然保护地事业所取得的成就进行充分肯定的同时，也非常明确地指出了自然保护地“仍然存在重叠设置、多头管理、边界不清、权责不明、保护与发展矛盾突出等问题”。从2013~2019年所印发的这些文件来看，在中国国家公园建设的政策语境中，关于各类自然保护地“九龙治水”“多头管理”“碎片化管理”“统一管理”“功能重组”“整合优化”等正反意涵词汇跃然纸上，似乎原先的各类自然保护地存在着较为严重的“管理不善”问题，而将国家公园视为一种全新的行政管理、资金管理等体制建立起来，就可以破解这一问题。

无须否认，在我国各类自然保护地的建设管理中确实存在着这样那样的管理体制问题。例如，安徽省现有森林公园52处，而与其他单位重叠设置的多达20处，重叠面积占比高达38.5%；与自然保护区重叠6处，与风景名胜区重叠15处，与地质公园重叠9处，与自然保护区、风景名胜区双重叠1处，与风景名胜区、地质公园双重叠5处，与自然保护区、风景名胜区、地质公园三重叠2处。[①] 应该说，这种管理体制方面的问题，确实会影响对各类自然保护地的有效保护治理。但是，这是因为缺乏先进或适当的“管理体制”，才导致没有“保护”好各类自然保护地吗？或者说，从管理体制的角度来界定国家公园的意涵，尤其是引入国家公园这种全新的管理体制就可以保护好自然生态吗？这是需要我们深入思考的。为此，笔者以武夷山和三江源国家公园体制试点为例，首先具体分析国家公园体制改革进程中“管理不善”话语的嵌入；其次从政治生态学的视角阐述国家公园体制试点改革中更值得关注的重点难点问题，以及党和政府为突破这些问题所采取的初步举措；最后提出应坚持国家公园范围内自然资源公有制的基本制度和保护生态的初心。

二、“管理不善”话语在武夷山和三江源国家公园体制试点中的嵌入

2015年1月，《建立国家公园体制试点方案》（以下简称《试点方案》）选取了福建省作为9个试点省份之一。2015年3月，国家发展和改革委员会办公厅印发了《国家公园体制试点区试点实施方案大纲》（发改办社会〔2015〕708号），要求据此编制实施方案。因此，福建省编制了《武夷山国家公园体制试点区试点实施方案（2015-2017年）》，于2015年12月以福建省政府名义上报国家发展改革委审核。2016年6月17日，国家发展和改革委员会批复《武夷山国家公园体制试点区试点实施方案》，武夷山被列为全国首批国家公园体制试点区之一。该试点区位于福建省北部，包括武夷山国家级自然保护区、武夷山国家级风景名胜区和九曲溪上游保护地带，周边分别与福建省武夷山市西北部、建阳市和邵武市北部、光泽县东南部、江西省铅山县南部毗邻，规划总面积1001.41平方千米。

为何要选取武夷山作为福建省国家公园体制试点区？《试点方案》在试点选择方面的要求主要有三点：一是要有代表性，满足保护对象保护要求。二是要有典型性，

---

① 苏杨、何思源、王宇飞等：《中国国家公园体制建设研究》，社会科学文献出版社2018年版，第9页。

通过试点取得的经验具有示范作用，可复制、可推广；保护地交叉重叠、多头管理、自然生态系统被人为切割、碎片化比较严重，保护问题比较突出的区域，作为重点选择对象。三是要有可操作性，地方政府有积极性和一定的工作基础；区域相对集中、边界清晰、土地类型适宜资源有效保护和合理利用，国有土地、林地面积应达到一定比例。如果对这三点要求进行分类的话，第一、第三点显然属于试点区的基础条件类，包括试点区在生态环境、人文社会环境方面的基础条件，而第二点则属于试点区的现有问题类。单从试点选择方面的要求看，如果从“问题意识”出发，试点区似乎首先存在的问题是“管理不善”的问题，因为生态环境、人文社会环境等方面的试点选择要求，从基础条件的意义进行描述，实际是将其视为已经存在的客观要素。[①] 因此，对试点区存在问题的认识，首要的就是前述的“管理不善”问题。的确，就武夷山国家公园体制试点区而言，在进行试点前其确实存在着多头管理等问题。其中，武夷山国家级自然保护区由福建省武夷山自然保护区管理局进行管理，该局隶属于福建省林业厅，由该厅垂直管理，为财政核拨的参照公务员法管理的正处级事业单位。武夷山国家级风景名胜区包括旅游度假区、风景名胜区和森林公园三个区域，其中，旅游度假区由武夷山市派出机构——旅游度假区管委会（副处级机构）进行管理，而风景名胜区、森林公园则由另一个武夷山市派出机构——风景名胜区管委会（副处级机构）进行管理。九曲溪上游保护地带包括九曲溪光倒刺鲃水产种质资源保护区和其他区域，前者由武夷山市农业局进行业务指导，所属居民由星村镇政府进行管理，后者由武夷山市林业局、茶叶局进行业务指导，所属公益林、茶山和基本农田由星村镇政府进行管理。

与武夷山国家公园体制试点工作相比，三江源国家公园在“管理不善”的问题上似乎并不突出，但在 2015 年 12 月 9 日中央全面深化改革领导小组第十九次会议审议通过的《中国三江源国家公园体制试点方案》中，同样将“创新生态保护管理体制机制”作为国家公园体制试点的主要任务之一，要求在三江源国家公园不作行政区划调整，不新增行政事业编制，组建管理实体，行使主体管理职责。例如，组建中国三江源国家公园管理局，行使三江源国家公园的自然资源资产管理和国土空间用途管制职责，依法实行更加严格的保护。试点期间，各有关部门依法行使自然资源监管权。在三个园区分别设国家公园管理委员会和党工委，长江源园区涉及治多、曲麻莱两县，管委会在两县分别设立派出机构。

这些针对“管理不善”的问题，通过政府对行政管理体制的改革是可以较快得

---

① 武夷山国家公园试点区的生态价值和人文历史价值是得到各方承认的基础条件。试点区是世界自然与文化遗产保留地，公园内自然环境多样，发育着多种多样的植被类型，是亚热带东部地区森林植被保存最完好的区域；地貌复杂，为野生动物栖息繁衍提供了理想场所，被中外生物学家誉为“蛇的王国”“昆虫世界”“鸟的天堂”“世界生物模式标本的产地”“研究亚洲两栖爬行动物的钥匙”；水生生物资源丰富，包括浮游藻类、浮游动物、底栖动物、鱼类和水生动物等，其中，高等水生植物共计 42 科 51 属 139 种，浮游动物 67 种，鱼类 22 科 56 属 104 种，以及中华鳖、大鲵等水生动物。武夷山是一座历史文化名山，不仅能为已消逝的古文明和文化传统提供独特的见证，而且与理学思想文明有着直接的、实质性的联系，先民的智慧，文士的驻足在九曲溪两岸留下众多的文化遗存：有高悬崖壁数千年不朽的架壑船棺 18 处；有朱熹、游酢、熊禾、蔡元定等鸿儒大雅的书院遗址 35 处；有堪称中国古书法艺术宝库的历代摩崖石刻 450 多方，其中有古代官府和乡民保护武夷山水和动植物的禁令 13 方；有僧道的宫观寺庙及遗址 60 余处（武夷山国家公园官网）。

到解决的。武夷山国家公园体制试点工作开展以后，在福建省政府的推动下，交叉重叠、多头管理等碎片化问题就得到了有效解决。2017 年 3 月 12 日，中共福建省委机构编制委员会印发《关于武夷山国家公园管理局主要职责和机构编制等有关问题的通知》，在整合武夷山自然保护区管理局、武夷山风景名胜区管委会有关自然资源管理、生态保护、规划建设管控等方面职责的基础上，组建了武夷山国家公园管理局，由福建省政府垂直管理，受委托对国家公园内全民所有的自然资源资产进行统一保护、管理和运营，初步形成了“一个牌子、一个管理机构”的管理模式，武夷山国家公园实现了从“碎片化管理”向“统一管理”的转变。同时，为了更好地协调各方共同保护武夷山国家公园，福建省政府还建立了武夷山国家公园保护、建设和管理工作协调机制。例如，建立健全省、地、市三级联席会议制度、闽赣两省跨省联动机制、乡镇村联保联动工作机制、资源保护执法快速反应机制等，初步形成了共商、共管、共建、共享的生态保护管理新模式。在武夷山国家公园形象标识新闻发布会上，武夷山国家公园管理局局长林雅秋介绍，截至 2019 年 11 月，交叉重叠、多头管理的碎片化问题得到有效解决，这是在武夷山国家公园体制试点工作方面取得的明显成效之一。①

三江源国家公园在改革管理体制方面也相当迅速，2016 年 3 月 5 日，中共中央办公厅、国务院办公厅印发《三江源国家公园体制试点方案》后，当年 6 月 7 日，三江源国家公园管理局（筹）就正式挂牌，长江源、黄河源、澜沧江源三个园区管委会（管理处）也一并成立，四个县政府大部门制改革一并完成，合理划分了园区管委会和地方政府权责，实现了保护管理体制机制的重点突破。在不到一个月的时间里，园区就整合了所涉四县国土、环保、农牧等部门编制、职能及执法力量，建立覆盖省、州、县、乡的四级垂直统筹式生态保护机构，并在各村成立了牧民生态管护队。2018 年，三江源国家公园管理局局长李晓南介绍，经过一年多的改革探索，该试点已打破昔日“九龙治水”、多头管理的生态保护管理格局。②

三、武夷山国家公园和三江源国家公园建设的难点和初步化解

可见，尽管的确存在着“管理（体制）不善”意义上的问题，但国家公园建设并不仅仅是一个管理体制及其完善的问题。③ 如果是这样，那么，我国的国家公园体制改革就与新自由主义影响下对国家公园的阐释没有差别，对国家公园的建设也只要解决其中存在的管理体制问题就可以一劳永逸了。实则不然，从政治生态学，抑或社会主义生态文明建设的视角来看，尤其是考虑到国家公园建设过程中的社会正义和环境正义问题，或者说国家公园建设过程中经济效益、社会效益和生态效益三者之间的张力，那么，我们就不难发现，其中还存在着一些更具挑战性、根本性的难题有待破

① 《武夷山国家公园形象标识发布会实录（11 月 18 日）》，参见 https：//www.sohu.com/a/354779135_120207622。

② 李亚光、黄涵：《三江源国家公园全面完成体制试点改革任务》，《池州日报》2018 年 1 月 19 日。

③ 例如，从“统一管理”的角度看，早在 1979 年，崇安县（现为武夷山市）就成立了武夷山建设委员会，1980 年 3 月经福建省政府批准，升格为武夷山管理局，隶属建阳（现为南平市）行署，为正处级事业单位。参见武夷山市志编纂委员会：《武夷山市志》，中国统计出版社 1994 年版，第 50 页。

解。因而，要想真正实现“统一管理”，还必须进一步认可、平衡和整合各利益方的政治经济诉求。这也就表明，在武夷山国家公园等试点区进行的试点改革，并不仅仅是存在管理体制不顺的问题。比如，《武夷山国家公园体制试点区试点实施方案》还罗列了运行机制不活、资源权益不清、保护力度不强、多方参与不足等亟待解决的关键问题，而《三江源国家公园体制试点方案》也列出了“突出并有效保护修复生态”“探索人与自然和谐发展的模式”“建立资金保障长效机制”“有效扩大社会参与”等主要任务，而这些问题背后则涉及人地的权属关系、自然保护与发展利用的矛盾问题。

（一）武夷山国家公园建设

武夷山国家公园体制试点区在人地权属关系、自然保护与发展利用关系等方面的问题，突出表现为试点区内集体土地较多、原住民人口数量较多、以自然资源为依托的产业较多“三多”的特点。一是从土地权属关系看，武夷山国家公园体制试点区是我国首批国家公园体制试点区中集体林占比最大的区域，试点区内国有土地的比重较低，国有土地面积 282.36 平方千米，仅占武夷山国家公园总面积的 28.74%，而集体土地面积 700.23 平方千米，占总面积的 71.26%。二是从试点区的人地关系看，现有武夷山国家公园内居住着大量原住民。位于武夷山国家级风景名胜区中心的武夷街道，总面积 233.4 平方千米，现辖高苏板、公馆、角亭、天心、赤石、樟树、黄柏、柘洋、大布、下梅、溪洲、吴齐 12 个行政村和 120 个自然村 165 个村民小组，2010 年第六次全国人口普查显示，该街道有 46276 人。武夷山国家公园试点区内的另一处原住民聚居地是星村镇，该镇地处武夷山国家级风景名胜区和武夷山国家级自然保护区内，行政区域面积 679.77 平方千米，现辖星村、桐木、曹墩、黄村、井水、黎新、黎源、红星、洲头、程墩、朝阳、前兰、黎前、枫林、巨口 15 个行政村和 1 个星村镇居委会，据 2018 年《中国县域统计年鉴（乡镇卷）》显示，该镇 2017 年常住人口 23799 人。三是从试点区的支柱产业看，原住民在试点区内的生产生计基本是一种“靠山吃山、靠水吃水”的自然资源依赖型模式，主要有茶、毛竹、竹筏漂流、环保观光车游览等产业。

武夷山国家公园试点区人、地、产业的现实状况表明，必须正确处理好人地关系、自然保护与发展利用的关系。由于武夷山国家公园试点区涉及大量的原住民，因而首先要对武夷山原住民的“生态性”有必要认识。一方面，我们不能先验地认为，武夷山原住民的生产和生活活动天然具有破坏生态的倾向。武夷山原住民对自然生态有浓厚的情感，其村落在最初选址时就是遵循宜与大河大山相倚的指导思想，人居环境处处体现着人与自然和谐的追求；武夷山的乡间百姓仍然保留着敬神和敬树的习俗，2001 年在福汾线公路改造中，洋庄乡路段有一棵古樟处在施工区内，为了保住古樟，当地政府多花了几万元将经过古樟旁的路改成双线公路。[①] 另一方面，我们也不能先验地认为，武夷山原住民对自然保护持一种排斥的态度。对武夷街道和星村镇原住民的采访中发现，茶农和林农对保护地的管理并非坚持完全排斥的态度，他们认为，像土地利用限制这样的保护地管理措施可以保障茶叶的生长环境，减少水土流

---

① 邹全荣：《武夷山村野文化》，海潮摄影艺术出版社 2003 年版，第 45-51、54-56 页。

失，从而减少自然灾害，增强生产和生活的安全性。① 因此，对原住民的态度不能照搬对国家公园“荒野”理念的教条式理解，将所有原住民强行搬离试点区。这不仅存在着政策合法性的问题，还可能会耗费政府大量的财政资金。②

武夷山国家公园试点区内，还存在因旅游公司、政府、原住民三者在经济效益、生态效益和社会效益方面的不同考量而产生的环境正义和社会正义问题。这三个主体对三种效益考量的分量是不同的。应该说，武夷山的政府部门，从主观意愿来说希望三种效益的共赢，既能通过武夷山旅游业的发展来推动地方经济的发展，又能借助发展旅游业的契机来保护好武夷山的自然生态和人文生态，还能通过旅游产业的发展为当地居民创造更多的就业机会，以提高居民的收入水平；旅游公司更多从企业运营的角度来看问题，侧重于公司如何更好地从武夷山旅游资源的开发和经营中获取经济收益；原住民的发展愿景，也是更侧重于通过自然资源产业的扩展来实现自身经济收入的增长。正是由于这些不同的考量，在过往历史中，三方之间始终存在着环境正义和社会正义方面的张力。

20 世纪 80 年代，人们开始认识到利用武夷山珍贵的自然生态和人文生态作为旅游资源，可以促进地区经济的发展，建阳地区（现为南平市）设立了武夷山管理委员会，同时，还成立了一家隶属于该委员会的国有企业——腾龙旅游公司，其职责是负责发展旅游业，并为武夷山的自然保护工作筹集资金。这家国有企业在最初的发展中的确在武夷山旅游业的发展和自然保护工作方面发挥着积极作用，特别是当武夷山市政府决定申请世界遗产名录后，在武夷山的基础设施和生态环境修复与改造方面面临巨大资金压力时，腾龙旅游公司在筹集资金和后续的自然保护和修复方面起到了不可或缺的作用，比如中国农业银行向腾龙旅游公司提供了 2900 万元的贷款，拆除了风景区内的各种网络线缆，修建了围栏式的环线公路，实施了 22 万平方米的绿地建设工程等。

但是，腾龙旅游公司作为企业，盈利是其基本的遵循和法则，尽管有中国农业银行的贷款，但其财力还不足以支付其所有的开销，因此，该公司不得不进行改组，更名为武夷山旅游（集团）有限公司，在与其他公司合资的情况下于 1999 年 12 月 13 日注册成立了福建武夷山旅游发展股份有限公司，属国有控股企业。自那时起，地方政府和该企业之间就暴露了一定程度的分歧矛盾。地方政府希望该公司不要把资金投到外地，因为当地依然缺乏资金，但该公司为了寻求更好的投资回报，很难接受仅将自己的资金限制在当地的范围。

除了政府意愿和企业发展之间的矛盾冲突，原住民也越来越感受到在其中的不公正待遇。武夷山旅游（集团）有限公司，是武夷山市规模最大、服务最完善的旅游龙头企业，经营范围涉及景区景点、旅行社、宾馆、文化传媒、景区交通服务、竹筏漂流、皮划艇漂流、轿业服务、园林建筑等多种业务的经营与开发，形成了融合

① 苏杨、何思源、王宇飞等：《中国国家公园体制建设研究》，社会科学文献出版社 2018 年版，第 57-65 页。

② 徐红罡、张朝枝：《转型期的国家公园：中国的武夷山风景区》，载［澳］沃里克·弗罗斯特、［新西兰］C. 迈克尔·霍尔：《旅游与国家公园：发展、历史与演进的国际视野》，王连勇译，商务印书馆 2014 年版，第 251 页。

"食、住、行、游、购、娱"六要素于一体的旅游专业化经营、多元化投资、综合性发展的企业集团，由于其拥有世界文化与自然遗产地武夷山精华景点的专营权而成为最大赢家。而原住民为了配合景区的建设，从20世纪80年代修建武夷宫到90年代末申报世界遗产名录，他们多次依照政府的要求进行搬迁，尽管当地政府努力为原住民提供了茶叶旅游等维生项目，但原住民依然认为从风景名胜区发展的成本与收益的权衡中，他们没有得到公平的份额。①

针对上述人地之间的关系、自然保护和发展利用的关系问题，武夷山国家公园管理局探索了以下三种初步化解矛盾、实现环境正义和社会正义的模式：②

第一，创新生态旅游模式，实现生态保护与旅游收益共享。为有效化解试点区内集体林地划入生态公益林保护与村民发展经济的矛盾，实现村民共享旅游发展成果，福建省创新了生态旅游模式，对主景区内7.76万亩集体山林实行有偿使用，并随着风景区门票收入增长而提高。2016年支付山林权有偿使用费318.83万元，加大对乡镇、村基础设施和公益事业建设的扶持力度，并优先解决区内村民劳动就业。据不完全统计，在景区内直接从事导游、竹筏工、环卫工、绿地管护员等村民有1600多人。通过共享旅游发展收益，有效解决了景区的发展瓶颈和生态资源管控难点，也有效解决了当地村民的就业增收问题，实现了国家公园和社区和谐发展。

第二，创建茶产业发展引导模式，促进经济发展与生态保护共赢。武夷山国家公园是武夷岩茶和小种红茶的核心产区，区内的3个乡镇20个行政村均有茶叶种植，茶山面积大、分布广，茶产业已是区内村民主要产业。并充分发挥龙头企业带动作用，增加区内农民收入，福建省创建了茶产业发展引导模式。着力推动茶产业由单一茶叶产品加工向多元产品深加工转变，提高附加值；鼓励支持茶企、茶农建设高标准生态茶园；做好武夷岩茶、正山小种地理标志产品保护工作，逐步确立"武夷山大红袍""金骏眉"的品牌形象，促进分散的农户与市场紧密连接并发挥正山堂、香江、武夷星等茶业龙头企业的优势，推进茶产业向专业化、标准化、规模化发展，并通过"公司+基地+农户"形式，与农户建立利益联结机制，促使农户持续稳定增收。

第三，创建生态搬迁模式，促进社区与生态和谐共存。为加强试点区内居民点调控，控制生产建设用地，有效解决保护和社会经济发展的矛盾，强化生态修复，福建省分步对南源岭旧村70户村民实施整体搬迁。对搬迁原址，则进行环境修复，种植了近万株绿化苗木。同时，根据南源岭新村紧邻武夷山风景区和度假区的区位优势，积极引导搬迁户发展"民宿"和"餐饮业"。2016年，南源岭新村接待游客18.7万人，创造经济收入2400多万元，户均年收入10万元以上，村财收入90余万元。南源岭新村生态移民后，村民居住条件不仅得到大幅改善，而且家庭收入逐年攀升，真正实现"搬得出、留得住、发展好"。

同样地，针对武夷山国家公园内集体林地占比高的问题，《武夷山国家公园条例

---

① 徐红罡、张朝枝：《转型期的国家公园：中国的武夷山风景区》，载［澳］沃里克·弗罗斯特、［新西兰］C. 迈克尔·霍尔：《旅游与国家公园：发展、历史与演进的国际视野》，王连勇译，商务印书馆2014年版，第245-257页。

② 《武夷山国家公园探索社区发展新模式》，参见 http：//m.xinhuanet.com/fj/2017-10/17/c_1121817519.htm。

（试行）》第三十五条明确提出武夷山国家公园应当适度、逐步提高国有自然资源的比例。对此，武夷山国家公园管理局主要采用赎买或者租赁集体林权的办法来增加国有林地的比例。据武夷山国家公园管理局局长的介绍，赎买是对近、成、过熟人工商品林，以树种和出材量为依据，通过公开竞价或协商后，以林权转让的方式将林木所有权收归国有，林地使用权转让 20 年。租赁是对近、成、过熟人工商品林，林农不愿意转让林木所有权的，由林权所有者参照生态公益林进行保护管理，按面积每年支付租赁费，租赁费以时间的长短分档，租赁期 5～9 年的，每年每亩 70 元；租赁期 10～14 年的，每年每亩 80 元；租赁期 15 年以上的，每年每亩 90 元。租赁期间，林权权利人可进行林权抵押贷款、流转和保护性经营（如发展森林旅游、养蜂等）。

除此之外，致力于化解人地之间和自然保护与发展利用之间矛盾关系的另一个途径，是对武夷山国家公园进行分区管理，在某些特定区域允许原住民进行不破坏生态为前提的生产活动。《武夷山国家公园条例（试行）》明确规定，将武夷山国家公园按照生态系统功能、保护目标和利用价值，划分为特别保护区、严格控制区、生态修复区和传统利用区，各功能区实行差别化保护与管理。其中，传统利用区为原住民的生活和生产区域。武夷山国家公园体制试点初期，由于没有充分预估到处理人地之间、自然保护与发展利用之间矛盾关系的复杂程度和难度，被划为传统利用区的面积仅为 32.69 平方千米，占武夷山国家公园总面积的 3.33%，到 2019 年，该区域的面积增加到 120.33 平方千米，占总面积的 12.02%；相应地，被划为严格控制区的面积，原来是 160.39 平方千米，占武夷山国家公园总面积的 16.32%，到 2019 年，该区域的面积减少到约 98.41 平方千米，占总面积的 9.83%。[①]

（二）三江源国家公园建设[②]

与武夷山国家公园相比，三江源国家公园在人地权属方面的冲突较少，主要是自然保护和发展利用的矛盾问题。在自然生态方面，三江源地处青藏高原腹地，是长江、黄河、澜沧江的发源地，素有“中华水塔”“亚洲水塔”之称。三大江河起源于同一地域的地理奇观，在这里向世人惊艳呈现。长江源区以俊美的高山冰川著称；黄河源头湖泊星罗棋布，呈现“千湖”奇观，鄂陵湖和扎陵湖如两颗镶嵌在高原草地上的明珠，澜沧江源头峡谷两岸不仅风光无限，更是高原生灵的天堂。区域内有著名的昆仑山、巴颜喀拉山、唐古拉山等山脉，逶迤纵横，冰川耸立，平均海拔 4500 米以上，雪原广袤，河流、沼泽与湖泊众多，面积大于 1 平方千米的湖泊有 167 个。在生产生活方面，青海是全国五大牧区之一，草原总面积 5.47 亿亩，其中可利用面积 4.74 亿亩。以牦牛、藏羊为主的草地畜牧业，是青海省的特色产业。但长期以来，由于传统畜牧业生产方式落后，草原严重超载、草畜矛盾突出，生态状况不断恶化。因而，如何在保护三江源独特壮丽的生态环境中不断提高人民的生产生活水平，是三江源国家公园体制试点需要破解的难题。

基于此，积极探索运用市场化手段保护和传承好这里原真完整的自然和文化沉

---

① 根据武夷山国家公园官网、武夷山国家公园管理局常务副局长林贵民在武夷山国家公园形象标识发布会上回答记者的提问，以及 2019 年 12 月 26 日发布的《武夷山国家公园总体规划及专项规划（2017－2025 年）》整理。

② 感谢中共青海省委党校（青海省行政学院）马洪波教授提供的三江源国家公园丰富的资料和数据。

积，并不断改善牧民的生活水平成为三江源国家公园体制试点的重要内容之一。为此，三江源国家公园管理局立足于资源禀赋、环境承载能力和产业发展基础，全力践行“绿水青山就是金山银山”理念，积极发挥市场机制在生态系统约束下的决定性作用，努力探索“政府主导、市场化运作、园区居民积极参与”的生态产品价值实现的新路子，力争形成以生态有机畜牧业为基础，以生态体验和环境教育、特色文化、汉藏药材资源开发利用产业为核心的绿色产业发展格局。三江源国家公园管理局通过政策引导、汇聚各方资源，重点开展了不扰动生态系统及其过程的高端自然体验和环境教育产业的特许经营，以及符合国家禁牧限牧政策要求的生态畜牧业股份合作社集体经营。

就前者而言，实行园区内产业活动的特许经营，是各国国家公园管理机构的基本权责，也是国有资产管理的具体体现，不仅可以有效管控园内人类活动对生态环境的影响，还可有效降低公园内执法、管理和服务的成本与需求。作为一项保护生态措施，国家公园特许经营主体除具备相应经营管理资质和经验外，还应以热爱自然、保护自然为经营宗旨，并能够提炼出可盈利的商业模式；经营活动的收益主体须为当地群众，目的是使其减少对自然资源的直接利用并改善生活水平；参与具体经营活动的工作人员必须以当地户口、热爱家乡、熟悉本土的农牧民为主，文旅产品、畜产品等必须为由当地人生产的当地产品。本着先易后难、先行先试的原则，三江源国家公园管理局先期在有基础的地点和项目开展特许经营试点，以树立示范样板、完善特许经营管理办法。

按照《三江源国家公园体制试点方案》要求，2017 年三江源国家公园体制试点领导小组办公室在研究相关法规政策的基础上，印发了《三江源国家公园经营性项目特许经营管理办法（试行）》；2018 年根据《三江源国家公园总体规划》要求，在编制《三江源国家公园生态体验和环境教育规划》《三江源国家公园产业发展和特许经营规划》等专项规划时，对特许经营的产业领域和管理框架做出了任务设计。为积极实践探索适应三江源国家公园特点的特许经营管理，2019 年 1 月，三江源国家公园管理局研究了杂多县政府、北大—山水昂赛工作站、“漂流中国”等有关研究机构和公益组织在澜沧江园区的昂赛大峡谷围绕生态保护和社区共建已开展的大量探索实践活动，包括结合生态体验开展的当地牧民培训、生态巡护、监测和“自然观察节”“公民科学家”等活动，这些活动吸引了中国和世界各地的高端访客前来体验独特的自然资源和文化资源，也在脱贫攻坚和社区共管方面初步建立了示范，具有开展特许经营试点的研究基础、群众基础和环境条件。在此基础上，三江源国家公园管理局研究制定了《昂赛大峡谷自然体验特许经营试点工作方案》，结合三江源国家公园体制试点和国有自然资源资产管理体制试点相关要求，明确了试点依据、相关方（三江源国家公园管理局、县政府、经营主体、社区和第三方监测评估机构）职责定位、特许经营管理和试点进程要求等内容，目的是通过特许经营试点，完善特许经营管理办法等制度并树立示范样板，对落实三江源国家公园的特许经营制度具有重要而积极的作用。2019 年 3 月，率先通过许可审查的杂多县昂赛大峡谷试点的经营主体，分别为杂多县昂赛乡年都村扶贫生态旅游合作社、北京川源自然户外运动有限公司均为国内注册的合法法人实体。2020 年 1 月，在总结经验并与相关方充分沟通的基础上，三江源国家公园管理局又相继接受并审查批复和开展了以下两个特许经营试点：一是按照黄河源管委会的申请，由北京而立道和科技有限公司在玛多县注册设立“云享自然有限公司”为经营主体，引进其资金、专业人才队伍、相关技术及销售资源，按照三江源国家公园体制试点和管理局开展特许经营试点相关要求，授予其在黄河源园区与牧民合作社合作，开展符合相关规划要求的高端自然体验与环境教育活动（40批次）和国家公园特许经营玛多大白羊（4000头）的特许经营权。在特许经营方案审查批复后，由黄河源管委会与“云享自然有限公司”签订了为期3年的特许经营合同。二是与北京“波普自然设计有限公司”在三江源兔狲、藏狐毛绒玩偶及其销售中使用三江源国家公园标志并按要求开展三江源自然教育内容达成共识，授权其与三江源生态保护基金会合作，特许在特定产品上使用三江源国家公园特许经营标识经营并附加三江源自然教育内容。

例如，地处澜沧江揽胜大峡谷的年都村，境内白垩纪形成的红色砂岩在澜沧江的切割下造就了鬼斧神工的丹霞地貌，数百年的大果圆柏漫山遍野，各种珍稀野生动物如雪豹、金钱豹等在山间林中出没，一直以来当地牧民群众与自然界和谐相处，是开展自然体验和环境教育的首选之地。2016年以来，北京大学自然保护与社区发展研究中心、北京山水自然保护中心的专家和工作人员，来到这里开展野生动物监测，在当地牧民群众的协助下按照5×5千米的网格布设120台红外线照相机，实现了全村1400平方千米全覆盖，确定了30条有蹄类监测样线，获得了大量珍贵的雪豹等野生动物活动的影像资料。2018年，在昂赛乡政府的大力支持下，年都村扶贫生态旅游合作在村中选择了有经营意愿和能力、热爱生态保护的22户作为示范户，按照每车租赁费1000元、每人每天食宿费300元的价格，通过“大猫谷”网站（Valley of Cats）预约，接待来自世界各地的高端生态旅游访客。在收入分配上，先期确定了45%归牧民示范户，45%交村集体用于公共事务，10%作为村级保护基金用于村庄保护事务的试点方案。截至2019年11月，已累计接待98个自然体验团、共计302人次，总收入达到101万元，其中户均增收3.1万元，公共提留32.4万元。来自英国的自然体验者丹·布朗（Dan Brown）评价说：“我们在昂赛度过的时光远远超出了最初的想象。在蜿蜒崎岖的峡谷和巍峨壮丽的景色中，人与动物不仅和平共存，而且共同繁荣发展。社区项目的成功开展就是人与动物和谐关系的有力证明，也显示出人类对自然的敬畏之心。锦上添花的是，我们亲眼见到了雪豹！更别提与狼、猞猁，还有其他众多哺乳动物和鸟类的华丽相逢。这里是自然爱好者的天堂，一个颇具示范性的社区旅游和保护项目。”在昂赛乡开展的国家公园自然体验和环境教育，虽然只是“星星之火”，但让人相信“可以燎原”。

就后者而言，针对草畜矛盾的严峻形势，早在2008年，青海省委、省政府就确立了生态立省的发展战略，做出发展草地生态畜牧业的重大决断，开始了生态畜牧业建设与探索征程。2014年6月，原农业部将青海省确定为“全国草地生态畜牧业试验区”，明确提出了“解放思想，深化改革，创新机制，努力探索推进传统草原畜牧业转型升级的有效路径”的建设要求。在此基础上，青海省按照“先行试点、示范推广、全面提升”的“三步走”发展战略，提出了“创新六大机制”“凝练三大模式”“建设八项制度”，在三江源地区通过集中建设和政策匹配，重点建成90个以上生态畜牧业股份合作制合作社。截至 2018 年，青海省生态畜牧业合作社数量达到 961 个，其中三江源地区一共有 562 个，牧户入社率 67.4%，统一管理的牲畜占比为 58.6%，统一利用的牲畜占比为 58.6%，集中打造了玉树市钻多、泽库县拉格日、甘德县岗龙、天峻县梅陇合作社等一批股份改造到位、内生动力强劲、经营组织有方、群众持续增收的发展典型。

各生态畜牧业股份制合作社坚持以草定畜、草畜平衡的原则，有效解决了超载放牧和维护生态环境之间的矛盾，草原生产能力和生态环境不断好转。合作社依据政府业务指导部门提供的草地生产力测算结果，针对夏秋草场牲畜承载力强，冬春草场牲畜承载力弱的实际，制定草场划区、牲畜轮牧的划区轮牧方案。梅陇合作社将全部草场划分为冬春、秋季、夏季三类。冬春草场 39446.25 亩，载畜量 8577.16 个羊单位，放牧天数 205 天，划分 25 个轮牧小区，每个小区再划分 3 个轮牧单元，每个放牧单元 525.95 亩，每区牧羊 1 群，在 3 个单元轮流放牧；秋季草场 27832 亩，载畜量 14742 个羊单位，放牧天数 90 天，划分 31 个轮牧小区，每个小区 897.8 亩；夏季草场 27544.7 亩，载畜量 17708 个羊单位，放牧天数 70 天，划分 31 个轮牧小区，每个小区 888.54 亩。夏、秋草场各分别有 27 个小区牧羊各 1 群，每群 500 只，4 个小区牧牛各 1 群，每群 260 只。拉格日合作社将草场划分为 20 个牧业小组，平均每个小组 4400 亩草场，200 头牦牛，明确规定放牧顺序、放牧周期和分区放牧时间，逐区放牧，轮回利用，实现一个季节一个区的轮牧方式。合作社还组建了季节性养殖场 232 个，冬季集中育肥出售牛羊 45 万头（只）以上，减轻了天然草场的压力，人工草地面积达到 710 万亩，实现了“减畜不减效，减畜不减收”。比如，2015~2020 年，拉格日村草场草产量提高 10.5%，植被覆盖度从 60%提高到 80%。

进行股份合作制试点以来，传统畜牧业向二、三产业延伸速度加快，65%的生态畜牧业合作社开办了畜产品、工艺品、民族服饰加工等社办企业，大部分合作社组织劳务输出，创办了运输、建筑、餐饮、住宿等二、三产业，以畜牧业为主、采集业为辅的二元收入结构得到有效调整。随着产业结构的转型，牧民收入持续增加。2019 年，试点合作社社员人均收入达 14479 元，比 6 州农牧民的平均水平高 2925 元，高出 25.3%。多数生态畜牧业合作社通过加快发展二、三产业，拓宽了牧民增收渠道。贫困户加入合作社后普遍通过项目配股、劳动培训就业等政策手段，与其他牧户一起参与生产和分配，享受股权收益，实现了稳定脱贫。

四、坚持国家公园的公有属性和保护生态的宗旨

对照前述的对于国家公园的“管理不善”“人之原罪”“公地悲剧”的三种阐释路径就可以发现，在武夷山和三江源国家公园体制试点过程中，与新自由主义对国家公园建设的私有产权设置不同，我国始终坚持自然资源的公共所有权设置，而其效用的发挥实际上对这三种阐释路径都做出了回应。这具体表现在，在武夷山国家公园体制试点的过程中，自然资源公共所有权是解决“管理不善”问题的前提条件，政府代理自然资源公共所有权，并以所有权行使者的身份履行公有产权发挥规制作用，就能避免陷入“人之原罪”和“公地悲剧”陷阱的可能性。面对武夷山国家公园存在的条块分割、多头管理、“九龙治水”等管理体制方面的问题，政府整合了原先自然

保护区、风景名胜区等机构的职能，最终成立武夷山国家公园管理局，行使统一管理权，也就克服了"管理不善"的问题。这一做法明显是一种"命令控制型"的环境治理管控模式，这一模式得以施展的首要前提，便是自然资源所有权掌握在抽象的"公共人"而不是私人手中，同时由政府部门代理行使，只有这一抽象的"公共人"宣示对自然资源的所有权，它才能借由政府代理人对这些自然资源行使管理处置权。紧接着，正是政府履行了自然资源公有产权，以所有权人的身份协调了自然保护和原住民利用自然资源维生和发展的权利之间的关系。一方面，为了生态环境保护和广大人民群众的整体利益，适当扩大了国家所有的自然资源范围；另一方面，又不是简单地排斥农民对集体土地的占有，而是在尊重农民的意愿的基础上，通过赎买或租赁的方式保护集体利益不受损失，从而彰显公共所有权的公共性，避免陷入"人之原罪"的抽象生态中心主义定论。政府对自然资源公共所有权的履行，同样也是避免"公地悲剧"的有效举措。"公地悲剧"的形成必须具备一系列的条件，缺乏外在力量的规制是其中一个条件，这是提出"公地悲剧"理论的哈丁自己也承认的一个重要方面。因此，并不是简单地将公地私有化就可化解"公地悲剧"，政府在自然资源公共所有权的前提下，对公有资源进行规制也能起到很好的效果。历史上武夷山自然环境的破坏，也不是在所有权缺失的情况下发生的，用"公地悲剧"模型是无法加以解释的。

更重要的是，坚持国家公园范围内自然资源的公有属性，对于实现国家公园的全民公益性具有特别重要的意义，这也是我国区别于新自由主义影响下的国家公园的基本制度根基。我国国家公园体制自试点以来一直坚持国家公园建设的三大理念，即坚持生态保护第一、坚持国家代表性、坚持全民公益性。生态保护第一体现了保护国家公园自然生态系统原真性和完整性的根本目的，国家代表性彰显了国家公园体现国家形象、具备国家象征意义的文化功能，最终，国家公园须在全民享有自然生态系统服务功能和文化教育功能中体现出全民公益性。就此而言，在这"三位一体"的三大理念中，全民公益性是国家公园体制构建中具有旨归意义的理念，需要引起我们特别的重视。

如果按照新自由主义的思路，将国家公园建立在私有制基础上，其全民公益性效应的发挥将存在如下两方面的困境：一方面，私有国家公园的成功有赖于私人主体的生态中心主义道德价值观，私人主体承认自然的内在价值，秉承对国家公园的热爱和社会责任感，做出创建和保护国家公园的承诺，而这种从抽象的道德层面出发论证私有国家公园的必要性只能将国家公园的创建和保护建立在抽象道德原则的幻影之上，国家公园自然生态系统的原真性和完整性会存在由于私人主体道德价值观动态变化而遭受破坏的风险，如此一来，全民公益性便无从谈起。另一方面，新自由主义只是从"效率"入手，从生产力的视角考虑私有模式和市场机制能带来作为使用价值的生态财富的增长及其"涓滴效应"，而不质疑私有制和市场失灵将造成生态财富分配不平等的后果，分配不平等就意味着国家公园作为生态财富，其全民公益性无法得到实现。

在中国式生态环境治理道路的视域下，我国要坚持国家公园范围内自然资源的公有属性，让国家公园的建设更好地行走在"社会主义康庄大道"上，更好体现全民公益性，对此，要做到：

第一，坚持自然资源公有制，意味着党和政府在推进国家公园建设中的主体地位和主导作用，并以此成为国家公园全民公益性的根本保障。因此，坚持自然资源的公有制，就是要坚持、加强和完善中国共产党对国家公园体制改革的全面领导，继续做好顶层设计。

自然资源公有制是国家公园全民公益性的基础制度和保障，但仅有这一制度并不能自动实现国家公园全民公益性的基本目标。自然资源公有制的设置虽然已经确立了全体社会成员的主体性，优美生态环境的主体需要会引导全体社会成员展开环境友好型的实践活动，但我国大多数拟建国家公园往往位于不发达地区，对更好物质生活的需要还是地方原住民需要结构的重要组成部分，特别是在生态旅游开发等特许经营项目的影响下，“无限致富”的念头会逐渐渗入原住民的需要结构中，还存在着原住民试图考虑自身的短期利益和局部利益的现象，这势必与国家公园的长远大计存在一定的矛盾和冲突，进而影响到其基本目标的实现。

对此，必须把坚持自然资源公有制与党对国家公园体制改革的全面领导紧密结合起来。党对国家公园体制改革的全面领导，可以在正确认识和把握自然规律和生态文明建设规律的基础上发挥上层建筑的反作用，将党自觉的绿色化的意识形态，即把满足人民对优美生态环境的需要纳入执政宗旨，贯穿国家公园体制改革的进程中，发挥党中央的权威和总揽全局、协调各方的作用，充分调动各方面的积极性，开展战略规划和科学决策，将国家公园体制改革中出现的短期利益和长远利益、局部利益和整体利益有效统一起来，从而确保改革的正确方向性和目的性，特别是对已经存在和未来可能出现的以下两种情况具有重要的规制作用：其一，在国家公园试点区部分群众对国家公园理念还存在将其与一般公园相提并论的误解，或者由于触及其自身经济利益而产生消极抵触情绪的情况下，要发挥基层党组织的作用进行积极教育和引导；其二，对于未来可能出现的从自然资源所有权中剥离出为生态友好型组织或私人持有的承包权或经营权时，它们以承包权行使者或经营权行使者的身份在对国家公园进行“公益治理”的过程中，为了避免其可能出现为了争取社会资金援助而放宽国家公园建设标准的情形，党和政府以自然资源的所有权行使者的身份对其进行规制就理所当然。最后，当然也要注意把党的领导和尊重群众的首创精神结合起来，特别是国家公园范围内原住民在生产生活实践中形成的生计型传统生态智慧，即把自上而下的顶层设计与自下而上的探索实践有机结合起来。

第二，坚持自然资源公有制，意味着所有权人的到位和归位。这就是说，国家公园管理局要严格管理各个国家公园中的地方政府和各种类型企业，不使国家公园成为地方政府的“摇钱树”，不仅让各种类型的企业只是承担起符合市场经济一般规律要求的自主经营、自负盈亏的个人责任，还应当采取必要的、合适的“命令控制型”措施，让各类企业承担起社会规定与集体规定的责任。

特别是参与特许经营的企业，应清醒地认识到其只是获得了自然资源的使用权或者承包权、经营权而不是所有权，其生产的目的应当从属于全体社会成员这一“所有者”的利益，即公共利益，国家公园管理局必须明确企业生产目的是为全体社会成员提供优良生态产品而不是利润至上。对此，必须将企业的生产经营活动置于国家公园管理局预先设计好的“生态保护优先”“全民公益性”等总体目标之下，不能完全让其根据市场经济的价值规律进行自发调节，而应在生产、交换、分配、消费等方面进行统一计划，以指令性计划来限制企业的自发性经营活动。在“生产什么、怎样生产、生产多少”等方面应有计划地加以制定，科学确定什么样的生态产品和服务由企业提供（即编制合理的特许经营目录，制定国家公园内建设项目负面清单），雇佣多少比例的原住民参与生产经营，生产多少生态产品使其生产行为不超过国家公园的生态承载能力。在交换比例上，应根据收入水平，以“亲民”的价格让公众获取游憩、体验自然的机会，同时要根据不同国家公园的生态承载能力，以命令控制手段管控客流。在分配领域，应当确定好收益在国家、企业、个人三者之间的恰当分配关系，合理提高个人收益，特别是要注意保障原住民的合法收益。在上述领域的计划下，同时也意味着对全体社会成员的消费对象进行了统一配置，使国家得以作为生态产品的责任主体，通过政府和企业的共同作用，让全体社会成员的生态权益得以保证。

尽管政府履行自然资源所有权行使者的角色可以发挥效用，但必须清醒地认识到，这只是国家公园建设漫长道路上的第一步。今后，我们还必须警惕“资本逻辑”对国家公园管理局的渗透，对原住民生产活动的诱导，以预防国家公园被侵蚀的风险。与新自由主义将国家公园的营利性放在首要位置不同，我们必须明确，对国家公园进行“统一管理”和引入市场机制手段的目标，自始至终都是为了更好地保护生态环境，正如《建立国家公园体制总体方案》中明确指出的：“坚持生态保护第一。建立国家公园的目的是保护自然生态系统的原真性、完整性，始终突出自然生态系统的严格保护、整体保护、系统保护，把最应该保护的地方保护起来。国家公园坚持世代传承，给子孙后代留下珍贵的自然遗产。”我们一定要恪守“生态保护第一”的原则，正确地加以对待。例如，一定要坚持生态导向下的自然保护和产业生态化升级的共赢，而不是经济利益导向下的共赢。再如，对原住民的生产活动，还需要及时进行合乎生态性评估，看看它们是否真正是一种契合生态准则的生产活动。[①] 鉴于国家公园管理局和原住民都有在“资本逻辑”的诱导下做出破坏生态行为的可能性，因而，两者的相互监督似乎可以构建成为一种常态性的机制，国家公园管理局可以限制原住民生产活动对自然资源利用的总量，而原住民可以通过各种方式参与到国家公园的规划建设中。

从目前的经营来看，三江源国家公园的特许经营尽管引入了市场机制，但尚未出现因“资本逻辑”而蚕食国家公园生态环境的情况。这其中一个不容忽视的原因是，三江源国家公园范围内的土地所有权全部为全民所有，并且，三江源国家公园所有权由中央政府直接行使，试点期间由中央政府委托青海省政府代行所有权。在以人民为中心的执政理念统领下，特许经营作为一项市场化机制的生态保护措施，三江源国家公园在试点初始就明确规定了利益相关方的职责。三江源国家公园管理局依法行使国

① 在对武夷街道和星村镇原住民的采访中，原住民表达的总体诉求涉及对茶山确权的需求、对新增土地发展茶厂的诉求，以及最大限度地种植茶树的冲动。因此，这种冲动完全有可能突破生态的极限，需要谨慎对待。参见苏杨、何思源、王宇飞等：《中国国家公园体制建设研究》，社会科学文献出版社 2018 年版，第 60-61 页。

家公园内的自然资源所有者权利，对特许经营予以授权并严格管理，而且，三江源国家公园管理局以落实“生态保护第一”为目标，协调特许经营相关方的关系。此外，三江源国家公园管理局特别强调，必须使当地社区和群众成为特许经营的受益主体，以确保特许经营在国家公园生态保护、园区管理和传统文化传承中发挥积极作用。而对于经营主体的要求，尽管也包括提炼可盈利的商业模式，但更多强调国家公园特许经营是一项保护生态环境的措施，各类经营主体必须按批准的特许经营方案中的活动地点、方式、内容依法依规开展特许经营，接受三江源国家公园管理局的监管，并遵守和履行中国法律规定的经营主体责任与义务，包括依法纳税。尤其是，经营主体除具备相应经营管理资质和经验外，还应以热爱自然、保护自然为宗旨目标，经营活动的收益主体必须是当地群众，目的是使其减少对自然资源的直接利用并改善生活水平。也就是说，参与具体经营活动的导游、解说、服务、司机等工作人员，必须以当地户口、热爱家乡、熟悉本土的农牧民为主。无疑，这些明确的“硬性规定”，对于各种形式的商业化经营及其背后的“资本逻辑”，都会扮演一种制度性的“挡风板”或“隔离墙”的角色。至于它们的长期性实践效果，我们还需要进行持续性的追踪观察。

第六章　新自由主义与水资源

对水的控制一再为在人类族群中巩固权力提供行之有效的手段，亦即是说，它令一群人得以对另一群人施加权力。

——［美］唐纳德·沃斯特《帝国之河：水、干旱与美国西部的成长》

水，乃生命之根，亦是文明之根。水资源是人类文明形成、发展和繁荣的重要自然资源，古埃及文明因尼罗河、美索不达米亚文明因两河流域而兴盛，现今一些具有较大影响力的城市也位于丰富的淡水资源附近。水在人类历史进程中如此重要，以至于美国环境史学家唐纳德·沃斯特（Donald Worster）认为，人类历史的书写离不开水："水在人类历史的创造过程中至关重要。它塑造着制度，毁灭过城市，限制过扩张，带来了饥丰，运送着物资，洗刷了疾病，分裂过国家，启发对神的信仰与求乞，给予哲学家生存的隐喻，也分解着垃圾。书写历史而将水置之不提，将会遗漏故事的很大部分。人类的经历从来未曾那般干涸过。"[①] 如果说人类的历史离不开对水的书写，那么，现当代的人类史则离不开对水的新自由主义重塑的书写，"人类的经历从来未曾那般干涸过"，但书写新自由主义影响下的水历史却会让我们体认到人类面临干涸的危情。

第一节　新自由主义水资源治理理论

笔者在本书第二章展现新自由主义"生态环境治理术"的理论"全景图"时，将其分为新自由主义者本身和自由市场环境主义的环境思想，因此，我们也可以相应地从这两个方面展现新自由主义水资源治理理论。

一、新自由主义者的水资源治理思想

对水资源问题进行治理，涉及很多议题，新自由主义者主要聚焦于如何为公众提供供水、污水处置等涉水业务，对此，一方面，新自由主义者欲盖弥彰，先是承认像

① ［美］唐纳德·沃斯特：《帝国之河：水、干旱与美国西部的成长》，侯深译，译林出版社 2018 年版，第 16-17 页。

供水服务这样的公共物品供给，无法回避政府的干预。笔者在本书第一章中曾经谈到，在古典自由主义那里，政府的作用并不是被完全否定，斯密提出政府需在三个方面承担应尽的义务，其中一个就是“建设并维持某些公共事业及某些公共设施”[①]，斯密对涉及水资源等自然资源的公共基础设施的供给是否完全交由私人提供这一问题上持谨慎态度，他推崇的是将消费者融资与地方公共管理相结合的公共设施建设模式。新自由主义者也同样认为，某些公共服务事业，政府可以发挥其职能，提供非强制性的服务活动。哈耶克认为，这包括了卫生与保健事业、道路修筑与维修、为市民提供舒适设施等事业。弗里德曼认为，当技术条件使垄断成为自然结果时，私人垄断可能是害处最少的一种，但“假使技术垄断是某种被认为是必要的劳务或商品，假使它的垄断力量是相当大的，那么，即使是短期的，私人不受调节的垄断作用可能是不可容忍的，从而，公共调节或国家垄断可能危害较少”[②]，这就意味着作为必要劳务或者商品的供水服务，可以成为国家经营的对象。而作为政府干预合理性论据的情形——“不可能严格地自愿交换”，弗里德曼明确将“邻近影响”列为其中一种情况，并指出“一个明显的例子是河流的污染”[③]。

另一方面，尽管新自由主义承认在公共事业领域，包括供水服务和治理河流污染方面政府干预的必要性和合理性，但由于新自由主义的核心思想是尽最大可能地限制政府的作用，因此，在关涉水问题方面，其又表现出明显的保留性、不确定性，实质上还是主张以彻底私有化的方式解决供水、污水处置等问题。斯密尽管未明确将供水服务移交给私营企业经营，但他在阐述让股份公司经营的四种事业时，就将“贮引清水，以供城市”[④] 这样的供水服务纳入其中，而为了供给清水而修造运河，也可将其委托给股份公司经营。在运河的维护方面，斯密推崇将运河的通行税或水闸税交予私人，成为私有财产，这些个人会为了获取利益，而竭尽维护这条运河，为此，他举了兰格多克运河的例子。该运河是由法国国王及兰格多克州拿出约 90 万英镑的费用建造的，这个工程完成后，就交给设计并监督这个工程的技师里格加以维护，同时将运河全部的通行税赠予他，这笔收入成了里格后代子孙的一大宗收入，因此他经常对这条运河进行修理和维护，倘若不如此，这条运河恐怕要消费在一些徒劳和不必要的开支上，工程的最重要部分也会趋于塌毁。[⑤] 其实，斯密在论述政府在公共工程中的作用时，为公共工程的私人经营和市场化运营留下了伏笔。斯密认为，公共工程之所以成为政府的职责，是因为“就其性质说，设由个人或少数人办理，那所得利润绝不能偿其所费。所以这种事业，不能期望个人或少数人出来创办或维持”[⑥]。因此，像“供给城市自来水的各种必要工事，很明显的，不仅有很大、很普遍的效用，同时，其所需巨大费用，亦常非个人财力所及”[⑦]。斯密的这种条件假定意味着，如果

---

① ［英］亚当·斯密：《国富论》，郭大力、王亚南译，商务印书馆 2015 年版，第 657 页。
② ［美］米尔顿·弗里德曼：《资本主义与自由》，张瑞玉译，商务印书馆 2004 年版，第 34-35 页。
③ ［美］米尔顿·弗里德曼：《资本主义与自由》，张瑞玉译，商务印书馆 2004 年版，第 35 页。
④ ［英］亚当·斯密：《国富论》，郭大力、王亚南译，商务印书馆 2015 年版，第 723 页。
⑤ ［英］亚当·斯密：《国富论》，郭大力、王亚南译，商务印书馆 2015 年版，第 694 页。
⑥ ［英］亚当·斯密：《国富论》，郭大力、王亚南译，商务印书馆 2015 年版，第 691 页。
⑦ ［英］亚当·斯密：《国富论》，郭大力、王亚南译，商务印书馆 2015 年版，第 725 页。

个人能负担得起城市供水的各项费用，并在运营中所得利润偿其所费，甚至超出所费，那么，又有什么理由阻止私人去接管城市的供水服务，甚至诸如废水处理等涉水业务呢？斯密这一运思路径的"故意放水"，被自由市场环境主义"拿来"论证水资源的私有化和市场化，我们将在下面自由市场环境主义的论述中看到。

新自由主义者哈耶克、弗里德曼和米瑟斯也对政府是否应当对供水服务这样的公共工程负起完全的责任表示怀疑。哈耶克提出了两点质疑：一是尽管政府在任何时候都可能是最有资格在这些领域中起带头作用的，但这决不能成为一个理由，去推定情况会永远如此，从而赋予政府以独家包揽的责任。而且，在大多数场合，根本就不需要政府亲自去经营这些；通常这些服务事业可以由政府承担一部分或全部财务责任，但业务的经营则交给一些独立的，在一定程度上彼此竞争的团体办理，而这样提供服务，效果可以更好。哈耶克的观点显然成为公共工程的政府和社会资本合作模式（PPP 模式）的理论来源。二是政府经营的国营企业唯有同私营企业在同等条件下经营才具有充分的理由，然而，政府却可以使用一部分强制权力，如征税权使国营企业占据优势，造成事实上的垄断地位，因此，国营企业要满足这个条件也是很困难的。①

在弗里德曼看来，尽管"邻近影响"成为政府干预的理由，但是，政府干预是否能起作用，这也是值得怀疑的。弗里德曼认为："邻近影响妨碍了自愿交换，因为要鉴别对第三方的影响和衡量其大小是困难的。但是，这种困难也出现在政府的活动中。要知道邻近影响在什么时候大到足够的程度，以致值得为了克服它们而花费特殊费用是困难的，而以适当形式来分配这些费用甚至还要困难。结果，当政府从事活动来克服邻近影响时，由于它未能向私人财产收取费用或作出补偿，它将部分地造成另外的一些邻近影响。"②。米瑟斯在谈及垄断及其作用时，不认为存在国家垄断或私人垄断水资源的情形。他的理由是"水和空气是自然资源丰富的物品，在它们不丰富的地方——例如山顶上的水——人们可以搬到别的地方以避开垄断的影响"③，米瑟斯在此尽管否定了国家垄断水资源的可能性，但由于他是以水资源极其丰富作为前提条件，这就意味着在水资源稀缺的情况下，也会出现垄断的情形，果不其然，在其后论述生产资料私有制为基础的经济中，米瑟斯提出了自然资源稀缺状态下垄断的可能性。米瑟斯认为："在以生产资料私有制为基础的经济中，……今天我们看到的不是来自政府干预的垄断结构，除了一部分铁路公司和发电厂的例子外，几乎全是以对某些自然资源的支配权为基础的组织。这些自然资源肯定只存在于相对稀少的地方，单凭这一点就使垄断成为可能。"④ 米瑟斯是在生产资料私有制为基础的经济中谈自然资源的垄断，因此，此处的垄断便是自然资源的私人垄断。

---

① ［英］弗里德里希·奥古斯特·哈耶克：《自由宪章》，杨玉生、冯兴元、陈茅译，中国社会科学出版社 2012 年版，第 354-355 页。

② ［美］米尔顿·弗里德曼：《资本主义与自由》，张瑞玉译，商务印书馆 2004 年版，第 37 页。

③ ［奥地利］路德维希·冯·米瑟斯：《社会主义：经济与社会学的分析》，王建民、冯克利、崔树义译，中国社会科学出版社 2012 年版，第 353 页。

④ ［奥地利］路德维希·冯·米瑟斯：《社会主义：经济与社会学的分析》，王建民、冯克利、崔树义译，中国社会科学出版社 2012 年版，第 358 页。

二、自由市场环境主义的水资源治理理论

新自由主义在涉水问题上的模棱两可反映了水资源作为一种准公共产品的复杂性，新自由主义者承认它避免不了政府干预，但又不断质疑政府的垄断以免使自身的理论陷入矛盾，但他们自始至终没有解决政府与市场在涉水事务上的边界问题，而由于新自由主义本身秉持私有化、市场化的核心精神，在这一精神影响下的涉水经济理论，则主张由私营机构提供供水服务，并不断攻击公共部门的供水服务缺乏效率、不负责任、浪费、腐败等弊端。例如，高举新自由主义旗帜的《经济学人》杂志就批评政府对灌溉用水的补贴，认为造成水资源浪费的一个原因是灌溉用水在各地都得到了巨额补贴。无论是在美国加利福尼亚州的纳帕谷还是在尼罗河沿岸，农民支付的费用很少超过公共灌溉计划运营成本的1/5，而对农作物和驱动水泵的电力等其他层面进行补贴的举措也助长了农民对水资源的浪费。在塞浦路斯，世界银行的一项研究认为，岛上3/4的农作物都是不经济的，种植这些作物只是因为农民的用水得到了政府的补贴。如何才能扭转这样的局面？《经济学人》指出，应将水视为“第一商品”（First Commodity），认为水是一种像煤炭、石油和木材一样的可交易商品，应该得到同等对待，只有接受水是一种可交易的商品，我们才能做出明确的决策。水权交易只有在明确谁拥有水资源的情况下才会奏效。在水权属于国家的地方，交易难以达成。农民从私人拥有的水井中取水，支付的费用更接近实际成本，因此，他们的灌溉效率比从公共供水的地方高。如果水是便宜的，它会被浪费。给它合理定价，人们就会把它当作珍贵的商品来对待。① 2003年，《经济学人》的一份调查报告再次重申上述论调，它指出，纵观历史，特别是在过去的一个世纪里，水资源没有得到有效管理，最重要的是其价格偏低。处理水资源的最好办法是对其进行合理定价。尽管水有其特殊性，但它的供应和使用都将对市场信号做出反应，特别是应尽可能确定收费标准以支付全部成本，包括环境成本。而在农民之间争夺灌溉用水的农村地区，最好的解决办法是展开水权交易，至于向穷人提供水的问题，最好的解决办法就是把水当作一种生意来对待。② 受新自由主义影响较大的环境经济理论——自由市场环境主义，也将新自由主义的基本精神应用到水资源治理领域，其沿着“资源稀缺—市场配置”的基本路径展开。

第一，自由市场环境主义指认了人类社会所面临的水资源稀缺问题，成为其逻辑得以展开的话语工具。人类的生产生活离不开水资源，以至于高盛集团早在2008年就预测水将成为“21世纪的石油”，而今其日益呈现的稀缺也愈发引人关注。通常情况下，人类对水资源的稀缺体认主要表现在以下三个方面：一是自然因素引起的水资源稀缺。打开任何一本描述地球水资源状况的书，我们都会看到如下数据，即地球表面覆盖着70%的水，但其中约有97.5%的水是咸水，淡水仅占2.5%，而在这些淡水资源中，近70%却分布在两极和冰川地区，剩下的多为深层地下水，或者以湿地、

① The Economist, “The First Commodity”, *The Economist*, Vol. 322, No. 7752, 1992, p. 11.

② Patrick Bond, “Water Commodification and Decommodification Narratives: Pricing and Policy Debates from Johannesburg to Kyoto to Cancun and Back”, *Capitalism Nature Socialism*, Vol. 15, No. 1, 2004, pp. 7-25.

沼泽的形式存在，只有0.3%的淡水资源可供人类使用，主要以河流、湖泊、浅层地下水等形式存在。同时，由于降水量等自然因素的影响，在全球范围内还存在干旱气候地区，约占陆地面积的30%。二是人口因素引起的水资源稀缺。在一定地区淡水资源既定的情况下，该地区城市化的发展及其伴随的人口增长，显然会产生不断增长的水资源需求，从而对城市水资源供给造成巨大压力。三是技术因素引起的水资源稀缺。在水资源丰富的地区，由于取水技术和污水处理技术不足，也会造成该地区水资源的稀缺。

人类对稀缺水资源的这些体认，成为自由市场环境主义的水资源治理逻辑展开的话语工具。自由市场环境主义秉承新自由主义经济学对经济问题生成的规定，即自然资源的稀缺性和非给定性，对水资源问题的生成也做出上述的类似描述：一边是人类对水资源日益增长的需求面，另一边是水资源日益稀缺的供给面。在水资源治理的新自由主义化进程中，这些话语被无条件地应用到任何时空情境下，包括那些水资源丰富且技术成熟的地区也被人为构建出稀缺的话语强加于公众的印象中。福柯在其法兰西学院的就职演讲《话语的秩序》中提出了“话语即权力”的命题，该命题揭示了话语本身的权力性质，它渗透于社会实践主体之中，对社会实践主体具有难以感知的但实际起作用的支配性和役使性的强大力量。新自由主义就是意在以稀缺的水资源这一话语推进自己的意识形态霸权和权力，因为其在宣示上述自然、人口、技术因素引起的水资源稀缺时，完全“遮蔽”了水资源稀缺的其他成因，特别是肇始于生产方式的资本主义变革所带来的影响，从而隐匿了自己在水资源稀缺中的罪责，并在根本上进一步推动了资本主义生产方式的永恒化、自然化。

第二，自由市场环境主义主张创建水市场解决涉水问题。自由市场环境主义对水资源稀缺性的叙事意在引出如下问题，即在“相互竞争的需求”（Competing Demands）面前如何分配稀缺水资源的问题。根据政治环境主义和自由市场环境主义的二分法，在水资源分配领域，也相应地表现为两种分配方式：一种是依靠官僚机构、规章制度和限制命令来决定谁可以用水和用水多少的政治过程；另一种是利用产权、价格和签订自愿协议或合同形成水资源市场来分配水资源的过程。毫无疑问，自由市场环境主义对后者青睐有加。对此，自由市场环境主义主要从以下三个方面展开了相关论述：

一是自由市场环境主义认为，要评估官僚机构是否有能力实现最优化的水资源分配，重要的是要比较官僚机构的政客与私营机构的参与者之间的动机。在私营部门，引导企业所有者行事的动机是利润，企业所有者会采用成本效益分析法，计算自己所获得的利润，即收入与成本的差额，从而获得企业和个人的回报。在这种回报结构下，企业所有者有动机尽可能有效地分配他们的资源，因为这样会给他们带来更高的利润。而官僚机构却没有这样的利润动机，他们行事的动机是选票、竞选资金、政治影响力等因素。成本效益分析并不适用于政治过程，因为公共部门所提供的产品未必可以得到正确的定价。例如，公共部门提供的用水服务和废水处理服务，其收取的费用往往低于提供这些服务产生的成本，影响这种低费用的因素在于当选官员为了获取政治资本、赢得选票而将费用压低。即使政客和官僚们有良好的意图，他们仍然面临着一系列的问题：公众想要什么，什么样的商品和服务是值得生产的，以及生产它们的成本是多少。

极力主张创建水市场的自由市场环境主义认为，正如亚当·斯密的市场这只“看不见的手”促进了“国家财富”，水市场这一“看不见的泵”也可以增加我们这个星球的“水财富”。[①] 政治环境主义和自由市场环境主义之间最大的差别就在于水资源价值的决定方式。市场价格是生产者和消费者进行成本效益计算必不可少的组成部分，因此也构成了解决水危机的组成部分，当水资源逐渐变得稀缺从而推高水价时，就会驱使用户从寻找替代性来源或者新技术中获益。所以，市场价格的确定就至关重要。自由市场环境主义主张以自由放任的市场机制形成市场价格，市场交易允许买卖双方权衡边际成本和边际收益，并以货币价格的形式表现出来。如果能从交易中获得收益，买卖双方就会进行讨价还价，最终达成一个双方都能获得收益的价格，直到交易的所有收益都耗尽之时，双方才会停止交易，换句话说，当边际收益等于边际成本时，就实现了有效分配，通过这样的行为，社会福祉也达到最大化。而政府对特定群体的补贴等干预政策扭曲了市场价格，无法反映水资源供给的真正成本。在这里，自由市场环境主义无非是想表明当前的水价由于政府的干预而显得过低，导致农业领域的灌溉用水或者家庭中的生活用水的大量浪费，因此，只有提高水价才能反映水资源的稀缺程度，并驱动消费者产生节约用水的生活习惯，以及生产者引入节水型灌溉技术。

二是自由市场环境主义指出，水市场的形成必须具备三个前提条件：其一，要清晰界定水权。水是流动的，因此水权需通过流量来确定，如用每秒多少立方英尺来测量流量，以及规定使用水资源的时间和地点、必须放回的数量和质量等其他要素。其二，水权要得到保障和实施。水权得到清晰界定后，必须确保水权不被偷盗，因此要有监测技术监控水的储量和流量，同时，政府和其他用户征用水资源时必须进行补偿。其三，必须允许水权进行交易。水权所有者不被允许将其水用于其他具有更高价值的用途，将忽视当前用途的机会成本和可以实现的更高价值。例如，如果法律禁止水权所有者将当前用于灌溉的水资源售卖或者租赁给环保组织用于提升环境舒适度，那么，这就意味着这些水资源的环境价值无法得到实现。

三是自由市场环境主义以地下水和地表水的利用和保护为例，探讨了水资源治理的市场机制。尽管地下水的储量更难以测量，地下水和地表水之间的水文联系不易评估，但面对日益稀缺的地下水状况，与地表水一样，在自由市场环境主义那里，其对策也是清晰界定和执行地下水权，并创建相应的水市场。位于美国加利福尼亚州克恩县（Kern County）、距离贝克斯菲尔德（Bakersfield）西南 35 英里（约 56 千米）处、洛杉矶以北 100 英里（约 160.9 千米）处的特哈查比盆地（Tehachapi Basin），是该地区工农业用水的主要来源。20 世纪 30 年代，随着农业灌溉的增加，该盆地出现了地下水超采。1951~1961 年，整个流域的水位平均下降了 70 英尺（约 21.3 米），而特哈查比市周围的水位下降了 110 英尺（约 33.5 米）。1961~1968 年，地下水位持续下降，平均每年下降 3 英尺（约 0.9 米）。为了应对这一局面，该地区于 1965 年成立

① Terry Anderson and Donald Leal, *Free Market Environmentalism: For the Next Generation*, New York: Palgrave Macmillan, 2015, p. 104.

了公民咨询委员会，决定开展地下水和地表水之间以及地下水之间的水权交易。就前者的开展情况来看，从 1966 年开始，克恩县高等法院开始启动地下水权的确权，5 年后，它根据该盆地水文确定的安全产量确定了总开采量和每户分配的开采份额，随后在 1973 年推动地下水和地表水的产权交易，允许向地表水附近的用户补偿地表水费用和平均地下水抽水费用之间的差额。例如，假设用于农业的地表水的价格是每英亩英尺 100 美元，而地下水的平均抽水成本是每英亩英尺 40 美元。如果一个不靠近地表水源的人想要使用超出其分配份额的地下水，水资源管理人员允许他支付每英亩英尺 60 美元的费用后抽取超出配额的地下水。就后者的开展情况来看，如种马泉和熊谷泉社区服务区（Stallion Springs and Bear Valley Springs Community Service Districts）由于其所在地的抽水成本较高，经常从该盆地流域较低的水权持有人那里购买水权并抽水，仅在 2008 年，短期转让总量就达到 2366 英亩英尺，约占 1973 年裁决规定的开采权的 43%。①

人类既要通过消耗水资源维持人类的基本生存，又要通过保护水资源实现人类社会的永续发展，那么，如何权衡水资源的利用和保护问题？在自由市场环境主义看来，创建地表水市场对平衡农业用水需求和环境保护用水需求是最有效率的。原先美国西部各州的水市场仅限于采矿、发电这样的经济用途，随着水资源的环境保护和娱乐用途的逐渐凸显，美国各州也认识到创建与此相关的水权市场将有利可图。在美国西部的大部分地区，水对于灌溉农田和维持鱼类所需的水流量都很有价值，可交易的水权允许环境保护组织和农民通过谈判达成互利的协议来共享水资源。例如，2005 年，蒙大拿州水信托公司（Montana Water Trust）与用水进行灌溉的农民方签订了一项为期十年的租赁协议，以减少蒙大拿州西部一条名为锡杯溪（Tin Cup Creek）的溪水改道。锡杯溪的上游位于塞尔威—比特鲁特荒野（Selway-Bitterroot Wilderness）内，是本地鱼类的重要栖息地，培育了大量的西斜角鲑和公牛鳟鱼。但是，锡杯溪的下游部分大量用于灌溉和改道，使河流的流量耗尽，无法供鱼类生存。随着双方租约的签订和分流的减少，河流内的水位得以恢复，并使锡杯溪上游和比特鲁特河（Bitterroot River）下游的鱼类迁徙路线重新连接起来。

在美国，水质是由 1972 年的《清洁水法案》（*Clean Water Act*）进行管理的，这是向国家水域排放污染物的法定依据。该法案确定水质标准，授权美国环保署执行污染控制计划，并为流入地表水的废水设定统一的污染物限度。任何想要排放污染物的人必须经过环保署的许可，并符合排放标准，否则将面临严厉的罚款。自由市场环境主义不赞同这样的命令控制型管控手段，认为这是低效的且成本昂贵，出路在于在各利益方之间创建污染排放信用市场。例如，通过美国环保署、康涅狄格州环境保护部、纽约州环境保护部、私人组织和土地所有者的协调努力，这些利益相关方制定了一项旨在减少向水域排放污染物的信用市场。通过利益相关方的协商，该计划制定了全州范围内可排入水域的氮总量上限，然后为该地区 79 家城市垃圾处理厂分别分配了排放量目标。如果一家工厂达到其目标的成本太高，它可以从其他工厂购买信用

① Terry Anderson and Donald Leal, *Free Market Environmentalism: For the Next Generation*, New York: Palgrave Macmillan, 2015, pp. 95-96.

额，而这些工厂已经将其污染水平降低到各自的目标或允许水平以下。因此，无论是对购买方还是对销售方来说，两者都产生了减少污染排放的动力。但是，在自由市场环境主义眼中，这种市场还不是其理想中的市场，因为这一市场还受到政府的干预，有赖于政府创建污染的目标水平。真正的市场应当是利益相关方通过谈判自主确定可接受的污染量，然后签订合同以达到目标水平。例如，为了改善作为饮用水来源的堪萨斯州的切尼湖（Cheney Lake）水质，在该流域附近进行农业生产的农民自发组织起来，与威奇托市（Wichita）建立水市场，后者向农民支付费用，要求农民减少将排放物排放到切尼湖中。

第二节　新自由主义“水资源治理术”的全球蔓延

从物理形态上来看，水资源至少包括“江河湖海”，从全球的实践层面看，新自由主义对水资源治理的影响都在不同程度上对这些类型的水资源产生影响。比如在海洋的治理层面，各国曾长期将近岸地区置于主权控制之下，原先开放获取的海洋则长期处于开放的状态，直到20世纪50年代，这一状况得到了改变，海洋制度从主要是开放获取的制度转变为个别沿海国拥有控制和开发与其陆地相邻的大片海域经济资源的主权权利。个别国家先是单方面地将其政治经济管辖权从离岸3海里（约5.6千米）扩大到200海里（约370.4千米）。当时，远洋捕鱼船队越来越多地将目标瞄准南半球的鱼类资源。为了保护本国资源，拉丁美洲几个国家带头圈地宣称拥有200海里的海洋区域，从而引发了长达30年的关于沿海海洋状况和海洋法的联合国会议。1982年12月10日，联合国在牙买加的蒙特哥湾召开第三次联合国海洋法会议，会议通过的《联合国海洋法公约》规定一国可对距其海岸线200海里的海域拥有经济专属权。至此，世界上大约30%的海洋和95%的渔业捕捞被划为国家财产。海洋被划为国家财产后，海洋渔业也兴盛起来，但这种国家管辖下的渔业遭到了某些经济学家的指责，认为其经济效率低下，容易导致产能过剩的后果，而且国家的捕捞许可限制也没有真正起作用，还是存在着通过重新设计船只等技术过度捕鱼的现象。因此，20世纪80年代以后，又出现了海洋管辖的新自由主义化现象，即减少国家的干预，推动海洋的私有化和渔业配额交易制度的发展。[①] 除了海洋的私有化和渔业市场化的发展，本节在此主要以城市供水服务的私有化和市场化发展为例，来说明新自由主义“水资源治理术”的全球蔓延及其后果。

一、前新自由主义阶段的城市供水服务

自19世纪城市供水系统建立以来，其供给方在公共部门和私营部门之间进行转

① Becky Mansfield, “Neoliberalism in the Oceans: ‘Rationalization’, Property Rights, and the Commons Question”, *Geoforum*, Vol. 35, No. 3, 2004, pp. 313-326.

换，在新自由主义对城市供水服务产生影响之前，大致经历了三个阶段。①

第一个阶段是19世纪下半叶之前，大多数城市供水系统由相对较小的私营公司进行供给，这些私营公司向城市的部分地区（通常是较富裕的地区）提供不同质量的用水服务。15世纪，与医院和救济院等机构相关的私营公司通过慈善的方式为伦敦提供输水设备，此后的两个多世纪，私营企业供水方案也一直在筹划之中。在16世纪早期的曼彻斯特，一个引水系统在私人的赞助下修建起来。这一阶段的供水服务表现出明显的社会阶层分化特征，供水企业的经营目标是为投资者创造利润。比如，1694年的英国利兹修建的家庭管道主要向富裕的居民供水，1695年的德比郡获得了使用木制管的管道供水系统，服务于那些能负担得起接入费用的家庭。②

第二个阶段是19世纪下半叶到“一战”之间，由于公众对环境条件恶化的担忧和对净化城市的呼吁，供水服务进入了市政化阶段。英国和欧洲其他地方采取了“市政社会主义”（Municipal Socialism）的形式，以高补贴的方式提供基本的公共产品，获取利润成为次要问题。例如，面对日益短缺的水源，西班牙马德里市政当局在与私营公司协商未果的情况下于1851年创建了由市政府所有的伊莎贝尔二世运河公司，该公司将洛索亚河（Lozoya River）的河水分流到马德里，为市民提供每人每天最高90升的水。③ 由于地方精英阶层的健康和环境条件受到城市卫生状况恶化的不利影响，市政化也得到了他们的支持。正是在这一时期，全球北方国家的供水系统得以巩固，形成了全市范围内的生活供水标准化覆盖，并配有综合污水处理系统，而发展中国家也开始模仿这种模式来发展自己的城市供水系统。

第三个阶段是“一战”后到20世纪70年代，当时的供水行业和其他主要公共事业部门（如电力和通信部门）成为国家日益关注的问题，国家以不同程度的控制、监管和投资力度，在提供公共服务方面发挥了更大的作用。供水基建成为福特主义、凯恩斯主义社会经济政策的构成部分，旨在恢复战后的经济增长和社会稳定。有些国家，如英国，供水服务被国有化，另一些国家，如法国、厄瓜多尔、西班牙和以色列，虽然对供水服务的管理仍由市政当局主持，但国家也通过更严的管控干预或者在基础设施项目的融资方面发挥了越来越大的作用，也正是在这一时期，国家层面的各种社会、经济、环境管理机构也相应建立起来。

二、新自由主义“水资源治理术”向全球蔓延的形成

20世纪70年代的两场国际环境大会——1972年在瑞典首都斯德哥尔摩召开的联合国人类环境会议和1977年在阿根廷马德普拉塔召开的联合国水资源大会，都将应对水资源危机的职责赋予了民族国家及其政府，前者明确宣布保护人类环境的任务主要在于各国政府，后者通过的《马德普拉塔行动计划》要求国家进一步改善对水资源管理的规划与协调，并为此建立可靠的法律基础。此后，情况发生了变化，在国际

① Erik Swyngedouw, “Dispossessing H2O: The Contested Terrain of Water Privatization”, *Capitalism Nature Socialism*, Vol. 16, No. 1, 2005, pp. 81-98.

② ［英］伊恩·道格拉斯：《城市环境史》，孙民乐译，江苏凤凰教育出版社2016年版，第147-148页。

③ ［英］伊恩·道格拉斯：《城市环境史》，孙民乐译，江苏凤凰教育出版社2016年版，第157-158页。

水资源会议和跨国金融机构的助推下，新自由主义及其影响下的自由市场环境主义的上述思想越来越向全球蔓延。

从国际层面召开的世界水资源会议来看，供水服务和水资源保护的政策宣言呈现出了供水私有化和“去生态化”的倾向。一方面，国际环境大会强调多方参与供水服务，特别是逐渐赋予私营企业供水服务的合法性。1992 年在都柏林召开的国际水与环境大会是一次具有转折性意义的会议，这次会议通过的《都柏林宣言》提出应对水资源危机的四项指导原则中，明确指出水是一种稀缺资源，并将水视为一种经济商品（Economic Good）来看待，政府应尽量避免采用命令控制型的传统手段，必须更多依靠市场机制，为私营机构的参与提供可能性。1997 年召开的第一届世界水资源论坛，其通过的《马拉喀什宣言》主张赋予新的政治行为体，特别是私营机构参与的合法性。同年召开的“地球峰会五年后会议”（Earth Summitfs）明确强调要坚持都柏林会议通过的原则，特别是在水资源紧缺地区，水不再是一种“自由物品”，而是“可以交易的商品”。1998 年在津巴布韦首都哈拉雷召开的淡水资源综合管理专家会议，明确将促进水资源经济化与私有化列为议题。2000 年召开的第二届世界水资源论坛，大多数政府认为只有通过供水私有化才能解决水资源短缺的问题。此后，关于水是一种带有人权性质的公共物品，还是一种可以私有化和商品化的经济物品，便成为国际会议争论的焦点问题。由于水资源的私有化并未彻底解决问题，因此，在随后的第三、第四、第五届世界水资源论坛召开期间均爆发了大量的抗议活动。

另一方面，在涉水问题上，国际会议对涉水问题的关注逐渐从水资源的生态问题转向水资源本身的供给，出现“去生态化”现象。在涉水问题上，不仅要确保公众获得水资源，还要确保公众获得清洁可靠的水资源，以及保证水资源供给的生态安全和可持续性，前者是纯粹的供给问题，后者是供给的生态化问题。在都柏林会议上，水资源被确定为一种经济商品，但并非出于经济目的，而是为了保护生态环境并保证水资源的可持续利用，1992 年在巴西首都里约召开的联合国环境与发展会议，也强调开发和利用水资源时必须优先满足基本需要和保护生态系统的要求，但到了 2002 年在南非约翰内斯堡召开的世界可持续发展峰会，在会议发表的官方声明中，对供水问题的重视程度却超过了对水危机的生态维度的关注。①

除了专门的水资源治理国际会议的推动，跨国金融机构也助推了新自由主义对水资源治理的渗透。世界银行对涉水部门提供的贷款，一般要求将其所提供贷款的相当一部分用于建造为水资源的私有化做好准备的基础设施。在 2006 年召开的第四届世界水资源论坛上，世界银行的代表在发言中依旧强调水资源的私有化是获取水资源的最安全方式。反之，当埃及政府被发现用 40 亿美元进行能源补贴时，世界银行立即暂停对该国的贷款。而在厄瓜多尔的瓜亚基尔（Guayaquil），美洲开发银行为其提供了 4000 万美元的贷款，条件是其中近一半的贷款必须用于为公共水务公司的私有化

---

① ［德］佩特拉·多布娜：《水的政治：关于全球治理的政治理论、实践与批判》，强朝晖译，社会科学文献出版社 2011 年版，第 77-106 页。

做准备。[①] 德国商业银行（Commerzbank）同样将水称为“21 世纪的石油”，并认为世界上 90%的供水服务掌握在国家或者地方当局手中，这些机构资金的匮乏是水务行业陷入困境的主要原因，因此必须推动城镇供水和分配系统的私有化。更重要的是，德国商业银行表示，水市场是一个未来有扩展潜力的市场，许多公司将从中获取巨额利润，估计这将达到惊人的 3000 亿欧元。德意志银行（Deutsche Bank）也持同样的论调，其名下的投资子公司宣称，水是一种蓝色黄金，正变得越来越稀缺，已成为一种稀有商品，鉴于发展中国家和过渡时期国家的人口增长，水资源的稀缺情况将变得更加危急，而一种商品的供应不足本身就是获得丰厚回报的先决条件。[②]

最终，在涉水事务的现实实践中，全球的水资源治理呈现出了私有化、商品化和市场化的趋势。据世界银行私人参与供水和污水处理基础设施投资状况数据来看，1990~2019 年，私营公司在全球范围内参与了 65 个国家总计 1075 个供水和污水处理项目，总投资额达到 886.86 亿美元，其中，投资额最多的地区是东亚和太平洋地区，占比约 46%。投资额排在前三位的水务集团是法国苏伊士集团（Suez）、巴西奥迪布里切特集团（Odebrecht）、法国威立雅环境集团（Veolia Environnement）。其中，苏伊士集团投资了 77 个项目，投资额达到了 170.74 亿美元，奥迪布里切特集团投资了 29 个项目，投资额达到了 79.57 亿美元，威立雅环境集团投资了 63 个项目，投资额达到 40.96 亿美元。从全球历年投资项目数量情况看，1990 年以来呈明显上升趋势，直到 2008 年发生金融危机后才显著下降，这也说明新自由主义在金融危机前后对供水和污水处理服务的影响变化（见图 6-1）。

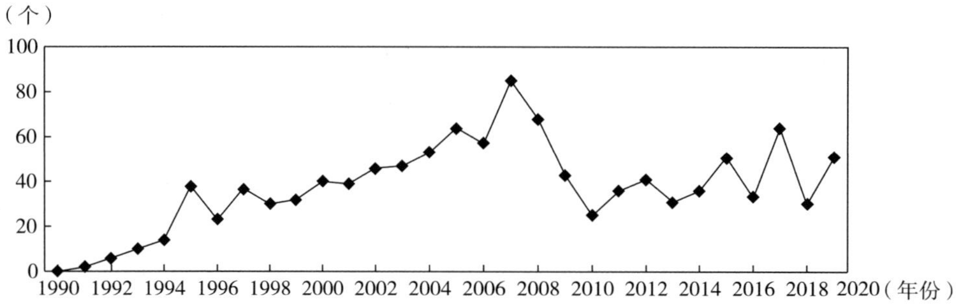

图 6-1　1990~2019 年全球私人参与供水和污水处理基础设施投资项目数

资料来源：世界银行 PPI 数据库，参见 https：//ppi.worldbank.org/en/snapshots/sector/water-and-sewerage。

三、新自由主义“水资源治理术”向全球蔓延的典型案例及后果

接下来，笔者介绍一下迄今为止，全球范围内比较典型的水务私有化和市场化案

---

① The Economist, “The First Commodity”, *The Economist*, Vol. 322, No. 7752, 1992, p. 11; Erik Swyngedouw, “Water, Money and Power”, in Leo Panitch and Colin Leys, eds., *Coming to Terms with Nature*, London: The Merlin Press, 2006, pp. 165-212.

② Jens Loewe, Water Ablaze. *The Contamination and Commercial Exploitation of a Rare and Vital Resource*, Stuttgart: Verlag NWWP, 2010, pp. 27-28.

例及其后果。

英格兰和威尔士的水务私有化是世界上规模最大的私有化。早在 16 世纪末期，私营公司就为英国提供供水服务，但市场份额很低。“二战”期间，英国成立了中央咨询水委员会，以解决许多小型水系统供给服务能力不足的问题。1945 年，英国出台的水法呼吁政府推动供水服务的“重新组合”，以大型供水系统为较小社区提供供水服务。1973 年，英国涉水服务开始发生革命性变革，这一年通过了新的水法，英格兰、威尔士 1500 个公有的涉水服务机构被整合进 10 个水务局，承担全英所有重要的水务职能。此后，水务行业投资所需的资金与地方政府剥离，满足投资要求的资本可以通过向中央政府借款和从客户获得收入来筹集资金，同时取消水费补贴，开启商业化管理的规模经济模式。1979 年，以撒切尔夫人为首的保守党政府上台执政，奉行新自由主义的货币主义政策，几乎所有的公立性服务都被私有化。1983 年，英国政府又颁布了新的水法，允许水务局可以直接从私人资本市场借款。1986 年，在《水务行业私有化白皮书》中首次提出对现有水务局进行私有化的建议。最终，1989 年 11 月，10 个水务局被兜售给私营企业，英国水务行业实现私有化。

在玻利维亚，1985 年，维克托・帕斯・埃斯登索罗（Víctor Paz Estenssoro）上台执政，开启了该国的新自由主义之路。20 世纪 90 年代开始，该国的石油、天然气等自然资源开始被私有化，外国投资者纷纷涌入该国进行采掘开展贸易。1997 年，玻利维亚政府为了获得世界银行的贷款，接受了世界银行关于将国内水务私有化的条件，引进了隶属于法国苏伊士集团的 Aguas del Illimani S. A.（AISA）公司，为埃尔阿尔托（El Alto）和拉巴斯（La Paz）两个地区提供供水服务，而世界银行的子公司——国际金融公司（International Finance Corporation，IFC）在其中也拥有 8%的股份。玻利维亚科恰班巴（Cochabamba）的产业在新自由主义改革前主要以农业为主，后来逐渐被商业、服务业和小规模的工业所替代，随着经济的转型，该市的人口也逐渐增长，从 20.5 万人增加到 41.4 万人，但相应的供水服务却没有随之增长，1999 年，饮用水覆盖率仅为 57%，下水道覆盖率仅为 48%，[①] 其余的人需要从水罐车、私人建造的水井或合作社、协会和水委员会等自助组织获取。据估计，该地的水井数为 5000~7000 口，这些水井的钻探大都得到了国家机构、非政府组织或教会的财政支持。1999 年，在世界银行的推动下，美国工程巨头柏克德公司（Bechtel）所属的国际水务有限公司（International Water Limited）与玻利维亚前政府签署协议，把科恰班巴的水务私有化。

在厄瓜多尔，1832 年通过的水法承认公共机构和私人对水资源的所有权，并要求用水户进行登记。1936 年，厄瓜多尔通过了新的水法，赋予国家在水资源管理方面更加突出的作用，尽管如此，水资源的开发和管理仍然主要是当地的私人地主或集体社区的事务。直到 1942 年，厄瓜多尔通过了第一个关于灌溉管理的国家法规，1944 年，又通过了两项新法律，水资源和国家大型灌溉系统的管理交由公共工程部和国家灌溉研究所负责，进一步巩固了中央政府的地位。1966 年，厄瓜多尔水资源

① Willem Assies, “David Versus Goliath in Cochabamba: Water Rights, Neoliberalism, and the Revival of Social Protest in Bolivia”, *Latin American Perspectives*, Vol. 30, No. 3, 2003, pp. 14-36.

部成立，它成为厄瓜多尔历史上第一个负责制定和执行全国灌溉和排水政策的国家机构，其最重要的职能是在技术和法律层面管理整个国家水域。它有许多地方办事处，并与另外两个国家机构——厄瓜多尔电气化部和厄瓜多尔卫生工程部共同管理国家水资源，是一个强大的、技术官僚主义的、自上而下的机构，负责协调全国水资源分配以及国家灌溉系统的建设和管理。1972 年，厄瓜多尔又通过了新的水法，将所有水资源国有化，确立厄瓜多尔水资源部作为国家的代表管理用水和分配，成为各方在所有涉水问题上的唯一调解人，私人用水权被临时用水许可证取代，并禁止买卖。

20 世纪 90 年代初，和其他邻国一样，厄瓜多尔的水资源管理模式出现了新自由主义转向。在经济危机面前，厄瓜多尔向世界银行申请新的贷款，世界银行的条件是厄瓜多尔必须接受以私有化为基础的水法，该法律复制了智利 1981 年皮诺切特时期强制实施的水法，世界银行还聘请了智利法律专家来培训厄瓜多尔的政策制定者。新自由主义的治理术是将水重新定义成一种稀缺商品，该种商品的供给同其他商品一样，消费者必须按照市场机制的方式获取。如此一来，厄瓜多尔开启了水资源的市场化进程，在灌溉和家庭用水部门，国家的直接参与大大减少。通过结构调整方案，政府大幅削减水资源预算，为其他供水机构、政府和社会资本合作或私营公司开辟了空间。1994 年，在灌溉部门，国家水资源委员会取代了原来的厄瓜多尔水资源部，负责协调 12 个区域供水机构，颁发用水许可证、调解涉水方面的冲突和制定法律规范的适用范围等行政事务。原先由国家管理的灌溉系统和对新灌溉基础设施的投资责任被委派给“区域发展公司”（Regional Development Corporations）和省政府。在城市供水服务方面，厄瓜多尔对法律框架进行了修订，以便私人资本进入全国的服务部门。在此背景下，许多城市将供水服务委托给私人公司，如厄瓜多尔最大的城市——瓜亚基尔（Guayaquil），其供水就是由一个国际财团来管理。1998 年，厄瓜多尔宪法进一步下放国家权力，并为地方政府安排了许多与区域发展公司和其他机构相同的任务。①

在南非，非洲人国民大会（African National Congress，ANC）于 1994 年 4 月赢得大选上台执政，其竞选宣言“重建与发展计划”（Reconstruction andDevelopment Programme）成为政府的政策宣言，这包括减少财政赤字，确保政府开支没有实际增加，兜售国有资产，取消贸易控制等措施。1996 年，南非通过了“增长和发展国家战略”（National Strategy for Growth and Development）和“增长、就业和再分配政策”（Growth, Employment and Redistribution），将经济增长置于社会公平之上，同时也提出了削减赤字和重组国家资产等举措。在供水服务方面，南非于 1997 年和 1998 年分别通过了《水资源服务法》（*The Water Services Act*）和《国家水法》（*The National Water Act*），为私营部门参与供水服务提供了法律依据。在此背景下，1998 年，在夸祖鲁—纳塔尔省（KwaZulu-Natal）和普马兰加省（Mpumalanga），该地区的市政当局都与英法外资公司签订了供水的合作协议。此外，南非日常用水的供给也逐渐由市

---

① Rutgerd Boelens, Jaime Hoogesteger and Michiel Baud, “Water Reform Governmentality in Ecuador: Neoliberalism, Centralization, and the Restraining of Polycentric Authority and Community Rule-making”, *Geoforum*, Vol. 64, 2015, pp. 281-291.

场机制来主导，为了确保获取利润，新的水务公司不仅实施成本完全收回的政策，导致居民面临着水费上涨的威胁，还引进了预付水表等技术，以确保消费者在用水前付费。①

在涉水服务私有化之后，随之兴起的是涉水市场的发展，主要表现为供水服务的市场化运作和瓶装水市场的发展。就前者而言，综合国内外的实践，根据政府与市场的职责和合作方式的差异，大致可将供水服务市场化模式归纳为作业外包、委托运营、BT（Build－Transfer，即建设—回购）、TOT（Transfer－Operate－Transfer，即移交—运营—移交）、BTO（Build－Transfer－Operate，即建设—移交—运营）、BOT（Build-Operate-Transfer，即建设—运营—移交）、ROT（Renovate-Operate-Transfer，即改扩建—运营—移交）、BOO（Build-Own-Operate，即建设—拥有—运营）、股权转让、合资合作等市场化模式。② 在市场化的具体运行机制中，原来的供水"社会公平"原则逐渐让位于供水的"经济公平"原则，即由原来的以用户的支付能力为基础的收费规则，转变为以完全成本收回为基础的收费规则，政府的交叉补贴也被废除。就后者而言，在新自由主义肆虐全球的2002～2007年，全球瓶装水的消耗量从1287亿升上涨到1855亿升，年均增长7.6%。③ 在美国，瓶装水的总消耗量从1986年的52亿升上涨到2006年的312亿升，年均增长9.6%（见图6-2）。

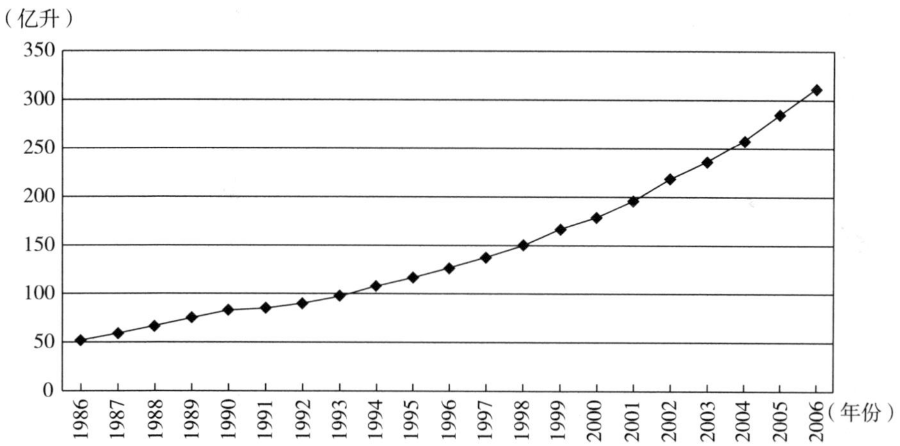

图6-2　1986～2006年美国瓶装水消耗总量

资料来源：Heather Landi，"Bottled Water Report"，*Beverage World*，Vol. 126，No. 4，2007，pp. 15-16.

私营公司参与到供水服务后，主要的目的是获取利润，这导致的直接后果便是水价的上涨以及随之而来的对穷人生计的威胁，笔者所介绍的上述四个案例都出现了类似的情况。英国实行供水私有化后，出现了自来水污染等各类丑闻，尽管水价提高，

① Sagie Narsiah and Waquar Ahmed，"The Neoliberalization of the Water and Energy Sectors in South Africa and India"，*Journal of Asian and African Studies*，Vol. 47，No. 6，2012，p. 679-694.

② 张燎：《城市水务改革的模式选择与比较》，《中国水利》2006年第10期。

③ Paul Robbins，John Hintz and Sarah Moore，*Environment and Society*：*A Critical Introduction*，West Sussex：Wiley Blackwell，2014，pp. 262-263.

但服务质量却差强人意。有数据显示，1989~1995 年水费上涨了 106%，私营水务公司的利润在此期间增加了 692%，因不能按期交付水费而遭到断水的英国顾客增加了 50%。[①] 2022 年 8 月，伦敦伊斯灵顿街区总水管爆炸，500 万升水因此流失。“这起事故反映了英国供水产业私有化的问题——供水公司垄断市场后不作为，一直是粗放式发展。具体来说，供水产业的评估仍沿用上世纪 40 年代的做法，没有更新，而且缺少防止水资源严重流失的措施，光英格兰地区每天就流失供水总量的五分之一。即便能有效防止水资源流失，储水能力不足也是一大问题，这意味着水资源短缺随时可能发生。”[②] 玻利维亚科恰班巴的供水私有化项目本身在投标过程中就存在流程不透明和腐败问题，在实际的运行过程中，水价暴涨为之前的 150%，当地居民几乎要支出收入的 22%~27%来缴付水费[③]，生活成本急剧上升，最终在 2000 年初爆发了被媒体称为“水战争”的公众抗议，大量民众走上街头，要求柏克德公司撤出玻利维亚。在厄瓜多尔，大多数农民和原住民感受到席卷厄瓜多尔的新自由主义政策并不能解决该国在灌溉和水管理方面遇到的问题。国家对灌溉和农业的资助大幅削减，导致国家灌溉系统无法维持，许多计划中的项目也停止了。在新自由主义改革期间设立的供水机构则出现了人手不足、设备简陋的困境，导致其无法处理日益增多的有关用水和许可证方面的冲突。这些案件堆积如山，到 2007 年，未解决的案件总计近 4 万件。结果，大多数用水户和公众普遍感到被国家抛弃了，纷纷要求国家结束新自由主义政策。[④] 南非的夸祖鲁—纳塔尔省施行供水私有化后，出现了水费猛涨和服务中断的恶果，最贫穷的居民只能到受污染的河流中取水，结果导致该地区开始暴发霍乱，2000 年 8 月至 2001 年 4 月，80387 人遭受霍乱之害，其中约 168 人死亡。[⑤] 到 2002 年，南非的水价和电价占据那些月收入低于 70 美元家庭收入的 30%，约 1000 万用户无法获取水资源。[⑥] 另外，在其他笔者未介绍的城市供水私有化国家，同样出现了类似的情形。例如，几内亚政府于 1989 年与一家私营企业签署了租赁协议，根据协议，该私营公司为首都科纳克里以及其他 16 个城镇供水，然而，在短短的两年时间里，每立方水价达到了 0.83 美元，与 1989 年相比上涨了 7 倍，甚至是 1986 年水价的 40 倍之

---

① ［德］佩特拉·多布娜：《水的政治：关于全球治理的政治理论、实践与批判》，强朝晖译，社会科学文献出版社 2011 年版，第 118 页；余治国：《水务改革的“兰州模式”》，《西部论丛》2009 年第 10 期。

② 《供水问题》，《三联生活周刊》2022 年第 34 期。

③ 张明倩、赵津津：《发展中国家供水行业私有化改革与政府监管：基于拉丁美洲的案例分析》，《政府管制评论》2017 年第 2 期。

④ Rutgerd Boelens, Jaime Hoogesteger and Michiel Baud, “Water Reform Governmentality in Ecuador: Neoliberalism, Centralization, and the Restraining of Polycentric Authority and Community Rule-making”, *Geoforum*, Vol. 64, 2015, pp. 281-291.

⑤ Hameda Deedat and Eddie Cottle, “Cost Recovery and Prepaid Water Meters and the Cholera Outbreak in Kwazulu-Natal”, in David McDonald and John Pape, eds., *Cost Recovery and the Crisis of Service Delivery in South Africa*, London: Zed Books, 2002, p. 81.

⑥ Patrick Bond, “From Racial to Class Apartheid: South Africa's Frustrating Decade of Freedom”, *Monthly Review*, Vol. 55, No. 10, 2004, pp. 45-59; David McDonald, “The Bell Tolls for Thee: Cost Recovery, Cutoffs, and the Affordability of Municipal Services in South Africa”, in David McDonald and John Pape, eds., *Cost Recovery and the Crisis of Service Delivery in South Africa*, London: Zed Books, 2002, p. 162.

多。[①] 因此，在利润最大化的指挥棒下，私营公司参与供水服务就会滑向为富人提供服务的倾向。正如诺贝尔经济学奖得主约瑟夫·斯蒂格利茨所言："那些追求利润最大化的私营供水公司，却可以只对那些有能力支付高额水费的群体供水。如果净化水的能力达到了极限，那么，私营供水公司首先就会不向穷人供水；若水费低于边际成本，就会对所有人停供。"[②]

在瓶装水方面，也不如人们想象中的"环保"。由于瓶装水在运输方面需要轮船、火车和卡车，在生产方面需要使用一次性塑料瓶和开采地下水，因此，瓶装水市场的繁荣背后是对地下水、石油等资源的大量消耗。大多数水瓶用聚乙烯制造，而这种塑料是原油的衍生品，因此瓶装水的包装耗费了更多的石油。据统计，全世界每年共需要大约 270 万吨塑料来包装瓶装水，而收集可再生利用的塑料瓶并运往其他地方势必要耗费更多的汽油。同时，其价格远高于自来水也使其成为发展中国家穷人的奢侈品。[③]

第三节　新自由主义"水资源治理术"批判及我国对策

新自由主义"水资源治理术"向全球蔓延，并由此造成了不良后果，需要从理论层面加以审视和批判，生态经济学和马克思的资本原始积累理论都为我们提供了很好的理论批判工具，我国在城市供水方面也应从中吸取经验教训。

一、新自由主义"水资源治理术"批判

我们首先可以从生态经济学的视角对新自由主义全盘私有化、彻底市场化的水资源治理路径展开批判。生态经济学对新自由主义经济学的批判源于经济学学科发展过程中所犯的"错置具体性的谬误"。斯密和其他早期的英国经济学家在研究过程中具有较强的历史因素和人文因素，但后来的经济学家却想把其变得更加科学，这是受到17~18 世纪的物理学和数学学科影响的结果。一方面，17~18 世纪的物理学试图建立起自然的概念模型，试图找到适用于所有社会的模型和规律，而忽视这些规律所适用的有限范围；另一方面，由于数学只对可以公式化的内容有效，经济学的数学化意味着让经济学偏向于研究主题中可以测度的方面，而忽视现实经济体系结构和运行的系统性。经济学受这两门科学的影响，越来越使自身陷入"抽象"的陷阱，即对现实具体性进行抽象思考，并把得出的结论应用到现实世界中，而没有意识到其中的抽

① ［美］热拉尔·罗兰：《私有化：成功与失败》，张宏胜译，中国人民大学出版社 2013 年版，第 103-104 页。

② ［美］热拉尔·罗兰：《私有化：成功与失败》，张宏胜译，中国人民大学出版社 2013 年版，序第 6 页。

③ Paul Robbins, John Hintz and Sarah Moore, *Environment and Society: A Critical Introduction*, West Sussex: Wiley Blackwell, 2014, p. 264；［德］佩特拉·多布娜：《水的政治：关于全球治理的政治理论、实践与批判》，强朝晖译，社会科学文献出版社 2011 年版，第 134-135 页；新华社：《瓶装水并不环保，改善水源才是正途》，《新华每日电讯》2007 年 4 月 19 日。

象程度，这是一个以抽象代替具体的过程，这一过程导致了怀特海所说的“错置具体性的谬误”。①

在新自由主义经济学中，“错置具体性的谬误”具体表现为：一是“市场崇拜”，即在一个从社会共同体和生物物理相互依赖中抽象出来的社会，其中的私营企业主或个体以效用和利润最大化为动力，在市场机制的作用下，可以实现对资源最有效率的配置；二是“货币崇拜”，即将交换价值的量度和抽象符号——金钱，应用于具体的使用价值之中，将积累的货币等同于现实中积累的实际财富。生态经济学认为，基于这两个方面的“错置具体性的谬误”，在水资源的治理上，水的性质发生了根本性的转变，由作为人类生存所需的生产要素变成或“抽象”为一种由私人所有并在市场上进行交易的商品，但是，对作为商品的水进行货币估值，并不能代表水在人类及其所存在的生态系统中的真实使用价值。同样地，也正因为这样一种转变，新自由主义的水资源治理面临着公平和效率的双重挑战：从公平的角度看，水是不可替代的宝贵资源，是人类生活的必需品，这个事实意味着对水资源的市场配置存在严重的道德问题，在市场经济中，最“有效率”的用途是指能产生最高价值的用途，而且这种价值可以通过支付意愿予以度量，当水资源“完全”由市场进行配置时，就会导致富人花钱用饮用水浇草坪，而穷人必须喝受到污染的水。从效率的角度看，即使水资源被私有化，也将形成缺乏竞争的自然垄断市场，在没有市场份额竞争压力的情况下，企业将集中精力使其短期利润最大化，并由此推迟改善供水基础设施，因此，私人部门对水的供应很可能比公共部门更缺乏效率。②

可见，生态经济学对新自由主义水资源治理的批判主要是揭示了水成为商品后，对其进行货币估值可能存在的无法反映水资源真实、完整或多样的价值，以及进行市场化配置后可能带来的公平和效率问题，这种批判显然是指向货币估值和市场化配置的手段批判和道德批判，即批判作为估值手段和资源配置手段的货币和市场的“不完美”，以及由此产生的对穷人不公平待遇的道德层面问题。生态经济学的这些批判固然有其合理性，但是，在一个始终与货币所中介的商品交换打交道的社会，如何逃避货币评价？正因如此，生态经济学在对待市场本身上也陷入了模棱两可的模糊态度，它一方面极力批判市场配置，另一方面也并不完全反对市场。戴利等直言：“如果本书通篇都聚焦于市场的局限和失败，那并不是因为我们反对市场。恰恰相反，我们迫切需要识别和纠正那些引致市场失灵的条件，以此来提高市场作为基本制度的地位，从而发挥市场在不同用途之间配置稀缺资源的作用。”③ 如此一来，生态经济学将陷入哈维所说的批判货币评价的困境，即“要么避开日常经济实践和政治权力的语言而用一种边缘语言来说话，要么用据说不恰当的或者在根本上异化的语言（也就是货币的语言）来表达那些深刻而不能用货币衡量的价值。更深的困境是，尽管

---

① ［美］赫尔曼·E. 达利、小约翰·B. 柯布：《21世纪生态经济学》，王俊、韩冬筠译，中央编译出版社2015年版，第25-44页。

② ［美］赫尔曼·E. 戴利、乔舒亚·法利：《生态经济学：原理和应用》（第2版），金志农、陈美球、蔡海生译，中国人民大学出版社2014年版，第189-190页。

③ ［美］赫尔曼·E. 达利、小约翰·B. 柯布：《21世纪生态经济学》，王俊、韩冬筠译，中央编译出版社2015年版，第50页。

货币本身缺乏道德意义，但它是某种媒介，人类借助它来调停和衡量自己的欲望和激情”①。

生态经济学的这个困境，主要是因为它只是聚焦于对新自由主义水资源治理微观层面的批判，没有从宏观的角度对货币估值和市场配置本身的“出场”做发生学的追问，即为什么会出现对水资源的货币估值和市场配置占据统治地位的历史阶段？一言以蔽之，生态经济学缺乏对货币估值和市场配置生成的资本主义根基的历史分析。对此，戴利等也承认自己并不对资本主义进行“前提批判”，他们直言：“在配置资源这个问题上，我们明确赞同资本主义。”② 而当我们深入洞悉资本主义运行逻辑后，便能对此有更深刻的认识。

资本主义要有序运转，必须持续不断地进行资本“积累”，把剩余价值再转化为资本。而这涉及两个问题：一是从形式上看，资本家必须获取生产资料和劳动力，让两者在生产过程中结合起来展开生产，这种形式其实也是其他社会生产过程的表现形式，而资本主义生产方式的不同之处在于，资本家以生产资料所有者的身份对劳动力进行雇佣，劳动者以雇佣劳动的形式进行生产，那么，劳动者为何以及如何沦为雇佣劳动的地位，表面上平等但实质上被迫进入工厂从事劳动？二是资本积累就是把剩余价值再转化为资本，当资本家持续不断地以追求剩余价值最大化为宗旨时，这种转化是否遭遇某种限度？资本将如何克服这种限度？对这两个问题的解答，实际上涉及马克思所说的“资本原始积累”和哈维的“剥夺性积累”，在这两个积累中，自然要素的私有化都是其形成的必要条件。

对马克思而言，资本的原始积累是劳动者和劳动实现条件的所有权之间的分离，而劳动实现的条件便是土地这一重要的自然要素，因此，劳动者与土地的分离意味着资本家对原来属于农民的公有地的攫取以及伴随而来的农民对土地所有权的丧失，这段充斥着暴力行径的历史是“用血和火的文字载入人类编年史的”。资本的原始积累构成了“资本的前史”，“前史”似乎意味着一旦完成劳动者和劳动实现条件的分离，资本主义就可以进入其自身逻辑，即“资本逻辑”不断扩展和发展的“施展拳脚”阶段。也就是说，资本的原始积累不会出现在后续的资本逻辑展开阶段，但是，作为资本积累的先决必要条件，如果丧失这一条件，资本逻辑也无从展开。就此而言，在哈维看来，资本的原始积累并未终结，而是正在进行的过程，将正在进行的过程标上“原始的”标签不太合适，所以，哈维就将之称为“剥夺性积累”。马克思所揭示的“原始积累”特征也强有力地存在其中，包括将各种形式的财产权转化为排斥性的私人财产权，只是在私有化的对象上，原来主要涉及的是土地这一自然要素，而现今则是包括水资源在内的其他自然要素。因此，现今的供水服务私有化在某种程度上只是原来资本原始积累的某种延续，而不是断裂，它为资本积累奠定了基本的前提条件，可以说，这是新一波的“圈地运动”。

如果说在水资源的“剥夺性积累”与“原始积累”方面有什么不同的话，那就

① ［美］戴维·哈维：《正义、自然和差异地理学》，胡大平译，上海人民出版社 2010 年版，第 176-177 页。

② ［美］赫尔曼·E. 达利、小约翰·B. 柯布：《21 世纪生态经济学》，王俊、韩冬筠译，中央编译出版社 2015 年版，第 50 页。

是在新自由主义的背景下，资本对水资源的“剥夺性积累”是为了化解资本的过度积累危机，水资源成为资本积累的全新战略场域。资本主义在经历了 20 世纪 50~60 年代的黄金时代后，由于其自身无法克服的内在矛盾而导致过度积累的困境，即过剩的资本被搁置起来，找不到营利性的出路，而新自由主义在长期沉寂后，其鼓吹的彻底私有化、完全市场化的路径则成为解救资本过度积累危机的药方。在水资源领域，过度积累的资本正是通过供水服务的私有化和市场化，抓住了利用水资源这一自然要素进行营利活动的机会，并且是在打着“保护水资源”这一当今时代的时髦标语下进行的。而当跨国水务公司掌控了水资源的所有权并获取利润之后，水便成了资本延展其权力和排斥其他替代性选择的重要手段，人们陷入了以货币估值和市场配置为手段获取水资源的路径依赖中，货币和市场由此建立起了其霸权地位。正如沃斯特所揭示的：“在资本主义国家中，水没有内在的价值，没有必须为人类所尊重的完整性。水不再像在地方性生存社区中，被视为供给生存、人类生命的产生与繁殖的神圣必需品。水也不复如在农业国家，被看作政治帝国建立的追寻中令人生畏而又富有灵性的盟友。如今，它变成了可以买卖，可以用以制造其他能被买卖并运往市场的商品。换言之，它成为一种纯粹而抽象的商业工具。一切神秘性自其深层消失，一切神灵离去了，一切对逝者如斯的沉思冥想终止了。它是存入某个户头中的多少‘英亩尺’，是用以生产多少发电量的‘千瓦时’，是运往全世界的多少捆棉花、多少车柑橘。但就在这种市场估算的新式话语中，存在着控制自然的终极权力的宣言，一种绝对的、全面的、摆脱一切制约的主宰。”①

水资源的“原始积累”和“剥夺性积累”特征各有不同，但它们都是推动资本持续不断积累的重要力量，前者是构成资本积累的前提条件，后者是化解资本过度积累危机的手段，两者都是资本积累的重要组成部分。因此，我们再回到生态经济学对新自由主义水资源治理的货币估值和市场配置的批判中，就可以发现货币估值和市场配置背后的更大推手在于资本积累，如果没有认识到这一点，生态经济学要求消除水资源的货币估值和市场配置的弊端就会陷入乌托邦的不可能境地。最终，如果我们将生态经济学和马克思、哈维的批判性分析结合起来，一方面，当然应谨慎对待供水行业的私有化和市场化；另一方面，更重要的是防止资本积累成为供水行业的驱动力量，而应该回归水是公共物品的基本生活必需品理念。同时，后一方面相较于前一方面的重要性意味着，倘若不是以资本积累作为供水的首要目的，那么，适度让社会资本参与其中，运用市场机制补充政府资金不足的困境并优化配置水资源，与此同时，发挥政府的宏观调控和监督作用，也是未尝不可的。

二、新自由主义对我国供水行业的影响及应对之策

由于我国在《宪法》层面规定了自然资源属于国家所有或者集体所有，因此，并未出现像其他国家对水资源完全私有化的现象，尽管如此，我国供水行业受到新自由主义的影响，主要表现为各类社会资本，包括私营资本和外国资本，加快对这一行

① ［美］唐纳德·沃斯特：《帝国之河：水、干旱与美国西部的成长》，侯深译，译林出版社 2018 年版，第 56 页。

业的渗入，以及随之而来的供水行业市场化发展。世界银行私营部门参与基础设施指数（Private Participation in Infrastructure，PPI）显示，1990~2019年中国的私营部门参与基础设施的所有项目中，供水和污水处理的项目数是最多的，达到574项，投资金额高达191.39亿美元。在这段时期的不同时间内，私营部门参与供水和污水处理的项目数是不同的，1990~1994年，未见私营部门参与供水和污水处理的项目，1995~2000年，私营部门参与其中的项目数开始缓慢增长，共计32项，2000~2008年的项目数最多，达到278项，2009~2019年，项目数比较平稳，为270项。①

不同时间段的项目数反映了新自由主义影响下私营、外资部门参与供水和污水处理的动态情况。20世纪90年代中期以前，私营经济、外资经济和市场机制对城市供水行业这样的公用事业的渗透并不明显，在这一时期，政府还持续掌控城市供水的规划、投资和建设。从20世纪90年代中期开始，情况才开始慢慢发生变化。1994年发布施行的《城市供水条例》开始允许水价进行合理调整，随后，原国家计委和建设部于1998年9月23日制定印发了《城市供水价格管理办法》，允许供水企业提出调价申请。21世纪以来，私营部门参与城市供水的步伐进一步加快，到2008年国际金融危机爆发时达到了上述的278项，在这一时间内，建设部加快推进利用社会资本和外国资本的举措，出台了若干文件推进包括城市供水和污水处理服务在内的市政公用事业改革。2000年5月27日，建设部颁布实施《城市市政公用事业利用外资暂行规定》，该规定明确了城市供水、污水处理等市政公用事业可以利用外资。2002年12月27日，建设部通过《关于加快市政公用行业市场化进程的意见》，鼓励社会资金、外国资本采取独资、合资、合作等多种形式，参与城市供水、污水处理等市政公用设施的建设，并建立市政公用行业特许经营制度。跨国水务集团威立雅、苏伊士就开始收购中国的水务企业，特别是2002年威立雅集团以净资产3倍的溢价收购了上海浦东自来水公司50%的股权，成为国内首例的自来水整体产权多元化改革案例。2004年，建设部颁布《市政公用事业特许经营管理办法》，对实施市政公用事业特许经营的条件、程序、协议内容等方面做出了具体规定。2005年，《国务院关于鼓励支持和引导个体私营等非公有制经济发展的若干意见》发布，该意见明确支持非公有资本积极参与城镇供水、污水处理等市政公用事业和基础设施的投资、建设与运营，并且在规范转让行为的前提下，具备条件的公用事业和基础设施项目，可向非公有制企业转让产权或经营权，同时鼓励非公有制企业参与市政公用企业、事业单位的产权制度和经营方式改革。

2000年以来一系列政策文件的出台推动了私营和外资企业进入城市水务行业，从而出现上述2000~2008年私营部门参与项目数的激增，在此期间，中国的水务事业市场化改革形成了设立股份制公司、区域收购、引进外资组建新公司、出让部分股权引入战略投资者、资产整体转让、以存量换增量等多种产权改革模式，以及集团化模式、建管分离模式、BOT、TOT模式、多渠道筹资模式等多种经营模式。② 这些改革取得了一定的成效，最直接的就是水务行业投入资金的迅速增加，有数据显示，

① 世界银行PPI数据库，参见https://ppi.worldbank.org/en/snapshots/country/china。

② 申余：《水务市场化大盘点》，《上海国资》2004年第7期。

2002年全国水务投资为198亿元，2007年增长到835亿元，是2002年的4.2倍；1998~2002年全国水务投资年均增长率为3%，2002~2007年的年均增长率激增至26%。此外，在供水和污水处理方面的能力也有所增强，2008年全国的供水生产能力为2.8亿立方米/日，较2002年增长了19%。2002~2007年，城市供水服务人口由2.7亿人增长到3.4亿人，城市供水服务覆盖率由78%上升到94%；污染治理能力也逐步增强，城市污水处理率由2002年的40%上升到2007年的63%，城市生活垃圾无害化处理率由2002年的54%上升到2007年的62%。① 但是，资金投入的增加并不意味着供水和污水处置服务质量的相应提高，正如前述的理论分析可知，在私营部门渗入水务行业并推动市场化发展以后，在利润最大化的引导下必然带来一定的隐忧，这突出地表现为水价的上涨和水质遭受污染的问题。

近些年中国在城市供水业务中出现了大踏步的市场化改革，并也由此引发一些争议和不良后果，但中国的市场化改革毕竟不是以新自由主义为指导，要建立的市场经济不是资本主义市场经济而是社会主义市场经济，所以，如下两方面的规制是驾驭中国水务市场走在正确道路上的重要理论和实践应对。

第一，要明确水资源的公共物品属性，坚持公有制的基本制度设计，牢牢掌握政府控制权，做强做优做大国有水务企业。水是生命之源，是人生存的基本必需品，如果被完全私有化，将导致一部分人拥有水而另一部分人丧失水的排斥性，这势必危及人的生命权，因此，必须将其当作公共物品或服务来对待，在水资源议题上坚持公有制的基本制度设计是确保人民生命安全的基本保障。

其实，在20世纪90年代中期，我国在推进市政公共服务市场化的进程中，尽管给予市场手段以合法的地位，但我国是社会主义国家，在推进水务市场化的进程中依然强调水的公有产权性质。1988年颁布的《中华人民共和国水法》（以下简称《水法》）第三条规定："水资源属于国家所有，即全民所有。农业集体经济组织所有的水塘、水库中的水，属于集体所有。"2001年12月24日，在第九届全国人民代表大会常务委员会第二十五次会议上，时任水利部部长汪恕诚在对《水法》修订的说明中指出："鉴于水资源日益紧缺与跨省水污染形势日趋严峻，迫切需要强化国家对水资源的宏观管理，加强省际之间的水量分配、跨流域调水、跨省水污染防治和合理配置水资源。解决这一问题的关键在于进一步明确水资源属于国家所有，强调国务院代表国家行使水资源所有权。"② 因此，在2002年修订的《水法》第三条重申："水资源属于国家所有。水资源的所有权由国务院代表国家行使。农村集体经济组织的水塘和由农村集体经济组织修建管理的水库中的水，归各该农村集体经济组织使用。"其实，即使像以色列这样的自由市场国家，作为治水成功的典范，其基本的经验依然是"水资源属于整个国家"，"以色列人认为水属国家公有并且由政府管理为所有人争取到了最好的结果。从20世纪30年代开始，特别是1959年以色列前瞻性的《水法》制定后，在以色列发现的所有水都规定是公共财产。这使以色列能够在整体上为全社

---

① 傅涛：《市政公用事业改革的思考与建议》，2011（第九届）城市水业战略论坛论文集，北京，2011年3月。

② 汪恕诚：《关于〈中华人民共和国水法（修订草案）〉的说明》，http：//www.npc.gov.cn/zgrdw/npc/zfjc/zfjcelys/2016-08-29/content_ 1995978.htm，2016年8月29日。

会的最大用水需求进行规划，同时考虑到所有可用资源”[①]。从我国当前的情况看，根据国家统计局资料，截至2017年，在水的生产和供应行业，国有控股企业资产比重达81.9%[②]，可见，国有企业在水资源这样的重要战略性领域依然保持控制地位，这是我们应该继续坚持的基本战略。

在供水业务上，国有企业或集体企业在混合所有制改革的进程中应该牢牢掌握着控制权，这是对水资源公共物品属性的具体落实。《市政公用事业特许经营管理办法》第十条指出，主管部门应当履行下列责任之一，即“在危及或者可能危及公共利益、公共安全等紧急情况下，临时接管特许经营项目”，显然这是对私营和外资企业进行特许经营的有效规制。中国城镇供水排水协会常务副秘书长刘志琪曾表示：“把水务行业与其他一般竞争性行业对待，是方向性错误。应该保证国家对水务行业的控制力，计划产权改革的水务企业在对引进外资还是内资的问题上要慎重，已经引进外资的水务企业应保证国有企业的控股权。”[③]

对此，与受新自由主义影响下的水务完全私有化和市场化不同，以国有水务自我改制为特征的“西安模式”提供了一种替代性方案。2006年，为西安市360万人口提供饮水服务，但年收入5亿多元中仅有1558万元利润的老牌国有企业——西安市自来水总公司（以下简称“西安水司”），在全国水务公司市场化改制浪潮中也走上了试图引入外资解决困局的道路，威立雅兰州一役成功后也盯上了西安水务。就在威立雅和西安市政府一些官员准备促成改制之时，以时任西安水司总经理种受命为首的管理层和员工提出了反对意见，他们在考察调研一些供水企业后，发现这些企业引入外资后经营状况都不太理想，于是果断放弃了引入外资，并面见时任建设部部长汪光焘，向他反映西安水司的改制情况，建设部组成调查组赴陕西等地展开调研，国务院随后也责成国家发展和改革委员会和建设部组成联合调查组在全国选取一些重点城市展开调研，西安水司引入外资的计划由此中断，并走上了“自我改制”的另一条道路。2008年，重新制定的《西安市水业资产重组框架方案》出炉，新方案推倒了原来引进外资的设计方案，改为依靠西安水司本身，走集团化改造和供水、污水处理一体化的路径，进行国有水务的自我改制。2009年7月1日，西安市政府宣布将8家水务部门整合，组建西安水务集团有限责任公司，该公司由西安市供水集团有限公司、西安市水业运营公司、西安市污水处理有限责任公司、西安市黑河供水有限责任公司及西安市黑河引水渠道管理处、黑河库区管理中心、西安市水务局所属引乾济石调水工程管理中心、长安区石砭峪水库管理站共8家单位组成，性质是市政府授权的以原水、自来水、排水、污水处理及再生水回用的投资建设和经营管理为主要业务的国有资产运营管理公司。

西安水司的自我改制模式是推动国企改革的重要部署，是做大做强水务产业链的重大举措。西安水务集团有限责任公司自成立以来，始终坚守职责使命，以管好源头

① ［美］赛斯·西格尔：《创水记：以色列的治水之道》，陈晓霜、叶宪允译，上海译文出版社2018年版，第246-247页。

② 文兼武、张卫华：《多元化市场主体共促中国工业经济发展》，http：//www.stats.gov.cn/tjsj/sjjd/201804/t20180414_ 1593926.html，2018年4月15日。

③ 朱瑶：《外资豪赌中国“水权”》，《中国市场》2008年第50期。

水、供好自来水、治好排放水、用好再生水为己任，秉承“情系百姓、服务社会”企业宗旨，大力弘扬“上善若水，允公允能”企业精神，先后荣获中国水利优质工程大禹奖、全国减排先进集体、全国水利文明单位、省级平安单位等荣誉称号，连续10年获得全市安全生产先进单位荣誉。目前，集团设有12个职能部室（中心）和16个公司、1个分公司，现有在岗职工5200余人。集团管辖水库3座，设计总库容2.86亿立方米，输水管道全长260多千米；自来水厂14座，设计日供水能力240万吨，供水管网4200余千米，供水面积600多平方千米，服务人口1100余万；管理运维排水管网5700多千米，建成运营再生水厂9座，设计日处理能力176万平方米，总服务面积300多平方千米；垃圾渗沥液处理厂2座，日处理能力2800吨；中水公司1家，日供水能力30万吨，中水供水管道84千米。[①]“西安模式”的成功在于当初改制方案中所确立的基本原则，即摒弃以往引进外资、溢价转让的思路，不以引进城建资金为诉求点，而是充分考虑城市供水事业公共性、公益性强的行业特点，提出了适合企业自身情况和发展需要的改革思路。曾参与新改制方案论证的北京国融大通顾问公司总经理李智慧认为，该方案体现了政府控制力的重要原则，能够通过公用行业的资源整合实现公用企业做强的目标，有利于实现行业和企业的可持续发展，符合城市供水、污水处理行业的内在要求及发展趋势。[②]

第二，要始终坚持以人民为中心作为水务市场化改革的宗旨。引入社会资本补充政府财政供水资金的不足，以及通过市场机制调动涉水企业运营的积极性和效率，是中西方国家共同使用的手段，但是，社会主义市场经济体制与资本主义市场经济体制的差别在于，前者服务于最广大人民的根本利益，而后者以获取最大化利润为目标。资本主义市场经济的运行机制势必为了利润最大化而罔顾人民群众的生命安全和生态安全，上述西方国家和发展中国家供水私有化和市场化后出现的后果从深层原因来看均与此有关，而社会主义市场经济的运行要求始终将最广大人民群众的根本利益放在第一位，因此，在水务市场化的进程中要积极预防和应对水价上涨和水质安全受到危害给人民带来的负面影响。

坚持以人民为中心的水务市场化改革宗旨，具体说来：

一是既要保障人民群众获得基本生活用水，又要从生态性的角度保障人民群众用水的长远性。这不仅要求政府在供水上要体现社会公平，让低收入家庭获得生活所需用水，还要求从全人类的整体利益出发，确保水资源供应的生态性，由此我们也要认识到上调水价作为一种市场手段所具有的节约用水的积极作用。新自由主义从节约用水、提高水资源配置效率出发，将水完全视为商品的观点有其片面性，我国对水资源的利用，既要体现水的公共物品属性，保障人民群众的基本生计，又要为了人民群众饮水的生态性在一定程度上将之视为一种商品，两者不是像新自由主义那样的二元对立、相互排斥、相互否定的关系，而是要实现自身的有机统一。因此，为了体现作为生存必需品的水，以及由于水的日益稀缺性而体现作为商品的水，我国实行了分类计量收费和超定额累进加价制的阶梯水价，既满足居民的基本保障性用水需要，又限制

① 参见西安水务（集团）有限责任公司官网的介绍：http：//www.xashuiwu.com/default/single/19060510qs0lM。

② 张敏洁：《西安市自来水总公司改制始末》，《西部大开发》2009年第9期。

了居民的奢侈性用水，很好地将水的公共性和商品性有效地结合起来，是我国必须坚持并不断完善的重要政策举措。

二是要发挥政府的作用，形成对水务市场的有效监管和规制。我国各级政府在推进水务市场化的浪潮中不应完全“甩锅”给私营企业或者外资企业，不应放任市场机制完全自由发挥作用，而是要做好监管工作，切实承担起代表水资源所有权人的责任，警惕私营资本或者外国资本在这一行业野蛮生长。政府应设置专门的监管机构，在政府相关部门与私营部门或外资部门合作之前，对水价调整、经营收益的分配、风险担责等问题进行深入细致的研究，对可能出现的官商勾结等问题给予遏制和惩戒，以免在签订合同后陷入被动局面。在合作的过程中，应适时根据行业的发展情况乃至世界经济可能出现的金融危机等经济风险，对法律、政策、体制机制等各方面做出动态调整，从而在高效利用私营部门或外资部门提供的丰厚资金和先进技术的同时，做到有效规制其不良行为，确保供水行业的有序健康发展。倘若由于经验不足而出现影响人民利益的被动局面，政府也应当在事后进行有效弥补。

三是要确保人民群众对涉水事务的参与权和知情权。秉持以人民为中心的价值理念的政府，要紧紧依靠人民的监督来遏制吸纳社会资本参与经营时可能出现的问题，主动公开市政供水的运营情况，有序扩大公众参与到市政供水的相关决策中，保障公众的参与权和知情权。其实，我国通过的《市政公用事业特许经营管理办法》就明确了市政公用事业特许经营的公平原则和公众的参与权，其中第五条规定：“实施市政公用事业特许经营，应当遵循公开、公平、公正和公共利益优先的原则。”第二十六条规定：“社会公众对市政公用事业特许经营享有知情权、建议权。直辖市、市、县人民政府应当建立社会公众参与机制，保障公众能够对实施特许经营情况进行监督。”为了保障这些基本权利，政府应当畅通参与渠道，如成立涉水事务委员会，委员会的构成不仅要包括水务部门的官员、专业人士、企业代表，还要包括普通公众代表，普通公众代表可以由不同社区选举或者推荐产生，其中低收入群体应占据一定的比例。该委员会负责向公众公开涉水相关事务，将企业的运营情况置于公众的监督之下。政府还需进一步完善水价听证会制度，改革听证程序、听证代表遴选等机制，切实增进公众的参与程度和听证透明度，提高政府公信力和市民主人翁意识。

第七章　新自由主义与汽车社会

资本主义时代正在从市场经济的私有产权向以相互协助为基础的共享服务机制转变，人与汽车之间关系的变化就是这一伟大变革正在发生的初步证据。

——［美］杰里米·里夫金《零边际成本社会：一个物联网、合作共赢的新经济时代》

自然资源的私有化、商品化、市场化和金融化是新自由主义应对生态危机的“药方”，这些“药方”是经济手段，而新自由主义的另一个“药方”由于其简单明了而未曾在前述中提及，这便是技术手段。技术，从自然的维度上看，是征服自然、满足人类需求的表现，也因为它的这一特性，致使人们逐渐形成了对技术的青睐，似乎它可以解决一切问题，早在1671年，化学家罗伯特·波义耳就曾断言：“每当特定的需求产生的时候，就会有天资聪颖之人进行相应的发明创造，采用大量机械代替人手劳作，这样就给工匠们提供了新的谋生手段，甚至可以借机发家致富。”[①] 如今，汽车已经成为千家万户的出行工具，但在其对环境带来巨大压力的条件下，人类对汽车技术的进一步改良似乎已经十分期待，新自由主义也不例外。那么，技术能解决汽车所带来的问题吗？汽车技术又与新自由主义所服务的资本主义意识形态有何联系？如何超越新自由主义，构建环境友好的汽车社会？这是本章所要探讨的问题。

第一节　汽车技术改进史与汽车社会的“杰文斯悖论”

汽车已然成为人类社会基本的出行工具，从第一辆汽车制造以来，无论在汽车性能方面，还是环境友好方面，其技术都有了很大的提升，但其仍然不可避免地遭遇“杰文斯悖论”。

一、汽车诞生前人类的出行史

出行同吃、穿、住一样，是人类的基本生存需求。但是，人类要满足自身吃、

① ［英］罗伯特·艾伦：《近代英国工业革命揭秘：放眼全球的深度透视》，毛立坤译，浙江大学出版社2012年版，第9页。

穿、住的基本需求，必须改造自然界，制造出适合人类需求、供维持自身饱暖的食物、衣料和住所，而出行则不同，只要身体健康，无双脚等方面的疾病，出行是很容易实现的。依靠双脚出行，或者说不借助任何辅助工具出行，也能维持人类的生存，甚至在现代人类产生之前的“类人猿”那里，其在无法改造自然打造和使用工具的情况下，之所以能在生存斗争中取得了凌驾于其他猿类之上的优势，是“因为他们能够抓住食物、拿着食物奔跑，然后躲起来把食物吃掉”①，由此可见，直立行走在“人类之所以成为人类”中的重要地位和作用。在约200万年的时间里，类人动物和人类更是依靠双脚的徒步行走来完成采集或狩猎以获取食物，“他们一路走一路吃掉当地的植物类食物，而如果他们是猎人的话，他们就不得不追随兽群行动”②。进入定居生活后，双脚在相当长的时间里仍然是人类出行的重要方式，一直到18世纪末期，在中国和印度，运送珍贵的货物和紧急信件文书也还都靠训练有素的“专职人员”来完成。③

但依靠双脚出行毕竟在出行的速度和运载物品的数量方面存在较大的局限，这就需要出行“助理”来协助完成出行的需要。最初的出行“助理”工具是人力和畜力。人力对于交通运输是很重要的，它为各种交通工具运行提供所需的原动力。海上的船只，无论是商用还是作战用，最初都需要人力来划桨；陆地上的交通工具，如19世纪之前流行的中国的轿子、欧洲的肩舆等，都是由人力来驱动。除了人力，畜力也是人类可使用的重要出行工具。在历史上充当过出行工具的畜力有：马匹、牛、驴、骡子、骆驼。其中，马匹是使用最广泛的交通工具，特别是在19世纪的英国，马匹的数量快速上升：“1810年，英国约有15000驾私人马车，1870年上升为12万驾左右。村镇私人和商业之用的马匹从1830年的35万匹增加至1900年的120万匹。镇上那些公共交通系统的发展，在20世纪初期之前一直靠马来拉。1902年，伦敦有3700驾马拉公车（每驾由2匹马拉，一天需要换用10匹左右的马）、7500驾二轮轻马车和3900驾出租马车。铁路公司依靠马拉车辆把货物从仓库分发出去。伦敦铁路公司拥有6000匹马，煤炭商人们也有8000匹。直至1913年，伦敦货运的将近90%都靠马拉。”④

无论是人力还是畜力，在帮助人类出行或者运输方面都发挥了重要作用，在历史上存在了相当长的时期，人力和畜力从生物物理特征上看，都是属于有机物，他们终归要受到生理方面的限制，作为通勤方式的限制至少表现为时间上的缓慢性和成本上的昂贵性。直到18世纪，所谓的“道路”只不过是前车之辙而已，如果路上没有行人来往，根本看不出来有所谓“道路”的存在，而一旦下起雨来，“道路”就变成烂泥。通勤所需的道路都没有，何谈通勤的速度呢？因此，当时无论骑马、坐车或者步

① ［美］罗伯特·E. 勒纳、斯坦迪什·米查姆、爱德华·麦克纳尔·伯恩斯：《西方文明史》（第1卷），王觉非等译，中国青年出版社2010年版，第7页。

② ［美］罗伯特·E. 勒纳、斯坦迪什·米查姆、爱德华·麦克纳尔·伯恩斯：《西方文明史》（第1卷），王觉非等译，中国青年出版社2010年版，第13页。

③ ［法］费尔南·布罗代尔：《十五至十八世纪的物质文明、经济和资本主义（第一卷 日常生活的结构：可能和不可能）》，顾良、施康强译，商务印书馆2017年版，第525-526页。

④ ［英］克莱夫·庞廷：《绿色世界史：环境与伟大文明的衰落》，王毅译，中国政法大学出版社2015年版，第227-228页。

行，最高速度一般为 24 小时 100 千米，要想突破这样的纪录是十分困难的，而在不通大路的乡村，则处于与世隔绝的状态。① 除了通勤时间的“慢吞吞”，要养活人力或者畜力，还必须耗费高昂的成本。中国古时，不是人人出行都能坐上轿子，能坐轿子的都是达官显贵，且人数不同的轿子显示了人与人之间的等级差别。而使用畜力的主要限制就是饲料问题了，一匹马需要大约 2 公顷土地才能有足够的饲料，1900 年，英国马匹每年吃掉 400 万吨燕麦和干草（约为 600 万公顷土地的产出），在美国，马匹所需饲料的生产使用了大约 3600 万公顷的土地，这相当于土地总量的 1/4。②

二、汽车技术改进史

汽车就是在克服上述这些缺陷中逐步诞生的一项技术发明。与前述出行方式相比，汽车呈现的优势体现在自动性、廉价性和便捷性等方面。1879 年，德国工程师卡尔·本茨（Karl Benz）首次实验成功了一台二冲程试验性发动机。1885 年，他在曼海姆制成了第一辆本茨专利发动机汽车。该车的性能并不好，但是它采用了内燃机，并实现了自动化，同人力和畜力等有机动力相比，这种车能自己行走，所以人们用希腊语中的“Auto”（自己）和拉丁语中的“Mobile”（会动的）构成复合词来指称这种类型的车，这就是英语中“Automobile”（汽车）一词的由来。紧接着，20 世纪以来，汽车行业进入了迅猛发展的时代，由于美国与中东大规模油气田的开发，以及输油管与大型运油船等设施的发展，石油价格在 1945～1973 年呈下降趋势；而两次世界大战催生了道路交通设施的迅速发展；1912 年福特开创的电气化流水线生产方式提高了汽车生产的效率，降低了汽车的销售价格。因此，在整个 20 世纪，石油价格的下跌、高速公路的迅速发展，以及流水线生产方式的形成共同促进了汽车的廉价性和便捷性。

从此以后，汽车开始走进千家万户，人类社会也由此演变成“汽车社会”。所谓汽车社会，指的是人类出行对汽车的严重依赖，并且汽车逐渐超越出行意义上的使用价值而日益渗透到人类日常生活的各方面之中，成为对人类社会的政治、经济、文化等产生重大影响的交通工具。美国是名副其实的“车轮上的国家”，汽车文化是美国人日常生活的重要组成部分，汽车银行、汽车旅馆、汽车电影院等进入美国人的生活，甚至把车停在巨大的电影幕布前舒适地观看电影成为美国青少年的流行休闲方式。美国人还以使用汽车作为成年的标志，对于他们来说，开着人生第一辆汽车与女孩约会是长大成人的标志。汽车与美国的生活联系如此紧密，以至于简·雅各布斯（Jane Jacobs）感叹道：“对于美国人来说，生活的目的是什么？生产和消费汽车。”③在我国，国务院发展研究中心和中国汽车工程学会于 2010 年发布的《中国汽车社会蓝皮书》建议把 2009 年设定为中国汽车社会元年。其理由是：2009 年乘用车市场销售增量已经达到了 420 余万辆，由此推算，2009 年底百户家庭拥有量可达 12 辆左

---

① ［法］费尔南·布罗代尔：《十五至十八世纪的物质文明、经济和资本主义（第一卷　日常生活的结构：可能和不可能）》，顾良、施康强译，商务印书馆 2017 年版，第 505-522 页。

② ［英］克莱夫·庞廷：《绿色世界史：环境与伟大文明的衰落》，王毅译，中国政法大学出版社 2015 年版，第 225-228 页。

③ ［加］简·雅各布斯：《美国大城市的死与生》，金衡山译，译林出版社 2005 年版，第 415 页。

右。基于全国整体百户家庭汽车拥有量已超过10辆，以及占人口总数接近一半的城市人口中百户家庭汽车拥有量接近20辆的现实，按照国际的通行惯例，从数量上看2009年中国已经跨入汽车社会门槛。由中国社会科学院社会学研究所中国汽车社会研究网完成的《汽车社会蓝皮书》认为，2012年中国正式进入汽车社会，每百户家庭私人汽车拥有量超过20辆。根据公安部交通管理局公布的数据，截至2014年底，全国平均每百户家庭拥有25辆私家车，其中北京每百户家庭拥有63辆，广州、成都等大城市每百户家庭拥有量已超过40辆。但无论从哪年算起，中国都已经是名副其实的汽车社会。

相比人力、畜力等交通工具，汽车由于其速度等优势，为人类出行提供了便利，但随着汽车社会的形成，由于其对化石燃料的使用等因素的影响，其所导致的生态环境问题日益引起人们的重视，并因此成为汽车技术生态化的催化剂，倒逼着汽车在技术方面向更加环保的趋向发展，最终形成了汽车社会治理的技术路径，其基本涵义就是期望通过汽车以及相关配套设施技术上的生态化，去除汽车原先的非生态技术要素，从而避免人类社会完全抛弃汽车，实现汽车出行的舒适性和生态性的双赢。汽车社会导致的生态环境问题主要有两个方面：一是对环境的大肆破坏；二是对资源的大量消耗。对此，汽车社会生态环境问题治理的技术路径，总的来看，可以通过以下三种途径来解决：

一是在继续使用汽油作为燃料的情况下，提升油品的质量，减少尾气排放中的污染物。对此，世界各国都对车用汽油标准进行不断调整，以此来改善空气质量。从含铅、低铅汽油到无铅汽油发展的历史就是一个很好的例子。自从人们认识到血液中含铅量的提高与汽油中的铅有紧密联系以来，不少国家纷纷行动起来限制在汽油中添加铅。苏联于1967年决定禁止在大城市使用含铅汽油；美国在1970年规定，到1975年加油站必须销售低铅汽油；日本在1987年禁止使用含铅汽油；西欧在20世纪80年代也随之改用低铅汽油；其他多数国家也在20世纪90年代采取了同样的政策；我国从2000年开始，在全国范围内推广无铅汽油，实现了汽油无铅化，从根本上解决了汽车尾气中的铅污染问题。

今天，世界各国更是通过规定排放标准来推动汽车油品质量的提升。欧盟汽车排放标准经历了由欧Ⅰ到欧Ⅵ的演变，排放标准迅速提高，趋向严格。欧洲从1992年起开始实施欧Ⅰ标准、1996年起开始实施欧Ⅱ标准、2000年起开始实施欧Ⅲ标准、2005年起开始实施欧Ⅳ标准、2008年起开始实施欧Ⅴ标准、2013年起开始实行欧Ⅵ标准。2014年2月，欧盟敲定了未来二氧化碳最新排放标准，规定到2020年，欧洲的汽车制造商生产的95%的新车平均每公里排放的二氧化碳不得超过95克，2021年，100%车辆必须达标。

在我国，根据2013年2月6日国务院常务会议对油品质量升级工作的要求，为落实国务院《大气污染防治行动计划》，国家质检总局、国家标准委于2013年12月18日发布了第五阶段车用汽油国家标准（以下简称“国五标准”）。该标准自发布之日起实施，自2018年1月1日起全国范围内供应。与第四阶段车用汽油国家标准相比，国五标准将硫含量指标限值由第四阶段的50ppm降为10ppm，降低了80%；将锰含量指标限值由第四阶段的8mg/L降低为2mg/L，禁止人为加入含锰添加剂；

将烯烃含量由第四阶段的28%降低到24%。2015年，国家发展和改革委员会、财政部、环境保护部、商务部、工商总局、质检总局、国家能源局七部门联合发布《加快成品油质量升级工作方案》，该方案提出力争提前完成成品油质量升级任务，将全国供应国Ⅴ标准车用汽柴油的时间由原定的2018年1月提至2017年1月。此后，中国两大石油巨头——中石油和中石化陆续宣布，为落实国家油品质量升级的新要求，将提前完成油品质量升级工作。

2016年12月23日，原环境保护部、国家质检总局发布《轻型汽车污染物排放限值及测量方法（中国第六阶段）》（即“轻型车国六标准”），本次轻型车国六标准采用分步实施的方式，设置国六a和国六b两个排放限值方案，即最迟2020年7月1日起，所有销售和注册登记的轻型汽车应符合国六a要求；2023年7月1日起，所有销售和注册登记的轻型汽车应符合国六b限值要求。其中，国六a只是一个过渡阶段，而国六b才是真正的国六排放标准。与此同时，针对重型柴油车，2018年6月22日，生态环境部、国家质检总局发布了《重型柴油车污染物排放限值及测量方法（中国第六阶段）》，自2019年7月1日起实施。在具体的执行过程中，不少省份有意向提前执行国六标准。

二是通过改进发动机系统和车身材料来提高汽车油耗及其碳排放的性能。日本的本田公司开发了高效节能双电机混合动力系统，根据日本JC-08工况实际测算，本田的i-MMD系统实现了每百公里3.3升的超低油耗，实现了中型车的动力、小型车的油耗。[①] 福特的EcoBoost发动机，是高压燃油系统注入燃料直接进入燃烧室，调节给定时间内需要的燃料继而冷却，完成更高的压缩比。EcoBoost发动机还能够精确地控制进气和排气门闭合和开启时间，提高燃烧效率、创造怠速引擎扭矩并减少废气排放。总的来说，该款发动机融合福特缸内直喷、可变凸轮轴正时及涡轮增压三大燃油经济性及动力提升的关键技术，实现了高于同级20%的出色燃油效率。[②]

减轻车身的材料，也是降低资源消耗的有效手段。钢材现在已经不再是高效的材料了，替换性的材料包括先进的高分子复合材料、铝、纳米材料、碳纤维和仿生材料等。总的来说，“降低车辆自重，可提高10%~20%的效能；使用小型发动机，可提高效能20%~40%；改进汽车空气动力以及使用低摩擦轮胎，可提高10%效能”[③]。丰田汽车（中国）投资有限公司发布的《丰田中国企业社会责任报告（2018-2019）》提出了丰田公司将要实现的六项挑战内容，其中一项就旨在挑战生命周期二氧化碳零排放，其基本考虑是：不只针对汽车行驶过程中排放的二氧化碳，还要在材料制造、零件制造、工厂到经销店之间的运输，废弃处理和回收再利用的各阶段实现二氧化碳零排放。比如新一代环保车的零件中，材料和零件制造中会增加二氧化碳排放。为此，丰田开发和推广使用低二氧化碳排放材料，减少使用量和零部件数量。另外，为降低废弃和循环利用环节的二氧化碳排放量，丰田今后还将进一步加快开发关爱环境的设计，如推广使用再生材料和易拆解的车辆设计，承诺制造出“更好的

---

① 参见本田官网：http：//www.honda.com.cn/funtec/technology/i-mmd。

② 参见福特官网：https：//www.ford.com.cn/engineering/ecoboost/。

③ ［美］金斯利·丹尼斯、约翰·厄里：《后汽车时代》，郝庆丰等译，机械工业出版社2012年版，第64页。

汽车”。①

三是以新型绿色燃料完全替代汽油。既然汽油是造成空气污染的主要因素，那就以其他不产生污染的燃料替代之。有许多替代方案，其中至少但不限于以下替代驱动燃料：生物燃料、天然气、氢能和电能。

生物燃料泛指由生物质组成或萃取的固体、液体或气体燃料，可以替代由石油制取的汽油和柴油，是可再生能源开发利用的重要方向。所谓的生物质是指利用大气、水、土地等通过光合作用而产生的各种有机体，即一切有生命的可以生长的有机物质。它包括植物、动物和微生物，不同于石油、煤炭、核能等传统燃料，这些新兴的燃料是可再生燃料。美国是世界最大的生物燃料乙醇生产消费国，主要原料为玉米。据美国可再生燃料协会数据，2016 年，全美生物燃料乙醇总产量达 4554 万吨。通过立法，车用乙醇汽油在美国应用已实现全覆盖，减少了机动车有害物质排放，年减排二氧化碳超过 4350 万吨。巴西是全球生物燃料乙醇第二大生产消费国，也是最早实现车用乙醇汽油全覆盖的国家，主要原料为甘蔗。2017 年，巴西生物燃料乙醇已替代了国内 50%的汽油。欧盟早在 1985 年就开始使用乙醇含量 5%的车用乙醇汽油。2016 年，欧盟生物燃料乙醇产量为 409 万吨。根据规划，2020 年生物燃料在欧盟交通运输燃料消费总量所占的比重将至少达到 10%。我国生物燃料乙醇产业发展始于“十五”初期，2001 年为了解决大量“陈化粮”处理问题，改善大气及生态环境质量，调整能源结构，经国务院同意，启动了生物燃料乙醇试点。从“十一五”时期起，根据形势变化暂停了粮食燃料乙醇发展，陆续在广西、内蒙古、山东、河南等地建成多个非粮燃料乙醇示范项目或产业化装置。截至 2017 年，我国生物燃料乙醇年消费量近 260 万吨，产业规模居世界第三。全国已有 11 个省区（包括黑龙江、河南、吉林、辽宁、安徽、广西 6 省区全境和河北、山东、江苏、内蒙古、湖北 5 省区的 31 个地市）试点推广乙醇汽油，乙醇汽油消费量已占同期全国汽油消费总量的 1/5。②

在天然气、氢能等替代燃料的环保效应方面，作为欧委会及欧盟一体化技术标准的支撑机构，欧盟联合研究中心（Joint Research Center，JRC）能源与燃料汽车参照实验室，在 2013 年曾对欧洲Ⅳ排放标准的不同混合比例压缩天然气——氢气燃料汽车和标准燃油汽车的各种废气参数进行分析比对，研究结果表明，渗入氢气（最高渗入量为 30%）的压缩天然气混合燃料汽车相对燃油汽车，综合的温室气体排放量可减少至少 80%以上。③ 使用氢作为能源的好处是它跟空气中的氧反应，仅产生水蒸气，这就有效减少了空气污染。国外汽车业也在大力研发并逐步上市氢能源汽车，日本“2018 年住友售车报告”显示，丰田首款量产的氢燃料电池车 Mirai（日语意为“未来”）可以实现加氢 3~5 分钟，续航达 700 千米。从 2014 年 12 月上市以来至

---

① 《丰田中国企业社会责任报告（2018-2019）》，参见 http：//www.toyota.com.cn/mobile/development/environment2050/img/past_ pdf_ 2019.pdf。

② 《能源局就〈关于扩大生物燃料乙醇生产和推广使用车用乙醇汽油的实施方案〉答问》，http：//www.gov.cn/xinwen/2017-09/13/content_ 5224736.htm，2017 年 9 月 13 日。

③ 赵竹青：《压缩天然气：氢气混合燃料汽车减少温室气体排放 80%》，http：//scitech.people.com.cn/n/2013/0827/c1007-22710175.html，2013 年 8 月 27 日。

2018 年 10 月，这种汽车在日本国内共计销售 2400 辆，在海外（主要是美国）销售了 3800 辆。①

还有一种新的替换技术，就是从内燃发动机向电力和混合动力、燃料电池和锂离子电池转变。当前，几乎世界各大汽车制造商都在致力于发展电力汽车。据丰田公司介绍，丰田的环保车发展方向是：丰田于 1997 年推出全球首款量产混合动力乘用车“PRIUS”（“普锐斯”），并一直为实现其“绿色交通”愿景而努力，最终希望汽车能够在不破坏环境的前提下满足社会的交通需求。为实现这一愿景，丰田开发出了以油电混合动力技术为核心的多款汽车，包括外插充电式混合动力车、电动车和燃料电池车等。此外，丰田将继续探索各种可能性以充分利用各种能源形式，包括氢能、汽油、柴油、电能和其他石油替代燃料。丰田的造车哲学就是，在最合适的时间和地点为人们提供最合适的汽车，旨在根据各国的能源状况、基础设施和政策环境，为客户提供最环保的汽车。②“普锐斯”汽车于 2005 年进入中国，截至 2018 年底，丰田混合动力车在中国年销量达到约 19 万辆。为减少行驶过程中二氧化碳排放或实现意识零排放，除传统发动机车型和混合动力车外，丰田还将继续加快推进新一代环保车外插充电式混合动力车、电动汽车、燃料电池车。例如，氢燃料电池车由于在行驶过程中不排放二氧化碳及其他加重环境负担物质，而且性能也与汽油车相匹敌，因此被称作无限接近与环境融合的“终极环保车”。2014 年 11 月，丰田开始在日本生产并销售全球首款量产型氢燃料电池车“MIRAI”，并计划到 2020 年生产规模扩大到每年 3 万辆。在中国，“MIRAI”实证实验于 2017 年启动，在掌握氢燃料电池车在中国特殊的行驶要求，同时，也通过各种活动启蒙宣传了氢燃料电池车技术。此外，丰田也在探索客车等商用车领域的应用，扩大氢燃料技术的实用性。从 1998 年开始，丰田参与了中国科技部主导的电动汽车研发项目，进行了 RAV4 电动汽车的行驶试验。1999 年，丰田又开展了城市内超小型移动工具 e-com 的实证实验，目前已完成了电动汽车在中国行驶试验。目前中国的两家合资公司——一汽丰田与广汽丰田分别发布了自主品牌车型。2016 年以后，为进一步加快电动汽车产品研发速度，响应政府政策，满足社会对电动汽车产品的需求，丰田成立了专门研发电动汽车产品的创新机构，并开展各方面准备工作，计划在 2020 年导入电动汽车车型。③

此外，日产汽车早在 1947 年就发布了电动车“TAMA”；2010 年，日产汽车在全球率先发布量产型 100%纯电动汽车“NISSAN LEAF”（“日产聆风”），并迅速成为全球销量第一的电动汽车，“NISSAN LEAF”搭载锂离子电池和电机，2015 年新搭载 30 千瓦时大容量驱动用锂离子电池，在维持尺寸不变的同时，减少电池内部的抵抗，实现锂离子的高填充，将续航里程提高到 280 千米。到 2010 年，“NISSAN LEAF”在包括北美、欧洲在内的 48 个以上的市场发售，截至 2016 年末，全球销量约 23 万台。大众首款插电式混合动力汽车“Golf GTE”，每公里二氧化碳排放量低至 38 克，纯电动模式下，续航里程可达 50 千米。在宝马汽车公司，优秀的驾驶体验和轻量化构件

① 《汽车加水就能跑，真的吗?》，《中国环境报》2019 年 5 月 29 日。

② 参见丰田官网：http：//www. toyota. com. cn/technology/hev6. php。

③ 《丰田中国企业社会责任报告（2018－2019）》，参见 http：//www. toyota. com. cn/mobile/development/environment2050/img/past_ pdf_ 2019. pdf。

的智能组合使新纯电动“BMW i3”拥有蓄势待发的动力。搭载全电动 BMW eDrive 动力传动系统，新纯电动“BMW i3”百公里/小时加速只需 7.3 秒。新纯电动“BMW i3”的电力发动机性能为 170 马力，扭矩为 250 牛·米，续航可达 271 千米，高效且零排放的驾驶体验，带来更多乐趣。当电池电量不足时，增程版车辆的增程器将自动开启，即可将续航能力增加至 396 千米。驾驶舱沿用碳纤维增强塑料，这一材料通常也被称为碳纤维，质地轻且坚硬，更具弹性。低重心、轻量化的设计，使新纯电动“BMW i3”的操控更加灵活。

可见，发展电动汽车已经成为全球应对生态环境问题的一个主要趋势，杰里米·里夫金（Jeremy Rifkin）将插电式电动车、氢燃料电池车视为第三次工业革命的五大支柱之一。主要的汽车生产商和电力能源公司、公共事业公司开始合作，为 21 世纪的插电式运输工具创造新的基础设施。“到 2030 年，插电式电动车的充电站和氢能源燃料电动车会普及全球，将为主电网的输电、送电提供分散式的基础设施。据预测，到 2040 年，75%的轻型汽车将由电力驱动。”① 针对汽车市场的这种结构性变化，德国杜伊斯堡—埃森大学汽车研究中心主任费迪南德·杜登赫费尔表示：“这不仅仅是从内燃机驱动转向电力驱动的技术变革，也将是汽车定义的变革。美国、西欧和日本都不会成为这个行业的主角。除日本外的亚洲地区和东欧将成为领导者。2018 年，技术和主要角色的变革将会加速，中国将引领向电动汽车过渡的未来。”②

我国经过多年的研究开发和示范运行，新能源汽车行业已经形成了从原材料供应、动力电池、整车控制器等关键零部件研发生产，到整车设计制造，以及充电基础设施的配套建设等完整的产业链，具备了产业化基础。2017 年，全国新能源汽车产量为 79.4 万辆，销量为 77.7 万辆，分别占 2017 年全国汽车产销量的 2.71%和 2.69%。2019 年，新能源汽车新增量和保有量分别达到 120 万辆和 380 万辆，均占全球总量一半以上。为了解决“充电难、远行难”问题，我国近年来大力推进高速公路充电设施建设和互联互通。截至 2019 年底，全国电动汽车充电基础设施达 120 万处，已建成京沪高速、京港澳高速等“十纵”，青银高速、沪蓉高速等“十横”以及首都环线、杭州湾环线“两环”的高速快充网络。仅国家电网经营范围就有快充站 2080 座、充电桩 8423 个，覆盖高速公路近 5 万千米，连接 19 个省的 171 个城市。这些充电站平均间距小于 50 千米，最快半小时就能充满电。③

除了上述三大比较成熟的技术治理路径，近几年，还有一些新兴技术也逐渐兴起。比如，通过移动互联网技术研发了汽车出行的共享软件；无人驾驶汽车的兴起，其给车辆装备智能软件和多种感应设备，包括车载传感器、雷达、GPS 以及摄像头等，获取车辆周围环境信息，并根据所获取的信息像人的大脑一样进行智能处理、分析判断，从而控制车辆的行驶方向与速度，实现车辆的自主驾驶，安全高效地到达目

① ［美］杰里米·里夫金：《第三次工业革命：新经济模式如何改变世界》，张体伟译，中信出版社 2012 年版，第 57 页。

② 《中国汽车延续良好发展势头》，《凤凰周刊》2018 年第 25 期。

③ 姜琳：《我国高速公路充电网基本形成　电动汽车也有了“远方”》，http://life.gmw.cn/2019-10/09/content_33217245，2019 年 10 月 9 日；田川：《碳中和 2060：拥抱中国绿色力量》，《社会科学报》2021 年 2 月 4 日。

的地，并且最终实现完全消除交通拥堵和交通事故，为环境保护做出突出贡献；随着5G时代的渐近，利用5G的传输速度特点，未来电动汽车的充电时间可能大为缩小。德国慕尼黑工业大学的科研机构已研发出一个能精确模拟电池的玻璃，通过使用电子顺磁共振光谱（EPR）的过程，可以准确观测到电池内部电镀的积累量，也能借此更准确地预测嵌入式反应进行并降低快速充电期间保护电池所需的余量。

三、汽车社会的“杰文斯悖论”

但是，汽车技术的进步能够彻底解决汽车社会的生态环境问题吗？在经济学说史上有一个“杰文斯悖论”，指的是通过技术改进提高资源的利用效率，不是减少反而是增加了资源的消耗。杰文斯曾以蒸汽机的历史证明了其所提出的悖论的存在。[①]

我们可以肯定地预见，未来的汽车技术一定会继续优化，汽车的能效会进一步提高。然而，企图通过汽车技术的改进来消除汽车社会的生态环境问题，历史给出的答案是极其残酷的。汽车能效的提高反而增加了能源消耗的总量，对环境的影响不是减少而是增大。早在1991年，《科学》杂志就曾指出，石油价格的提高不断推动汽车能效的提高，却进一步推动了美国汽车拥有者更多次数的驱车兜风，当时美国人均的驱车里程数达到了每年2.3万千米，而在中国，这一数字是500千米，但是人口的不断增长以及“驾驶权”意识的增加都将带来可怕的后果。[②] 为了计算美国汽车的公司平均燃料经济性（Corporate Average Fuel Economy，CAFE），轻型汽车被分成小型汽车和轻型卡车（包括SUV）两类。1984年，所有轻型卡车的平均燃料经济性是20.6，即每加仑汽油燃料行驶的里程数是20.6英里，并且平均对等试验重量（Equivalent Test Weight）是3804英镑，这就意味着每加仑汽油可行驶78362（20.6×3804）平均英镑里程。2001年，所有轻型卡车的平均燃料经济性略微上升至21.0，而平均重量却大幅提高到4501英镑。因此，每加仑汽油可行驶94521（21.0×4501）平均英镑里程，与1984年相比，能效改进了20.6%。同样的情形也发生在小型汽车上。1984年，所有小型汽车的公司平均燃油经济性是26.9，平均对等试验重量是3170英镑，因此，每加仑汽油可行驶85273（26.9×3170）平均英镑里程。到了2001年，所有小型汽车的公司平均燃油经济性提高到了28.7，而平均重量增加到3446英镑，因此，每加仑汽油可行驶98900（28.7×3446）平均英镑里程，能效增加了16.0%。显然，1984~2001年，无论是小型汽车还是轻型卡车，能效都提升了，由此人们可能以为这会带来能源消耗的减少。但事实并非如此，在这期间，比小型汽车来得更笨重、更耗油的轻型卡车在所有轻型汽车中所占的数量比从24.4%上升到了46.6%。由于这一变化，公司平均燃油经济性从25.0下降到24.5，下降了2%。同时，这一时期汽车的每年平均行驶里程数也从9300英里上升到11800英里。此外，驾驶员和汽车的增加也推动了整体的燃油消耗，1990~1999年，由于人口的增长，以

---

① 蔡华杰：《走出传统节约观的迷思：基于社会主义生态文明视角的研究》，人民出版社2018年版，第216-221页。

② Jeremy Cherfas, "Skeptics and Visionaries Examine Energy Saving", *Science*, Vol. 251, No. 4990, 1991, pp. 154-156.

及每千人拥有汽车数增加了2.8%，美国汽车的数量从1.89亿增加到2.17亿。①

显然，汽车的技术史就是能源效率不断改进的历史，但由于汽车的数量和行驶里程数等因素的不断增加，汽车的发展历史同时也是整体油耗不断增加的历史，“杰文斯悖论”在汽车史中体现得淋漓尽致，有学者甚至断言：“这样一个模式看上去在未来的世界各地极不可能改变。因新技术而来的能源效能的提高，不会阻止对能源需求的增长和更高的能源消费。能源消费对环境的影响，根本上来自所使用的资源总量以及它们产生的污染。至于‘效能’高不高，没有什么太大作用。”② 的确如此，电动汽车的发展可以节省不少能源，但大量电动汽车的使用，却会造成用电总量的大幅度增加，这也同样对电力基础设施带来极大压力，进而对环境造成极大压力。据澳大利亚埃迪·科文大学的伊夫特哈尔·艾哈迈德（Iftekhar Ahmad）介绍，在高峰时段，如果在同一条街道上有超过六辆以上的电动汽车同时充电，可能会导致当地电压下降，虽然具体数字可能因地区不同而有所差异，但日常电动汽车集中充电确实会缩短变压器等电力基础设施的使用寿命。③

第二节 汽车是自由的化身：新自由主义影响下的解释及其限度

汽车，人们日常生活中常见的出行工具，既给我们带来便利，又让我们陷入依赖甚至厌恶的深渊。即使在“杰文斯悖论”存在的情况下，为什么人们依然沉溺于以汽车为中心所构建起来的“汽车社会”而难以自拔？基于不同的立场、观点和方法，对这一问题的回答形成了不同的解释模型。在新自由主义的影响下，存在着所谓自由主义的解释模型，该模型宣称人类与生俱来的自由本性必然产生对汽车的消费。

一、问题的提出：内燃机汽车完胜电动汽车？

第一个获得美国科学促进会“公众理解科学和技术”奖的外国人、加拿大学者瓦茨拉夫·斯米尔（Vaclav Smil）曾指出：“杰文斯试图反驳的错误理念反而成了普世的真理，并成为一种狂热的信念，几乎上升到宗教信仰的高度，而且不受任何理性的批判。”④ 之所以如此，或许在于在人类社会的进步史中，技术无疑在解决人类所面临的难题方面发挥了巨大的“魔力”，似乎每一次人类前进障碍的突破都有技术的影子，对环境难题的解决同样也存在着类似的思路。正如福斯特所说：“在发达的资

---

① John Bellamy Foster, Brett Clark and Richard York, *The Ecological Rift: Capitalism's War on the Earth*, New York: Monthly Review Press, 2010, pp. 187-188.

② ［英］克莱夫·庞廷：《绿色世界史：环境与伟大文明的衰落》，王毅译，中国政法大学出版社2015年版，第243-244页。

③ 侯丽：《转变城市交通管理策略》，《中国社会科学报》2018年11月28日。

④ ［加］瓦茨拉夫·斯米尔：《能源神话与现实》，北京国电通网络技术有限公司译，机械工业出版社2016年版，第15页。

本主义经济体中，……截止到目前，技术的魔杖最受欢迎，似乎可以提供改善环境又不影响资本主义机器顺利运转的可能性。”① 也正如乔尔·克沃尔（Joel Kovel）所观察到的：“存在着这么一种普遍的观点，即认为我们已经掌握解决生态危机的技术手段。随着基因组的破解、信息技术和通信工程惊人的创举、诸如燃料电池这些低污染能源设备的出现、科学的广泛进步以及宣传机器的大肆宣传，人与自然的冲突似乎可以得到解决。”② 正是对技术魔力的信任，以至于在20世纪40年代洛杉矶发生雾霾时，很多人依然坚信洛杉矶有充足的时间，以为只要通过工程师的突破性进展就能净化整个区域。“在某种程度上，这是可以理解的。洛杉矶过去就曾改造过大自然，为什么不可以再来一次呢？”③ 甚至在雾霾的诊断上，1954年，时任加利福尼亚州州长奈特（Goodwin J. Knight）就断言，“雾霾是一个科学和工程问题，而不是政治和法律问题”④。当年是加利福尼亚州空气污染监管史上的一个关键节点，由此开启了将雾霾的根源归结为汽车，并力图通过采用最新的技术解决方案来保证汽车清洁的治理时代。

然而，仅仅依靠技术就能解决问题吗？其实，解决汽车所造成的环境问题的技术（电动汽车）早就与造成环境问题的技术（内燃机汽车）同时出现，不是先有内燃机车，因为其产生了环境问题才有电动汽车，而是电动汽车与内燃机汽车出现于同一个时代。从汽车行业发展的历史来看，可以看出，大致在第一次世界大战之前是电动汽车和内燃机汽车相互竞争，并且电动汽车占据优势地位的时代。

第一辆实际制造出来的电动汽车是苏格兰商人罗伯特·安德森（Robert Anderson）在1832~1839年发明的，而第一台汽油发动机是戴姆勒在1883年制成的，在此后的19世纪最后十年，上演了电动汽车和汽油发动机汽车孰优孰劣的言辞争论和实际竞赛。吊诡的是，电动汽车在这十年里的表现并不逊于汽油发动机汽车。1896年，在美国罗得岛州举办的第一个场地赛，第一辆瑞克电动汽车击败了弗兰克·杜里埃（Frank Duryea）的内燃机汽车。1899年3月29日，著名车手卡米尔·杰纳茨（Camille Jenatzy）驾驶着其子弹外形的电动敞篷车“永不满足”（Jamais Contente）打破了时速100千米的壁垒，创造了当时的车速世界纪录105.88千米/小时。电动汽车的卓越表现让发明家爱迪生对其信心满满，坚信电动汽车终将占据统治地位，甚至在福特发布性价比更高的T型内燃机汽车后，爱迪生仍倔强地认为电动汽车能够获得最终的胜利，1911年他还向汽车生产厂家推荐他的镍铁电池。同样地，因为电动汽车的卓越表现，与之配套的基础设施充电站也得以陆续建立起来，到1901年，新泽西州共建造了6个电动汽车充电站，使从纽约驾驶电动汽车到达费城成为可能；到1903年，波士顿完成了36个充电站的建设。即使没有充电站，以时速32千米的速度行驶，当

---

① ［美］约翰·贝拉米·福斯特：《生态危机与资本主义》，耿建新、宋兴无译，上海译文出版社2006年版，第86页。

② Joel Kovel, *The Enemy of Nature: The End of Capitalism or the End of the World?*, London and New York: Zed Books, 2007, p. 169.

③ ［美］奇普·雅各布斯、威廉·凯莉：《洛杉矶雾霾启示录》，曹军骥等译，上海科学技术出版社2014年版，第9-10页。

④ James E. Krier and Edmund Ursin, *Pollution and Policy: A Case Essay on California and Federal Experience with Motor Vehicle Air Pollution*, 1940-1975, Berkeley: University of California Press, 1977, p. 95.

时的电动汽车也能够行驶130千米，这已足够满足当时的城市驾驶需要。不仅在时速上，电动汽车已基本能满足人们的需要，而且在我们今天非常关心的环境保护问题上，电动车的环保性能早已为当时的人们所认识。1896年4月，一篇广为人知的文章称赞道：电动汽车绝不会产生尾气，而所有我们见过的汽油车，都从排气管中排出那些燃烧不充分的、有强烈气味的尾气。①

其实，当时与内燃机汽车进行竞争的不仅仅是电动汽车，还有马车和铁路，而后者长期以来都能够满足人们出行的基本需要。“当尼古劳斯·奥托于1866年造出了他的第一台燃气发动机时，马在满足人们陆上运输需要方面已经有了将近6000年的历史，在最近的几十年里又日益得到蒸汽动力铁路的补充。在获得马匹方面不存在任何危机，人们对于铁路也没有任何不满。”②

二、自由主义的个人主义方法论解释模型

既然如此，为什么电动汽车后来被汽油发动机汽车所取代，并导致整个20世纪的人类社会沉溺于以汽车为中心的汽车社会中？在生态危机愈演愈烈的今天，为什么人类不重拾早已存在的电力技术？让我们先来看看新自由主义影响下所形成的自由主义以个人主义的方法论模型对这一问题的诠释。

从自由主义的个人主义方法论出发，上述问题似乎并不构成问题，用理查德·奥弗里（Richard Overy）的话说就是，汽车的兴起“无须解释”③。这里的“无须解释”指的是汽车完全符合、满足个体对自由或自主的偏好，而个体对自由或自主的偏好是内在于人类的本性，因此，汽车就成为高度契合人类个体本性的发明，这样一来就使个体对汽车的“拥抱”变得“自然而然”无须解释了，这是在新自由主义影响下，从自由主义的个人主义方法论出发而得出的结论。在个人与社会或整体何者是第一性的问题上，个人主义的基本信条是，个人先于社会而存在，个人是本源，先有个人，后有社会，社会是派生存在物，而且只有当社会是在保护个人权益的时候才有存在的价值。作为一种解释性的学说，哈耶克指出：“它认为，我们惟有通过理解那些指向其他人并受其预期行为所指导的个人行动，方能达致对社会现象的理解。”“它不仅构成了我们理解经济生活的基础，而且也为我们理解大多数真正的社会现象奠定了一个基础。这种观点认为，我们在人类事务中所发现的绝大多数秩序都是个人行动所产生的先前未预见的结果。”④ 哈耶克的诠释说明，个人主义把个人作为解释社会或整体的出发点，从个人的特征，特别是个人所具有的本性特征推导出社会或整体的特征。作为一种规范性的学说，个人主义强调，始终保持个人的优先性是一个社会值得

---

① ［美］金斯利·丹尼斯、约翰·厄里：《后汽车时代》，郝庆丰等译，机械工业出版社2013年版，第23-26页；［加］瓦茨拉夫·斯米尔：《能源神话与现实》，北京国电通网络技术有限公司译，机械工业出版社2016年版，第20-23页。

② ［美］贾雷德·戴蒙德：《枪炮、病菌与钢铁：人类社会的命运》，谢延光译，上海译文出版社2016年版，第244-245页。

③ Richard Overy, “Heralds of Modernity: Cars and Planes from Invention to Necessity”, in Mikulas Teich and Roy Porter, eds., *Fin de siècle and its Legacy*, Cambridge: Cambridge University Press, 1990, p. 57.

④ ［英］F. A. 冯·哈耶克：《个人主义与经济秩序》，邓正来译，生活·读书·新知三联书店2003年版，第12页。

追求的目标，个人的优先性体现在个人对真理、善恶判断和选择的主观性，个人权利的至高无上性，个人对经济利益追逐的正当性，以及由此对社会提出的服务于这些个人优先性的要求。

如果以个人主义的解释性和规范性界定出发理解汽车社会，那么，前者就为我们解释了汽车社会的形成，而后者则指明了汽车社会的不可扭转性，当汽车社会带来一系列问题时，个人主义就成为为汽车社会进行辩护的理论出发点，对此，典型的代表人物是罗琳·洛马斯基（LorenLomasky）和詹姆斯·杜恩（James Dunn）。在他们看来，汽车社会的兴起应该从个人的欲望、需求这些本性中寻找，而渴望出行或者移动的自由性是内嵌于人类的本性。"对交通的研究从根本上取决于两个基本原理。第一个是：移动是一种带有根本性的人类活动和需要。'当人们书写 20 世纪晚近历史时，毫无疑问，移动是一块试金石'。"① 汽车正好满足了个人对出行或移动自由的欲望和需要。洛马斯基指出，早在亚里士多德那时，就有关于出行或移动的自由是个人本性的观点，即"对亚里士多德来说，成为一个可以自我移动者是动物与植物相区别的重要特征，因此也是高等动物和低等动物相区别的重要特征"②。也就是说，出行或移动的自由是"人之所以成为人"的重要本性，而这一本性的实现可以通过技术的不断改进来实现，汽车正是这样一种技术，可以在任何时候将个人带到其想去的地方，实现了在时间和空间出行方面的自由。因此，洛马斯基写道："我将聚焦于汽车化将个人从一个地方移动到另一个地方的内在能力。就此而言，汽车化与个人自由相辅相成。"③ 既然汽车是个人自由本性的体现，因此，在杜恩看来，任何反对汽车发展的观点就变成了与大部分人相对立的少数精英的"社会工程项目"④，变成了自由的敌人，对汽车的任何限制性举措都是注定要失败且不得人心的，"可以肯定的是，那些劝阻人们不要开车所需的法律和税收不会被选民接受"⑤。

洛马斯基更是将这种干涉人们自由选择的问题上升到一般层面来加以辩护，为此，他借用了约翰·密尔《论自由》中的相关论述。密尔认为："凡是听凭世界或者他自己所属的一部分世界代替自己选定生活方案的人，除需要一个人猿般的模仿力外便不需要任何其他能力。可是要由自己选定生活方案的人就要使用他的一切能力了。他必须使用观察力去看，使用推论力和判断力去预测，使用活动力去搜集为做决定之用的各项材料，然后使用思辨力去做出决定，而在做出决定之后还必须使用毅力和自制力去坚持自己的考虑周详的决定。他需要和运用那些属性，是随着其行为当中按照自己的判断和情感来决定的部分之增大而与之恰正相应的。可能，一点没有那些东西，他也会被引上某种好的道路而避开有害的途径。但是作为一个人类，他的相对价值又是怎样呢？真正重要之点不仅在于人们做了什么，还在于做了这事的是什么样子

① Brian Hoyle and Richard Knowles, "Transport Geography: An Introduction", in Brian Hoyle and Richard Knowles, eds., *Modern Transport Geography*, Edition 2, Chichester: John Wiley, 1998, pp. 3-4.

② Loren Lomasky, "Autonomy and Automobility", *The Independent Review*, Vol. 2, No. 1, 1997, p. 8.

③ Loren Lomasky, "Autonomy and Automobility", *The Independent Review*, Vol. 2, No. 1, 1997, p. 7.

④ James Dunn, *Driving Force: The Automobile, Its Enemies and the Politics of Mobility*, Washington, DC: Brookings Institution, 1998, p. 4.

⑤ James Dunn, *Driving Force: The Automobile, Its Enemies and the Politics of Mobility*, Washington, DC: Brookings Institution, 1998, p. 19.

的人。"[①] 那么，这是一个什么样子的人呢？在密尔那里，就是个性得到充分展现的人，在洛马斯基那里，这个问题的答案"不能简化为年复一年的每个家庭的净财富或 GDP 这样的统计数据，而应该是对这样一种信念的表达，即成功的衡量标准不是我们的产品，而是我们自己塑造了自己的角色。保留对自己灵魂的掌控，对于自己的真实性和真正值得尊重的自我是至关重要的。相反，沿着他人已经为你清除障碍、并设定好的目标前行就是一种奴役。它贬低了个人的尊严。过上好生活就是以独树一帜的方式生活"[②]。而为了证明个人的欲望和冲动不应该受到限制，洛马斯基还引述了密尔的如下一段话："在我们的时代里，从社会的最高级到最低级，每个人都像生活在一个有敌意的目光的可怕的检查之下。不仅在涉及他人的事情上，就是在仅关自己的事情上，一个人或者一个家庭之间也从来不对自己问一问：我择取什么？什么合于我的性格和气质？或者，什么能让我身上最好和最崇高的东西得到公平的发挥的机会，使它生长并茂盛起来？他们对自己所问的是：什么合于我的地位？和我位置相同经济情况相同的人们通常做的是什么？或者（还要更糟），位置和情况都胜于我的人们通常做的是什么？我的意思还不是说，他们在合乎习俗的与合乎自己意向的两种事情相比之下，舍后者而取前者。他们还不是这样；他们根本是除了趋向合乎习俗的事情外便别无任何意向。如此说来，是心灵本身屈伏在枷锁之下了。"[③] 最后，洛马斯基直截了当地说："实现自主就是只需对枷锁说不。"[④]

如此一来，在自由主义的视域下，为何至今以燃油驱动的汽车还占据支配地位的答案是显而易见的，因为相较于电动汽车或其他更加绿色的汽车，燃油汽车始终在满足人们出行自由方面更胜一筹。正因为如此，有学者甚至认为："指责汽车制造商很容易，……但这是不公平的。汽车制造商生产了这种污染机器是事实，但却是拥有和驾驶汽车的消费者在使用汽车。"[⑤] 以此推论，便是作为个体的消费者应该对汽车的污染和环境破坏负责，进而，要做出改变的是个体消费者的生活方式，使其趋向绿色化的方向。其实，新自由主义对人们生态环境的认知的影响上，也是使人们将生态危机的主要责任归咎于消费者个人，因此需要做出改变的也是消费者个人，与生产者无涉。

汽车俨然成了"自由"的化身，人们的自由具体体现为汽车所带来的在时间和空间上进行移动的自由，有学者曾概括了汽车的魅力之所在，即汽车"是个人自由的机械化身，处于个人的控制之下，无论何时何地，人们想去哪里就去哪里"[⑥]。里夫金也指出："'汽车'这个词本身就传达了这样一个古典经济学理念：人类的行为都是为了追求自治和自由行动，每一个人都希望能够主宰自己的一切。从很早以前开始，美国人就将自由的理念与自治和自由行动联系在了一起。当由轮子带动的封闭式

---

① ［英］约翰·密尔：《论自由》，许宝骙译，商务印书馆 1959 年版，第 69 页。

② Loren Lomasky, "Autonomy and Automobility", *The Independent Review*, Vol. 2, No. 1, 1997, p. 13.

③ ［英］约翰·密尔：《论自由》，许宝骙译，商务印书馆 1959 年版，第 72 页。

④ Loren Lomasky, "Autonomy and Automobility", *The Independent Review*, Vol. 2, No. 1, 1997, p. 14.

⑤ Graeme Maxton and John Wormald, *Driving over a Cliff? Business Lessons from the World's Car Industry*, Reading, MA: Addison-Wesley, 1995, p. 19.

⑥ W. Ellwood, "Car Chaos", *New Internationalist*, No. 195, 1989, pp. 4-6.

交通工具出现时，人的身体潜能被一种巨大的原始马力放大了，人们感受到了从未有过的自由主宰感。"①

三、新自由主义解释的限度

然而，这样一种自由观却陷入了对自由的绝对化和抽象化理解。所谓自由的绝对化，是指自由的无条件性。显然，人们试图通过汽车实现时间和空间移动上的自由是有条件的，这不仅需要驾驶者拥有娴熟的驾驶技能和丰富的道路常识等内部条件，还需要大量的与之配套的外部条件，而这就确实需要整个社会的"汽车化"，即整个社会围绕着汽车的有效运行而实现空间、社会机构以及公众行为和心理上的重大变革和重组。这就意味着人们要享受汽车所带来的空间和时间上的自由移动，必须建造可以供汽车运行的庞大公路系统、泊车空间、石油传送系统，制定严密的交通规则，设立各种各样的管制机构。② 与此同时，"汽车化"的形成意味着人们在出行的选择上必须遵从所有这些强加的生活方式，这种强迫性又意味着人们心理上的非自愿性，实际上，"汽车化"并不是人们欲望的自然产物，而是政治经济过程、城市空间重组、广告的劝说性力量和自我规训服务于所谓日常正常行为的结果。③

此外，洛马斯基想借密尔来证明个性的发挥不应受到任何限制，以实现自由发展，尽管密尔确实论述了个性乃是人类福祉的至关重要的因素之一，但就连密尔本人在"论个性为人类福祉的因素之一"中，也多次提及个性的展现必须以不伤及他人为前提，并且赋予他人进行积极干预的权利。比如，在该章的开篇密尔就指出："不论何种行动，若无可以释为正当的缘由而贻害于他人，都可以借人们不谅的情操或者在必要时还可以借人们的积极干涉来予以控制，在一些比较重要的情事上更是绝对必须这样。个人的自由必须约制在这样一个界限上，就是必须不使自己成为他人的妨碍。"④ 个性应当维持自己的权利，这是可取的，但是必须是"在并非主要涉及他人的事情上"⑤。人类要成为高贵而美丽的对象，就不能磨灭个性，但是，要在"他人权利和利益所许的限度之内"⑥ 把它培养和发扬起来。密尔信奉两条格言，第一条谈的是个人的自由，第二条谈的则是这种自由的限度，即"关于对他人利益有害的行动，个人则应当负责交代，并且还应当承受或是社会的或是法律的惩罚，假如社会的意见认为需要用这种或那种惩罚来保护它自己的话"⑦。如果密尔在世的话，他肯定不会赞同所谓的出行自由是一种绝对的自由，是不受限制的人的个性的表达，因为选择汽车的方式出行不仅是一种关涉他人的事务，而且也已经是一种伤害他人和自然界

---

① ［美］杰里米·里夫金：《零边际成本社会：一个物联网、合作共赢的新经济时代》，赛迪研究院专家组译，中信出版社 2014 年版，第 233 页。

② Sudhir Chella Rajan, "Automobility, Liberalism, and the Ethics of Driving", *Environmental Ethics*, Vol. 29, No. 1, 2007, pp. 77-90.

③ Sudhir C. Rajan, *The Enigma of Automobility: Democratic Politics and Pollution Control*, Pittsburgh: University of Pittsburgh Press, 1996.

④ ［英］约翰·密尔：《论自由》，许宝骙译，商务印书馆 1959 年版，第 65-66 页。

⑤ ［英］约翰·密尔：《论自由》，许宝骙译，商务印书馆 1959 年版，第 66 页。

⑥ ［英］约翰·密尔：《论自由》，许宝骙译，商务印书馆 1959 年版，第 74 页。

⑦ ［英］约翰·密尔：《论自由》，许宝骙译，商务印书馆 1959 年版，第 112 页。

的事务了。退一步看，即使汽车的出行只对自己造成伤害，比如自身遭遇车祸而死亡，但个人在社会中并不是孤立的个人，自身的伤害也会给亲朋好友带来悲痛，因此，没有绝对的无涉他人的事务。

汽车是自由的化身，不仅是一种绝对化的理解，还是一种抽象化的理解。马克思曾告诫我们："先生们，不要一听到自由这个抽象字眼就深受感动！"[①] 对自由的抽象化理解，总是将自由视为所有人的自由，而无视自由的具体性和历史性，即自由总是一定社会的经济状况的产物，总是指向特定阶级的自由，将自由视为所有人的自由是一种超历史的观点，这类似于恩格斯对道德教条的批判。恩格斯说："我们拒绝想把任何道德教条当做永恒的、终极的、从此不变的伦理规律强加给我们的一切无理要求，这种要求的借口是，道德世界也有凌驾于历史和民族差别之上的不变的原则。相反，我们断定，一切以往的道德论归根到底都是当时的社会经济状况的产物。而社会直到现在是在阶级对立中运动的，所以道德始终是阶级的道德；它或者为统治阶级的统治和利益辩护，或者当被压迫阶级变得足够强大时，代表被压迫者对这个统治的反抗和他们的未来利益。没有人怀疑，在这里，在道德方面也和人类认识的所有其他部门一样，总的说是有过进步的。但是我们还没有越出阶级的道德。只有在不仅消灭了阶级对立，而且在实际生活中也忘却了这种对立的社会发展阶段上，超越阶级对立和超越对这种对立的回忆的、真正人的道德才成为可能。"[②] 在汽车社会，出行自由的具体性是很明显的，因为只有那些拥有汽车的人才能享有汽车出行自由带来的便利，这里就存在着出行自由在阶级、阶层、性别等方面的分化。比如，在英国，最富的10%人口中，90%的家庭拥有汽车，而最穷的10%人口中只有10%的家庭拥有汽车；在德国，符合条件的男性中，有79%的人拥有驾照，而女性只有50%，显然，那些经济条件较优越的男性人群享有较高的出行自由。[③] 所以，汽车能带来的"自由之光"并不能照到所有人，"在以金钱势力为基础的社会中，在劳动群众做乞丐而一小撮富人做寄生虫的社会中，不可能有真正的和实在的'自由'"[④]。

自由主义的个人主义方法论之所以出现对自由的绝对化和抽象化理解，在于其理论基点的个人是孤立的个人，是原子式的个人，这是自由主义最根本的认识缺陷，往往被视为自由主义的"阿喀琉斯之踵"。从这种原子式的个人出发，每个人都是毫无差异的、静止的个人，个人的本性也是不变的，而是永恒的，因此，由于汽车满足个人本性中出行自由的需要，汽车也就处于不可撼动的地位，汽车社会的形成并持续下去就成为"无须解释"的问题了。但是，这显然夸大了个人的独立性及其本性的静止永恒性，其实，正如马克思所说："人的本质不是单个人所固有的抽象物，在其现实性上，它是一切社会关系的总和。"[⑤] 这言明了人的社会性，指明了社会关系对个人本性的决定性作用，而社会关系的历史性决定了个人本性的历史性或具体性。因

① 《马克思恩格斯文集》（第1卷），人民出版社2009年版，第757页。

② 《马克思恩格斯文集》（第9卷），人民出版社2009年版，第99-100页。

③ Matthew Paterson, *Automobile Politics: Ecology and Cultural Political Economy*, New York: Cambridge University Press, 2007, pp. 45-48.

④ 《列宁选集》（第1卷），人民出版社1972年版，第650页。

⑤ 《马克思恩格斯文集》（第1卷），人民出版社2009年版，第505页。

此，说出行自由是个人的本性只说对了一半，它只看到个人具有出行自由的需要这样一种表象，而没有看到形成这种需要背后的决定性力量，以及这种需要具体表现形式的历史多样性，它所提供的方案也仅仅是一种形式上的自由和抽象权利的赋予，而忽视了可能产生的实质上的不自由和不同阶级所由此承担的义务的不平等性。也就是说，由于个人在经济、政治权力等方面的差异，个人所能享有的汽车带来的自由存在着实质自由和权利的差异，只有满足汽车及其相应所需的条件才能真正享有出行自由，权利的差异同样会造成履行义务的差异，那些未能享受汽车带来的自由的个人却要履行治理汽车所造成的环境破坏等方面的义务，“因为它几乎把一切权利赋予一个阶级，另方面却几乎把一切义务推给另一个阶级”①。

第三节　汽车与资本的共谋：从“福特—凯恩斯主义”到“后福特—新自由主义”

我们要走出自由主义的个人主义方法论，寻求另一种方法论的帮助。方法论，是人们认识和观察世界进而改变世界的方法的理论，不同的理论、不同的方法所看到的世界是不一样的，改变世界的运思路径也是不同的。就此而言，方法论也可称为模型，要获得对世界的科学理解，采用什么模型就至关重要。新自由主义影响下的自由主义的个人主义方法论也是一种解释现实的模型，初看起来，它似乎对人们沉浸于以燃油驱动的汽车社会能有所解释，但如前文所述，由于这一模型对个人的原子化、抽象化理解，这种解释至多是一种孤立的、非本质性的解释，它不能给予人解释和变革汽车社会的充分理由，从而是保罗·巴兰（Paul Baran）和保罗·斯威齐（Paul Sweezy）眼中的“坏模型”，“就是抽去了本质的东西，因而既不能给人以见识，也不能给人以理解”②。而取而代之的“好模型”“不在于对现实提供一个镜中影象，不在于把现实的一切因素均按其实际的大小和比例都包括进去，而只是在于把那些起决定作用的因素找出来，以供进行深入细致的研究之用”③。那么，什么样的方法论或者模型能让我们找到对汽车社会“起决定作用的因素”呢？汽车社会的产生、形成及其在当今时代的固化，是一种重大的历史变迁，历史唯物主义作为解开历史变迁之谜的密钥，理应具有强大的解释力。

一、从资本积累困境出发解释汽车社会

前述的“杰文斯悖论”给了我们一定的启发，它至少说明技术进步所带来的效应会因为经济规模的扩张而抵消，但是，“大多数杰文斯悖论的分析仍然是抽象的，以孤立的技术效应为基础，远离历史进程。与杰文斯本人一样，他们没有考察工业化

---

① 《马克思恩格斯文集》（第4卷），人民出版社2009年版，第197页。

②③ ［美］保罗·巴兰、保罗·斯威齐：《垄断资本》，南开大学政治经济学系译，商务印书馆1977年版，第19页。

的特征。此外，他们仍然远离对资本主义发展的积累驱动特征的现实理解。一种致力于利润、积累和永无止境的经济扩张的经济体系倾向于使用各种提高效率或者减少成本的成果，用以扩大总体的生产规模。因此，技术创新会被用于适应这些同样的扩张性目的。18~20世纪的划时代创新——蒸汽机、铁路和汽车在驱动资本积累，以及对整体经济增长的正反馈效应方面产生了巨大的作用，这绝不仅仅是一种巧合，如此一来，经济发展导致的尺度效应必然超过技术效率的改进。无论一种既定产品在工艺上的输入产出比如何提高，对资本主义来说，总体节约是不可能的。这是因为所有的节约倾向于刺激进一步的资本形成"①。福斯特的这段话再明白不过了，产生“杰文斯悖论”是资本逻辑使然，也就是说它是汽车社会形成的“起决定作用的因素”。其实，福斯特的研判是依据历史唯物主义这一方法论而得出的，其理论的核心基石是，尽管推动整个社会的运动和发展的因素是多种多样的，但起最终决定作用的是一个社会的物质资料生产方式。

从社会的物质资料生产方式出发去解释社会历史的变迁，就成为理解汽车社会的出发点，尽管时代发生了巨大的变化，但马克思当年所揭示的资本主义生产方式仍然是当今时代占统治地位的物质资料生产方式，因此我们的分析就从资本主义生产方式开始。从形式上看，资本主义生产方式是以生产资料的资本主义私人占有，以及劳动力的获取和有效控制为基本前提，生产过程以雇佣劳动与生产资料的重新结合为基本特征，生产以剩余价值的创造为基本结果的一种生产方式。更为根本的是，从内涵上看，资本主义生产方式是以剩余价值的生产、占有和实现，以及重新资本化为基本规律，以资本的过度积累和危机的最终爆发为基本趋向的一种生产方式。无疑，资本主义生产方式一方面要实现持续不断的积累，另一方面又出现过度积累和爆发危机的历史趋势，这构成了资本主义的内在矛盾，并且是不可消除的内在矛盾。形式上的资本主义生产方式是前提，内涵上的资本主义生产方式是本质，前者为后者服务，后者的实现以前者为条件，并且塑造着前者的实现形式和具体发展。

对资本主义生产方式前一方面的揭示表明，持续不断进行资本积累的必然性是资本主义生产方式永恒存在的一个基本前提，任何违背这一基本前提的另类选择都不会被接受，在此意义上，我们可以发现，电动汽车和燃油汽车在最初的竞争中，以现在的环境友好为理据，在迫切需要实现资本积累面前显得多么微不足道。1896年4月，一篇文章就曾指出，电力汽车绝不会产生尾气，而我们所见过的汽油车，都从排气管中排出那些燃烧不充分、有强烈气味的尾气。但是，面对这样的指责，燃油汽车的拥护者却不以为然，甚至将“肮脏”视为人类社会的进步，他们宣称：肮脏、喧闹、冒烟的机器是人类进步的最新表现形式，现代机器的进步就是变得更加具有侵入性，充满肮脏污秽和污染。② 这样一种观念依然存在于生态危机开始爆发的20世纪五六十年代，当时处于资本主义黄金时代的各国人士对环境污染和生态失衡显然并不关心。“其中原因，自然是盛行的思想观念作祟，认为衡量进步的尺度，在于人类对自

① John Bellamy Foster, Brett Clark and Richard York, *The Ecological Rift*: *Capitalism's War on the Earth*, New York: Monthly Review Press, 2010, p. 179.

② ［美］金斯利·丹尼斯、约翰·厄里：《后汽车时代》，郝庆丰等译，机械工业出版社2012年版，第26-27页。

然界的控制力，控制越强，进步越大。……在西方世界，旧有19世纪工业家所持的座右铭，所谓‘哪儿有垃圾，哪儿就发财’之说（就是‘污染即金钱’），也依然有着强大的说服力。”① 时至今日，我们仍会发现，技术不断进步所引发的汽车能耗效率的不断提高，仍是汽车制造商对公众节省驾车成本需求的回应，这正是对资本积累的一种渴求，也就是说是资本积累需要的回应，而不是生态意义上的回应，就此而言，汽车能效的提高依然是资本积累所需的消费社会的一个组成部分。

对资本主义生产方式后一方面的揭示表明，资本主义必须以各种方式来规避自身无法克服的内在矛盾，从而实现自救和苟延残喘。“马克思主义的论点是：过度积累的趋势在资本主义之下决不可能被消除。对任何资本主义的生产方式来说，这是一个永远不会完结的和永恒的问题。因此，惟一的问题是，怎样用不威胁到资本主义社会秩序的各种方式来表现、遏制、吸收或处理过度积累的趋势。”② 回顾资本主义和汽车在20世纪的发展历程，在很大程度上，由汽车的发明和技术变革所引致的经济社会重组对资本的过度积累危机起到了消解作用，这就是历史唯物主义方法论视域下对燃油汽车始终处于出行支配地位的解释。那么，我们就来考察一下汽车究竟是如何对维持资本积累和消除过度积累危机起到“帮扶”作用的。

既然资本的过度积累危机是无法消除的，那就必须想尽一切办法去吸收这种过度积累，巴兰和斯威齐认为，划时代的发明可以消除这种危机，因为“它们震撼了经济的整个格局，从而在它们直接吸收的资本之外，创造了大量的投资出路”③。能配得上这种“划时代”称号的发明，在18世纪是蒸汽机，在19世纪是铁路。资本积累以商品流通为前提，当货币作为商品流通的基本手段时，商品流通在空间中的购买和销售常常是分离的，这就产生运输成本问题，因此，降低运输成本对资本积累本身来说就很重要，这就要求在运输手段上不断进行变革。“生产越是以交换价值为基础，因而越是以交换为基础，交换的物质条件——交通运输工具——对生产来说就越是重要。资本按其本性来说，力求超越一切空间界限。因此，创造交换的物质条件——交通运输工具——对资本来说是极其必要的：用时间去消灭空间。”④ 交通运输工具的不断变革不仅是资本积累的条件，其本身还是化解资本过度积累危机的重要手段，它不仅吸引了大量的投资，“按十年计算的资产增长普查材料表明，从1850年至1900年，铁路投资超过了所有各个制造工业部门加在一起的投资”⑤，还对经济活动产生间接效果，带动了其他领域的投资，比如，“在整个19世纪铁路推动了煤产业的爆发，因为它既消耗了巨量的煤，又需要把煤运输到世界各地。1869年，铁路

① ［英］艾瑞克·霍布斯鲍姆：《极端的年代：1914—1991》，郑明萱译，中信出版社2017年版，第321-322页。

② ［美］戴维·哈维：《后现代的状况：对文化变迁之缘起的探究》，阎嘉译，商务印书馆2003年版，第228-229页。

③ ［美］保罗·巴兰、保罗·斯威齐：《垄断资本》，南开大学政治经济学系译，商务印书馆1977年版，第207页。

④ 《马克思恩格斯全集》（第30卷），人民出版社1995年版，第521页。

⑤ ［美］保罗·巴兰、保罗·斯威齐：《垄断资本》，南开大学政治经济学系译，商务印书馆1977年版，第208页。

每年使用 200 万吨煤；到了 1900 年，使用量上升到 1200 万吨”①。

然而，铁路对资本过度积累的化解作用，到 19 世纪最后的 1/4 时间里也慢慢耗尽。1873 年，生产铁轨的锻造业就出现了产能过剩，当时该行业能够生产 250 万吨铁轨，而其消耗却跌到了 50 万吨，价格从 1872 年到 1881 年暴跌了 60%。1884 年，美国出现了“铁路恐慌”，铁路建设从 1882 年的 1.86 万千米迅速下降到 1884 年的 6300 千米，虽然后来美国又铺设了新的铁路，但却引发了新的投机，到 1893 年，铁路企业的利润又一次暴跌，其中一些中止了支付，一些铁路业证券的市值暴跌。② 最终，铁路的作用定格在 1907 年，“真正的转折点是由 1907 年的危机带来的，它使铁路投资突然锐减，从此以后，这种投资经常处在低得多的水平上”③。新自由主义者弗里德曼认为美国铁路业是因为政府管制才发展缓慢，他说：“要想知道政府管制下免受竞争的产业，与竞争激烈的私人产业之间有何不同，只要看一看铁路业和汽车业即可，这两个行业给我们提供了绝好的例证。铁路业和汽车业都服务于同一市场，并且最终提供的是相同的服务，即运输。但铁路运输业发展落后，效率低下，且长期以来在技术上并无重大革新，唯一值得一提的改进便是以内燃机代替了蒸汽机。”④ 其实，铁路业在美国的萧条最根本性的原因在于铁路业在吸收过剩资本的作用方面已经逐渐耗尽，而不是像弗里得曼所说的，是因为铁路受到政府管制的结果。资本主义迫切需要有新的手段来化解资本的过度积累危机，而汽车业正好承担起了这一重担。

除了要实现对资本的过度积累的吸收，在形式上，还必须以劳动力的获取和有效控制作为基本的前提。在这里，“控制”意味着在资本主义的企业中，劳动力自愿服从资本家的指挥与监督，并且努力和安心工作。换言之，劳动力能够为资本家榨取剩余价值所“控制”而不轻易“反抗”，就是资本主义条件下一种“有效”的劳动过程形式。这一有效性的实现，在不同社会形态下是不同的。在封建主义条件下，对农奴劳动过程的有效控制是通过政治法律制度来定义、确保和强制执行的，也就是说这些制度直接介入了劳动过程，确保了劳动过程的顺利展开。比如，在 13 世纪的英格兰，农奴该如何履行自己的劳动义务，已为庄园习惯法所详细规制：“任何曾研究过庄园惯例汇编的人一定被它们达到的极端细微而震惊。例如，它们一般不会简单地说人们必须在领主的土地上耕种、播种并且耙地一英亩。它们说他必须以他所有的牛和他的犁来耕地，用他自己的马耙来耙地，并用自己的马和麻袋从领主的谷仓里拿种子来播种。服务被以极其详细的细节来记录，并且如果进一步的细节，即使是最明显和最必要的，没有被惯例汇编所指定或被过去的很长的执行的历史所证明的话，它们也不是惯例并且不被执行。”⑤ 在此，领主对农奴的控制有政治法律制度的规制，即使

---

① ［英］罗杰·奥斯本：《钢铁、蒸汽与资本：工业革命的起源》，曹磊译，电子工业出版社 2016 年版，第 256 页。

② ［法］米歇尔·波德：《资本主义的历史：从 1500 年至 2010 年》，郑方磊、任轶译，上海辞书出版社 2011 年版，第 154-156 页。

③ ［美］保罗·巴兰、保罗·斯威齐：《垄断资本》，南开大学政治经济学系译，商务印书馆 1977 年版，第 213 页。

④ ［美］米尔顿·弗里德曼、罗丝·弗里德曼：《自由选择》，张琦译，机械工业出版社 2018 年版，第 197 页。

⑤ George Homans, *English Villagers of the Thirteenth Century*, New York: W. W. Norton, 1975, p. 272.

有农奴的抗争，也不是直接发生在劳动过程中，而是发生在劳动过程之外的庄园法庭的政治法律领域。

在资本主义条件下，对劳动力的有效控制相比封建主义条件下来得困难，因为在高举自由旗帜、推崇个人主义的文化和意识形态氛围下，再加上资本主义政治法律对这一意识形态的反映，资本家和劳动力之间的生产性身份变成了同质性的公民身份，或者只是在生理上具有异质性的性别、种族身份，资本家和劳动力变得“平等”起来了，所以，如何实现对劳动力的有效控制就成为资本主义条件下的一道难题。在资本主义生产关系建立的过程中，最初这个难题是通过资本的原始积累完成的，即通过残酷的暴力大规模地实现劳动者和劳动实现条件的所有权之间的分离来实现的，这一进程在西欧，始于15世纪后30年，经过16世纪的高潮，一直延续到19世纪初才告结束。

然而，在整个19世纪，资本主义企业管理中依然潜藏着有效控制劳动力的问题。这一问题，既包括劳动力获取和占有的问题，也包括资本家和劳动力之间雇佣与被雇佣关系的问题。如果说19世纪之前的劳动力问题主要是前者，那么，从19世纪开始，就主要是后者的问题。

一方面，从管理模式看，无论是家长式的企业管理模式还是军事化的企业管理模式，都无法实现对劳动力的有效控制。在19世纪，资本主义企业是个人或家族企业，与20世纪的工人对“公司”这一非人格化的抽象权威的服从不同，其管理模式是家长统治，即企业主通过亲自讲解、示范这种以身作则式的管理模式来使自己对工人的命令产生效力，工人与企业的关系也变得非常密切，几乎是随着企业长大并将继续依赖企业。但是，这种模式到了19世纪下半叶就越来越行不通了，特别是对大型资本主义企业来说根本没有指导意义，“人们不会期盼铁路、矿山及铁厂的大老板们时时像家长一样照看其工人，而他们当然也不会这样做”①。取而代之或起补充作用的是军事加官僚的企业管理模式，这是一种呈金字塔形分布、纪律严明、以军衔来吸引和控制工人的管理模式，但是，仅凭工人的优秀军人品德是不够的，对那些并不崇尚军人美德的英美国家也是行不通的。

另一方面，从阶级的主观意识看，资产阶级的等级制执念和工人阶级的主体意识也构成了有效控制劳动力的障碍。要让工人无怨无悔地、心甘情愿地替资本家干活，高工资当然是一个吸引人的手段，但是19世纪的资产阶级内心从来没有产生让工人阶级“脱贫致富”、让其步入资产阶级行列的观念，其秉持的执念是：工人阶级理应贫穷，这与他们的阶级地位才是匹配的，如果有些工人钱挣多了居然买起奢侈品来，雇主会打从心底感到不舒服。所以，很少有雇主愿意支付高于他们不得不支付的工资，这就压低了工人的工资，使工人的生活并未出现明显改善，“如果说有一种因素主宰了19世纪工人的生活，那么这种因素就是毫无保障”②。另一个控制劳动力的手段是消磨工人阶级的主体意识，在企业生产过程中让其体现资产阶级的主体意识，这才有利于资本家发挥指挥和命令的作用。在19世纪的企业中，工人在低工资的情形

---

① ［英］艾瑞克·霍布斯鲍姆：《资本的年代：1848—1875》，张晓华等译，中信出版社2017年，第252页。

② ［英］艾瑞克·霍布斯鲍姆：《资本的年代：1848—1875》，张晓华等译，中信出版社2017年，第255页。

下依然进入企业，就是仍然期望其主体性的保存。早在中世纪的时候，当时的抄写工由于对原文的兴趣导致其在抄写的过程中体现出了明显的主体意识：“中世纪的抄写工由于关心所抄写的原文，往往改变了它的写法，它的字法和句法，漏掉了他由于自己文化水平低而不能理解的整个句子；由于对原文的兴趣而引起的思路迫使他把自己的解释和告读者的话加到原文里面去了。假如他的语言或方言与原文的语言不同，他就会加入一些错误的语言意味。他不能算是好的抄写工，因为在实际上他‘改写’了原文。”① 这一传统依然延续到了19世纪的工业生产中，那时的机器和其他产品在很大程度上是工人技术水准的体现，是自己的杰作，工人拥有很强的专业自豪感，因此，“这些工人对命令、监督不以为然，时常摆脱有效控制”，“努力地想过一种像人的生活。他们也许在为让自己变得更好而努力。总而言之，他们要的是人的生活，不是一笔经济交易，当然这不表示他们对工资高低的区别无动于衷”②。

正是上述缘由导致了资本家愈来愈难以对劳动力实现有效控制，这成为19世纪最后1/4时间里资本主义时代的重要变化。在那时，“下层的‘小人物’要求保护他们不受‘资本家’剥削压迫，工人要求社会福利、建立失业公共保护措施、制定最低工资，这些日益高涨的呼声，在政治上发挥了十分强大的作用。‘上层阶级’，不管是自古以来就有的贵族，还是新兴的资产阶级，都不再能够代表‘下层’说话了，更关键的是，他们不再能够获得‘下层’不求回报的支持了”③。对劳动力控制的举步维艰，使资本主义物质生产的巨大胜利最终在19世纪最后的1/4时间里陷入了大萧条时期，资本积累的困境显现，谁将成为“救资英雄”？

二、“福特—凯恩斯主义”和“后福特—新自由主义”对资本积累困境的拯救

“需要乃发明之母”似乎是技术发明的缘由，以此逻辑，人们对出行更加便利、更加迅捷的需要催生了汽车的发明创造，然而，在戴蒙德看来，许多发明创造并不是为了满足人们的需要，有些发明纯粹出于人们的好奇心，有些发明是那些喜欢动手修修补补的人搞出来的，还有些发明原本只为一个目的而创造出来，后来却被用于意料之外的其他目的。就机动车来说，它不是为了满足人们出行的需要而发明出来的，“1905年，机动车仍是有钱人的昂贵而不可靠的玩物。公众对马匹和铁路的满意程度始终很高”④。这说明，汽车最初的发明并未在满足出行方面比其他交通工具来得更具竞争力，这也同时说明，汽车在意料之外的其他目的方面能胜过人们出行的需要，从而导致当今“汽车社会”的最终成型，这一意料之外的其他目的，就是它成为了“救资英雄”。

从上述逻辑来看，汽车成为“救资英雄”必须体现为：一方面，它能化解资本的过度积累危机；另一方面，它能消解工人阶级的主体意识和阶级觉悟。由汽车行业所引发的资本主义积累体制的变更，就表现为从20世纪初一直延续到“二战”结束

① ［意］安东尼奥·葛兰西：《狱中札记》，葆煦译，人民出版社1983年版，第408页。

② ［英］艾瑞克·霍布斯鲍姆：《资本的年代：1848—1875》，张晓华等译，中信出版社2017年版，第259页。

③ ［英］艾瑞克·霍布斯鲍姆：《资本的年代：1848—1875》，张晓华等译，中信出版社2017年版，第359页。

④ ［美］贾雷德·戴蒙德：《枪炮、病菌与钢铁：人类社会的命运》，谢延光译，上海译文出版社2016年版，第245页。

的“福特—凯恩斯主义”向“二战”后的“后福特—新自由主义”转换。

在20世纪初，铁路作为一种划时代发明对吸收过度积累的作用逐渐耗尽之时，汽车接过了这一“接力棒”，资本主义积累体制开启了福特主义时代。福特主义是与亨利·福特（Henry Ford）这个实业家联系在一起的，他将泰勒制的流水线作业引入生产过程，实行了以机械化、标准化、计划性、组织化为基本特征的合理化生产，是一种极大提高劳动生产率，从而实现大规模生产的劳动组织新模式。在大规模生产的条件下，如果没有大规模的消费来“接手”大量产品，资本积累就无法维持，所以，当汽车业的日薪普遍在2~3美元的情况下，福特秉持着一个企业能够调节整体经济的信念，毅然决定于1914年1月1日起开始实行“5美元、8小时”薪资制，把资本主义社会带入了大众消费的新阶段，从而实现劳动力再生产这一资本积累的基本前提。这不仅体现在汽车业本身，如著名的福特T型车出厂价格从1950美元下降到290美元，使工人阶级也能买得起汽车这一耐用消费品，还体现在社会的各行各业上。例如，19世纪的旅游业虽然由于蒸汽机应用于运输业而兴盛起来，但当时的旅游并不便宜，两个人从伦敦出发，经比利时、莱茵山谷、瑞士和法国，最后返回伦敦，6周的行程要花费85英镑，这大约是一个周薪8英镑的男人全年收入的20%，而那时周薪8英镑已可在家里雇用女佣，这个数字也可能要占一个收入甚丰的技术工人年收入总额的3/4以上，所以，在当时能享受到旅游和夏日假期的只有生活优裕的中产阶级，很多旅游项目也只是为资产阶级服务。而当福特主义延伸到旅游业后，旅游业逐渐成为大众消费性产品，“二战”前，北美地区前往中美及加勒比海的观光旅客，每年最多不超过15万人次，可是在1950~1970年，这个数字从30万人次暴增到700万人次，以往被视为豪华奢侈的享受，现今已成为家常便饭。[①] 因此，福特主义就是一种以泰勒制劳动组织模式促进大规模生产消费性商品，并实现大规模消费为特征的密集型资本积累战略。此外，同铁路一样，汽车化的浪潮也产生了巨大的间接效应，“都市郊区化的过程，连同伴随它的全部住宅、商业和公路建筑，全都是由汽车推动的。石油工业比任何其他美国工业需要投入更多的资本，它主要也是汽车的产物；还有几个其他的主要工业（橡胶、玻璃）也同样是依附于汽车的。许多服务‘行业’也是随着汽车成长起来的，例如加油站和修理店，汽车游客旅馆和假期游览胜地。显然，所有这些投资出路所吸收的资本数量，要比汽车工业本身的投资大许多倍”[②]。

福特主义不仅意味着汽车行业劳动组织模式的变革及其对其他行业的相应影响，还意味着国家以一种“配角”的身份帮衬这种劳动组织模式的变革及其推广，而这同样对化解资本的过度积累起了重要作用。在国内具体表现为：一方面，国家通过适当的财政政策和货币政策，将资本投向了与汽车行业相关的道路等公共事业部门；另一方面，国家通过涵盖社会保险、卫生保健、教育、住房等类似行业的大量支出确保

---

① ［英］艾瑞克·霍布斯鲍姆：《资本的年代：1848—1875》，张晓华等译，中信出版社2017年版，第236-241页；［英］艾瑞克·霍布斯鲍姆：《极端的年代：1914—1991》，郑明萱译，中信出版社2017年版，第324-325页。

② ［美］保罗·巴兰、保罗·斯威齐：《垄断资本》，南开大学政治经济学系译，商务印书馆1977年版，第208页。

了福利国家的形成，如此一来，国家的帮衬同样实现了在生产端的大规模生产态势和消费端的大众消费能力。在国际层面，美国也将福特主义推向世界其他国家，包括欧洲、日本和其他非殖民化的国家，通过投资和贸易使美国的剩余生产能力在国际层面上被吸收，当然，这同时也意味着一个国际性大众消费市场的形成。

我们再回到前文所提及的电力汽车在20世纪初发展到顶峰后，却很快失去了发展的势头，这其中的缘由很大程度上在于福特公司发展的燃油汽车开启了大众消费的时代，迅速地吸收剩余、化解资本过度积累的危机，国家为了巩固自己的政治合法性也通过道路的扩建帮衬了燃油汽车的发展，而道路的大规模扩建和城郊化的发展使消费者不得不慎重对待汽车的续航问题，原本电动汽车价格和续航能力的大众可接受性，在福特燃油车的大规模生产和国家的干预下，最终成为“不成问题的问题”而延缓了后续的发展。

福特主义除了有化解资本过度积累危机的功效，还重塑了劳动力的主体意识、消解了劳动力的阶级觉悟，实现了资本家对劳动力的有效控制，从而巩固了资本积累。福特主义的机械化、标准化生产，将工人分散在劳动过程的不同环节，提高了工人的劳动强度，减少了工人劳动过程中的休闲时间，从而隔离了工人之间的联系，弱化了工人之间的组织性。福特主义看似高工资的薪酬制度，却有着异常严格的准入条件，那些在福特工厂工龄少于6个月的工人、年龄不足21岁的年轻工人以及女性工人不能享受5美元日薪的待遇，这就在一定程度上撕裂、分化了工人阶级，增加了工人阶级内部的差异。而那些享受5美元日薪的工人，同样要服从资本家所设定的各种条件，比如不吸烟、不喝酒、不玩乐、不常去酒吧等，因此，“‘5美元工作日’正是以某种‘调教’的形式，成了一个控制工具”①。

如果将福特主义所引发的劳动组织模式视为一种“看得见”的劳动控制模式，那么，这种劳动组织模式还以一种“看不见”的方式实现对劳动力的控制，那就是通过重塑劳动力的主体意识，使之树立起契合资本主义意识形态的价值观。汽车，并非洛马斯基所说的，是与生俱来的个人自由的象征，而是汽车化的日常生活实践将个人的价值观由原来的强调个体之间的集体合作重塑为个人的独立与自由。从意识形态的角度审视汽车，我们会发现汽车在疏远人与人之间的联系性，将生活在共同体中的个人简化为原子化的存在，在促使个人丧失对共同体的体认方面起到了潜移默化的作用。罗伯特·帕特南（Robert Putnam）就将电视和汽车视为美国社会“离析”公民这股浪潮的两个主要罪犯。② 安德烈·高兹（Ardré Gorz）同样尖锐地指出：“大众驾驶汽车是资产阶级意识形态在日常生活层面的绝对胜利。它赋予并支撑着每个人这样的幻象，即每个人都可以不顾他人而寻求自己的利益。那些被驾驶员的残忍、略带侵略性的自私所杀害的‘他者’，只是因为他们构成了驾驶员提速的身体障碍。这种侵略性的、竞争性的自私自利意味着资产阶级行为的降临，随着驾车的普遍化，这种行

---

① ［法］米歇尔·波德：《资本主义的历史：从1500年至2010年》，郑方磊、任轶译，上海辞书出版社2011年版，第207页。

② Robert Putnam, *Bowling Alone: The Collapse and Revival of American Community*, New York: Simon and Schuster, 2000.

为也成为一种真实的存在。”①

总的来看，虽然由汽车行业所引发的福特主义历经了较长时间才在资本主义社会站稳脚跟，但它确实对资本积累及其内在矛盾的化解起到了较大作用，如果依据巴兰对资本所产生的吸收剩余的两个手段（战争和汽车）的揭示，可以发现20世纪的近3/4时间里，这两个手段是交叠地发挥作用：1900~1907年是铁路发挥吸收剩余作用的耗尽阶段，1907~1914年是由此引发的大萧条阶段，1914~1939年是第一次世界大战和第一次汽车化浪潮发挥吸收剩余作用的阶段，1939~1945年是第二次世界大战发挥吸收剩余作用的阶段，1945~1973年是第二次汽车化浪潮发挥吸收剩余作用的阶段。

然而，在1973年，福特主义也迎来了其耗尽吸收剩余作用的时刻。在法国调节学派看来，这源于以技术作为支撑的福特主义遭遇了技术发挥作用的边界，技术无法继续推进其自身的转型升级，从而使原先通过机械化生产流水线提高生产力，实现大规模生产的模式的优势也发挥殆尽，剩余价值率上升受到阻碍，资本有机构成的上升趋势得不到缓解，再加上福利国家所要求的高工资，资方的负担也越来越大。资方的困境，势必将压力传导到劳工身上，过去相对较高的工人工资势必被资方所挤压。至此，大量生产—大量消费的福特主义生产特征已经渐渐逝去，1973年石油危机的触发又导致资本主义世界陷入萧条，在这一关键时刻，谁将继续接过福特主义的接力棒，扮演“救资英雄”的角色呢？丰田主义。

从资本主义生产过程来看，如果将福特主义的特征概括为“刻板”，那么，丰田主义的特征就是“灵活”，以至于丰田主义也被称为资本主义的灵活积累体制。福特主义的刻板体现在：根据标准化的要求大批量地生产单一产品，不顾消费者对商品多样化的需求，导致产品积压。丰田敏锐地认识到了福特主义生产方式的刻板，增加了劳动过程、劳动力市场和消费模式的灵活性。在生产过程方面，改变首先大规模生产，然后寻找销路的生产方式，反过来从销售出发，根据消费者多样化的、短暂的需求灵活制订生产计划进行“及时生产”。同时，将生产过程集中于与其核心竞争力相适应的生产区域，那些分散企业对核心能力的劳动过程和为生产最终产品所需的一系列越来越多的投入，通过各种转包合同安排、合资企业外包给其他企业。在劳动力市场方面，雇主削减了可以享有丰厚养老金、从事全日制工作时间的核心员工，不断增加非全日制的、不定期的、短期合同工人。

显然，这种生产方式的转换对于化解过度积累危机和加强对劳动力的控制都发挥了重要作用。生产过程的灵活性在很大程度上消除了生产销售的不确定性和风险，满足了大众多样化的需求，也缓和了劳资之间的矛盾。同时，丰田主义向其他行业的渗透，一方面导致产品的生产由商品生产（比如具有很长寿命的刀叉）转向事件生产（比如商业表演），这种转换所产生的周转时间的缩短加快了对剩余的吸收；另一方面引发了知识生产、信息获取、金融服务等服务业和中小企业的繁荣发展，开辟了吸收剩余的领域。所有这些都对劳动力的控制产生重要影响，比如在工业结构中，甚至出现了前述19世纪的劳动控制形式，即家长式的劳动体制。这种19世纪的劳动控制

① André Gorz, *Ecology as Politics*, London: Pluto, 1980, p. 70.

形式在20世纪的背景下似乎消解了阶级意识，因为“阶级意识再也不是起源于劳资之间直接的阶级关系，并朝着更加混乱得多的家族间冲突的范围、在家族中或在有等级秩序之社会关系的类似帮派的体制中争夺权力的方向发展”①。

1973年以后，与后福特主义或丰田主义同时兴起的还有新自由主义，那么，新自由主义与福特主义向丰田主义的转变，以及汽车社会是一种怎样的关系？由于丰田主义是对福特主义的否定和超越，因此，在丰田主义的新自由主义时代，新自由主义也被视为是对福特主义的否定和超越。“新自由主义的核心要素以多种方式吸引着那些对福特主义提出异议的人士、流派和国家。新保守主义将其视为推动个人自由和责任的机会。资本家将其视为通过减少国家干预来增加利润的机会。国家将其视为解决金融危机的机会。福利国家的客户厌倦了国家机构的代表来告诉他们该做什么，他们也很少体会到福利国家虚夸的成就。”② 这样一来，新自由主义就被置于福特主义的对立面，而福特主义又是以汽车业作为基本的承载行业，由此进一步延伸，新自由主义时代的到来，意味着资本积累从汽车及其相关行业的撤退，并且改变以汽车为中心的汽车社会。

然而，我们现在已经知道，事实并非如此。其实，福特主义与丰田主义的不同主要体现在资本主义生产方式的具体表现形式（劳动力的组织、生产销售的模式等方面）上，但这种转变的宗旨恰恰在于以一种全新的表现形式来挽救资本主义，因此，丰田主义与福特主义在挽救资本主义这一点上并无不同。如果将福特主义视为资本主义生产方式的具体表现形式，可以将凯恩斯主义视为与之配套的政治经济政策表达；与之相对应，如果将丰田主义视为资本主义生产方式的具体表现形式，可以将新自由主义视为与之配套的政治经济政策表达，笔者将两者表述为“福特—凯恩斯主义”和“后福特—新自由主义”。凯恩斯主义向新自由主义的过渡，绝不意味着后者对前者的否定或中断，在对待资本主义的态度上，凯恩斯本人从不掩饰自己的鲜明立场，他曾宣称：“在阶级斗争中……我是站在受过教育的资产阶级一边的。”③ 列宁也曾指出，凯恩斯“是一个人所共知的资产者，布尔什维主义的死敌，在这个英国市侩的想象中，布尔什维主义的样子是畸形的狰狞可怕的”④。新自由主义在这一点上当然也是一样的，就此而言，它是对福特主义的延续，对汽车业也是发挥“帮扶”作用，目的在于进一步发展和复兴汽车及其相关行业，巩固业已形成的汽车社会。那么，新自由主义是在何种意义上影响汽车社会的呢？

一方面，新自由主义对政府政策的影响助推了汽车行业的复苏。伴随着福特主义在20世纪70年代陷入困境，汽车行业也迫切需要通过政府政策层面的扶持来复苏其往日的辉煌，而新自由主义此时对政府政策的影响正好及时发挥了作用。正如艾伦·沃克斯（Alan Walks）所指出的，新自由主义的政策，包括税收减免、贸易自由、私

---

① ［美］戴维·哈维：《后现代的状况：对文化变迁之缘起的探究》，阎嘉译，商务印书馆2003年版，第198页。

② Helga Leitner, et al., “Contesting Urban Futures: Decentering Neoliberalism”, in Helga Leitner, et al., eds., *Contesting Neoliberalism: Urban Frontiers*, New York: The Guilford Press, 2007, p. 7.

③ ［英］约翰·凯恩斯：《劝说集》，李井奎译，中国人民大学出版社2016年版，第186页。

④ 《列宁专题文集·论资本主义》，人民出版社2009年版，第262页。

有化的推进、金融的去管制化、削弱劳工组织等举措正是那些想从汽车化的全球体系中获益的资本家所需的。这些政策促进了资源开采和生产向新的领域拓展，为汽车工业开辟了新的市场。新自由主义的劳工政策迫使不同国家的工人在工资方面展开竞争，使企业在全球生产网络中的投资具有公平性并保护其盈利能力。金融的去管制化促进了套息交易的发展，这些交易为生产设备的离岸外包提供了大量资金，并且在不平等加剧和实际收入停滞不前面前，为提振汽车行业和刺激新住房需求提供了所需的信贷服务。因此，“在全球化的后福特主义的新自由主义条件下，对福特主义政治经济的重构代表了不惜一切代价维持汽车化的支配政制的企图，而不是一种超越”①。

另一方面，新自由主义的个人主义教条对汽车社会的延续提供了基本的方法论前提，并由此干扰了向可持续交通和城市的绿色转型。哈耶克将个人的自由视为至高无上的价值选择，个人的选择可以通过自由市场的价格机制得以展现，那么，国家等社会组织对个人选择的任何干预不仅是无效的，而且是对个人自由的侵犯。哈耶克的新自由主义教条显然构成了 20 世纪 70 年代以来进一步推动汽车社会发展的方法论前提，这也成为如前所述的那些鼓吹汽车是个人在自由市场中进行自由选择的结果的辩护理由。“依此逻辑，任何对汽车使用的限制，国家对汽车或燃油征收税收，或者修改人们的通勤习惯或模式，更不用说限速、征收养路费、实施道路安全措施、设置非机动车道，都是国家权力违反个人主体偏好，对个人自由意志的强加，都构成了不正当的社会工程。试图设置污染标准或者管控燃油效率都被视为对市场运行的国家干预，因为这会影响人们的购买力，这种行为也被视为精英主义，是对个人自由的过度限制，使对汽车有需求的低收入家庭无法负担费用。”②

因此，新自由主义不仅助推了汽车工业的复兴，而且反过来看，它也在相当大程度上阻碍和干扰了汽车社会向可持续交通和城市的绿色转型。新自由主义对此的影响是多方面的，比如，它的减税主张降低了化石燃料企业的税收，1981 年 1 月，里根一入主白宫，就取消了自尼克松政府以来一直对石油业的经济管制，并降低了石油企业的盈利税，以此来缓解石油危机，税收的降低降低了石油企业的成本，间接维持了燃油汽车相较电动汽车的成本优势。

皮埃尔·芬尼（Pierre Filion）和安娜·克雷默（Anna Kramer）认为，新自由主义对包括交通系统在内的城市规划可能产生三种影响：一是混合效应，即带有新自由主义性质的规划要素混入现有的城市规划之中，比如在交通项目上实行政府和社会资本合作的 PPP 模式；二是屈从效应，即使政府的规划完全服从市场经济发展的大势，像减少污染这样的政府规划目标必须让位于短期的市场发展；三是挫败效应，即直接废除原来已经规划好的大力发展公共交通事业等向可持续城市模式转型的各种举措。对此，他们以加拿大多伦多的城市规划为例，展现了反复无常的交通规划过程中新自

① Alan Walks, “Driving Cities: Automobility, Neoliberalism, and Urban Transformation”, in Alan Walks, eds., *The Urban Political Economy and Ecology of Automobility: Driving Cities, Driving Inequality, Driving Politics*, London and New York: Routledge, 2015, p. 11.

② Alan Walks, “Driving Cities: Automobility, Neoliberalism, and Urban Transformation”, in Alan Walks, eds., *The Urban Political Economy and Ecology of Automobility: Driving Cities, Driving Inequality, Driving Politics*, London and New York: Routledge, 2015, p. 12.

由主义对这座城市交通的影响。1990 年，加拿大新民主党（New Democratic Party）上台执政后，致力于为民众提供公共交通和支付得起的住房。但是，面对安大略省糟糕的经济状况，新民主党政府没能兑现其承诺，两项规划都没能落地，反而实行 PPP 模式对高速公路进行收费管理，并进一步推动汽车的使用和分散化城市模型。1995 年，持有新自由主义立场的加拿大进步保守党（Progressive Conservative Party）取代新民主党之后，迅速将高速公路收费项目私有化。2003 年，加拿大自由党（Liberal Party of Canada）上台，3 年后，该党出台了带有绿色转型色彩的“增长计划”（The Grow Plan）：建设城市副中心，实行城市内部的密集化，设置城市增长边界，铺设大量绿化带，实施公共交通扩张计划。因此，这一计划被视为致力于减少汽车依赖的北美最具替代性的都市模式。为了配合这一计划，时任多伦多市长大卫·米勒（David Miller）还推出了建造 7 条地面轻轨的计划，这一计划不仅有利于发展公共交通事业，而且还有利于郊区低收入民众的出行，但在随后的 7 年时间里，由于省级经费下拨缓慢，这项计划无果而终。后来，赢得选举的是一名右翼市长罗伯·福特（Rob Ford），他不再给自行车和轻轨留下道路空间，还拆除了当时已经存在的有轨电车网络。从多伦多市的案例中，我们不仅可以看到新自由主义的削减公共项目投资所造成的资金短缺对公共交通事业的影响，还可以看到新自由主义在这其中所产生的上述三种效应，比如 PPP 模式对高速公路的收费管理，以及后来的全盘私有化转向，再比如拆除有轨电车网络。显然，所有这些都对一个城市的可持续交通的绿色转型构成了巨大阻滞力量。①

三、建设“以新能源为支撑、以公有为基础、以人民为中心”的汽车社会 2.0 版本

至此，我们可以窥见由汽车、汽车行业及其相关产业所引发的从“福特—凯恩斯主义”到“后福特—新自由主义”的变迁对于资本持续不断积累和化解资本过度积累危机所起到的强大作用，从中，我们也可以理解，虽然汽车技术的改进降低了单位油耗和排放量，但在资本持续不断扩张中，这种技术改进的效应却被无情地抵消了。所以，汽车本身并不仅仅是一种物，以及由这种物所建构出来的系统性存在，这只是看到了表象，我们还要洞悉这一物及其系统性存在背后的价值理念和制度根基——资本主义。正是在此意义上，史蒂芬·玻姆（Steffen Böhm）等指出，汽车化应当被视为具有历史延续性和反映特定权力关系的一种“政制”（Regime），而不仅仅是一种无所不在的“系统”（System），将汽车化视为“系统”意味着淡化了汽车生产中的人为构建因素，回避了塑造这一“系统”的政治问题，因此，有将汽车化永恒化和物化的倾向。② 所以，从技术层面对汽车社会所引发的问题进行修正，只是一种小修小补式的治标方案，要抵御新自由主义的影响，走出“杰文斯悖论”，并解决汽车社会所造成的生态环境问题，必须将汽车技术层面的绿色转型同资本主义积累

① Pierre Filion and Anna Kramer, “Metropolitan-scale Planning in Neo-liberal Times: Financial and Political Obstacles to Urban Form Transition”, *Space and Polity*, Vol. 15, No. 3, 2011, pp. 197-212.

② Steffen Böhm, Campbell Jones, Chris Land and Mat Paterson, “Introduction: Impossibilities of Automobility”, *Sociological Review*, Vol. 54, No. S1, 2006, pp. 3-16.

政制的彻底废除结合起来，建设“以新能源为支撑、以公有为基础、以人民为中心”的新型汽车社会。如果说，以往资本逻辑宰制下的“以传统能源为支撑、以私有为基础、以资本增殖为目的”的汽车社会是汽车社会的1.0版本，那么，这一新型的汽车社会将是汽车社会的2.0版本。

一是要坚决抵制新自由主义对传统能源的路径依赖，发挥政府作用积极推动以新能源为支撑的汽车社会。如前文所述，在新自由主义影响下，以传统能源为支撑的汽车社会在化解资本过度积累危机方面仍然具有巨大作用，这成为整个社会向清洁能源环境转变的阻滞力量。新自由主义主张让自由放任的市场机制调控汽车的生产和销售，使用传统能源的汽车相较于新能源汽车势必由于在价格方面的优势而更吸引消费者，在这种情况下，如果放任自由市场机制发挥作用，新能源汽车行业的发展将困难重重。因此，与新自由主义反对政府对新能源汽车行业进行干预不同，我国政府既要尊重市场规律，发挥市场机制“看不见的手”的作用，更应该从世界能源清洁化发展的历史趋势出发，而不是囿于新自由主义成本收益的狭隘眼光和短期利益，继续发挥“看得见的手”的作用，为新能源汽车的发展做好顶层设计并提供相应的政策支持。

当前，全球新一轮科技革命和产业变革蓬勃发展，汽车与能源、交通、信息通信等领域有关技术加速融合，电动化、网联化、智能化成为汽车产业的发展潮流和趋势。新能源汽车融汇新能源、新材料和互联网、大数据、人工智能等多种变革性技术，推动汽车从单纯交通工具向移动智能终端、储能单元和数字空间转变，带动能源、交通、信息通信基础设施改造升级，促进能源消费结构优化、交通体系和城市运行智能化水平提升，对建设清洁美丽世界具有重要意义。对此，一方面，要充分发挥市场在资源配置中的决定性作用，强化企业在技术路线选择、生产服务体系建设等方面的主体地位；另一方面，要更好发挥政府在战略规划引导、标准法规制定、质量安全监管、市场秩序维护、绿色消费引导等方面作用，为产业发展营造良好环境。要进一步落实新能源汽车相关税收优惠政策，优化分类交通管理及金融服务等措施；推动充换电、加氢等基础设施科学布局、加快建设，对作为公共设施的充电桩建设给予财政支持；破除地方保护，建立统一开放公平市场体系；鼓励地方政府给予新能源汽车停车、充电等优惠政策。总的来说，我国必须抢抓战略机遇，巩固良好势头，充分发挥基础设施、信息通信等领域优势，深入实施发展新能源汽车国家战略，推动我国新能源汽车产业高质量可持续发展，加快建设汽车强国。

二是要坚决抵制新自由主义将私人拥有汽车奉为圭臬的建设路径，建设以公有为基础的汽车社会。要超越汽车社会1.0版本，就要将问题直指资本主义的积累政制，指向变革这种积累政制的生产关系本身，也就是实现由私有制的生产关系向公有制的生产关系的转变，在汽车这一个案例上也是如此，即实现汽车的私有化向汽车的公有化转变，因为“如果说私有财产是资本主义制度的本质特征，那么私人拥有汽车就是这一特征的体现”①。

---

① ［美］杰里米·里夫金：《零边际成本社会：一个物联网、合作共赢的新经济时代》，赛迪研究院专家组译，中信出版社2014年版，第233页。

近年来，共享汽车由于其在技术上的电动化倾向，以及在使用权上的共同享有特征，似乎正在担负起这种绿色转型的重担，以至于里夫金将其视为未来汽车发展的大趋势。在里夫金看来，与垄断资本主义条件下汽车行业的集中型、层级型特征不同，共享汽车的分散型、合作型商业模式是对私人拥有汽车的一种超越，它的优势是明显的：可以减少公路上行驶车辆的数量，减少碳排放量，保有和使用汽车的廉价也节约了普通家庭的日常开支。

在全球，共享汽车行业三大先行者——德国的 Car2go、美国的 Zipcar 和法国的 Autolib，都披上了“绿色”外衣纷纷登场。加州大学伯克利分校交通永续研究中心（Transportation Sustainability Research Center）的研究结果显示，以 Car2go 为代表的汽车共享服务不仅能够让城市出行更加便捷，同时还能改善城市环境，一辆 Car2go 能够代替 7~11 辆私家车，减少 6%~16%的汽车行驶距离，同时减少 4%~18%的温室气体排放。2016 年 4 月 15 日，Car2go 正式在中国重庆上线运营便吸引了超过 10 万人的注册。[①] 美国 Zipcar 公司在其 2021 年发布的一份白皮书中声称，其一年可帮助中国台湾地区减少 18 万千克碳排放，相当于 12 公顷森林面积的年吸碳量，2020 年，Zipcar 让中国台湾地区路上少了 21061 车次。[②] 法国的 Autolib 不仅具有环境意义上的可持续性（据法国环境与能源管理署介绍，1 辆 Autolib 汽车可以代替 9 辆私家车，每天能够代替 22500 辆私家车），还宣称社会意义上的可持续性（该公司声称能为那些住在郊区、迫切需要用车的工人阶级家庭提供可以负担得起的汽车）。[③]

然而，此类的共享汽车带有明显的“资本主义”属性，是资本打着“共享”“环保”的旗号对汽车行业的强势渗透，其基本的运行公式并不违反“货币—货币增值”（G-G’）规律，是垄断资本在当代的最新发展形态，甚至同前述的一样，是当代对过剩资本的消化方式之一。[④] 因此，尽管共享汽车从表面上看在推动着电动汽车的发展，践行着共享的浪漫理念，正如伍德所说，“资本主义可能（特别是在环保技术本身有利于销售的时候）会提供某些生态保护”[⑤]，但是，由于资本逻辑的主导，追求剩余价值最大化的本性并不能促进其真正实现汽车的公有化绿色转型，它只是借用汽车使用权的公有化将原来的剩余价值源泉进一步从活劳动领域扩展到死劳动领域，当前的共享汽车在利润最大化的指引下是做增加路面行驶汽车数量的“加法”，而不是做减少原有行驶汽车数量的“减法”，而当资本盲目进入共享汽车行业并由此引发利润率下降这一资本运行的一般规律的时候，不少公司的停运（如 Autolib 已于 2018 年 7 月 31 日停止服务）又导致资源的大量浪费。

其实，资本的这种渗透，必将资本本身固有的内在矛盾，即生产资料的私人占有同社会化生产的内在矛盾带入汽车行业本身，它不仅带来共享汽车利润率下降，而且

---

① 《即行 Car2go 已在重庆实现超二十二万次汽车共享服务》，http：//cnews. chinadaily. com. cn/2016-12/27/content_ 27788244. htm，2016 年 12 月 27 日。

② 参见 https：//zipcar. com. tw/打造台湾共享绿能生活。

③ Daniel Newman，“The Car and the Commons”，*Review of Radical Political Economics*，Vol. 48，No. 1，2016，pp. 53-65.

④ 夏莹：《论共享经济的“资本主义”属性及其内在矛盾》，《山东社会科学》2017 年第 8 期。

⑤ ［加］艾伦·伍德：《民主反对资本主义：重建历史唯物主义》，吕薇洲等译，重庆出版社 2007 年版，第 262 页。

对整个社会而言，是一种将空间这种生产资料进行私有化的过程，展现在居民眼前的都是私有化的景观。比如，20世纪70年代以来，巴黎的城市空间因为JCDecaux对城市共享自行车Vélib的注资而到处充斥着由JCDecaux提供的街道公共设施①，居民必须以有偿的方式向私营公司租赁出行工具才能获取空间的使用权。因此，它离我们期待的以公有为基础的汽车社会还有相当大的距离，这需要我们以极大的勇气和智慧探索在没有资本逻辑主导下的另一种汽车公有化的路径。

我国近十年也出现了共享单车和共享汽车行业的快速发展，但该行业的发展并没有带来预期的生态效应，反而造成了生产过剩、加剧交通拥堵、生态环境遭受破坏等负面影响，从根本上看，产生这些问题的原因同样在于这些行业的发展并不是真正意义上的“共享”，而是资本角逐的战场。严格意义上的共享经济是闲置资源的充分和共同利用，就此而言，相较于共享单车、共享汽车，公共交通依然是我国应该优先考虑的公共事业。

2017年，交通运输部会同住房和城乡建设部制定《关于促进汽车租赁业健康发展的指导意见（征求意见）》，表示鼓励发展共享汽车，但依然强调在“坚持公交优先战略的前提”下，合理确定分时租赁在城市综合交通运输体系中的定位，研究建立与公众出行需求、城市道路资源、停车资源等相适应的车辆投放机制，使其与城市公共交通、出租汽车等出行方式协调发展，形成多层次、差异化的城市交通出行体系，这一政策无疑是很明智的。在深圳，深圳市交委公共交通局负责人认为，深圳作为高密度的超大城市，道路空间资源非常紧缺，应坚持公共交通优先发展战略，分时租赁作为一种个体机动化出行方式，在全市范围大规模发展势必将大量占用有限的城市交通资源。也就是说，共享汽车是一种个体化机动车出行方式，如果大规模投放，每个人出行都可以随时、方便地开一辆车，那么小汽车的使用频率势必大幅增加，道路拥堵将更加严重。这与目前大城市鼓励公交出行、提高道路使用效率的方向是相违背的。② 深圳的经验和做法应该是我国大多数城市参照的对象，深圳也在2018年成为国家公交都市建设示范城市。总的来说，我国应该将公共交通发展放在城市交通发展的首要位置，着力提升城市公共交通保障水平，突出公共交通在城市总体规划中的地位和作用，按照科学合理、适度超前的原则编制城市公共交通规划，形成以轨道交通和快速公交为骨干、常规公交为主体、出租车为补充、慢行交通为延伸的一体化都市公交体系，让市民的出行主要依靠公交、BRT、地铁、电车等公共交通工具。

三是坚决抵制新自由主义以资本增殖为目的的汽车社会建设，走向以人民为中心的汽车社会建设。新自由主义影响下的汽车社会之所以对燃油汽车、共享汽车青睐有加，还在于这类汽车、这些行业能持续不断地促进资本增殖，而这些行业在城市通勤中的地位和作用也蜕变成资本增殖的工具，我国要摒弃这样的旨趣，建设以人民为中心的汽车社会，满足人民对美好出行的需要。

这样一种汽车社会的构型需要我们大胆的想象，英国卡迪夫大学的丹尼尔·纽曼

---

① Maxime Huré，“From Vélib’ to Autolib’：Private Corporations’ Involvement in Urban Mobility Policy”，http：//www.metropolitiques.eu/From-Velib-to-Autolib-private.html.

② 潘末末：《共享汽车目前不宜大规模推广》，《深圳特区报》2017年4月20日。

（Daniel Newman）为我们提供了在他看来更有远大发展前景的两个案例。[①] 一个是威尔士布雷肯比肯斯国家公园（Brecon Beacons National Park）的社群组织塔勒邦特能源（Talybont Energy）。塔勒邦特能源是一个非营利性组织，掌管着布雷肯比肯斯国家公园内的一个社区水电项目，该项目是威尔士第一个社区水电项目，从 2006 年开始运行的 36 千瓦水力发电机组依靠塔勒邦特水库进行发电。从 2010 年 2 月起，塔勒邦特能源发起了一项社区汽车共享计划。在最初的两年半时间里，该计划拥有两辆共享汽车：一辆名为"蓝玲"（Bluebell）的 100%电动汽车和一辆名为"薯条先生"（Mr Chips）的专门使用再生植物油汽车。遗憾的是，"蓝玲"电动汽车在 2012 年下半年停运。作为替代品，塔勒邦特能源为该计划购买了一辆 5 座电动面包车，因为它使用亨德森大厅的太阳能发电，因此被命名为"太阳光"（Heulwen）。该计划目前有 12 个会员家庭，截至 2016 年 1 月，"薯条先生"已经在全英范围内行驶了 82500 英里（约 132770. 88 千米）的零碳里程，"太阳光"行驶了 13900 英里（约 22369. 88 千米），"蓝玲"在其短暂的生命中也行驶了 7500 英里（约 12070. 88 千米）。通过共享所节省的里程，相当于节省了约 55 吨二氧化碳的排放量。[②]

另一个是位于苏格兰南拉纳克郡（South Lanarkshire）的欧文镇（Owenstown）。2009 年 8 月，在家乡基金会（Hometown Foundation）的支持下，该镇计划建造一座能容纳 10000 名住户的新城镇，该城镇以空想社会主义者欧文的名字命名，显然是想实现欧文当年未竟的事业。该镇将由居民根据合作原则进行管理，为这 10000 名住户提供超过 3000 个岗位和 3200 套负担得起的住房，推动社区居民参与，保障居民的健康与福祉，建造娱乐设施和绿化区域，并最终将该镇建设成为低碳或零碳社区，为此，在居民的出行上，该城镇的设计同样是以共享电动汽车作为居民的通勤方式。[③]

其实，纽曼提供的这两个案例并未在英国，甚至在威尔士和苏格兰广泛推广，目前两个项目的发展也面临着巨大的挑战。根据塔勒邦特能源 2015 年的年度报告，只有少数家庭对两辆共享电动汽车的使用率达到 70%，两辆共享电动汽车的运营自 2014 年以来也出现了首次亏损（"太阳光"亏损 553 英镑，"薯条先生"亏损 771. 5 英镑），对此，他们也不得不承认该计划"起步维艰"。而欧文镇的计划虽然自宣布以来在全英范围有超过 1500 名的人申请迁移到该镇，也得到了包括地方和国家层面官员在内的众多人士的支持和赞许，但该计划却于 2014 年遭南拉纳克郡议会拒绝，现在受托人正积极寻求苏格兰政府部长们的支持，如果这个项目失败，家乡基金会将会重新选址。

尽管如此，两个案例却为我们展现了汽车社会生态环境治理技术路径的另一种选择或想象，即一种异于资本逻辑主导的，基于合作原则的汽车社会发展路径。不以资本逻辑为主导，意味着不以价值增殖和利润最大化为最终旨趣，就此而言，我们可以发现非资本逻辑主导的合作共享原则与共享电动汽车的结合在这两个案例中的体现。

---

① Daniel Newman, "The Car and the Commons", *Review of Radical Political Economics*, Vol. 48, No. 1, 2016, pp. 53-65.

② 参见塔勒邦特能源官网（https://talybontenergy. co. uk/），以下涉及该组织的介绍均来源于此。

③ 参见家乡基金会官网（http://hometown. co. uk/）和维基百科的介绍（https://en. wikipedia. org/wiki/Owenstown），以下涉及该基金会和此项目的介绍均来源于此。

从两个项目的注资主体来看，塔勒邦特能源和家乡基金会不是以营利为目的的私营组织，而是旨在推动生态可持续发展的非营利性机构或慈善组织，塔勒邦特能源的两个核心目标是减少社区的能源消耗和尽可能推动社区能源向可更新能源转换，而家乡基金会是苏格兰的在册慈善机构，编号是 SC040228。所以，从这种注资模式看，在组织架构上，如果说当今流行的由资本大财团提供的共享汽车具有自上而下的供给性特征，那么，这两个项目的共享汽车则是带有自下而上的自组织性特征。从严格意义上看，前者的“私有”特征并没有因为“共享”的噱头而发生变化，后者则因为其注资模式和组织架构的不同而带有“共享”的特征，难怪希尔·斯泰纳（Hillel Steiner）在谈到当今世界的分享经济时，就直截了当地否定它是有别于私有企业的新经济：“我并不认为这些‘分享经济’能够替代私有产权，它们不过是私有权的另一种形式——一种让私有财产得到更有效的、利润更高的利用的形式。”①

同时，不以资本逻辑为主导的特征意味着其资金的使用不以自身的增殖为目的，而是以满足自组织内部成员的通勤需要为限度，也就是一种为使用价值而生产运营的项目。因此，当我们看到这两个项目的下列举动时，我们不应感到惊讶：在塔勒邦特能源，共享电动汽车尽管在 2015 年亏损，但至今仍在运营；其电力销售收入仅限于再投资于本社区的节能和可持续生活的项目，以此实现它的两个核心目标；在旅游旺季，当非社区成员使用共享电动汽车为社区盈利，但却损害社区成员使用共享电动汽车的情况发生时，社区组织就会出面与之协商其他的解决办法。在欧文镇的规划中，其经济发展属于自给自足型的，无须公共资金就可以创造 5 亿英镑的整体开发，并且其产生的所有盈余资金将再投资于社区，而不是由房地产开发商或土地所有者收回。

我们不能照搬这两个案例的做法，但是其秉持交通事业的公益属性和汽车是服务于人们出行的目的而不是资本增殖的手段，理应成为以人民为中心的汽车社会建设的重要价值取向和规制性力量。例如，在资金投入政策上，政府要将公共交通发展资金纳入公共财政体系，重点增加大容量公共交通、综合交通枢纽、场站建设以及车辆设备购置和更新的投入，即使以 PPP 模式发展城市交通体系，也应保持运营的公益属性。总的来说，我国应把改善城市公共交通条件、方便群众日常出行作为首要原则，按照资源节约和环境保护的要求，以节能减排为重点，大力发展低碳、高效、大容量的城市公共交通系统，推动网络化建设，增强供给能力，优化换乘条件，提高服务品质，确保群众出行节能环保、安全可靠、经济适用、便捷高效，建设人民满意交通，不断增强人民群众的获得感、幸福感、安全感。

---

① 李石：《源自个人选择的正义：访谈左派自由至上主义代表人物希尔·斯泰纳教授》，《国外理论动态》2018 年第 12 期。

第八章　新自由主义与动物保护

在私有财产和金钱的统治下形成的自然观，是对自然界的真正的蔑视和实际的贬低。在犹太人的宗教中，自然界虽然存在，但只是存在于想象中。托马斯·闵采尔正是在这个意义上认为下述情况是不能容忍的："一切生灵，水里的鱼，天空的鸟，地上的植物，都成了财产；但是，生灵也应该获得自由。"

——［德］马克思《论犹太人问题》

动物，常出现于西方大思想家的笔端，其"待遇"如何？客观地说，既有像伏尔泰、达尔文这样的承认动物拥有灵魂、情感、记忆和知识的思想家，也有像亚里士多德、西塞罗、阿奎那这样的将动物看作为人而存在，把家畜同奴隶相类比，将野生动物视作人类美味的思想家，还有像康德这样的认为对动物的责任实际上是为了人，人对动物要友善才不会残忍地对待其他人的折中派思想家。[①] 那么，在新自由主义的影响下，动物的"待遇"如何？从马克思主义出发，如何解释动物遭受的不公"待遇"，其解放路径与"深绿"思潮的"动物保护主义"又有何不同？以上就是本章要探讨的问题。

第一节　新自由主义对动物保护的影响

在自由主义思想家那里，动物的"待遇"不容乐观，较接近本章开篇讲的第二类思想家。洛克在《政府论》中论证私有产权时涉及了一切低等动物、鹿肉、鱼、野兔，斯密、李嘉图的"渔夫和猎人"的故事将野生动物的交换视为人类为了生存而具有的"天然"倾向。罗尔斯采取"人类和其他生物"的二分法，并不将正义理论的讨论应用到动物身上，在谈到平等的基础时，他说："我现在转入对平等的基础，即对人的特征的讨论，由于这些特征，人们只应当受到合乎正义原则的对待。我们对动物的行为不受这些正义原则的调节，或者是人们普遍地相信这些行为不受正义

① ［澳］彼得·辛格、［美］汤姆·雷根：《动物权利与人类义务》，曾建平、代峰译，北京大学出版社2010年版，第3-39页。

原则的调节。”[①] 罗尔斯提出了平等概念适用的三种水准：作为公共规则体系的制度的管理；在制度的实质结构方面的应用；平等的正义的权利仅仅属于道德的人。显然，动物已经被排除在这些水准之外了。罗尔斯自己也承认正义理论的局限性在于“没有考虑对动物和自然界的其余部分的正当行为问题”[②]。

与自由主义相似，新自由主义影响下的动物处于一种为人而存在的工具性地位，具体的存在方式表现为动物的私有化、商品化和市场化。如今的动物种类很多，至少包括驯养动物和野生动物两大类，它们在新自由主义条件下的私有化、商品化和市场化的具体表现又是不同的，让我们分别述之。

一、新自由主义对驯养动物的影响

新自由主义对驯养动物的影响表现为政府放松对大型农业综合企业的监管，助推工厂化农场和转基因等生物技术的发展，导致动物生命本身的私有化。人类驯养动物是为了满足食用等方面的需求，而驯养动物的供给或生产方式在不同的社会形态下是不同的，在前资本主义时代，小农在自己的土地上圈养鸡、鸭、牛等家禽供自己食用，随着资本主义的兴起，农业的发展逐渐进入资本逻辑的框架中，驯养动物也被卷进这一框架中而改变自己的存在方式。新自由主义兴起后，西方政府逐渐放松了对私营企业的各种管制，对农业发展的影响就是促进了大型农业综合企业在家禽贸易市场垄断地位的形成和发展。

20 世纪 70 年代末，跨国商业集团打着“提高经济效率，扩大经济规模”的旗号，开始了“纵向整合”计划，意在呼吁政府“解除管制”来形成自己在某一特定产业的垄断地位，这一计划的实施最终使少数大型农业综合企业在市场中形成垄断地位，原来的家庭式农业由于无法承担各种设施、能源、围栏和兽药的高昂成本，到 20 世纪 90 年代逐渐在市场竞争中退出，家庭式农民完全丧失对市场的控制，沦为大型农业综合企业的雇佣工人。这些大型农业综合企业以一种工厂化的方式生产人类食用所需的动物产品，即家禽工厂化生产。这一革命始于 20 世纪 80 年代早期，大型企业引进了汽车工业的流水线生产技术，实现了工厂的高效率和规模化生产，随之而来的是动物生存方式的巨大变化和悲惨遭遇。“之前，猪、牛和鸡在田野或者小型农场中饲养，一旦生病会受到农民的单独照料。现在的生产技术包括所谓的‘圈养’或者叫做‘集中畜牧经营’（CAFOs）。……集中畜牧经营把家畜尽量放在最小的空间内。一只猪从出生到被屠宰的平均重量为 500～600 磅（约 226～272 千克），它们从未离开过和它几乎同样大小的猪圈。动物不能躺倒休息，因此它们的腿部总有严重的问题。而且，非自然的圈养使生猪发疯，导致‘咬栏杆’和无意识的咀嚼，成天不见天日。”[③] 所有这些都是当今动物保护主义者所痛斥的现象，对人和动物均造成了

---

① ［美］约翰·罗尔斯：《正义论》，何怀宏、何包钢、廖申白译，中国社会科学出版社 1988 年版，第 506–507 页。

② ［美］约翰·罗尔斯：《正义论》，何怀宏、何包钢、廖申白译，中国社会科学出版社 1988 年版，第 514 页。

③ ［美］威廉·恩道尔：《粮食危机：运用粮食武器获取世界霸权》，赵刚等译，知识产权出版社 2008 年版，第 113 页。

严重影响。“家畜制造的温室气体占总量的18%，其中80%来自农业。三分之一到二分之一的农业用水受到污染，特别在集中饲养的饲养场。家畜饲养需要开发土地，这是造成栖息地破坏，生物多样性丧失的主要原因。”① 而在新自由主义倡导放松管制的情况下，其所造成的影响更加恶劣，如美国环保署取消了强制工厂安装监控地下水设备的规定。

新自由主义倡导放松管制的另一个影响是助推了转基因等生物技术的发展。20世纪80年代，少数大型农业综合企业不仅进行集中畜牧经营的生产革命，还发展转基因家禽和基于转基因技术的兽药，存在这种情况的部分原因在于受新自由主义影响的里根政府决意放任私营企业的自由发展，期盼私营企业可以在基因工程研究领域确保美国处于领先地位。为此，1986年，时任美国副总统老布什主持召开一个白宫特别战略会议，讨论了对生物技术行业撤销管制的问题，在随后的几年中，美国政府没有颁布一个管制生物技术和转基因产品的法律法规。第一种大批量进入市场的转基因食品就是含有rBGH这种人工生长激素的牛奶，孟山都宣称注入这一激素的奶牛能够增产30%的牛奶，然而，也正是因为注入了这一激素，奶牛的寿命缩短了2年，并患上了严重的蹄和乳房传染病。②

21世纪以来，将转基因技术应用于动物的典型案例主要有：

一是美国水赏（AquaBounty）公司研制的转基因鲑鱼。该公司的科学家在鲑鱼的DNA中添加了太平洋大鳞大马哈鱼和大西洋鳕鱼生长激素基因，因此，这种鲑鱼比普通鲑鱼生长速度快，只需16~18个月就能上市销售，而普通鲑鱼通常需要32~36个月，转基因鲑鱼个头也大，通常是普通鲑鱼的2倍。2012年12月，美国食品和药物管理局（Food and Drug Administration，FDA）公布了评估转基因鲑鱼安全性的草案，声称此种鲑鱼不会对人类健康或者环境造成危害，并于2017年3月16日批准了世界上第一条转基因鲑鱼上市销售，并且一路绿灯，销售时无须注明是转基因食品，同时可以标注可安全食用的标签。

二是荷兰马斯特里赫特大学生理学教授马克·波斯特（Mark Post）研制的“试管汉堡”。2013年8月5日，世界上第一个“试管牛肉汉堡”问世并在伦敦举行试吃活动。此款汉堡之所以叫作“试管汉堡”，是因为汉堡中的牛肉是用牛的干细胞在试管中培育而成的，这个细胞会分裂为成千上万个新细胞，直到产生肌组织，大约几个星期之后就可以长出足量的肉。

三是中韩科学家联合培育出转基因猪——“双肌型”猪。据《自然》杂志2015年7月2日的报道，中韩科学家通过TALEN基因编辑技术，构建出蛋白质含量更高、瘦肉更多的“双肌型”猪。他们宣称这些双肌猪是通过编辑单个的MSTN基因而培育出来的，这种改变远没有传统基因改造所产生的变化那么剧烈。传统的基因改造是将一个物种的基因移植到另一个物种上。因此，他们希望监管机构能对这些猪采取宽容的立场，并希望该品种能成为首批获准供人类食用的转基因动物之一。③

---

① ［美］马克·B. 陶格：《世界历史上的农业》，刘健、李军译，商务印书馆2015年版，第174页。

② ［美］威廉·恩道尔：《粮食危机：运用粮食武器获取世界霸权》，赵刚等译，知识产权出版社2008年版，第10-17页。

③ David Cyranoski，“Super-muscly Pigs Createdby Small Genetic Tweak”，*Nature*，Vol. 523，p. 13.

四是美国孟菲斯肉制品公司（Memphis Meats）研制的“人造肉”。该公司是位于旧金山的人造肉初创公司，掌握了用牛细胞生产肉丸的技术。根据该公司联合创始人兼首席执行官（CEO）乌玛·瓦勒蒂（Uma Valeti）的介绍，人工培育生肉的过程是这样的：先找到品质极佳的牛或猪，从猪肩膀或其他肉块上提取细胞，从里面挑出可以再生的；然后在无菌环境下培养这些细胞。2016 年 1 月，孟菲斯肉制品公司发布了一段视频，在视频中，他们展示了世界上第一批正在平底锅中煎炸的人工肉丸。

这些研究转基因产品的公司进行技术研发的理由都是“美好”的，期望能够回应人类不断增长的对肉品数量和质量的需求，以及传统食品生产方式所引发的消极环境效应，这与新自由主义力图调和资本与生态之间的关系如出一辙。“试管汉堡”的研究者称，这种“试管肉”很可能在 10 年内公开销售。届时，将大大减少饲养动物所需要的饲料、水和能源。据悉，生产每公斤自然肉，需要 10 千克植物和能源，但试管肉类只需要 2 千克。[①] 水赏公司表示，转基因鲑鱼都是雌性和无菌的，非常健康且符合食品安全，同时，他们认为，转基因鲑鱼的生产可以减少对野生鱼类资源的压力，防止过度捕捞大西洋鲑鱼。[②] 孟菲斯肉制品公司也声称，他们人工培育的肉类颠覆传统肉类的制作方法，无须饲养动物，占用很少土地、水，也无需化肥。对人造肉来说，环保是它的初衷，也是最大号召力，相比传统的畜牧业，他们生产“肉”的过程只占用 1%的土地、10%的水。[③]

然而，与传统的转基因产品一样，这些 21 世纪以来新研制的转基因产品对人类、动物的健康和生态环境的保护问题受到了其他科学家、环境保护主义者等人士的质疑。例如，对于饲养的大西洋鲑鱼可能出现逃离流失，从而破坏生态系统的问题仍然存在着大量的争论。通用公司旗下一位食品部门主管皮特·瑞丽（Pete Riley）称：“我们对饲养鱼可能逃离的问题极为担心。早前，有关防止饲养鱼逃离的相关记录也十分不足。”[④] 培育“双肌型”猪的中国科学家也坦言，虽说“双肌型”猪的瘦肉率和产肉率都高于普通猪，但培育出的 32 头猪，只有 13 头的寿命超过 8 个月，接受采访时还活着的 2 头猪中，只有其中 1 头被认为是健康的。而研制这些产品所使用的体细胞核移植技术也产生了出生率低、体型异常、呼吸和心脏问题等严重的动物福利问题。[⑤] 有研究显示，与传统的肉制品相比，生产像“试管肉”这样的肉制品尽管消耗较少的饲料，占用较少的农业用地，但是，由于传统培育过程中动物的消化、营养循环被工业化过程所替代，因此，生产等量的肉制品却需要消耗更多的化石燃料，其产生的全球变暖效应更加明显，这只是一种更加复杂、更需要权衡利弊的工业发展新阶

① 《世界首枚“试管汉堡”将面世　动物宰杀或成历史》，https：//hope. huanqiu. com/article/9Ca Krn-JByXH，2013 年 7 月 30 日。

② 《世界首条转基因鲑鱼被美批准上市，美国人民炸了锅》，https：//www. sohu. com/a/129086576_623372，2017 年 3 月 16 日。

③ 王盈颖：《美国“人造肉”公司获千万美元融资，盖茨和李嘉诚都爱投这行》，https：//www. thepaper. cn/newsDetail_ forward_ 1773771，2017 年 8 月 24 日。

④ 《美国审批第一条转基因鱼　或于两年内被端上餐桌》，http：//www. ebiotrade. com/newsf/2010－6/2010617153139730. htm，2010 年 6 月 18 日。

⑤ Wenfang Tan，Chris Proudfoot，Simon Lillico and Whitelaw C. B. A. “Gene Targeting，Genome Editing：From Dolly to Editors”，*Transgenic Research*，Vol. 25，No. 3，2016，pp. 273-287.

段，而不是对传统工业的超越。①

将转基因技术用于动物不仅是为了增加动物食品的产量和质量，还用于药物的研发。曾经培育出克隆羊——“多利羊”的苏格兰罗斯林研究所就利用经基因工程改造过的鸡培育出可抵抗 H5N1 病毒毒株的禽类。20 世纪 70 年代，分子生物学家作为基础科学家的地位变得不那么重要了，重要的是他们有能力将自己的研究成果应用于医疗问题，以及发展新兴的生物技术公司。这种新作用符合英美新自由主义政府减少科学方面的公共支出的政策要求，在新自由主义看来，如果能够预先确定学术研究的潜在应用，就会吸引私营机构对这些应用的未来潜力进行投资。转基因绵羊项目的部分资金是由一家名为“制药蛋白有限公司”（Pharmaceutical Proteins Limited）提供的，而对生物制药的经济潜力感兴趣的大型制药公司也间接提供了资金。因此，同样是绵羊，之前用于育种，而今的医药研究者则利用这些动物作为病人、疾病模型或为人类提供有价值的东西，如异种移植的器官。②

大型农业综合企业要从转基因技术中获利，就必须拥有对基因的专属权，进而才能进入市场买卖，由此就产生了关于动物生命的知识产权议题，新自由主义对私有化的青睐同样为动物生命本身的知识产权提供了意识形态动力。原本，生命和基因这类自然存在物一直以来都是专利的禁区，但从 20 世纪 70 年代初开始，此时也是新自由主义开始勃兴之时，重组微生物进入了人类授予其专利的视野。1972 年，美国通用电气公司的微生物学家阿南达·查克拉巴蒂（Ananda Chakrabarty）通过重组微生物培育出所谓的“超级细菌”，用以分解多种石油碳氢化合物，从而消除石油污染。对此，查克拉巴蒂提出了对这种细菌本身的专利申请，遭到美国专利商标局的拒绝，但上诉到高等法院后胜诉。从此，专利的生命禁区被打破，随着生物技术的发展，专利化对象也从微生物转向动物。1988 年，美国专利商标局给“哈佛鼠”颁发专利，成为世界上首个哺乳动物专利。“哈佛鼠”是 20 世纪 80 年代由哈佛大学菲利普·里德（Philip Leder）和提摩西·斯图尔特（Timothy Stewart）带领的研究团队研发出来的一种特别小鼠，这种小鼠经过基因改造，天生就高度易感乳腺癌。

二、新自由主义对野生动物的影响

与新自由主义对驯养动物的影响相比，新自由主义对野生动物的影响既相同又不同，相同的是野生动物仍然处于为人类所用的工具性地位，不同的是新自由主义在环境议题上的理论形态——自由市场环境主义，试图将野生动物的工具性利用和野生动物的保护“和谐”起来，而其基本的手段又与经典自由主义的信念相同，即推动野生动物的私有化、商品化和市场化，具体的理论逻辑是：将社会成员划分为生产者和消费者，并以价格机制引导两者的行为。“消费者如果发现产品价格相对较高，就会寻找替代性产品。如果户外游乐机会都是免费的或廉价的，消费者必然会尽量加以利

① Carolyn Mattick, Amy Landis, Braden Allenby and Nicholas Genovese, “Anticipatory Life Cycle Analysis of in Vitro Biomass Cultivation for Cultured Meat Production in the United States”, *Environmental Science and Technology*, Vol. 49, No. 19, 2015, pp. 11941-11949.

② Miguel García-Sancho, “Animal Breeding in the Age of Biotechnology: The Investigative Pathway Behind the Cloning of Dolly the Sheep”, *History and Philosophy of the Life Sciences*, Vol. 37, No. 3, 2015, pp. 282-304.

用，直到消费的边际价值与他的边际成本相等为止。同时，如果户外游乐是无偿提供的，生产者就不会把资源的生产性使用（如农耕和放牧）转为其价格不足以使他获利的游乐活动的使用。"① 也就是说，通过成本效益的分析，对于生产者来说，当他可以从保护野生动物中获益，他就会产生保护野生动物的动力，在权衡机会成本的情况下放弃将野生动物栖息地用作他途；对于消费者来说，当他可以免费获取野生动物时，他就会对野生动物造成过度滥用的倾向，当他觉得消费野生动物（无论是消耗性的捕猎，还是非消耗性的观赏）的成本过高时，他就会减少消费野生动物，或者寻找替代品满足自己的同类型需要。为了让这一机制发挥作用，就必须明晰野生动物及其栖息地的产权，进而将其转化为商品，让野生动物的所有者通过市场交易获取保护野生动物的收益。

自由市场环境主义列举了许多例子具体阐释这一运行机制。早在 17 世纪上半叶，蒙塔拉斯族（Montagnais）印第安人在拉布拉多半岛就从事海獭捕猎活动，后来由于市场对海獭皮的需求日益增加，为了防止过度捕猎海獭，当地的印第安人就建立了私有的海獭捕猎场，从事可持续的海獭经营活动。今天，类似的建立野生动物私有产权并展开经营活动以保护野生动物的例子既发生在发达国家，也发生在发展中国家。在发达国家，拥有美国大量私有土地的国际纸业公司（International Paper Company）在其土地上从事对外狩猎经营活动，向狩猎者收取狩猎费用，为了提高投资回报率，该公司便有为狩猎者提供良好的狩猎环境的动力，比如通过控制引火焚烧，调整伐木作业等技术，让野生动物拥有更好的栖息地，白尾鹿、野火鸡、野兔、美洲鹌鹑、鸠类和其他野生动物都从中受益。北缅因林业公司（North Main Woods）、沙丘户外活动公司（Sandhills Outfitters）等私营公司，全美户外活动协会（National Outdoor Association）、美国自然保育协会（The Nature Conservancy）等非政府组织也从事类似的经营活动。而在发展中国家，自由市场环境主义特别关注非洲国家的野生动物贸易活动，认为那些允许从狩猎、进行动物制品贸易活动中获得利润的国家往往产生保护野生动物的经济激励，如在津巴布韦和博茨瓦纳，当地人可以从象牙和兽皮贸易以及狩猎许可证中获取收入，便产生了保护象群和防范偷猎的动力，津巴布韦象群的数量也由此从 3 万头增加到了 4 万头，相反，那些禁止象牙贸易的国家，如肯尼亚，象群数量却在不断下降。

2015 年出版的《自由市场环境主义》第三版中，安德森和利尔再次将目光聚焦到上述三个非洲国家，更详细地介绍了津巴布韦、博茨瓦纳和肯尼亚在野生动物私有化、商品化和市场化方面的情况，与第一版不同的是，受奥斯特罗姆的影响，作者对野生动物及其栖息地的社区集体所有制和以社区为基础的自然资源管理模式（Community-Based Natural Resource Management，CBNRM）持认可态度，但即便如此，私营公司还是在社区野生动物管理中如影随形。

19 世纪末，津巴布韦成为殖民地后，数百万人被迫迁移到最不适宜农业耕作的地区，并被禁止捕猎野生动物。约 500 万津巴布韦人（相当于津巴布韦最贫穷人口

---

① ［美］泰瑞·安德森、唐纳德·利尔：《从相克到相生：经济与环保的共生策略》，萧代基译，改革出版社 1997 年版，第 80 页。

的 40%）生活在共有土地上，这些土地确实不适宜进行农业生产，但却是野生动物，特别是大象的绝佳栖息地。生活在大象栖息地的津巴布韦人的家园常遭受大象的破坏，由于被禁止捕猎，他们不得不依靠政府的粮食补贴和对凶猛动物的控制。为了解决这一问题，当地企业家布莱恩·查尔德（Brian Child）鼓励政府去除对原住民及其土地的集中型管理，引入"原住民资源共有区管理项目"（Communal Areas Management Programme for Indigenous Resources）。原住民参与这一项目可以从中获取经济回报，利润主要来自向外国狩猎者出租狩猎许可权。这也为社区成员提供就业，补偿作物和财产损失，为村民提供食物，兴建学校、诊所和水井提供了收入来源。据世界野生动物基金会估计，这一项目自 20 世纪 80 年代末启动以来，参与该项目的村民的家庭收入增加了约 20%，与此同时，野生动物的数量激增。1989~2006 年，大象的数量从 3.7 万头增加到 8.5 万头，产生的直接收入超过 2000 万美元，惠及 9 万个家庭。

博茨瓦纳的野生动物管理区可以追溯到 1986 年，其占国土面积的 22%，1989 年，开始实行以社区为基础的自然资源管理模式，该模式认识到没有野生动物管理区内或周边农村社区居民的参与，无法实现野生动物的保育。根据该模式的要求，社区对野生动物配额享有专有权，可以在社区成员之间进行分配以维持生存，或者将其售卖给私营公司的合作伙伴。通常情况下，社区会将具有商业价值的雄性野生动物，如狮子和水牛卖给私营公司的合作伙伴，而对于雌性和较小的羚羊，如小羚羊和黑斑羚，则会被保留下来供狩猎以维持生计。商业化狩猎给博茨瓦纳带来大笔收入，每年有 2000 万美元，其中一半用于再投资于当地社区，为社区创造数千个就业机会。旅游观赏性质的狩猎运营商也开始就使用社区管理区域的转租协议进行谈判。

在肯尼亚，自由市场环境主义除了再次指责政府集中控制型的野生动物保育政策外，还介绍了打破困局的解决办法。一家旨在帮助解决人与野生动物之间的冲突，积极参与当地社区保育过程的私营公司——犀牛方舟慈善信托公司（Rhino Ark Charitable Trust）设想了一个激进的办法：建一个 2 米高、400 千米长、带电的栅栏。栅栏一方面对人类的入侵起着威慑作用，另一方面又把野生动物限制在保护区的范围内。在栅栏建成之前，大象会在晚上离开公园去吃玉米，有时还会践踏储存玉米种子的小屋。对于生活在生存边缘的社区来说，这种破坏带来的不仅仅是不便。栅栏建成后，他们的庄稼、房屋和孩子们都更安全了，他们的土地价值也提高了。此外，该公司还协助社区开展野生动物监测活动，建立树木苗圃，保护肯尼亚山等山脉的森林生态系统。①

上述自由市场环境主义的论述完全反映了新自由主义的"影子"。新自由主义对生态环境治理的影响，表现为相互联系的两个方面：一方面是彻底市场化、自由化的机制向生态环境治理领域的"全面进军"，将生态环境纳入市场范畴，以市场机制配置自然资源，试图实现经济增长、环境保护、社会效益等的多赢；另一方面是国家从生态环境治理领域的"全面撤退"，将治理权力下放给其他社会主体，包括地方层面的社区、国家层面和跨国层面的非政府组织和私营企业，当然，这并不是全面撤退到

① Terry Anderson and Donald Leal, *Free Market Environmentalism: For the Next Generation*, New York: Palgrave Macmillan, 2015, pp. 127-131.

无政府主义的状态，而是政府与其他主体不同程度和形式的合作治理。具体到野生动物保护方面，野生动物的保护和管理从原来的国家所有和集中型控制转变为允许私人和地方社区占有、私营公司和非政府组织参与管理和经营，以及野生动物旅游行业的迅猛发展，这些都是新自由主义影响下的表现，如非洲的南非和亚洲的泰国。

在非洲的南非，20 世纪 60 年代，南非一小部分土地所有者开始将野生动物视为商品从事贸易活动，但遭到了农业行业中工会的抵制，既没有得到国家法律层面的支持，也没有得到银行部门资金的支持。1989 年，南非政治家彼得·威廉·博塔（Pieter Willem Botha）参加全国狩猎大会，在关于南非布尔人（Boer）狩猎文化的演讲中呼吁国家对狩猎的法律保护。此后，经过两年的辩论，1991 年，南非通过了第 105 号法令——《狩猎偷盗法》（*Game Theft Act*），赋予野生动物私有化、商品化和市场化的合法地位，那些持有“充分圈养证”（Certificate of Adequate Enclosure）的人就是其野生动物的合法所有者。新的规定赋予土地所有者如下权利：无须申请单独的许可证就可以捕获和保存大多数野生动物；一年中的任何时候都可以捕猎；可以随意将野生动物作为商品出售或捐赠。①

在亚洲的泰国，在新自由主义的影响下，自从国际货币基金组织在 20 世纪八九十年代发起经济改革后，泰国的旅游业得到了一系列利益集团的支持和推动，包括国际金融机构、捐助者、非政府组织、私营部门和国家机构。例如，国际自然保护联盟亚洲区办事处的加纳克·德·席尔瓦（Janaka De Silva）指出，国际自然保护联盟与其他组织机构一起参与了制定可持续旅游计划，这些组织机构包括昆士兰州政府、基南研究所（Keenan Institute）和加拿大国际开发署（Canadian Intemational Development Agency）。20 世纪 70 年代末，泰国政府将旅游业确定为经济扩张的一个至关重要的行业，并在 1978～1991 年的《国家经济和社会发展计划》中将其列为最高优先事项。1998～1999 年，泰国政府又发起“惊人的泰国”（Amazing Thailand）运动，意在通过吸引 1700 万名游客来泰国旅游，以对抗亚洲经济危机的负面影响。旅游业的发展对泰国野生动物的影响之一是，有些原先不是野生动物的驯养动物也重新被“野化”纳入到旅游行业中，最典型的例子就是大象。1989 年，泰国颁布禁止伐木的封林法案后，推动了那些原先从事伐木、运输的大象向承担旅游业务转变，与此同时，大型国际旅游公司也纷纷入驻泰国从事旅游业，如瑞士旅业集团（The Kuoni Travel Group）为海外游客提供与大象有关的旅游活动。②

现实的数据似乎正在验证着新自由主义的野生动物保护政策——“从 1979 年到 1989 年，中非的大象数量从 49.74 万头降到了 27.48 万头，东非则从 54.665 万头降到了 15.472 万头。在肯尼亚，我们只数到了 1.6 万头大象，而当肯尼亚政府宣布禁止猎象的时候，那儿还有 14 万头。在坦桑尼亚，只剩下 6.1 万头大象，而在 1970 年，那儿还有 25 万头。在乌干达，大象数量从 1970 年的 2 万头降到了 1600 头。可

① Dhoya Snijders, “Wild Property and Its Boundaries-on Wildlife Policyand Rural Consequences in South Africa”, *Journal of Peasant Studies*, Vol. 39, No. 2, 2012, pp. 503-520.

② Rosaleen Duffy, “The International Political Economy of Tourism and the Neoliberalisation of Nature: Challenges Posed by Selling Close Interactions with Animals”, *Review of International Political Economy*, Vol. 20, No. 3, 2013, pp. 605-626.

笑的是：乌干达和坦桑尼亚就像肯尼亚与中、东非的多数国家一样，已经禁止了捕猎。……要看到好消息，我们必须旅行到南部非洲的5个国家：津巴布韦、马拉维、纳米比亚、博茨瓦纳和南非。津巴布韦的大象数量从1979年的3万头升到了今天的7万头。博茨瓦纳则增长了两倍还多，从2万头升到了今天的6.8万头。马拉维、纳米比亚和南非的大象数量每年以5%的比例稳定增长。有趣的是这5个国家的政府允许附近的村民从捕猎大象中赚钱，这给了村民激励以减少偷猎”。[①] 然而，殊不知，在新自由主义的影响下，像坦桑尼亚这样的国家后来也引入了野生动物私有化、商品化和市场化的政策，实行以社区为基础的自然资源管理模式，却带来不少的冲突和矛盾。因此，我们以非洲的坦桑尼亚野生动物保护为例来进一步观察新自由主义的影响及其后果。

位于非洲东部的坦桑尼亚，1967年实行国有化和计划经济，以建设集体农庄为中心，开展“乌贾马运动”，由于其严重脱离国情致使经济发展严重滞后，但即便是在新自由主义对其不断渗透下，该国仍然在宪法中确立“社会主义”的政治体制理念，1992年第8次宪法修正案明确提出，坦桑尼亚奉行社会主义和自力更生政策，2000年第13次宪法修正案重新界定坦桑尼亚政治体制时，依然确认原宪法中的“社会主义”和“自力更生”等原则。尽管如此，在新自由主义于20世纪70年代末勃兴并向全球蔓延之后，坦桑尼亚在经济政策等方面难免受其影响，从1986年起，该国接受了国际货币基金组织和世界银行的结构调整改革方案，连续三次实行“三年经济恢复计划”，执行以经济结构调整为中心的经济改革政策，推进经济自由化和国有企业私有化进程，坚持适度从紧的财政、货币政策，同时，密切与西方捐助国和国际金融机构的关系，谋求吸引外资、减免外债和获得更多援助。[②]

新自由主义的渗透也致使坦桑尼亚在野生动物保护领域出现“去国家化”的典型特征。坦桑尼亚野生动物的管理在历史上历来是中央政府的事务，国家公园内的野生动物由国家公园局管理，其他野生动物由旅游和自然资源部的“野生动物分部”（Wildlife Division）进行管理。1896年，坦桑尼亚第一个野生动物保护区建立后，坦桑尼亚政府一直负责对其进行全面管理和控制。1984年，坦桑尼亚通过宪法修正案，正式赋予地方政府管理其所在地自然资源的权力。1986年，如前文所述，坦桑尼亚开启新自由主义改革进程后，减少了国家在服务供给方面的作用，在野生动物部门引入大型跨国环境非政府组织，如世界自然基金会（World Wide Fund for Nature）和保护国际（Conservation International），在这些机构的推动下，建立野生动物管理区（Wildlife Management Areas）的政策于1998年开始执行，这些管理区的典型特征是引入了以社区为基础的自然资源管理模式，即允许地方层面的农村社区和私人土地所有者为了自己的利益管理自己土地上的野生动物，旨在让参与其中的社区可以从他们的保育行为中获得完全的管理权和收益。野生动物管理区的当地居民选举代表成立“授权协会”（Authorized Association），代表地方社区利益负责日常管理和开展其他

---

① ［美］戴维·亨德森：《欢乐的经济学：一门关于市场经济的必读课》，王志毅译，上海人民出版社2006年版，第329页。

② 参见外交部官网坦桑尼亚国家概况：https：//www.fmprc.gov.cn/web/gjhdq_ 676201/gj_ 676203/fz_ 677316/1206_ 678574/1206x0_ 678576/。

事务。

将野生动物管理的权力下放给地方社区并建立野生动物管理区，旨在通过野生动物的商品化和市场化实现野生动物保育和促进地方农村社区发展的双赢局面，而这样的商品化和市场化通常包含两种手段：一是对野生动物的消耗性使用，即地方社区允许外来游客在狩猎区开展旅游狩猎活动；二是对野生动物的非消耗性使用，即地方社区与大型跨国环境非政府组织或者私营企业签订投资协议，在野生动物管理区开展旅游观光活动。其实，长期以来，非洲国家的野生动物早已被视为商品，其价值通过野生动物保育、狩猎和野生动物旅游得以实现。① 坦桑尼亚新自由主义改革之后，上述两方面的进程得到进一步加剧，野生动物保护管理区的社区村民从中获取不少收益，比如游猎公司和有丰富野生动物资源的村庄进行合作，在它们的土地上建立野生动物观赏游猎项目，这既为旅游公司提供了新的市场，也使村庄居民从野生动物观光旅游中获取丰厚收益，有些村庄每年从中获得 3 万~4 万美元的收入。②

这样一来，新自由主义对坦桑尼亚野生动物保护的影响似乎迎来了“圆满的结局”：有建立野生动物管理区的“生态效益结局”，有地方社区获取权力的“民主效益结局”，有推动地方经济发展的“经济效益结局”。实则不然，自 1998 年坦桑尼亚建立野生动物管理区以来，这一看似“圆满的结局”却开启了新的冲突和紧张关系，这突出地表现为中央政府和地方社区、地方社区和私营公司、地方社区之间，甚至私营公司和地方社区、中央政府之间等多个层级主体在野生动物市场化收益分配方面的冲突。③

在中央和地方的关系层面，尽管坦桑尼亚野生动物管理区是依据以社区为基础的自然资源管理模式而建，在政策层面起初也赋予地方社区管理权，但是，中央政府受野生动物市场化利润的诱惑，不愿将权力下放给地方社区。如前文所述，野生动物的管理一直以来是在坦桑尼亚政府的管控之下，直接的管理部门“野生动物分部”控制着旅游狩猎和旅游观光的运营，这也就为坦桑尼亚政府带来了许多收益。而在新自由主义改革后，权力的下放意味着要将之前的经营和收益都划归地方社区，这样一来，正如多罗西·霍奇森（Dorothy Hodgson）和理查德·施罗德（Richard Schroeder）所说，来自野生动物的利润分配“威胁到了野生动物分部的权力”④。

仅在野生动物管理区建立两年后的 2000 年，坦桑尼亚自然资源和旅游部就发布了《野生动物保育（旅游狩猎）条例》修正案，声称所有的野生动物保护地（包括狩猎区和野生动物管理区）的投资协议需要得到野生动物主管部门的书面批准。

---

① Elizabeth Garland, “The Elephant in the Room: Confronting the Colonial Character of Wildlife Conservation in Africa”, *African Studies Review*, Vol. 51, No. 3, 2008, pp. 51-74.

② Tor A. Benjaminsen, Mara J. Goldman, Maya Y. Minwary, et al., “Wildlife Management in Tanzania: State Control, Rent Seeking and Community Resistance”, *Development and Change*, Vol. 44, No. 5, 2013, pp. 1087-1109.

③ Tor A. Benjaminsen, Mara J. Goldman, Maya Y. Minwary, et al., “Wildlife Management in Tanzania: State Control, Rent Seeking and Community Resistance”, *Development and Change*, Vol. 44, No. 5, 2013, pp. 1087-1109; Kathryn Green and William Adams, “Green Grabbing and the Dynamics of Local-level Engagement with Neoliberalization in Tanzania's Wildlife Management Areas”, *Journal of Peasant Studies*, Vol. 42, No. 1, 2015, pp. 97-117.

④ Dorothy Hodgson and Richard Schroeder, “Dilemmas of Counter-mapping Community Resourcesin Tanzania”, *Development and Change*, Vol. 33, No. 1, 2002, pp. 79-100.

2007年，政策发生变化，关注点变成野生动物的国家管理，很少提及地方社区的参与、发展和收益。2008年，国家引入新的“非消耗性利用野生动物条例”，声明所有村庄的非消耗性旅游运营必须得到野生动物分部的许可才是合法的。新的条例也对收益分配进行调整，“授权协会”只获得65%的份额，但由于不透明的总收入信息，因此难以确认转移给“授权协会”的是否是正确的份额。2009年，坦桑尼亚国民议会通过新的野生动物保护法，该法强调对野生动物的集中控制，赋予野生动物分部更多的机会干预村庄土地的管理。根据该法案，牧民在禁猎区放牧需要得到书面许可，即使这些区域与村庄的土地重叠，这意味着，牧民在自己村庄的土地上放牧牲畜必须获得野生动物主管部门的许可。

在地区与地区之间，由于土地权属关系也产生了“有地村庄”和“无地村庄”在收益分配上的冲突。在坦桑尼亚的伊林加地区，有一个名为莫米帕的野生动物管理区。2002年，该地区所属的21个村在治理结构中拥有平等的权利，可以从野生动物管理的收益中获得平等的份额。但是，在这其中，只有14个村持有野生动物管理区的土地，而其他7个村却没有土地所有权。冲突由此产生，那些拥有土地所有权的村庄要求获得更多的收益，不是现在的平等分配，而是要求获得90%的收益，用以补偿因野生动物管理区的建立而遭受的农作物损失。

在地方社区和私营公司之间，甚至私营公司和地方社区、中央政府之间也存在着利益冲突。坦桑尼亚的洛里隆多地区位于塞伦盖蒂国家公园（Serengeti National Park）东部，恩戈罗恩戈罗保护区（Ngorongoro Conservation Area）北部和肯尼亚边境南部，是很多野生动物的家园。1999~2003年，在坦桑尼亚中央政府和德国法兰克福动物园学会（Frankfurt Zoological Society）的推动下，洛里隆多建立了野生动物管理区。1992年，归阿联酋王室所有的奥尔特罗商业公司（Ortello Business Corporation）与坦桑尼亚政府签署协议进驻洛里隆多，后续就逐渐与该村发生冲突，在没有咨询村庄当局的情况下，该公司就在村庄的土地上兴建建筑物。尽管村民与该公司签订了保护野生动物的协议，但是，该公司依然通过直接的威胁和恐吓，乱捕滥杀野生动物，然后将其运回阿联酋。位于隆吉多地区的恩对梅特野生动物管理区，是大象、斑马、角马和各种羚羊等物种的栖息地，该区的辛杨村与坦噶尼喀荒野营地公司（Tanganyika Wilderness Camps）签署了摄影旅游方面的协议。但在多年的抗议后才于2009年加入该野生动物管理区。起初，辛杨村拒绝加入野生动物管理区，坦桑尼亚政府就强制将坦噶尼喀荒野营地公司的帐篷移到邻近的艾蕾莱村，而坦噶尼喀荒野营地公司则要承担支付给两个村庄和中央政府的费用，由此也引发该公司的不满。

所有这些冲突的根源在于将野生动物进一步商品化和市场化的新自由主义改革，正是因为野生动物变成了能为国家、地方、跨国利益集团带来收益的存在物，才产生了竞相从中获利的冲动和冲突，因此，切勿将问题的根源归结为建立野生动物管理区这种以社区为基础的自然资源管理模式，关键的是商品化和市场化的运行规律渗入其中。更值得注意的是，当这种机制渗入其中并导致上述冲突时，各行为主体却陷入了试图以新自由主义化解新自由主义本身产生的冲突的悖论之中。沃尔夫拉姆·杜斯勒（Wolfram Dressler）和布拉姆·布斯（Bram Büscher）曾指出，事实上，以社区为基础的自然资源管理，是将资源使用者拉入新的市场经济，迫使当地社区居民更加依赖他们没有控制权、获益较少的行业，特别是旅游行业。① 正因为各行为主体都依赖野生动物的商品化和市场化所产生的收益，他们才又借助新自由主义的商品化和市场化“话语”试图进一步从中争取权益。

例如，上面谈及的伊林加地区产生“有地村庄”和“无地村庄”的冲突后，双方采用了“商品化”和“反商品化”的话语来为自己辩护。那些拥有野生动物保护区土地权的14个村庄采纳“商品化”的话语，认为他们应当继续保有对土地的所有权，而不是与其他7个村庄以平等分配收益的方式共享土地权，而且正是因为他们可以从野生动物管理区的商品化和市场化运营中获取收益，才使野生动物管理区的保育得以维持下去。在接受采访时，他们往往将野生动物比喻为“热销蛋糕”（Hot Cakes），在谈到如何实现野生动物管理区商品化和市场化这一最重要目标时，被采访者认为：“需要建两座豪华营地和机场以便获得更多的金钱，5年后，我们每年可以获得34.4万美元的收益……我们想要开启众多旅游项目……很幸运，我们拥有这些动物。”

那些对野生动物保护区没有土地权的村民则采用“反商品化”的话语加以辩护，他们认为野生动物不属于村中的任何人，而是属于国家，野生动物并不全是关涉金钱的资源，而是一种需要保育的自然资源，尽管他们没有土地权，但他们也做着保育的工作。例如，没有土地权的拉玛哈拉村是狩猎的通道，因此，没有这个村庄的合作和参与，野生动物管理区的旅游狩猎就不可能获取收益，因而不能对保育发挥作用。此外，有些村庄所拥有的土地并不吸引游客，却要从中获取收益，这也是不合理的。

再如，那些在收益分配中受损的地方社区，再次借助新自由主义的“去国家化”理念，以获取更多的利益。2010年，在世界自然基金会（Worldwide Fund for Nature）的推动下，在美国国际开发署的资金支持下，一个由全国范围内的野生动物管理区代表组成的新组织——授权协会联盟（Authorized Association Consortium）成立了。该联盟宣称，其目标是在影响联盟的事务中（无论是积极的还是消极的），搭建政府、非政府组织、私人组织的桥梁，包括发展政策、立法、指导原则、社区发展和土地、自然资源的分配。联盟将成为“授权协会”向中央政府传递声音，增强在野生动物管理区治理中的影响力。“因此，授权协会联盟不应该被理解为一个挑战新自由主义化的过程，相反，是将新自由主义化视为一个可以利用的机遇，即重新定位地方层面的行动者在野生动物管理区治理中的作用，使地方层面的行动者能够挑战中央政府对野生动物管理区的集中控制和‘绿色占领’过程，解决历史上处于弱势地位的当地人的权益问题。所以，当地的行为者为了自己的利益，在这场斗争中试图利用和塑造新自由主义式的野生动物保护话语。这种与新自由主义的接壤在多大程度上能有效地带来变革，这需要时间来检验。”②

---

① Wolfram Dressler and Bram Büscher, “Market Triumphalism and the CBNRM ‘Crises’ at the South African Section of the Great Limpopo Transfrontier Park”, *Geoforum*, Vol. 39, No. 1, 2008, pp. 452-465.

② Kathryn Green and William Adams, “Green Grabbing and the Dynamics of Local-level Engagement with Neoliberalization in Tanzania's Wildlife Management Areas”, *Journal of Peasant Studies*, Vol. 42, No. 1, 2015, pp. 97-117.

第二节　动物解放的历史唯物主义之策

新自由主义影响下的动物经历了悲惨遭遇，20 世纪六七十年代现代环境保护运动兴起以来，“深绿”思潮中的动物解放论试图挽救动物的危亡，其引发的动物保护运动取得了不少成就，但也囿于生态中心主义而陷入困境。本节意在引入历史唯物主义研究范式，围绕国际学界关于马克思是否是物种歧视主义者的争论，阐释如下三个相关问题：第一，动物解放的本体论依据何在？第二，人是怎样异于动物的？第三，究竟如何为解放动物创造条件？通过对这些问题的考究，以期对“动物解放”做一种“红绿”层面的阐释，从中寻找到动物解放的历史唯物主义之策。

一、差异中的统一：动物解放的本体论依据

马克思作为人类思想史上的一位璀璨明星，总是绕不过人们对他的褒贬，在人与自然以史无前例的速率互动境遇下，马克思的思想再次遭遇国际学界苛刻的指责甚至谩骂，比如马克思将是否推动生产力的发展看作一种社会形态向另一种社会形态转变的关键标准和动力，这一历史唯物主义的观点被视为构成生态危机罪责的“生产主义”范式。

除了这种对马克思思想的引申解读之外，还有直指马克思蔑视自然的证据，人与动物的关系议题就是如此。据瑞安·冈德森（Ryan Gunderson）的考证，在马克思的文本中有两处貌似诋毁人们动物福利善举的笔墨。一处是在《资本论》第一卷，马克思写道：“你可能是一个模范公民，也许还是禁止虐待动物协会的会员，甚至还享有德高望重的名声，但是在你我碰面时你所代表的那个东西的里面是没有心脏跳动的。”[①] 另一处是在《共产党宣言》中，马克思在批判“保守的或资产阶级的社会主义”时指出，这些人包括了“动物保护协会会员”[②]。当然，冈德森为马克思做了辩护，指出这两个地方都不是针对动物福利本身，前者是批判资产阶级的伪善行为，而后者是批判资产阶级的改良本质，可见，马克思只是对资产阶级的批判而已。[③]

冈德森的文章发表于 2011 年，而对马克思人与动物关系思想进行诘难的经典性文献则要追溯到 20 世纪 80 年代末英国埃塞克斯大学特德·本顿（Ted Benton）发表的《人道主义等于物种歧视主义：马克思论人与动物》一文。正如这篇论文的标题所言，作为生态马克思主义阵营中秉持生态中心主义立场的本顿，将马克思的人道主义立场等同于歧视动物的物种歧视主义，认为马克思尽管存在着诸如“自然是人的无机的身体”这样的类似深生态学的观点，但是，在《1844 年经济学哲学手稿》中，马克思的观点却存在着内在的张力和矛盾，这主要体现在以下两点：一是在对私有制

---

① 《马克思恩格斯文集》（第 5 卷），人民出版社 2009 年版，第 271 页。

② 《马克思恩格斯文集》（第 2 卷），人民出版社 2009 年版，第 60 页。

③ Ryan Gunderson，“Marx's Comments on Animal Welfare”，*Rethinking Marxism*，Vol. 23，No. 4，2011，pp. 543–548.

下工人的异化劳动进行道德批判时，马克思采用了人与动物的二元对立法来加以阐释；二是马克思在人类解放愿景的设想中，谈及了“自然的人化”。本顿指出这两点之间存在着内在的悖论。马克思将有意识、自由自觉的创造性活动视为人的类本质，以此来区别于动物的本能活动，因此，马克思正是这样以一种人与动物的彻底二分法来描述人类作为一种“类存在物”何以可能，以及在资本主义条件下又如何出现类本质的异化，如果要让人类摆脱这种异化状态，这就意味要将类本质归还给人类，同时消除人与动物的差异。而在马克思对未来社会的愿景设想中，人类的解放又有赖于“自然的人化”，如果这里的“自然”包括动物的话，那么，这又意味着动物要被人类所改造以符合人类的需要。如此一来，本顿认为，马克思在对未来愿景的设想中出现了悖论。①

为了捍卫马克思思想的生态性，福斯特细究了马克思文本中关于动物的相关论述，其核心论题在于论证马克思并没有忽视动物同样具有类似人类的生理性特征。②福斯特指出，这些批评马克思是一个物种歧视主义的思想家，只是断章取义地从一两个文本中取几句话，而忽略了马克思更广泛的论据和他作为一个整体的知识主体。为此，福斯特考察了马克思与伊壁鸠鲁的关系，指出马克思的历史唯物主义深受伊壁鸠鲁唯物主义的影响。伊壁鸠鲁强调人与动物之间的密切的物质关系，所有的生命都源于地球。动物和人一样，被视为一种经历了痛苦和愉悦的感性存在物。而本顿却引用马克思的伊壁鸠鲁哲学笔记来说明马克思的人与动物二分法，即下面这一句话：“如果一个哲学家不认为把人看作动物是最可耻的，那么他就根本什么都理解不了。”③福斯特指出，实际上，马克思在这里是批判普卢塔克对伊壁鸠鲁唯物主义的攻击，伊壁鸠鲁抵制以恐惧为基础的宗教。因此，在这句话之前的一句话是：“既然在恐惧中，而且是在内心的、无法抑制的恐惧中，人被降低为动物，那么把动物关在笼中，无论怎么关法，对它来说反正都是一样的。”④

从福斯特所引用的这段文字中，我们可以发现，马克思与伊壁鸠鲁一样，在某种意义上承认了动物的心理与人的心理之间的亲缘关系，但更为重要的是，马克思在这里为了批判普卢塔克的宗教目的论，强调了人在以恐惧为基础的宗教面前的受动性，而人的这种受动性，与动物作为自然存在物的受动性是一样的，因此，《马克思恩格斯全集》中文第一版第 40 卷的“人被降低为动物”其实是一种误译，应该译为“人像动物那样受动”，在英文版的《马克思恩格斯全集》第一卷中，原文是“For in-fear, and indeed an inner, unextinguishable fear, man is determined as animal, and it is absolutely indifferent to the animal how it is kept in check”⑤。从“man is determined as an animal”来看，马克思确实将人同动物做比较，强调了人与动物在受动性上是一样

① Ted Benton, “Humanism = Speciesism: Marx on Humans and Animals”, *Radical Philosophy*, No. 141, 1988, pp. 4–18.

② John Foster and Brett Clark, “Marx and Alienated Speciesism”, *Monthly Review*, Vol. 70, No. 7, 2018, pp. 1–20.

③ 《马克思恩格斯全集》(第 40 卷)，人民出版社 1982 年版，第 85–86 页。

④ 《马克思恩格斯全集》(第 40 卷)，人民出版社 1982 年版，第 85 页。

⑤ Karl Marx and Friedrich Engels, *Marx–Engels Collected Works*, New York: International Publishers, 1975, pp. 452–453.

的。我们也知道，在《1844年经济学哲学手稿》中，马克思同样强调了人作为一种自然存在物，是一种受动的“肉体”存在物。

本顿认为，马克思对人与动物关系的物种歧视主义方法论陷入了笛卡尔的主客二分哲学范式，在笛卡尔那里，动物被贬为机器的地位。对此，福斯特指出，在本顿对马克思所谓笛卡尔二元论的描述中，缺失了对18世纪和19世纪早期德国哲学和心理学中对笛卡尔动物机器概念批判的任何认识，而马克思又恰恰是这一批判的继承者。福斯特这里所说的德国哲学和心理学的代表人物是赫尔曼·萨缪尔·赖马鲁斯（Hermann Samuel Reimarus），他对笛卡尔的动物机器概念提出了挑战，对动物和人类心理学产生了革命性理解，其主要的贡献是引入了“欲望”（德文是“Trieb”）这一概念，明确指出动物也有类似于人类的追求有益目的的欲望，并将动物的欲望分成10个大类和57个次级类别，其中最重要的是动物也具有为其某些行为制定规则的内在“欲望”。福斯特指出，马克思在《1844年经济学哲学手稿》中指出作为自然存在物的人身上拥有“欲望”①，在《资本论》中将蜘蛛的活动类比织工的活动，将蜜蜂的活动类比建筑师的活动②，从这些可看出马克思并不是笛卡尔式的人物，而是坚持人与动物的某种亲缘关系，这一观点显然是受到赖马鲁斯的影响，因为马克思曾经在其青年时期细读了其著作《关于动物的复杂本能》，对这本著作“下了很大功夫”③。

除了讲述马克思与伊壁鸠鲁、赖马鲁斯的关系外，福斯特也论述了达尔文、林奈、居维叶等人对马克思、恩格斯的影响，指出在这些生物进化学家的影响下，马克思、恩格斯并没有将人类看得比动物更加高级，他们认为人体的结构同其他哺乳动物的结构是完全一样的。

在本顿之后，从马克思对人的类本质论述为出发点几乎成了批评马克思物种歧视主义立场的基本方法，批评者先是概括了马克思在论述人的类本质时所凸显出的与动物相异的人的独特性，然后列举了近代科学发展以来人们对动物所拥有的类似人的生理和心理特征，以此来批评马克思在人的本质的界定上的不严谨。例如，乔恩·埃尔斯特（Jon Elster）概括了马克思区分人和动物的六个方面，包括自我意识、意向性、语言、使用工具、制造工具和合作。但是，根据本杰明·贝克（Benjamin Beck）的《动物的工具行为》，像螃蟹、海鸥、艾姆猴这样的动物同样具有意向性、生产、使用工具和制造工具的行为。④ 兴起于20世纪六七十年代的动物解放运动，其立论也是将动物的生理和心理感知作为动物权利、福利和道德地位的本体论根源，将道德对象扩展到动物身上的确是动物解放论的重心所在。

其实，对于这样一种批评马克思的路径，要进行反驳和辩护是相对容易的，除了福斯特所列举的马克思与诸多唯物主义者和生物进化学家之间的思想关系，我们还可以从马克思的一些文本中加以辩护，比如，马克思在解析劳动过程时写道：“劳动资料的使用和创造，虽然就其萌芽状态来说已为某几种动物所固有，但是这毕竟是人类劳动过程独有的特征，所以富兰克林给人下的定义是‘a toolmaking animal’，制造工

① 《马克思恩格斯文集》（第1卷），人民出版社2009年版，第209页。
② 《马克思恩格斯文集》（第5卷），人民出版社2009年版，第208页。
③ 《马克思恩格斯全集》（第40卷），人民出版社1982年版，第16页。
④ ［美］乔恩·埃尔斯特：《理解马克思》，何怀远等译，中国人民大学出版社2016年版，第61-66页。

具的动物。”[①] 马克思在这里虽然指出对劳动资料的使用和创造是人类劳动过程独有的特征，但马克思也隐晦地指出某几种动物也具备这种能力。恩格斯在 1858 年 7 月 14 日曾向马克思介绍了当时的生理学对细胞的发现，特意谈到了一切东西都是细胞的科学观点：“可以肯定地说，人们在接触到比较生理学的时候，对人类高于其他动物的唯心主义的矜夸是会极端轻视的。人们到处都会看到，人体的结构同其他哺乳动物完全一致，而在基本特征方面，这种一致性也表现在一切脊椎动物身上，甚至表现在昆虫、甲壳动物和绦虫等等身上（比较模糊一些）。黑格尔关于量变系列中的质的飞跃这一套东西在这里也是非常适合的。最后，人们能从最低级的纤毛虫身上看到原始形态，看到独立生活的单细胞，这种细胞又同最低级的植物（单细胞的菌类——马铃薯病菌和葡萄病菌等等）、同包括人的卵子和精子在内的处于较高级的发展阶段的胚胎并没有什么显著区别，这种细胞看起来就同生物机体中独立存在的细胞（血球，表皮细胞和黏膜细胞，腺、肾等等的分泌细胞）一样……。”[②]

但是，无论是以人与动物的客观差异描述来指责马克思是物种歧视主义者，还是以人与动物的相似性描述来为马克思进行辩护，都还不足以构成控辩双方的有力证据。因为对两者的任何事实的描述都未必得出某种共同价值判断，即控辩双方都陷入了马克思有无动物的似人性的事实描述，而无论事实是“有”抑或是“无”，都无法得出马克思是物种歧视主义者或不是物种歧视主义者的判断。倘若能从人与动物的相似性论述证明马克思不是物种歧视主义者，那就为控告马克思是物种歧视主义者留下了反驳的空间，因为人与动物的差异性显然从表面上胜过相似性。[③] 这也是动物解放论者进行论证时存在的问题，因为动物解放论者总是试图以动物的生理和心理性特征类似于人类，来证明动物拥有权利、福利和道德地位。其实就连辛格都曾谈到不能基于事实的平等来论证物种歧视主义的错误[④]，否则我们如何进一步论证那些真的没有痛苦、情感的土地、岩石的权利？只是辛格本人似乎也陷入了自己所提出的这种错误之中。因此，将马克思对动物似人性的论述挖掘出来，其实意义也不大，若由此得出马克思就是一个人与动物的平等主义者将是荒谬的。

问题的关键不在于动物是否像人，或者人是否类似于动物这样的事实，“动物解放”的意涵不应当基于动物与人在生理和心理上的相似性而指向动物拥有了与人平等的权利、福利和道德地位这样一种生存状态。换句话说，对这种同等权利、福利和道德地位的认可，并不会意味着动物的解放，而是跌进生态中心主义的人与自然二元对立的陷阱中，是从抽象自然观出发，一方面把动物看成与人无涉、不应受人干扰的抽象存在物，另一方面却又要赋予动物与人同等的权利、福利和道德地位，这样一来就使其陷入难以言说的悖论中。这样一种“解放”意涵不仅会导致要求所有人都成

① 《马克思恩格斯文集》（第 5 卷），人民出版社 2009 年版，第 210 页。

② 《马克思恩格斯文集》（第 10 卷），人民出版社 2009 年版，第 164 页。

③ 类似的问题也存在于种族主义者和反种族主义者之间，特别是近年来对远古人类尼安德特人和丹尼索瓦人基因组测序的研究结果表明，现代人类的 DNA 并不都与智人相似，而是与前两者相似，如现代美拉尼西亚人和澳大利亚原住民最高有 6%的丹尼索瓦人 DNA，这就为种族主义者提供了证据。

④ ［澳］彼得·辛格、［美］汤姆·雷根：《动物权利与人类义务》，曾建平、代峰译，北京大学出版社 2010 年版，第 79-83 页。

为素食主义者的道德绑架，更是一种虚无，因为“被抽象地理解的，自为的，被确定为与人分隔开来的自然界，对人来说也是无”①，把动物确定为与人分隔开来的存在物，对人来说也是无，“动物解放”这个命题根本无从谈起。

与建立在生态中心主义立场上的“动物解放”命题不同，我们应将这个命题置于经劳动实践中介的人与自然“关系”的语境中考察，这一语境就是要揭示自然界从原初自然向人化自然的生成过程，在人类劳动实践的过程中，自然已经成为一个社会建构的过程，就此而言，历史唯物主义对“动物解放”命题就有了出场意义。人与动物在整个生态圈中的“关系”是怎样的，对此问题的探究和阐释所揭示出的事实将影响人在生态圈中如何行事。从历史唯物主义出发，显然，人与动物之间是一种共存于生态圈中“差异中的统一”的关系。尽管马克思有对人与动物相似性特征的描述，但人和动物之间明显的差异是马克思所要强调的，在上述的将蜘蛛活动与织工活动、蜜蜂活动与建筑师活动进行类比后，马克思的笔锋就转向了人类所特有的特征：“最蹩脚的建筑师从一开始就比最灵巧的蜜蜂高明的地方，是他在用蜂蜡建筑蜂房以前，已经在自己的头脑中把它建成了。”② 从肯定人与动物的相似性到强调人的独特性，是《1844年经济学哲学手稿》《德意志意识形态》中常见的叙述方式。但历史唯物主义在揭示这种差异的同时，从来不否定自然物质条件（包括动物）在社会存在和社会发展中的前提和基础性作用，自然史和人类史是彼此相互制约的，从而人与动物的差异又有着“差异中的统一”的特征，即人是不可能脱离动物而存在的，这既体现在人的生存必须依靠外界自然的供给，也体现在外界自然是人的本质的对象化存在，这里的自然包括除人类之外的其他生命体。所以，人与动物就在这种差异下统一于生态圈之中。从这种关系出发，对人该如何行事显然做出了限制，我们完全可以说，在动物面前，动物本身的存在构成了人之所以成为人的基本底线，正是在此意义上，马克思才讲到人直接地是自然存在物，是受动的、受制约的和受限制的存在物。如此一来，相较于对人与动物生理、心理性具有相似性事实的揭示，对人与动物在生态圈中的“关系”事实的揭示，更能打破贬斥马克思物种歧视主义的诘难，为动物解放提供正确的本体论依据，即人与动物是生命共同体。就此而言，当我们再审视“动物解放”的意涵时，就不是所谓的动物与人拥有平等的权利、福利和道德地位，而是人与动物在生命共同体中的和谐共生，即人靠动物界生活，动物是人生存的自然条件，人在同动物的相互作用中生产、生活和发展，人善待动物就等于善待自己，由此，动物在这种生命共同体中获得真正意义上的解放。

二、统一中的差异：人异于动物的唯物主义殊途

如前文所述，无论福斯特如何为马克思进行辩护，挖掘马克思的人类与动物的相似性论述，马克思还是通过阐述人的独特性而将人类社会与自然区别开来，从而开启其历史唯物主义运思路径，因此，如果暂不考虑人与动物在生态圈中的统一性，这是否意味着马克思对人与动物的差异性描述同样隐含着物种歧视主义的倾向？其实，在

---

① 《马克思恩格斯全集》（第3卷），人民出版社2002年版，第335页。

② 《马克思恩格斯文集》（第5卷），人民出版社2009年版，第208页。

思想史上，将人与动物区分开来，也存在着唯物主义和唯心主义的方法论之分，不同的方法论会引致不同的人类对待动物的可能结果。

对人与动物差异性的唯心主义阐释，是一种从主观方面刻意将人异于甚至优越于动物的独特性展现出来的运思路径，这种路径在描述的过程中，一开始就先验地绘上了人支配动物的主观色彩。对生态危机的思想根源进行追溯，我们可以发现早在基督教的教义中就埋下了人区别于动物的直接证据。基督教教义中对人与动物的预设，是直接将人从动物中分离了出来，并且直接赋予了人与动物在自然中的地位，动物是服务于人类的工具性存在物，如此一来，基督教教义就同时直接预设了人与动物之间支配与被支配的关系。

在马克思之前的瑞典生物学家卡尔·林奈（Carl Linnaeus）看来，人之所以为人，当然可以基于自己生理性上的差异而将自己与动物区别开来，但这还不足以构成充分条件，而是存在着一种“认识你自己”的主观过程，即人之所以为人，也会从人自身的内部，从主观上极力将自己视为一个人。换句话说，那些不具备人之外形的动物，也有可能基于自己的能力，而将自己视为人，比如《猩球崛起》中的猩猩凯撒和《西部世界》中的人工智能机器人。吉奥乔·阿甘本（Giorgio Agamben）认为，人在“认识你自己”的主观过程中，从而同动物区别开来的关键是动物只会沉浸在对自己有意义的载体所构建出的封闭循环的生态圈之中，而人类则拥有打开这一封闭循环的生态圈的能力，一种可以看到生态圈之外的世界的“敞开”能力。① 阿甘本的论述是从人的主观过程开始，演进到人与动物相异的“敞开”能力，由于人极力想证明自己是人，极力想同动物区别开来，这就为人对动物的支配从主观方面开辟了道路。

那么，马克思对人异于动物的“类本质”的阐释是否也是一种从主观方面展开的解析路径呢？对于“类本质”，马克思的认识也是渐进展开的。1842 年，青年马克思为《莱茵报》撰写的有关第六届莱茵省议会的文章中，在新闻出版议题的“类本质”认识上带有本质主义的倾向，他谈到，“要真正为书报检查制度辩护，辩论人就应当证明书报检查制度是新闻出版自由的本质。而他不来证明这一点，却去证明自由不是人的本质。他为了保存一个良种而抛弃了整个类，因为难道自由不是全部精神存在的类本质，因而也就是新闻出版的类本质吗？”② 马克思对人的类本质及其异化的阐述出现在《1844 年经济学哲学手稿》中，从总体上看，人本主义的异化逻辑是这一手稿中占统摄地位的逻辑线索和话语，由于它先验假定了人的非异化状态下的真实存在，然后将现实的人的生存状态与之进行比较得出异化的非真实存在，由此论证了迈向共产主义社会的必然性，从而这种论证是一种隐匿的唯心主义历史观。如果从这种统摄性的话语来审视这其中所包含的马克思对人的类本质异化的论述，是否马克思也同阿甘本一样，陷入一种也是从主观出发来论证人与动物的差异，即人是一种从事自由自觉的活动的人，为了与动物相区别，人极力试图通过展现自由自觉的活动从而形成对包括动物在内的自然的支配？其实不然，人本主义的异化逻辑是就异化理论总

① ［意］吉奥乔·阿甘本：《敞开：人与动物》，蓝江译，南京大学出版社 2019 年版。

② 《马克思恩格斯全集》（第 1 卷），人民出版社 1995 年版，第 171 页。

体而言，在异化理论之中，其实同样隐匿着历史唯物主义的逻辑线索，而这正体现在马克思对人与动物相异性的论述上，这条线索常常被遮蔽。

人是什么？或者说人的本质是什么？这一问题的提出已经隐藏在《1844 年经济学哲学手稿》的第一笔记本中，马克思在谈到工人的生存状况时，指出工人不是作为人、不是为繁衍人类而得到他所必要的那一部分，那么，由此而来的问题就是，如果作为人且为繁衍人类，工人到底应该是怎样的生存状态？如何回答这一问题？在第一笔记本阐述异化劳动之前，马克思对此没有做出具体的回答，但我们可以看到，他从反面即人不是什么做了初步的说明。在这些说明中，马克思将人同动物做了类比："工人完全像每一匹马一样，只应得到维持劳动所必需的东西""国民经济学把工人只当做劳动的动物，当做仅仅有最必要的肉体需要的牲畜"[①]。也就是说，工人不应该像马等其他动物那样只获得维持肉体需要的东西，那些指责马克思是物种歧视主义的人认为马克思在此有贬低动物的意思，其实，从"像""只""仅仅"这样的类比方法常常运用的词汇来看，马克思在此不是贬低动物的地位，而恰恰透露出人与动物在维生方面的共性，人与动物一样都有为了生存而去获取肉体需要的东西，马克思谈及工人的"非人"的生存状况，并不是要否认工人也有同动物一样的这种特征。与动物相比，人无论如何特殊，也包含着这一特征。

笔者认为，对这一点的指认是非常重要的，因为只有从共同之处中才能找到两者的不同之处，不以共性为前提的对象，是无法进行比较的。在经济思想史上，亚当·斯密也曾探讨过人的本性，他也是在与动物的比较中得出人的本性，即人具有"互通有无，物物交换，互相交易"的倾向，可是这种倾向却在动物中找不到，只是为人类所特有。[②] 亚当·斯密没有从人与动物的共同之处谈起，而直接断定了人具有交换的天性，那么，比较的对象既可以是动物也可以是其他生物甚至非生物，这样一来，动物就没有作为比较对象的意义了，由此所得出的人的本性也就成为一种主观臆想。而从共性出发寻求差异作为出发点，则打开了马克思对人的本质的历史唯物主义书写，我们随即可以在第一笔记本的后半部分对异化劳动的讨论中看到。

马克思对异化劳动的四个规定是劳动者同劳动产品相异化、劳动者同劳动过程相异化、人同自己的类本质相异化、人同人相异化。如果按照异化的逻辑演进链条来看，首先产生的异化是第二个异化，即劳动者同劳动过程相异化，进而才有同劳动结果——劳动产品的异化，有了这两个异化最后才推出第三、第四个异化规定。以此顺序，我们会发现，动物一开始就成为马克思加以比照的对象，而且是从人与动物的共同之处进行比照，即在劳动过程中，人只是在运用自己的吃、喝、生殖这些机能时才觉得自己是人，而在自己的人类机能方面，即在自己的劳动过程中，却觉得自己是动物。接着在劳动异化的第一个规定中，马克思讲人的对象化却表现为对象的奴隶，也是指明人与动物的共同之处。只是马克思对这种共同之处的比照，是为了说明人本不应当像动物那样劳动，那么，人究竟是怎样的？这就要到异化劳动的第三个规定中去寻找，正是在这个规定的论述中，马克思非常明确地指认了人与动物之间的差异，这

① 《马克思恩格斯文集》（第 1 卷），人民出版社 2009 年版，第 124、125 页。

② ［英］亚当·斯密：《国富论》，郭大力、王亚南译，商务印书馆 2015 年版，第 11 页。

主要体现为人是一种从事有意识的生命活动的类存在物。

马克思是怎样确证这一事实的呢？是像阿甘本那样，认为人从主观上有一个"认识你自己"的过程吗？不是的。马克思指出："通过实践创造对象世界，改造无机界，人证明自己是有意识的类存在物，就是说是这样一种存在物，它把类看做自己的本质，或者说把自身看做类存在物。"① 人是通过对象性的实践活动"证明"自己是有意识的类存在物，马克思是如何"发现"这一点的呢？他同样是从人与动物的共性之中找出了差异："诚然，动物也生产。动物为自己营造巢穴或住所，如蜜蜂、海狸、蚂蚁等。"②"也"这个词意味着人与动物最初是一样的，都进行生产活动，只是后来在各自生产的进程中，人的生产活动逐渐表现出与动物的巨大差异，比如，人与动物在最初的生产活动中都懂得利用自然力，而人在这种活动中经历了漫长的过程逐渐习得"摩擦生火"这第一个具有"世界性解放作用"的能力，从而走上了同动物界分开的过程③。再往后，人与动物在此意义上的分离就更多了，这包括人的生产变得更全面，人不受直接的肉体需要进行生产，人再生产整个自然界，人懂得按照任何一个尺度进行生产，人能够按照美的规律来构造，所有这些差异是马克思"发现"而不是"发明"的人的类本质特性。

到了写作《德意志意识形态》时，马克思和恩格斯将动物和人类的演进史上升到历史发展的高度来讲述。在他们看来，历史可以从自然史和人类史两个方面来考察，但是，这两个方面的历史是不可分割的，人类的历史起初与动物一样完全受制于自然界，"自然界起初是作为一种完全异己的、有无限威力的和不可制服的力量与人们对立的，人们同自然界的关系完全像动物同自然界的关系一样，人们就像牲畜一样慑服于自然界，因而，这是对自然界的一种纯粹动物式的意识"④。而人类的历史除了从这些自然条件出发，还需要从这一进程由于人们的活动而发生的变更出发，正是对这一方面的考察将人类历史和自然历史区分开来。在此，马克思和恩格斯又将人与动物做了"比对"："可以根据意识、宗教或随便别的什么来区别人和动物。一当人开始生产自己的生活资料，即迈出由他们的肉体组织所决定的这一步的时候，人本身就开始把自己和动物区别开来。"⑤ 因此，无论如何，人就是在自己的实践进程中逐渐脱离动物界而"越走越远"，这意味着人与动物的差异程度不会随着历史的发展而消失，反而是逐渐增强，到了共产主义社会，这种差异依然存在并最终完成。恩格斯指认了这一点，他说："一旦社会占有了生产资料，商品生产就将被消除，而产品对生产者的统治也将随之消除。社会生产内部的无政府状态将为有计划的自觉的组织所代替。个体生存斗争停止了。于是，人在一定意义上才最终地脱离了动物界，从动物的生存条件进入真正人的生存条件。"⑥ 这里还需提醒的是，如前文所述，无论如何演进，这种差异及其差异的最终完成，不是一种二元对立式的进程，而是在人与动物的"统一"前提下完成的。

---

①② 《马克思恩格斯文集》（第1卷），人民出版社2009年版，第162页。

③ 《马克思恩格斯文集》（第9卷），人民出版社2009年版，第121页。

④ 《马克思恩格斯文集》（第1卷），人民出版社2009年版，第534页。

⑤ 《马克思恩格斯文集》（第1卷），人民出版社2009年版，第519页。

⑥ 《马克思恩格斯文集》（第3卷），人民出版社2009年版，第564页。

至此，我们可以得出结论，马克思的确阐述了人与动物的差异，但与基督教教义中明确的人类中心主义倾向，以及阿甘本的主观过程视角不同，马克思是以历史唯物主义方式，书写了人与动物的差异。马克思不是先验就假定人是自由自觉的劳动者，而是按照历史唯物主义的方法，指出在自然界自身的演进过程中，人作为自然界的一个成员，起初和其他动物并没有什么区别，在此意义上两者是“统一”的，只是在各自的劳动中（假如动物也有劳动），人从最初的“似动物性”，通过对象性的实践活动这一载体渐进地走出了一条“非动物性”的类存在物的“差异”道路，最终获得了类似于阿甘本所说的“敞开”能力。因此，马克思所描述的人与动物的差异是一种唯物的、自然历史性的差异，可以说，人与动物是在共同演进的过程中各自演绎了自己的“精彩人生”。与前述的人与动物的“差异中的统一”对应，我们可以将这种“精彩人生”称为“统一中的差异”。由此，与从主观过程出发不同，历史唯物主义的运思路径并不产生人与动物之间的支配与被支配的等级关系，是一种自然历史性的描述，而不是一种规范性的价值判断，马克思不是本质主义者，将马克思的人与动物论述解读成笛卡尔式的二元论纯属无稽之谈。

三、资本逻辑宰制下的动物命运：“我命不由我”

如果说在阐释人是怎样异于动物的问题上存在着唯心主义的运思路径，那么，同样地，在如何解放动物的问题上也存在着唯心主义的运思路径。唯心主义将获取正确的思想视为采取道德行动的首要任务，是先有正确的意识，而后才有正确的行动。将这种运思路径运用到动物解放论中，就意味着要教导人们进行价值观的变革，由原来的人类中心主义价值观向生态中心主义价值观转变，而为了获取生态中心主义价值观，就必须贬斥思想史上的人类中心主义，挖掘生态中心主义的思想资源。由于宗教在规制教众行动方面的力量，上述基督教教义中对人类形象的塑造，就出现了学者的不同阐释路径，他们认为，基督教的教义中人对动物的管理关系，实际上并不是怂恿鲁莽、破坏自然的态度，人类被上帝创造出来充当上帝的管理员，应当保护地上的生物，因此，完全可以从基督教教义中发展出一套生态伦理出来。树立正确的意识，挖掘生态价值观当然是重要的，但认为由此能够并且必须将其转化为生态行为则存在着误区，一方面，在具有生态价值观的传统中国社会里，同样存在着生态破坏的行为；另一方面，将生态价值观强加于人们身上带有普世教化的韵味，它不顾特定的历史时空和具有阶级属性的人群，要求所有人遵守同样的道德律令，是一种非历史性的“普世价值”。

唯心主义的动物解放论是“从天国降到人间”，而马克思的动物解放论完全相反，是“从人间升到天国”。马克思对人与动物在生态圈中“差异中的统一”或者“统一中的差异”这种“人间”事实的揭示，即把人当作生态圈的一员揭示人与其他成员的关系，仅是“影响”到人能做什么的问题，这并不意味着人类社会就会形成共同的、不变的实践过程。实践过程是一个价值选择的过程，人类社会最终会做出怎样的价值选择往往受多种复杂因素的影响，其中，一个社会的生产方式及其与之相适应的生产关系和交换关系对人类的价值选择起到决定性的作用。上述生态中心主义的价值观之所以无法得以实施，一个很重要的因素是受现实生产生活过程中占支配地位的生产方式的规制或者掣肘，这也是历史唯物主义在对“人间”不断变迁的生产方式揭示中所隐含的对动物解放论的另一个意涵，即它揭示了在不同的生产方式之下，人类对待动物的不同方式及其后果，并为我们提供了让动物走上彻底解放的真正道路。

前面我们谈到亚当·斯密将“互通有无，物物交换，互相交易”的倾向视为人的本性，以此为出发点去证明劳动的资本主义形式的自然性、合法性和永恒性，而人出于交换倾向的本性进行“野物”的交换也出现在亚当·斯密、李嘉图的“渔夫和猎人”的经济史叙事之中，亚当·斯密让原始的“渔夫和猎人”扮演简单商品生产者的角色，而李嘉图则让两者直接扮演资本主义商品生产者的角色，并热衷于分析两者经济关系的量的方面，探讨渔夫的海狸和猎人的鹿的价值量和交换比例问题。倘若渔夫和猎人的交换行为是与生俱来的，那么，当今时代的野生动物交易也就找到了其学理性依据之一，因为它符合人的交换本性。对此，马克思早已对亚当·斯密、李嘉图的逻辑所暴露出的非历史性进行了批判，如果我们从马克思对亚当·斯密、李嘉图的非历史性批判中不仅读出劳动的资本主义形式的历史性，同时也可以继续循着马克思的思路，读出动物在劳动的资本主义形式中的历史性特征及其未来的解放路径。其实，马克思在《1844 年经济学哲学手稿》中无非是要揭示人类的劳动在演进到资本主义阶段后转变成了异化劳动，以及劳动如何进一步从异化状态中解放出来。由此，我们同样可以遵循历史唯物主义的基本精神，考察不同社会生产方式下人与动物关系的动态演进，特别是其在资本主义生产方式中的存在状态。①

在原始的狩猎采集时代，人与动物的关系表现为动物是作为人的食物而存在，但这并不意味着动物受制于人类，反而是在固有的生理性特征下，人类为了生存而受制于动物。摩尔根曾经指出：“从生理结构上看，人类是一种杂食动物，但在很古的时代，他们实际上以果实为主要食物；在那个时代，他们是否积极地找寻动物作为食物，这一点只有付诸猜测了。”② 的确如此，同动物相比，远古人类并不显得更加高级，对环境的影响不见得比大猩猩、萤火虫或是水母来得多，即便是直立行走这样看似优越的生理特征也给女性的生育带来了巨大的生命危险，这迫使母亲早产，导致婴儿的许多重要器官发育不够完善，需要依赖母亲长期的抚养和保护，而马、猫等动物出生没多久即可脱离母亲自行觅食。因此，在长达 200 万年的时间里，人类一直处于食物链的中间位置，既要防止大型食肉动物的威胁，又要谨小慎微地跟在大型食肉动物身后吃其剩下的腐肉抑或追杀一些兔子之类的小动物，而随着动物的迁移，人类也要随之迁移。为了存活，人类还必须了解周遭环境，包括动物的生活习性，有些部落还发展出禁猎某些动物的图腾禁忌或者每隔几年才到一个地区捕猎的猎杀模式，以此

① 马克思在写作《资本论》时就认识到在不同的历史形态下，动物在生产过程中的作用和地位是不同的，他谈到笛卡尔主客二分的思维方法时指出，笛卡尔用主客二分的思维方法，将工场手工业时期的动物界定为机器，而在中世纪，甚至在更久远的年代，动物在人类的生产过程中则是助手：“按照笛卡儿下的定义，动物是单纯的机器，他是用与中世纪不同的工场手工业时期的眼光来看问题的。在中世纪，动物被看做人的助手。”参见《马克思恩格斯文集》（第 5 卷），人民出版社 2009 年版，第 448 页。

② ［美］路易斯·亨利·摩尔根：《古代社会》（上册），杨东莼、马雍、马巨译，商务印书馆 1977 年版，第 19 页。

来保护动物资源便于维持食物的长期供应，而在神话故事中，我们也经常可以看到神灵都拥有动物的身躯。所以，动物尽管一开始就是人类的食物，但并不是“主食”，人类主要还是依靠采集而生活。

正因为获取动物为食如此困难，在人与动物的地位上，以及人类获取和占有动物的方式上，远古人类社会均带有共同性，在动物面前，人类就是“三无产品”：无人名、无私产、无交易。在美洲各地的土著中，所有氏族都以某种动物或无生物命名，如狼氏、熊氏、海狸氏，从没有以个人命名，氏族成员甚至声称自己就是本氏族命名的那种动物的子孙，大神把他们的祖宗由动物变成人形，他们也不吃本氏族命名的那种动物。可见，在动物面前，人类毫无个体性。马克思的柯瓦列夫斯基笔记则摘要了人类将狩猎和捕鱼作为相同的营生，在美洲大陆，北美的达科塔人的“狩猎物不是私有财产，而是整个狩猎者集团的共同财富。每人都获得‘相等的’一份”[①]。而在交换关系上，亚当·斯密、李嘉图假定人类具有交换倾向的天性是没有证据的，在原始的狩猎采集时代，没有证据显示当时的人类具有交易肉类之类的消费品倾向。所有这些都是远古人类猎食动物的脆弱能力所致，因此，鉴于人类的这种脆弱能力，当我们在说这一阶段的人类是以动物为食的时候，倒过来说动物以人类为食也是可以的。人在动物面前既是猎人，又是猎物。

在经历了漫长的历史过程后，由于人类对火的发现，对工具的使用和制造，语言的产生，以及人脑意识和合作能力的发展，人对动物越来越具有优越性，人与动物的关系也逐渐发生改变，从受动物的制约阶段演进到驯化动物的阶段。在农业革命发生之前，人类就驯化了狗，它成为人类捕猎时的助手。后来，大约公元前 9500 年至公元前 3500 年，在中东、中国、中美洲地区开始了驯化绵羊、山羊、牛、猪、鸡、驴、马、骆驼等动物，自此往后，动物就分成两类：野生动物和驯养动物。随着上面这些动物和同一时期植物的驯化，人类获取生活资料的方式，或者说生存方式较之前发生了巨大变化，人类从游牧生活过渡到定居生活，人类社会迈向以农业生产为主的奴隶社会和封建社会。人类社会的第一次变革改变了人与人之间的社会经济关系和政治权力关系，也带来了人与动物关系的变革，动物在人类社会中的用途主要表现为以下三种：一是仍为人类所食用；二是用于皮毛交易；三是在家庭、商贸往来和战场等场所上用作役畜。除了用途的改变和拓展，更为关键的是，人类社会由此开启了将动物视为财产，对动物进行交易的道路。

马克思在摘抄摩尔根《古代社会》笔记中有关财产观念的部分时指出，对财产的最早观念是同获得生活资料的基本需要紧密相连的，随着生活资料所依赖的生存技术的增进，财产的对象也会随之增加。也就是说，当人类获取驯养动物这一生存技术后，人类就有了“财产”观念的可能。的确如此，摩尔根在《古代社会》中描述了中级野蛮社会和高级野蛮社会下，饲养动物这一生存技术的增进，促使动物归个人所有的财产观念的形成，以及动物在人类社会中的用途越来越多样化的倾向，包括其成为商品用于交换。在中级野蛮社会，“摩基的村居印第安人除了七个大的村落和园圃

① ［德］马克思：《马克思古代社会史笔记》，人民出版社 1996 年版，第 2 页。

之外，还有马、骡、羊群和其他不少个人财产”[①]。在高级野蛮社会，“关于个人所有的牛羊群也有记载，如‘富人羊栏中的羊不计其数’。”并且牛羊群在归个人所有之后，除了食用之外也作为商品开始同其他家畜交换，“因为家畜可以无限地增加，对它们的占有使人类头脑中第一次出现了财富的概念”。此外，家畜还具备多种用途，比如，赎回俘虏，支付罚金，用作宗教仪式上的祭祀品。[②] 对摩尔根的这些论述，马克思都做了摘要，并加了着重线。

那么，动物在人类社会发生这种转型后的生存状态如何？我们可以发现那些被驯化的动物由原来野生状态下被随机性地杀食，转变为被选择性地杀食，其生长的天然进程和活动空间也逐渐受到人类的干预和限制，因此，从自由程度来看，动物与奴隶制下的奴隶并无异样，且在奴隶解放后的封建社会也没有发生改变，在农业社会，动物就是“动物奴隶”。不仅如此，被驯化的动物在奴隶制这样的社会形态下，还会遭受奴隶的虐待，因为奴隶和被驯服的动物一样只是生产工具，而奴隶为了表现自己是人，就将奴隶主平时虐待奴隶的行为用在了动物身上，对此，奴隶主只能选择那些更能挨疼的动物充当劳动资料。马克思对动物的这种生存状态做了记录：“按照古代人的恰当的说法，劳动者在这里只是作为会说话的工具，同牲畜作为会发声的工具，无生命的劳动工具作为无声的工具相区别。但劳动者本人却要让牲畜和劳动工具感觉到，他和它们不一样，他是人。他虐待它们，以狂喜的心情毁坏它们，以表示自己与它们有所不同。……当我问为什么各个农庄都普遍地用骡子代替马的时候，我听到的第一个最令人信服的理由，就是马受不住黑人的经常不断的虐待。马要是受到虐待，很快就会垮，变成残废，而骡子即使挨鞭子，饿一两次，也不会造成身体上的伤害。骡子在照料不周或劳累过度时，也不会受凉生病。我用不着走远，只要从我执笔写作的房间的窗户望出去，就几乎随时可以看到虐待牲畜的情形，而在北方，如果这样虐待牲畜，几乎每个农场主都会马上把工人解雇的。”[③] 在此，动物尽管直接遭受奴隶的虐待，但间接上是由奴隶制度本身造成的。

尽管被驯化的动物遭遇了悲惨的经历，但笼统地认为人与动物在漫长的农业社会里的关系就是动物处于被奴役的地位也是不恰当的。首先，从自由的程度看，动物有如奴隶一般，但从人类对待动物的情感上看，被驯化的某些动物的生存状态也不是那么糟糕。“某些家畜的日子还是过得相当不错。像拿来剃毛的羊、宠物狗和猫，以及战马和赛马，常常就过得相当惬意。古罗马皇帝卡利古拉（Caligula）据说还曾经打算任命他最爱的马‘英西塔土斯’（Incitatus）为执政官。综观历史，牧者和农民对他们的动物还是抱有感情、照顾有加。”[④] 有一点是不可否认的，即通过人类的驯养，这些被驯化的动物作为一个种群得以维持下来。其次，在农业社会，同一种群中依然

---

① ［美］路易斯·亨利·摩尔根：《古代社会》（下册），杨东莼、马雍、马巨译，商务印书馆 1977 年版，第 542 页。

② ［美］路易斯·亨利·摩尔根：《古代社会》（下册），杨东莼、马雍、马巨译，商务印书馆 1977 年版，第 549 页。

③ 《马克思恩格斯文集》（第 5 卷），人民出版社 2009 年版，第 229 页。

④ ［以色列］尤瓦尔·赫拉利：《人类简史：从动物到上帝》，林俊宏译，中信出版社 2017 年版，第 91 页。

有大量的动物处于野生生活状态之中。例如，绵羊种群就是如此。从中世纪开始，英国羊毛就一直是服装制造业重要的国内和对外贸易商品，在 14 世纪早期，大约 2 万只绵羊为温彻斯特的圣斯威辛修道院劳作，但即使有这些大型修道院的存在，大多数绵羊在 18 世纪中叶之前一直生活在开阔的牧场、林地和荒野等封建时期形成的秉持生存、合作、自治原则的公地之中。[①] 最后，尽管绵羊等野生动物被人类驯化，但我们还会发现，直到今日，我们能够彻底驯化的野生动物，除了动物园中的动物，也就是这些家畜了。之所以如此，原因很简单，是因为野生动物实在是难以驯化，微生物难以捉摸，大型动物又过于凶猛，而在动物主要作为食物和运输用途的情况下，人类没有必要冒风险去驯化其他野生动物。因此，笼统地讲人类驯化了野生动物也是不妥的。

行文至此，我们先对远古的狩猎采集时代和以农业生产为主的奴隶制、封建制时代的人与动物关系做一个小结：一是就获取、生产动物的目的而言，人类社会经历了从食用的单一使用价值生产向食用、皮毛交易、祭祀、搬运等多种使用价值生产的转变；二是就获取、生产动物的方式而言，人类社会经历了从随机性杀食向选择性、干预性驯养的转变；三是就人与动物的关系而言，人类社会经历了从人与动物相互制约、相互依赖到人类“有限”控制某些野生动物的转变。

那么，当历史继续前行，演进到工业化生产的资本主义时代后，人与动物的关系又经历了怎样的变化？商品流通是资本的起点，资本主义是在前资本主义时代的商品流通基础上发展而来的，因此，我们必须比较动物在前资本主义时代的商品流通中与动物在资本主义时代的资本流通中的不同，从而揭示人与动物关系的变化。商品流通的公式是：W—G—W，资本流通的公式是：G—W—G′，我们来看看动物在两者中的差异。

从形式上看，动物在商品流通中可以位于公式的任一阶段和位置。动物既可以位于“W—G”售卖阶段的“W”位置，作为一种商品被人类出售，也可以位于“G—W”购买阶段的“W”位置，也是作为一种商品等待人类购买，同时，动物在历史上还曾经作为货币意义的牲畜而存在，作为一般等价物促成两种商品的交换。马克思指出，在不同公社间的物物交换中变成商品的那些特殊使用价值，如奴隶、牲畜、金属，大多成为公社本身内部的最早的货币，后来，马克思在写作《资本论》时再次指出，在交换过程中，货币形式曾经固定在本地可以让渡的财产主要部分，如牲畜这种使用物品上。[②] 而动物在资本流通中只能位于“G—W”购买阶段的“W”位置，但它充当的角色却比较复杂。如果资本流通的总公式在这里指的是生产资本的总公式，那么，动物首先作为一种商品被资本家买入充当生产资料，“农业越是发达，它的一切要素也就越是不仅形式上，而且实际上作为商品加入农业，也就是说，这些要素来自外部，是另外一些生产者的产品（种子、肥料、牲畜、动物饲料等）”[③]。此

① Jason Hribal, “ ‘Animals Are Part of the Working Class’ : A Challenge to Labor History”, *Labor History*, Vol. 44, No. 4, 2003, pp. 436-437.

② 《马克思恩格斯全集》（第 31 卷），人民出版社 1998 年版，第 443 页；《马克思恩格斯文集》（第 5 卷），人民出版社 2009 年版，第 108 页。

③ 《马克思恩格斯全集》（第 34 卷），人民出版社 2008 年版，第 54 页。

时的动物要么成为工人的劳动对象，要么成为工人的劳动资料，或者同时充当两者。正如马克思所说：“在同一劳动过程中，同一产品可以既充当劳动资料，又充当原料。例如，在牲畜饲养业中，牲畜既是被加工的原料，又是制造肥料的手段。”① 当动物（包括野生动物和驯养的牲畜）作为劳动对象而存在时，经过工人的劳动作用，它最终又会变成一种商品（W′）出售给消费者，而当动物作为劳动资料而存在时，它就始终处于这一存在方式直至“终老”。如果资本流通的总公式在这里指的是商业资本的总公式，那么，动物在此被当作商品买入后又被当作商品卖出，这种情况主要存在于野生动物的交易中，既可以表现为供人类食用野生动物方面的交易，也可以表现为供人类观赏野生动物方面的交易。

从内容上看，动物在商品流通中从属于获取使用价值、满足需要这一生产目的，而在资本流通中从属于获取剩余价值、满足资本增殖这一生产目的，可以说，人类获取、生产动物经历了从使用价值生产向使用价值为载体、剩余价值生产为目的的转变，动物不仅变成商品，而且变成资本增殖的工具。在前资本主义社会和资本主义社会，动物都曾作为商品被人类进行生产和交换，但两者之间却存在着本质差别。“直接的物物交换这个交换过程的原始形式……交换价值还没有取得自由的形态，它还直接和使用价值结合在一起。这表现在两个方面。一方面，生产本身，就它的整个结构来说，是为了使用价值，而不是为了交换价值，因此，在这里，只有当使用价值超过消费的需要量时，它才不再是使用价值而变成交换手段，变成商品。另一方面，使用价值尽管两极分化了，但只是在直接使用价值的界限之内变成商品，因此，商品所有者交换的商品必须对双方是使用价值，而每一商品必须对它的非所有者是使用价值。”② 马克思的这段话很明显地指出在前资本主义社会，只有当生产超出自己消费量的时候，才会有商品交换的发生，且此时交换的目的是获取使用价值，而不是交换价值。如前文所述，在商品流通中，“牲畜”曾经作为货币意义上的商品而存在，但它也是一种使用价值，只是它是“特殊使用价值”——起到媒介而非食用的功能，人类获取它用以交换其他商品。因此，在前资本主义社会，人类对动物进行交易的目的尽管随着动物使用价值的多样化发展而相应变得多种多样，但无论如何都是为了获得动物的使用价值。

在资本流通中，获取剩余价值、满足资本增殖成为生产目的，从量的层面上看，这是没有限制的发展，因此，与商品流通中的动物相比，在资本流通中必然要求动物在量上的无限繁殖和驯养的倾向，而相应地在消费端则要求家禽消费的大众化发展。1928 年，胡佛在竞选美国总统时打出的竞选标语是：“每家锅里都有一只嫩鸡，每家车库里都有一辆汽车”（A chicken in every pot and a car in every garage）③。我们在家禽历史的发展进程中也已窥见其数量的迅猛增长，1890～1990 年，全球牲畜数量大增，牛的数量从 3.19 亿头增加到 12.94 亿头，增长了 306%，绵羊的数量从 3.56 亿头增加到 12.16 亿头，增长了 242%，山羊的数量从 5200 万头增加到 5.87 亿头，增

① 《马克思恩格斯文集》（第 5 卷），人民出版社 2009 年版，第 213 页。

② 《马克思恩格斯全集》（第 31 卷），人民出版社 1998 年版，第 443 页。

③ 参见“美国总统网”资料：https://www.presidentsusa.net/1928slogan.html。

长了 1029%，猪的数量从 9000 万头增加到 8.56 亿头，增长了 851%，马的数量从 5100 万匹增加到 6100 万匹，增长了 19.6%左右，家禽的数量从 7.06 亿只增加到 107.7 亿只，增长了 1425%，到 20 世纪 80 年代，经过人工驯化的家禽数量在地球上动物的占比达到了 15%，而人类只占 5%。[①] 当今时代，为了增加动物性产品的产量，克隆技术和转基因技术被引入生产过程，但无论是克隆过程本身，还是克隆后的动物，都产生了动物福利问题。例如，为了获取高产量的牛奶，牛生长激素（Bovine Somatotropin）被注入早已濒临产奶量极限的奶牛中，导致奶牛罹患乳腺感染、消化异常、跛脚病等疾病，而克隆出来的新生动物往往出现畸形、免疫系统机能低下、心脏、肺部和其他重要器官异常等严重的健康问题。[②]

在资本流通中，更重要的是质层面的变革，表现为动物成为资本增殖的工具。资本家将动物购买回来充当生产资料，成为不变资本，其价值是过往劳动的凝结，在雇佣工人的劳动作用下，其原有价值就转移到新产品中，构成新产品价值的一部分，如果其本身就作为劳动对象而存在，那么，在生产结束时它就作为新产品被售卖，不仅不变资本的价值回到资本家手中，而且还从中获得剩余价值，因此，虽然动物不创造新价值，没有直接促进资本增殖，但它和工人共同成为资本增殖必不可少的工具。如前文所述，从形式上看，在商品流通和资本流通中，动物都可以被当作商品被购买或者售卖，但是，从内容上看，动物在商品流通中被购买或者售卖是由其自身的固有物质属性或者自然属性所决定，也就是由其使用价值所决定，体现的是人与物之间的关系，而动物在资本流通中被购买或者售卖是由它在资本主义生产过程中发挥的作用所决定，即由它的社会属性所决定，我们可以根据前述它在资本增殖中转移旧价值的作用将动物归入不变资本范畴，也可以根据它在资本周转中的价值转移方式将动物归入固定资本或者流动资本的范畴，动物成为资本的“代言人”。因此，我们不能将商品流通和资本流通中的动物等同起来看待，尽管两者在形式上都可以作为商品而存在，马克思就曾批评亚当·斯密等古典资产阶级政治经济学家在这些概念上所陷入的混乱，他说：“他们把那种由价值流通引起的经济的形式规定性，和物质的属性混同起来，好像那些就本身说根本不是资本，只是在一定社会关系内才成为资本的东西，就它们本身说天生就可以是具有一定形式的资本——固定资本或流动资本。……牲畜作为役畜，是固定资本；作为肥育的牲畜，则是原料，它最后会作为产品进入流通，因此不是固定资本，而是流动资本。”[③] 也就是说，牲畜本身不是资本，它只有在一定的社会条件下，即被资本家作为剥削雇佣工人的工具时，才成为资本，而斯密等人却认为牲畜天然就是资本，或者牲畜天然就是固定资本，从而将资本主义生产方式去历史化、永恒化、自然化。

当动物处于资本流通之中，它的存在方式就必须服从资本流通获取剩余价值最大化的规律，而动物作为不变资本或者作为固定资本、流动资本都会对剩余价值的大小

① ［美］J. R. 麦克尼尔：《阳光下的新事物：20 世纪世界环境史》，韩莉、韩晓雯译，商务印书馆 2013 年版，第 270-271 页。

② ［英］菲利普·林伯里、伊莎贝尔·奥克肖特：《失控的农业：廉价肉品的真实代价》，郑襄忆、游卉庭译，人民日报出版社 2019 年版，第 288-299 页。

③ 《马克思恩格斯文集》（第 6 卷），人民出版社 2009 年版，第 180-181 页。

产生影响，从而反过来影响自身的存在方式。作为不变资本的动物，它是否被资本家使用完全取决于其本身是否能有效地受到控制，以及节省资本家对不变资本的投入，人类对动力的采用经历了从人力到畜力再到机器力的演进过程。马克思指出：“在工场手工业时期遗留下来的一切大动力中，马力是最坏的一种，这部分地是因为马有它自己的头脑，部分地是因为它十分昂贵，而且能在工厂内使用的范围很有限。”① 正是因为它有“头脑”并“十分昂贵”，现今机器已经取代畜力普遍应用于工农业生产中，但也正是因为资本家的这种使用标准，在历史上就出现了倒退现象，即退回到使用人力作为动力，将妇女当“役畜”使用的现象，因为资本家需要支付给妇女的报酬比支付给役畜和机器的费用还低。马克思谈到美国人发明碎石机后，英国人却不用这种机器，原因就在于从事这种劳动的工人只有一小部分是有报酬的。“在英国，直到现在还有时不用马而用妇女在运河上拉纤等等，因为生产马和机器所需要的劳动是一个数学上的已知量，而维持过剩人口中的妇女所需要的劳动，却是微不足道的。因此，恰恰是英国这个机器国家，比任何地方都更无耻地为了卑鄙的目的而浪费人力。”②

从固定资本和流动资本的角度看，动物的存在方式受到资本周转速度的影响。资本家获取剩余价值的大小受到资本周转时间的影响，资本周转速度越快，越有利于获取剩余价值。而资本周转速度又受到生产时间和劳动时间不一致的影响，以及劳动期间长短的影响。资本周转时间包括生产时间和流通时间，生产时间又包括劳动时间和非劳动时间，生产资料在非劳动时间是不起劳动吸收器的作用，不吸收工人的剩余劳动，此时的固定资本也中断发挥职能，生产资本也不会增殖，但“如果这个固定资本由役畜构成，那么，发生中断时会同干活时一样，在饲料等等方面继续需要同量的或几乎同量的支出”③。显然这是很不利于资本家的，为此，只有减少非劳动时间，资本家才能获取尽可能多的剩余价值，这就出现了工厂中的换班制度，将工人在工厂中的一切时间都变成劳动时间。而当诸如马、牛等动物成为役畜作为固定资本时，工人的这种劳动状态当然也会相应导致这些役畜劳动强度的加大，从而缩短役畜的寿命。“役用马常常遭到残忍对待。过度负重的马匹，连挽具都来不及取下就一命呜呼，在体力耗尽而崩溃时，被无情地扔进沟里喂狗。……几乎所有马匹都要面对过度劳累的一生。”④ 不过，资本家并不在意这些，因为他只是将这些役畜当作固定资本来看待，固定资本总是要不断进行更新。“就活的劳动资料来说，例如马，再生产时间是由自然本身规定的。它们作为劳动资料的平均寿命是由自然规律决定的。这段时间一过，损耗掉的头数就必须用新的来替换。一匹马不能一部分一部分地替换，只能用另一匹马来替换。”⑤

当牛、羊这些动物成为驯养的牲畜作为流动资本时，生产这些牲畜的劳动期间是

---

① 《马克思恩格斯文集》（第5卷），人民出版社2009年版，第432-433页。

② 《马克思恩格斯文集》（第5卷），人民出版社2009年版，第453页。

③ 《马克思恩格斯文集》（第6卷），人民出版社2009年版，第270页。

④ ［英］布莱恩·费根：《亲密关系：动物如何塑造人类历史》，刘诗军译，浙江大学出版社2019年版，第250页。

⑤ 《马克思恩格斯文集》（第6卷），人民出版社2009年版，第191页。

由一定的自然条件决定的，羊的生产可能需要两三年，牛的生产可能需要四五年，这对于资本家获取剩余价值的需要来说太长了，因为劳动期间越长，资本周转的速度就越慢，还有遭遇经济危机风险的可能，所以，为了缩短它们的劳动时间，通过科学技术干预牛羊等牲畜的生长就成为必然。马克思注意到当时法国资产阶级经济学家、政治活动家、保皇党人拉韦涅的著作《英格兰、苏格兰和爱尔兰的农村经济》，这一著作对英国农业经济在加速动物生长速度方面大加赞赏，因为“饲养牲畜的人现在用以前养出一只羊的时间，可以养出三只来供应市场，而且这种羊长肉最多的部位发育得更宽大浑圆了。它们的全部重量几乎纯粹是肉”①。马克思也介绍了英国农学家、畜牧家、育种家贝克韦尔的科学研究成果——新莱斯特羊：“要在五年期满之前提供一个五年生的动物，自然是不可能的。但在一定限度内，通过饲养方法的改变，使牲畜在较短时间成长起来供一定的用途，却是可能的。贝克韦尔正是在这方面做出了成绩。以前，英国羊，像1855年前的法国羊一样，不满四年或五年是不能宰的。按照贝克韦尔的一套方法，一年生的羊已经可以肥育，无论如何，在满两年以前可以完全成熟。迪什利·格兰奇的租地农场主贝克韦尔，由于精心选种，使羊的骨骼缩小到它们生存所必需的最低限度。他的这种羊叫做新莱斯特羊。”② 但是，对动物的这种遭遇，马克思表达了厌恶之感：被改变的动物“以早熟、全身病态、骨质疏松、脂肪和肌肉大量发育等为特征。这些都是人工制品。真恶心！”③ 将拉韦涅的著作翻译成德语的威廉·汉姆（Wilhelm Hamm）也高度赞赏英国改进动物的农业经济，对此，马克思也质问：将这种在“盒子中饲养”动物的行为比作将动物投入“细胞监狱系统”一般，动物在这一监狱中出生直至被宰杀，问题是，这一体系与那些只是为了获取纯肉和大量脂肪而终止骨骼生长的动物繁殖体系相结合，是否会最终导致生命力的严重退化？④ 马克思对牲畜生长周期遭人为干预的描述，使我们明白了当今时代为何产生“催熟”鸡鸭的缘由，这一切都是为了加快资本周转速度获取利润使然，“贝克韦尔仅靠出租他的优质公羊，就能获利3000多金币（相当于今天的5000美元）。……用肉食和羊毛赚钱是贝克韦尔永恒的追求”⑤。

马克思对动物所遭遇的资本主义“待遇”的揭示，有些延续到了当今时代，比如通过工厂化养殖的方式量产动物食品，而随着新自由主义思潮的兴起，动物的遭遇似乎有所改观，特别是前述的转基因等生物技术的发展和野生动物保护区的建立，似乎都呈现为要善待动物的倾向，从而大有超越资本主义的雄心。不可否认，野生动物保护区本身就是为了保护野生动物而生，但在建立和运营的过程中，在作为捍卫资本主义意识形态的新自由主义的渗入和影响下，野生动物保护区被涂抹上资本逻辑的韵味，而转基因等生物技术也莫不如此。我们至少可以从以下三个方面窥见资本逻辑宰制下的隐秘之道：

一是追求利润最大化的旨趣大有压倒保护动物之势。无论资本的形式如何，其最

---

①② 《马克思恩格斯文集》（第6卷），人民出版社2009年版，第264页。

③④ Kohei Saito, *Karl Marx's Ecosocialism: Capitalism, Nature, and the Unfinished Critique of Political Economy*, New York: Monthly Review Press, 2017, p. 209.

⑤ ［英］布莱恩·费根：《亲密关系：动物如何塑造人类历史》，刘诗军译，浙江大学出版社2019年版，第246页。

主要的特征就是追求永无止境的剩余价值，实现利润最大化，这是资本逻辑使然。无论是野生动物保护区，还是转基因的生物技术，都与利润有着千丝万缕的联系，且在一定程度上偏离了保护动物的初心。野生动物保护区内国家、非政府组织、当地居民、私营企业等各行为主体发生的冲突都与野生动物旅游产生的收益分配密切相关，这是因为野生动物旅游产生的收益已经成为各行为主体依附的对象，换言之，利润的获取和维系对各行为主体起到强制的支配性作用。例如，在泰国，据世界旅游业理事会（World Travel and Tourism Council）的数据显示，就旅游经济的绝对规模而言，泰国在181个国家中排名第18位，旅游业对泰国经济至关重要，其对GDP的贡献总额，预计将从2011年的1.5096万亿泰铢（占GDP的14.3%）增长到2021年的3.1139万亿泰铢（占GDP的18.1%），增幅为7.5%。[①] 而对转基因等生物技术的研发，都带有后续的商业化销售议题，像"试管汉堡"就力求降低自己的天价生产成本，转基因鲑鱼企业也一直在为自己的生产和销售寻求合法性。为了取得专利权从而获取利润，在转基因动物产品研发和销售中就出现了"有趣"的矛盾：为了获得专利权，转基因研发公司就声称自己的产品具有"非天然性"，以证明是一种"发明"，而当获得专利权后，在进行市场销售推广中，却又声称自己的产品具有"天然性"，以便迎合消费者对天然产品的喜爱之心。

二是动物的鲜活生命大有被简化之势。"深绿"阵营中的动物解放论者之所以从动物道德、动物权利的角度批判迫害动物的行径，就是因为他们看到了动物拥有感觉、知觉甚至智力等似人性特征，进而要拯救动物于水深火热之中。"红绿"阵营中的马克思主义动物解放论从资本逻辑的角度揭示了动物生命在其中被简化的逻辑。在马克思那里，论述更多的是人的本质在资本逻辑链条中的异化问题，即人由从事自由自觉的活动变成资本主义条件下的异化劳动，可以说，这是资本逻辑下人的生命的简化问题。如前文所述，马克思也认识到动物并非没有似人的特征，因此，当动物也被纳入资本逻辑的链条中，动物本身鲜活的生命也将遭受同样的命运安排，在私有化和市场化的过程中逐渐被简化，野生动物被简化为商品或者服务售卖给消费者，动物的某项基因也被抽离出来用于制造可销售的肉制品。正如印度著名环境主义者纨妲娜·席瓦（Vandana Shiva）所说："基因工程技术将我们引入二级简化主义阶段，这是因为不仅生命形式被认为已脱离于客观环境，而且基因从整体上而言也脱离了生物体本身。"[②] 因此，如果说人在资本逻辑链条下被简化为雇佣劳动者，那么，动物也同人一样被简化为雇佣劳动者，只是外形不同于人，这就是发生在动物身上的"异化"问题。

三是动物的资本化大有被"非历史化"对待之势。马克思对人与动物关系的探讨是历史的、唯物的，也就是说不同的生产方式下动物的生存方式是截然不同的，这是马克思历史唯物主义最具价值的地方，其对资本主义制度历史性的揭示同时意味着动物也必将从资本逻辑的链条中解放出来。然而，在新自由主义竭尽捍卫资本主义合

---

① Rosaleen Duffy, "The International Political Economy of Tourism and the Neoliberalisation of Nature: Challenges Posed by Selling Close Interactions with Animals", *Review of International Political Economy*, Vol. 20, No. 3, 2013, pp. 605-626.

② ［印］纨妲娜·席瓦：《生物剽窃：自然和知识的掠夺》，李一丁译，知识产权出版社2018年版，第59页。

法性的影响下，对动物的资本化处置却有被“非历史化”，或者说永恒化、自然化的危险，自由市场环境主义就固执地认为，只有让主体拥有对野生动物的私有产权，并允许主体从中获取收益，才有可能产生保护野生动物的动力，这就将人与动物的金钱关系固化和合理化，导致在野生动物保护问题上出现私有化、商品化和市场化的趋同化倾向，甚至出现诸如中央、地方、私营利益集团冲突形式的同质化现象。其实，当前的动物资本化依旧处于资本主义发展长时段中的一个阶段，是动物逐渐丧失在生产过程中作为人的“助手”——劳动工具作用后，资本根据自身不断增殖的需要，对动物进行工厂化养殖、抽取基因、挖掘旅游观赏等可以为资本家带来剩余价值的其他功用。因此，有学者将这一类型的资本主义称为“生物资本主义”①，这就意味着要彻底实现动物的解放，还有待超越当前的生物资本主义阶段，而不能将其“非历史化”。

四、超越资本逻辑的宰制：动物解放的正途

至此，对动物议题作一种“红绿”性质的马克思主义生态学阐释的必然结果就是以社会主义的价值理念和制度设计为动物的彻底解放创造条件，彻底消除工厂化农场中对驯养动物的虐待，处理好野生动物保护区旅游管理中各行为主体的利益关系，而对于转基因动物产品的研发则应事先对其可能产生的消极后果做出充分的、科学的预判。

那么，具体而言，如何以社会主义的价值理念和制度设计为动物的彻底解放创造条件呢？笔者以野生动物保护区旅游管理为例，谈谈保护野生动物中的社会主义要素问题。为此，我们先看看加拿大学者安东尼·文森（Anthony Winson）对社会主义国家——古巴生态旅游的介绍。② 在文森看来，由于苏联解体和美国的经济封锁，古巴在20世纪90年代以后才考虑将经济增长的动力由此前的蔗糖行业转换为生态旅游，随后，在发展生态旅游业的过程中，古巴既有破坏环境的例子，如20世纪90年代初在著名旅游胜地——科科岛修建的一条长达17千米的固体土堤就导致该地区脆弱的水生态系统遭受破坏，也有可持续性的例子，例如，位于罗萨里奥山脉的拉斯特拉扎斯旅游社区就较好地实现了生态效益和社会效益的融合。

在文森看来，科科岛水生态系统遭受破坏有两方面的原因：一是古巴发展科科岛生态旅游是为了寻找经济新的增长点，也正因为如此，当时负责环境保护的部门——国家环境保护和合理利用自然资源委员会呼吁最小化对科科岛生态系统的影响，在迫切需要发展经济的背景下没有得到足够的重视；二是该项目最初的环境评估显然只评估了这一地区海滩的承载能力，而没有关注将各岛与古巴主岛隔开的海岸间水域的脆弱生态系统。拉斯特拉扎斯旅游社区之所以成功，原因在于：这个有着植树造林传统的社区在20世纪90年代国家面临经济危机的情况下，其发展的规划自始至终都将该地区的旅游业置于可持续性的基础之上，并让旅游收入真正惠及当地居民。拉斯特拉

---

① Kaushik Rajan, *Biocapital: The Constitution of Postgenomic Life*, Durham: Duke University Press, 2006, p. 72.

② Anthony Winson, “Ecotourism and Sustainability in Cuba: Does Socialism Make a Difference?”, *Journal of Sustainable Tourism*, Vol. 14, No. 1, 2006, pp. 6-23.

扎斯旅游社区在规划的第一阶段，就组织包括生物学家、农业工程师、社会学家和历史学家组成的科研团队，绘制出该地区的生物资产，并揭示其中所蕴含的社会文化根基和当代特征，同时组织考古学家发掘和修复附近具有重要历史意义的遗迹。此外，在同地方市政委员会进行了广泛协商后，小型四星级酒店、生物研究站、步道和其他基础设施才得以建成。在社会效益方面，拉斯特拉扎斯社区发展旅游业的目的就是用旅游业带来的利润供养社区内200多户家庭。为了让当地居民习得旅游业方面的技能，当地学校提供相应的教育和培训，使他们能够获得食品服务员、公园管理员和导游等职位。旅游业带来的利润还用于改善社区的民生，比如，为每个家庭提供无线电电台和接收器。在生态效益方面，拉斯特拉扎斯旅游业坚持可持续性原则，比如，酒店的热水器不是依靠石油发电，而是太阳能发电。再如，社区酒店的后花园以有机方式种植蔬菜供顾客食用，酒店提供的猪肉来自当地居民饲养的猪，猪粪便产生的沼气则被用来为社区托儿所提供燃料，酒店的厨房垃圾被制成堆肥。

那么，如何解释古巴发展生态旅游中出现的正反案例？如果我们观察一国范围内生态旅游的各种案例，都会找出成功和失败例子，那么，古巴的正反案例有何不同？文森试图从社会主义的视角去进行解释，该文的副标题是“社会主义会有所不同吗?”，这也是笔者关心的问题，文森的答案是肯定的，但却没有揭示其所提供案例的“社会主义”意涵。所以，在社会主义视角下观察古巴生态旅游成功和失败的案例，到底有何不同？文森对古巴生态旅游的介绍对我们认识野生动物保护区的旅游业所应具有的“社会主义”意涵何在？从野生动物保护区的旅游业又可以窥见实现动物解放哪些超越资本逻辑的一般性原则？在笔者看来，主要可以归结为以下几点：

一是要历史地看待人与动物的关系，正确处理好动物保护中有关经济效益和生态效益的关系，以及人的生存需要和动物的生存需要的关系。人要生存，就必须以外部自然界作为对象性存在，通过劳动实践改造自然界，获取人类所需的生存资料，动物本身也在这样的自然界范畴之中，人类可以利用动物的经济效益来满足自身的生存需要，因此，当动物的生存需要和人类的生存需要发生冲突时，人类自身的生存需要就理所当然成为优先考虑的事情，这是仅就人类的生存需要而言。然而，正是动物本身的存在构成人类生存的前提条件，人类在利用动物时更要意识到只有保护动物才能延续自身的生存，进而，当人类的非生存需要与动物的生存需要发生冲突时，这时又要牺牲人类的非生存需要去维护动物的生存需要，动物的生态效益就被放在首要位置。就此而言，像野生动物保护区旅游业这样的行业，其经济效益和生态效益两者孰优孰后有一个动态演进过程，不能陷入非此即彼的形而上认知陷阱，对待动物也不能跌入“深绿”思潮中动物解放论的生态中心主义陷阱。那些认为一味发展经济就会破坏生态环境，或者反过来说，一味保护生态环境就会制约经济发展的观点，都是脱离具体历史背景的形而上认识。古巴科科岛水生态系统早期遭受破坏，初看起来似乎是一味发展经济破坏生态环境的典型案例，但正如文森所介绍的，这是古巴在遭遇苏联解体和美国经济封锁的恶劣外部环境下，迫切寻求经济增长新动力的背景下的结果。因此，在这一历史背景下，优先考虑科科岛旅游业的经济效益并不为过，况且科科岛水生态系统遭受破坏在当时还存在科学认知不足的问题，即文森所说的未对海岸间水域的脆弱生态系统进行环境评估，如此一来，其生态系统遭受破坏就不可避免。为科科岛水生态系统遭受破坏进行辩护，并不是要排斥旅游业所应坚持的生态效益，而是应充分认识到在一定的历史背景下，没有经济效益，生态效益和社会效益也会受到影响，即经济的停滞不前所导致的贫穷也有可能引发民众“反噬”生态环境的恶果。当一国度过经济困境后，民众的生态需求、生态意识会日渐增长从而更加关注野生动物旅游的生态效益，倒逼野生动物旅游业注重自己的绿色形象。据报道，纪录片《黑鲸》披露了圈养鲸豚娱乐活动背后对动物所造成的严重伤害，该片上映后，片中所提及的位于美国加州的“海洋世界”旅游公司受到公众的强烈质疑，导致游客访问量大幅减少，使公司遭受严重的经济损失，并推动了加州禁止圈养虎鲸的立法。①

就此而言，尽管在新自由主义影响下，全球野生动物旅游或多或少都出现一定的问题，但这并不意味着完全限制野生动物旅游本身，在我国也概莫如此。例如，在野生动物公园业界较知名的广州长隆野生动物世界不仅保育有全球唯一存活的大熊猫三胞胎“萌萌、帅帅、酷酷”，繁育至第七代的澳大利亚以外最大考拉种群，马来西亚国宝黄猩猩、泰国国宝亚洲象、洪都拉斯国宝食蚁兽、科特迪瓦国宝倭河马等 500 种 20000 余只珍奇动物，而且作为“国家级科普教育基地”和“广东省青少年科普教育基地”，通过图文并茂的动物知识牌、8 大科普课堂、20 余个科普驿站讲解和展示动物，并举办世界野生动植物日、爱鸟周、野生动物宣传月等大型主题活动，开展自然教育与野生动植物知识进校园活动，从而形成了园内园外互补的科普宣教体系。可见，适度发展野生动物公园这样的旅游业，只要运营得当，就可以让游客切身感受到保护动物、保护生态环境的重要性。当然，对于野生动物旅游业以及其他涉及野生动物的相关产业，如动物类中医药产业、野生动物养殖产业，我国还是要防范资本在这个领域的无序扩张和野蛮生长，防止这些产业纯粹为追求经济效益而伤害野生动物，要为资本设置“红绿灯”，依法加强对资本的有效监管。

在对待野生动物之外的驯养动物方面，我们也不能跌入“深绿”思潮中动物解放论的生态中心主义陷阱，从道德普遍性的角度要求人类禁食肉类食品，否则就会出现要求每个人都成为素食主义者的道德绑架现象。这是就消费端而言。如果从生产端入手，对驯养动物的生产则要以满足人民对优质生态产品的需要为旨趣，这是社会主义条件下区别于资本逻辑的生产目的，在此目的下就应规制企业在动物制品生产过程中纯粹为追求利润最大化而出现的滥为行径，从而为人民提供符合动物生长规律的制成品。

二是政府在保护动物中的作用至关重要，其意识形态的渐进“绿色化”和公共利益代表是其不可或缺的角色扮演。文森在其文中强调了古巴作为社会主义国家所具有的特征：在拉美国家被新自由主义侵蚀的情况下，古巴坚决抵制新自由主义所谓的“华盛顿共识”，在经济领域抵制贸易政策的完全自由化和私有化，依旧保持国家在经济领域的控制作用，特别是中央计划作用。因此，尽管在 20 世纪 90 年代初期，保护环境的政府部门——国家环境保护和合理利用自然资源委员会的地位不如政府的经

① 参见“SeaWorld Entertainment, Inc. Reports Fourth Quarter and Full Year 2014 Results”, https://www.prnewswire.com/news-releases/seaworld-entertainment-inc-reports-fourth-quarter-and-full-year-2014-results-300041588.html；“SeaWorld stock gets soaked, plunges 33%”, https://money.cnn.com/2014/08/13/investing/seaworld-earnings/。

济部门，比如与掌控野生动物保护区致力于发展农业的农业部门，但如前文所述，这是在特定历史阶段背景下政府不同部门地位的差异问题，而不是政府作用的缺位问题。1994 年，古巴成立了新的环境保护部门——科学技术与环境部，其在政府部门中的地位逐渐上升，特别是此后在环境保护立法方面的进程明显加快，新的“环保法”于 1997 年得以颁布。

而我国环境保护部门的地位同样也有一个逐渐上升的过程，1974 年，我国国务院环境保护领导小组成立；1982 年，环境保护局成立，但隶属于城乡建设环境保护部；1988 年，国家环保工作从城乡建设部分离出来，成立独立的国家环境保护局，成为国务院直属的副部级单位；1998 年，国家环境保护局升格为正部级的国家环境保护总局；2008 年，国家环境保护总局再次升格为环境保护部，成为国务院组成部门；2018 年，十三届全国人大一次会议在北京举行第四次全体会议，组建生态环境部。环境保护部门地位的上升，是我国意识形态渐进“绿色化”的体现，不可否认，从最初环境保护的基本国策到可持续发展，再到科学发展观，直至现今的生态文明，这些话语在国家的意识形态总体布局中的地位有一个明显上升的过程，当然，这显然也是我国对日益严峻的生态环境问题的一个回应。就野生动物保护而言，我国《环境保护法》第二十九条明确要求各级人民政府对珍稀、濒危的野生动物分布区域应当采取措施予以保护，严禁破坏。除了生态环境部，我国涉及的主要部门还有自然资源部、农业农村部、国家市场监督管理总局、公安部、国家卫生健康委员会、海关总署等部门，这些部门根据自己的职责分工，负责对野生动物资源的监督管理，或者负责野生动物疫病工作，或者负责野生动物案件的执法工作。各级各部门政府对动物保护进行长远谋划顶层设计，发挥统筹协调作用，分级落实主体责任，建立健全动物保护的长效机制，持续完善动物的保护、可持续利用和惠益分享相关法律法规和政策制度，构建了动物保护的新格局。

此外，拉斯特拉扎斯旅游社区之所以成功，还在于国家将旅游收入大部分保留在了该社区，未出现像上一节我们看到的非洲国家政府与社区“争利”的问题。国家的性质从根本上决定了“争利”产生的可能性，秉持国家的社会主义性质，理应将公共性摆在首要位置，具体到野生动物旅游产生的收益问题上也应如此。从当前我国关于旅游方面的原则性规定上看，我们还是非常明确地坚持这一点，比如，文化和旅游部、财政部 2018 年发布的《关于在旅游领域推广政府和社会资本合作模式的指导意见》中提出的基本原则之一是：夯实基础，全民受益。针对旅游业的不同类型，坚持公共服务属性，优化配置资源，保障旅游基础设施和公共服务供给，促进社会资本竞争和创新，确保公共利益最大化。[①] 在实践中，也有像西藏申扎县野生动物旅游公平分配收益的案例[②]。当然，是否真正做到公共性，是一个长期的有待进一步观察的问题。

三是坚持公有理念和制度设计，首要的是坚持野生动物资源的公有制。这一点是

---

① 参见《关于在旅游领域推广政府和社会资本合作模式的指导意见》，http：//www.gov.cn/xinwen/2018-04/26/content_ 5286025.htm，2018 年 4 月 26 日。

② 唐承财、向宝惠、钟林生等：《西藏申扎县野生动物旅游社区参与模式研究》，《地理与地理信息科学》2011 年第 5 期。

文森未曾提及的。公有制是社会主义区别于资本主义的重要制度设计，为的就是保障公平正义的实现。我国《民法典》第二百五十一条规定：法律规定属于国家所有的野生动植物资源，属于国家所有。我国《野生动物保护法》第三条明确规定野生动物资源属于国家所有，这是公有制在野生动物资源方面的具体实现形式，这一制度规定，有利于保护我国的野生动物资源，有利于更加合理地利用野生动物资源。同时，在某种程度上这也意味着未来开展像国外那样的野生动物狩猎旅游这种消耗性旅游形式基本上不大可能发生。当然，我们在生产资料的公有制上，最终还是要应用到生产过程中，这一点也是社会主义生产方式与资本主义生产方式的根本区别，国家对野生动物资源拥有所有权，意味着任何利用野生动物的行为都需经过国家的许可，因此，今后仍需进一步完善特许猎捕证制度、采集证制度、驯养繁殖许可证制度等重点野生动物利用管理制度。在未来，也可以想象一种更加激进的动物制品生产方式，保罗·罗宾斯（Paul Robbins）等提议我们想象一种工人拥有生产动物性产品生产资料的生产关系："想象一下替代性的生产关系，工人拥有并控制渔船、制冷设备和加工设备，并能够保持国内市场，例如，阻止更便宜的进口金枪鱼进入国内市场。在这样的体系下，工人便没有获取更大捕鱼网的动力，最终依赖大量海豚来捕捉食物。换句话说，他们不会让自己失业。理想上看，他们会工作维持他们的生计，也会维持生存所需的生态条件。这看起来有点乌托邦，但是，从中我们也可以窥见替代性社会关系所具有的具体生态优势。"① 的确，这看起来有点乌托邦，但要彻底实现动物的解放，激进的想象总是需要的，它是我们通往美好社会所需的一座桥梁。

① Paul Robbins, John Hintz and Sarah Moore, *Environment and Society: A Critical Introduction*, Malden: Wiley-Blackwell, 2014, pp. 233-234.

结语　昂首阔步走中国式生态环境治理道路

时至今日，我们不得不承认人类活动对全球生态系统造成了史无前例的空前影响，“人类世”（Anthropocene）这一术语就是对这一影响的全新描述。诺贝尔化学奖得主保罗·克鲁岑（Paul Crutzen）2002 年在《自然》杂志上发表的《人类的地质特征》一文提出：“称当今这一地质时期为‘人类世’，似乎是恰当的，因为人类在许多方面都占据着主导地位。”① 例如，人类活动已经改变了 1/3 到 1/2 的地表，在大多数河流建立了水坝，使用了全球超过一半的流动淡水资源，捕捞了近海水域超过 1/3 的主要生物资源。对此，2019 年 5 月，国际地层委员会人类世工作组投票决定以“人类世”取代“全新世”来命名当前人类所处的地质年代，并将起始时间定为 20 世纪中叶。2021 年 8 月 9 日，联合国政府间气候变化专门委员会（Intergovernmental Panel on Climate Change，IPCC）正式发布的《气候变化 2021：自然科学基础》及其决策者摘要指出，自 1970 年到现在，全球地表温度在 50 年内上升的速率，比过去至少 2000 年间的任意 50 年都快。②

的确，20 世纪中叶以来，随着战后各国经济的复苏和调整，各国纷纷进入了繁荣稳定时期，人类对生态环境的影响进入了自工业革命以来的加速和升级阶段，生态环境遭受前所未有的挑战和危机。面对严峻的形势，20 世纪六七十年代全球逐渐开启了环境保护主义思潮和生态环境治理运动。1962 年，蕾切尔·卡森（Rachel Carson）《寂静的春天》一书出版，被誉为现代世界环境保护运动的开端。1972 年，联合国召开全球首次人类环境会议，通过了《人类环境宣言》和由 100 多位科学家参与撰写的《只有一个地球》的重要报告，这次会议标志着人类共同环保历程的开始，环境问题自此列入国际议事日程。各国也在这一时期进入了环境立法的黄金时代，美国于 1970 年，日本于 1967 年，法国于 1976 年，英国于 1974 年，瑞典于 1969 年都制定了本国的《环境保护法》。

然而，20 世纪中叶以来，人类不是仅面临着生态危机，对生态环境问题进行回应，由于资本主义社会固有的内在矛盾，各国从第二次世界大战后 20 世纪五六十年代长达 20 余年的经济增长黄金期进入了 70 年代的滞胀时期，纷纷陷入了周期性的经济危机之中，而此时，新自由主义也在沉寂多年之后迎来其事业的勃兴时期，被英美

① Paul Crutzen, “Geology of Mankind”, *Nature*, Vol. 415, No. 6867, 2002, p. 23.

② 朱唐：《“红色警报”：气候临界点正加速迫近》，《社会科学报》2021 年 9 月 2 日。

等国奉为治国之策并向全球蔓延开来。新自由主义这种强势地位，深刻影响了全球生态环境治理，以致形成了本书所指认的以生态资本化为总特征，以自然资源私有化、商品化、市场化和金融化为具体表现的“生态环境治理术”，但这一治理术却面临着环境治理的实效合法性、道德合法性和认知合法性等方面的重重困境。同时，全书也对全球生态环境治理所涉及的国家公园、水资源、汽车社会、动物保护四个微观领域的新自由主义影响做出了全面剖析：随着国家在环境治理领域的退出，越来越多的私人集团介入国家公园、水资源、汽车社会、动物保护等领域，出现了私有国家公园、供水私有化、私营公司介入公共交通建设、野生动物私有化，并在各自领域不断推进市场化的现象，随之而来的还有对这些领域或事物认知的改变，国家公园内原住民被塑造成与生俱来就带有生态破坏性特征，水由生活必需品转变成为商品，汽车成为个体自由的化身，动物也成为可交易的商品。最终，受新自由主义的影响，国家公园在生态旅游业无度发展的冲动中遭受侵害，各国在水资源私有化的进程中爆发了要求复归水是基本人权的“水战争”，从燃油汽车向新能源汽车转型遭遇了强大的阻滞力量，野生动物也在私有化和市场化进程中遭受非人待遇。

这一治理术复归古典政治经济学对私有产权和自由市场机制的信赖，提出了对自然资源产权配置私有化和调节绝对自由化的要求，其中反映社会化大生产条件下生态产品的供给，以及市场经济条件下自然资源配置一般规律的一面，比如要求明晰自然资源产权，利用市场机制将环境成本内部化倒逼企业改善环境行径的要求，鼓励社会资本参与生态环境治理的倡议，是可以借鉴的，在我国的现实政策实践中，这些举措也是我们常用的手段。但是，这并不意味着我国的生态环境治理是照搬新自由主义“生态环境治理术”，因为正如笔者在本书第三章对其政治合法性的质疑，以及其捍卫资本主义意识形态的本质揭露，新自由主义影响下的“生态环境治理术”本质上反映了资本主义制度属性、价值观念，是从属于、服务于资本主义的，与其说它是生态危机的救世主，毋宁说它是资本主义危机的救世主。生态环境成为资本积累的重要战略场域，资本主义将自然从“形式从属”于资本演变为“实际从属”于资本，企图实现资本持续不断地积累。在新自由主义的影响下，全球范围内的国家公园建设、供水服务、汽车行业、野生动物，也由此在一定程度上蜕变成资本积累的重要载体，偏离了其原有的属性。

新自由主义的“生态环境治理术”从长远看，不仅拯救不了生态，也拯救不了自己，因为其在剩余价值最大化为根本旨趣下的无限扩张，始终无法逾越自然资源有限性的屏障。资本，就其本质来说，是能够带来剩余价值的价值。我们可以将这一本质性规定称为资本的“增殖性”，正如马克思所言：“资本只有一种生活本能，这就是增殖自身，创造剩余价值。”① 资本的存在就是为了增殖和扩张，不增殖、不扩张，资本就不复存在，而增殖和扩张的目的就是为了实现利润最大化。恩格斯说：“财富，财富，第三还是财富——不是社会的财富，而是这个微不足道的单个的个人的财富，这就是文明时代唯一的、具有决定意义的目的。”② 正是因为资本的增殖性这一

① 《马克思恩格斯文集》（第5卷），人民出版社2009年版，第269页。
② 《马克思恩格斯文集》（第4卷），人民出版社2009年版，第196页。

本质性规定，使以“资本”为“主义”的经济形态特征再简单不过了，以至于有学者指出：“资本主义这个概念的优点在于，它精准描述了当今经济形态的特色：投入资本，以便之后能拥有更多资本；也就是以获取利润为目标。”① 值得注意的是，无论是对资本的贬抑，还是对资本的褒扬，都承认资本的这一本质性规定，这其实也就为资本与生态的关系之争埋下了伏笔。

那么，新自由主义所服务的资本不断增殖的这个本质规定，对自然生态环境究竟意味着什么呢？这就是笔者在本书第三章第三节中着墨较多的地方所探讨的自然“存在方式”的变化。在笔者看来，我们至少可以从如下双重意义上来理解：第一，自然生态环境作为一种存在物的历史性出场取决于其对于资本的使用价值上。从唯物主义的意义上看，自然生态环境原本是先于人类而存在，是一种不以人的意志为转移的存在物，但如果从自为意义上的先在性视角出发，客体是什么，是随主体认知的不同而不同的，当资本出现后，自然生态环境就不再是纯粹客观意义上的自然生态环境了，它是否存在取决于资本的“需要”，也就是取决于资本获取剩余价值的需要，只有当自然生态环境发挥资本获取剩余价值的必要条件的作用时，它才转变为一种对于资本有用的存在物，才实现自身的历史性出场。第二，正是在前述意义的基础上，自然生态环境又是以何“面目”存在同样取决于资本获取剩余价值的“需要”，即要实现对自然生态环境的抽象化，将其转变成能够实现剩余价值的，仅以量的抽象面目出现的存在物，这样一种“面目”需要撇开自然生态环境的任何具体性和多样性，实现自然生态环境的价值化，既要计算人类获取自然生态环境所需耗费的抽象劳动量，又要计算自然生态环境本身所提供的产品和服务所蕴含的抽象劳动量。

显然，在资本的语境中，自然生态环境存在的意义只是资本获取剩余价值的附属物，一方面，自然生态环境只是作为资本的有用物而存在；另一方面，自然生态环境还要被价值化而扭曲自身实现自身的抽象存在。这就出现自然生态环境本身的有限性与资本追求剩余价值的无限性之间的矛盾，以及自然生态环境本身的多样具体性与资本实现剩余价值的单一抽象性之间的矛盾，因此，自然生态环境的永续存在与资本之间就存在着内在矛盾，如果马克思所预示的资本主义经济危机是资本主义内在矛盾的一种层面的话，那么，自然与资本的矛盾就从另一个层面预示了资本主义体系内在的崩溃性趋势，因此，消除资本逻辑就成为保护生态的根本性举措。

不过，无论如何，资本主义体系在生态维度上的崩溃性趋势作为一种客观现实性，也引起了资产阶级的警觉，迫使资本主义进行资本维度内的改革，恩格斯曾经分析过资本主义发展进程中的改革，他说：“猛烈增长着的生产力对它的资本属性的这种反作用力，要求承认生产力的社会本性的这种日益增长的压力，迫使资本家阶级本身在资本关系内部可能的限度内，越来越把生产力当做社会生产力看待。”② 就生态维度而言，我们可以将恩格斯的这段话改成：持续不断出现的自然限制对资本属性的这种反作用力，要求承认生产力的生态极限本性的这种日益增长的压力，迫使资本家阶级本身在资本关系内部可能的限度内，越来越把生产力当作生态生产力看待。因

① ［德］乌丽克·赫尔曼：《资本的世界史》，赖雅静译，远足文化 2018 年版，第 17 页。

② 《马克思恩格斯文集》（第 9 卷），人民出版社 2009 年版，第 294 页。

此，就有了当前在资本限度内进行改革的新自由主义“生态环境治理术”的出现，其本质是资本为了巩固和完善自己建立的社会制度而在生态领域采取的革新措施，就此而言，我们可以将之称为“资本生态化”，正因为其根本宗旨是服务于资本主义，其采取的措施就必然是上述的“生态资本化”。总之，无论如何，从本质上看，新自由主义的“生态资本化”是不可能实现“资本生态化”的。

反观我国的生态环境治理，改革开放以来，随着社会主义市场经济体制目标的逐步确立，以及2002年原建设部印发《关于加快市政公用行业市场化进程的意见》，我国拉开了关涉生态环境的公用事业市场化改革的序幕，市场手段在生态环境治理领域也发挥了更大作用。但是，我们不能就此认为我国就是照搬新自由主义的“生态环境治理术”，更不能受其影响在生态环境治理领域推行全盘私有化、彻底市场化、完全自由化改革。当前，特别要警惕资本借着国家积极推进生态文明建设、生态环境治理市场化改革、鼓励和支持社会资本参与生态保护修复等政策，打着“现代生态技术”“生态农业”“生态产业”等旗号，掩盖其产生的社会和环境方面的负面消极影响。对此，我国要坚决抵制新自由主义“生态环境治理术”的影响，采取“一体两翼”的应对之策：“一体”指的是应对新自由主义“生态环境治理术”的总原则，即在社会主义的规定下展开生态环境治理，“两翼”指的是构筑抵御新自由主义“生态环境治理术”的理论防线和制度防线，即走向生态政治经济学的理论防线，以及党的领导、自然资源公有制、“有效市场”与“有为政府”相结合的三条制度防线，理论防线和制度防线这“两翼”统一于社会主义规定性的“一体”中，是社会主义规定性最集中的体现。在国家公园、水资源、汽车社会和动物保护等领域，我国要坚决抵制新自由主义的影响，同样要在“一体两翼”的总对策下，确保这些领域的公共性和服务于人民美好生活需要的根本目的。具体来说，就是要坚持和完善国家公园范围内自然资源的公有制及其实现形式，确保其全民公益性的实现；坚持和完善水资源的公有属性，以人民为中心的根本规定引导水务市场化改革；扭转资本逻辑宰制下的汽车社会，建设“以新能源为支撑、以公有为基础、以人民为中心”的汽车社会2.0版本；超越资本逻辑对动物的宰制，历史性地看待人与动物的关系，坚持野生动物资源的公有制，以满足人民对优质生态产品的需要为旨趣为人民提供符合动物生长规律的制成品。可以说，“一体两翼”既是应对新自由主义“生态环境治理术”的对策，也是我国生态环境治理进程中的优势所在，是在利用市场机制推进生态环境治理的同时又在生态政治经济学理论基础上，在确保生态环境治理社会主义方向上，在党的领导、自然资源公有制、“有效市场”与“有为政府”相结合的制度约束下，规避新自由主义“生态环境治理术”只是出于资本增殖目的的片面利用市场的弊端。

总体而言，我国的生态环境治理是以马克思主义为指导，以习近平生态文明思想为根本遵循，以满足人民对优美生态环境需要为根本宗旨，形成了“五有”治理体系和胸怀天下的责任担当，并围绕着战略地位、总体目标、主要原则、重点任务、制度建设等方面展开全方位、全地域、全过程战略部署的治理之路，与新自由主义“生态环境治理术”存在着根本性的区别。

我国确立和坚持马克思主义在意识形态领域指导地位的根本制度，在生态环境治理领域同样坚持这一根本制度，旗帜鲜明地反对新自由主义错误思潮对我国的影响，明确以习近平生态文明思想为根本遵循，在生态环境治理的根本宗旨上不是服务于资本的无限增殖，而是秉持人民至上的逻辑，以人民为中心，满足人民对优美生态环境的需要。这是对党的全心全意为人民服务的根本宗旨的体现，它既源自于党的“生态兴则文明兴，生态衰则文明衰”的深邃历史观，也是对影响人民群众生产生活的环境问题的现实回应，因此，我国的生态环境治理在根本宗旨上是把人民群众的长远利益和眼前利益相结合，既要解决人民群众面临的迫切生态环境问题，又从长远上保障中华民族的永续发展。如此一来，正如斯蒂格利茨所指出的，中国的成功并不在于执行了“华盛顿共识”，中国没有把目标（人民福利）混同于手段（私有化和贸易自由化）。[①] 也就是说，我国没有像新自由主义“生态环境治理术”那样把自然变成资本积累的战略场域，没有把生态资本化的手段变成目标，而是始终以宗旨来规制手段的运用。最终，在治理体系上，我国生态环境治理的架构不是仅采用单一的市场手段，而是形成了党委领导、政府主导、企业主体、公众参与、法治保障的治理体系。在这一体系中，党委的有力领导起着决定性作用，有为政府和有效市场相结合是核心手段，公众的有序参与是重要推力，而法治的有效保障是关键支撑，这样一来，我国的生态环境治理实际上是形成了党委有力领导，有为政府和有效市场相结合，公众有序参与，法治有效保障的“五有”治理体系。不仅如此，我国生态环境治理还坚持胸怀天下，以世界眼光关注世界人民的前途命运，积极参与全球生态环境治理，构建全球生命共同体，与新自由主义“生态环境治理术”将其他国家的生态环境视为原料来源地和垃圾倾倒地从而服务于资本无限增殖不同，我国推动和引导建立公平合理、合作共赢的全球生态环境治理体系，率先发布《中国落实 2030 年可持续发展议程国别方案》，推动《巴黎协定》达成、签署、生效和实施，做出力争 2030 年前实现碳峰值，2060 年前实现碳中和的庄严承诺，倡导建立“一带一路”绿色发展国际联盟和绿色“一带一路”大数据平台，开展“南南合作”，帮助发展中国家提高环境治理水平，体现了负责任大国的担当，由此得到国际社会高度认可，成为全球生态文明建设的坚定支持者、积极实践者和重要引领者。

在战略部署上，我国生态环境治理不是“头痛医头、脚痛医脚”的片面治理，而是在战略地位、总体目标、主要原则、重点任务、制度建设等方面做了全方位、全地域、全过程的安排。从战略地位看，党中央强调，生态文明建设是关乎中华民族永续发展的根本大计，生态文明建设和生态环境治理逐步纳入经济社会发展各方面和全过程，在“五位一体”总体布局中，生态文明建设是其中一位；在新时代坚持和发展中国特色社会主义基本方略中，坚持人与自然和谐共生是其中一条；在新发展理念中，绿色发展是其中一项；在三大攻坚战中，污染防治是其中一大攻坚战；在到 21 世纪中叶建成社会主义现代化强国目标中，美丽是其中一个。2012 年 11 月，党的十八大通过《中国共产党章程（修正案）》，将生态文明建设写入党章并作出阐述，2018 年 3 月通过的宪法修正案将生态文明写入宪法。从总体目标看，我国生态环境治理遵循生态文明建设的总体目标，到 2035 年总体形成节约资源和保护环境的空间

---

① ［意］乔万尼·阿里吉：《亚当·斯密在北京：21 世纪的谱系》，路爱国、许安结、黄平译，社会科学文献出版社 2009 年版，第 4 页。

格局、产业结构、生产方式、生活方式，碳排放达峰后稳中有降，生态环境质量实现根本好转，美丽中国建设目标基本实现，到21世纪中叶，生态文明将全面提升，而在治理体系构建的目标方面，到2025年，我国将建立健全环境治理的领导责任体系、企业责任体系、全民行动体系、监管体系、市场体系、信用体系、法律法规政策体系，落实各类主体责任，提高市场主体和公众参与的积极性，形成导向清晰、决策科学、执行有力、激励有效、多元参与、良性互动的环境治理体系。从主要原则看，我国生态环境治理要坚持党对生态文明建设的全面领导，坚持生态兴则文明兴，坚持人与自然和谐共生，坚持绿水青山就是金山银山，坚持良好生态环境是最普惠的民生福祉，坚持绿色发展是发展观的深刻革命，坚持统筹山水林田湖草沙系统治理，坚持用最严格制度最严密法治保护生态环境，坚持把建设美丽中国转化为全体人民自觉行动，坚持共谋全球生态文明建设之路。从重点任务看，打赢蓝天保卫战，深入实施水污染防治行动计划，全面落实土壤污染防治行动，持续开展农村人居环境整治行动，推进化解钢铁、煤炭等过剩产能和淘汰落后产能工作，全面禁止进口“洋垃圾”，积极应对全球气候变化等关涉群众生产生活的战役，以及优化国土空间开发保护格局，建立以国家公园为主体的自然保护地体系，开展大规模国土绿化行动，加强大江大河和重要湖泊湿地及海岸带生态保护和系统治理，加强生物多样性保护等关涉生态环境空间格局的全方位治理都是我国下大力气直面和展开的重点工作。从制度建设看，党的十八大以来，我国加快顶层设计和制度体系建设，相继印发《关于加快推进生态文明建设的意见》《生态文明体制改革总体方案》，出台《大气污染防治行动计划》《水污染防治行动计划》《土壤污染防治行动计划》《环境保护督察方案（试行）》《中央生态环境保护督察工作规定》《生态环境损害赔偿制度改革方案》等文件，对《环境保护法》《大气污染防治法》《水污染防治法》《固体废物污染环境防治法》《海洋环境保护法》等一系列法律进行重大修改，建立健全省以下生态环境机构监测监察执法垂直管理制度、自然资源资产产权制度、国土空间开发保护制度、生态文明建设目标评价考核制度和责任追究制度、生态补偿制度、河（湖、林）长制、排污许可制度、国家公园制度、生态保护红线制度、环境保护“党政同责”和“一岗双责”等制度，基本形成“四梁八柱”性质的制度体系。

路漫漫其修远兮，我国生态环境治理任重而道远，但只要昂首阔步走中国式生态环境治理道路，我们定能在这一康庄大道上为人民创造优美的生态环境，在新征程上取得更加伟大的胜利。

参考文献

一、中文文献

［1］《马克思恩格斯文集》（第 1-10 卷），人民出版社 2009 年版。

［2］《马克思恩格斯全集》（第 3 卷），人民出版社 1995 年版。

［3］《马克思恩格斯全集》（第 30 卷），人民出版社 1995 年版。

［4］《马克思恩格斯全集》（第 31 卷），人民出版社 1998 年版。

［5］《马克思恩格斯全集》（第 32 卷），人民出版社 1998 年版。

［6］《马克思恩格斯全集》（第 33 卷），人民出版社 2004 年版。

［7］《马克思恩格斯全集》（第 34 卷），人民出版社 2008 年版。

［8］《马克思恩格斯全集》（第 35 卷），人民出版社 2008 年版。

［9］《马克思恩格斯全集》（第 36 卷），人民出版社 2015 年版。

［10］《马克思恩格斯全集》（第 37 卷），人民出版社 2019 年版。

［11］《马克思恩格斯全集》（第 38 卷），人民出版社 2019 年版。

［12］《列宁专题文集 · 论辩证唯物主义和历史唯物主义》，人民出版社 2009 年版。

［13］《列宁专题文集 · 论资本主义》，人民出版社 2009 年版。

［14］《列宁专题文集 · 论无产阶级政党》，人民出版社 2009 年版。

［15］《列宁专题文集 · 论社会主义》，人民出版社 2009 年版。

［16］《列宁专题文集 · 论马克思主义》，人民出版社 2009 年版。

［17］《习近平谈治国理政》（第 1 卷），外文出版社 2018 年版。

［18］《习近平谈治国理政》（第 2 卷），外文出版社 2017 年版。

［19］《习近平谈治国理政》（第 3 卷），外文出版社 2020 年版。

［20］《习近平谈治国理政》（第 4 卷），外文出版社 2022 年版。

［21］中共中央文献研究室：《习近平关于社会主义生态文明建设论述摘编》，中央文献出版社 2017 年版。

［22］中共中央宣传部：《习近平新时代中国特色社会主义思想学习纲要》，学习出版社、人民出版社 2019 年版。

［23］中共中央宣传部：《习近平新时代中国特色社会主义思想三十讲》，学习出版社 2018 年版。

［24］习近平：《在庆祝中华人民共和国成立 70 周年大会上的讲话》，人民出版

社 2019 年版。

［25］习近平：《在庆祝改革开放 40 周年大会上的讲话》，人民出版社 2018 年版。

［26］习近平：《在纪念马克思诞辰 200 周年大会上的讲话》，人民出版社 2018 年版。

［27］习近平：《在哲学社会科学工作座谈会上的讲话》，人民出版社 2016 年版。

［28］习近平：《携手构建合作共赢、公平合理的气候变化治理机制：在气候变化巴黎大会开幕式上的讲话》，人民出版社 2015 年版。

［29］《中共中央关于制定国民经济和社会发展第十四个五年规划和二〇三五年远景目标的建议》，人民出版社 2020 年版。

［30］《中共中央　国务院关于全面加强生态环境保护坚决打好污染防治攻坚战的意见》，人民出版社 2018 年版。

［31］《中共中央　国务院关于加快推进生态文明建设的意见》，人民出版社 2015 年版。

［32］《生态文明体制改革总体方案》，人民出版社 2015 年版。

［33］曹孟勤：《生态哲学研究》，上海三联书店 2019 年版。

［34］曹孟勤：《生态自由限制现代个人主义自由的正当性辩护》，《南京师范大学学报（社会科学版）》2014 年第 1 期。

［35］陈岱孙：《西方经济学与我国的现代化》，《世界经济》1983 年第 9 期。

［36］陈学明、姜国敏：《论政治经济学在马克思主义中的地位》，《江海学刊》2016 年第 2 期。

［37］陈学明：《回归政治经济学批判》，《哲学动态》2014 年第 9 期。

［38］陈学明：《谁是罪魁祸首：追寻生态危机的根源》，人民出版社 2012 年版。

［39］陈学明、吴新文、陈祥勤等：《我们为什么必须走中国特色社会主义道路：答关于中国道路的十大疑问》，天津人民出版社 2020 年版。

［40］陈永森：《共享经济何以是生态的》，《马克思主义与现实》2019 年第 5 期。

［41］陈征：《〈资本论〉解说》（第 1–3 卷），福建人民出版社 2017 年版。

［42］方世南：《改革开放 40 年中国生态文明建设的综合创新》，《理论与评论》2018 年第 6 期。

［43］方世南：《马克思恩格斯的生态文明思想：基于〈马克思恩格斯文集〉的研究》，人民出版社 2017 年版。

［44］方世南：《全面建成小康社会视野下生态健康与人民健康同构关系研究》，《马克思主义与现实》2020 年第 4 期。

［45］何秉孟、李千：《新自由主义评析》，社会科学文献出版社 2012 年版。

［46］黄瑞祺、黄之栋：《绿色马克思主义：马克思主义与生态学的接点》，松慧文化 2005 年版。

［47］解保军：《马克思生态思想研究》，中央编译出版社 2019 年版。

［48］李捷：《学习习近平生态文明思想问答》，浙江人民出版社 2019 年版。

［49］李泉：《新自由主义研究与批判》，格致出版社、上海人民出版社 2019 年版。

［50］李慎明：《世界在反思：国际金融危机与新自由主义全球观点扫描》，社会科学文献出版社 2010 年版。

［51］李慎明：《世界在反思之二：批判新自由主义观点全球扫描》，社会科学文献出版社 2012 年版。

［52］刘国光、程恩富：《全面准确理解市场与政府的关系》，《毛泽东邓小平理论研究》2014 年第 2 期。

［53］鲁品越：《鲜活的资本论：从〈资本论〉到中国道路》，上海人民出版社 2016 年版。

［54］梅荣政、张晓红：《论新自由主义思潮》，高等教育出版社 2004 年版。

［55］苏杨等：《中国国家公园体制建设研究》，社会科学文献出版社 2018 年版。

［56］王传发、陈学明：《马克思主义生态理论概论》，人民出版社 2020 年版。

［57］王雨辰：《国外马克思主义生态观研究》，崇文书局 2020 年版。

［58］王雨辰：《生态文明与文明的转型》，崇文书局 2020 年版。

［59］王雨辰：《生态文明思想源流与当代中国生态文明思想》，湖北人民出版社 2019 年版。

［60］王雨辰：《生态学马克思主义与生态文明研究》，人民出版社 2015 年版。

［61］吴易风：《西方“重新发现”马克思述评》，《政治经济学评论》2014 年第 2 期。

［62］吴易风：《西方经济学中的新自由主义》，《红旗文稿》2014 年第 5 期。

［63］谢富胜、程瀚、李安：《全球气候治理的政治经济学分析》，《中国社会科学》2014 年第 11 期。

［64］徐焕：《当代资本主义生态理论与绿色发展战略》，中央编译出版社 2015 年版。

［65］郇庆治：《文明转型视野下的环境政治》，北京大学出版社 2018 年版。

［66］郇庆治等：《绿色变革视角下的当代生态文化理论研究》，北京大学出版社 2019 年版。

［67］郇庆治：《当代西方绿色左翼政治理论》，北京大学出版社 2011 年版。

［68］郇庆治：《当代西方生态资本主义理论》，北京大学出版社 2015 年版。

［69］仰海峰：《〈资本论〉的哲学》，北京师范大学出版社 2017 年版。

［70］张才国：《新自由主义意识形态》，中央编译出版社 2007 年版。

［71］张翠容：《另一片海：阿拉伯之春、欧债风暴与新自由主义之殇》，广西师范大学出版社 2015 年版。

［72］张云飞：《论马克思的“自然辩证法”思想实验》，《中国人民大学学报》2018 年第 5 期。

［73］张云飞：《绿色激荡中的生态主义》，《人民论坛》2020 年第 3 期。

［74］张云飞：《社会主义生态文明的价值论基础：从“内在价值”到“生态价值”》，《社会科学辑刊》2019 年第 5 期。

［75］张云飞：《社会主义生态文明的人民性价值取向》，《马克思主义与现实》2020年第3期。

［76］张云飞：《社会主义生态文明观的科学典范》，《马克思主义研究》2020年第10期。

［77］张云飞：《试论中国特色生态治理体制现代化的方向》，《山东社会科学》2016年第6期。

［78］中国社会科学院：《中国社会科学院新自由主义批判文选》，中国社会科学出版社2016年版。

［79］朱安东：《新自由主义在我国的传播和危害》，《当代经济研究》2016年第8期。

［80］［奥地利］路德维希·冯·米瑟斯：《社会主义：经济与社会学的分析》，王建民、冯克利、崔树义译，中国社会科学出版社2012年版。

［81］［奥地利］路德维希·冯·米瑟斯：《自由与繁荣的国度》，韩光明等译，中国社会科学出版社1995年版。

［82］［奥地利］彼得·辛格、［美］汤姆·雷根：《动物权利与人类义务》，曾建平、代峰译，北京大学出版社2010年版。

［83］［奥地利］沃里克·弗罗斯特、［新西兰］C. 迈克尔·霍尔：《旅游与国家公园：发展、历史与演进的国际视野》，王连勇译，商务印书馆2014年版。

［84］［德］米里亚姆·兰、［玻利维亚］杜尼娅·莫克拉尼：《超越发展：拉丁美洲的替代性视角》，郇庆治、孙巍等编译，中国环境出版集团2018年版。

［85］［德］佩特拉·多布娜：《水的政治：关于全球治理的政治理论、实践与批判》，强朝晖译，社会科学文献出版社2011年版。

［86］［德］A. 施密特：《马克思的自然概念》，欧力同、吴仲昉译，商务印书馆1988年版。

［87］［德］乌尔里希·布兰德、马尔库斯·威森：《资本主义自然的限度：帝国式生活方式的理论阐释及其超越》，郇庆治等编译，中国环境出版集团2019年版。

［88］［德］乌丽克·赫尔曼：《资本的世界史》，赖雅静译，远足文化2018年版。

［89］［法］费尔南·布罗代尔：《十五至十八世纪的物质文明、经济和资本主义》（第1–3卷），顾良、施康强译，商务印书馆2017年版。

［90］［法］米歇尔·波德：《资本主义的历史：从1500年至2010年》，郑方磊、任轶译，上海辞书出版社2011年版。

［91］［法］热拉尔·迪梅尼尔、多米尼克·莱维：《大分化：正在走向终结的新自由主义》，陈杰译，商务印书馆2015年版。

［92］［加］埃伦·米克辛斯·伍德：《资本主义的起源：学术史视域下的长篇综述》，夏璐译，中国人民大学出版社2016年版。

［93］［加］娜奥米·克莱恩：《改变一切：气候危机、资本主义与我们的终极命运》，李海默、韦涵、管昕玥等译，上海三联书店2018年版。

［94］［加］西奥多·宾尼玛、梅拉妮·涅米：《“让改变从现在开始”：荒野、

资源保护与加拿大班夫国家公园土著民族迁移政策》，李鸿美译，《鄱阳湖学刊》2016 年第 5 期。

［95］［美］保罗·巴兰、保罗·斯威齐：《垄断资本》，南开大学政治经济学系译，商务印书馆 1977 年版。

［96］［美］大卫·哈维：《跟大卫·哈维读〈资本论〉》（第 1 卷），刘英译，上海译文出版社 2014 年。

［97］［美］大卫·哈维：《新帝国主义》，初立忠、沈晓雷译，社会科学文献出版社 2009 年版。

［98］［美］大卫·哈维：《新自由主义简史》，王钦译，上海译文出版社 2010 年版。

［99］［美］大卫·哈维：《资本的限度》，张寅译，中信出版社 2017 年。

［100］［美］戴维·哈维：《后现代的状况：对文化变迁之缘起的探究》，阎嘉译，商务印书馆 2003 年版。

［101］［美］戴维·哈维：《正义、自然和差异地理学》，胡大平译，上海人民出版社 2010 年版。

［102］［美］大卫·科茨、孟捷：《大卫·科茨和孟捷对话：新自由主义与中国》，《政治经济学评论》2016 年第 6 期。

［103］［美］大卫·科茨、黄斐：《新自由主义的衰落与社会主义的未来：大卫·科茨访谈》，《当代世界与社会主义》2016 年第 2 期。

［104］［美］大卫·M. 科茨：《新自由资本主义的兴衰成败》，刘仁营、刘元琪译，中国人民大学出版社 2020 年版。

［105］［美］丹尼尔·斯特德曼·琼斯：《宇宙的主宰：哈耶克、弗里德曼与新自由主义的诞生》，贾拥民译，华夏出版社 2017 年版。

［106］［美］赫尔曼·E. 达利、小约翰·B. 柯布：《21 世纪生态经济学》，王俊、韩冬筠译，中央编译出版社 2015 年版。

［107］［美］赫尔曼·E. 戴利、肯尼思·N. 汤森：《珍惜地球：经济学、生态学、伦理学》，马杰等译，商务印书馆 2001 年版。

［108］［美］赫尔曼·E. 戴利、乔舒亚·法利：《生态经济学：原理和应用》（第 2 版），金志农、陈美球、蔡海生译，中国人民大学出版社 2014 年版。

［109］［美］加勒特·哈丁：《生活在极限之内：生态学、经济学和人口禁忌》，戴星翼、张真译，上海译文出版 2001 年版。

［110］［美］贾雷德·戴蒙德：《枪炮、病菌与钢铁：人类社会的命运》，谢延光译，上海译文出版社 2016 年版。

［111］［美］杰里米·里夫金：《第三次工业革命：新经济模式如何改变世界》，张体伟译，中信出版社 2012 年版。

［112］［美］杰里米·里夫金：《零边际成本社会：一个物联网、合作共赢的新经济时代》，赛迪研究院专家组译，中信出版社 2014 年版。

［113］［美］金斯利·丹尼斯、约翰·厄里：《后汽车时代》，郝庆丰等译，机械工业出版社 2012 年版。

［114］［美］罗德里克·纳什：《荒野与美国思想》，侯文蕙、侯钧译，中国环境科学出版社 2012 年版。

［115］［英］罗纳德·H. 科斯、［美］阿曼·A. 阿尔钦、［美］道格拉斯·C. 诺思：《财产权利与制度变迁：产权学派与新制度学派译文集》，刘守英等译，上海格致出版社 2014 年版。

［116］［美］米尔顿·弗里德曼、罗丝·弗里德曼：《自由选择》，张琦译，机械工业出版社 2018 年版。

［117］［美］米尔顿·弗里德曼：《资本主义与自由》，张瑞玉译，商务印书馆 2004 年版。

［118］［美］彭慕兰：《大分流：欧洲、中国及现代世界经济的发展》，史建云译，江苏人民出版社 2010 年版。

［119］［美］热拉尔·罗兰：《私有化：成功与失败》，张宏胜译，中国人民大学出版社 2013 年版。

［120］［美］泰瑞·安德森、唐纳德·利尔：《从相克到相生：经济与环保的共生策略》，萧代基译，改革出版社 1997 年版。

［121］［美］唐纳德·沃斯特：《帝国之河：水、干旱与美国西部的成长》，侯深译，译林出版社 2018 年版。

［122］［美］唐纳德·沃斯特：《在西部的天空下：美国西部的自然与历史》，青山译，商务印书馆 2014 年版。

［123］［美］威廉·克罗农：《土地的变迁：新英格兰的印第安人、殖民者和生态》，鲁奇、赵欣华译，中国环境科学出版社 2012 年版。

［124］［美］约翰·福斯特：《马克思的生态学：唯物主义与自然》，刘仁胜、肖峰译，高等教育出版社 2006 年版。

［125］［美］约翰·贝拉米·福斯特：《生态革命：与地球和平相处》，刘仁胜等译，人民出版社 2015 年版。

［126］［美］约翰·贝拉米·福斯特：《生态危机与资本主义》，耿建新、宋兴无译，上海译文出版社 2006 年版。

［127］［美］詹姆斯·布坎南：《财产与自由》，韩旭译，中国社会科学出版社 2002 年版。

［128］［美］詹姆斯·C. 斯科特：《国家的视角：那些试图改善人类状况的项目是如何失败的》，王晓毅译，社会科学文献出版社 2012 年版。

［129］［日］斋藤幸平：《马克思的生态笔记》，刘仁胜、赵伊琳译，《鄱阳湖学刊》2018 年第 3 期。

［130］［日］中古岩：《资本主义为什么会自我崩溃：新自由主义者的忏悔》，郑萍译，社会科学文献出版社 2010 年版。

［131］［以色列］尤瓦尔·赫拉利：《人类简史：从动物到上帝》，林俊宏译，中信出版社 2017 年版。

［132］［意］吉奥乔·阿甘本：《敞开：人与动物》，蓝江译，南京大学出版社 2019 年版。

［133］［印］纨妲娜·席瓦：《生物剽窃：自然和知识的掠夺》，李一丁译，知识产权出版社 2018 年版。

［134］［英］E. A. 里格利：《延续、偶然与变迁：英国工业革命的特质》，侯琳琳译，浙江大学出版社 2013 年版。

［135］［英］E. 库拉：《环境经济学思想史》，谢扬举译，上海人民出版社 2007 年版。

［136］［英］F. A. 冯·哈耶克：《个人主义与经济秩序》，邓正来译，生活·读书·新知三联书店 2003 年版。

［137］［英］阿尔弗雷多·萨德-费洛、黛博拉·约翰斯顿：《新自由主义：批判读本》，陈刚等译，江苏人民出版社 2006 年版。

［138］［英］艾琳·麦克哈格、［新西兰］巴里·巴顿、［澳］阿德里安·布拉德布鲁克等：《能源与自然资源中的财产和法律》，胡德胜、魏铁军等译，北京大学出版社 2014 年版。

［139］［英］艾瑞克·霍布斯鲍姆：《革命的年代：1789—1848》，王章辉等译，中信出版社 2017 年版。

［140］［英］艾瑞克·霍布斯鲍姆：《资本的年代：1848—1875》，张晓华等译，中信出版社 2017 年版。

［141］［英］艾瑞克·霍布斯鲍姆：《帝国的年代：1875—1914》，贾士蘅译，中信出版社 2017 年版。

［142］［英］艾瑞克·霍布斯鲍姆：《极端的年代：1914—1991》，郑明萱译，中信出版社 2017 年版。

［143］［英］布莱恩·费根：《亲密关系：动物如何塑造人类历史》，刘诗军译，浙江大学出版社 2019 年版。

［144］［英］大卫·李嘉图：《政治经济学及赋税原理》，郭大力、王亚南译，商务印书馆 2013 年版。

［145］［英］菲利普·林伯里、伊莎贝尔·奥克肖特：《失控的农业：廉价肉品的真实代价》，郑襄忆等译，人民日报出版社 2019 年版。

［146］［英］弗里德里希·奥古斯特·冯·哈耶克：《自由宪章》，杨玉生、冯兴元、陈茅译，中国社会科学出版社 2012 年版。

［147］［英］卡尔·波兰尼：《大转型：我们时代的政治与经济起源》，冯钢、刘阳译，浙江人民出版社 2007 年版。

［148］［英］克莱夫·庞廷：《绿色世界史：环境与伟大文明的衰落》，王毅译，中国政法大学出版社 2015 年版。

［149］［英］洛克：《政府论》（下篇），叶启芳、瞿菊农译，商务印书馆 1964 年版。

［150］［英］亚当·斯密：《道德情操论》，谢宗林译，中央编译出版社 2013 年版。

［151］［英］亚当·斯密：《国富论》，郭大力、王亚南译，商务印书馆 2015 年版。

二、英文文献

[152] Andreas Malm, "The Origins of Fossil Capital: From Water to Steam in the British Cotton Industry", *Historical Materialism*, Vol. 21, No. 1, 2013, pp. 15-68.

[153] Anneleen Kenis and Matthias Lievens, "Greening the Economy or Economizing the Green Project? When Environmental Concerns Are Turned into a Means to Save the Market", *Review of Radical Political Economics*, Vol. 48, No. 2, 2016, pp. 217-234.

[154] Becky Mansfield, *Privatization: Property and the Remaking of Nature-society Relations*, Oxford: Blackwell, 2008.

[155] Becky Mansfield, "Neoliberalism in the Oceans: 'Rationalization', Property Rights, and the Commons Question", *Geoforum*, Vol. 35, No. 3, 2004, pp. 313-326.

[156] Bram Büscher, Sian Sullivan, Katja Neves, et al., "Towards a Synthesized Critique of Neoliberal Biodiversity Conservation", *Capitalism Nature Socialism*, Vol. 23, No. 2, 2012, pp. 4-30.

[157] Damien Cahill, Melinda Cooper, Martijn Konings, et al., *The SAGE Handbook of Neoliberalism*, London: SAGE Reference, 2018.

[158] Daniel Faber, "Poisoning the World for Profit: Petro-Chemical Capital and the Global Pesticide Crisis", *Capitalism Nature Socialism*, Vol. 31, No. 4, 2020, pp. 1-17.

[159] Erik Swyngedouw, *Social Power and the Urbanization of Water*, Oxford: Oxford University Press, 2004.

[160] Garrett Hardin, "Extensions of 'the Tragedy of the Commons'", *Science*, Vol. 280, No. 5364, 1998, pp. 682-683.

[161] Herman Daly, "Some Overlaps Between the First and Second Thirty Years of Ecological Economics", *Ecological Economics*, Vol. 164, 2019, pp. 1-3.

[162] James Fairhead, Melissa Leach and Ian Scoones, "Green Grabbing: A New Appropriation of Nature?", *Journal of Peasant Studies*, Vol. 39, No. 2, 2012, pp. 237-261.

[163] James Igoe and Dan Brockington, "Neoliberal Conservation: A Brief Introduction", *Conservation and Society*, Vol. 5, No. 4, 2007, pp. 432-449.

[164] Jessica Dempsey and Morgan Robertson, "Ecosystem Services: Tensions, Impurities, and Points of Engagement within Neoliberalism", *Progress in Human Geography*, Vol. 36, No. 6, 2012, pp. 758-779.

[165] John Bellamy Foster and Paul Burkett, *Marx and the Earth: An Anti-critique*, Chicago: Haymarket Books, 2017.

[166] John Bellamy Foster, Brett Clark and Richard York, *The Ecological Rift: Capitalism's War on the Earth*, New York: Monthly Review Press, 2010.

[167] John Foster and Brett Clark, "Marx and Alienated Speciesism", *Monthly Review*, Vol. 70, No. 7, 2018, pp. 1-20.

[168] John Foster, "Making War on the Planet Geoengineering and Capitalism's Cre-

ative Destruction of the Earth", *Monthly Review*, Vol. 70, No. 4, 2018, pp. 1-10.

[169] Jonathan Harris and Brian Roach, *Environmental and Natural Resource Economics: A Contemporary Approach*, New York: Routledge, 2017.

[170] Julius Alexandera McGee and Patrick Trentb Greiner, "How Long Can Neoliberalism Withstand Climate Crisis?", *Monthly Review*, Vol. 71, No. 11, 2020, pp. 12-19.

[171] Karen Bakker, *Privatizing Water: Governance Failure and the World's Urban Water Crisis*, Ithaca and London: Cornell University Press, 2010.

[172] Karen Bakker, "Neoliberalizing Nature? Market Environmentalism in Water Supply in England and Wales", *Annals of the Association of American Geographers*, Vol. 95, No. 3, 2005, pp. 542-565.

[173] Lynn White, "The Historical Roots of Our Ecologic Crisis", *Science*, Vol. 155, No. 3767, 1967, pp. 1203-1207.

[174] Matthew Eagleton-Pierce, *Neoliberalism: The Key Concepts*, New York: Routledge, 2016.

[175] Matthew Himley, "Geographies of Environmental Governance: The Nexus of Nature and Neoliberalism", *Geography Compass*, Vol. 2, No. 2, 2008, pp. 433-451.

[176] Matthew Huber, *Lifeblood: Oil, Freedom, and the Forces of Capital*, Minneapolis: University of Minnesota Press, 2013.

[177] Michael Perelman, "Primitive Accumulation from Feudalism to Neoliberalism", *Capitalism Nature Socialism*, Vol. 18, No. 2, 2007, pp. 44-61.

[178] Morgan Robertson, "Measurement and Alienation: Making a World of Ecosystem Services", *Transactions of the Institute of British Geographers*, Vol. 3, No. 3, 2012, pp. 386-401.

[179] Morgan Robertson, "The Neoliberalization of Ecosystem Services: Wetland Mitigation Banking and Problems in Environmental Governance", *Geoforum*, Vol. 35, No. 3, 2004, pp. 361-373.

[180] Murat Arsel and Bram Büscher, "Nature TM Inc.: Changes and Continuities in Neoliberal Conservation and Market - based Environmental Policy", *Development and Change*, Vol. 43, No. 1, 2012, pp. 53-78.

[181] Neil Smith, *Uneven Development: Nature Capital and the Production of Space*, Athens and London: The University of Georgia Press, 2008.

[182] Nik Heynen and Paul Robbins, "The Neoliberalization of Nature: Governance, Privatization, Enclosure and Valuation", *Capitalism Nature Socialism*, Vol. 16, No. 1, 2005, pp. 5-8.

[183] Nik Heynen, James McCarthy and Scott Prudham, et al., *Neoliberal Environments: False Promises and Unnatural Consequences*, New York: Routledge, 2007.

[184] Noel Castree, Mike Hulme and James D. Proctor, *Companion to Environmental Studies*, New York: Routledge, 2018.

[185] Noel Castree, "The Nature of Produced Nature: Materiality and Knowledge

Construction in Marxism", *Antipode*, Vol. 27, No. 1, 1995, pp. 12-48.

[186] Paul Burkett, *Marxism and Ecological Economics: Toward a Red and Green Political Economy*, Boston: Brill, 2006.

[187] Paul Robbins, John Hintz and Sarah Moore, *Environment and Society: A Critical Introduction*, West Sussex: Wiley Blackwell, 2014.

[188] Paul Robbins, *Political Ecology: A Critical Introduction*, Oxford: Blackwell, 2012.

[189] Rachel S. Turner, *Neo-Liberal Ideology: History, Concepts and Policies*, Edinburgh: Edinburgh University Press, 2008.

[190] Raymond Bryant, *The International Handbook of Political Ecology*, Cheltenhamn: Edward Elgar, 2015.

[191] Robert Costanza, Ralph d' Arge and Rudolf de Groot, et al., "Changes in the Global Value of Ecosystem Services", *Global Environmental Change*, Vol. 26, No. 1, 2014, pp. 152-158.

[192] Robert Costanza, Rudolf de Groot and Paul Sutton, et al., "The Value of the World' s Ecosystem Services and Natural Capital", *Nature*, Vol. 387, No. 6630, 1997, pp. 253-260.

[193] Ryan Gunderson, "Marx' s Comments on Animal Welfare", *Rethinking Marxism*, Vol. 23, No. 4, 2011, pp. 543-548.

[194] Scott Prudham, "Poisoning the Well: Neoliberalism and the Contamination of Municipal Water in Walkerton, Ontario", *Geoforum*, Vol. 35, No. 3, 2004, pp. 343-359.

[195] Simon Batterbury, "Doing Political Ecology Inside and Outside the Academy", in Raymond Bryant, eds., *The International Handbook of Political Ecology*, Cheltenhamn: Edward Elgar, 2015, pp. 27-43.

[196] Simon Springer, Kean Birch and Julie MacLeavy, *The Handbook of Neoliberalism*, New York: Routledge, 2016.

[197] Stasja Koot, Robert Hitchcock and Catie Gressier, "Belonging, Indigeneity, Land and Nature in Southern Africa under Neoliberal Capitalism: An Overview", *Journal of Southern African Studies*, Vol. 45, No. 2, 2019, pp. 341-355.

[198] Stefano Longo, Rebecca Clausen and Brett Clark, *The Tragedy of the Commodity: Oceans, Fisheries and Aquaculture*, New Brunswick: Rutgers University Press, 2015.

[199] Terry Anderson and Donald Leal, *Free Market Environmentalism: For the Next Generation*, New York: Palgrave Macmillan, 2015.

[200] Terry Anderson and Gary Libecap, *Environmental Markets: A Property Rights Approach*, New York: Cambridge University Press, 2014.

[201] Tom Perreault, Gavin Bridge and James McCarthy, *The Routledge Handbook of Political Ecology*, New York: Routledge, 2015.

[202] Utsa Patnaik and Prabhat Patnaik, "Neoliberal Capitalism at a Dead End", *Monthly Review*, Vol. 71, No. 3, 2019, pp. 20-31.

[203] Willem Assies, “David Versus Goliath in Cochabamba: Water Rights, Neoliberalism, and the Revival of Social Protest in Bolivia”, *Latin American Perspectives*, Vol. 30, No. 3, 2003, pp. 14-36.

附录　国外政治生态学研究述评

政治生态学[①]（Political Ecology）是国外马克思主义地理学家研究社会与自然关系理论过程中所形成的一个重要分支，由于其对生态环境问题独特的观察视角和解析路径，使其在当前国外环境人文社会科学研究中越来越受到关注和应用，本文就此做些评述。

一、引言：政治生态学兴起的背景

20世纪六七十年代是环境危机逐渐凸显、社会政治持续动荡的年代。这一时期社会的特征是普遍的反威权主义和焦躁不安的激进主义。墨西哥、巴黎、洛杉矶的街头暴力，政治暗杀，公民权利运动、妇女运动、环境运动，天主教向左翼的开放，东南亚战争，1959年的古巴革命，20世纪50年代到70年代的去殖民化浪潮，20世纪70年代保守主义的紧缩战略，美国在越南战争中的深陷，欧佩克的石油禁运，具有美国中情局背景的皮诺切特政权在智利的上台，1979年的三里岛核事故，凯霍加河（Cuyahoga River）的严重污染，圣巴巴拉的漏油事故，伊利湖生态系统的严重失衡，所有这些共同构成了当时知识分子展开研究的时代背景。此外，广大发展中国家现代化进程中凸显的环境问题和社会问题日益受到广泛关注，比如尼日利亚的饥荒问题，尼泊尔的土壤退化问题，巴西的森林退化问题。[②] 对此，在西方国家产生了研究这些议题的两种倾向：

一种是“去政治化”的倾向。1968年出版的加勒特·哈丁的《公地悲剧》、保罗·埃尔利希的《人口大爆炸》，1972年出版的罗马俱乐部的《增长的极限》是这一时期较有影响力的论著，它们对环境问题和社会问题的关注与研究，有利于培养公众的环境意识和全球意识，但是，对环境危机的研究均指向了人口的快速增长和有限资源的耗尽，对社会问题的研究同样指向了人口过剩、不恰当的土地管理或者人类愚昧无知的认知能力和世界观。由此，它们的研究就共同地带有一种“去政治化”的

---

① 环境政治学、生态政治学和政治生态学三个术语在国内学术界的使用较为混杂，本书所使用的政治生态学有时散见于环境政治学、生态政治学的相关论文中，而有的学者所撰写的含有“政治生态学”字样的论文所使用的“政治生态学”又与本书的政治生态学内涵毫无关系。但不管当前的论文冠以哪个术语，这三个术语的使用可归纳为两个倾向：一种是从生态的视角研究政治，其研究的对象是政治，研究的旨趣是政治文明，因此可以将之视为政治学的一门分支学科；另一种是从政治的视角研究生态，其研究对象是生态，研究的旨趣是生态文明。显然，可以将本文的政治生态学归入后一种倾向。

② Gavin Bridge, James McCarthy and Tom Perreault, “Editors' Introduction”, in Tom Perreault, Gavin Bridge and James McCarthy, eds., *The Routledge Handbook of Political Ecology*, New York: Routledge, 2015, p. 4-6.

倾向，即将环境危机、社会问题与特定的政治经济进程分离开来进行阐释，掩盖环境危机、社会问题与特定阶级的政治经济利益、意识形态属性和价值立场之间的联系，不将之视为资本主义社会形态下生产关系再生产的产物。

另一种是“再政治化”的倾向。20 世纪六七十年代，一系列的学者开始对传统学科的知识和方法进行反思，并自觉运用马克思主义的原理和方法分析问题，特别是对上述发展中国家面临的土壤、农业和农民问题的政治经济学批判受到不少学者的青睐，由此产生了像依附理论和世界体系理论这样具有“政治化”色彩的理论，其中，重要的代表性思想家有安德烈·冈德·弗兰克（Andre Gunder Frank）、萨米尔·阿明（Samir Amin）和伊曼纽尔·沃勒斯坦（Immanuel Wallerstein），他们的著作及其所蕴含的马克思主义方法论为政治生态学的产生提供了必不可少的理论准备。

因此，可以说，面对 20 世纪六七十年代的环境与社会问题，一方面是对环境和社会问题的“去政治化”阐释，另一方面是对环境和社会问题的“再政治化”研究，政治生态学就是在消解环境和社会问题的“去政治化”阐释下，又以马克思主义等相关理论为思想资源对之进行重构中兴起的。

二、政治生态学的定义域和问题域

那么，什么是政治生态学呢？一方面，政治生态学本身展现出的多样性特征使对其定义域和问题域进行概况似乎存在着多种可能性。政治生态学自产生以来，就被广泛应用于多学科、多领域的研究中，既有环境人类学、环境社会学、生态/环境经济学等一般性研究学科，也有可持续性科学、灾害研究、农村发展研究、气候变化研究、城市环境计划、土壤退化研究等具体性研究学科。因此，从政治生态学的应用范围看，其明显呈现出多样性的特征，这种宽广的应用范围和跨学科性质使其本身具备多重定义和理解的可能性。“从传统的学术意义上看，政治生态学肯定不是一门学科或者分支学科：它的研究对象和分析框架和方法论太不一样了，事实上，明显的跨学科特征是其决定性特征和优点之一。”①

另一方面，政治生态学能够在多种学科和领域中得以应用，这本身就表明其在定义域和问题域方面理应具有相对的一致性，否则就没有存在的可能性了。所谓定义域指的是政治生态学的本质规定和研究宗旨，所谓问题域指的是政治生态学的基本论域和理论问题。就此而言，政治生态学又是有其确定性的。

（一）政治生态学的定义域

对政治生态学的定义域进行界定，首先关涉的是政治生态学的理论旨趣。政治生态学虽然没有一个统一的定义，有的指向环境变化的政治后果，有的指向引起环境变化的政治因素，比如，拉蒙特·亨贝尔（Lamont C. Hempel）认为，政治生态学的研究涉及政治单位的相互依赖，以及政治单位及其环境的相互关系，关注的是环境变化的政治后果。② 但是，大多数政治生态学家都致力于这样一种理论承诺，即批判社会

---

① James McCarthy, Tom Perreault and Gavin Bridge, “Editors’ Conclusion”, in Tom Perreault, Gavin Bridge and James McCarthy, eds., *The Routledge Handbook of Political Ecology*, New York: Routledge, 2015, p. 621.

② Lamont C. Hempel, *Environmental Governance: The Global Challenge*, Washington, DC: Island Press, 1996, p. 150.

理论，对自然和有关自然知识的生产持一种后实证主义的理解，所有这些都是与权力的社会关系不可分离。[①] 政治生态学家都持有一个共同前提，即抵制环境问题的“去政治化”阐释，把环境变化和生态条件视为政治进程的产物。具体来说，这其中包括了以下三个根本性的、相互联系的前提：第一，环境变化的成本和收益在行为者之间的不平等分配；第二，这又不可避免地增强或者减少现存的社会和经济不平等；第三，从一个行为者相对于其他行为者的权力而言，环境变化所造成的社会和经济影响的差异性，同样具有一定的政治意涵，也就是说，环境变化不仅意味着为一些人带来财富，为另一些人带来贫困，也意味着一个行为者控制或者抵制其他行为者的能力的改变。[②] 因此，政治生态学在于揭示环境变化的受益者和受损者，环境变化潜在的代价，以及产生社会和环境后果的权力的差异性。政治生态学试图回答这样的问题：谁从野生动物保护行为中受益和受损？地方的土地使用转型引起了怎样的政治运动？

要回答这些问题，将生产力与生产关系结合起来研究的政治经济学提供了重要的方法支撑，因此，政治生态学又是一种主要将政治经济学广泛应用于生态问题研究的方法论。加文·布里奇（Gavin Bridge）等指出，政治生态学的著作根源于马克思主义政治经济学[③]。皮尔斯·布莱基（Piers Blaikie）和哈罗德·布鲁克菲尔德（Harold Brookfield）认为，政治生态学就是“把生态学和广义政治经济学的关切结合起来。这包括了社会和土地资源的连续不断变换的辩证法，以及社会本身的阶级和集团的辩证法”[④]。詹姆斯·格林伯格（James B. Greenberg）和托马斯·帕克（Thomas K. Park）认为，两个理论对政治生态学的形成具有重要影响，一个是生物——环境关系的更宽广的愿景，另一个是政治经济学，它强调将权力分配、生产活动和生态分析结合起来的必要性。[⑤] 理查德·皮特（Richard Peet）和迈克尔·瓦茨（Michael Watts）认为，政治生态学就是“具有生态根源的社会科学和政治经济学原则的结合”[⑥]。此外，政治生态学还采纳了其他具体方法，比如，定性研究和定量研究相结合的方法、广义的人种学方法（包括访谈法、直接观察法）、历史文献分析法。因此，政治生态学的方法体系是以政治经济学作为主要方法，又融入了具体方法的体系。

政治生态学不仅是一把“斧头”，挥向从政治视角看存在缺陷的、危险的、有问题的关于生态环境的“去政治化”阐释，还是一颗“种子”，力求孕育出一种全新的社会生态，在此情形下，展现出一种较少压迫和剥削、较多可持续性的替代性愿景。[⑦] 这种愿景的展开致力于一种规范性的政治承诺，即社会正义和结构性政治变

---

①③　Gavin Bridge, James McCarthy and Tom Perreault, “Editors' Introduction”, in Tom Perreault, Gavin Bridge and James McCarthy, eds., *The Routledge Handbook of Political Ecology*, New York: Routledge, 2015, p. 7.

②　Raymond L. Bryant and Sinéad Bailey, *Third World Political Ecology*, New York: Routledge, 1997, pp. 27-28.

④　Piers Blaikie and Harold Brookfield, *Land Degradation and Society*, New York: Methuen, 1987, p. 17.

⑤　James B. Greenberg and Thomas K. Park, “Political Ecology”, *Journal of Political Ecology*, Vol. 1, 1994, p. 1.

⑥　Richard Peet and Michael Watts, “Liberation Ecology: Development, Sustainability, and Environment in the Age of Market Triumphalism”, in Richard Peet and Michael Watts, eds., *Liberation Ecologies: Environment, Development, Social Movements*, New York: Routledge, 1996, p. 6.

⑦　Paul Robbins, *Political Ecology: A Critical Introduction*, Oxford: Blackwell, 2012, p. 20.

革。从一开始，政治生态学就强调被边缘化人口的斗争、利益和困境，比如，农民、原住民、少数民族、宗教少数派、妇女和穷人。政治生态学家不仅寻求社会和环境进程的解释，而且致力于构建这种解释的替代性理解，并走向社会正义和激进政治。①

通过以上论述，我们大致可以描述政治生态学的定义域，即政治生态学以政治经济学和其他各种具体方法作为方法体系，在回应生态环境的"去政治化"阐释中，研究生态环境变化与特定政治经济要素的关系，考察和揭示环境变迁背后复杂的国内和国际政治经济权力关系与博弈，力图找到一种既彰显社会正义，又推动环境可持续发展的替代性愿景和蓝图。

（二）政治生态学的问题域

我们可以将政治生态学视为一种理论的和政治的"棱镜"，透过这一"棱镜"去进一步理解、挑战、构建当今世界的自然与社会关系，虽然这一"棱镜"最初被应用于后殖民语境下的农业议题、集中化的保育和资源冲突与治理，但它已被证明具有更广的、更持久的效用，能够为人们理解人与环境的关系提供强有力的分析力。② 因此，可以说，人与自然、社会与自然的关系构成了政治生态学的总问题域，而在人与自然、社会与自然这一总的问题域之下，保罗·罗宾斯（Paul Robbins）在新版的《政治生态学：一个批判性导论》中将其具体的基本论域和理论问题概括为以下几个方面：

第一，退化和边缘化论题（The Degradation and Marginalization Thesis）。随着国家对经济干预的增强以及逐渐融入区域和全球市场，原有对环境无害的生产体系逐渐转向对自然资源的过度剥削。这也许会导致越来越多的贫穷和周期性的过度剥削。与此同时，政府当局或者企业为了获取传统的集体所有权或者强加外来制度，原本可持续的社群管理被预先假定为不可持续。声称以现代主义式的发展改进本土人口的生产体系，却导致本土实践可持续性的减弱，以及资源分配不平等的加剧。

第二，保育和控制论题（The Conservation and Control Thesis）。以保存"可持续性""社群"或者"自然"的名义强行夺取和控制生产者或者以一定阶级、性别、民族组成的生产者团体的资源和风景，在这一进程中，政府当局和全球利益集团以保存"环境"的名义破坏了本土的生计体系、生产体系和社会政治组织。为了控制资源，政府当局或者其他行为者将那些在历史上多产的、相对良好的本土生产实践界定为不可持续的。

第三，环境冲突和排斥论题（The Environmental Conflict and Exclusion Thesis）。政府当局、私营企业或者社会精英通过资源圈地或者侵占的方式制造了越来越多的稀缺，这引发了群体间的冲突。由于政府当局及其代理人和私营企业的干预，一部分群体以牺牲他人群体利益为代价对集体所有的资源进行控制，使环境问题变得"社会化"了；由于保育或者资源发展政策的变化，社群之间现存的、持久的冲突，使社会问题变得"生态化"了。

① Gavin Bridge, James McCarthy and Tom Perreault, "Editors' Introduction", in Tom Perreault, Gavin Bridge, and James McCarthy, eds., *The Routledge Handbook of Political Ecology*, New York: Routledge, 2015, p. 8.

② James McCarthy, Tom Perreault and Gavin Bridge, "Editors' Conclusion", in Tom Perreault, Gavin Bridge and James McCarthy, eds., *The Routledge Handbook of Political Ecology*, New York: Routledge, 2015, p. 621.

第四，环境主体和身份论题（The Environmental Subjects and Identity Thesis）。制度化和充斥着权力关系的环境管理体制导致了“新人”的出现，“新人”有对自己的自我定义，有对世界的全新理解，有全新的生态意识和行为。可以肯定的是，人们的信仰和态度不会导致新的环境行动或者规则体系；相反，新的环境行动或者规则体系会产生“新人”。全新的环境体制和条件已经为本土群体获取资源和政治上代表自身提供机会和必要条件。由于“新人”的生态思想能够将包含不同阶级、民族和性别的不同群体联系起来，他们代表了一种全新的政治行动形式。

第五，政治客体和行动者论题（Political Objects and Actors Thesis）。自然世界和人类世界的相互作用，使自然世界的物质特征带有政治性。不同的人、组织、社群和国家相互作用，变革权力关系，产生影响。就当前的历史而言，霸权性的组织和个体通过控制和导向新的联系和变革获得相当大的影响力，产生了难以预料的、往往是恶性的后果。在这一进程中，出现了来自传统的、替代性的、进步性的联盟的抵制。[①]

三、政治生态学的形成与发展

政治生态学这一术语，并不是在上述背景的20世纪六七十年代出现，而是在1935年1月5日出版的《科学通讯》（*The Science Newsletter*）。当时，政治生态学以栏目名称的形式出现在这一份报刊上，在这一栏目下，刊发了弗兰克·索恩（Frank Thone）的《凌乱的自然：我们为草地而斗争》（*Nature Rambling*：*We Fight for Grass*）一文。[②] 当时尽管用了政治生态学这一术语，但显然与本书所指的不同。政治生态学的诞生，先后经历了20世纪70年代的学术准备阶段、80年代的经典著作问世阶段和90年代以来的蓬勃发展阶段。

（一）政治生态学的前期学术准备

较早对上述背景下的问题进行回应，为政治生态学的产生做好前期准备的学者主要有：埃里克·沃尔夫（Eric Wolf）、汉斯·马格努斯·恩岑斯贝格尔（Hans Magnus Enzensberger）、理查德·沃克（Richard A. Walker）和大卫·哈维。1972年，人类学家沃尔夫发表了题为《所有权和政治生态学》的论文，指出一个复杂社会的财产关系并不仅仅是地方或地区生态过程的结果，而是不同力量相互竞争的战场，在这一战场上他们利用法权关系去维持或者重构一个社会的经济、社会和政治关系，因此，资本主义所取得的进步是利用了所有权的法律规则，剥夺了劳动者的生产资料，否定了劳动者对其产品的所有权。[③] 但沃尔夫并没有对政治生态学这一术语做进一步的探讨。德国学者恩岑斯贝格尔揭示了生态争论的阶级特点、生态工业企业的资本利益以及人口不可控制的增长这种观点所具有的意识形态特征，指出生态危机是与生产方式不可分离地联系在一起的，从生产方式出发研究生态问题是一个重要前提，只要资本主义生产方式存在，对自然的滥用趋势不会因为技术上的努力而在总体上转变。[④] 美

---

① Paul Robbins, *Political Ecology*: *A Critical Introduction*, Oxford: Blackwell, 2012, pp. 21-23.

② Frank Thone, "Nature Rambling: We Fight for Grass", *The Science Newsletter*, Vol. 27, No. 717, 1935, p. 14.

③ Eric Wolf, "Ownership and Political Ecology", *Anthropological Quarterly*, Vol. 45, No. 3, 1972, pp. 201-205.

④ Hans Magnus Enzensberger, "A Critique of Political Ecology", in Reinhold Grimm and Bruce Armstrong, eds., *Hans Magnus Enzensberger*: *Critical Essays*, New York: The Continuum Publishing Company, 1982, pp. 186-223.

国学者沃克对环境政策中科学的作用进行了批判性分析，指出科学知识不能直接转化为相应的政策，我们理解和预测人为引致的自然系统变化的能力是有限的，沉溺于物理进程的考察会淡化对人为改变自然这种社会进程的理解，也就是说，对自然资源进行管理意味着对社会、经济和自然系统进行管理，他以湿地管理为例，主张湿地管理不能同特定的政治经济背景和权力关系分离开来。① 哈维批判了自由主义环境运动的新马尔萨斯主义属性，他将问题延伸到自然资源的资本主义生产上，指出对自然资源的理解不能脱离赋予其意义和价值的社会生产关系。②

从上述学者的论述角度看，他们明显强调了资本主义生产方式与生态环境问题的关联性，而马克思主义又是以资本主义生产方式作为自己的研究对象，因而，詹姆斯·麦卡锡（James McCarthy）等认为，马克思主义与环境问题的相遇，深刻地塑造了政治生态学，并明确指认了沃尔夫、沃克和哈维在政治生态学形成过程中的学术贡献。麦卡锡指出，政治生态学认为资本积累和资本主义的关键性社会关系（如私人所有权、商品化和阶级结构）制造和驱动了现代世界许多环境变革、退化和冲突，正是这样一种分析视角使政治生态学首次与文化生态学和其他思考人与环境关系的方式区别开来。在这样的背景下，承认政治生态学源自经济地理学和马克思主义政治经济学的讨论和对话是重要的，政治生态学发展过程中的一些关键思想家都直接参与了这一对话，而这一讨论和对话产生于马克思主义与地理学的相遇。地理学者寻求发展一种独特的地理学的马克思主义，并发明和提炼了某些概念和方法论，比如，依附理论、不平衡发展、不平衡交换、空间修复、商品链分析，所有这些后来成为政治生态学知识框架的重要组成部分。③

（二）政治生态学的经典著作问世

20 世纪 80 年代，政治生态学正式登场，主要是由于下列三部政治生态学经典著作的问世。一是迈克尔·瓦茨（Michael Watts）的《沉默的暴力：尼日利亚北部的粮食、饥荒和农民》。为了解开尼日利亚北部的饥荒之谜，瓦茨通过长时段的历史考察和细致的村落研究，将粮食危机的案例研究与资本主义的历史发展进程结合起来考察，对多种生产方式进行了详细的论述。他阐述了豪萨兰德（Hausaland）地区农民在前资本主义生产方式时期的道德经济系统适应气候风险的能力，由于不断扩张的殖民主义的资本主义生产方式的入侵，原有的系统被瓦解，道德经济转变成金钱经济，农民在干旱环境面前变得脆弱起来。因此，饥荒是社会的产物，市场有如天气一样多变，干旱是一种自然现象，但是，饥荒暴露了社会、政治和市场的内在运行机制。④

---

① Richard A. Walker, “Wetlands Preservation and Management on Chesapeake Bay: The Role of Science in Natural Resource Policy”, *Coastal Zone Management Journal*, Vol. 1, No. 1, 1973, pp. 75-101; Richard A. Walker, “Wetlands Preservation and Management: A Rejoinder-Economics, Science and Beyond”, *Coastal Zone Management Journal*, Vol. 1, No. 2, 1974, pp. 227-233.

② David Harvey, “Population, Resources and the Ideology of Science”, *Economic Geography*, Vol. 50, No. 3, 1974, pp. 256-277.

③ James McCarthy, Tom Perreault and Gavin Bridge, “Editors' Conclusion”, in Tom Perreault, Gavin Bridge and James McCarthy, eds., *The Routledge Handbook of Political Ecology*, New York: Routledge, 2015, p. 621.

④ Michael Watts, *Silent Violence: Food, Famine, and Peasantry in Northern Nigeria*, Berkeley: University of California Press, 1983.

二是皮尔斯·布莱基（Piers Blaikie）的《发展中国家土壤侵蚀的政治经济学》。土壤侵蚀的“殖民”（Colonial）或经典模型持以下四个论点：土壤侵蚀主要是一个“环境”问题，而不是“环境—社会”问题；应该受到指责的是懒惰的、无知的、落后的、非理性的土地使用者；应该把人口过剩和土壤侵蚀联系起来考察；主要的政策方向之一是将耕种者和牧民纳入市场经济中。对此，布莱基持一种批判态度。他认为，土壤侵蚀是一个政治经济议题，主张把“基于场所”（Place-Based）的方法和“基于非场所”（Non-Place-Based）的方法结合起来进行研究，前者关注发生在特定场所中的土壤侵蚀所造成的影响，后者关注使用土地、运用技术、规定价格、征收税收的生产关系，这两种方法的结合，布莱基将之称为“自下而上”（Bottom-up）的方法，即一方面考察最小的决策单位——家庭对土地的影响，另一方面又把家庭置于更宽广的当地生产关系和世界市场的交换关系这两种社会关系中进行考察。由此一来，便可以认清那些土地保育的技术和政策失败的阶级因素，弄清强权者从耕种者身上榨取剩余价值，而耕种者又从环境中获取资源，这种社会关系导致土壤肥力的下降或土壤侵蚀，也正是在这种社会关系下，只有当土壤侵蚀严重影响最强权阶级，包括工业资本家阶级的资本积累时，一种强烈的土地保育倾向才有可能发生。①

三是布莱基和哈罗德·布鲁克菲尔德（Harold Brookfield）主编的《土壤退化和社会》。这是一本源于1984年2月在澳大利亚国立大学（Australian National University）举办的专题研讨会成果的论文集，主要关注的是土地退化的社会经济议题。土地退化往往被视为是一种自然环境特征，并为自然科学家所研究，在土地退化的成因、修复和预防方面，自然科学家取得了大量的成果。但是，论文集的作者认为，要成功修复土地，还应考察土地退化更深层的社会、经济和政治因素。为此，他们采取“地域性的政治生态学”（Regional Political Ecology）方法研究土地退化，所谓“地域性的”，一方面指的是有必要考虑土地修复的环境多样性和空间变化，另一方面指的是有必要将环境考量引入地区增长和衰退的理论中；所谓“政治生态学”，指的是将生态学和广义的政治经济学结合起来，这涉及社会与土地资源之间的辩证关系、社会内部阶级和利益集团的辩证关系。作者研究了来自欧洲、北美、亚洲和非洲的大量案例，研究了前资本主义体系、社会主义国家、发达市场经济国家，以及共同所有制体系之下的土地退化问题，展现了土地退化在时间和空间变化下复杂的历史、政治和经济因素，可以说，这本论文集是对《发展中国家土壤侵蚀的政治经济学》的进一步延伸。②

（三）政治生态学的发展现状和趋势

20世纪90年代以来，政治生态学稳步发展，全球有越来越多的学者参与、推动这一领域的发展和完善。笔者检索了SSCI数据库中1998年1月至2017年4月关于政治生态学的发文情况（见附图1），从中可见，20世纪90年代的政治生态学论文增长缓慢。据《人文地理学词典》的政治生态学词条介绍，这是因为这一时期的政治生态学存在着如下缺点：在生态学和生态动力学方面的观点有点过时；在人类认知

① Piers Blaikie, *The Political Economy of Soil Erosion in Developing Countries*, New York: Longman, 1985.

② Piers Blaikie and Harold Brookfield, *Land Degradation and Society*, New York: Methuen, 1987.

方面的唯意志论倾向；未能从理论上提供一系列概念用以说明特定的环境后果或者转型。这些缺点再加上政治生态学固有的模糊性和广泛性使其在20世纪90年代的发展相对缓慢。① 笔者认为，这些是一门正在形成中的学科或新范式难以避免的问题，随着生态环境问题与其背后政治经济因素的相关性逐渐凸显，它已为更多的学者所认识。从附图1中可看出，2008年以来关于政治生态学的论文数量猛增，这说明应用政治生态学的学者在增多，认同政治生态学对环境问题研究的有效性在增多。

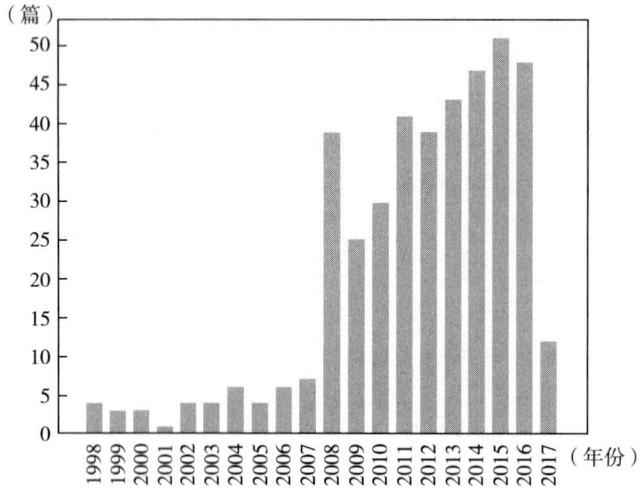

附图1　政治生态学论文增长情况（1998年1月至2017年4月）

总的来说，我们可以从研究群体、研究机构、出版物和研究主题这四个方面洞悉政治生态学近20余年的发展情况。

从研究群体看，政治生态学的研究重镇主要集中在英美国家，特别是美国加州大学伯克利分校和克拉克大学已成为该领域的研究重镇。但随着20世纪90年代以来全球化的纵深发展，发达国家与发展中国家之间“中心—边缘”和“剥削—被剥削”关系得到进一步发展，政治生态学的方法论进一步引起英美国家之外的其他国家的关注和应用，吸引了拉美国家和非洲国家研究人员的参与和讨论②。

从研究机构看，欧美地区建立了以政治生态学为旨趣的各种机构，并定期或不定期地开展各种活动。美国地理学家协会文化与政治生态学专业委员会自20世纪90年代以来定期给会员印发内部通讯，颁发年度奖，举办年度会议。奥康纳于1989年在圣克鲁兹创办了政治生态学中心和《资本主义、自然、社会主义》期刊。美国从事人类学研究的学者也成立了政治生态学学会。2010年肯塔基大学成立了跨学科的政治生态学工作组，并且在每年举办一次“政治生态学维度会议”。在欧洲，欧盟资助政治生态学网络和博士生活动，这包括支持博士生的名为“英泰特”（ENTITLE）的

① Derek Gregory, et al., *The Dictionary of Human Geography*, Oxford: Basil Blackwell Ltd., 2009, pp. 546-547.

② Simon Batterbury, “Doing Political Ecology Inside and Outside the Academy”, in Raymond Bryant, eds., *The International Handbook of Political Ecology*, Cheltenhamn: Edward Elgar, 2015, pp. 27-43.

政治生态学培训网络，该网络由巴塞罗那自治大学负责协调组织，它涉及 8 所大学、非政府组织和环境咨询公司，博士生可以借调到环境正义组织参与政治生态学的研究和实践。同时，巴塞罗那自治大学的“环境正义组织、责任和贸易”是一个旨在对生态分配冲突和环境不正义展开编目、描绘和分析的全球研究项目。在拉美，一些学者创建了与“英泰特”对口联系的“克拉索”（CLACSO）组织；2014 年 10 月，拉美政治生态学首次会议在智利的圣地亚哥大学召开。①

从出版物方面看，西蒙·贝特贝利（Simon Batterbury）认为，全球最重要的三个期刊是：美国的《政治生态学期刊》（*Journal of Political Ecology*）、法国的《生态与政治》（*écologie et Politique*）和西班牙的《政治生态学》（*EcologíaPolitíca*）。此外，《资本主义 自然 社会主义》、《自然保育与社会》（*Conservation and Society*）、《经济地理学》（*Economic Geography*）、《人类组织》（*Human Organization*）、《社会与自然资源》（*Society and Natural Resources*）、《人文地理学进展》（*Progress in Human Geography*）、《地理论坛》（*Geoforum*）、《美国地理学家联合会会刊》（*Annals of the AAG*）、《对立面》（*Antipode*）、《发展与变革》（*Development and Change*）、《人文地理学》（*Human Geography*）和《政治地理学》（*Political Geography*）等期刊也刊发不少政治生态学的论文。② 笔者根据 SSCI 数据库的检索发现，刊发题名为“政治生态学”论文的主要期刊还有《城市和地区研究国际期刊》（*International Journal of Urban and Regional Research*）、《环境与计划 A 分册》（*Environment and Planning A*）、《新加坡热带地理学期刊》（*Singapore Journal of Tropical Geography*）、《生态经济学》（*Ecological Economics*）、《地理研究》（*Geographical Research*）和《城市地理学》（*Urban Geography*）（见附表 1）。

附表 1　刊发题名为“政治生态学”论文的十大期刊

出版物名称	记录数（篇）	占比（%）
《地理论坛》（*Geoforum*）	41	9.739
《人文地理学进展》（*Progress in Human Geography*）	14	3.325
《美国地理学家联合会会刊》（*Annals of the Association of American Geographers*）	10	2.375
《城市和地区研究国际期刊》（*International Journal of Urban and Regional Research*）	10	2.375
《对立面》（*Antipode*）	9	2.138
《环境与计划 A 分册》（*Environment and Planning A*）	8	1.900
《新加坡热带地理学期刊》（*Singapore Journal of Tropical Geography*）	7	1.663
《生态经济学》（*Ecological Economics*）	6	1.425
《地理研究》（*Geographical Research*）	5	1.188
《城市地理学》（*Urban Geography*）	5	1.188

从研究主题看，贝特贝利以美国的《政治生态学期刊》为例，概括了该期刊自

①② Simon Batterbury, “Doing Political Ecology Inside and Outside the Academy”, in Raymond Bryant, eds., *The International Handbook of Political Ecology*, Cheltenhamn: Edward Elgar, 2015, pp. 27-43.

1994年创刊以来，直至2014年10月所刊发的论文主题，其中排在前三位的是粮食和农业变化、社会议题和保育、渔业。① 鉴于贝特贝利所给出主题的交叉性，笔者对其进行归并整合，并将检索时间延长到2017年，最后得出了如附图2所示的十大主题，其中排在前三位的是农业、保育和气候变化，当然，这些主题的区分是相对的，它们之间关注问题的交叉性依然明显。

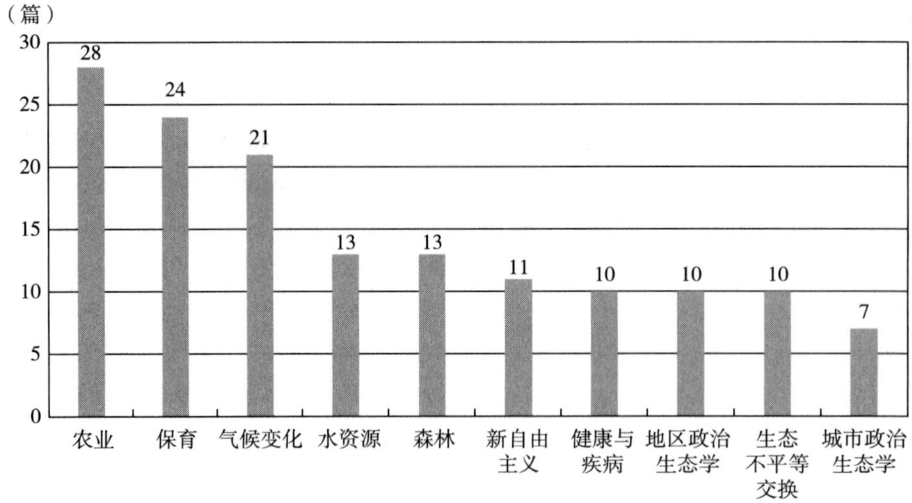

附图2　《政治生态学期刊》发文十大主题（1994~2017年）

关于政治生态学未来的发展趋向，麦卡锡认为主要有以下三点②：

第一，政治生态学将从以英语国家为主转向全球化的纵深发展，越来越呈现国际性特征。政治生态学已是学者所认可的术语，在非英语国家，政治生态学也已成为一种研究方法，在各种新的期刊、会议中常见以政治生态学为题名的论文。在这些期刊和会议的对话讨论中，不能简单地将政治生态学视为是对英美传统的一种地区性表达。作为一种术语和政治、知识立场的政治生态学越来越受学者的欢迎，根源于学者之间的共识，即全球的政治生态学研究都致力于批判主流的资本主义政治经济权力结构，并着力推动社会变革，也根源于学者之间的相互促进和交流，发展更具多样性、典型性的政治生态学对该领域的未来至关重要。

第二，政治生态学将从“人类中心主义的政治生态学”转向“后人类主义的政治生态学”。加拿大不列颠哥伦比亚大学的胡安妮塔·桑德伯格（Juanita Sundberg）提出，在诸如边界划分和边界执法的地缘政治进程中加入非人类因素将面临着这样的挑战，即如何定义作为参与者的那些非人类因素，同时又不使用它们在各自的领域里所具有的自然和社会的二元本体。为了解决这一方法论上的挑战，桑德伯格提出了一

① Simon Batterbury, “Doing Political Ecology Inside and Outside the Academy”, in Raymond Bryant, eds., *The International Handbook of Political Ecology*, Cheltenhamn: Edward Elgar, 2015, pp. 27-43.

② James McCarthy, Tom Perreault and Gavin Bridge, “Editors' Conclusion”, in Tom Perreault, Gavin Bridge and James McCarthy, eds., *The Routledge Handbook of Political Ecology*, New York: Routledge, 2015, pp. 623-626.

个“后人类主义的政治生态学”（Posthumanist Political Ecology）概念。他研究了沙漠、河流、塔木里畔荆棘丛林（Tamaulipan Thornscrub）和猫科动物是如何改变、扰乱和阻碍边界日常的执法行为，导致作为参与者的国家要求更多的资金、基础设施、实地人员和监视技术的。研究结果显示，将非人类因素作为参与者加以认真考虑，为美国执法策略的升级提供了一种变动说明。[①] 政治生态学向这种“后人类主义的政治生态学”发展，意味着动物和其他非人类实体不仅仅作为研究对象或者生态系统的根本要素而存在，而且将作为一种拥有自身权利的参与者而存在并与人类相互作用。这种对非人类实体认知的转变使政治生态学从“人类中心主义的政治生态学”向“后人类主义的政治生态学”转变。

第三，政治生态学将从“地上的政治生态学”转向“地下的政治生态学”。政治生态学的经典著作聚焦于农业以及与之相关的粮食、土地议题，如果将这些讨论地表之上资源的议题称为“地上的政治生态学”，那么，近年来政治生态学的议题则逐渐转向“地下的政治生态学”（Underground Political Ecology）[②]，更多聚焦地表之下资源的开采所引起的气候变化议题。政治生态学出现这种转向的原因，除了气候变化本身是当今时代事关人类命运的一个重大问题之外，还在于气候变化相比早期的农业议题更具全球性，开采化石燃料等榨取性行业（Extractive Industries）与全球资本流动密切相关，并直接体现了原材料和能源交易和消耗方面的全球政治经济关系。麦卡锡的这一判断还是比较准确的，因为从笔者上述的十大主题看，农业排在第一位，主要是因为这一议题是政治生态学经典作家关注的对象，是早期历史发文的累积结果。如果排除历史因素，显然排在第三位的气候变化将成为未来关注的焦点问题。

四、结语

本附录是对20世纪70年代以来政治生态学产生和发展的全貌进行研究综述，其目的不仅在于引介国外环境研究的最新动态，还在于作为一种环境研究的新方法论，其对于当今中国和世界的意义显得格外重要。

政治生态学有助于我们反思当今生态环境问题的“去政治化”阐释。“去政治化”意味着在政治价值立场上的“中性化”，在研究取向上对意识形态的“淡化”。就生态环境问题而言，“去政治化”阐释就表现为，在面对生态危机时，主张针对生态环境问题本身展开叙事而尽量回避或有意忽视与之相关的政治价值立场和意识形态性。生态环境问题因其首先表征的是人与自然的关系，因此，更容易在研究上跌入“去政治化”的陷阱，特别是在剖析生态环境问题的成因时，不少学者撇开人与人在生产过程中的生产关系，单从抽象的落后观念和表面的技术破坏加以阐释，而不考究生态环境问题产生过程中的政治经济因素，不质疑对这个时代起着极大支配作用的资本主义生产方式，这与政治生态学形成之初所批判的环境问题归因上的“人口增长

---

① Juanita Sundberg, “Diabolic Caminos in the Desert and Cat Fights on the Río: A Posthumanist Political Ecology of Boundary Enforcement in the United States-Mexico Borderlands”, *Annals of the Association of American Geographers*, Vol. 101, No. 2, 2011, pp. 318-336.

② Anthony Bebbington, “Underground Political Ecologies: The Second Annual Lecture of the Cultural and Political Ecology Specialty Group of the Association of American Geographers”, *Geoforum*, Vol. 43, No. 6, 2012, pp. 1152-1162.

极限说”如出一辙。

反思生态环境问题的“去政治化”阐释，就要求我们对生态环境问题进行“政治化”阐释，因此，作为一种分析框架的“政治生态学”不仅是必要的，也是有用的。政治生态学是一种将生态学与政治经济学融合起来的方法论，其“生态”意涵在于吸收了生态学的基本知识，承认生态系统自身的生态承载能力，并构成了人类生产的绝对约束；其“政治”意涵在于生态系统又是人类社会政治经济建构的产物，人类社会生产方式的变革逐步打破生态系统的绝对约束，并伴随着自然资源所有权的变化引起财富和权力的生产与分配的变化，以及由此产生的生态环境变化的受益者和受损者的阶级分化，这样一种分化反过来又对生态环境的变化产生影响。因此，从政治生态学的角度对生态环境问题进行考察的中心问题在于：人类怎样改造生态系统以获取自身所需要的物品和服务，又是怎样创制政治经济制度来管理这些物品和服务的再生产和分配。

因而，从当前的现实语境看，就全球环境议题而言，政治生态学就是要考察资本主义生产方式改造全球生态系统获取物品与服务的形式，以及如何维持和再生产所需的自然资源和劳动力，及其在此进程中所形成的生产关系。就我国而言，政治生态学的价值在于，应审视资本逻辑维度上所造成的生态环境问题，生态破坏现实案例中资本、政府、公众等多元利益行为者的复杂权力关系，以及如何超越资本裹挟下的生态治理路径，凭借社会主义的制度优势寻求结构性的生态政治变革，最终走向社会主义生态文明的新时代。

当然，从目前来看，我们还很难说政治生态学已经成为一门独立的学科，其在学科性质、逻辑起点、研究对象、研究方法和理论体系方面还有待进一步探索，但不管怎样，正如麦卡锡所言：“尽管当今时代的具体轮廓发生了许多变化，但政治生态学将具有持久的相关性，它对环境问题的批判性分析和贡献有：对环境问题的政治经济根源的强调；对人与环境关系肤浅的去政治化理解的抵制；对社会结构和进程的复杂性、历史性和可塑性的持续关注；对边缘化群体与环境议题相关性的坚信。在新自由主义时代的深处，政治生态学必须坚持和展现的主要任务和贡献之一是，一种替代性的、非资本主义的人与环境关系是可能的。”①

---

① James McCarthy, Tom Perreault and Gavin Bridge, “Editors’ Conclusion”, in Tom Perreault, Gavin Bridge and James McCarthy, eds., *The Routledge Handbook of Political Ecology*, New York: Routledge, 2015, p. 626.

后　记

我的研究领域是马克思主义生态理论与当代中国生态文明建设，现在想来，在漫漫学术征程上，我经历了“三部曲”的创作。我国学界于20世纪80年代开始关注的生态社会主义思潮，自21世纪以来，随着生态环境问题的日益凸显，其关注度再次暴涨，为了全面厘清和评判这一思潮，我对当代生态社会主义思潮的四大论题进行引介并做总体研判，阐明其现实进展和限度，出版了第一部专著《另一个世界可能吗？——当代生态社会主义研究》。在此期间，随着“社会主义生态文明”的提出并在学界得到初步阐释，以及诸如节约等现实问题的热议，我从社会主义生态文明的视角对节约进行了专题性研究，在阐明社会主义生态文明的“社会主义”意涵的基础上，对节约议题的“研究起点”“研究范式”“重大问题”进行了深度反思，出版了第二部专著《走出传统节约观的迷思——基于社会主义生态文明视角的研究》。随着新自由主义在全球范围的肆虐并向生态环境治理领域渗透，我又考察了新自由主义对全球生态环境治理的影响，追溯其历史根源、揭示其本质面相并探究其学理与对策，便有了摆在读者面前的第三部专著《新自由主义“生态环境治理术”批判》。本书虽由我个人独立写作和完成，但绝非一人之功，我很庆幸自己在学术征程上遇到了诸多良师益友，得到了学界前辈和同仁的关心和帮助，没有他们在学术上的支持和指引，本书的完成是不可想象的。

学术启蒙，对于一个青年学者来说至关重要，它就像一座灯塔，为学术新人照亮了前行之路。何其有幸，在我学术研究的起步阶段，我遇上了陈永森教授，他引我步入学术殿堂，开启了我的学术研究生涯。学生时代，初入学术之门的我，在陈老师面前总要保持一种“警惕之心”，因为他总会在任何时间、任何地点跟我探讨学术问题，冷不丁地问一句：“……，华杰，你怎么看？”至今让我记忆犹新的是，2006年夏初，有一次在电梯口，陈老师高兴地跟我说他准备开展有关生态马克思主义方面的研究，问我有没有兴趣一起研究。那时还是硕士研究生的我，被陈老师的这一“冷不丁”发问给怔住了，随后赶紧调动脑细胞，思索着一系列问题：什么是生态马克思主义？这里的生态是指一般意义上事物的生存状态，还是指人类与自然的生存环境？如果是前者，是不是要探究马克思主义在21世纪的新样态；如果是后者，马克思主义与生态环境议题又有什么关联呢？贸然进入一个全新的领域，对我而言，会不会困难重重？但我还是应了句：“好的，陈老师，我回去看看资料。”在陈老师的指导下，那年暑假，我查阅了很多资料，当我发现有学者对生态马克思主义做出了极高的评价，认为生态马克思主义“无疑代表了20世纪最后的岁月和21世纪起始阶段里西方马克思主义，甚至整个马克思主义发展的一个新阶段”时，内心已对这一思想求知若渴，坚定了我对这一领域的专研自信。在往后“十余年如一日”的研究中，我不仅一如既往地从陈老师“冷不丁的发问”中获得灵感，还从他深思熟虑后的“灵魂拷问”中反思自己的论证和观点，他以独特的视角、犀利的笔触，在纷繁复杂的人与自然相互交织的空间中向我展现了一个清晰、透彻的世界。没有陈老师的帮助，就不会有“三部曲”的写作和出版。在此，再次向恩师表示感谢和敬意。

我很感谢我所在的学术共同体——中国社会主义生态文明研究小组。该小组是在北京大学郇庆治教授的牵头下于2015年成立的，以广义的“马克思主义生态学”为共同思想基础探讨中国社会主义生态文明建设的学术共同体，时至今日已产生广泛的积极影响。复旦大学陈学明先生曾评价道：“‘中国社会主义生态文明研究小组’的诞生，以及这批原先研究生态马克思主义和西方绿色左翼思潮的学者的成功转型，对我国社会主义生态文明理论的研究，乃至对我国社会主义生态文明建设实践，都产生了令人意想不到的积极影响。这个小组、这批学者，实际上已成为我国社会主义生态文明理论和实践战线上一支谁也不能忽视的生机勃勃的有生力量。”① 在这个共同体中，我很幸运地遇到陈学明教授、郇庆治教授、张云飞教授、王雨辰教授、方世南教授、解保军教授、李宏伟教授、曹顺仙教授、杨英姿教授、马洪波教授、华启和教授、徐海红教授等生态文明学人，他们的学术见解和研究视角都给予我无穷的学术正能量。我也很幸运地遇到刘仁胜、郭剑仁、李全喜、杨志华、王聪聪、鲁长安、王继创、李强、刘海霞、李昕蕾……这个名单很长，与他们的思想碰撞总能给予我莫大的启发。在此，谨向为社会主义生态文明研究付出辛勤劳动、做出重要贡献的学界前辈和同仁表示衷心的感谢。

感谢福建师范大学、马克思主义学院的前辈们对我的支持和鼓励；感谢国家社科基金提供充裕的经费资助；感谢经济管理出版社王玉林女士为本书出版所付出的艰辛劳动；感谢我的“杰出一族”研究生带给我的压力和动力；感谢家人对我学术工作的支持。

行文至此，方知幸运，感恩遇见，铭记于心！

蔡华杰

2022年6月于福州江南水都·兰邑

① 郇庆治、王聪聪：《社会主义生态文明：理论与实践》，中国林业出版社2022年版，序二第1-2页。